★原中国人民解放军总后勤部精品教材

★中国石油和化学工业联合会优秀出版物(教材奖)一等奖

★重庆市“十二五”普通高等教育本科规划教材

★普通高等教育“十四五”规划教材

油品应用及管理

(第四版)

苏　鹏　张永虎　主编

和倩倩　袁祥波　熊　云　副主编

中国石化出版社

内 容 提 要

本书主要介绍了油品科技工作者必须了解的有关液体燃料、润滑油和润滑脂的性质、组成、影响其质量的主要因素、质量标准及油品的合理选用，对油品的质量管理工作和石油的化学组成及炼制也作了相应介绍。内容包括：石油的化学组成、原油的分类及国产原油的性质、石油的炼制方法、燃料及润滑油添加剂、液体燃料的使用要求和规格、润滑油的性质、润滑油的使用要求和产品规范、润滑脂、特种液及油品质量管理等。

本书可供从事油品科研、应用、储运、销售和管理等工作的技术人员使用，亦可作为石油储运、油品应用、油品管理专业的教材。

图书在版编目(CIP)数据

油品应用及管理/苏鹏，张永虎主编．—4版．—北京：中国石化出版社，2021.9
ISBN 978-7-5114-6445-3

Ⅰ.①油…　Ⅱ.①苏…　②张…　Ⅲ.①石油产品-基本知识　Ⅳ.①TE626

中国版本图书馆CIP数据核字(2021)第177531号

中国石化出版社出版发行
地址：北京市东城区安定门外大街58号
邮编：100011　电话：(010)57512500
发行部电话：(010)57512575
http://www.sinopec-press.com
E-mail：press@sinopec.com
北京科信印刷有限公司印刷
全国各地新华书店经销
*
787×1092毫米16开本24印张608千字
2021年10月第4版　2021年10月第1次印刷
定价：60.00元

前　言

本书主要介绍了油品科技工作者必须了解的有关液体燃料、润滑油和润滑脂的性质、组成、影响其质量的主要因素、质量标准及油品的合理选用，对油品质量管理工作和石油的化学组成及炼制也作了相应介绍。内容包括：石油的化学组成、原油的分类及国产原油的性质、石油的炼制方法、燃料及润滑油添加剂、液体燃料的使用要求和规格、润滑油的性质、润滑油的使用要求和产品规范、润滑脂、特种液及油品质量管理等。

本书由陆军勤务学院苏鹏、熊云，联勤保障部队军需能源质量监督总站张永虎，国防大学联合勤务学院和倩倩，陆军研究院特种勤务研究所袁祥波共同编著。本书自2004年出版以来，受到各石油高等院校和石油科技工作者的一致好评，是原中国人民解放军总后勤部精品教材，2008年出版第二版，2011年获中国石油和化学工业优秀教材一等奖，2012年列为重庆市“十二五”普通高等教育本科规划教材，2015年出版第三版。

近年来，我国油品升级更新较快，有必要对本书的相关内容进行修订。为此，本书对收录的全部油品规范进行了更新，包括截至2021年7月开始执行的最新油品规范，对部分内容进行了调增和修改。此外，针对近年来出现影响喷气燃料质量的微生物污染问题，本书对相关的研究成果也进行了反映。

本书可供从事油品科研、应用、储运、销售和管理等工作的技术人员使用，也可作为石油储运、油料应用、油料管理专业的教材。

编　者

2021年8月

目　录

第一章　石油的化学组成

石油是从很深的地层内开采出来的一种可燃的流动或半流动的黏稠液体；未加工以前叫原油。无论在性质上或化学组成上，石油都和常见的动物油或植物油不同，依据来源的不同，它又称为矿物油。

天然石油的颜色，绝大多数是黑色，但也有暗黑、暗绿、暗褐色的，更有一些是赤褐、浅黄，乃至无色的，其密度一般小于1000kg/m^3，介于800~980kg/m^{3}之间，但也有个别例外，如伊朗某石油密度高达1016kg/m^3，而美国加利福尼亚州的石油低至707kg/m^3。凝点也有高有低，我国原油的凝点有高达36℃的，也有低至-50℃的。

各种石油外观、性质上的差异，是其化学组成不同的一种反映。为此，要研究石油及其产品的性质，必须从研究石油的化学组成入手。

第一节　石油的化学组成

一、石油的元素组成

石油主要是由碳、氢及硫、氧、氮五种元素组成，此外还有微量的金属元素和其他非金属元素。在金属元素中有钒、镍、铁、铜、铅以及钙、钛、镁、钠、钴、锌等。非金属元素有氯、硅、磷、砷等。它们在原油中含量的一般范围是：

碳　83.0%~87.0%　　氢　10.0%~14.0%　　硫　0.05%~8.00%

氮　0.02%~2.00%　　氧　0.05%~2.00%

表1-1中所列为国内一些原油的元素组成。原油中的含氧量一般是用减差法估算，而并不直接进行测定，但这样得到的含氧量数据不够准确，故表中不予列出含氧量。

表1-1　原油的元素组成

原油名称	元素组成/%				H/C(原子比)
	C	H	S	N	
大庆	85.87	13.73	0.10	0.16	1.90
胜利	86.26	12.20	0.80	0.44	1.68
孤岛	85.12	11.61	2.09	0.43	1.62
辽河	85.86	12.65	0.18	0.31	1.75
新疆	86.13	13.30	0.05	0.13	1.84
大港	85.67	13.40	0.12	0.23	1.86

二、石油的烃类组成

石油中的碳和氢元素组成烃。由于烃分子中所含碳氢两种原子数量不同和化学结构的不同，可以形成各种不同的烃：其中有链状烃也有环状烃；有饱和烃也有不饱和烃；有碳原子数很少相对分子质量很小的烃，也有碳原子数很多相对分子质量很大的烃。为了研究方便，常将结构和性质相似的烃归为一类。石油主要是由烷烃、环烷烃和芳香烃三类烃组成，除个别种类的石油外，一般的石油中不含烯烃，但它可在加工过程中产生。

1. 烷烃

烷烃是石油的主要组分，其分子结构特点是碳原子间以单键相连成链状，其余价键为氢原子所饱和。碳链呈直链的称为正构烷烃，如正戊烷、正庚烷、正辛烷等。带侧链或支链的烷烃称为异构烷烃，石油中的烷烃主要为液体和固体。液体烷烃(包括正构烷烃和异构烷烃)是液体燃料的主要成分。

碳原子数大于3的烷烃，存在组成相同而结构不同的同分异构体，随分子中碳原子数的增多，同分异构体数量迅速增加，含4个碳原子的烷烃有2个同分异构体，而含10个碳原子烷烃，则可能有75个同分异构体。少一个氢原子的烷烃称为烷基，通常用R表示，如甲基、乙基、异丙基等。

常温常压下，$C_1 \sim C_4$(即分子中含1~4个碳原子)的烷烃为气体，$C_5 \sim C_{16}$的正构烷烃为液体，是液体燃料的主要组分；C_{17}以上的正构烷烃为固态，大都存在于柴油和润滑油馏分中，除甲烷和乙烷是无色无味气体外，其他易挥发的低分子烷烃具有汽油味，碳数多的高分子烷烃无气味，挥发性很小。烷烃是非极性化合物，几乎不溶于水，但易溶于有机溶剂。

正构烷烃与异构烷烃的元素组成相同，但结构不同，因而，它们的性质既有相似之处，也有一定差别。表1-2中数据表明，烷烃密度均小于1000kg/m^3，正构烷烃的相对分子质量、沸点、熔点和密度随碳数增加而升高。异构烷烃由于分子中侧链的影响，使分子间距离增大，导致分子间范德华力减弱，因而异构烷烃的沸点和熔点比相同碳数的正构烷烃低。异构化程度不同，其性质也有差别。

表1-2　几种烷烃的性质

名　称	分子式	相对分子质量	20℃密度/(g/cm^3)	熔点/℃	沸点/℃
正构烷烃					
丁烷	C_4H_{10}	58.124	0.5788	−138.25	−0.50
戊烷	C_5H_{12}	72.151	0.6262	−129.73	36.06
己烷	C_6H_{14}	86.178	0.6594	−95.32	68.73
庚烷	C_7H_{16}	100.205	0.6837	−90.58	98.43
辛烷	C_8H_{18}	114.232	0.7025	−56.76	125.68
异构烷烃					
异丁烷	C_4H_{10}	58.120	0.5572	−159.60	−11.27
2-甲基丁烷	C_5H_{12}	72.151	0.6197	−159.91	27.84
2，2-二甲基丙烷	C_5H_{12}	72.151	0.5910	−16.57	9.50
2-甲基己烷	C_7H_{16}	100.205	0.6786	−118.27	90.05
2-甲基庚烷	C_8H_{18}	114.232	0.6979	−108.99	117.65
2，2，4-三甲基戊烷	C_8H_{18}	114.232	0.6919	−107.37	99.24

烷烃在常温常压下化学性质很稳定，很难被空气所氧化，与强酸、强碱、强氧化剂和强还原剂都不起作用或反应很慢。

在高温下，烷烃能在空气或氧中燃烧而生成CO_2和水，放出大量热能。如果空气不足，则燃烧不完全，生成CO及黑色的游离炭。在高温隔绝空气的情况下，大分子烷烃发生多种C—C键断裂而生成小分子烃类的裂化反应，相对分子质量越大的烷烃对热越不稳定。裂化反应是由重质石油组分生产轻质油品或化工原料的一个重要反应。裂化反应随反应条件不同而变化，反应产物通常是混合物。

烷烃在一定条件下，能同卤素或浓硫酸起取代反应而生成卤代烷或烷基磺酸。烷烃在不同催化剂作用下可以发生脱氢反应生成烯烃和脱氢环化反应生成芳香烃，后一反应是生产芳香烃和优质汽油的一个重要化学反应。

含有等于和大于 C_6 的正构烷烃能和尿素结合，形成特殊结构的固体包合物，石油加工中的尿素脱蜡过程就是利用这一特性从馏分油中除去正构烷烃的。

总之，烷烃在常温常压下化学性质不活泼，因而安定性好，在储存过程中不易氧化变质。正构烷烃在汽油机中燃烧性能不好，但异构烷烃的燃烧性能却很好。在柴油机中正构和异构烷烃的燃烧性能都很好。

2. 环烷烃

环烷烃是饱和的环状化合物，即碳原子以单键相连接成环状，其他价键为氢原子所饱和的化合物。环烷烃按环数多少分为单环、双环和多环三类，大都带有 1~2 个烷基侧链。石油中的环烷烃主要是环戊烷和环己烷的化合物。

环烷烃的沸点、熔点和密度比相同碳数的烷烃高，但密度仍小于 $1000kg/m^3$。环戊烷等在常温常压下为液体，相对分子质量大的环烷烃为固体。

由于环烷烃是饱和烃，与烷烃类似，在常温常压下比较安定，在储存过程中不易氧化变质。但在不同条件下，也可能发生氧化、裂化、芳构化、异构化和取代等反应。裂化、芳构化和异构化反应都是石油加工中的重要反应。

单环环烷烃主要存在于低、中沸点的馏分如汽油和煤油之中，双环环烷烃和多环环烷烃则大多在沸点较高的柴油和润滑油中出现。

环烷烃在汽油机中的燃烧性能介于正构烷烃和异构烷烃之间。在柴油机中的燃烧性能比烷烃差。但环烷烃是喷气燃料的理想组分，它使喷气燃料具有大的热值和密度，较好的燃烧性能和低温性能。

3. 芳香烃

分子中具有苯环结构的烃类称为芳香烃，一般苯环上带有不同的烷基侧链。根据苯环的多少和结合形式的差别，芳香烃分为单环、多环和稠环芳香烃三类。分子中含有两个和两个以上独立苯环的芳香烃称为多环芳香烃，如联苯、三苯甲烷等。分子中含有两个或两个以上苯环，且苯环彼此间通过共用两个相邻碳原子稠合而成的芳香烃称为稠环芳香烃，例如萘、菲、蒽等。

芳香烃在常温下呈液态或固态。苯及其同系物具有强烈的芳香气味，其蒸气对人体有毒害作用。芳香烃的密度一般为 $860 \sim 900kg/m^3$，比相同碳数的其他烃类密度大。芳香烃对天然橡胶有较大的侵蚀作用。水在芳香烃中的溶解度很小，例如，芳香烃中对水溶解度最大的苯，在 22℃时，100g 苯中也只能溶解 0.0662g 水，但这比其他烃类对水的溶解度却已大了很多倍。苯对水的溶解度对航空燃料的低温性能影响很大。芳香烃还会恶化喷气燃料的燃烧性能，因而喷气燃料中要限制芳香烃的含量。芳香烃在汽油机中燃烧性能很好，是汽油的良好组分，但在柴油机中因难以自燃而燃烧性能很差。

芳香烃中的苯环很稳定，即使强氧化剂也不能使它氧化，也不易起加成反应。在一定条件下，带侧链芳香烃上的侧链会被氧化成有机酸，带侧链的多环和稠环芳香烃很容易被氧化而生成胶状物质，这是油品氧化变质的重要原因之一。

4. 不饱和烃

分子中碳原子之间具有双键或三键的烃类称为不饱和烃，分子中含有双键的是烯烃，具有三键的是炔烃，由于石油及其产品中一般不含炔烃，因此，此处不作讨论。根据双键所在位置，数量等结构特点，烯烃可分为单烯烃(简称烯烃)、二烯烃和环烯烃等。

在常温常压下，小于 C_5 的烯烃是气体，C_5 以上的烯烃是液体，碳数多的烯烃是固体。与烷烃类似，随分子中碳数增多，烯烃的沸点和密度增大，但密度都小于 1000kg/m^3。烯烃难溶于水，易溶于有机溶剂。

石油中一般不含烯烃，但石油在加工过程中，大分子烷烃和环烷烃受热分解，生成烯烃和二烯烃，因而石油产品中含有不同数量的不饱和烃。

不饱和烃类分子中的双键不稳定，很容易发生加成、氧化和聚合各种反应。分子中具有两个双键的二烯烃更容易发生上述反应。因而含烯烃和二烯烃的油品如裂化汽油在常温储存时容易氧化变质，生成高分子黏稠物如胶质等，在储存管理中应特别注意采取必要的预防措施。

不饱和烃在汽油机中的燃烧性能比相应正构烷烃好，在柴油机中的燃烧性能比芳香烃好，但比正构烷烃差。

第二节　石油中的非烃类化合物

石油中的硫、氮、氧元素以非烃化合物形式存在，这些元素的含量虽仅约 1%~4%，但非烃化合物的含量却相当高，可高达百分之十几。它们在各馏分中的分布是不均匀的，大部分集中在重组分特别是残渣油中。非烃化合物对石油加工、油品储存和使用性能影响很大，石油加工中绝大多数精制过程都是为了解决非烃化合物问题。

为了在储运中对油品进行正确管理，必须对石油中非烃化合物有较深刻的认识。

石油中的非烃化合物主要包括含硫、含氧、含氮化合物以及胶状、沥青状物质，下面分别进行讨论。

一、含硫化合物

硫是石油的重要组成元素之一。不同的石油含硫量差别很大，从万分之几到百分之十几，例如，克拉玛依原油含硫量为 0.04%，而华北某原油含硫量高达 9.5%~11.3%。硫在石油中的含量随馏分沸点升高而增加，大部分硫化物集中在残渣油(燃料油)中。从表 1-3 中可清楚地看到这一规律。

表 1-3　硫在不同馏分中的分布　　%

项　目	原油	<200℃	200~350℃	350~500℃	>500℃
大庆混合原油	0.10	0.02	0.045	0.055	0.17
胜利混合原油	0.80	0.15	0.32	0.47	1.26

硫在石油中少量以单质硫(S)和 H_2S 形式存在，大多数以有机硫化物状态出现。石油中的硫化物，根据它们对金属的腐蚀性不同，可以分为以下两类：

1. 活性硫化物

活性硫化物在常温下易与金属作用，是具有强烈腐蚀性的酸性硫化物，主要是单质硫、硫化氢(H_2S)和低分子硫醇(RSH)。

石油中的单质硫和硫化氢大多数是其他含硫化合物的分解产物，两者可以互相转变。硫化氢被空气氧化可以生成单质硫，硫与烃类在高于200℃以上反应也可以生成硫化氢等硫化物。硫化氢是无色有毒气体，其水溶液呈酸性，能强烈腐蚀金属。

硫醇在石油中含量不多，其沸点比相应的醇类低很多，多数存在于低沸点馏分中。已从石油中分离出 $C_1 \sim C_6$ 的十多种硫醇。硫醇分子式中的 R 可以是烷基、环烷基或芳香基。低分子硫醇如甲硫醇(CH_3SH)和乙硫醇(C_2H_5SH)具有强烈的特殊臭味，其浓度为 $2.2\times10^{-12}g/m^3$ 时，人的嗅觉就可以感觉出来，因而可作为臭味剂，如加在民用天然气中，当天然气泄漏时，人们会及时发现。

硫醇不溶于水，呈弱酸性，能和铁直接作用，生成硫醇亚铁[$(RS)_2Fe$]，从而腐蚀金属设备。硫醇受热能分解生成烯烃和硫化氢，硫化氢则更加剧了油品的腐蚀作用。

活性硫化物能直接与金属作用而腐蚀设备，必须从油品中除去，但一般不可能绝对清除干净，故根据需要用相应的指标来限制，如液体燃料中规定了铜片试验这一指标，喷气燃料还规定了硫醇性硫的含量不许超过一定值。

2. 非活性硫化物

这类硫化物有硫醚(R—S—R′)、二硫醚(R—S—S—R′)、环硫醚、噻吩等。它们多集中在高沸点馏分中。它们的化学性质较稳定，不直接腐蚀金属，但燃烧后能生成二氧化硫和三氧化硫，它们不仅能造成大气污染，而且遇水后生成亚硫酸和硫酸，可以间接腐蚀金属。因此液体燃料规格中对活性硫化物含量加以限制，同时还规定了硫含量这个指标。硫含量包括石油产品中活性硫和非活性硫的总含量。

石油中的硫化物对油品储存，石油加工和油品使用性能危害很大。硫化物能加速油品氧化，生成胶状物质，使油品变质，严重影响油品的储存安定性。硫化物能引起储油设备、加工装置等的严重腐蚀。含硫油品燃烧后都会生成 SO_2 和 SO_3，遇水成为强烈腐蚀性的 H_2SO_4 和 H_2SO_3。石油加工中生成含硫化氢和低分子硫醇的恶臭气体以及含硫燃料燃烧产生的含 SO_2 和 SO_3 废气，严重污染大气，硫还是某些金属催化剂的毒物。总之，石油产品中含有硫化物一般是有害的，必须加以限制。但对于某些石油产品来说，为了改善油品性能，则需要加入一定数量硫化物。如齿轮油为了改善极压性能，需要加入一定量的硫化物作极压添加剂。

二、含氧化合物

石油中的含氧量一般约为千分之几，其中80%~90%集中在胶质沥青质中。其余部分主要是酸性物质——环烷酸、脂肪酸及酚类，统称为石油酸。另外还有微量醛、酮等中性含氧化合物。

石油酸中最主要的是环烷酸，约占石油酸的90%。所有的石油均含有环烷酸，含量一般在1%以下。我国石油中，大港、克拉玛依石油含环烷酸较多，其他石油中含量较少。

环烷酸的相对分子质量较大，沸点较高，在石油的各馏分中，分布在柴油和轻质润滑油等中沸点馏分中较多。

环烷酸的化学性质和脂肪酸相似，它易溶于油、不溶于水。环烷酸能与铅、锌、铜、锡、铁、镉等金属作用生成相应的环烷酸盐，因此对金属有腐蚀作用。环烷酸盐是润滑油氧化的催化剂，同时这些盐类又是黏稠的物质，对润滑油的正常润滑也有不良影响，大部分环烷酸在石油产品加工过程中，可用碱洗的办法将其除掉。

如同含硫化合物一样，环烷酸在石油产品中是有害的，但它却是很有用的化工产品，可作枕木防腐剂、颜料及油漆的催干剂。环烷酸锌可作防锈添加剂。

三、含氮化合物

石油中含氮很少，一般含量为万分之几到千分之几，我国几种原油的含氮量如表 1-1 所示。

和其他非烃类化合物一样，随着馏分沸点升高，氮的含量也随之增加，大部分集中在残渣油中。属于这类的化合物有吡啶、吡咯及其同系物等。

石油中氮含量虽少，但对油品储运、油品使用及石油加工影响却很大。在储运过程中，因为光、温度和空气中氧的作用，氮化物很容易生成胶质，极少量的生成物就会导致油品颜色变深，使油品不能长期储存。液体燃料中含氮量多时，燃烧时还有较大的臭味。此外，氮化物还会使石油加工中的催化剂中毒。因此，必须从油品中除去氮化物。用酸洗或催化加氢精制等方法可以脱除油品中的部分氮化物。

四、胶质、沥青质

石油中的非烃化合物，有很大一部分是胶状沥青状物质。它们的含量相当可观，在含胶最多的重质石油中可达 40%~50%，少的一般有百分之几，其中主要是胶质，沥青质一般不超过 4%~5%。

胶状、沥青状物质是由 C、H、O、N、S 等元素所组成的非烃化合物的复杂混合物，天然石油中 90%以上的氧，80%以上的氮，50%以上的硫都集中在胶状沥青状物质中。胶状沥青状物质一般分为胶质和沥青质。

所谓胶质，一般指能溶于石油醚(低沸点烷烃)、苯、三氯甲烷($CHCl_3$)和二硫化碳(CS_2)，而不溶于乙醇的物质。

沥青质是能溶于苯、三氯甲烷和二硫化碳，但不溶于石油醚和乙醇的物质。

胶质是红褐色到暗褐色并具有延性的黏稠液体或半固态物质，其密度约为 1.0~1.1g/cm^3，平均相对分子质量为 600~1000。随着石油馏分沸点升高，胶质含量增大，胶质的相对分子质量也增加，其颜色也由浅黄逐渐变为深褐色。胶质溶解在石油产品中形成真溶液。胶质具有极强的着色能力，在无色汽油中只要加入 0.005%的胶质，汽油就变成草黄色。油品的颜色主要来自胶质，颜色的深浅往往反映了胶质含量的多少。

胶质的结构十分复杂，研究认为，它是由不长的烷基(例如—CH_2—、—CH_2—CH_2—等)把带少数短侧链的芳香环、环烷环及含硫、氮、氧原子的杂环构成的稠环连接起来形成的。馏分油中的胶质主要以双环为主，减压渣油中的胶质以高度稠化的稠环为主。

油品中的胶质在燃烧时易形成炭粒，引起机器的磨损和管道的堵塞。胶质受热或在常温下氧化，可以转化为沥青质，高温下甚至生成不溶于油的焦炭状物质——油焦质。但胶质是沥青的重要组成部分。

沥青质是暗褐色或深黑色脆性的非晶形固体粉末，密度稍大于胶质，是石油中相对分子质量最大，结构最复杂的组分。沥青质没有挥发性，石油中的沥青质全部集中在渣油中。它受热时不会熔融，当温度高于 300℃时便全部分解成焦炭状物质和气体。与胶质在石油中形成真溶液不同，沥青质先吸收溶剂而膨胀，然后均匀分散成胶体溶液，因而在石油中沥青质部分呈胶体溶液，部分呈悬浮状态。沥青质也是沥青的重要组成部分。

有些烃类与空气接触，经过一段时间就容易氧化产生胶质，使油品的颜色变深。胶质又会进一步变成相对分子质量更大的沥青质。在热加工过程中，沥青质又进一步转变为油焦质和炭青质。

石油及其产品的颜色与其中所含的胶质、沥青质有密切关系。胶质、沥青质的含量愈高，石油及其产品的颜色愈深。我国石油沥青质含量不高，但胶质含量一般都较高。胶质、沥青质对石油产品性能有不良影响，加工中应尽量除去。

第二章 原油的分类及性质

第一节 原油的分类方法

世界各国所产的原油，其化学组成和物理性质虽然各不相同，但有一些原油的性质彼此是相近的。它们的加工方案和加工中所遇到的问题也是相似的。例如，我国原油一般含蜡较多，凝点较高，由它们生产柴油和润滑油时，都要考虑脱蜡的问题。又如，世界各地许多原油，含硫较高，加工时就要考虑脱硫和防止设备腐蚀的问题。因此，为了研究和使用上的方便，找到一种分类方法，把原油按一定的性质指标分类，对原油的加工和利用是很有益的。

原油的组成极为复杂，对原油的确切分类是困难的。从实质上看，原油的性质之所以千差万别，归根结底还是由于化学组成不同所致。我们看问题，需要看它的实质，所以人们一般倾向于化学分类，但有时为了应用方便，也采用工业分类。下面分别予以介绍。

一、工业分类法

1. 按原油的密度分类

轻质原油：密度小于 878kg/m^3；

中质原油：密度介于 878~884kg/m^3；

重质原油：密度大于 884kg/m^3。

我国原油中胜利和孤岛属重质原油，大港为中质原油，其他均属轻质原油。

2. 按含硫量分类

低硫原油：含硫量低于 0.5%；

含硫原油：含硫量介于 0.5%~2%；

高硫原油：含硫量高达 2%以上。

目前我国开采的原油中，除胜利、孤岛和江汉原油属含硫原油外，其余均属低硫原油。

二、化学分类法

目前广泛应用的化学分类法有两种，即特性因数分类和关键馏分特性分类。一般认为，各种原油以此两种方法分类，可以对原油的特性有一个初步了解，易于做出对比。

1. 特性因数分类

原油按特性因数大小分为石蜡基、中间基和环烷基三种。

石蜡基原油：特性因数 K=12.1~12.9；

中间基原油：特性因数 K=11.5~12.1；

环烷基原油：特性因数 K=10.5~11.5。

特性因数 K 是表示原油馏分的密度、平均馏点与它的化学组成之间一定关系的数值，利用它可以估计油品的化学组成，烷烃 K 值最高，芳香烃 K 值最低，环烷烃介于两者之间。

$$K = \frac{1.26\sqrt[3]{T}}{d_{15.6}^{15.6}}$$

式中　K——特性因数；

T——原油馏分的平均沸点，以绝对温度(K)表示。

石蜡基原油一般烷烃含量超过50%，其他族烃类相对含量较少，其特点是含蜡量较高，凝点高，密度小，含硫、含胶量很低，直馏汽油辛烷值较低，柴油的十六烷值较高，并可以从中制得高品质的润滑油。我国大庆、四川原油是典型的石蜡基原油。

环烷基原油的密度较大，凝点低，直馏汽油的辛烷值较高，可以得到密度大、结晶点或冰点低的喷气燃料，但不易制得燃烧性能较好的柴油和黏温性能较好的润滑油。在我国，典型的环烷基原油较少。

中间基原油的性质介于这两类之间。

由于原油的组成十分复杂，在低沸点馏分和高沸点馏分中的烃类分布规律也有很大差别，而且特性因数分类也比较笼统，有一定的局限性。为了比较全面和更科学地概括原油的特性，一般多采用关键馏分的特性分类。

2. 关键馏分特性分类

将原油在常压下蒸得250~275℃的馏分为第一关键馏分，再将所剩残油在5.33kPa的压力下，进行减压蒸馏取275~300℃馏分(即常压下395~425℃馏分)为第二关键馏分。测定两个关键馏分的密度，然后对照表2-1所列馏分的密度或K值来确定两个关键馏分是属于哪一个基，再按表2-2确定该油属哪一类。

表2-1　关键馏分的分类指标

关键馏分	指　标	石蜡基	中间基	环烷基
第一关键馏分	密度(20℃)/(g/cm^3)	<0.8207	0.8207~0.8560	>0.8560
	特性因数K	>11.94	11.45~11.94	<11.45
第二关键馏分	密度(20℃)/(g/cm^3)	<0.8721	0.8721~0.9302	>0.9302
	特性因数K	>12.2	11.45~12.2	<11.45

表2-2　关键馏分的特性分类

第一馏分类别	第二馏分类别	原油的类别	第一馏分类别	第二馏分类别	原油的类别
石蜡	石蜡	石蜡	中间	环烷	中间-环烷
石蜡	中间	石蜡-中间	环烷	中间	环烷-中间
中间	石蜡	中间-石蜡	环烷	环烷	环烷
中间	中间	中间			

关键馏分的特性分类有一定的科学性，如果再将工业分类法中所提到的含硫量分类法补充进去就更合理，更有利于对比各种原油。表2-3为我国几种原油按关键馏分特性与含硫量相结合分类的结果。

表2-3　我国几种原油的分类

原油名称	含硫量/%	密度(20℃)/(g/cm^3)	特性因数K	特性因数分类	第一关键馏分		第二关键馏分		关键馏分特性分类	建议原油分类命名
					密度/(g/cm^3)	K	密度/(g/cm^3)	K		
大庆	0.11	0.8615	12.5	石蜡基	0.814	12.0	0.850	12.5	石蜡基	低硫石蜡基
胜利	0.90	0.9040	12.13	中间基	0.832	11.8	0.881	12.05	中间基	含硫中间基

续表

原油名称	含硫量/%	密度(20℃)/(g/cm³)	特性因数K	特性因数分类	第一关键馏分		第二关键馏分		关键馏分特性分类	建议原油分类命名
					密度/(g/cm³)	K	密度/(g/cm³)	K		
孤岛	2.03	0.9574	11.6	中间基	0.891	10.7	0.936	11.4	环烷基	含硫环烷基
新疆	0.12	0.8766	12.15	中间基	0.831	11.82	0.887	11.9	中间基	低硫中间基
玉门	0.18	0.8520	12.3	石蜡基	0.818	11.95	0.870	12.25	石蜡基	低硫石蜡基
大港	0.12	0.8826	12.1	中间基	0.8458	11.6	0.8844	12.1	中间基	低硫中间基

第二节　国产原油的性质

我国的主要油田有大庆、胜利、华北(任丘)、中原、大港、辽河、南阳、江汉、玉门、克拉玛依等，其中产量最大的是大庆油田；其次为胜利油田。

从原油密度来看，国产原油的标准密度大多数在860~880kg/m³左右，但也有个别原油如青海冷湖原油小到只有804kg/m³左右，而乌尔禾稠油密度大到962kg/m³。原油的密度大小反映了原油化学组成上的差别，一般密度小的轻质原油，其含硫，含氮量少，胶质、沥青质含量也少，原油中轻组分含量多；密度大的原油正好相反。比较青海冷湖原油和乌尔禾稠油的性质，可以清楚地看到这一点。青海冷湖原油密度为804kg/m³，其胶质含量为1.9%，沥青质为零，含硫量极低，为0.02%，200℃以前的馏分达48%，小于300℃馏分高达72%。而密度高达962kg/m³的乌尔禾稠油，其含硫、含氮量均高于青海冷湖原油，含硫量为冷湖原油的15倍；其胶质沥青质含量为3%，也是冷湖原油的十几倍；乌尔禾稠油的轻组分极少，初馏点高达212℃，300℃以前的轻组分只有3.24%，仅为青海冷湖原油的4.5%。

我国原油的50℃运动黏度一般在20~100mm²/s之间。由于组成不同，特别是胶质沥青质含量和轻组分含量的影响，黏度的差别也十分悬殊。例如含轻组分多、胶质沥青质少的青海冷湖原油，其50℃运动黏度为1.46mm²/s，而重质的乌尔禾稠油其黏度竟高达20391mm²/s，为青海冷湖原油的14000倍。

不同原油之间的凝点差别，主要与原油的含蜡量有关。含蜡多的原油凝点高，例如，南阳原油含蜡量为41.14%，其凝点也突出地高达51℃；而含蜡量仅为2.04%的克拉玛依低凝原油，其凝点低至-50℃，两种原油凝点相差101℃。这个差别从中东原油性质中也可以看得很清楚。

原油含硫、氮等元素的数据，一般与胶质、沥青质含量有关。含硫、含氮量高的原油，通常胶质和沥青质含量也高，例如孤岛、胜利原油等。下面分别介绍几种主要国产原油的特征。

一、大庆原油

大庆原油是我国产量最高的原油，其性质和国外很多原油差别很大，主要特点是含蜡多、凝点高、含硫少，汽油馏分较少。按关键馏分特性分类法分类，属于低硫石蜡基原油。

石蜡基原油的烷烃含量高，因而其汽油馏分的抗爆性能差，辛烷值低；其柴油的燃烧性能好，十六烷值高，但是柴油凝点较高，低温流动性差；润滑油的黏温性能好，由于含烷烃量多，脱蜡的负荷大，但可以得到重要的副产品——石蜡和地蜡。石蜡基原油由于胶质沥青含量低，不能直接生产沥青产品。大庆原油的含硫量低，炼制加工这类原油比较容易，加工和储运这类原油及其产品的设备腐蚀问题不太严重；但因含蜡多，凝点高，原油输送时必须加热或采用其他降凝措施。

任丘原油和南阳原油等的特点与大庆原油类似。

二、胜利原油

胜利原油的特点是密度较大，含硫量较高，含胶质、沥青质较多，属于含硫中间基原油。

由于含硫量、含氮量、胶质和沥青质含量都较高，所以胜利原油生产出的汽油、煤油、柴油的很多性质都不如大庆原油，必须经过适当的精制。油品的储存安定性很差，容易氧化变质；但胜利原油的汽油馏分的辛烷值比大庆原油相应馏分高 11~18 个单位。胜利原油生产的滑油，其黏温性能差，需要深度精制和脱蜡，并难以生产高黏度的柴油机油，因而一般不用胜利原油制备润滑油。渣油经过氧化可以生产出一般的道路沥青。小于 300℃的轻油收率低，仅为 15. 8%。

胜利原油的含蜡量虽低于大庆原油，但黏度高，因而其凝点仍高达 27℃，原油的输送和储存也必须加热或采用其他降凝措施。胜利原油含硫量高，因而对储运设施和炼制加工设备的腐蚀性比大庆原油严重。

三、孤岛原油

孤岛原油是典型的环烷基原油。特点是密度大(20℃密度为 946kg/m^3，个别油井曾出现过高达 1010kg/m^3 的原油)，黏度大(50℃运动黏度为 498mm^2/s，是大庆原油的 25 倍)、含硫多(为 2. 06%)、含胶质、沥青质多(达 40. 5%)、轻组分含量很少(200℃以前馏分只有 1. 1%，280℃以前馏分为 9. 4%)。按我国采用的分类法属于含硫环烷基原油。

孤岛原油加工时所得直馏汽油、煤油、柴油的收率很低。由于含硫量高，产品安定性很差，必须进行精制。孤岛原油不适合生产润滑油。其渣油产率很高，达 50%以上，是国内少有的生产优质沥青的良好原料。

四、克拉玛依原油

克拉玛依油田的不同油层和油区所产原油的性质差别很大，部分原油具有低凝、少蜡、低硫、高黏度等特点，是生产某些特种低凝油品和环烷酸的良好原料。为了充分利用资源，根据低凝油品的要求，按原油和特定馏分的凝点，把克拉玛依原油分为低凝原油和克拉玛依混合原油两大类。克拉玛依低凝原油共分为三类，其原油凝点均低于-40℃。

克拉玛依低凝原油的突出特点是凝点极低(-50℃)、含蜡很少(为 2. 04%)、含硫量极少(0. 04%)、酸值较高，属于低硫中间基原油。

低凝原油生产的汽油抗爆性很好，并能直接生产结晶点低于-60℃、芳香烃含量小于 9%的优质喷气燃料，由它生产的煤油、柴油的凝点大都低于-60℃，可生产高寒地区用柴油。它的润滑油馏分可不经脱蜡直接生产低凝润滑油(凝点可低至-45℃以下)。为了充分利用资源，对于低凝原油必须采取严格的分采、分输、分储和分炼的措施。

低凝原油的含硫量低，加工流程比较简单，加工和储运设备腐蚀问题也小。低凝原油酸值较高，为 0. 78mgKOH/g，可以提取重要的化工原料——环烷酸。

克拉玛依混合原油的特点与低凝原油有很多类似之处，只是含蜡量稍高(为 7.2%)，凝点也增高到 12℃。属于低硫中间-石蜡基原油。

上述克拉玛依两种原油的轻油收率在国产原油中是相当高的，低于 300℃馏分的收率达 35%，是大庆原油的 1.46 倍，为胜利原油的 2.2 倍。

综上所述，可知克拉玛依原油是一种优质原油。

五、青海冷湖原油

青海冷湖原油是一种少见的特殊轻质原油。其突出特点是密度和黏度都很小，分别为 804kg/m^3 和 1.46mm^2/s(50℃)，含硫量极低(为 0.02%)，轻油含量极高。直馏汽油(<200℃)馏分约占原油的 48%，而 300℃以前的馏分高达 72%。因而只需要经过简单加工，就可以得到收率很高的直馏油品。其汽油、煤油和柴油的安定性很好，质量高，不需经过精制就可以直接使用。由于含蜡量不多，柴油的凝点较低，所以这是一种难得的轻质原油。

六、乌尔禾稠油

国内有些油田开发了一些稠油，这些稠油的共同特点是密度和黏度都很高，轻油含量极少，胶质、沥青质含量较多，含硫量有的高，有的不一定高。现在以乌尔禾稠油为例说明之。

乌尔禾原油密度为 962kg/m^3，50℃时运动黏度高达 20891.6mm^2/s，是大庆原油的 1000 多倍；胶质、沥青质含量较高，总量为 33%，是大庆原油的 4 倍。轻质油品的含量极少，馏程的初馏点为 212℃，没有汽油馏分，小于 300℃的馏分只有 3.24%。

稠油的高黏特性给输送、储存和加工带来很多新问题，现研究采用稠油加轻质油品稀释后输送等方案，看来还是可行的。

综上所述，我国主要原油有下述几个特点：

①石蜡基原油多，因而其汽油的抗爆性差、柴油的燃烧性能好。

②除克拉玛依原油和青海冷湖原油以外，多数原油含蜡量较多，凝点较高，都需要加热输送或采用其他降凝措施。孤岛原油凝点虽低到-2℃，但其 50℃运动黏度高达 498mm^2/s，所以，也必须加热输送。

③除江汉、胜利、孤岛原油外，其他原油含硫量都较低。

④除青海原油和克拉玛依原油外，一般原油的轻油含量均较少。

第三节　国外原油的性质

世界石油资源分布从总体上看极端不平衡，主要分布在中东波斯湾沿岸、北美洲、欧洲及欧亚大陆、非洲、中南美洲及亚太地区，其原油的性质也各不相同。下面分别介绍几种国外原油的性质。

一、中东原油

中东地区几个主要产油国家为沙特阿拉伯、伊朗、伊拉克、科威特、阿联酋、中立区和阿曼。其中除阿曼和阿联酋的穆尔班、穆巴雷克原油的硫含量较低(分别为 0.68%、0.78%和 0.62%)外，其余原油的硫含量都在 1%以上。将硫含量>1%的主要原油，按沙特阿拉伯出口原油的分类，分为 4 类：超轻、轻、中、重，其性质见表 2-4。

表 2-4　中东原油的一般性质

项　目	阿拉伯毕利	乌姆谢夫	扎库姆（低）	阿拉伯（轻）	巴士拉（轻）	扎库姆（高）	伊朗（轻）	阿拉伯（中）	巴士拉（中）	伊朗（重）	阿布布科什	科威特	迪拜	阿拉伯（重）	巴士拉（重）	卡夫几
API 度	37.8	37.4	40.6	33.4	33.7	33.1	33.2	31.1	31.1	30.9	31.6	31.4	31.1	27.9	24.7	28.5
相对密度 $d_{15.6}^{15.6}$	0.8352	0.8372	0.8216	0.8575	0.8559	0.8591	0.8554	0.8696	0.8696	0.8707	0.867	0.868	0.8699	0.8871	0.9052	0.8838
硫含量/%	1.19	1.51	1.05	1.79	1.95	2.0	1.35	2.48	2.58	1.73	2.0	2.52	2.0	2.85	3.5	2.85
氮含量/%	0.042	0.061	0.0525	0.098	0.095	0.097	0.17	0.137	—	0.23	—	0.12	0.17	0.168	—	—
倾点/℃	-31.6	-30	-21	-34.4	-15	-26.7	-28.9	-28.9	-30	-15	-31.4	-15	-8.9	-28.9	-30	-35
黏度/(mm²/s)																
21℃	5.8	4.7	4.28	10.2	10.6	—	10.5	19.4	22.0	16.8	10.8	15.7	12.34	37.0	50	26
37.8℃	3.86	3.6	2.9	6.25	6.5	—	6.41	11.01	12.6	9.4	6.7	9.7	7.48	19.0	24	17.5
钒含量/(μg/g)	1.1	3.0	0.36	20.5	18.0	8.77	35	43.0	50	116	12	30	42	57.0	90	55
镍含量/(μg/g)	0.6	0.8	0.3	4.4	5.0	6.9	13	13.0	18	30.5	7	8	14	18.0	11	16
残炭/%	1.83	2.2	1.56	3.58	4.18	4.42	3.5	5.05	5.4	5.25	4.3	5.3	4.62	7.9	9.73	8.04
酸值/(mgKOH/g)	—	0.02	0.06	—	0.14	—	0.06	0.57	0.34	0.14	—	0.15	0.09	—	0.39	0.81
轻烃(<C_5)/%	3.14	4.06	5.33	3.18	3.32	3.79	3.64	3.22	3.14	3.14	1.94	3.76	3.01	3.59	1.65	4.4
馏分收率/%																
C_5~70℃	4.54	5.53	5.44	3.76	3.95	4.14	3.64	3.76	3.95	3.64	3.05	3.76	2.42	3.32	3.21	3.16
70~150℃	11.41	13.86	14.68	10.66	11.65	10.59	11.66	10.13	10.72	10.81	11.28	10.14	12.06	8.36	8.65	8.47
150~235℃	17.55	15.95	17.64	15.21	13.88	14.33	14.13	12.81	11.06	13.67	14.87	12.16	13.87	11.05	11.49	11.55
235~360℃	21.28	19.67	20.59	19.39	18.38	19.28	18.81	17.16	17.81	17.58	19.03	17.45	19.31	15.84	17.2	16.09
360~565℃	33.04	29.83	28.53	32.09	33.62	33.86	31.43	30.16	29.87	30.09	34.27	32.01	34.89	32.17	27.63	29.63
>565℃	10.72	9.7	10.93	17.7	17.04	16.19	18.44	23.91	23.52	22.69	16.84	22.54	16.18	27.65	31.23	20.96

由表 2-4 可见，各类原油随 API 度的降低，硫含量、黏度、残炭、金属含量增加，轻质油收率减少，但倾点、酸值、氮含量的规律性不明显。

3 种超轻原油（API 度≥37.4）硫含量为 1.05%～1.51%，其中，扎库姆（低）原油较其他原油的黏度低、残炭低、金属含量低、倾点高、轻质油和<C_5 收率高；阿拉伯毕利原油的轻质油收率最低，可是其 VOG 收率最高，所以超轻油的>565℃渣油收率都相近。

4 种轻质原油（API 度约为 33）硫含量为 1.35%～2.0%，其中伊朗（轻）最低，扎库姆（高）最高；而金属（Ni+V）伊朗（轻）最高，扎库姆（高）最低。它们的黏度、轻质油收率很接近，只有 VGO 和减压渣油收率略有差别（约 2 个百分点）。

6 种中质原油（API 度 31），硫含量为 1.73%～2.58%，以伊朗（重）最低，其他巴士拉中、阿拉伯中、科威特原油都在 2.5%左右。阿联酋的 2 种原油：迪拜油倾点最高、阿布布科什金属含量最低，而且 2 种油的黏度、残炭最小，轻质油和 VOG 收率最高，渣油收率最低。另外 4 种油中以伊朗（重）金属含量最高（Ni+V 146.5μg/g），阿拉伯（中）酸值较高（0.57mgKOH/g），在馏分收率方面很相似。

3 种重质原油（API 度≤28.5）硫含量最高为 2.85%～3.5%，以巴士拉重油的含硫、黏度、重金属、残炭最高，轻质油、VGO 收率最低，渣油收率最高。以卡夫几原油轻质油收率最高，而阿拉伯重 VGO 收率最高。

综上所述，从各类原油来看，中东原油除阿联酋原油性质差别较大外，其他几国原油性质都很类似。

二、美洲原油

委内瑞拉作为油气资源相对丰富的国家之一，拥有最大的重油和超重油聚集区。产自委内瑞拉的马瑞原油和波斯坎原油，其原油硫含量、金属和残炭含量高，轻油收率低，是较难加工的油种，但是其渣油的胶质、沥青质含量高，蜡含量低，因此，可用于生产重交通道路沥青。按照原油的第一关键馏分和第二关键馏分的密度、特性因数及硫含量分析，马瑞和波斯坎原油均属于高硫环烷基原油。另外，比较有代表性的马林原油产自巴西，API 度（60℉）约为 19.2，硫含量约为 0.8%。纳波原油产自厄瓜多尔，API 度（60℉）约为 19.0，水分和沉淀物含量约为 0.4%，硫含量约为 2.0%。埃斯卡兰特原油特产自阿根廷，API 度（60℉）约为 24.1，硫含量约为 0.2%，倾点约为-1℃。多拉多原油产自哥伦比亚，API 度（60℉）约为 30.8，水分和沉淀物含量约为 0.05%，硫含量约为 0.9%。埃尔滨重质原油产自加拿大，API 度（60℉）约为 21.1，水分和沉淀物含量约为 0.2%。

三、俄罗斯原油

俄罗斯原油是我国主要发展的原油进口渠道之一。俄罗斯原油密度小，20℃时密度为 839kg/m^3；黏度低，20℃、50℃运动黏度分别为 7.011mm^2/s、3.178mm^2/s；酸值低，为 0.02mgKOH/g；残炭值为 2.27%；蜡含量低，为 3.15%；凝点低，为-14℃。俄罗斯原油胶质、沥青质含量均较低，分别为 5.70%、0.61%；硫含量较高，为 0.57%；氮含量较低，为 0.15%，属含硫中间基原油。俄罗斯原油最大的特点是轻油收率高，硫含量高。俄罗斯原油<200℃汽油馏分收率为 29.26%，此部分馏分硫含量占总硫含量 6.19%；<350℃汽柴油馏分收率达 57.82%，此部分馏分硫含量占总硫 13.21%；<500℃馏分收率为 82.76%，此部分馏分硫含量占总硫含量 50.58%；>565℃渣油收率仅为 10.89%，此部分馏分硫含量占总硫含量 30.02%。俄罗斯原油中的硫化物主要分布在重质馏分中，蜡油和减渣的硫含量占总硫的 80%以上。在进行加氢裂化和延迟焦化时会生成大量硫化氢而释放出来，对人体和环境构成严重威胁。

四、非洲原油

非洲原油中卡宾达、纳姆巴、帕兰卡原油产自安哥拉。卡宾达原油 API 度(60℉)约为 32.5，硫含量约为 0.1%，倾点约为 16℃。纳姆巴原油 API 度(60℉)约为 38.7，硫含量在 0.2%左右，倾点约为-4℃。帕兰卡原油 API 度(60℉)约为 38.4，硫含量在 0.2%左右，倾点约为 10℃。萨里尔、埃斯西德尔原油产自利比亚。埃斯西德尔原油 API 度(60℉)约为 36.0~37.0，硫含量约为 0.4%。博尼原油产自尼日利亚，API 度(60℉)约为 35.8，硫含量在 0.1%左右，倾点约为-18℃。

五、亚太地区原油

除中国之外，亚太地区原油中维杜里、辛塔、杜里原油产于印度尼西亚。其中维杜里原油 API 度(60℉)约为 33.5，硫含量约为 0.07%。辛塔原油 API 度(60℉)约为 32.7，硫含量约为 0.1%。杜里原油 API 度(60℉)约为 21.5，硫含量约为 0.1%。班曲马斯原油产自泰国，API 度(60℉)约为 42.5，硫含量约为 0.1%。

目前，世界上低硫原油仅占 17%，含硫原油 30.8%，高硫原油比例高达 58%，并且这种趋势还将进一步增大。世界原油质量将继续向含硫化、重质化的方向发展。

第三章　石油的炼制方法

所谓石油炼制，就是为了解决原油性质与油品使用要求之间的矛盾，应用各种物理或化学加工方法，把原油加工成符合各种质量标准的石油产品。

不同性质的原油采用相同方法生产的产品，其性质会有很大差异；而同一原油采用不同加工方法生产同一种油品，这些油品性质也可能出现很大差别。因此，油料工作者必须对石油炼制方法概况有所了解，掌握不同炼制方法对油品性能的影响，才能做好油品的合理储运、科学管理以及必要时进行油品调合、选择代用油或进行废油再生工作。

从石油中可以得到数百种产品，按用途不同可分为四大类：

①燃料：约占全部石油产品的90%以上，主要用作各类发动机、锅炉、炊具的燃料及照明灯用油。如汽油、喷气燃料、柴油、煤油和燃料油等。

②润滑油和润滑脂：约为石油产品总量的5%，但品种极多，性质差别很大。主要用于润滑机械，减少摩擦和磨损。

③蜡、沥青和石油焦。

④石油化工产品，主要作有机合成工业的原料或中间体。

本章只讨论前两类产品。

第一节　液体燃料的生产

一、原油预处理

油田采出的原油虽经过初步脱水处理，仍含有一定量的盐和水，进炼油厂的原油一般含盐量50mg/L左右，含水量0.5%~1.0%，这些盐和水必须在原油炼制之前，将其进一步脱除。因为原油含水在加工过程中必然增加燃料动力消耗，严重时会引起蒸馏塔超压或出现冲塔现象。原油含盐大部分是氯化钠，其余是氯化钙、氯化镁，受热后易腐蚀设备，并容易结成盐垢堵塞管路，而且原油中的盐在蒸馏时大都残留在重馏分油或渣油中，影响二次加工过程及其产品质量。为此，一般要求预处理后原油含盐小于3mg/L，含水小于0.2%。

原油预处理采用二级电脱盐脱水工艺。原油所含盐和水是作为盐的水溶液状态分散在油中，形成油包水型乳化液，很难分离，所以要在原油中添加破乳剂，并在高压电场和110~140℃温度下进行脱盐脱水，原油越重，操作温度越要高些。使乳化液破坏、小水滴聚集成大水滴，通过沉降分离，盐水沉降于电脱盐罐的底部，作为污水排出。第一级电脱盐脱水的脱盐率可达90%以上，再经过第二级电脱盐脱水即可达到要求。

二、原油常压蒸馏

常压蒸馏又叫直接蒸馏，是制取汽油、煤油、柴油等燃料的基本方法，是炼油厂加工已脱盐脱水原油的第一道工序。常压蒸馏是利用原油中烃类沸点的差别，采用精馏方法把原油分割成不同沸程的直馏馏分油。通常分割成沸点范围为35~205℃的汽油馏分，150~300℃的喷气燃料馏分，200~365℃的柴油馏分。

常压蒸馏原理如图 3-1 所示。将经过预处理脱水、脱盐后的原油用泵打入管式炉加热，原油加热到 350~360℃后进入常压蒸馏塔。蒸馏塔下部温度高，往上温度逐步降低。经加热的原油进入蒸馏塔后，沸点较低的烃类汽化上升，各种烃类根据自己的沸点在塔内不同的部分又被冷凝。沸点低的轻馏分蒸发性较大，能上升到温度较低的塔顶，沸点高的重馏分，蒸发困难，只能在温度较高的下部蒸发。因此，由塔顶到塔底的馏分，是由轻逐渐到重。塔顶是汽油馏分，往下是煤油馏分、轻柴油馏分、重柴油馏分，沸点大于 350℃的馏分称为常压燃料油，由塔底流出进入减压系统。这样，就把原油按沸点的不同分割成汽油、煤油、柴油等馏分。

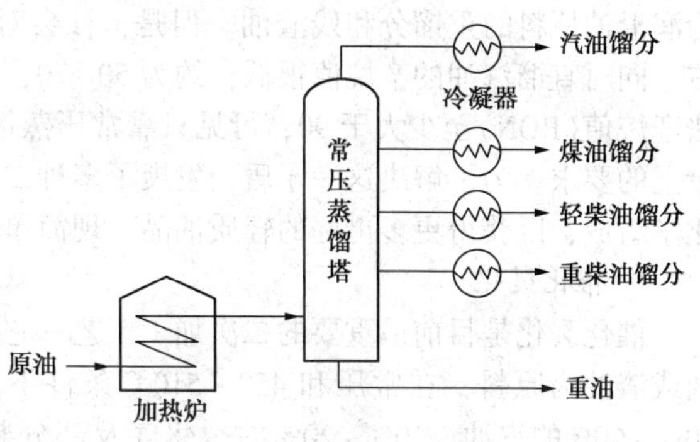

图 3-1 常压蒸馏原理流程图

汽油馏分当不作为汽油产品的调合组分时，也可以称之为石脑油馏分，作为本厂重整原料或商品出厂供其他厂作为化工原料。用作工业溶剂的各种溶剂油，也来自汽油馏分。

以上通过直接蒸馏所得到的产品，通常叫直馏产品，如直馏汽油、直馏煤油、直馏柴油等。直馏产品的沸点范围、黏度、密度和闪点见表 3-1。

表 3-1 汽油、煤油、柴油的主要性能

直馏产品	沸点范围	黏度(20℃)/(mm^2/s)	密度/(kg/m^3)	闪点/℃
汽油	35~200℃	0.398~0.430(25℃)	680~740	约-41
煤油	150~300℃	1.25 以上	775~810	28 以上
柴油	200~365℃	2.5~8.0	815~882	60~90

直馏产品不含烯烃或含量极少，性质安定，不易氧化变质，不管是汽油、煤油或柴油都适宜长期储存。目前国产喷气燃料、军用柴油大都是直馏产品。表 3-2 是直馏产品的烃类组成，从表内可以看出烯烃含量极少。

表 3-2 直馏产品的组成 %

原油馏分	烃类组成		
	芳香烃	烯烃	烷烃、环烷烃
大庆原油的直馏汽油	3.91	0	96.06
新疆原油的直馏汽油	5.17	0.53	94.30
大庆原油的直馏喷气燃料	8.4	1.6	90
新疆原油的直馏喷气燃料	9.4	<1	89

由于我国原油大部分属于石蜡基原油，因此，直馏柴油中正构烷烃含量较多(如大庆原油直馏柴油正构烷烃在 40%以上)。柴油中的正构烷烃多，易自燃，燃烧性能好。直馏汽油中的正构烷烃多，则在发动机中燃烧时容易产生爆震。

三、二次加工

常压蒸馏只能从原油中得到 20%~30%的汽油、煤油和柴油等轻质油品，其余是只能作为润滑油原料的重馏分和残渣油。但是，社会对轻质油品的需求量却占石油产品的90%左右；同时直馏汽油的辛烷值很低，约为50~70，而我国目前车用汽油标准中要求汽油的研究法辛烷值(RON)至少大于90，可见只靠常压蒸馏无法满足国民经济对轻质油品在数量和质量上的要求。为了解决这一矛盾，发展了多种二次加工方法，即通过化学方法，改变馏分的化学组成，以获得更多更好的轻质油品。现简单介绍几种主要的二次加工工艺的特点。

1. 催化裂化

催化裂化是目前最重要的二次加工工艺。它以减压馏分油、焦化柴油和蜡油等重质馏分油或渣油为原料，在常压和450~510℃条件下，以硅酸铝或分子筛为催化剂，反应生成40%~60%的汽油，10%~20%的裂化气及部分柴油。裂化气中丙烯和丁烯含量高达80%，是制取工业异辛烷、合成纤维、合成橡胶的重要原料，也可作民用燃料和车用清洁燃料——液化石油气。

催化裂化过程中主要发生裂化、异构化、芳构化、氢转移等反应，反应结果使产品中含有较多的异构烷烃和芳香烃，烯烃含量较少，因此汽油的辛烷值较高，达88左右，油品安定性较好，但不及直馏汽油。催化裂化柴油中芳香烃较多，因而燃烧性能较差，一般需同直馏柴油调合后才能合格。

重质油的轻质化在过去采用的是热裂化工艺，将燃料油加热到500℃左右进行裂化反应，生成汽油等轻质油品，因所产汽油安定性差，辛烷值较低，加上在裂化反应过程中容易结焦，我国自20世纪60年代以来，热裂化工艺已逐步为催化裂化工艺所取代。

20世纪90年代以来，我国还在催化裂化工艺的基础上，自主开发了多产气体的催化裂解，简称DCC工艺，气体产率高达45%，可以提供更多的化工原料；特别是丙烯，其产率可达23%。催化裂解的反应温度略高于常规催化裂化，在520~600℃范围内。

进入21世纪，国内催化裂化工艺面临着降低催化裂化汽油中烯烃含量和硫含量的挑战。国内催化裂化研究开发和工程设计单位基于自身积累和优势，相继开发出几种单独的降低催化裂化汽油烯烃含量和硫含量的催化裂化技术，较为典型的有变径流化床双反应区催化裂化(MIP)和双提升并联的催化裂化工艺(FDFCC和TSRFCC)。其中MIP工艺系列技术已大面积地推广应用，累计工业装置超过100套，加工量达1.6亿吨/年。MIP和汽油吸附脱硫技术组合是目前生产国Ⅴ或国Ⅵ车用汽油最具有竞争力的技术途径，中国石化所有的大型炼油企业车用汽油生产均采用此途径。

2. 加氢裂化

加氢裂化工艺是使重质油轻质化的又一种方法。重质油轻质化一是指碳氢化合物的相对分子质量由大变小，二是指碳氢比有所增加(碳氢化合物裂解时要增加氢原子)，这就需要添入氢或减少碳。加氢裂化与催化裂化不同之处即在于裂化过程加入氢气，而催化裂化则是在裂化过程减少碳(游离出来生成焦炭和油浆)。因此这两种裂化可以说是异曲同工，采取不同工艺方法达到同一目的，所以炼油厂的二次加工往往是催化裂化与加氢裂化相辅相成同时采用。

加氢裂化是在氢压下进行的催化裂化。它是在10~20MPa氢气压力和以钨、钼、镍等为催化剂的条件下，温度在400℃左右加入氢气，将重质油转变成为饱和的轻质油。在加氢裂化中，进行裂化、加氢和异构化等反应。加氢裂化不仅可防止焦炭的产生，还可以将原料油中的氧、氮、硫等杂质转化为水、氨、硫化氢，易于脱除。所以，产物中含异构烷烃和环烷烃多，而且含硫、氧、氮等非烃化合物和烯烃很少，可以生产高辛烷值的汽油或安定性高、结晶点低(<-60℃)的喷气燃料，还可以生产低凝点(<-45℃)的柴油。液体产品收率高达97%，产品长期储存不易变质，宜作封存和战备储存用油。

(1) 加氢裂化工艺的优点

①原料广泛，加氢裂化的原料可以是柴油馏分、减压馏分，甚至可以是渣油，也可用含硫、含氮、含蜡量很高的劣质原料油；

②产品质量好，基本上不含氧、氮、硫，不需再进行精制；产品收率也高。特别是适于生产喷气燃料。

(2) 加氢裂化工艺的缺点

①投资大，需采用大型高压反应器、高压换热器以及高压机泵等昂贵设备；

②耗氢量大，除了从催化重整可得到一部分副产廉价氢气外，还需配备制氢装置，制氢所用原料，如果没有天然气的话，需耗用高价的石脑油。

因此，国内炼油厂的二次加工工艺大都优先考虑催化裂化，只有当裂化原料不适合进行催化裂化加工的，例如馏分过重或含重金属、含硫较高的重质油(如胜利油田孤岛含硫原油以及辽河油田及海上油田所产稠油等)，或对产品有特殊要求(如要求以生产喷气燃料为主)时再选用加氢裂化工艺。

进入21世纪，随着我国经济高速发展，进口原油重质化、劣质化趋势明显，加之市场对清洁油品和优质化工原料的需求增长，我国加氢裂化技术应用进入了高速发展阶段。目前我国高压加氢裂化装置(以蜡油为原料)超过60套，加氢裂化加工能力超过1.2亿吨/年，约占一次原油加工能力的13.3%，远超过世界平均水平。在此期间，镇海炼化拟建设的加氢裂化装置规模达到了400万吨/年，代表着中国炼油工业加氢裂化技术水平达到世界先进水平。

3. 催化重整

随着汽车工业的发展，对汽油辛烷值要求越来越高，我国20世纪70年代使用70号汽油(马达辛烷值——MON)，在90年代逐步淘汰70号，普遍采用了90号以上的汽油(研究法辛烷值——RON)；如与国际接轨，辛烷值还需进一步提高。不仅直馏汽油达不到要求，催化汽油也嫌不足。催化重整工艺就是用来生产高辛烷值汽油或苯、甲苯、二甲苯等苯类产品。同时副产氢气作为加氢裂化和加氢精制装置的原料。

“重整”的意思是对分子结构进行重新整理，因为异构烷烃比同样碳原子数的正构烷烃的辛烷值高很多，而芳香烃的辛烷值更高。催化重整工艺就是在催化剂存在条件下，将正构烷烃和环烷烃进行异构化、芳构化和脱氢反应，转化为异构烷烃和芳香烃，得到高辛烷值汽油和苯类产品。所以，催化重整虽然也是二次加工工艺，但其作用完全不同于催化裂化和加氢裂化，不是把燃料油轻质化，或大分子裂解成较小的分子，而仅仅是把烃分子的结构重新加以整理改变。直馏汽油(石脑油)主要是正构烷烃和环烷烃，所以辛烷值低不能直接出厂，需要采用催化重整工艺进行加工。因此，催化重整工艺在二次加工中的地位非常重要。

催化重整根据所用催化剂的不同，分为铂重整、铂铼重整和铂锡重整等。

常用的铂重整原料油是含环烷烃多的直馏汽油馏分或经加氢的裂化汽油馏分，沸点范围随重整目的不同而异。为了提高汽油辛烷值，原料的沸程一般为60~200℃；以制取芳香烃为目的时，则用60~130℃馏分为原料油。

原料油在480~520℃和1~3MPa的氢气压力下，以铂或铂铼为催化剂，进行芳构化和异构化反应。产品中芳香烃和异构烷烃含量大大增加，正构烷烃、烯烃含量减少，芳香烃含量可达到25%~60%，烯烃含量则小于2%。产品作为汽油组分，辛烷值高，安定性好，储存中不易变质。生产的芳香烃，包括苯、甲苯、二甲苯和乙苯等是制造涤纶和炸药等的重要化工原料。

我国以前建设的催化重整大都是半再生重整，规模为100~300kt/a。由于要求汽油辛烷值不断提高和芳烃需求量的增长，重整装置的建设规模不断加大，因此，选用连续重整比较有利。20 世纪 80 年代以来，引进了数套美国 UOP 及法国 IFP 技术的连续重整，进入 90 年代后期，由我国自己设计和使用自行研制催化剂的连续重整装置已付诸实施。到 2019 年底，我国已有连续重整装置 100 套，总加工能力 11315 万吨/年；半再生重整装置 37 套，总加工能力 967 万吨/年，大部分以直馏石脑油、加氢裂化石脑油和焦化石脑油为原料。产品以苯、甲苯、混合二甲苯和高辛烷值汽油组分为主。

4. 延迟焦化

为了充分利用资源，以得到更多的轻质油，可将减压渣油等重质油品进行深度加工。通过延迟焦化，原料一方面裂解生成汽油、轻柴油等轻质油以及催化原料，另一方面缩合生成石油焦。

延迟焦化是使原料油缩短在高温(500℃左右)炉管内的停留时间，使生焦现象不是发生在加热炉管内而是延迟到焦炭塔内进行。通过延迟焦化，一方面大分子烃经裂化反应分解成小分子的烃类，直至成为气体；另一方面芳香烃和烯烃等又进行缩合反应，生成焦炭，这样就避免了在加热炉管内大量结焦。

延迟焦化过去是用单独釜，在釜中加热并就地焦化和清焦，只能一釜一釜地间断进行和手工作业，而现在延迟焦化则可以大规模连续生产。延迟焦化的原料来源很广泛，有减压渣油，也有二次加工的各种尾油。原料油在焦化过程中，既有裂化也有缩合，焦化产品及收率随原料不同而变化，一般为：汽油 12%、柴油 30%、焦化馏分油 25%、石油焦 23%、气体 7%左右。焦化汽油和柴油含有大量不饱和烃，特别是含二烯烃以及非烃化合物，其安定性极差，极易变质，必须进一步加工才能使用。焦化馏分油可作催化裂化和加氢裂化等二次加工的原料。

石油焦是焦化装置独有产品，分三个等级，一级焦用作炼钢工业电极；二级焦用于炼铝和一般电极及绝缘材料；三级焦用作冶金工业燃料。焦化装置生产的焦炭(生焦)一般为二三级。为了适用于炼钢的石墨电极或制铝、制镁的阳极糊(熔融电极)的制作要求，可以适当改变装置的操作条件，生产优质的针状焦。有的炼油厂对生焦进行锻烧，煅烧温度在 1300℃左右，以尽量去除其挥发成分，提高石墨化程度，达到一级焦标准。

5. 减黏裂化

减黏裂化的生产目的是将常压燃料油或减压渣油等高黏度重质油料经过轻度热裂化得到低黏度、低凝点的燃料油。因为此项技术比较成熟，工艺简单，投资不多，是利用渣油生产燃料油的一个可行办法。

减黏裂化的原料主要是减压渣油，产品主要是减黏渣油(燃料油)82%、不稳定汽油 5%、柴油 10%。减黏裂化的减黏效果是显著的，例如黏度为 5800mm^2/s 的减压渣油通过减黏处理，其黏度可降到 650mm^2/s。减黏柴油一般调入燃料油内，不作为产品。

减黏裂化流程比较简单，原料油经加热炉加热到 450℃，经过急冷后进入闪蒸塔，分离出减黏燃料油，油气再进入分馏塔进一步分离出气体、汽油、柴油、蜡油和循环油。

6. 烷基化

烷基化生产工艺是小分子异构烷烃和烯烃在催化剂作用下生成较大分子异构烷烃的过程，常用催化剂有浓硫酸或氢氟酸。产品主要是辛烷值高达 93~95 的汽油，并且不含烯烃，是航空活塞式发动机燃料的重要组分。烷基化工艺对生产高辛烷值汽油有重要意义。

烷基化油是高辛烷值汽油的组分，烷基化油的组成主要是异辛烷，因此也称工业异辛烷，辛烷值高，有良好的挥发性和燃烧性，是航空活塞式发动机燃料和车用汽油的理想调合组分。其原料是异丁烷和各种丁烯组分(异丁烯、1-丁烯、2-丁烯等)，反应原理主要是在酸性催化剂作用下，进行加成反应，同时也有各种副反应，包括叠合反应、异构化反应、分解反应和氢转移反应等，是比较复杂的。烷基化工艺有两种，均被广泛采用，即硫酸法烷基化和氢氟酸法烷基化。反应温度一般为8~12℃，反应压力为0.3~0.8MPa。

硫酸法烷基化的烷基化油辛烷值(*RON*)为93.5~95，氢氟酸法烷基化的烷基化油辛烷值(*RON*)为92.9~94.4。

7. 催化叠合

催化叠合是将丙烯、丁烯馏分迭合成高辛烷值汽油组分。过去我国采用的是非选择性迭合工艺，近年引进了选择性迭合工艺，分别说明如下。

(1) 非选择性叠合

非选择性叠合是以未经分离的液化石油气作原料，经过脱硫和加热器加热后进入反应器，管内装固体磷酸催化剂，壳程通软化水带走反应热并发生蒸汽。反应温度为200℃，反应压力为3MPa。反应生成物从反应器底部出来到稳定塔，塔顶分离出液化气，塔底为叠合汽油组分，必要时进行再蒸馏除去所含少量重叠合物。所产叠合汽油辛烷值(*RON*)93~96，并具有很好的调合性能。但叠合汽油大部分是不饱和烃，储存时不安定。非选择性叠合催化剂我国最近又开发了新型分子筛以代替磷酸。

(2) 选择性叠合

选择性叠合采用硅酸铝催化剂，用组成比较单一的丙烯或丁烯作原料，经过脱水后进入反应器。两个反应器串联操作，中间设冷却器以调节反应温度，从反应器顶部出来的生成物进入稳定塔，从塔底得到叠合汽油。反应温度80~130℃，反应压力4MPa。叠合汽油辛烷值(*RON*)为97。

四、液体燃料的精制与调合

1. 液体燃料的精制

石油经过一次加工和二次加工所得到的油品，还不能完全符合市场上的使用要求，因为在油品中还含有各种杂质，如含有硫、氮、氧等化合物、胶质以及某些影响使用的不饱和烃和芳烃。油品的质量标准并不像一般化学品追求其纯度级别，而是完全根据使用要求，对于燃料油品要求其燃烧性能、对设备的腐蚀磨损、储存与输送安全、对环境影响以及需要脱除颜色和臭味等。因此对油品中含有影响使用的杂质必须加以处理，使油品完全符合质量标准，这就是油品的精制。

关于石油产品精制的工艺，这里着重介绍加氢精制、脱硫醇。过去炼油厂广泛采用的酸碱精制和电化学精制也是油品精制的方法之一，由于酸碱渣很难处理，污染严重，加上产品质量不高、设备腐蚀、耗电及耗酸量大等问题，炼油厂对酸碱精制及电化学精制装置已基本淘汰，为加氢精制工艺所取代，因此此处不再介绍。

(1) 加氢精制

加氢精制的化学反应是在氢气存在和一定温度压力下，脱除油品中的硫、氮、氧和金属杂质，并使烯烃饱和。在精制过程中氢气循环应用，并需不断补充新氢。新氢的来源一个是来自催化重整装置副产氢气，每吨重整原料油副产纯度为70%~95%的氢气180~250Nm^3(指在标准状态下的气体体积)。另一个是来自炼厂的制氢装置。加氢精制所用催化剂是以活性氧化铝为载体的钨钼钴镍催化剂。石油产品需要进行加氢精制的主要是催化柴油、焦化汽油、柴油等，以及含硫原油的直馏汽、煤、柴油。特别是焦化汽柴油大都含有大量单烯烃、双烯烃等不饱和烃以及硫、氮、氧等化合物，安定性很差，是加氢精制的主要对象。

(2) 脱硫醇

原油蒸馏所生产的直馏汽油、喷气燃料、溶剂油、轻柴油以及催化裂化汽油和焦化汽油等轻质燃料常常具有强烈的臭味，这主要是燃料中含有具有恶臭的硫醇。硫醇不仅有极难闻的臭味，而且易生成胶质，对铜铅有腐蚀，因此需要进行脱硫醇精制。一般的碱洗方法无法除去硫醇，我国一般采用固定床催化氧化脱硫醇法，也称梅洛克斯(Merox)法，其原理是将硫醇在催化剂床层上进行氧化反应，生成无臭无害的二硫化物，实际上油品中的含硫量并未减少。

固定床催化氧化脱硫醇是将汽、煤油首先进行预碱洗，中和油中所含的硫化氢，然后与空气混合进入脱硫醇反应器进行氧化反应，反应器的固定床层为吸附有催化剂磺化钛箐钴碱液的活性炭。硫醇转化成二硫化物后进入沉降罐进行分离。沉降罐顶部出来的气体经柴油吸收罐和水封罐后排入大气，沉降罐底部出来的即为脱硫醇汽油。反应在常温常压下进行。

另外一种脱硫醇技术是分子筛吸附精制，应用于大庆原油生产喷气燃料的精制，所用催化剂为铜-13X 分子筛，将油品换热到 120℃左右与空气混合进入分子筛固定床反应器进行氧化反应，反应后的油品经冷却器冷却进入脱色罐和玻璃毛过滤器，得到精制油品。此项技术减少了预碱洗，分子筛可同时脱除水、硫化氢、硫醇等。

2. 液体燃料的调合

每种油品有不同的质量档次与牌号，价格高低不同，石油产品出厂不仅要保证符合质量标准，还要本着优质优价的原则，追求最高的经济效益，这就需要发挥每种油品在某种性能上的优势，相互调合匹配，使之既达到质量标准，又能取得最大经济效益，因此，油品调合也是炼厂生产经营上一项十分重要的措施。由于内燃机性能不断革新，环境保护日趋严格，油品的质量标准也在不断变更，例如我国已淘汰 70 号车用汽油和停止生产含铅汽油等，相应地炼油厂需要在油品中加入添加剂或其他提高油品性能的组分，这也属于油品调合的工作范围。

第二节　润滑油的生产

一、减压蒸馏

减压蒸馏也称真空蒸馏，是在接近真空(残压 1~8kPa)状态下进行蒸馏的过程。为什么要在接近真空状态下进行蒸馏呢？减压蒸馏的原料是常压蒸馏不能蒸馏出来的塔底重油提炼润滑油，但重油沸点很高，可达 300~700℃，如果用普通的蒸馏方法，加热到 350℃以上时，某些烃就会裂化分解，无法得到所需的润滑油馏分。因此，必须应用“物质的沸点随外界压力的减小而降低”的原理，采用抽真空的方法，降低蒸馏塔的压力，从而降低蒸馏温度，把在常压下难以蒸馏的常压燃料油在抽真空的条件下降低其沸点进行蒸馏。减压蒸馏的原理如图 3-2 所示。

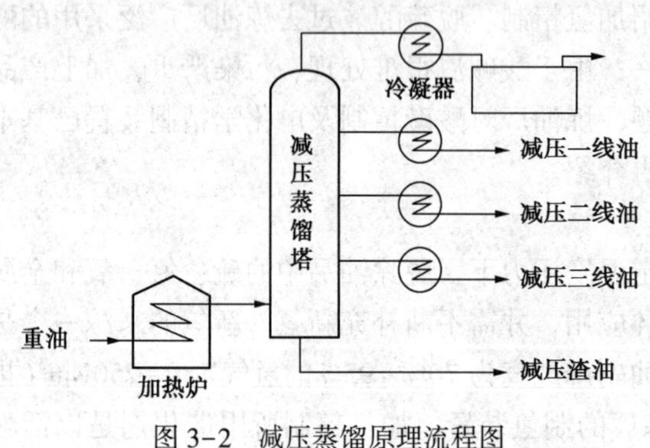

图 3-2　减压蒸馏原理流程图

通过减压蒸馏便可得到各种润滑油馏分，减压蒸馏塔上部的一线油是轻质润滑油馏分，用来作定子油、喷气发动机润滑油、变压器油等成品油的基础油。中部二线油是中质润滑油馏分，用来作汽车的发动机润滑油和工业机械油的基础油。下部侧线流出的是重质润滑油，用来作调合航空润滑油和坦克机油的基础油。减压渣油(残渣油)是制造高黏度航空润滑油、气缸油和齿轮油的基础油。减压侧线可以是三个，也可以是四个。多数的润滑油成品也不是单用哪一侧线的馏分作基础油，而是根据成品的性质用几个侧线的馏分经精制后再调合成所需要的基础油。

二、丙烷脱沥青

减压蒸馏所得到的润滑油馏分只能制取低、中黏度的润滑油。为了生产高黏度润滑油(如航空润滑油等)，必须从沸点更高的减压渣油中提取高黏度润滑油组分，但减压渣油中含有大量的胶质和沥青质，必须采取相应的加工工艺除去。

丙烷脱沥青过程是利用丙烷作溶剂，降去减压渣油中的胶质、沥青质，以生产出高黏度润滑油组分或裂化原料油，同时可以得到沥青。

丙烷在一定压力下是液态，液态丙烷在一定温度下对减压渣油中的胶质、沥青质几乎不溶解，而对油分和蜡的溶解度却很大。利用丙烷这一特性，使减压渣油和液体丙烷在萃取塔中逆向流动，进行萃取，结果油和蜡溶于丙烷中，沥青质和胶质不溶解而被沉降分离出来。油中的丙烷经回收后可以循环使用。

丙烷脱沥青后得到的高黏度润滑油馏分，还需经过精制、脱蜡等加工过程，才可使用。

三、润滑油精制

润滑油精制的目的是从润滑油馏分中保留润滑油的理想组分而去掉非理想组分。

从石油中的各种组分来看，作为润滑油的理想组分是沸点较高的带长侧链的单环或双环的烃类。这种烃类黏度大，而且黏度受温度的影响较小。多环烃类虽然黏度较大，但受温度的影响较大，不适宜作发动机润滑油的组分。在润滑油中的烷烃，大都是固体烃(蜡)，会使润滑油凝点升高，也是非理想组分。少量的胶质有一定的抗氧化作用，但是胶质含量多了反而使润滑油的安定性和黏温性能降低。沥青质也会使润滑油的安定性和黏温性能降低，故胶质、沥青质等物质也必须从润滑油中去掉。

减压蒸馏得到的润滑油馏分和丙烷脱沥青的减压渣油要经过精制去掉润滑油中的不良成分，如环烷酸、胶质、多环烃类、硫及氮化合物以及蒸馏时产生的少量烯烃。精制方法主要有溶剂精制及白土、加氢补充精制三种。

1. 溶剂精制

溶剂精制的原理是选择对油中理想组分和非理想组分具有选择性溶解的溶剂，在一定条件下，对油料进行提取精制。目前，常用糠醛、苯酚和 N-甲基吡咯烷酮(NMP)进行溶剂精制。

选用糠醛、苯酚、N-甲基吡咯烷酮等溶剂对油料进行抽提，可将大部分多环短侧链芳烃、胶质及油料中的含硫、含氮、含氧化合物等非理想组分抽出。用溶剂精制润滑油时，溶剂从抽提塔的上部进入，润滑油从下部进入，逆向而行。在相互接触过程中，润滑油中的胶质、多环烃等不良组分，便溶解在溶剂内(称为提取液或抽出油)，并随溶剂流出。脱除了不良组分的润滑油称为精制油。精制油从另一端流出，可用蒸馏的办法，将溶剂分离出来，循环使用，再用来精制润滑油。精制油的色度、残炭值、黏温特性、闪点等理化指标，达到规定的标准时，即可转入后序工序。

我国现行的溶剂精制工艺有糠醛、苯酚和 N-甲基吡咯烷酮等，糠醛精制工艺占主导地位，由于经过多次技术创新，如采用二段抽提、多效蒸发、新型填料抽提塔、DCS(集散控制系统)控制等新技术，我国糠醛精制工艺的技术，已达到世界同类工艺的先进水平。

大规模生产润滑油已采用溶剂精制代替酸碱精制或酸-白土精制。但在溶剂精制之后也常采用活性白土吸附，除去油中残余的溶剂和有害物质，改善润滑油的安定性和颜色，称为白土补充精制。

2. 白土补充精制

白土补充精制工艺是用于除去溶剂精制后油品中残留的胶质、沥青质、环烷酸盐、磺酸盐、硫酸酯及溶剂等杂质的加工方法。这些杂质为极性物质，很容易被活性白土吸附而除掉。同时也把精制油中存在的影响色度的物质，以及一些光安定性极差的物质吸附掉，从而保证油品的色度良好。白土补充精制可以提高油料的安定性，降低残炭值及酸值，它是保证油品质量的最后一个关键工序。白土补充精制有渗滤法和接触法两种，前者是用于汽油、煤油、柴油、变压器油等轻质油的精制。后者主要用于润滑油、石蜡的精制。现在所用白土多为活性白土，因其吸附能力较强，是油品及石蜡补充精制的最好吸附材料。活性白土的主要成分是硅酸铝和氧化硅，粒度通过 200 目筛孔，水分在 10%~25%。白土用量：轻质馏分油及石蜡为 2%~5%，重质油可高达 10%以上。白土补充精制温度一般在 200~265℃。白土补充精制油滤出废白土后，即可作为调合润滑油产品的基础油送调合厂，石蜡则送去成型包装，废白土则送去处理或混入煤中作燃料。

3. 加氢补充精制

润滑油基础油的加氢补充精制，是取代白土补充精制工艺，因其可利用炼油厂的副产氢气，在温度 210~300℃、压力 2~4MPa、空速 1~2.5h^{-1}、氢油比 50~150 的缓和条件下，使原料油与氢气混合，进入载有钨-镍或铁-钼或钴-钼等催化剂的反应器，在催化剂床层进行加氢反应，可使油料中含氧化合物加氢生成水和烃，含硫化合物生成硫化氢及烃，含氮化合物生成氨和烃，对烯烃加氢饱和，并除去油中残留的溶剂，改善油品的颜色。因在缓和条件下进行加氢反应，故它基本上不改变烃类的结构，只能除去微量的含硫、氧、氮等化合物，改善油品色泽和安定性。由于污染少、生产成本低，加氢补充精制得到大量发展。由于其脱氮能力较差，目前在我国它与白土补充精制工艺仍然共存。

四、润滑油脱蜡

润滑油馏分中含有不同数量的石蜡和地蜡，其含量的多少与原油性质有关。石蜡和地蜡使润滑油凝点增高，严重影响润滑油的输送和使用，必须脱除。有时为了生产低冰点喷气燃料和低凝柴油也需要进行脱蜡。溶剂精制等方法不能除去润滑油中的石蜡、地蜡，脱蜡的方法很多，如溶剂脱蜡、尿素脱蜡、冷榨脱蜡、分子筛脱蜡和细菌脱蜡等，现介绍常用的溶剂脱蜡和尿素脱蜡。

1. 溶剂脱蜡

溶剂脱蜡的过程是将润滑油和溶剂混合，然后冷至低温(冷却温度根据脱蜡深度决定)，使蜡结晶析出，用过滤机除去固态石蜡，得到脱蜡油和含油蜡。脱蜡油中溶剂可以回收后重复使用，脱蜡油经精制后成为润滑油组分。含油蜡可作裂化原料或进一步加工生产石蜡或地蜡。

常用的溶剂为丙酮、苯和甲苯的混合液，所以常称酮苯脱蜡，是广为采用的润滑油脱蜡方法。

在溶剂脱蜡工艺中加入溶剂的作用是：

①稀释润滑油，使润滑油的黏度降低，便于过滤除去固态石蜡；

②利用它对蜡溶解度小的特点，使固体烃从润滑油中析出，经过滤后使润滑油和蜡分开。

2. 尿素脱蜡

尿素脱蜡适用于沸点为200~400℃馏分油的脱蜡，如轻质润滑油、喷气燃料和专用柴油等。尿素$CO(NH_2)_2$是白色晶体，在一定条件下能形成有效直径为0.49×10^{-9}m的正方六面体晶格的通道。油与尿素在20~40℃下共存时，油品中的正构烷烃，其直径约为0.38×10^{-9}~0.42×10^{-9}m，能顺利地进入尿素形成的通道，由于范德华力而停留在通道内形成固体络合物。其他烃类因其分子直径太大而无法进入通道。用过滤方法除去固体络合物，从而脱除油中正构烷烃(蜡)，固体络合物在70℃左右分解成正构烷烃和尿素，尿素可循环使用。

冷榨脱蜡的原理是将含蜡润滑油冷冻，使油中的石蜡形成固体结晶，然后加压过滤，将润滑油和石蜡分开。冷榨脱蜡因设备庞大、操作落后，已被溶剂脱蜡所取代。分子筛脱蜡用于汽油、煤油、柴油脱蜡，制取高密度低冰点喷气燃料、高辛烷值汽油、低凝点柴油和化工原料等。细菌脱蜡现已工业化，但未普遍推广。

五、润滑油调合

经过精制和脱蜡的润滑油馏分不能直接使用，必须根据润滑油产品规定的性质要求，选择不同的润滑油基础油和相应的添加剂进行调合后方能出厂。

润滑油的生产工艺流程如图3-3所示。

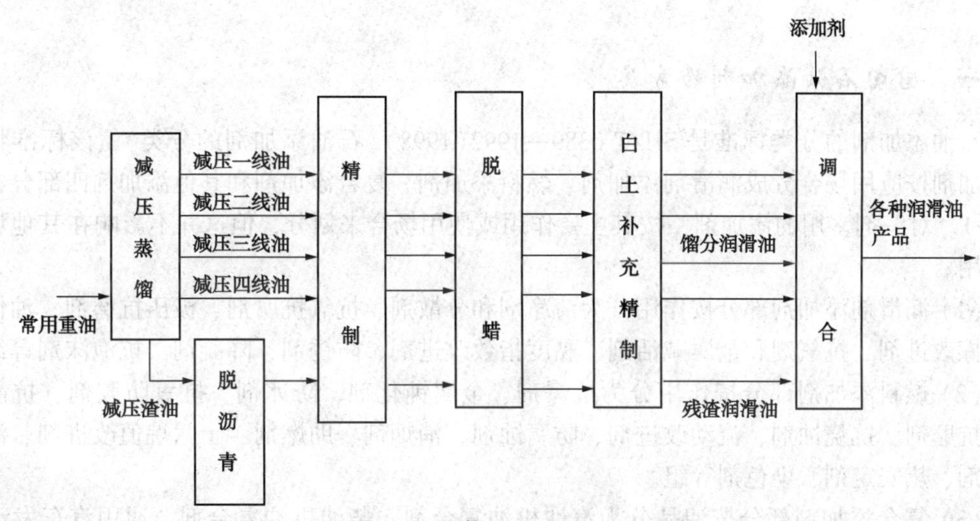

图3-3　润滑油生产工艺流程示意图

第四章　燃料及润滑油添加剂

随着发动机和机械工业的发展，对燃料和润滑油的使用要求愈来愈高，只靠选择原油类型、改进加工方法已无法满足对燃料和润滑油使用性能的各种要求。为此，石油产品在制备时广泛使用了各种添加剂。

所谓添加剂，是一类油溶性的化合物，它们在油中只需加入百分之几到百万分之几，就能显著改善油品的一种或几种使用性能。

石油添加剂要求具备下列性能：

①添加剂数量不多而效果显著；

②副作用小，对其他添加剂的作用和油品的其他性质没有坏作用；

③能溶于油品而不溶于水，遇水不乳化，不水解；

④与油品使用条件相适应的热安定性；

⑤容易得到并且价格低廉。

使用添加剂，可以提高油品质量，降低成本，减少油品消耗量，延长润滑油使用周期，并且可以满足某些只靠改进石油炼制方法无法达到的要求。加入添加剂已成为合理，有效地利用石油资源，节约能源必不可少的技术措施。

第一节　石油添加剂分类

一、国内石油添加剂的分类

石油添加剂的分类标准是 SH/T 0389—1992(1998)《石油添加剂的分类》，该标准将石油添加剂按应用场合分成润滑剂添加剂、燃料添加剂、复合添加剂和其他添加剂四部分，见表 4-1。对一剂多用的添加剂，按其主要作用或使用场合来划分，但这并不影响在其他场合的应用。

(1) 润滑剂添加剂部分按作用分为清净剂和分散剂、抗氧抗腐剂、极压抗磨剂、油性剂和摩擦改进剂、抗氧剂和金属减活剂、黏度指数改进剂、防锈剂、降凝剂、抗泡沫剂等组。

(2) 燃料添加剂部分按作用分为抗爆剂、金属钝化剂、防冰剂、抗氧防胶剂、抗静电剂、抗磨剂、抗烧蚀剂、流动改进剂、防腐蚀剂、消烟剂、助燃剂、十六烷值改进剂、清净分散剂、热安定剂、染色剂等组。

(3) 复合添加剂部分按油品分为汽油机油复合剂、柴油机油复合剂、通用汽车发动机油复合剂、二冲程汽油机油复合剂、铁路机车油复合剂、船用发动机油复合剂、工业齿轮油复合剂、车辆齿轮油复合剂、通用齿轮油复合剂、工业润滑油复合剂、防锈油复合剂等组。

石油添加剂按相同作用分为一个组，同一组内根据其组成或特性的不同分成若干品种，国内石油添加剂化学名称与符号对照表见表 4-2。

表 4-1　石油添加剂的分组和组号

添加剂类型	组　别	组　号	添加剂类型	组　别	组　号
润滑剂添加剂	清净剂和分散剂	1	燃料添加剂	助燃剂	21
	抗氧抗腐剂	2		十六烷值改进剂	22
	极压抗磨剂	3		清净分散剂	23
	油性剂和摩擦改进剂	4		热安定剂	24
	抗氧剂和金属减活剂	5		染色剂	25
	黏度指数改进剂	6	复合添加剂	汽油机油复合剂	30
	防锈剂	7		柴油机油复合剂	31
	降凝剂	8		通用汽车发动机油复合剂	32
	抗泡沫剂	9		二冲程汽油机油复合剂	33
燃料添加剂	抗爆剂	11		铁路机车油复合剂	34
	金属钝化剂	12		船用发动机油复合剂	35
	防冰剂	13		工业齿轮油复合剂	40
	抗氧防胶剂	14		车辆齿轮油复合剂	41
	抗静电剂	15		通用齿轮油复合剂	42
	抗磨剂	16		液压油复合剂	50
	抗烧蚀剂	17		工业润滑油复合剂	60
	流动改进剂	18		防锈油复合剂	70
	防腐蚀剂	19			
	消烟剂	20	其他添加剂		80

表 4-2　国内石油添加剂化学名称与符号对照表

组号	组别	化学名称	统一命名	统一符号
1	清净剂和分散剂	低碱值石油磺酸钙（*TBN*20～30mgKOH/g）	101 清净剂	T101
		中碱值石油磺酸钙（*TBN*130～140mgKOH/g）	102 清净剂	T102
		高碱值石油磺酸钙（*TBN*270～290mgKOH/g）	103 清净剂	T103
		低碱值合成磺酸钙（*TBN*20～30mgKOH/g）	104 清净剂	T104
		中碱值合成磺酸钙（*TBN*155～165mgKOH/g）	105 清净剂	T105
		高碱值合成磺酸钙（*TBN*300mgKOH/g）	106 清净剂	T106
		高碱值合成磺酸钙（*TBN*300mgKOH/g）	106A 清净剂	T106A
		高碱值合成磺酸钙（*TBN*295mgKOH/g）	106B 清净剂	T106B
		超碱值合成磺酸镁（*TBN*400mgKOH/g）	107 清净剂	T107
		超碱值石油磺酸镁（*TBN*390mgKOH/g）	107A 清净剂	T107A
		超碱值石油磺酸钙（*TBN*390mgKOH/g）	107B 清净剂	T107B
		硫磷化聚异丁烯钡盐（*TBN*≥70mgKOH/g）	108 清净剂	T108
		硫磷化聚异丁烯钡盐（*TBN*≥120mgKOH/g）	108A 清净剂	T108A
		中碱值烷基水杨酸钙（*TBN*150～160mgKOH/g）	109 清净剂	T109
		低碱值烷基水杨酸钙（*TBN*60～80mgKOH/g）	109A 清净剂	T109A
		改性中碱值烷基水杨酸钙（*TBN*170mgKOH/g）	109B 清净剂	T109B

续表

组号	组别	化学名称	统一命名	统一符号
1	清净剂和分散剂	高碱值烷基水杨酸钙（*TBN*275mgKOH/g）	109C 清净剂	T109C
		环烷酸镁	111 清净剂	T111
		高碱值环烷酸钙（*TBN*200mgKOH/g）	112 清净剂	T112
		高碱值环烷酸钙（*TBN*250mgKOH/g）	113 清净剂	T113
		高碱值环烷酸钙（*TBN*300mgKOH/g）	114 清净剂	T114
		中碱值硫化烷基酚钙（*TBN*130mgKOH/g）	121 清净剂	T121
		高碱值硫化烷基酚钙（*TBN*240mgKOH/g）	122 清净剂	T122
		高碱值硫化烷基酚钙（*TBN*245mgKOH/g）	122 清净剂	T122
		单烯基丁二酰亚胺	151 分散剂	T151
		单烯基丁二酰亚胺	151A 分散剂	T151A
		单烯基丁二酰亚胺	151B 分散剂	T151B
		双烯基丁二酰亚胺	152 分散剂	T152
		双烯基丁二酰亚胺（T152 浓缩物）	152A 分散剂	T152A
		多烯基丁二酰亚胺	153 分散剂	T153
		双烯基丁二酰亚胺	154 分散剂	T154
		多烯基丁二酰亚胺	155 分散剂	T155
		高分子量丁二酰亚胺（高氮）	161 分散剂	T161
		高分子量丁二酰亚胺（高氮）	161A 分散剂	T161A
		高分子量丁二酰亚胺（低氮）	161B 分散剂	T161B
		高分子量丁二酰亚胺（多挂）	161C 分散剂	T161C
		丁二酸季戊四醇酯	171 分散剂	T171
2	抗氧抗腐剂	硫酸烷基酚锌盐	201 抗氧抗腐剂	T201
		硫磷丁辛基锌盐	202 抗氧抗腐剂	T202
		硫磷双辛基碱性锌盐	203 抗氧抗腐剂	T203
		硫磷伯仲醇基锌盐	204 抗氧抗腐剂	T204
		硫磷伯仲醇基锌盐	204A 抗氧抗腐剂	T204A
		硫磷仲醇基锌盐	205 抗氧抗腐剂	T205A
		硫磷仲醇基锌盐	205A 抗氧抗腐剂	T205A
3	极压抗磨剂	氯化石蜡（含氯 42%）	301 极压抗磨剂	T301
		氯化石蜡（含氯 52%）	302 极压抗磨剂	T302
		酸性亚磷酸二丁酯	304 极压抗磨剂	T304
		硫磷酸含氮衍生物	305 极压抗磨剂	T305
		磷酸三甲酚酯	306 极压抗磨剂	T306
		硫代磷酸铵盐	307 极压抗磨剂	T307
		酸性磷酸酯铵盐	308 极压抗磨剂	T308
		硫代磷酸苯酯	309 极压抗磨剂	T309
		硼化硫代磷酸酯铵盐	310 极压抗磨剂	T310

续表

组号	组别	化学名称	统一命名	统一符号
3	极压抗磨剂	硫化异丁烯	321 极压抗磨剂	T321
		二苄基二硫	322 极压抗磨剂	T322
		氨基硫代酯	323 极压抗磨剂	T323
		多烷基苄基硫化物	324 极压抗磨剂	T324
		多烷基苄基硫化物	324A 极压抗磨剂	T324A
		多烷基苄基硫化物	324B 极压抗磨剂	T324B
		多硫化物	325 极压抗磨剂	T325
		多硫化物	325A 极压抗磨剂	T325A
		环烷酸铅	341 极压抗磨剂	T341
		二丁基二硫代氨基甲酸锑(用于润滑脂)	351 极压抗磨剂	T351
		二丁基二硫代氨基甲酸铅(用于润滑脂)	352 极压抗磨剂	T352
		二丁基二硫代氨基甲酸氧硫化钼(用于润滑脂)	353 极压抗磨剂	T353
		硼酸盐	361 极压抗磨剂	T361
4	油性剂和摩擦改进剂	硫化鲸鱼油	401 油性剂	T401
		二聚酸	402 油性剂	T402
		油酸乙二醇酯(酸值<50mgKOH/g)	403 油性剂	T403
		油酸乙二醇酯(酸值<25mgKOH/g)	403A 油性剂	T403A
		油酸乙二醇酯(酸值<8mgKOH/g)	403B 油性剂	T403B
		油酸乙二醇酯(酸值<5mg KOH/g)	403C 油性剂	T403C
		硫化棉籽油	404 油性剂	T404
		硫化烯烃棉籽油-1(8%的含硫量，用于润滑油)	405 油性剂	T405
		硫化烯烃棉籽油-2(10%的含硫量，用于润滑油)	405A 油性剂	T405A
		苯三唑脂肪酸铵盐	406 油性剂	T406
		膦酸酯	451 摩擦改进剂	T451
		磷氮化合物	452 摩擦改进剂	T452
		硫磷酸钼	461 摩擦改进剂	T461
		二烷基二硫代磷酸氧钼(固体)	462 摩擦改进剂	T462
		二烷基二硫代磷酸氧钼(液体)	462A 摩擦改进剂	T462A
		二烷基二硫代磷酸氧钼(液体)	462B 摩擦改进剂	T462B
		烷基硫代磷酸钼(固体)	463 摩擦改进剂	T463
		烷基硫代磷酸钼(液体)	463A 摩擦改进剂	T463A
		烷基硫代磷酸钼(液体)	464 摩擦改进剂	T464

续表

组号	组别	化学名称	统一命名	统一符号
4	油性剂和摩擦改进剂	硫磷酸钼锌复合物	471 摩擦改进剂	T471
		硫磷酸钼钨	472 摩擦改进剂	T472
		非硫磷型钨钼化合物	473 摩擦改进剂	T473
		硼氮的化合物	*B-N-*Ⅰ型摩擦改进剂	
		硼氮的化合物	*B-N-*Ⅲ型摩擦改进剂	
5	抗氧剂和金属减活剂	2，6-二叔丁基对甲酚	501 抗氧剂	T501
		2，6-二叔丁基混合酚	502 抗氧剂	T502
		4，4-亚甲基双(2，6-二叔丁基酚)	511 抗氧剂	T511
		3，5-二叔丁基-4 羟基苯基丙烯酸酯	512 抗氧剂	T512
		2，6-二叔丁基-α-二甲氨基对甲酚	521 抗氧剂	T521
		N-苯基-α-萘胺	531 抗氧剂	T531
		二壬基二苯胺	抗氧剂	
		含苯三唑衍生物复合剂	532 抗氧剂	T532
		含噻二唑衍生物复合剂	533 抗氧剂	T533
		烷基二苯胺	534 抗氧剂	T534
		铜盐化合物	541 抗氧剂	T541
		含铜盐化合物复合剂	542 抗氧剂	T542
		中碱含铜磺酸钙复合物	543 抗氧剂	T543
		高碱含铜磺酸钙复合物	543A 抗氧剂	T543A
		苯三唑衍生物	551 金属减活剂	T551
		噻二唑衍生物	561 金属减活剂	T561
6	黏度指数改进剂	聚乙烯基正丁基醚	601 黏度指数改进剂	T601
		聚甲基丙烯酸酯	602 黏度指数改进剂	T602
		聚异丁烯(用于内燃料机油)	603 黏度指数改进剂	T603
		聚异丁烯(用于液压油)	603A 黏度指数改进剂	T603A
		聚异丁烯(用作密封剂)	603B 黏度指数改进剂	T603B
		聚异丁烯(用于齿轮油)	603C 黏度指数改进剂	T603C
		聚异丁烯(用于拉拔油)	603D 黏度指数改进剂	T603D
		乙丙共聚物	611 黏度指数改进剂	T611
		乙丙共聚物(浓度≥6.5%)	612 黏度指数改进剂	T612
		乙丙共聚物(浓度≥8.5%)	612A 黏度指数改进剂	T612A
		乙丙共聚物(浓度≥11.5%)	613 黏度指数改进剂	T613
		乙丙共聚物(浓度≥9.5%)	613A 黏度指数改进剂	T613A
		乙丙共聚物(浓度≥13.5%)	614 黏度指数改进剂	T614
		分散型乙丙共聚物(高氮)	621 黏度指数改进剂	T621
		分散型乙丙共聚物(低氮)	622 黏度指数改进剂	T622
		聚丙烯酸酯	631 黏度指数改进剂	T631

续表

组号	组别	化学名称	统一命名	统一符号
6	黏度指数改进剂	分散型聚甲基丙烯酸酯(用于 ATF)	632 黏度指数改进剂	T632
		聚甲基丙烯酸酯(用于 ATF)	633 黏度指数改进剂	T633
		聚甲基丙烯酸酯(用于齿轮油)	634 黏度指数改进剂	T634
7	防锈剂	石油磺酸钡	701 防锈剂	T701
		合成磺酸钡	701B 防锈剂	T701B
		石油磺酸钠	702 防锈剂	T702
		合成磺酸钠	702A 防锈剂	T702A
		十七烯基咪唑啉烯基丁二酸盐	703 防锈剂	T703
		环烷酸锌	704 防锈剂	T704
		碱性二壬基萘磺酸钡(碱值 35~55mgKOH/g)	705 防锈剂	T705
		中性二壬基萘磺酸钡	705A 防锈剂	T705A
		苯并三氮唑	706 防锈剂	T706
		合成磺酸镁	707 防锈剂	T707
		烷基磷酸咪唑啉盐	708 防锈剂	T708
		N-油酰肌胺酸十八胺盐	711 防锈剂	T711
		含氮化合物	AN 防锈剂	
		氧化石油脂钡皂	743 防锈剂	T743
		烯基丁二酸	746 防锈剂	T746
		烯基丁二酸酯	747 防锈剂	T747
		烯基丁二酸半酯	747A 防锈剂	T747A
8	降凝剂	烷基萘	801 降凝剂	T801
		聚 α-烯烃-1(用于浅度脱蜡油)	803 降凝剂	T803
		聚 α-烯烃-1(用于深度脱蜡油)	803A 降凝剂	T803A
		聚 α-烯烃(氢调)	803B 降凝剂	T803B
		聚 α-烯烃-3(用于高黏度油)	805 降凝剂	T805
		聚 α-烯烃-4(适用于中间基油)	806 降凝剂	T806
		聚苯乙烯-富马酸酯共聚物-1(用于深度脱蜡油)	808 降凝剂	T808A
		聚苯乙烯-富马酸酯共聚物-2(用于浅度脱蜡油)	808 降凝剂	T808B
		α-烯烃共聚物	811 降凝剂	T811
		聚丙烯酸酯	814 降凝	T814
9	抗泡沫剂	甲基硅油	901 抗泡沫剂	T901
		丙烯酸酯与醚共聚物	911 抗泡沫剂	T911
		丙烯酸酯与醚共聚物	912 抗泡沫剂	T912
		1 号复合抗泡剂	921 抗泡沫剂	T921
		2 号复合抗泡剂	922 抗泡沫剂	T922
		3 号复合抗泡剂	923 抗泡沫剂	T923

续表

组号	组别	化学名称	统一命名	统一符号
10	其他润滑剂添加剂	胺与环氧化物缩合物	1001 抗乳化剂	T1001
		环氧乙、丙烷嵌段聚醚	1002 抗乳化剂	T1002
11	抗爆剂	四乙基铅	1101 抗爆剂	T1101
12	金属钝化剂	*N*, *N*-二亚水杨丙二胺	1201 金属钝化剂	T1201
13	防冰剂	乙二醇甲醚	1301 防冰剂	T1301
		乙二醇乙醚	1302 防冰剂	T1302
14	抗氧防胶剂	含氮的复合物	1401 抗氧防胶剂	T1401
15	抗静电剂	脂肪酸铬钙盐混合物	1501 抗静电剂	T1501
16	抗磨剂	二聚酸和磷酸酯	1601 抗磨剂	T1601
		环烷酸	1602 抗磨剂	T1602
17	抗烧蚀剂	33 号抗烧蚀剂	1733 抗烧蚀剂	T1733
18	流动改进剂	聚乙烯醋酸乙烯酯-1	1804 流动改进剂	T1804
		聚乙烯醋酸乙烯酯-2	1805 流动改进剂	T1805
		聚乙烯醋酸乙烯酯-3	1805A 流动改进剂	T1805A
19	防腐剂			
20	消烟剂			
21	助燃剂			
22	十六烷值改进剂	硝酸酯	2201 十六烷值改进剂	T2201
23	清净分散剂			
24	热安定剂			
25	染色剂			
30	汽油机油复合剂	SB 级复合剂	已废除	
		SC 级复合剂	3011SC 级复合剂(加量 4.5%)	T3011
			3012SC 级复合剂(加量 5.0%~5.5%)	T3012
			3013SC 级复合剂(加量 4.7%~5.0%)	T3013
		SD 级复合剂	3021SD 级复合剂(加量 6.0%)	T3021
			3022SD 级复合剂(加量 7.5%)	T3022
			3023SD 级复合剂(加量 5%)	T3023
		SE 级复合剂	3031SE 级复合剂(加量 8.0%~8.5%)	T3031
		SF 级复合剂	3051SF 级复合剂(加量 9.7%)	T3051
			3052SF 级复合剂(SE 加量 7.0%, SF 加 7.7%)	T3052
			3053SF 级复合剂(加量 8.5%)	T3053
			3054SF 级复合剂(SE 加 8.0%, SF 加 9.0%)	T3054
			3055 SF 级复合剂(SF 加 9.2%)	T3055
			3056SF 级复合剂(SF 加 6.7%)	T3056

续表

组号	组别	化学名称	统一命名	统一符号
31	柴油机油复合剂	CA 级复合剂	已废除	
		CC 级复合剂	3110CC 级复合剂(加量 4.0%)	T3110
			3111CC 级复合剂(加量 5.5%)	T3111
			3112CC 级复合剂(加量 5.5%~5.7%)	T3112
			3121CC 级复合剂(加量 5.82%)	T3121
			3122CC 级复合剂(加量 5.8%~5.9%)	T3122
		CD 级复合剂	3131CD 级复合剂(加量 8.5%)	T3131
			3132 CD 级复合剂(加量 11.0%)	T3132
			3133CD 级复合剂(加量 8.0%~8.5%)	T3133
			3134CD 级复合剂(加量 8.5%~10.0%)	T3134
			3135CD 级复合剂(加量 8.0%~8.2%)	T3135
			3136CD 级复合剂(加量 8.5%~8.7%)	T3136
			3137 CD 级复合剂(加量 6.5%)	T3137
			3143 CD 级复合剂(加量 8.5%)	T3143
32	通用汽车发动机油复合剂	SC/CC 级复合剂	3206SC/CC 级复合剂(加量 5.5%)	T3206
		SD/CC 级复合剂	3211SD/CC 级复合剂(加量 6.0%)	T3211
			3212SD/CC 级复合剂(加量 7.0%)	T3212
			3213SD/CC 级复合剂(加量 6.0%)	T3213
			3214SD/CC 级复合剂(加量 4.2%)	T3214
		SE/CC 级复合剂	3221SE/CC 级复合剂(加量 8.5%)	T3221
			3222SE/CC 级复合剂(加量 7.8%)	T3222
		SF/CC 级复合剂	3231SF/CC 级复合剂(加量 5.9%)	T3231
		SF/CD 级复合剂	3251SF/CD 级复合剂(加量 8.7%)	T3251
			3252SF/CD 级复合剂(加量 9.2%)	T3252
			3253SF/CD 级复合剂(加量 8.5%)	T3253
33	二冲程汽油机油复合剂	L-ERA(Ⅰ档)复合剂		
		L-ERC(Ⅱ档)复合剂	3301 L-ERC(Ⅱ档)复合剂(加量 4.4%)	T3301
			3302 L-ERC(Ⅱ档)复合剂(加量 5.5%)	T3302
			3303 L-ERC(Ⅱ档)复合剂(加量 5.5%)	T3303
			3311 L-ERC(Ⅱ档)复合剂(加量 4.4%)	T3311
		L-ERC(Ⅲ档)复合剂	3321 L-ERC(Ⅲ档)复合剂(加量 5.7%)	T3321

续表

组号	组别	化学名称	统一命名	统一符号
34	铁路机车油复合剂	二代铁路机车油复合剂		
		三代铁路机车油复合剂	3411 三代铁路机车油复合剂(加量 11.0%)	T3411
		四代铁路机车油复合剂	3421 四代铁路机车油复合剂(加量 12.7%~13.0%)	T3421
		五代铁路机车油复合剂		
35	船用发动机油复合剂	船用气缸油复合剂	3501 船用气缸油复合剂	T3501
		船用系统油复合剂	3521 船用系统油复合剂	T3521
		中速筒状活塞发动机油复合剂	3541 中速筒状活塞发动机油复合剂	T3541
40	工业齿轮油复合剂	普通工业齿轮油复合剂	4001 普通工业齿轮油复合剂	
		中负荷工业齿轮油复合剂	4021 中负荷工业齿轮油复合剂(加量 1.5%)	T4021
			4022 中负荷工业齿轮油复合剂(加量 2.38%)	T4022
			4023 中负荷工业齿轮油复合剂(加量 1.83%)	T4023
		重负荷工业齿轮油复合剂	4041 重负荷工业齿轮油复合剂(加量 2.0%)	T4041
			4042 重负荷工业齿轮油复合剂(加量 3.79%)	T4042
			4043 重负荷工业齿轮油复合剂(加量 2.53%)	T4043
41	车辆齿轮油复合剂	普通车辆齿轮油复合剂	4101 普通工业齿轮油复合剂	
		中负荷车辆齿轮油复合剂	4121 中负荷车辆齿轮油复合剂(GL-4 加量 2.75%)	T4121
		重负荷车辆齿轮油复合剂	4141 重负荷车辆齿轮油复合剂(GL-5 加量 5.5%)	T4141
			4142 重负荷车辆齿轮油复合剂(GL-5 加量 6.05%，GL-4 加量 3.2%)	T4142
			4142A 中负荷车辆齿轮油复合剂(GL-3 加量 1.65%)	T4142A
			4142B 中负荷车辆齿轮油复合剂(GL-4 加量 2.65%)	T4142B
			4143 重负荷车辆齿轮油复合剂	T4143
42	通用齿轮油复合剂		4201 通用齿轮油复合剂(GL-5 加量 4.8%，工业齿轮油加量 1.2%~1.5%)	T4201

续表

组号	组别	化学名称	统一命名	统一符号
50	液压油复合剂	抗氧防锈液压油复合剂	5001 抗氧防锈液压油复合剂(加量 0.35%~0.70%)	T5001
		抗燃液压油复合剂	5001 抗燃液压油复合剂	
		抗磨液压油复合剂	5021 含锌抗磨液压油复合剂(加量 2.2%~2.9%)	T5021
			5022 低锌抗磨液压油复合剂(加量 2.0%)	T5022
		无灰抗磨液压油复合剂	5032 无灰抗磨液压油复合剂(加量 1.5%)	T5032
		低温液压油复合剂	5051 低温液压油复合剂	
60	工业润滑油复合剂	汽轮机油复合剂	6001 抗氧防锈汽轮机油复合剂(加量 0.4%~0.7%)	T6001
		压缩机油复合剂	6021 压缩机油复合剂	
		导轨油复合剂	6041 导轨油复合剂(加量 5.5%~8.5%)	T6041
		HL 通用机床油复合剂	6051HL 通用机床油复合剂(加量 0.35%~0.70%)	T6051

二、所用符号说明

SH/T 0389—1992(1998)《石油添加剂的分类》中关于添加剂所用的符号有以下说明：

①石油添加剂的名称用符号表示。

②石油添加剂的品种由 3 个或 4 个阿拉伯数字所组成的符号来表示，第一个阿拉伯数字(当品种由 3 个数字所组成时)或前二个阿拉伯数字(当品种由 4 个数字所组成时)，总是表示该品种所属的组别(组别符号不单独使用)。

注：石油添加剂分成四部分，为了减少石油添加剂的阿位伯数字，所以省略了上述四部分的符号。

③石油添加剂名称一般形式如下所示：

例 1：T102

T——类(石油添加)；

102——品种(表示清净剂和分散剂组中的中碱性石油磺酸钙，其第一个阿拉伯数字“1”表示润滑剂添加剂部分中清净剂和分散剂的组别号)。

例 2：T 1101

T——类(石油添加剂)；

1101——品种(表示抗爆剂中的四乙基铅，其前面二个阿拉伯数字“11”，表示燃料添加剂部分中抗爆剂的组别号)。

第二节　燃料添加剂

燃料添加剂的种类很多，下面讨论几种主要燃料添加剂。

一、抗爆剂

辛烷值是汽油最重要的质量指标，它是一个国家炼油工业水平和车辆设计水平的综合反映，采用抗爆剂是提高车用汽油和航空活塞式发动机燃料辛烷值的重要手段。

四乙基铅(简称TEL，代号为T1101)是1921年发现的优良的抗爆剂，1923年开始在车用汽油中使用，四乙基铅的作用是分解烃类氧化链反应中生成的过氧化合物，选择性地钝化部分生成的自由基，提高汽油的自燃点，从而防止爆震的产生。

四乙基铅 $Pb(C_2H_5)_4$ 是无色的油状液体，20℃密度为1640kg/m^3，沸点约为195℃，并开始分解，不溶于水、稀酸和碱溶液，而易溶于汽油、乙醇、乙醚等有机溶剂；具有芳香气味，有剧毒，能通过皮肤和呼吸道被人体吸收，使人中毒，严重时，导致死亡。

随着汽车废气排放控制及保护环境的需要，国内外已限制向车用汽油中加烷基铅，并逐步实现汽油的低铅化和无铅化。我国在2000年已实现车用汽油无铅化，但四乙基铅仍作为提高航空活塞式发动机燃料辛烷值的添加剂使用，航空活塞式发动机燃料中四乙基铅含量一般不超过3.3g/kg。

1959年美国Ethyl CO. 向市场推出了甲基环戊二烯三羰基锰(简称MMT)，作为四乙基铅协合或辅助的抗爆剂，后来以商品名AK-33X作为单独抗爆剂使用，该剂有效地提高了汽油的辛烷值，特别是对高石蜡烃组成的汽油。但是，1977年出现了对使用MMT的争论，有的研究认为MMT在发动机燃烧室内表面形成多孔性沉积物，使火花塞寿命缩短，使环境中锰含量上升等，美国国会决定1978年停用MMT。尽管MMT有很多缺点，但是它毕竟是继烷基铅之后研究出来的高效抗爆剂。

20世纪70年代国外出现过含氧化合物作为汽油的新的调合组分，其中比较重要的有甲醇、乙醇、甲基叔丁基醚(MTBE)和叔丁醇(TBA)，它们都具有相当高的无铅辛烷值和调合辛烷值，这就为寻求新的汽油调配方案提供了方便，但它们分别存在着蒸发性、互溶性、腐蚀性、毒性和废气排放以及经济性的问题。

90年代以来，环境保护的要求影响到汽油的规格，建议降低汽油中的芳香烃含量与烯烃含量、减少苯含量、限制氧含量、减少燃烧产物中可挥发的有机化合物并降低夏季汽油挥发度，特别是限制锰加入量使得抗爆添加剂的使用受到较多限制，因而目前高辛烷值汽油的生产更多是采用工艺调整。

二、十六烷值改进剂

十六烷值改进剂又名柴油抗爆剂，是改善柴油着火性能的添加剂。

十六烷值是柴油燃烧性能的重要质量指标。柴油在柴油机中靠自燃着火，因而要求柴油具有合适的十六烷值。十六烷值过低的柴油，会引起柴油机爆震，产生大量黑烟，使发动机功率下降，机械磨损和耗油量增大，而十六烷值过高的柴油，因自燃点过低，来不及与空气完全混合便开始燃烧，也会引起耗油量增大，功率下降等问题。柴油的十六烷值一般以40~50为宜。直馏柴油的十六烷值一般都比较高，随着燃料油深度加工的发展，在柴油中调入了更多的催化裂化馏出油，使柴油的平均十六烷值下降。有关柴油十六烷值改进剂的研究从30年代初期就已开始了，近年来，随着催化裂化柴油产量的增加，特别是渣油催化裂化工艺的发展，提高柴油十六烷值仍成为当前面临的实际问题，采用综合经济数据对比说明，以十六烷值改进剂提高柴油的十六烷值在经济上是可行的。因此，十六烷值改进剂的研究与应用具有重要意义。

多种物质可以具备改善柴油十六烷值的作用，其中包括硝基化合物、亚硝化物、多硫化物、氧化生成物、过氧化物、金属化合物，杂环类化合物、醛、酮、醚、酯等。但是，作为有实用价值的十六烷值改进剂，以烷基硝酸酯类为主。

十六烷值改进剂的作用机理在于这些化合物容易分解成自由基碎片或氧的化合物，分解发生在O—N键及O—O键处，其分解活化能较低，这些化合物使燃料自燃过程中的活化能降低为添加剂分解的活化能。添加剂分解产物为连锁反应引发剂，降低了反应开始的温度，扩大了火焰前缘阶段反应范围并降低了着火温度，从而改善了燃料的着火性能。

十六烷值改进剂提高柴油十六烷值的幅度取决于添加剂及燃料的组成。燃料中芳烃含量越高，其十六烷值也就越低，对添加剂的感受性也就越差；且添加剂在低加入量时的效果比高加入量时好，故对芳烃含量较高的催化裂化柴油来说仅靠添加剂来提高十六烷值是不经济的。十六烷值改进剂对燃料的闪点和残炭也有不同的影响。因此，在使用时应注意它对发动机的适应性及对发动机其他性能，如排烟和燃料消耗等的影响。

我国柴油十六烷值改进剂研究起步较晚，主要原因是我国原油产量最大的油田是大庆油田，而大庆油田属于石蜡基原油，所生产的柴油十六烷值高，燃烧性好。近年来，随着我国进口原油的大量增加，进口原油所生产的柴油十六烷值低，需添加十六烷值改进剂。我国也开发了T2201柴油十六烷值改进剂（硝酸异辛酯），主要性能与美国Ethyl公司的D11-3相当。

常用的十六烷值改进剂有硝酸戊酯、硝酸异辛酯和2，2-二硝基丙烷。

三、燃烧改进剂

燃烧改进剂是改善液体燃料燃烧性能的添加剂，它能增大液体燃料的燃烧速度，使火焰稳定，燃烧完全，从而增大发动机的功率。

燃料燃烧时，会产生大量的副产物，例如粉尘、二氧化硫等气体。如果燃烧不完全，将产生大量的有害气体排放到大气中，影响人身健康，妨碍植物生长，CO、SO_2、氮氧化物刺激眼、鼻，引起支气管炎、肺气肿等疾病。不完全燃烧也能产生焦油、焦炭、灰分等大量的沉积物，引起传热效率下降，腐蚀金属等故障，使用燃料助燃剂的目的是改善并提高燃料油的燃烧性能。国外20世纪40~50年代就使用助燃剂，早期的助燃剂主要是用于锅炉燃料，如往炭上浇盐水，也有往燃料中加无机金属盐的，后来使用液体状态的助燃剂。

助燃剂的使用，不仅使设备清洁，减少油泥积炭，减少设备损坏，而且能提高燃烧效率，节约能耗，减少对大气的污染。由于轻质燃料在国民经济中需求量增加，价格贵，某些单位，如船舶部门，把渣油作为柴油机燃料使用，其使用面正在扩大。因而如何尽快地研制出高效廉价的助燃剂，是当前的重要研究课题。

四、抗氧防胶剂

抗氧防胶剂的作用是抑制液体燃料在储存和使用中氧化生成酸性物质和胶质。

燃料中的烯烃、双烯烃在光、温度等的影响下，会产生活泼的自由基，易与氧作用生成一系列的氧化中间产物，经聚合作用，最后生成胶状物质而沉淀。开始氧化时，由于自由基较少，反应速度较慢，生成的中间产物可以溶解在燃料中，因此，看不出燃料的显著变化。随着中间产物逐渐变成溶解状态的胶质，燃料的颜色逐渐变黄。由于氧化和聚合的加深，胶质愈来愈多，相对分子质量也愈来愈大，最后聚合成黏稠的胶状沉淀物。值得注意的是，胶质本身具有氧化催化作用，会加速燃料的氧化。

温度升高时，燃料氧化速度加快。无论是烯烃氧化产生胶质或是四乙铅氧化分解产生灰白色沉淀，都是在空气中氧的作用下进行的。燃料与空气接触愈多，愈易氧化，产生胶质愈严重。燃料中金属的催化作用会加快氧化速度，其中铜的催化作用最大。燃料中有水分存在时，也能加快氧化速度。总之，为了延缓燃料的氧化，一般要加抗氧剂和金属钝化剂。

抗氧防胶剂是一种有机化合物，它能减少由于燃料自动氧化而产生的胶质量，延缓燃料的氧化。其最早的商品抗氧剂出现在20世纪30年代，那时，由于炼油厂采用裂化工艺，汽油产量成倍增加，因裂化汽油中含烯烃和双烯烃，容易氧化生成胶质，汽油中胶质含量过多时，将对发动机产生如下的危害：

①堵塞油路　胶质易沉积在油管、过滤器、汽化器喷管处，从而缩小通路，减少进油量，降低发动机功率，严重时中断供油。

②粘结进气门　进气门处温度较高，易在气门、气门杆上结胶，使气门关闭不严，甚至卡住气门，使之完全失灵。

③增加积炭　胶质在高温下逐渐炭化，使活塞顶、燃烧室积炭增加。由于积炭不易传热，导致发动机散热不良，增大压缩比，容易产生爆震。若沉积在火花塞上，又会使点火不良。

④降低功率　胶质引起的上述这些危害均能引起发动机功率下降，耗油量增加。

为提高燃料的抗氧化性能，延缓其氧化变质速度，目前广泛采用在燃料中加入抗氧防胶剂、金属钝化剂和滤光性染料等方法。

常用的抗氧防胶剂有酚类和胺类，如2，6-二叔丁基对甲酚(代号T501)和*N*，*N′*-二仲丁基对苯二胺。

抗氧防胶剂的分子与传播氧化链反应的自由基反应，将其钝化，从而中止了氧化反应，起到抗氧化作用。2，6-二叔丁基对甲酚是白色结晶，氧化以后呈现黄色，沸点为260℃，熔点为69℃，能溶于乙醇而不溶于水。具备油溶性好、抗氧化效能高的优点。一般加入量为0.005%~0.15%，如果加入量超过1%，油中又有水，抗氧剂可能会析出来。

抗氧防胶剂在新炼成尚未与空气接触的油品和已开始氧化的油品中的效果是不同的。添加剂的作用效果随加剂时油品已储存时间的增加而下降，因此必须在油品加工之后立即加入抗氧防胶剂，否则需大大增加添加剂数量，甚至可能无效。

五、金属钝化剂

液体燃料在储存、运输和使用过程中，不可避免地要与各种金属容器、管线和设备相接触，金属对油品的氧化有催化加速作用，即使加有抗氧剂，金属仍能促使油品氧化变质。

为了抑制金属的催化作用，常加入金属钝化剂。金属钝化剂本身不起抗氧作用，其作用机理是金属钝化剂分子和金属离子生成螯合物，该螯合物不起催化作用，从而使金属表面失去促进氧化的活性而处于钝化状态。因此，在液体燃料中常常同时加入抗氧剂和金属钝化剂，以提高抗氧剂的抗氧效果和减少抗氧剂的用量。

常用的金属钝化剂有 N，N'-二亚水杨酸 1，2-丙二胺(代号 T1201)，通常用甲苯配成浓度为 80%的溶液后使用。金属钝化剂的加入量一般比抗氧剂小 5~10 倍，约为 0.0003%~0.001%。用量虽少，效果却很显著。

六、清净剂

清净剂是能防止或除去沉积，保持燃料系统和喷嘴清洁的一类添加剂。

1. 汽油清净剂

汽油在燃烧室燃烧时，其中未燃尽的烃类由于所发生的裂化，聚合和氧化等复杂化学反应，导致了燃烧室中产生沉渣，降解物落入曲轴箱内会促使润滑油中沉渣的形成。喷嘴处形成的沉积物会增加燃料的消耗，使动力性或驱动性能降低。当前发动机的设计倾向于充分燃烧的概念，由于没有足够体积的燃料和润滑油起到清洗剂的作用，进气阀区域的温度高达 200~280℃，引起了进气阀沉积物的形成，将严重影响到燃料的经济性、动力输出以及排放污染的问题。进气阀处沉积物的形成与汽化器、喷嘴处沉积物的形成不同，因此添加剂的组成也有所区别。

汽油清净剂的作用是通过抑制和清除喷嘴、进气阀和燃烧室的沉积物，使发动机保持清洁，燃料雾化充分，避免进气阀串气，使燃料充分燃烧，减少爆震倾向，达到降低汽车尾气有害物质的排放、节省燃料、延长发动机使用寿命及减少维修费用的目的。

常用的清净剂含有烷基磷酸胺类、咪唑啉类、丁二酰亚胺、胺类及酰胺类等，GB 19592—2019《车用汽油清净剂》技术要求见表 4-3。

表 4-3 车用汽油清净剂(GB 19592—2019)

序号	项 目		质量指标	试验方法
1	外观		透明，无悬浮物和沉降杂质	目测[a]
2	倾点/℃	不高于	-20	GB/T 3535
3	闪点(闭口)/℃	不低于	60	GB/T 261
4	氮含量[b]/%		报告	SH/T 0224
5	硫含量/(mg/kg)	不大于	50	SH/T 0689[c]
6	氯含量/(mg/kg)	不大于	10	SH/T 1757[d]
7	防锈性[e]/锈蚀程度	不大于	中度锈蚀	GB/T 19230.1
8	破乳性[e]/级 界面 相分离	 不大于 不大于	 1b (2)	GB/T 19230.2

续表

序号	项　目		质量指标	试验方法
9	喷嘴质量流量损失率[e]/%	不大于	5	GB/T 19230.3
10	模拟进气阀沉积物质量[e]/mg	不大于	2.0	GB/T 37322—2019[f]
11	平均进气阀沉积物质量[e]/mg(需满足下列要求之一)：			
	方法1/	不大于	30	GB/T 19230.6
	方法2/	不大于	50	GB/T 19230.5
12	总燃烧室沉积物增加量[e]/%(需满足下列要求之一)：			
	方法1	不大于	30	GB/T 19230.6
	方法2	不大于	30	GB/T 19230.5

注：a. 将试样注入100mL玻璃量筒中，在室温(20℃±5℃)下观察，应当透明无浑浊，无分层，没有悬浮和沉降杂质，结果有异议时，以GB/T 511方法测定为准。

b. 测试方法也可用NB/SH/T 0704，具体指标及测试方法由供需双方协商。

c. 也可用GB/T 11140、SH/T 0253、NB/SH/T 0842进行测定，有争议时以SH/T 0689为准。

d. 也可用ASTM D7536，有争议时，以SH/T 1757方法为准。

e. 汽油清净剂按推荐使用比例加入附录A规定的试验燃料中进行试验。

f. 本试验方法不适用于车用乙醇汽油。

2. 柴油清净剂

随着柴油中裂化组分的增加，导致了柴油燃料的性能变质变差，表现为喷油嘴处的结焦及沉积物的增加，以致排放尾气中CH、CO及颗粒量上升、生烟量大，甚至出现噪声和不平稳操作。柴油清净剂具有清除柴油发动机喷嘴积炭的作用，并且可以保持喷嘴的清洁，同时控制排放中颗粒污染。一般添加剂配方可随着燃料及性能指标要求进行调整，以使发动机性能得以接近设计规范。国外添加剂公司作了大量研究工作，有多种柴油清净剂产品。我国车用柴油清净剂国家标准GB/T 32859—2016《车用柴油清净剂》见表4-4。

表4-4　车用柴油清净剂(GB/T 32859—2016)

序号	项　目		质量指标	试验方法
1	外观		清澈透明	目测[a]
2	氮含量/%		报告	SH/T 0224
3	硫含量/(mg/kg)	不大于	30	SH/T 0689
4	氯含量/(mg/kg)	不大于	10	SH/T 1757 ASTM D7536[b]
5	密度[c](20℃)/(g/cm^3)		报告	GB/T 1884 GB/T 1885
6	运动黏度[c](40℃)/(mm^2/s)		报告	GB/T 265
7	闪点(闭口)/℃	不低于	61	GB/T 261
8	倾点/℃	不高于	-20	GB/T 3535
9	水分/%		0.15	GB/T 260
10	机械杂质[d]		无	GB/T 511

续表

序号	项　目		质量指标	试验方法
11	破乳性[e] 水层体积/mL	不小于	18	附录 B
12	喷嘴清洁度[e] 空气流量损失率	不大于	75	SH/T 0764

注：a. 将试样注入 100mL 玻璃量筒中，在室温(20℃±5℃)下观察，应当透明，无浑浊，无分层。

b. 有争议时，仲裁试验为 ASTM D7536。

c. 具体指标由供需双方协商。

d. 可以目测，将试样注入 100mL 玻璃量筒中观察，应当没有悬浮和沉降的杂质。结果有异议时，以 GB/T 511 方法测定。

e. 将待检测的柴油清净剂按使用比例加入基础试验燃料中，混合均匀后进行试验。基础试验燃料见附录 A。

七、防冰添加剂

燃料是多种烃类的混合物，其与空气中的水处于一定的平衡状态。各种烃类中以芳烃中水的溶解度最大，而烷烃中水溶解度最小。燃料中的饱和水含量又随着温度的下降而减少。喷气燃料在使用时，经历着剧烈的温度变化，测温结果表明，我国东北地区高空最低气温可达-72℃，油路系统最低气温可达-40℃。此时，燃料中的溶解水变成了悬浮水，在滤网上结冰，形成冰晶，堵塞燃料系统，使供油中断，将会造成严重的飞行事故，喷气燃料在低温下析出冰晶堵塞过滤网是引起飞行事故的重要原因之一。

为解决因气温下降燃料中析出冰晶的问题，除经常地除去受周围气温、湿度影响的地面储罐中的水分外，在飞机的燃料系统增设加热装置是有效的办法，添加防冰剂也是有效的手段之一。

目前喷气燃料中采用的防冰剂一般为醇类及醇醚类化合物。它们具有良好的溶解性能，有效地增加燃料对水的溶解能力，在燃料中与水形成低结晶点的溶液，并对已形成的冰晶有一定的溶解能力。添加剂在水相和油相中的分配系数随温度的降低而增加，当燃料中析出游离的水时，添加剂迅速地从烃类中进入水相，防止冰晶的析出，保证了燃油系统的正常工作。

常用的防冰添加剂有二乙二醇甲醚(代号 T1301)和二乙二醇醚(代号 T1302)，T1301 的加入量为 0. 15%~0. 20%，T1302 的加入量为 0. 15%~0. 20%。

加有防冰添加剂的喷气燃料在长期储存中，因油中水分不断增加，形成游离水层，会把防冰添加剂萃取出采，降低了防冰效果。因此，防冰添加剂应在机场现用现加。

八、抗磨防锈剂

深度精制(包括加氢精制)的柴油、喷气燃料，随着其不安定组分的脱除，也脱除了天然的微量极性物质，从而使燃料的抗磨性能变坏，当使用这种燃料时会引起燃油泵柱塞头的磨损，影响其使用寿命。

液体燃料在储运和使用过程中，因环境温度的变化，油中的溶解水会析离成游离水，引起金属生锈腐蚀，造成管壁穿孔，油罐泄漏，飞机油箱及油滤堵塞，因此发展了抗磨防锈添加剂。如汽油和喷气燃料中存在的微量水分，附着在发动机燃料系统的金属表面上，引起电化学腐蚀，使金属生锈。为防止这一现象，可加入抗腐剂。

抗腐剂大都是油溶性表面活性剂，能在金属表面形成薄膜，避免金属与水、氧接触，防止金属腐蚀生锈。常用的抗腐剂有磷酸烷基酯、磷酸氨基酯、羧基酸酯的混合物和二元脂肪酸酯与磷酸酯的混合物等。

抗磨添加剂为含有极性基团的油溶性有机物质，可吸附在摩擦部件的表面，避免金属之间的干摩擦，改善了燃料的润滑性能。常用的抗磨剂有磷酸烷基酯、磷酸氨基酯、羧基酸酯的混合物和二元脂肪酸酯与磷酸酯的混合物等。

目前国内生产的二聚酸型（T1601）及环烷酸型（T1602）抗磨防锈剂已得到了应用，其中二聚酸型抗磨防锈剂为二聚酸、磷酸酯及抗氧剂的复合添加剂，T1601 用量为 5μg/g，T1602 用量为 10~20μg/g，可对不同材质的金属起到防锈作用。

九、抗静电剂

燃料在泵送、过滤、混合和加注过程中，特别是在机场上给喷气飞机高速加油时，都会产生静电。而燃料的导电率很低，容易发生静电聚集，超过一定程度后，会发生放电现象，引起火灾。加入抗静电剂，可以提高燃料的导电性，使静电及时导出。抗静电剂一般是具有强的吸附性、离子性、表面活性等的有机化合物，主要是有机酸的钙盐或铬盐。

GB 6537—2018《3 号喷气燃料》中规定喷气燃料电导率在 50~600pS/m 之间，该标准同时也规定喷气燃料中加入的抗静电剂为 T1502 或 Stadis 450，初次加入量不大于 3.0mg/L，累计加入量不大于 5.0mg/L。喷气燃料在长期储存后电导率会发生下降，当电导率低于 50pS/m 时，可以适当加入抗静电剂提高喷气燃料电导率。

十、低温流动性改进剂

柴油低温流动性改进剂与改善润滑油质量或增加原油收率所用的降凝添加剂不同，前者不但要降低燃料油的倾点，而且要改善低温析出的蜡结晶大小和形状，因此，它是兼具改善燃料油倾点和过滤性的添加剂。

柴油低温性以浊点、倾点及冷滤点表示，为改善柴油的低温流动性，常在柴油中加入柴油低温流动性改进剂。

柴油低温流动性改进剂大致分为以乙烯-醋酸乙烯酯共聚物为代表的聚合物型与长链二羧酸酰胺系的油溶性分散剂型两大类。其添加效果的好坏可视侧链结构而定。相对分子质量为 2000，醋酸乙烯含量为 30%~40%的乙烯-醋酸乙酯共聚物对改进柴油低温流动性具有良好效果。

不加低温流动性改进剂的柴油在低于浊点时，开始析出蜡，其大小约 200μm，蜡结晶迅速增长，形成板状菱形结晶，它们相互吸附，并形成三维网状结构，于是在其表面可吸附更多的油分子而失去流动性。柴油中约有 2%石蜡析出时，柴油就会凝固。柴油中加入添加剂时，就会在浊点附近浸入蜡晶核中，一起析出，形成许多比原来细小的晶核，即微细了蜡结晶，添加剂吸附在蜡结晶表面，通过极性基的作用，维持微细分散状态。因此，添加剂几乎不影响蜡析出温度和析出量。但是添加浓度对微细蜡结晶有影响。此外，流动改进剂还具有削弱蜡结晶的结构强度的作用，提高了过滤性和泵送性。

燃料中正构蜡含量及其分布是影响添加效果的主要因素。添加剂的添加效果随正构蜡含量增加而降低，因此，高含蜡量的燃料油将会使添加剂的效果受到影响。为增产中间馏分燃料油，必须开发对高含蜡燃料油有效的低温流动性改进剂。

第三节　润滑油脂添加剂

润滑油脂添加剂的运用是润滑油脂生产及提高润滑油脂质量，适应多种使用要求的主要手段之一，近年来得到迅速发展和广泛的应用。它弥补了润滑油脂加工工艺的不足，能得到加工工艺中难以收到的效果。

一、清净剂

清净剂是现代润滑剂的五大添加剂之一，以前把清净剂和分散剂统称为清净分散剂，有时为了区别它们，把含金属的称有灰清净分散剂，把不含金属的称无灰清净分散剂。目前一些文献把这二者统称为沉积控制的添加剂。而清净剂和分散剂在润滑油中的作用上还是有区别的，因此，在20世纪70年代以后把清净分散剂分别称为清净剂和分散剂。30年代由于柴油机向高功率发展，出现活塞环槽积炭增多和粘环等问题。美国于1943年发现加有油溶性脂肪酸或环烷酸等有机羧酸金属皂类的柴油机油可以解决粘环问题，于是借用一般水溶性肥皂具有“清净性”这一术语，取名这类油溶性金属皂为清净剂。

清净剂从脂肪酸和环烷酸皂开始，发展到今天的磺酸盐、烷基酚盐及硫化烷基酚盐、硫代磷酸盐、烷基水杨酸盐和环烷酸盐等品种。这五类清净剂最初应用的都是中性盐。40年代末和50年代初，伴随着高功率增压柴油机的日益增多和含硫燃料的增加，以及对清净剂中和作用机理的了解和认识的提高，各种清净剂开始向碱式盐或高碱性盐方向发展，目前各种清净剂中高碱性的产品用量占大多数。

清净剂基本结构是由油溶性的A部分、极性基C部分及两者连接部分B组成的。在矿物油等非极性溶剂中，油溶性的A向外侧把极性基C聚集起来，形成胶束而溶解。因此，清净剂是典型的表面活性剂，其溶解状态对效果有着极重要的影响。实际上使用的清净剂是复杂的混合物，其缔合数较大地受金属种类、亲油基大小、溶剂性质的影响，有的文献报道磺酸盐的缔合数为50以上。一般来说，酚盐比水杨酸盐的缔合数要小。

清净剂一般与分散剂、抗氧抗腐剂复合，主要用于内燃机油(汽油机油、柴油机油、二冲程汽油机油、天然气发动机油、铁路机车用油、拖拉机发动机油和船用发动机油)，具有酸中和、洗涤、分散和增溶等作用。

1. 酸中和作用

多数清净剂具有碱性，有的呈高碱性，一般称这种碱值为总碱值(简称TBN)。高碱性清净剂一般是将碳酸盐($CaCO_3$、$BaCO_3$、$MgCO_3$、Na_2CO_3等)和氢氧化金属(Ca、Ba、Mg等)的超粒子状态的胶体分散在中性的金属型清净剂中。高碱性清净剂具有较大的碱储备，能够在使用过程中，持续地中和润滑油和燃料油氧化生成的酸性物质，阻止它们进一步氧化缩合，从而减少漆膜。同时也可以中和含硫燃料燃烧后生成的氧化硫，阻止它磺化润滑油；也可以中和汽油燃烧后产生的氯化氢和硝酸等，阻止它们对烃类进一步作用。由于中和了这些无机酸和有机酸，防止了这些酸性物质对发动机金属部件的腐蚀，这一点对使用高硫燃料的柴油机油和船舶用油尤为重要。

2. 洗涤作用

在油中呈胶束的清净剂对生成的漆膜和积炭有很强的吸附性能，它能将粘附在活塞上的漆膜和积炭洗涤下来而分散在油中，一般地说分散性能越强这种性能就越强。沉积物在循环过滤中被除去，保持了金属表面的清洁。

3. 分散作用

清净剂能将已经生成的胶质和炭粒等固体小颗粒加以吸附而分散在油中，防止它们之间凝聚起来形成大颗粒而粘附气缸上或沉降为油泥。金属清净剂，特别是磺酸盐，形成两类屏障，对 0~20nm 直径的粒子，它将形成延迟凝聚的吸附膜，而对 500~1500nm 粒子，它将导致离子表面获得同类电荷，它们相互排斥而分散在油中，一般称这种现象为双电子效应。

4. 增溶作用

所谓增溶作用，就是本来在油中不溶解的液体溶质，由于加入少量表面活性剂而溶解的现象。清净剂是一些表面活性剂，常以胶束分散于油中，它可溶解含羟基、羰基的含氧化合物、含硝基化合物和水分等。这些物质是生成漆膜的中间体，它被增溶到胶束中心，外面包围了形成此胶束的添加剂分子，因而阻止了进一步氧化与缩合，减少了漆膜与积炭的生成。实际上清净剂对沉积物前身的增溶作用，也就是能够使这些反应性强的官能团的活力降低，从而阻止了转变为沉积物。但清净剂的增溶作用比无灰分散剂要小得多。

常用的清净剂有 T101(低碱值石油磺酸钙)、T102(中碱值石油磺酸钙)、T103(高碱值石油磺酸钙)、T104(低碱值合成磺酸钙)、T105(中碱值合成磺酸钙)和 T106(高碱值合成磺酸钙)。

二、分散剂

早期在内燃机油中广泛应用的清净分散剂为含有金属的磺酸盐、烷基酚盐、硫代磷酸盐和烷基水杨酸盐，称它们为金属清净分散剂。其后发展了一种不含金属的添加剂，它具有优异的分散性能，为了区别于前者，人们称它为无灰分散剂。由于无灰分散剂在内燃机油中的作用优异，用量越来越多，而且它的主要功能是分散作用，所以目前已明确把金属清净分散剂分成清净剂和分散剂两大类，分散剂也是现代润滑剂的五大添加剂之一(清净剂、分散剂、黏度指数改进剂、抗磨添加剂和抗氧剂)。

无灰分散剂的发展与现代汽车工业的发展是分不开的。20 世纪 40~50 年代国外的汽车增多，特别是美国的小汽车急剧增加，其后果是环境污染加重和城市交通阻塞。为减少对空气污染，普遍使用正压进排气(PCV)系统，这样会使酸性物质带到曲轴箱中，从而对内燃机油的性能要求更高。交通阻塞造成城市中行驶的汽车经常低速运转和停停开开，处于这种情况下的汽车曲轴箱油的温度低，使燃料烃和湿气(水分)不易从润滑中排出去、漆膜和油泥沉积物有所增加。正是由于短途行驶汽车的增加，并使用了 PCV 装置，造成润滑油中的漆状物与淤渣沉积物生成的趋势增加。产生的大量水汽部分被冷凝下来生成大量乳化油泥，阻塞管道及滤网，严重影响曲轴箱油的正常使用。对这种油泥，以前使用的硫代磷酸盐、磺酸盐、酚盐等金属清净剂几乎没有效果，因此急需开发对这种低温油泥有效的添加剂。1955 年美国杜邦公司研究出一类新型的聚合型分散添加剂，由于它不含金属，燃烧后无灰，因此被称为无灰添加剂。这种无灰剂使低温油泥问题得到一定程度的改善，但不太理想，直到 60 年代出现了非聚合型的丁二酰亚胺无灰分散剂才令人满意地解决了低温油泥问题。但随着发动机性能不断改进，在 80 年代出现了所谓黑油泥问题，要求内燃机油兼有优异的高温清净性和油泥分散性，为了适应这一要求，新型高相对分子质量分散剂应运而生，目前已成为配制高档内燃机油的主要添加剂。

目前分散剂以多胺为基础的丁二酰亚胺为主流，其使用量占分散剂总量的 80%以上，其化学结构由亲油基、极性基和连接部分组成。这样的结构，在润滑油中极易形成胶团，保证了它对液态的初期氧化产物具有极强的增溶作用，以及对积炭、烟灰等固态微粒具有很好的胶溶分散作用。因而，可有效地保证内燃机油的低温分散性能，特别有效地解决了汽油机油的低温油泥问题。所以加有分散剂的汽油机油，运行较长时间后换油时，曲轴箱中油泥减少，同时它也提高了对高温氧化所产生的烟灰和润滑油氧化产物的分散和增溶作用，特别是与金属清净剂复合后有增效作用，既提高了润滑油的质量，又降低了添加剂的加入量。由于它具有这方面的优点，丁二酰亚胺无灰分散剂获得了飞速的发展和应用。分散剂在油品中其主要功能是分散和增溶作用。

1. 分散作用

分散剂提供的油溶性基团比清净剂大，能有效地屏障积炭和胶状物相互聚集，它可使 0~50nm 大小的粒子被胶溶，这些分散剂(丁二酰亚胺)含有离子化极性大，也通过电荷斥力胶溶更大的粒子使之分散于油中。而聚合型分散剂烷基相对分子质量非常大，它能多点在离子之间形成较厚的屏障膜，胶溶高达 100nm 的粒子，因此分散剂能有效地把 0~100nm 的粒子分散于油中。

2. 增溶作用

不溶于油的液体极性物质，由于存在着和分散剂之间的相互作用而被分散到油中，尤如溶质的溶解现象。发动机油的油泥是一些氧化产物进行聚合后与冷凝水混合后生成的，这些聚合物使发动机油的积炭增加，附在油箱上阻止了油泵的吸入，从而堵塞滤网。而分散剂能与生成油泥的羰基、羧基、羟基、硝基、硫酸酯等直接作用，并溶解这些极性基团。丁二酰亚胺分散剂有能力与上述不溶于油的液体形成胶束，并且与它们络合成油溶性的液体而分散于油中。分散剂的增溶作用最好，比清净剂高出约 10 倍。

这里应该提出的是分散剂中的多烯多胺也有一定的碱值，也能提供油品的总碱值。由于其中胺的碱性与金属清净剂相比是弱碱性，不能有效地中和油品燃烧后生成的硫酸和含氧酸，仍有一些酸性物质遗留下来造成对部件的腐蚀，因此分散剂提供的碱值不是真正的有效碱值，而金属清净剂提供的总碱值则是有效的。由清净剂和分散剂共同提供的总碱值虽然比较高，但不能使油品中的酸值增长速度变慢；而由清净剂单独提供的总碱值虽然低，但油品的酸值反而低。

常用的分散剂有 T151(单丁二酰亚胺)、T152、T154(双丁二酰亚胺)。

三、抗氧抗腐剂

润滑油在储存和使用中，因自动氧化而产生有害的酸性物质，漆状物和沉淀等。为了抑制油品的氧化，除了加深精制除去不安定组分外，还必须加入抗氧抗腐蚀添加剂，它不能完全防止氧化，但能大大改善油品的抗氧化性能。

20 世纪 30 年代由于汽车工业的大发展，内燃机的压缩比大幅度提高。伴随着发动机功率的提高，巴比特合金轴承材料暴露了难以承受高负荷、高温的缺陷，开始应用铜-铅(Cu-Pb)、镉-银(Cd-Ag)、镉-镍(Cd-Ni)等硬质合金。但由于这些硬质合金较易受到润滑油氧化产物的腐蚀，要求在油品中加入抗氧抗腐剂，逐渐研制出了一些含硫、磷等化合物的抗氧抗腐剂。经过实际应用，于 40 年代初筛选出效果较好的二烷基二硫代磷酸锌(简称 ZDDP 或

ZDTP）抗氧抗腐剂，并得到最广泛的应用。这个添加剂用于内燃机油中已有半个多世纪的历史了，目前除用于内燃机油外，它还广泛用于抗磨液压油和工业润滑油中。为了减少污染和噪声，70年代的小轿车装有废气催化转化器，而磷对催化转化器中的贵金属有中毒作用，为了避免催化剂中毒，要求油品低磷低灰化。出现了铜盐和无磷等抗氧剂，1980年SF级油问世，低磷油很难通过SF级油要求的ⅢD氧化试验，曾采取用二烷基二硫代氨基甲酸锌（简称ZDTC）与ZDDP复合的方法来解决。90年代，Ciba特殊化学品添加剂部开发了IrgalubeML 300系列无灰极压/抗磨剂（EP/AW），它不腐蚀黄色金属，在很多工业润滑油中可取代ZDTP。总之，抗氧抗腐剂也是随着工业发展而前进的。

润滑油的氧化由于光、热、金属催化等的作用，产生了自由基而开始进行的，自由基与氧反应产生过氧基[ROO·]，过氧自由基与其他分子反应产生过氧化氢[ROOH]和自由基[R·]。过氧化氢[ROOH]进一步分解产生氧化自由基[R·]和过氧基[ROO·]。连锁反应的结果最后生成酮、醛、有机酸，最后进行缩合反应，生成了油泥和漆膜，同时黏度也增加了。为了防止氧化反应，一种方法是捕捉自由基，另一种方法是使过氧化物分解，得到稳定的化合物。酚型和胺型抗氧剂捕捉自由基，是自由基终止剂；而ZDDP主要具有后者的作用，是过氧化物分解剂。

对于温度低于100℃，金属催化作用不强和氧化条件缓和的厚层氧化，如变压器油、汽轮机油等，通常采用2，6-二叔丁基对甲酚（代号T501）等，它能和氧化过程中生成的自由基作用，中断氧化链反应。近来广泛采用抗氧剂与金属钝化剂复合使用，取得良好效果。这类添剂还有*N*，*N′*-二仲丁基对苯二胺、对羟基二苯胺等芳胺类化合物。

发动机气缸中活塞与气缸壁之间润滑油膜的薄层氧化，由于油层薄、温度高、金属催化作用强，并不时与高温燃料与空气混合气接触，其氧化速度和深度远远大于厚层氧化，因而前述抗氧化剂已不适用。国内常用高温抗氧化添加剂有T202（丁辛基ZDDP）、T203（双基ZDDP）。

抗氧化与抗腐蚀作用是相互有关的，润滑油的腐蚀常常是由氧化生成的酸性产物引起的。所以具有抗氧化性的添加剂，本身就是抗腐蚀剂。常用的二烷基二硫代磷酸锌，除具有抗氧作用外，还能与金属表面反应，形成硫磷化薄膜，这层薄膜较坚韧，保护金属不被酸性物质所腐蚀。所生成的硫磷化合物，同时具有极压抗磨作用。

这类抗氧抗腐蚀添加剂的效果很好。由大庆原油生产的发动机润滑油中加入0.5%的添加剂后，使其腐蚀度从$64g/m^2$下降到$1g/m^2$。这类添加剂在发动机润滑油的添加量为0.25%~0.5%，双曲线齿轮油中添加量约为3%~6%。

四、极压抗磨剂

在压力的作用下，抗磨损性能优良的润滑油，可以使机械得到充分润滑，减少部件之间的摩擦和磨损，防止烧结，从而提高了机械效率，减少能源消耗，延长机械的使用寿命。据估计，大约有1/3的能量消耗在摩擦上，80%的零件是由于磨损报废的。所以，提高润滑性、减少摩擦及磨损、防止烧结是多么重要。人们把可以减少摩擦和磨损、防止烧结的各种添加剂统称为载荷添加剂。

载荷添加剂按其作用性质可分为油性剂、抗磨剂和极压剂三类，但抗磨剂和极压剂的区分并不是很严格，有时也很难区分，因此按国内石油添加剂的分类，把载荷添加剂分成油性剂和极压抗磨剂。极压抗磨剂是随着齿轮、尤其是随着双曲线齿轮的发展而发展起来的。最早使用的油性剂是动植物油脂，首先使用的极压剂是单质硫。齿轮技术最大的发展之一是美国从1926年开始使用双曲线齿轮，它有较大的传递负荷的能力，较大的抵抗齿轮破坏的能力，重心低，操作平稳，是滑动和滚动相结合，对润滑油的要求相当高。原来含动植物油脂的复合油根本不能满足其要求，含单质硫极压剂的润滑油虽然有良好的抗擦伤性能，但不能解决双曲线齿轮的润滑问题。在20世纪30年代中期把硫-氯型添加剂用在双曲线齿轮润滑中，性能是良好的。它只能满足轿车润滑的要求，但在卡车中，特别是在高扭矩低速条件下有严重磨损。随后开发了硫化鲸鱼油和铅皂配制的硫-铅型齿轮油，广泛应用在工业齿轮的润滑上。直到50年代在硫-氯型添加剂中引入含磷化合物，配成硫-磷-氯-锌型齿轮油，既可以满足轿车又可以满足卡车的要求。但因其热稳定性和氧化安定性不太好，60年代以后被硫-磷型添加剂所取代。因为硫-磷型添加剂在高速抗擦伤性、高温安定性和防锈性能方面均优于硫-磷-氯-锌型添加剂，这时的硫化合物除了硫化鲸鱼油外，还有硫化烃类，特别是硫化异丁烯占了主导地位。磷化合物有磷酸酯、磷酸酯铵盐、硫代磷酸酯、硫代磷酸酯铵盐，以及不含氯、硫、磷等活性元素的硼酸盐和惰性高碱值磺酸盐极压抗磨剂。早期使用的铅盐，如环烷酸铅由于环境保护等问题逐渐被淘汰。

极压抗磨剂一般不单独使用，它与其他添加剂复合，广泛应用于内燃机油、齿轮油、液压油、压缩机油、金属加工液和润滑脂中。极压抗磨剂是在金属表面承受负荷的条件下，起到防止滑动的金属表面的磨损、擦伤甚至烧结的作用。其作用机理是：当摩擦面接触压力高时，两金属表面的凹凸点互相啮合，产生局部高压、高温，此时若是含活性硫、磷或氯化合物的极压抗磨剂时，将与金属表面发生反应，生成剪切强度低的硫化、磷化或氯化金属固体保护膜，把两金属面隔开，从而防止了金属的磨损和烧结。若是ZDDP或硼酸盐将生成其他类型的保护膜。

常常是两种以上的添加剂复合使用比单独使用会得到良好的效果，这样可使油品的性能更加全面。因为不同类型的极压抗磨剂具有不同的特点和使用范围，含硫极压抗磨剂抗烧结性好，抗磨性差，含磷极压抗磨剂抗磨性好，极压性较差，这二者可互补不足。如齿轮油配方来说，硫磷型复合剂中的磷系添加剂在低速高扭矩运转下具有形成保护膜的机能，特别是含硫的磷化物在冲击负荷和高速下具有保护金属表面的效果。磷与硫的比率是非常重要的，硫过量时，CRCL-37(磨损)试验不合格，磷过量时，CRC L-42(极压)试验不合格。

在极压抗磨剂与摩擦改进剂、防锈剂或其他极压抗磨剂两种以上添加剂复合时，要特别注意是协合效应还是对抗效应。如ZDDP与硫化异丁烯(SIB)复合时的Timken合格负荷可达268N(27.3kg)，而ZDDP和SIB单独使用时的合格负荷分别为89N(9.1kg)和182N(20kg)。

极压抗磨剂与防锈剂、磺酸盐、摩擦改进剂复合使用时，产生对抗效果是众所周知的。在CRCL-42试验合格的配方润滑油中添加0.5%的月桂基琥珀酸酐时，则变成不合格，所以防锈剂会降低极压抗磨剂的效果。在确定车辆齿轮油配方时，必须仔细平衡极压性和防锈性，因为这二者经常是互相矛盾的。

常用的极压抗磨剂有T301(氯化石蜡)、T304(亚磷酸二正丁酯)、T306(磷酸三甲酚酯)和T321(硫化异丁烯)。

五、油性剂和摩擦改进剂

油性剂通常是动植物油或在烃链末端有极性基团的化合物，这些化合物对金属有很强的亲和力，其作用是通过极性基团吸附在摩擦面上，形成分子定向吸附膜，阻止金属互相间的接触，从而减少摩擦和磨损。早期用来改善油品的润滑性多用动植物油脂，故称油性剂。近来发现不仅动植物油脂有这种性质，其他某些化合物也有同样性质，如有机硼化合物、有机钼化合物等，目前把能降低摩擦面的摩擦系数的物质称为摩擦改进剂(Friction Modifier，简称 FM)，因此摩擦改进剂的范围比油性剂更为广泛。也有人根据在摩擦面上形成被膜的摩擦系数值来区分摩擦改进剂与抗磨剂和极压剂的差别，形成被膜的摩擦系数为 0.01 的添加剂称 FM，摩擦系数为 0.1 的添加剂定义为抗磨剂和极压剂。

由于石油润滑油经过深度精制，除去了油中的天然油性物质——含硫、含氮、含氧化合物和胶质等，使润滑油的油性变差，难以满足润滑的需要，为此必须加入油性添加剂。最早使用油性剂是动植物油脂、油酸、硬脂酸、脂肪醇、长链脂肪胺、酰胺和一些含磷化合物，到 1939 年硫化鲸鱼油开始用于齿轮油等油品中作极压抗磨剂后，产量迅速增加，鲸鱼油的需求量猛增，使鲸鱼面临绝种的危险，有的国家已禁止捕杀，因此进行了硫化鲸鱼油代用品大量研究工作，出现了很多的硫化鲸鱼油代用品。

从 1973 年第一次石油危机以后，在润滑油领域开始重视节能问题，因此进行了通过发动机油的低黏度化来改善燃料经济性的研究，同时也研究了通过添加摩擦改进剂来降低边界润滑领域的摩擦。现在工业界节能方向已定，已经对所有的制品实行了节能的对策。以汽车发动机油为中心，积极推行润滑油的节能政策，采用低黏度化、多级化及添加摩擦改进剂的办法来提高能效。节能内燃机油已经规定了节能的要求，如 ILSAC GF-1、GF-2、GF-3、GF-4 和 GF-5 级汽油机油，因此 FM 得到了广泛的应用。

摩擦改进剂都含有极性基，含有极性基团的物质对金属表面有很强的亲和力，极性基团强有力地吸附在金属表面，形成一种类似的缓冲垫的保护膜把金属分开，防止金属直接接触，从而减少摩擦及磨损。吸附分为物理吸附和化学吸附。物理吸附是靠分子间力的吸附，它是可逆的。当升高到一定温度时吸附膜会脱附，脱附温度与分子结构有关，脂肪胺和脂肪酰胺解吸温度较高，因而常常用作车辆齿轮油的摩擦改进剂。化学吸附是吸附表面和被吸附分子间发生化学反应的吸附。其吸附能不仅仅是分子间的力，还有化学结合能，比物理吸附能大得多。实际上化学吸附是一种表面化学反应，与物理吸附不同，一般温度升高时，化学吸附就相应地剧烈的进行。

为了改进油品的摩擦特性而使用 FM。在滑动面的导轨中可防止粘附、滑动；在自动变速机油中可改善离合器板的耐久性、换挡性；在限滑差速器用齿轮油中可减少汽车转弯时限滑差速器摩擦片的震动和噪声；在多用途的牵引机油中可提高湿式制动器的效率，防止粘附、滑动；在发动机油和齿轮油中所使用的 FM 具有降低边界润滑和混合润滑后的摩擦系数，提高磨合速度的作用。

摩擦改进剂和极压抗磨剂都是在接触表面上起作用的添加剂，发挥功效的第一步是在表面上吸附。摩擦改进剂的极性通常比极压抗磨剂强，由于竞争吸附作用，摩擦改进剂的分子优先吸附，极压抗磨剂的作用不易发挥。因此，在车辆齿轮油中使用摩擦改进剂必须十分小心，否则会使极压性下降。为了使油品在极压抗磨剂活化温度(T_r)以下也能提供有效的润滑，在油品中采用极压抗磨剂与摩擦改进剂复合将取得好的结果。图 4-1 是在极压润滑油中加入少量脂肪酸油性剂的结果。曲线 1 是基础油，摩擦系数一开始就比较大，以后随温度升高而逐步升高，曲线 2 是基础油加入脂肪酸，从室温开始就能提供良好的润滑；曲线 3 是基础油中加入极压抗磨剂，在低于 T_r 温度时的润滑效果差，在 T_r 温度以上时能形成保护膜，能提供有效的润滑；曲线 4 是基础油中同时加入极压抗磨剂和脂肪酸，在低于 T_r 温度时脂肪酸提供良好的润滑，在高于 T_r 温度时，极压抗磨剂提供良好的润滑。当然这只是理想状况，实际上并不总能达到的。

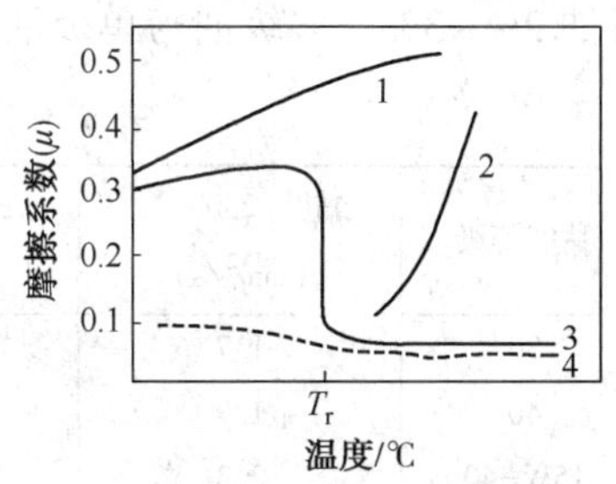

图 4-1　不同类型润滑剂摩擦系数与温度的关系

1—石蜡油；2—石蜡油+油性剂（脂肪酸）；3—石蜡油+极压剂；4—石蜡油+极压剂+油性剂(脂肪酸)

常用的油性剂和摩擦改进剂有硫化鲸鱼油(T401)、二聚酸(T402)、硫化棉子油(T404)、硫化烯烃棉籽油(T405)、苯三唑脂肪酸胺盐(T406)等。

六、黏度指数改进剂

润滑油的黏度随温度的升高而降低，黏度指数(Viscosity Index，VI)是衡量黏度随温度变化而改变程度的指标。VI 越大的油品，黏度随温度变化的程度越小。由于矿物油(石蜡基)的黏度指数通常在 96~120，因此要制取黏温性能(Viscosity-temperature Characteristics)优良的多级内燃机油及其他高黏度指数的工业润滑油时，就必须添加黏度指数改进剂(Viscosity Index Improver，VII)或使用合成润滑油。

为了改善润滑油的黏温性能，早在 20 世纪 30 年代就在液压油和大炮齿轮油中加高分子化合物。在 20 世纪 30 年代中期就应用了聚异丁烯(Polyisobublene，PIB)，40 年代出现了聚甲基丙烯酸酯(Polymethacrylate，PMA)，60 年代末到 70 年代初出现了乙丙共聚物(Ethylene Propylene Copolymer，EPC)或烯烃共聚物(Olefin Copolymers，OCP)和氢化苯乙烯双烯共聚物(Hydrogenated Styrene-diene Copolymer，HSD)等高分子化合物。人们称这些高分子化合物为增黏剂(Thickening Agent)、黏度改进剂或黏度指数改进剂(VII)，更为普遍的称黏度指数改进剂。进入 80 年代，又出现了新一代具有分散性黏度指数改进剂，如 DPMA(Dispersant Polymethacrylate)、DOCP(Dispersant Olefin Copolymers)。目前多级油发展很快，对 VII 的需求增大，其产量剧增，据智研咨询在《2018~2024 年中国润滑油添加剂市场分析预测及投资前景预测报告》中统计黏度指数改进剂占添加剂总消耗量的 22.5%左右。

1. VII 受到人们重视的原因

(1) 改善油品的黏温性能

现代动力装备和机械加工设备工作温度范围很宽，特别是发动机，其工作温度可从冷启动时的气温(可低到-50℃)到发动机正常工作后气缸内表面温度的 200~300℃，用一般溶剂精制生产的润滑油难以同时满足这两种极限温度对油品黏度的要求，因而发展了由黏度指数改进剂制成的多级机油。用 VII 配制的内燃机油、齿轮油和液压油，具有良好的低温启动性和高温润滑性，可同时满足多黏度级别的要求，四季通用。

(2) 降低磨损，节省燃料

由于多级油的黏温性能平滑，黏度随温度变化的幅度比单级油小，在高温时仍保持足够的黏度，保证了运动部件的润滑，从而减少了磨损；在低温时黏度又比单级油小，使启动容易，从而节省了动力。与同黏度级别的单级油比(如 10W-30 与 30 相比)，多级油能节省燃料油 2%~3%。多级油与单级油的黏度随温度的变化见表 4-5。

表 4-5 多级油与单级油的黏度随温度的变化比较

黏度等级	黏度(230℃)/(mm^2/s)	黏度(150℃)/(mm^2/s)	黏度(100℃)/(mm^2/s)	黏度(40℃)/(mm^2/s)	CCS 黏度(-18℃)/mPa·s
30	1.7	4.3	11.4	110	15000
40	1.9	4.9	14.5	160	20000
15W-40	2.3	5.6	14.5	110	5000

(3) 合理利用资源

利用 VII 可使低黏度的油变为高黏度的油，相对增加了重质油产量，资源利用更合理。

2. 作用机理

高分子聚合物的添加剂分子加入润滑油中，使油分子间的相互运动受到一定程度的阻碍，从宏观上看，增加了油品黏度，这就是添加剂的增黏作用。高分子聚合物的特点是当温度升高时，它在油中的溶解度增大，高分子聚合物的长链伸展开来，其有效容积增大，增加了润滑油分子运动的阻力，使其在高温下黏度下降程度大大小于纯润滑油；当温度降低时，添加剂分子的溶解度减小，长分子链卷缩成较紧密的小球，对油品分子运动阻力减小(见图 4-2)，因而对油品在低温下的黏度增大影响较小。总的效果是大大改善了润滑油的黏温性质。

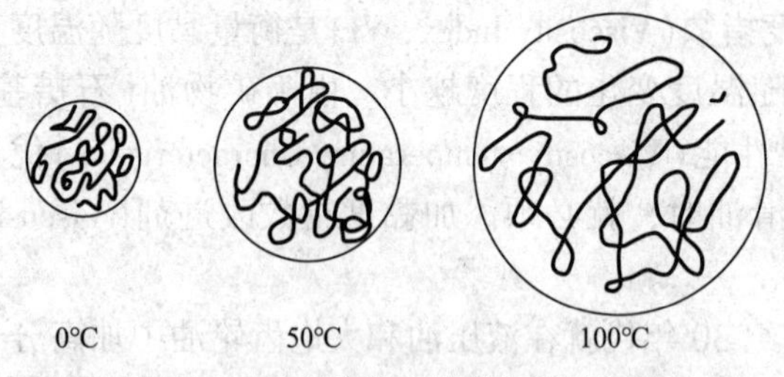

图 4-2 黏度指数改进剂作用示意图

常用的黏度添加剂有聚异丁烯(T603)、聚甲基丙烯酸酯(T602)，它们的耐剪切能力好，主要用于多级发动机润滑油。其他还有聚正丁基乙烯基醚(T601)、聚丙烯酸酯、聚烷基苯乙烯等。T601 的耐剪切、耐热能力较差，只能用于工作温度不高的多级液压油等。

七、降凝剂

为制取寒区、高空、冷冻设备所必须的低凝点润滑油，采用适度脱蜡，保持一定收率和黏度指数，辅以加入降凝剂降低凝点是最经济合理的办法。

含蜡油在低温下因高熔点烃类结晶析出，并相互连接成空间网状结构，把液体油品包在其中，正如海绵吸水一样，使油品整个失去流动性。当加入降凝剂后，降凝剂能吸附在细小的石蜡晶核上，或与其形成共晶，阻碍石蜡结晶长大，并减弱了石蜡与油之间的吸引力，使其难以失去流动性，只有进一步降低温度后，才可能凝固，从而降低了油品的凝点。

降凝剂只能改变蜡结晶的大小和形状，使凝点降低。但并不能减少固体烃或完全阻止它形成蜡结晶，因而对油品浊点几乎没有影响。同时降凝剂只能降低含蜡油的凝点，对无蜡、少蜡油(如环烷基油)的凝点不起作用。

降凝剂加入量对降凝效果影响很大。含少量降凝剂时的降凝效果最好，当加入量增大到一定程度后，降凝效果并无明显变化。表 4-6 中列出降凝剂烷基萘加入量对润滑油凝点的影响。可见烷基萘降凝效果最佳的加入量为 0.5%~1.0%，继续增大加入量，效果很差。同时可以看到，烷基萘只能降低馏分润滑油的凝点，对残渣润滑油没有作用。

表 4-6　烷基萘不同添加量的降凝效果

油品	无降凝剂时的凝点/℃	加入以下数量烷基萘后的凝点/℃		
		0.5%	1.0%	1.5%
全损耗油	-9	-23	-35	-36
气缸油	1	-23	-26	-28
馏分润滑油	26		2	
残渣润滑油	35		35	

加入降凝剂的温度对降凝效果有很大影响。试验表明，在润滑油温度接近浊点时加入降凝剂，由于油中蜡已部分成为晶体析出，晶体吸附了润滑油，添加剂的作用很不明显。例如分别在38℃和-4℃(浊点)时在同一润滑油中加入1%的降凝剂，发现在38℃时加入的润滑油凝点降到-29℃，而-4℃时加入的凝点为-7℃，可见影响之大。

润滑油中的蜡含量和化学组成对降凝效果有明显影响，所以两种都加有降凝剂的不同油品，不能随意调合，否则凝点可能升高。

常用的降凝剂有烷基萘(T801)、乙烯醋酸乙烯酯共聚物(T804)等，加入量一般均小于1%。

八、防锈剂

金属在大气中，常温常压下因氧、水分和其他物质(如酸、硫化物、氯化物等)的化学或电化学作用，引起腐蚀或变色，习惯上称为生锈或锈蚀。金属的锈蚀是破坏性的，而且遍及使用金属的各个地方，造成严重损失。

国外最早使用牛油、羊毛脂、石油脂类产品进行金属防锈。直到1927年才申请了用油溶性磺酸盐作为防锈剂的专利。20世纪30年代出现了酸性磷酸酯、烯基/烷基丁二酸、亚油酸二聚物的防锈剂。40~50年代武器防锈问题突出，各国进行了大量研究工作，防锈剂品种发展特别迅速，又发展了多元醇、有机金属盐、铵盐、有机胺衍生物、氧化石油脂、氧化石蜡及其金属盐、苯并三氮唑等杂环化合物，到目前防锈剂品种达百种以上。

防锈剂多是一些极性物质，其分子结构的特点是：一端是极性很强的基团，具有亲水性质；另一端是非极性的烷基，具有疏水性质。当含有防锈剂的油品与金属接触时，防锈剂分子中的极性基团对金属表面有很强的吸附力，在金属表面形成紧密的单分子或多分子保护层，阻止腐蚀介质与金属接触，称为防锈作用。防锈剂还对水及一些腐蚀性物质有增溶作用，将其增溶于胶束中，起到分散或减活作用，从而消除腐蚀性物质对金属的侵蚀。当然，碱性防锈剂对酸性物质还有中和作用，使金属不受酸的侵蚀。

防锈剂的种类很多，根据润滑油的使用条件，选用不同类型的添加剂。常用的防锈剂有石油磺酸钠、石油磺酸钡(代号分别为T701、T702)、脂肪酸(如T746、烯基丁二酸)、有机磷酸盐及一些杂环化合物等。近年来发展了多效防锈剂，如用于涡轮油的防锈剂，同时具有抗氧、抗乳化等性能。

九、抗泡剂

发动机润滑油、液压油和汽轮机油等循环使用的润滑油，因剧烈搅拌容易产生大量泡沫而影响机械正常运行。发动机油箱因充满泡沫，造成溢流，使油面下降；泡沫进入润滑油道，引起供油不足，增大磨损，有时甚至堵塞油道，中断润滑以致烧坏机件；液压油起泡，引起液压系统压力不稳，影响机床加工部件的精密度，严重时形成气阻而停止工作。汽轮机油起泡，使油循环不畅，供油不足，调速不稳。润滑油起泡还能促使油品氧化变质。

润滑油起泡的主要原因是润滑油氧化变质引起表面张力下降。特别是油温低、黏度大、已氧化时更易起泡，当加有极性添加剂如抗氧剂、清净剂、多效添加剂、极压添加剂等时，也容易产生泡沫。

为防止润滑油起泡，可加入抗泡沫添加剂。最常用的是二甲基硅油，加入量约为1~100μg/g，其作用是硅油能吸附在泡沫表面或侵入泡沫，降低泡沫的稳定性，使泡沫破裂，缩短了泡沫存在的时间。

甲基硅油难溶于油中，它只有在分散状态下才有消泡作用。一般将甲基硅油先配成1%的溶液，再加入润滑油中；或者用机械方法使其分散在油中；或者同时加少量烷基磷酸酯或非离子型表面活性剂，用以稳定硅油，使其不沉降。当使用温度低于280℃时，硅油对清净分散剂和抗氧剂有增效作用。

此外，还有油溶性抗泡沫添加剂，如多元脂肪醇、长链脂肪酸的酯类等。

十、乳化剂和抗乳化剂

乳化剂和破乳化剂几乎都是表面活性剂，用得最早的表面活性剂是肥皂。随着胶体化学及合成化学的发展，表面活性剂的种类也增多，并广泛用于洗涤、渗透、乳化、分散等领域。继肥皂之后，出现了碘化蓖麻油酸酯、脂肪族高级醇硫酸化物、磺化物也陆续工业生产。1940年，又从山梨醇、脂肪酸制备非离子型乳化剂司本(Span)和吐温(Tween)。到20世纪50~60年代，由于石化工业的发展，相继用环氧乙烷、烷基苯酚作原料，使非离子表面活性剂的品种增加。60年代以后，已经能大量生产脂肪胺了，并且α-烯烃磷酸酯工业化，出现合成醇代替天然醇。由于制取表面活性剂的原材料来源丰富，应用不断扩大，使表面活性剂的产量逐年增大。

切削油、磨削油、拔丝油和压延油等金属加工油和不燃性工作液，都是用水和矿物油制成乳化液使用。能使两种以上互不相溶的液体(如水和油)形成稳定的分散体系(乳化液)的物质，称作乳化剂。

在许多情况下，润滑油会受到水的污染，形成乳状液，因而降低了油品的润滑性，将损坏机械和缩短油品的寿命。油品中加入抗乳化剂，可以加速油水分离，防止乳化液的形成。

乳化是一种液体在另一种不溶性液体中被分散成细小粒子。在分散的各粒子之间包一层吸附的薄膜，可防止粒子的凝集，形成稳定的乳液。一般油和水相混后，采用机械力学强制使之分散开，当除去机械力的瞬间，粒子集合，完全分离成水层和油层。这是由于油分散在水中，增大了油水界面的总面积，油粒子的界面自由能变大，系统在热力学上成为不稳定状态。为了得到稳定的乳化液，添加乳化剂。乳化剂吸附于油与水的界面，可以大幅度减少其界面张力，减少界面自由能，同时具有静电排斥力和立体保护作用，防止粒子间接触，形成水包油型(O/W)乳化液或油包水型(W/O)乳化液。相反地，破乳剂可增加油水界面的张力，使得稳定的乳化液成为热力学上不稳定的状态，破坏了乳化液。

乳化剂的特点是降低油-水之间的界面张力，在界面上表面活性剂分子的亲油基和亲水基分别吸附在油相和水相，排列成界面膜，防止乳化粒子结合，促使乳化液稳定。

抗乳化剂可增加油与水的界面张力，使得稳定的乳化液成为热力学上不稳定状态，破坏了乳化液。抗乳化剂大都是水包油(O/W)型表面活性剂，吸附在油-水界面上，改变界面的张力，或吸附在乳化剂上破坏乳化剂亲水-亲油平衡，使乳化液从油包水(W/O)型转变成水包油(O/W)型，在转相过程中油水便分离。

常用的乳化剂有Span-80(失水山梨醇油酸酯)、Tween-80(山梨醇油酸酯聚氧乙烯醚)、Oπ-4(烷基酚与环氧乙烷缩合物)、Oπ-10(烷基酚与环氧乙烷缩合物)、平平加A-20(脂肪醇等环氧乙烷缩合物)等。

常用的抗乳化剂有T1001(胺与环氧乙烷缩合物)、Mobilad C-404(乙二醇酯)、Mobilad C-310B(环氧丙烷/环氧乙烷共聚物)等。

十一、稠化剂

稠化剂是润滑脂中不可缺少的固体组分，其含量约占润滑脂质量的5%~30%左右。稠化剂的作用主要是将流动的液体润滑油增稠成不流动的固体至半固体状态，它同基础油一样决定着润滑脂的一系列性能。稠化剂种类可分四大类，即皂基、烃基、有机和无机稠化剂。稠化剂的种类不同，对润滑脂的一系列性能起重要影响。常用的稠化剂是皂基稠化剂，特别是锂皂稠化剂。

第五章　液体燃料的性质及应用

液体燃料与固体燃料相比较，具有热值高(石油产品热值为40000~48000kJ/kg，煤的热值为25000~33500kJ/kg)、燃烧完全、燃后灰分少、储运方便等优点，因而广泛用于国民经济各个部门。

石油产品作为动力，主要利用燃烧时放出的热能，再转化为机械能或电能等。将热能转化为机械能的热力发动机，分为内燃机和外燃机两大类。液体燃料直接在发动机气缸内燃烧做功的机械称为内燃机，如汽油机、柴油机及涡轮发动机等，它们所用的燃料统称为发动机燃料。所谓外燃机，是指燃料在单独的设备中燃烧(如锅炉中)产生蒸汽或燃气用以推动涡轮做功的机械，如蒸汽轮机，燃气轮机等。外燃机可以用煤、天然气或燃料油作燃料。

研究燃料的使用性能和质量要求，必须注意油品的使用条件。从使用条件出发，才能懂得为什么各种质量标准是必不可少的，它们之间的主次关系如何，为了满足质量标准，油品应具备的化学组成和物理性质，不符合标准的油品在使用中造成的不良后果，储运中容易变化的质量标准等等。同时应注意燃料在使用和储存过程中出现的差别，不仅决定于燃料的组成，而且与外界条件密切相关。下面从燃料使用条件出发，具体分析燃料的各种使用要求和产品规范。

第一节　液体燃料分类

我国等同采用了国际标准化组织ISO 8216—99：2002《石油产品　燃料(F类)分类　第99部分　总则》标准，制定了GB/T 12692.1—2010《石油产品　燃料(F类)分类　第1部分　总则》，将石油燃料按燃料类型分为5组，见表5-1。

表5-1　石油燃料的分组(GB/T 12692.1—2010)

组别	副　组	组别定义
G		气体燃料：主要由来源于石油的甲烷和/或乙烷组成的气体燃料
L		液化石油气：主要由C_3和C_4烷烃或烯烃或其混合物组成，并且更高碳原子数的物质液体体积小于5%的气体燃料
D	(L)(M)(H)	馏分燃料：由原油加工或石油气分离所得的主要来源于石油的液体燃料。轻质或中质馏分燃料中不含加工过程的残渣，而重质馏分可含有在调合、储存和/或运输过程中引入的、规格标准限定范围内的少量残渣。具有高挥发性和很低闪点(闭口)的轻质馏分燃料要求有特殊的危险预防措施
R		残渣燃料：含有来源于石油加工残渣的液体燃料。规格中应限制非来源于石油的成分
C		石油焦：由原油或原料油深度加工所得，主要由碳组成的来源于石油的固体燃料

注：馏分燃料(D组)副组的说明：

副组(L)与“轻质馏分”一同使用，表示沸点在230℃以下、闪点(闭口)低于室温的石脑油及汽油；

副组(M)与“中质馏分”一同使用，表示沸点接近150~400℃，闪点(闭口)在38℃以上的煤油及瓦斯油；

副组(H)与“重质馏分”一同使用，表示含有大量的沸点在400℃以上，闪点(闭口)超过60℃的无沥青质的燃料和原料。

在5类石油燃料中，常用的是馏分燃料(D组)，我国也常将馏分燃料称为液体燃料。根据用油装备工作原理的不同，馏分燃料(D组)分为汽油机燃料、柴油机燃料、涡轮发动机燃料和锅炉燃料4类，见表5-2。

表5-2　馏分燃料的分类和使用范围

燃　料	种　类	燃料名称	主要使用范围
汽油机燃料	汽车燃料	车用汽油	汽油机汽车、摩托车、移动式抽灌器械等
	航空燃料	航空活塞式发动机燃料	活塞式航空发动机
柴油机燃料	高速柴油机燃料	车用柴油	柴油发动机汽车
		普通柴油	工程机械、艇船柴油机、柴油发电机等
		军用柴油	坦克装甲柴油机、军用舰艇柴油机
涡轮发动机燃料	煤油型	喷气燃料	涡轮喷气发动机、涡轮风扇发动机、涡轮螺旋桨发动机、涡轮轴发动机
	柴油型	高闪点喷气燃料	舰载飞机(含舰载直升机)
锅炉燃料	馏分型锅炉燃料	燃料油	蒸汽轮机

第二节　汽　　油

一、汽油机的工作原理及对燃料的要求

1. 汽油机的工作原理

汽油机是以易挥发的汽油为燃料，在气缸外的化油器中与空气形成可燃性混合气(化油器式汽油机)或由喷嘴将汽油喷入进气道与空气形成可燃性混合气(电喷式汽油机)或由喷嘴直接将汽油喷入气缸(缸内直喷式汽油机)，进入气缸后，由电火花点燃的发动机，所以又称为点燃式发动机。汽油机多用于负荷较小的移动式机械，如轻型小汽车、摩托车、城市公共汽车和活塞式发动机的飞机等。

汽油机的工作过程，除摩托车是二行程外，其他均为四行程的工作循环。即曲轴回转两周，活塞经历四个行程，连续完成进气、压缩、做功、排气四个行程。

活塞在气缸中上行所达到的最高位置称为上止点，活塞下行达到的最低位置称为下止点。活塞从上止点到下止点的距离称为行程，活塞在下止点时活塞上的气缸容积 V_1，称为气缸总容积，活塞在上止点时活塞上方的气缸容积 V_2 称为燃烧室容积，V_1 与 V_2 的比值 V_1/V_2 称为压缩比(ε)，它表示可燃混合气在气缸内被压缩的程度，是汽油机的重要技术经济指标。

四行程汽油机的工作过程如下：

(1) 进气行程

当活塞从上止点向下运动时，进气阀打开，气缸内产生部分真空，把空气吸入气缸。

①化油器式汽油机　是在进气行程中，汽油经化油器喉管部位的喷嘴喷出，形成细滴，与空气混合。混合气中的汽油在进入气缸前的混合室中不断汽化，混合气进入气缸后，受气

缸壁加热继续汽化。因此化油器式汽油机对汽油蒸发性要求比较高。

②电喷式汽油机　是喷油嘴直接将汽油喷入进气道中，汽油随气流进入气缸，并迅速蒸发形成混合气。使燃油在发动机内完全燃烧，从而大大降低了尾气污染。一般来说，电喷式汽油机相对于化油器汽油机具有功率高、省油、噪声低、一次点火率高等性能优点。

③缸内直喷式汽油机　是近年来发展起来的一种新的汽油机供油技术，它是指将汽油直接喷入气缸，在气缸内与空气混合形成混合气。与化油器式和电喷式汽油机相比，缸内直喷汽油机具有显著的优越性。由于雾化更好，且燃烧室温度较高，喷入的汽油能够迅速气化并与空气混合，因此蒸发更好，不易形成油膜燃烧更完全，油耗低，排放污染少。

(2) 压缩行程

当活塞经过下止点后向上运动时，进气阀关闭，混合气被压缩，温度和压力升高。

(3) 做功行程

活塞上行快到上止点时，火花塞发出电火花，点燃混合气，并迅速燃烧，产生大量高温高压气体，推动活塞下行，带动连杆，使曲轴转动对外做功。

(4) 排气行程

活塞经下止点后依靠惯性向上运动，此时排气阀打开，将燃烧废气排出，活塞到达上止点时，排气阀关闭。这就完成了一个工作循环。

四行程的汽油机，在每个工作循环中，曲轴旋转两周，活塞上行和下行共四次，完成四个行程，其中只有一个行程做功，因此汽油机都是用四个或六个气缸组合排列，以便对外连续做功。

汽油机压缩终了的压力对发动机的经济性影响最大，它是由发动机的压缩比决定的。汽油机的压缩比一般为8~12。压缩比愈大，汽油机的功率和经济性愈好，但对汽油机的材质要求和汽油辛烷值的要求也愈高。

2. 汽油机对燃料的要求

根据汽油机的工作条件，汽油应具备下列各种使用性能：

①适当的蒸发性能和可靠的燃料供给性能；

②燃烧时没有爆震、噪声和早燃现象；

③良好的抗氧化安定性；

④不含水分和机械杂质，对发动机和金属设备没有腐蚀作用。

此外还有一些其他要求，其中燃烧性能最为重要。

二、汽油的蒸发性能

汽油在平时是呈液体状态，在燃烧时则呈气体状态，汽油由液体状态转化为气体状态的性能，称为汽油的蒸发性。汽油必须在化油器、进气道或气缸内气化，与空气按一定比例形成混合气体才能在气缸中燃烧。汽油在发动机内蒸发的完全程度、与空气混合的均匀程度，都与汽油的蒸发性能有关，所以汽油的蒸发性能直接影响汽油的燃烧速度和燃烧完全程度，从而影响汽油机的功率和经济性。近代汽油机燃料蒸发形成混合气的时间极短，约为0. 005~0. 05s，这要求车用汽油具有良好的蒸发性，以保证在各种条件下发动机容易起动、加速和运转正常。但汽油蒸发性过好又容易在油管内形成汽阻。因此，汽油的蒸发性要适宜，不能太好，也不能太差。在GB 17930—2016《车用汽油》中评定汽油蒸发性的指标有两个，分别是“馏程”和“饱和蒸气压”，其中“馏程”规定了汽油不能太“重”，而“饱和蒸气压”

规定了汽油不能太“轻”。

1. 馏程

一般纯液体在加热时，由沸腾开始到全部蒸发为气体时，其沸点是一个常数，但汽油是一个复杂的混合物，其沸点不是一个常数而是有一定的范围，这个沸点的温度范围叫馏程。

将100mL汽油按规定的方法进行加热使其沸腾，然后将汽油蒸气通过冷凝装置冷却为液体。从冷凝管中流出的第一滴汽油时的温度，到蒸馏结束时的最高温度，就是汽油的“沸点范围”。蒸出第一滴油时的温度称为初馏点，馏出10mL、50mL、90mL时的温度分别称为10%、50%、90%馏出温度。蒸馏完毕时的最高温度，称为终馏点。

从馏程可以断定出液体燃料中轻质成分和重质成分的大体含量。10%馏出温度越低，液体燃料中轻质成分越多；90%馏出温度或终馏点越高，液体燃料中重质成分越多。其使用意义有以下三方面。

(1) 大致判定燃料种类

通过馏程测定，可以判定燃料的沸点范围，各种燃料的沸点范围不同，常用燃料馏程见表5-3。

表5-3 常用燃料馏程

燃 料	沸点范围/℃	燃 料	沸点范围/℃
航空活塞式发动机燃料	40~180	车用柴油	200~365
车用汽油	35~205	军用柴油	180~350
喷气燃料	150~300		

(2) 可以相对表明燃料中轻重组分含量

初馏点——燃料最低馏出温度，表示燃料中最轻组分的沸点，一般车用汽油对初馏点没有具体要求。

10%馏出温度——燃料中含轻质馏分的多少，10%馏出温度越低的燃料，轻馏分含量越多。

50%馏出温度——燃料平均蒸发性的好坏，50%馏出温度低的燃料，平均蒸发性越好。

90%馏出温度——表示燃料中含重质馏分的多少，90%馏出温度越高的燃料，重馏分含量越高。

终馏点——燃料中最重馏分的沸点，终馏点越高的燃料，最终馏分越重。

残留量——燃料中重质馏分和在贮存过程中氧化生成的胶质物质的含量。这些物质会在气缸结焦或粘在气门和电喷喷嘴上，影响发动机的正常使用。因此残留量要有一定的限制，不允许过多。

此外，在液体燃料生产过程中，馏程常作为重要的控制指标之一，用它作为基础来调节炼制操作的条件，使产品各项指标既符合规格要求，同时又能生产出足够数量的产品。

2. 饱和蒸气压

蒸气压又称饱和蒸气压，是汽油蒸发达到平衡后汽油蒸气对容器壁产生的压力。目前国际上通用的饱和蒸气压以雷德蒸气压来表示油品的饱和蒸气压。

饱和蒸气压是用来控制汽油不致发生“气阻”和控制对大气污染的重要指标。汽油的饱和蒸压越高，说明汽油中含轻质成分越多，其蒸发性越好，使用时在发动机燃油系统中产生“气阻”的可能性越大；汽油的饱和蒸气压越高，说明汽油在储存、加注中的蒸发损耗也越大，对大气的污染也越大。在 GB 17930—2016《车用汽油》中对Ⅳ类车用汽油要求其蒸气压分别为 42~85kPa(11 月 1 日至 4 月 30 日)和 40~68kPa(5 月 1 日至 10 月 31 日)，Ⅴ类、Ⅵ类车用汽油要求其蒸气压分别为 45~85 kPa(11 月 1 日至 4 月 30 日)和 40~65kPa(5 月 1 日至 10 月 31 日)。

三、汽油的抗爆性

内燃机的热功效率与它的压缩比直接有关。随着内燃机压缩比增大，内燃机的平均指示压力增高，燃料消耗率降低。即压缩比大的发动机，其功率和经济性好，表 5-4 中数据清晰地表明这一关系。但是提高汽油机压缩比受到制造发动机的材质和汽油质量的限制，下面只讨论有关汽油质量的问题。

表 5-4　汽油机压缩比与功率和耗油率的关系

压　缩　比	功率对比/%	耗油率对比/%	压　缩　比	功率对比/%	耗油率对比/%
6.0	100	100	9.0	118	85
7.0	108	93	10.0	120	82
8.0	114	88			

1. 爆震现象

实践表明，有的汽油在低压缩比汽油机中能够正常工作，但在高压缩比汽油机中，则出现气缸壁温度猛烈升高，发出金属敲击声，排出大量黑色烟雾状废气，发动机功率下降，耗油率增加，严重时出现气缸零件烧坏、轴承震裂等问题，这一现象称为爆震。此时汽油机的压缩比虽高，其热效率非但未提高，反而有所下降，其原因是由于汽油的抗爆性太差。具有良好抗爆性的汽油，即使在高压缩比的汽油机中工作，也不会产生爆震现象。因此，不同压缩比的汽油机，必须使用抗爆性与其相匹配的汽油，才不会出现爆震。

2. 产生爆震燃烧的原因

汽油机的爆震是由于汽油的不正常燃烧所引起的，它发生在燃烧过程的后期，汽油机产生爆震燃烧的根本原因是未燃混合气产生自燃。

汽油在汽油机中正常燃烧时，汽油先在进气道中形成可燃混合气，进入气缸后，被炽热的气缸壁和活塞头加热，温度达到 200℃以上，混合气中的烃类被氧化，形成过氧化合物。当火花塞发出电火花后，火花塞周围的烃类。因受热使得过氧化物积累速度加快。当过氧化物浓度达到一定程度时，火焰中心首先在火花塞附近形成并开始迅速燃烧，火焰呈球面以 20~25m/s 的传播速度向火焰前方的未燃混合气平稳推进，气缸内的压力及温度的变化也均匀。

但当使用抗爆性不好的汽油时，燃烧的情况就不同。汽油发动机在点火燃烧后，其火焰是以扩散式的方式向四周传播的。离火花塞较远的未燃混合气受已燃气体的压缩和热的辐射，温度升高，压力增大。当混合气的温度升高至燃料的自燃点时，燃料自行着火燃烧，其火焰也是以扩散式的方式向四周传播，但会与正常火焰发生相互撞击，从而产生冲击波，形成爆震燃烧，同时气缸内部局部的温度和压力急剧升高。

3. 爆震燃烧的危害

汽油机在正常燃烧时，燃烧室的最高温度为1800~2000℃，最大压力为2940~3920kPa，火焰传播速度为15~35m/s；而在爆震燃烧时，燃烧室的最高温度为2000~2500℃，瞬间压力可高达9800kPa，爆震冲击波的传播速度高达1300~2300m/s，由于爆震燃烧时的温度、压力及冲击波的传播速度都远高于正常燃烧，因此爆震燃烧会带来如下危害：

（1）损坏机械

由于爆震燃烧产生的最大压力高出正常燃烧的二倍，发动机曲轴等动力传输系统承受的压力相应增大，容易导致机械的损坏；此外，爆震燃烧产生的冲击波在气缸内来回撞击气缸，使发动机出现振动也容易损坏机械。

（2）燃料消耗增加

爆震燃烧产生的高温会导致燃料燃烧产物的裂解，如 CO_2 裂解为 O_2 和游离 C，裂解了的燃料在排气行程中已来不及燃烧而被排出气缸，从而使得燃料消耗增加。

（3）发动机输出功率下降

爆震燃烧产生的冲击波尽管压力很大，但它属瞬时冲击压，不能被发动机用于做功，相反，由于冲击波在气缸内来回撞击缸壁，反而会使发动机出现振动而消耗动力，发动机输出功率相应下降。发动机出现轻微爆震，其输出功率下降1%~2%；发动机出现中等爆震，其输出功率下降4%~5%；发动机出现强烈爆震，其输出功率下降10%。

（4）排气冒黑烟

发动机爆震燃烧的高温裂解产物游离碳，在排气行程中来不及燃烧就被排出气缸，这不仅会导致燃料消耗增加，而且还会造成对环境的污染。

汽油机发生爆震主要与汽油性质有关。如果汽油很易氧化，形成的过氧化物易分解，自燃点很低，就比较容易产生爆震现象；反之，如果汽油不易氧化或形成的过氧化物容易分解而不易积聚或者自燃点很高，则爆震现象就不易发生。同时汽油机压缩比过大，气缸温度过高，也容易引起爆震现象。

4. 汽油抗爆性的表示方法

汽油的抗爆性是表示汽油在一定压缩比发动机中不产生爆震燃烧的性能。汽油在贫混合气状态下运行时的抗爆性用辛烷值来表示，在富混合气时的抗爆性用品度来衡量。因而车用汽油和航空活塞式发动机燃料抗爆性的表示方法有所不同。

（1）辛烷值（*ON*）

辛烷值是在规定的试验条件下与被测汽油抗爆性相同的标准燃料中所含异辛烷的体积百分数。标准燃料由不同体积的异辛烷和正庚烷混配而成。异辛烷用作抗爆性优良的标准，辛烷值规定为100；正庚烷用作抗爆性低的标准，辛烷值规定为0。将两者按不同体积比进行混配，就可以得到辛烷值由0~100的各种标准燃料。

辛烷值测定是在标准试验条件下，把试油与已知辛烷值的标准燃料（参比燃料）在爆震试验机上进行比较，若爆震强度相当，则标准燃料中所含异辛烷的体积百分数即为试油的辛烷值。依测定条件不同，主要有以下几种辛烷值：

①马达法辛烷值（*MON*）　测定条件较苛刻，发动机转速为900r/min，混合气温度

149℃。它反映汽车在高速、重负荷条件下行驶时汽油的抗爆性。

②研究法辛烷值(*RON*)　测定条件缓和，转速为600r/min，混合气为室温。这种辛烷值反映汽车在市区慢速行驶时汽油的抗爆性。对同一种汽油，因马达法辛烷值测定条件比研究法辛烷值测定条件苛刻，马达法辛烷值低于研究法辛烷值5~10个单位，这个差数称为汽油的敏感性或敏感度。

③道路法辛烷值　也称行车辛烷值，用汽车进行实测或在全功率试验台上模拟汽车在公路上行驶条件进行测定。道路辛烷值也可用马达法和研究法辛烷值按经验公式计算求得，马达法辛烷值和研究法辛烷值的平均值可近似地表示道路辛烷值。

汽车在道路上行驶时对汽油辛烷值的要求，不能单独用 *MON* 或 *RON* 来描述，目前采用抗爆指数这一指标来表示汽油的抗爆性能。

$$抗爆指数=(MON+RON)/2$$

我国车用汽油是以研究法辛烷值和抗爆指数作为抗爆性评定指标。汽油辛烷值越高，其抗爆性越好。我国车用汽油的牌号就是按研究法辛烷值大小划分的，如95号车用汽油要求其研究法辛烷值不小于95。辛烷值越高，发动机的压缩比可越高，发动机的燃料经济性越好。

(2) 品度

品度是在规定条件下的标准发动机试验中，燃料发出的功率与异辛烷发出功率相比的百分数。燃料的品度值愈高表示该燃料在富油混合气工作条件下可发出的功率愈高，抗爆性也愈好。

航空活塞式发动机燃料的抗爆性除用辛烷值表示外，同时还必须用品度表示。这主要是辛烷值只能反映飞机在巡航时，发动机用贫混合气(过剩空气系数 $\alpha=1.0$ 左右)工作时的抗爆性。当飞机起飞、爬高时，为了得到最大功率，发动机必须用富混合气($\alpha=0.6\sim0.65$)工作，此时需用品度来衡量汽油的抗爆性。

我国航空活塞式发动机燃料的牌号采用辛烷值/品度表示其燃烧性能，如95号航空活塞式发动机燃料要求其马达法辛烷值不低于95，品度不低于130。

(3) 辛烷值和品度测定

辛烷值和品度都是在标准单缸发动机中，在严格的规定条件下，与一定的标准燃料相比较而测得的。

测定辛烷值的正标准燃料是异辛烷(2，2，4-三甲基戊烷)和正庚烷，规定抗爆性极高的异辛烷的辛烷值为100，抗爆性极差的正庚烷的辛烷值为0。将两种正标准燃料按不同体积比混合，得到从0到100单位辛烷值的标准燃料，以异辛烷含量的体积百分数表示该标准燃料的辛烷值。测定汽油辛烷值时，将待测汽油与选用的标准燃料在严格规定条件下置于辛烷值测定机中进行比较，当两者抗爆性恰好相等时，取标准燃料的辛烷值(即异辛烷的体积百分数)作为待测燃料的辛烷值。例如测得某汽油辛烷值为85，即表明它与含85%异辛烷和15%正庚烷的标准燃料的抗爆性相同。但辛烷值并不表明该汽油中异辛烷的实际含量，只表明与异辛烷比较时的抗爆性好坏，例如纯乙醇的研究法辛烷值约为121。

航空活塞式发动机燃料的品度测定是以纯异辛烷为标准燃料，规定异辛烷的品度为100。在规定的发动机和操作条件下，将待测航空活塞式发动机燃料在富混合气条件下不产生爆震所能发出的最大功率和纯异辛烷所能发出的最大功率之比，规定为航空活塞式发动机燃料的品度。例如某汽油的品度为130即表明该汽油在富混合气下不产生爆震工作时所能得到的最大功率比异辛烷发出的最大功率大30%。

5. 汽油抗爆性与其组成的关系

(1) 汽油抗爆性与其化学组成的关系

不同烃类辛烷值的差别是因为各族烃的氧化特点不同所造成的。正构烷烃所生成的过氧化物容易分解成两个新自由基，因而过氧化物积累速度快，易自燃。芳香烃和高度分支的异构烷烃所形成的过氧化物分解时不易形成新自由基。而环烷烃介于两者之间。因而烃类抗爆性以芳香烃和高度分支的异构烷烃最好，环烷烃和烯烃次之，正构烷烃最差。

直馏汽油含芳香烃和异构烷烃量少，其辛烷值一般为50~70；含芳香烃和异构烷烃数量较多的催化裂化汽油，辛烷值较高，约为88。

(2) 汽油抗爆性与馏分组成的关系

表5-5中数据表明，同一类烃中随分子中碳原子数增加，沸点升高，抗爆性变差。所以同一原油的汽油馏分越轻，辛烷值越高。因此汽油在使用和储存过程中，轻组分的蒸发损失会引起汽油辛烷值的明显降低。

表5-5 不同碳数正构烷烃的沸点和辛烷值

正构烷烃中碳数	C_4	C_5	C_6	C_7	C_8
沸点/℃	-0.5	36.5	68.7	98.4	125.7
辛烷值(*MON*)	90.5	61.9	26	0	-17

6. 提高汽油辛烷值的方法

提高汽油辛烷值的根本方法是改变汽油的化学组成，增加高辛烷值的芳香烃和异构烷烃的含量。这可以通过与高辛烷值组分调合或经催化裂化、铂重整、异构化等炼制过程来达到。高辛烷值的航空活塞式发动机燃料就是以辛烷值较高的催化裂化汽油为基础油，加入工业异辛烷，异戊烷和工业异丙苯等高辛烷值组分调合而成的。

通过加入抗爆剂来提高汽油的辛烷值也是常用的方法之一。目前使用的抗爆剂主要有甲基环戊二烯三羰基锰(简称MMT)和含氧化合物。含氧化合物主要用作汽油的调合组分使用，其中比较重要的有甲醇、乙醇、甲基叔丁基醚(MTBE)和叔丁醇(TBA)，它们都具有相当高的无铅辛烷值和调合辛烷值。

四、汽油的氧化安定性

汽油在储存或使用条件下保持其原有性质的能力称为汽油的氧化安定性。

汽油在长期储存中，会逐渐发生氧化。烃类的氧化反应是链反应，最初由少量活泼的烃因光照或受热发生分解，产生性质活泼的自由基，自由基极易与氧作用，生成一系列的氧化中间产物。最初的氧化产物主要是自由基和过氧化物，它们都能溶解在燃料中，因此看不出燃料有什么显著变化。进一步氧化会生成醇、醛、酮和酸性物质，使燃料的酸度有一定增加。随着反应的继续进行，一些物质经过聚合作用，就产生了胶质。胶质是一种相对分子质量很大的深褐色氧化产物，它也呈溶解状态，使燃料的颜色逐渐变深。随着氧化和聚合加深，胶质便愈来愈多，最后胶质便聚合成黏稠的胶状沉淀物。因此，总的来讲，氧化的结果是燃料的酸度增大，实际胶质增加，颜色变深，严重氧化时还会产生沉淀。应当注意的是，随着氧化的进行，实际胶质是持续增加的，而酸度往往是波动性增加的。

汽油严重氧化会给使用带来很大危害。氧化生成的胶质沉积在油罐、油箱中，会使新加入的燃料迅速变质，降低新油的储存期。燃料中胶质过多会堵塞燃料滤清器，破坏燃料的正常供给。黏稠的胶质沉积在油管、喷油嘴、化油器等部位，会严重影响燃料的供应和混合气的形成。沉积在进气阀上的胶质，受热后形成十分黏稠的胶状物，使进气阀出现粘着现象，甚至使进气阀关闭不严，产生漏气，严重时甚至将进气阀烧坏或将其完全粘住，使发动机无法工作。胶质的挥发性很低，进入燃烧室后，在高温下极易受热分解而生成积炭，除了降低导热系数，造成零件局部过热外，还会增大气缸压缩比，使燃烧室温度升高，爆震倾向增强，易形成炽热点，引起早燃。沉积在火花塞上的积炭，会导致点火不良。氧化生成的酸性物质，会增强燃料腐蚀性，缩短发动机的寿命。总之，使用安定性差的汽油，会严重破坏发动机正常工作，降低燃料的储存期。

1. 评定汽油氧化安定性的指标

汽油的氧化安定性用溶剂洗胶质含量、诱导期、碘值等来进行评定。

(1) 溶剂洗胶质含量

溶剂洗胶质含量是指 100mL 燃料在试验条件下所含胶质的质量(mg)，单位是 mg/100mL。测定方法是将 50mL 试油放在 160~165℃的蒸发浴中，引入空气(流速为 600mL/s±90mL/s)吹扫油面 30min，用正庚烷进行抽提，干燥后称量残渣。该残渣量即为汽油的溶剂洗胶质含量，GB 17930—2016《车用汽油》中要求溶剂洗胶质含量(以前称为实际胶质)不大于 5mg/100mL。

由于许多车用汽油被人为掺进了非挥发性油品或添加剂，用正庚烷将蒸发残渣中非挥发性油品或添加剂抽提出来是非常必要的，以便测得有害的胶质物质。近年来车用汽油多次出现与胶质在关的质量事故，GB 17930—2016《车用汽油》增加了未洗胶质含量(不用正庚烷进行抽提)，要求其含量不大于 30mg/100mL。

从测定方法可知，溶剂洗胶质含量是燃料在试验条件下加速蒸发时所具有的胶质，它包括燃料中原来实际含有的胶质和试验过程中产生的胶质。

溶剂洗胶质含量通常表明燃料在使用过程中，在进气道和进气阀上生成沉积物的倾向。溶剂洗胶质小的燃料在进气系统中很少产生沉淀，能保证发动机的顺利工作。溶剂洗胶质愈大，发动机能正常行驶的里程就越短。有研究表明，燃料胶质含量增加，气门容易被卡住，正常行驶里程会变短，使用溶剂洗胶质含量小于 10mg/100mL 汽油的汽车发动机，无故障行驶的里程数是无限制的；但汽油溶剂洗胶质含量为 26~50mg/100mL 时，无故障行驶里程缩短到不超过 5000km。

溶剂洗胶质含量是液体燃料在储存过程中的重要质量控制指标之一。液体燃料在储存过程中，液体表面和空气中的氧接触，在常温下一些不安定的烃类自动氧化，首先生成过氧化物，经过分解、缩合等反应而生成大分子的胶质。因此，储存中如发现汽油溶剂洗胶质含量有快速增长的趋势时，应尽快发出使用。

(2)诱导期

诱导期是汽油在压力为 690~705kPa(15~25℃) 氧气条件下在温度 98~102℃时未产生明显氧化所经历的时间，单位是分钟(min)。这是应用最广泛的汽油储存安定性的评定方法。诱导期表示汽油在储存中产生氧化和形成胶质的倾向，诱导期长，说明汽油的氧化安定性好，这种汽油适合长期储存。

根据研究表明，用不同原油和不同加工方法生产的汽油，它们的化学组成不同，因而氧化反应的特征就会存在差异。由于诱导期的测定只考虑了氧的消耗量，因此，对于汽油形成胶质是首先氧化生成醇、醛、酸、酮，而后进一步氧化生成胶质的这一氧化方式，其诱导期能够反映燃料的氧化安定性；而对形成胶质是以聚合、缩合、与烯烃共聚占优势的汽油的氧化，由于在氧化过程中吸氧较少，对这种汽油来说，诱导期就不能不能反映燃料的氧化安定性。对大多数汽油，吸氧氧化都是生成胶质的主要方式。在 GB 17930—2016《车用汽油》中对车用汽油诱导期的要是对不低于 480min。

(3)碘值

碘值是 100g 燃料所能吸收碘或溴的克数，单位是 g/100g。

碘值只表示燃料中不饱和烃的含量，不能表示不饱和烃的结构，若燃料中含极少量的二烯烃，碘值尽管小，但燃料的化学安定性却很差，因此，碘值不能单独用来表示燃料的安定性好坏。随着 GB 1787—2018《航空活塞式发动机燃料》中取消了对碘值的要求，目前该指标已很少使用。

2. 影响燃料氧化的因素

燃料是否易于氧化，首先与其化学组成有关，温度、空气、金属、水分等外界条件对燃料的氧化也有很大影响，起加速氧化的作用。

(1) 燃料组成

燃料的化学组成与燃料的安定性有密切的关系，是燃料氧化的内因。燃料中各种烃在液相中抵抗氧化的能力各不相同，芳香烃、烷烃、环烷烃安定性好，在常温液相时均不易和空气中的氧反应，产生胶质的倾向小，储存中不易氧化变质。不饱和烃(主要是烯烃和二烯烃)在常温液相时易和空气中的氧反应，是燃料氧化变质的主要原因。燃料中如含不饱和烃则安定性差，储存中容易氧化产生胶质和有机酸。

除了不饱和烃对燃料安定性有不利影响外，含硫或含氮的化合物也能引起燃料变色或变质(产生胶质或沉淀)降低燃料安定性。

燃料中氧化生成的胶质本身具有催化作用，会反过来加速燃料的氧化。这是因为氧化生成的胶质中含有很多不稳定的过氧化物，过氧化物分解可以引发氧化链反应，加速燃料的氧化。

航空活塞式发动机燃料中加有四乙基铅。四乙基铅受光照很容易分解，不仅产生灰白色的沉淀，同时分解产生自由基引发烃类的氧化链反应；一些车用汽油中加有甲基环戊二烯基三羰基锰抗爆剂(MMT)，MMT 受光照同样会分解生成沉淀，并引发氧化链反应。

燃料的化学组成决定于原油性质和加工工艺，尤其是烯烃含量受加工工艺影响很大。直馏产品、加氢产品烯烃含量很少，安定性好，催化重整、烷基化产品烯烃含量也少，而催化裂化产品烯烃量较多，安定性也较差。与此相应，不同产品因加工工艺不同，烯烃含量各不相同，安定性也有明显差异。车用汽油和航空活塞式发动机燃料比较，车用汽油烯烃多，航空活塞式发动机燃料烯烃很少、四乙基铅较多。因此，车用汽油不安定的主要原因是烯烃氧化，而航空活塞式发动机燃料的不安定的主要原因则是四乙基铅的氧化分解。

(2) 储存条件

储存条件对燃料的氧化也有很大影响，是燃料氧化的外因。温度、空气、金属、水分、光线等对燃料的氧化均有影响。

温度升高时，燃料的氧化速度加快。氧化过程是化学反应，一般化学反应都随温度的升高而加速。如在昆明地区做桶装车用汽油的储存试验，半年以后，在山洞里存放的车用汽油，胶质由 3. 4mg/100mL 增加到 6. 2mg/100mL；在树荫下存放的车用汽油，胶质由 3. 4mg/

100mL 增加到 8.2mg/100mL；而在露天存放的车用汽油，胶质由 3.4mg/100mL 增加到 15.8mg/100mL。露天存放的胶质增长速度几乎为山洞存放的 2.6 倍。许多实验证明，当储存温度增高 10℃，胶质生成速度则增加 2.4~2.8 倍。

昼夜温差大，也会加快燃料的氧化。温差大，容易发生“小呼吸”，使油罐中消耗的氧不断得到补充。

燃料与空气接触愈多，愈易氧化，产生胶质或四乙基铅分解的现象愈严重。无论是烯烃氧化产生胶质或是四乙基铅氧化分解产生白色沉淀，都是在氧的存在下进行的。燃料表面积大，容器剩余空间大，大小呼吸次数多等，都促使燃料与空气接触的机会增多，加速燃料氧化。为减少与空气接触的机会，减缓燃料的氧化，储油容器应盛装至安全容量，并减少倒装次数。

金属表面对燃料的氧化有明显的催化作用，燃料与金属接触时，氧化速度也加快。不同金属的催化作用也不同，金属对汽油催化作用的强弱顺序依次为铜、铅、锌、铝、铁、锰，这些金属在汽油中的浓度达到 0.1~1μmol/L 时，就具有催化作用，而铜的浓度超过 0.01μg/g 时，对汽油安定性就有危害。据文献记载，铜能使汽油胶质生成量增大 6 倍。汽车油箱，不仅有铜(铜滤网)，而且有铅(镀铅层)，因此，车用汽油氧化特别快。据试验，油箱内没有涂环氧树脂清漆的，由于铜、铅的催化作用，在同样条件下，胶质含量增大 46~55 倍。可见，金属对氧化的催化作用是很大的。

水分存在也会加速燃料氧化，抗氧防胶剂在水中有一定的溶解度，有水存在时，水能将燃料中的抗氧防胶剂抽提出来，降低燃料的安定性，促进胶质、酸度增长。表 5-6 是某汽油在无水和有水条件下储存时胶质的变化情况，由表 5-6 可见，水分对胶质的增长影响极大。

表 5-6　水分对汽油生成胶质的影响

储存条件	储存中汽油的实际胶质/(mg/100mL)			
	开　始	1 月后	3 月后	6 月后
无水时	4	4	6	8
有水时	4	6	11	22

光线本身是一种能量，照射燃料会加速燃料的分解，引发氧化链反应。如四乙基铅受光线照射后，容易分解产生自由基，加速烃类氧化链反应进行，从而降低燃料的安定性。

3. 液体燃料氧化的一般规律

液体燃料在储存过程中的液相氧化有一定规律，液相氧化过程一般可分为三个阶段。储存初期，液体燃料的氧化反应进行很慢，氧化产物(胶质)生成较少，增加缓慢，这一段时间称为液相氧化的诱导期。当燃料储存到一定时间，氧化反应会迅速加快，氧化产物迅速增加，这一阶段称为液相氧化的加速期。当燃料氧化进行到一定程度，氧化速度又会趋于平缓或近于终止，这一阶段称为液相氧化的平缓期。图 5-1 是液体燃料液相氧化的一般曲线，图中 oa 段为诱导期，ab 段为加速期，bc 段为平缓期。

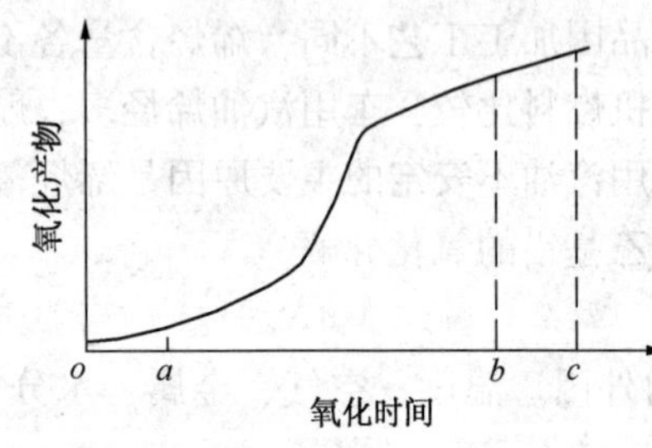

图 5-1　液体燃料液相氧化动力学曲线

燃料氧化出现诱导期的原因一是最初产生自由基较少，开始氧化的反应链也就不多，二是液体燃料中常加有抗氧剂。当液体中自由基和过氧化物生成量增多到一定程度，或抗氧剂消耗完毕后，液体燃料的氧化便进入加速期。当容器中的氧或燃料中易于氧化的物质消耗殆尽，反应便进入平缓期。

某油库储存一种加有抗氧剂的汽油，12 个月后进行指标化验，胶质仍在 7mg/100mL 以内。可是储存 15 个月后，胶质就增到 25.6mg/100mL，储存 18 个月后，胶质突增到 60mg/100mL。可见实际储存中胶质的增长是符合上述变化规律的。

在液体燃料储存过程中，一方面，为了减少轮换次数，人们总希望储存时间尽量长，另一方面，如果储存时间超过诱导期，氧化速度加快，胶质迅速增加，有可能导致液体燃料变质，影响使用。理想情况是将燃料储存到诱导期结束就发出使用，但遗憾的是至今还不能准确预测燃料的诱导期，因此，实际工作中，应定期进行胶质的化验，掌握油料变质规律，确定燃料是否适于继续储存。如发现胶质增加速度开始加快，说明已经进入氧化加速期，应尽快发出使用，避免严重氧化变质。

目前，根据不同油品的氧化安定性好坏，分别给不同油料规定了储存期，在正常储存期内，一般不会出现严重的氧化变质。但不同炼油厂、不同批次的油品安定性各不相同，储存条件也千差万别。特别是近年来由于原油质量不断下降，液体燃料的安定性总体上呈下降的趋势。因此，即使在储存期内也可能出现严重氧化变质的情况，定期化验对确保燃料质量至关重要。

4. 改进汽油安定性的方法

汽油的氧化变质决定于汽油的化学组成，同时又被各种外界条件所加速。采用降低储油温度、减少温差变化，降低储罐空间氧浓度，避免与金属接触和避光储存等措施可以延缓汽油变质，但不能解决根本问题。而选用不同精制方法除去汽油中不安定组分的根治方法又很难完全实现。通常采用较经济的方法是适当精制汽油，然后加入添加剂来改进汽油的安定性。

(1) 抗氧剂

汽油中常用的抗氧剂是 2，6-二叔丁基对甲酚(代号为 T501)。

①作用机理　抗氧剂的作用机理是与自由基作用，中断链反应。抗氧剂本身易提供活泼氢原子，该氢原子与自由基反应生成较稳定的分子，同时产生能量很小的抗氧剂自由基，由于该自由基能量很小，不足以产生新的自由基，从而使得烃类氧化链反应中断，抑制了烃类的氧化。

②注意事项　加了抗氧剂的燃料能延长储存期，但由于抗氧剂在储存中会被逐渐消耗掉，因而不能无限期延长储存期。抗氧剂黴溶于水，储存中应防止水分进入。

(2) 金属钝化剂

汽油中常用的金属钝化剂是 *N*，*N*-二亚水杨丙二胺(代号为 T1201)。

①作用机理　金属钝化剂的作用机理是屏蔽金属离子。金属能吸附并分解燃料中的抗氧剂，促进燃料氧化，而金属钝化剂能与金属离子生成络合物，使金属失去吸附和分解抗氧剂的活性。

②注意事项　金属钝化剂本身无抗氧作用，它只能与抗氧剂一同使用，提高抗氧剂的抗氧效果，减少其用量。

五、汽油的腐蚀性

汽油在使用、运输、储存过程中，不可避免地要同金属接触，为保证汽油机和储运设备正常工作并延长其使用寿命，要求汽油对金属没有腐蚀性。

1. 引起汽油腐蚀性的原因

汽油中的烃类并不腐蚀金属，汽油对金属的腐蚀完全是由活性硫化物、有机酸、水溶性酸或碱等非烃杂质所造成的。

直馏和二次加工汽油中的活性硫化物主要是低分子硫醇，催化裂化汽油中硫醇性硫含量高达300μg/g以上，用一般碱洗精制方法不能全部除去，危害甚大。汽油中硫醇性硫含量超过0.006%时，汽油具有恶臭，极易生成胶质，并会引起金属腐蚀，生成硫醇盐。苯硫酚氧化生成的磺酸，对金属也有强烈的腐蚀作用。

汽油中含有的全部硫化物都可认为具有潜在的腐蚀性。汽油在发动机中燃烧后，硫化物全部转化成 SO_2 和 SO_3，它们与排气管中的凝结水相遇，形成强腐蚀性的亚硫酸和硫酸；SO_2 和 SO_3 还可能顺气缸壁渗入曲轴箱，进入润滑油，遇水化合而腐蚀润滑系统。

汽油中的有机酸包括精制时残余的和氧化生成的酸性物质。通常以后者为主，它们随汽油储存时间的增长而增加，在汽油中数量可以达到很大。其腐蚀性比环烷酸强，部分溶于水，因此，汽油含微量水分或储罐中有水垫时，水中酸浓度可能很大，引起金属严重腐蚀。表5-7列出了汽油酸度、实际胶质和金属铅被腐蚀的关系。腐蚀程度用每 $100cm^2$ 铅表面上被腐蚀而损失掉的铅的质量(g)来表示。表中数据表明，随储存时间增长，酸度和实际胶质迅速增加，对金属腐蚀也日趋严重。

表5-7 汽油储存时间与酸度、实际胶质和金属铅被腐蚀程度的关系

储存时间/d	酸度/(mgKOH/100mL)	实际胶质/(mg/100mL)	铅的损失/($g/100cm^2$)
538	4	124	0.55
528	9	178	1.1
538	11	203	1.6
535	21	325	2.6
710	208	1000	13.2

汽油中的水溶性酸碱主要是无机酸和无机碱。水溶性酸能腐蚀多种金属，水溶性碱只对铝有腐蚀性，商品汽油中不允许存在水溶性酸和碱。汽油中的水溶性酸和碱，主要是因为汽油精制过程处理不好而残留下来的。但汽油氧化也会产生少量能溶于水的小分子有机酸，导致出现水溶性酸。

2. 腐蚀性的评定方法

评定汽油腐蚀性的质量指标有硫含量、硫醇性硫含量、酸度、水溶性酸或碱、铜片腐蚀和博士试验等。

(1) 铜片腐蚀

铜片腐蚀把一定规格的磨光铜片置于50℃的车用汽油中，经3h后(航空活塞式发动机燃料是100℃，2h)，直接观察汽油使铜片发生的颜色变化来判断汽油的腐蚀性。铜片腐蚀试验的目的是定性检测燃料中是否含有活性硫化物，因活性硫化物在常温下能直接腐蚀金属。

(2) 硫醇性硫含量

硫醇性硫含量可进行定性和定量检测，硫醇性硫属活性硫化物，它不仅对金属产生腐蚀，还会使燃料产生恶臭，故燃料中要限制其含量。

（3）硫含量

硫含量是检测燃料中的总硫量(活性硫化物和非活性硫化物之和)，由于液体燃料要求铜片或银片腐蚀试验合格，因而硫含量主要检测的是非活性硫化物。

（4）水溶性酸碱

水溶性酸碱是检测燃料中是否有溶于水的无机酸、低分子有机酸或无机碱，因这些组分会对金属产生强烈腐蚀。

（5）酸度

酸度是中和100mL燃料所需KOH的质量(mg)。它检测的是燃料中无机酸和有机酸的总含量，由于液体燃料要求水溶性酸碱合格，也即不允许含无机酸，故酸度检测的液体燃料中的有机酸含量。成品汽油中所含有机酸极少，其酸度通常接近零。但在储存和使用中，由于液体燃中不安定组分氧化而生成过氧化物，过氧化物分解，部分生成有机酸。因而，液体燃储存中酸度的增长是液体燃变质的一个重要标志。所以，酸度也是一个表示液体燃安定性的重要质量指标。

六、机械杂质和水分

汽油中如含有机械杂质，会使过滤器堵塞，影响或甚至中断供油。机械杂质还会造成精密零件的磨损。目前汽油机采用电脑控制喷油，特别是采用缸内喷油技术的电喷汽油机高压油泵和喷油器都是很精密的部件，如被机械杂质磨划而引起的划痕都会使工作性能严重恶化。同时机械杂质还会引起柱塞和喷油器中的喷针卡死，出油阀关闭不严和喷嘴上的喷孔堵塞等恶劣的后果。

水分在冬季还会形成冰粒，堵塞油路，同时会带入可溶性的盐类从而增加灰分，更严重的是当有水分存在时，大大促进了硫的燃烧产物对于气缸、活塞等引起的酸腐蚀作用。

水分和机械杂质通常都是在运输、储存和加油过程中混入的，因而在储运、加油等过程中，必须十分重视，严防混入水分和机械杂质。汽油产品规范中都要求无水分和机械杂质。

七、车用汽油的种类、牌号及使用

1. 车用汽油的种类、牌号

目前我国车用汽油产品规范是GB 17930—2016《车用汽油》，主要按硫含量、烯烃含量、锰含量以及蒸气压的不同将车用汽油分为Ⅳ类和Ⅴ类(Ⅴ类硫含量、烯烃含量、锰含量以及蒸气压更低)，按50%蒸发温度、苯含量、芳烃含量以及烯烃含量的不同将车用汽油分为Ⅴ类和Ⅵ类(Ⅵ类50%蒸发温度、苯含量、芳烃含量以及烯烃含量更低)，其中Ⅵ类按烯烃含量的不同划分为Ⅵ A类和Ⅵ B类。我国目前生产的车用汽油牌号有89号、92号、95号(Ⅳ类为90号、93号、97号)，此外还有按企业标准生产的98号车用汽油。车用汽油的牌号是按汽油的抗爆性评定指标——研究法辛烷值大小划分的，牌号越高，说明其抗爆性越好，如95号车用汽油的研究法辛烷值要求不小于95。

GB 17930—2016《车用汽油》已于2016年12月23日发布并实施，该标准规定全国从2017年1月1日最低使用车用汽油的质量等级为Ⅴ类，全国从2019年1月1日最低使用车用汽油的质量等级为Ⅵ A类，全国从2023年1月1日最低使用车用汽油的质量等级为Ⅵ B类。GB 17930—2016《车用汽油》中Ⅴ类、Ⅵ A类、Ⅵ B类车用汽油的技术要求和试验方法见表5-8~表5-10。

表 5-8 车用汽油(Ⅴ)技术要求和试验方法(GB 17930—2016)

项目		质量指标			试验方法
		89	92	95	
抗爆性:					
研究法辛烷值(*RON*)	不小于	89	92	95	GB/T 5487
抗爆指数(*RON*+*MON*)/2	不小于	84	87	90	GB/T 503、GB/T 5487
铅含量[a]/(g/L)	不大于	0.005			GB/T 8020
馏程:					GB/T 6536
10%馏出温度/℃	不高于	70			
50%馏出温度/℃	不高于	120			
90%馏出温度/℃	不高于	190			
终馏点/℃	不高于	205			
残留量/%(体)	不大于	2			
蒸气压[b]/kPa					GB/T 8017
从11月1日至4月30日		45~85			
从5月1日至10月31日		40~65[c]			
溶剂洗胶质含量/(mg/100mL):					GB/T 8019
未洗胶质含量(加入清净剂前)	不大于	30			
溶剂洗胶质含量	不大于	5			
诱导期/min	不小于	480			GB/T 8018
硫含量[d]/(mg/kg)	不大于	10			SH/T 0689
硫醇(博士试验)		通过			NB/SH/T 0174
铜片腐蚀(50℃,3h)/级	不大于	1			GB/T 5096
水溶性酸或碱		无			GB/T 259
机械杂质及水分		无			目测[e]
苯含量[f]/%(体)	不大于	1.0			SH/T 0713
芳烃含量[g]/%(体)	不大于	40			GB/T 11132
烯烃含量[g]/%(体)	不大于	24			GB/T 11132
氧含量[h]/%	不大于	2.7			SH/T 0663
甲醇含量[a]/%	不大于	0.3			SH/T 0663
锰含量[a]/(g/L)	不大于	0.002			SH/T 0711
铁含量[a]/(g/L)	不大于	0.01			SH/T 0712
密度[i](20℃)/(kg/m³)		720~775			GB/T 1884、GB/T 1885

注:a. 车用汽油中,不得人为加入甲醇以及含铅、含铁和含锰的添加剂。

b. 也可采用 SH/T 0794 进行测定,在有异议时,以 GB/T 8017 方法为准。换季时,加油站允许 15 天的置换期。

c. 广东、海南全年执行此项要求。

d. 也可采用 GB/T 11140、SH/T 0253、ASTM D7039 进行测定,在有异议时,以 SH/T 0689 方法为准。

e. 将试样注入 100mL 玻璃量筒中观察,应当透明,没有悬浮和沉降的机械杂质及水分。在有异议时,以 GB/T 511 和 GB/T 260 测定结果为准。

f. 也可采用 GB/T 28768、GB0519 和 SH/T 0693 进行测定,在有异议时,以 SH/T 0713 方法为准。

g. 对于 95 号车用汽油,在烯烃、芳烃总含量控制不变的前提下,可允许芳烃的最大值为 42%(体)。也可采用 GB/T 28768、GB/T 30519、NB/SH/T 0741 进行测定,在有异议时,以 GB/T 11132 方法为准。

h. 也可采用 SH/T 0720 进行测定,在有异议时,以 NB/SH/T 0663 方法为准。

i. 也可采用 SH/T 0604 进行测定,在有异议时,以 GB/T 1884、GB/T 1885 方法为准。

表 5-9　车用汽油(Ⅵ A)技术要求和试验方法(GB 17930—2016)

项　　目		质量指标			试验方法
		89	92	95	
抗爆性：					
研究法辛烷值(*RON*)	不小于	89	92	95	GB/T 5487
抗爆指数(*RON*+*MON*)/2	不小于	84	87	90	GB/T 503、GB/T 5487
铅含量[a]/(g/L)	不大于	0.005			GB/T 8020
馏程：					GB/T 6536
10%馏出温度/℃	不高于	70			
50%馏出温度/℃	不高于	110			
90%馏出温度/℃	不高于	190			
终馏点/℃	不高于	205			
残留量/%(体)	不大于	2			
蒸气压[b]/kPa					GB/T 8017
从11月1日至4月30日		45~85			
从5月1日至10月31日		40~65[c]			
溶剂洗胶质含量/(mg/100mL)：					GB/T 8019
未洗胶质含量(加入清净剂前)	不大于	30			
溶剂洗胶质含量	不大于	5			
诱导期/min	不小于	480			GB/T 8018
硫含量[d]/(mg/kg)	不大于	10			SH/T 0689
硫醇(博士试验)		通过			NB/SH/T 0174
铜片腐蚀(50℃，3h)/级	不大于	1			GB/T 5096
水溶性酸或碱		无			GB/T 259
机械杂质及水分		无			目测[e]
苯含量[f]/%(体)	不大于	0.8			SH/T 0713
芳烃含量[g]/%(体)	不大于	35			GB/T 30519
烯烃含量[g]/%(体)	不大于	18			GB/T 30519
氧含量[h]/%	不大于	2.7			SH/T 0663
甲醇含量[a]/%	不大于	0.3			SH/T 0663
锰含量[a]/(g/L)	不大于	0.002			SH/T 0711
铁含量[a]/(g/L)	不大于	0.01			SH/T 0712
密度[i](20℃)/(kg/m^3)		720~775			GB/T 1884、GB/T 1885

注：a. 车用汽油中，不得人为加入甲醇以及含铅、含铁和含锰的添加剂。

b. 也可采用 SH/T 0794 进行测定，在有异议时，以 GB/T 8017 方法为准。换季时，加油站允许 15 天的置换期。

c. 广东、海南全年执行此项要求。

d. 也可采用 GB/T 11140、SH/T 0253、ASTM D7039 进行测定，在有异议时，以 SH/T 0689 方法为准。

e. 将试样注入 100mL 玻璃量筒中观察，应当透明，没有悬浮和沉降的机械杂质及水分。在有异议时，以 GB/T 511 和 GB/T 260 测定结果为准。

f. 也可采用 GB/T 28768、GB/T 30519 和 SH/T 0693 进行测定，在有异议时，以 SH/T 0713 方法为准。

g. 也可采用 GB/T 11132、GB/T 28768 进行测定，在有异议时，以 GB/T 30519 方法为准。

h. 也可采用 SH/T 0720 进行测定，在有异议时，以 NB/SH/T 0663 方法为准。

i. 也可采用 SH/T 0604 进行测定，在有异议时，以 GB/T 1884、GB/T 1885 方法为准。

表 5-10 车用汽油(Ⅵ B)技术要求和试验方法(GB 17930—2016)

项目		质量指标			试验方法
		89	92	95	
抗爆性：					
研究法辛烷值(*RON*)	不小于	89	92	95	GB/T 5487
抗爆指数(*RON*+*MON*)/2	不小于	84	87	90	GB/T 503、GB/T 5487
铅含量[a]/(g/L)	不大于	0.005			GB/T 8020
馏程：					GB/T 6536
10%馏出温度/℃	不高于	70			
50%馏出温度/℃	不高于	110			
90%馏出温度/℃	不高于	190			
终馏点/℃	不高于	205			
残留量/%(体)	不大于	2			
蒸气压[b]/kPa					GB/T 8017
从11月1日至4月30日		45~85			
从5月1日至10月31日		40~65[c]			
溶剂洗胶质含量/(mg/100mL)：					GB/T 8019
未洗胶质含量(加入清净剂前)	不大于	30			
溶剂洗胶质含量	不大于	5			
诱导期/min	不小于	480			GB/T 8018
硫含量[d]/(mg/kg)	不大于	10			SH/T 0689
硫醇(博士试验)		通过			NB/SH/T 0174
铜片腐蚀(50℃，3h)/级	不大于	1			GB/T 5096
水溶性酸或碱		无			GB/T 259
机械杂质及水分		无			目测[e]
苯含量[f]/%(体)	不大于	0.8			SH/T 0713
芳烃含量[g]/%(体)	不大于	35			GB/T 30519
烯烃含量[g]/%(体)	不大于	15			GB/T 30519
氧含量[h]/%	不大于	2.7			SH/T 0663
甲醇含量[a]/%	不大于	0.3			SH/T 0663
锰含量[a]/(g/L)	不大于	0.002			SH/T 0711
铁含量[a]/(g/L)	不大于	0.01			SH/T 0712
密度[i](20℃)/(kg/m^3)		720~775			GB/T 1884、GB/T 1885

注：a. 车用汽油中，不得人为加入甲醇以及含铅、含铁和含锰的添加剂。

b. 也可采用 SH/T 0794 进行测定，在有异议时，以 GB/T 8017 方法为准。换季时，加油站允许 15 天的置换期。

c. 广东、海南全年执行此项要求。

d. 也可采用 GB/T 11140、SH/T 0253、ASTM D7039 进行测定，在有异议时，以 SH/T 0689 方法为准。

e. 将试样注入 100mL 玻璃量筒中观察，应当透明，没有悬浮和沉降的机械杂质及水分。在有异议时，以 GB/T 511 和 GB/T 260 测定结果为准。

f. 也可采用 GB/T 28768、GB/T 30519 和 SH/T 0693 进行测定，在有异议时，以 SH/T 0713 方法为准。

g. 也可采用 GB/T 11132、GB/T 28768 进行测定，在有异议时，以 GB/T 30519 方法为准。

h. 也可采用 SH/T 0720 进行测定，在有异议时，以 NB/SH/T 0663 方法为准。

i. 也可采用 SH/T 0604 进行测定，在有异议时，以 GB/T 1884、GB/T 1885 方法为准。

车用汽油产品的标记为：牌号+汽油+(类别)：例如：89 号汽油(Ⅴ)、92 号汽油(Ⅴ)、95 号汽油(Ⅴ)。

2. 车用汽油选用

车用汽油牌号的选用主要是根据汽车生产厂家推荐的汽油牌号或发动机的压缩比，发动机的压缩比越高，所需使用的汽油牌号就越高，可在汽车的使用说明书中查到发动机的压缩比和汽车生产厂家推荐的汽油牌号，车用汽油的基本选用原则是：

压缩比在 8.0 以下的发动机，应选用 89 号车用汽油；

压缩比在 8.0~12.0 之间的发动机，应选用 92 号、95 号、98 号车用汽油。

汽油的牌号越大，说明汽油的辛烷值越高，抗爆性越好，发动机的压缩比就可越大，发动机的输出功率增加，相应的燃油消耗率也就下降，从而达到节油的目的。虽然使用高辛烷值汽油可以改善汽车燃料的经济性，但从节能观点出发，应该综合考虑炼油厂因提高辛烷值多消耗的能量，与提高压缩比后少耗的能量作比较来确定发动机的压缩比和汽油的辛烷值的最佳值。由于在用车辆压缩比不能调整，因而不能说使用汽油的牌号越高，其经济性越好。

需要特别说明的是，我国目前生产的汽油牌号总体是超越车辆所需使用的汽油牌号。

汽车生产厂家推荐的汽油牌号是以汽车最大负荷要求而确定的，但在车辆实际使用过程中达不到汽车最大负荷。在城市行驶的车辆都是低速运行，发动机负荷很低，在高速公路运行的车辆，由于我国高速公路最高限速为 120km/h，车辆只能是中负荷运行，因此，我国生产的 92 号车用汽油可作为要求使用 95 号、98 号车用汽油的车辆的通用燃料使用。

八、航空活塞式发动机燃料的正确选用

航空活塞式发动机燃料是活塞式航空发动机的燃料，目前我国航空活塞式发动机燃料产品规范是 GB 1787—2018《航空活塞式发动机燃料》，航空活塞式发动机燃料根据马达法辛烷值不同分为 75 号、UL91 号、95 号和 100 号、100LL 号五个牌号，其中“UL”代表无铅，“LL”代表低铅，95 号和 100 号航空汽油还要求其品度值不低于 130，航空活塞式发动机燃料的技术要求和试验方法见表 5-11。

表 5-11　航空活塞式发动机燃料的技术要求和试验方法(GB 1787—2018)

项　目		质量指标					试验方法
		75 号	UL91 号	95 号	100 号	100LL 号	
马达法辛烷值	不小于	75.0	91.0	95.0	99.6	99.6	GB/T 503
品度	不小于	—	—	130	130	130	SH/T 506
铅含量[a]							ASTM D5059
四乙基铅/(g/kg)	不大于	—	0.028	3.2	2.4	1.2	
铅/(g/L)	不大于	—	0.013	1.48	1.12	0.56	
净热值[b]/(MJ/kg)	不小于	—	43.5	43.5	43.5	43.5	GB/T 384
颜色		无色	无色	橙色	绿色	蓝色	
染色剂加入量/(mg/L)	不大于						ASTM D2392
蓝色					2.7	2.7	
黄色					2.8		
橙色				14.5			

续表

项 目		质量指标					试验方法
		75号	UL91号	95号	100号	100LL号	
密度[c](20℃)/(kg/m³)		报告					GB/T 1884、GB/T 1885
馏程:							GB/T 6536
初馏点/℃	不低于	40	报告	40	报告		
10%馏出温度/℃	不高于	80	75	80	75		
40%馏出温度/℃	不低于	—	75	—	75		
50%馏出温度/℃	不高于	105	105	105	105		
90%馏出温度/℃	不高于	145	135	145	135		
终馏点/℃	不高于	180	170	180	170		
10%与50%蒸发温度之和/℃	不低于	—	135	—	135		
残留量/%(体)	不大于	1.5	1.5	1.5	1.5		
损失量/%(体)	不大于	1.5	1.5	1.5	1.5		
蒸气压[d]/kPa		27~48	38~49	27~48	38~49		GB/T 0794
酸度[e]/(以KOH计)(mg/g)	不大于	1.0	—	1.0	—		GB/T 258
冰点[f]/℃	不高于	-58.0					GB/T 2430
硫含量[g]/%	不大于	0.05					SH/T 0689
氧化安定性(5h老化) 潜在胶质/(mg/100mL)	不大于	6					SH/T 0585
显见铅沉淀/(mg/100mL)	不大于	—			3		
铜片腐蚀(100℃, 2h)/级		1					GB/T 5096
水溶性酸或碱		无					GB/T 259
机械杂质及水分		无					目测[h]
芳烃含量[i]/%(体)	不大于	30	—	35	—		GB/T 11132
水反应/体积变化 mL	不大于	±2					GB/T 1793

注：允许加入的抗氧剂为2，6-二叔丁基对甲酚。

允许加入成品中的蓝色染料为1，4-二烷基氨基蒽醌；黄色染料为对二乙基氨偶氮苯(颜色索引号 No. 11021)或为1，3-间苯二酚-2，4-二偶氮烷基酚；橙色染料为油溶黄。

与用户协商加入抗静电剂，应符合有关规定的要求。

a. 也可采用 GB/T 2432 方法测定，当测试结果发生争议时，以 ASTM D5059 为仲裁方法。当样品的铅含量大于 1.32g/L 时，应采用 GB/T 2432 方法测定。

b. 净热值应在加乙基液前测定。也可采用 GB/T 2429、ASTM D3338 方法测定，当净热值测试结果发生争议时，以 GB/T 384 为仲裁方法。采用 GB/T 2429 测定净热值时，方法中硫含量的测定除 GB/T 380 以外，还可采用 GB/T 11140、GB/T 17040、SH/T 0253、SH/T 0689、NB/SH/T 0842 等方法，当硫含量的测试结果发生争议时，以 SH/T 0689 仲裁方法。

c. 也可采用 SH/T 0604 方法测定，当测试结果发生争议时，以 GB/T 1884、GB/T 1885 为仲裁方法。

d. 也可采用 GB/T 8017 方法测定，当测试结果发生争议时，以 SH/T 0794 为仲裁方法。

e. 酸度应在加乙基液前测定。

f. 当冷却至-58℃下还没有结晶出现时，可以报告冰点小于-58℃。也可采用 SH/T 0770 方法测定，当测试结果发生争议时，以 GB/T 2430 为仲裁方法。

g. 也可采用 GB/T 380、GB/T 11140、GB/T 17040、SH/T 0253、SH/T 0689、NB/SH/T 0842 等方法测定，当测试结果发生争议时，以 SH/T 0689 为仲裁方法。

h. 将油样注入 100mL 的玻璃量筒中观察，应当透明，没有悬浮和沉降的机械杂质及水，对实验结果有异议时，以 GB/T 511 和 GB/T 260 为仲裁方法。

i. 芳烃应在加乙基液前测定。

符合本标准的航空活塞式发动机燃料应分别标记为："75 号航空活塞式发动机燃料""UL91 号无铅航空活塞式发动机燃料""95 号航空活塞式发动机燃料""100 号航空活塞式发动机燃料"或"100LL 号低铅航空活塞式发动机燃料"。

航空活塞式发动机燃料主要区别是抗爆性不同。选用时，应遵循重负荷、高速度的飞机，选用抗爆性好的航空活塞式发动机燃料；轻负荷、低速度的飞机，选用抗爆性稍差的航空活塞式发动机燃料的原则。因此，75 号航空活塞式发动机燃料的辛烷值低，抗爆性差，适用于轻负荷、低速度的初教-6 等飞机，其他活塞式飞机均使用 95 号航空活塞式发动机燃料。100 号适用于水上飞机和重负荷，高速度活塞式航空发动机。

95 号和 100 号航空活塞式发动机燃料中含四乙基铅多，会在气缸内产生铅沉积，增加大气污染，产生一系列的有害影响。所以，高辛烷值的航空活塞式发动机燃料是不宜在汽车上使用。

九、清洁汽油

机动车尾气中污染物(碳氢化合物、一氧化碳、二氧化碳、氮氧化物、颗粒物等)的排放量越来越大，造成的大气污染问题也越来越严重，因此减少机动车尾气中污染物排放量已成为保护环境的迫切需要，也是我国执行《京都议定书》的迫切需要。

近 20 年来，虽然在改进发动机中燃料燃烧过程、汽车尾气净化等方面都取得了较大的进展，但仍不能满足环境保护的要求。20 世纪 90 年代以来，发达国家提出了从源头解决汽车尾气污染问题的根本措施，即炼油厂采用新工艺、新技术生产清洁汽油燃料，为汽车提供低硫、低苯、较低烯烃、较低芳烃和高辛烷值的清洁汽油，此举能够比较圆满地解决汽车尾气造成大气污染的问题。

汽车发动机(特别是电喷车)在运行一段时间后，发动机燃油供给系统会有不同程度的油垢、胶状物和积炭生成。这些污垢使发动机油道不畅、供油不均、雾化变差，燃料燃烧不完全，从而导致发动机功率下降、油耗增加、运转不稳、加速性差、排烟量加大，尾气中的碳氢化合物、一氧化碳、氧氮化合物含量增加，污染环境，影响人体健康，而使用加入了多效汽油清净复合添加剂的清洁汽油可以使这一问题得到根本性的解决。

清洁汽油是一种新配方汽油，它既能够为汽车提供有效的动力，又能减少有害气体的排放。在组成上主要是严格控制硫含量、苯含量、芳烃含量和烯烃含量，从而减少汽车的排放污染。此外，为改善汽车机燃料供给系统的清洁，特别电喷车燃料供给系统的清洁，在发达国家的清洁汽油和我国部分城市销售的清洁汽油中还加入多效汽油清净复合添加剂，以增强了清除各种沉积物的能力。使用清洁汽油能提高汽车的燃料经济性，降低了排气污染，因而清洁汽油在全世界得到了迅速发展。

1. 汽油中的有害物

汽油中的铅、苯、芳烃、烯烃和硫含量都对环境有一定影响，危害人类的身体健康，需要加以控制。

(1) 铅

汽油中的铅是被作为车用汽油的抗爆剂使用的。在汽油中加入少量的铅，可以大幅度提高汽车发动机的功率。含铅汽油在 20 世纪 20 年代进入工业化生产阶段后，很快在全世界推广开来。70 年代末，世界上加入汽油中的铅每年多达 350kt，大气中铅总含量的 97%是汽车排放的铅。

铅是一种对人体有害的剧毒物质，可以通过呼吸或皮肤接触进入人体，主要影响神经系统，能使人狂躁，出现意识障碍，昏迷抽搐，甚至死亡。由于汽车尾气中的铅颗粒极小，可以长时间地漂浮在空中，对人体的危害也就更大。在车辆多、人口密集的大城市里，汽车尾气排放出的氧化铅弥漫在空气中，严重威胁着人们的健康。

发达国家受汽车排铅污染的危害最早也最大，因此在汽油中采取限铅和禁铅的行动也最快。1970 年，日本的东京等大城市就发生了居民铅中毒事件。人们认识到了含铅汽油的危害，开始限制含铅汽油的使用。日本在 1983 年、加拿大在 1990 年、美国在 1993 年已经全面禁止销售含铅汽油。

我国在 2000 年 1 月 1 日全国停止生产含铅汽油，2000 年 7 月 1 日全国停止销售和使用含铅汽油，实现了车用汽油的无铅化。

（2）苯

苯主要来自催化重整汽油，苯类大多损害人的中枢神经，造成神经系统障碍。苯被摄入人体后，危及血液及造血器官，严重时有出血症状或感染败血症。苯在生物体内能逐步氧化生成苯酚等，诱发肝功能异常，使骨髓停止生长，可发生再生障碍性贫血。居住区大气中苯的最高允许浓度为 $2.4mg/m^3$。因此要限制汽油中的苯含量，以减少汽车尾气中苯对大气的污染。

（3）芳烃

芳烃主要来自催化重整汽油和催化裂化汽油，芳烃由于含碳量高，在发动机中容易出现燃烧不完全而产生碳炱，增加燃烧室的沉积物，使发动机排放污染增大。多环芳烃还是致癌物质，另外，芳烃在光反应作用下产生臭氧，而空气中臭氧浓度为 $0.4mg/m^3$ 时，即可刺激黏膜，促使中枢神经系统紊乱，引起支气管和肺组织的病变。臭氧被认为是一种突变性、致癌性和致畸胎性物质。因此要限制汽油中的芳烃含量，以减少汽车尾气中芳烃对大气的污染。

（4）烯烃

烯烃主要来自催化裂化汽油，是不饱和烃类化合物，具有比较好的抗爆性，烯烃的氧化安定性差，容易氧化形成胶质，堵塞发动机喷嘴，并在发动机进气阀及燃烧室中生成沉积物，影响汽车的排放及使用性能。此外，烯烃的挥发性较强，容易蒸发排放进入大气，加速对流层臭氧的生成，形成光化学烟雾。研究结果表明：如果将汽油中的烯烃含量从 20% 降低到 5%，汽车尾气中的 NO_x 平均减少 9%，HC 平均减少 6%，有毒物减少 30%，对流层的臭氧减少 70%，即降低光化学反应性。此外，大量烯烃的存在有可能使人类患癌症的几率增大，所以汽油中的烯烃含量要加以限制。

（5）硫

汽油中的硫化物分为活性硫化物和非活性硫化物，活性硫化物在常温下就能腐蚀金属，非活性硫化物在常温下不能腐蚀金属。由于车用汽油要求铜片腐蚀试验合格，因而车用汽油中的硫主要是非活性硫化物。尽管非活性硫化物在常温下不能腐蚀金属，但在发动机燃烧室的高温下还是能腐蚀金属。无论是活性硫化物还是非活性硫化物，它们在发动机中燃烧后，全部转化成 SO_2 和 SO_3，它们与排气管中的凝结水相遇，形成强腐蚀性的亚硫酸和硫酸；SO_2 和 SO_3 还可能顺气缸壁渗入曲轴箱，进入润滑油，遇水化合而腐蚀润滑系统。因此，硫化物能使发动机的燃烧室、排气系统、润滑系统腐蚀增加，缩短发动机的使用寿命，甚至造成恶性事故。此外，排入大气中的 SO_2 和 SO_3 还会导致酸雨，污染环境，破坏生态平衡，对人体产生危害。硫还会使催化转化器中的催化剂中毒，使催化剂活性下降，甚至失效。

2. 清洁汽油的发展

为降低汽车排气污染、保护环境，20世纪90年代以来，西方发达国家如美国和欧洲相继实施新的汽车排放污染物控制标准和汽油标准，对汽车和燃料提出了较高要求，除全面使用无铅汽油外，还对汽油中的硫含量、苯含量、芳烃含量、烯烃含量进行了严格的限制，并且适当增氧来改善燃烧条件。1998年6月3~5日在比利时布鲁塞尔举行的第三届世界燃料会议上，美国汽车制造商协会(AAMA)、欧洲汽车制造商协会(ACEA)和日本汽车制造商协会(JAMA)联合发表了《世界燃料规范》，提出世界范围的燃料标准。在2019年10月推出的第六版《世界燃料规范》中，将燃料分为六个等级，在对汽油而言，其主要差异是对硫含量、苯含量、芳烃含量、烯烃含量、金属添加剂含量和辛烷值的区别，在第Ⅱ~Ⅵ类汽油中还增加了汽油机使用性能(主要是清净性能)方面的检测。

我国清洁汽油的发展也是从20世纪90年代开始。首先是限制铅含量，在1993年7月1日执行的GB 484—1993《车用汽油》标准中，将铅含量由GB 484—1989《车用汽油》标准中的不大于1.0g/L下降为不大于0.35g/L(90号)和0.45g/L(93号、97号)，同年还推出了SH 0041—1993《无铅车用汽油》标准，其铅含量为不大于0.013g/L，牌号有90号、93号和95号。在1993年推出的这二个标准中，均无对苯含量、芳烃含量、烯烃含量进行限制，硫含量要求不大于0.15%。1999年我国推出了车用汽油标准GB 17930—1999《车用无铅汽油》，该标准除将铅含量下降为不大于0.005g/L外，还对汽油中的硫含量、苯含量、芳烃含量、烯烃含量进行了严格的限制，硫含量下降为不大于0.10%；苯含量不大于2.5%(体)；芳烃含量不大于40%(体)；烯烃含量不大于35%(体)，并且允许适当增氧(有机氧化物含量不大于2.7%)来改善燃烧条件。2013年我国推出了车用汽油标准GB 17930—2013《车用汽油》，发布了国Ⅴ类车用汽油，硫含量下降为不大于10mg/kg，烯烃含量下降为不大于24%(体)，限制了锰的加入，将蒸气压修改为45~85 kPa(11月1日至4月30日)和40~65 kPa(5月1日至10月31日)。我国目前车用汽油产品规范是2016年12月23日颁布并开始执行的GB 17930—2016《车用汽油》，发布了国Ⅵ A类和国Ⅵ B类车用汽油，国Ⅵ A类车用汽油要求50%蒸发温度不高于110℃，要求苯含量不大于0.8%(体)，芳烃含量不大于35%(体)，烯烃含量不大于18%(体)；国Ⅵ B类车用汽油进一步降低了烯烃含量，要求烯烃含量不大于15%(体)。该产品规范相关指标与《世界燃料规范》中的汽油的主要差别是没有发动机喷嘴清净度、进气阀黏滞、进气阀清净度、燃烧室沉积物测定等使用性能要求，也即没有强行规定汽油清净剂的加入。目前我国已经颁布了关于汽油清净的试验方法，GB/T 37322—2019《汽油清净性评价汽油机进气阀沉积物模拟试验法》，该标准规定了进气道喷射汽油机进气阀沉积物的模拟试验方法，可以用来评价汽油机进气阀的沉积物生成倾向，适用于汽油清净性的评价。

3. 使用清洁汽油的优点

(1) 减少污染

使用清洁汽油的汽车，尾气排放中的碳氢化合物、一氧化碳、氮氧化合物将大大减少。

(2) 清洁汽车部件

使用加有清净剂的清洁汽油的汽车能够保持发动机燃油系统清洁，如化油器或喷嘴，进排气阀、火花塞、燃烧室、活塞等部件，在汽车运行中不生成油垢、胶状物和积炭，不需要再定期清洗，省时省力。

(3) 省油

燃油系统清洁，汽油的雾化程度提高，与空气混合均匀，燃料完全燃烧，使发动机功率充分发挥，节省燃油。

(4) 改善行驶性能

发动机容易启动，转速平稳，加速性能好。

(5) 延长使用寿命

发动机的化油器或喷嘴的使用寿命延长，减少维修更换部件的费用。由于燃油系统不会产生积炭，减少了机械磨损，从而也延长了汽车的使用寿命。

4. 清洁汽油标准

《世界燃料规范》第一版于 1998 年 12 月发行，之后历经 5 次修订，最新的第六版于 2019 年 10 月正式发布。第六版对车用汽油进行了两个重要类别的更改。第一个主要变化是鉴于 1998 年《世界燃料规范》首次发布以来，尤其是铅和硫含量方面的巨大燃料质量进步，淘汰了第Ⅰ类汽油。第二个主要变化是增加了新的Ⅵ类汽油，以反映几个市场出现的新一代排放控制和燃油经济性要求。Ⅵ类汽油规范中也将告知下一代车辆和发动机燃料质量的需求。《世界燃料规范》第六版对六类车用汽油对应的市场进行了说明，具体为：

第Ⅱ类车用汽油适用于对排放控制需求有严格要求的市场，如美国 Tier 1、欧Ⅱ、欧Ⅲ或相当排放标准的市场。

第Ⅲ类车用汽油适用于对排放控制需求有更严格要求的市场，如美国 LEV(低排放法规)、加州 LEV 或 ULEV(超低排放法规)、欧Ⅳ、日本 JP2005 或相当排放标准的市场。

第Ⅳ类车用汽油适用于对排放控制需求有更高要求的市场，以保证复杂的 NO_x(氮氧化物)和微粒后处理技术得到应用，如美国 Tier 2、Tier 3、美国环保署 2007/2010 重型道路车排放法规、非道路车 Tier 4、加州 LEV Ⅱ、欧Ⅳ、欧Ⅴ、欧Ⅵ、欧Ⅵ b、日本 JP2009 或相当排放标准的市场。

第Ⅴ类车用汽油适用于对排放控制(包括温室气体)和燃油效率有高度要求的市场，例如美国 Tier 3 Bin 5，美国轻型汽车燃油经济性，加利福尼亚 LEV Ⅲ和经修订版，欧Ⅵ c，欧Ⅵ d TEMP，欧Ⅵ d，当前的欧盟 CO_2 目标，我国国Ⅵ a，国Ⅵ b 或等效的排放控制和燃油效率标准，或其他市场需求。该类别的目的是最大程度地降低欧Ⅵ d TEMP(2017 年起)，欧Ⅵ d(2020 年起)和国Ⅵ b(2023 年起)所需的实际驾驶排放量(RDE)。

第Ⅵ类车用汽油适用于具有潜在排放控制和燃料效率目标的市场，要比第Ⅴ类的市场要求更为严格，例如未来或预期的美国轻型汽车的温室气体和燃料经济性标准以及欧盟未来的 CO_2 目标。该类别的目的是最大程度地降低欧Ⅵ d TEMP(2017 年起)、欧Ⅵ d(2020 年起)和我国国Ⅵ b(2023 年起)所需的实际驾驶排放量(RDE)。该类别的目的是能够引入具有更高燃油效率和更低废气排放的发动机和车辆，并指定一种具有较低碳强度的汽油，从而与使用较低类别的燃料相比，具有更高的效率和更大的温室气体效益。

《世界燃料规范》中有关汽油的部分指标见表 5-12。从表 5-12 可见，该标准对硫含量、苯含量、芳烃含量、烯烃含量进行了严格限制，更重要的是在该标准的汽油规格中增加了过去所没有的使用性能项目，如发动机燃油喷嘴清净度、进气阀粘滞、进气阀清净度、燃烧室沉积物测定等，并规定了限值，这就要求车用汽油必须加汽油清净剂，否则就达不到规格要求。

表 5-12 《世界燃料规范》汽油标准(部分指标)

等级		Ⅱ	Ⅲ	Ⅳ	Ⅴ	Ⅵ	我国标准 GB 17930—2016(Ⅵ A)
辛烷值(*RON*)	不小于	91/95/98	91/95/98	91/95/98	95/98	98/102	89/92/95
密度 15℃/(kg/m^3)		715~770	715~770	715~770	720~775	720~775	
硫含量/(μg/g)	不大于	150	30	10	10	10	10
铅含量/g/L	不大于	不可察觉	不可察觉	不可察觉	不可察觉	不可察觉	不得人为添加
锰含量/g/L	不大于	不可察觉	不可察觉	不可察觉	不可察觉	不可察觉	不得人为添加
氧含量/%	不大于	2.7	2.7	2.7	3.7	3.7	2.7
苯含量/%(体)	不大于	2.5	1.0	1.0	1.0	1.0	0.8
芳烃含量/%(体)	不大于	40	35	35	35	35	35
烯烃含量/%(体)	不大于	18	10	10	10	10	18
50%馏出温度/℃		77~100	77~100	77~100	65~100	65~100	110
90%馏出温度/℃		130~175	130~175	130~175	130~175	160	190
终馏点/℃	不大于	205	205	205	205	205	205
燃油喷嘴清净度(流量损失)/%	不大于	5	5	5	5	5	
进气阀粘滞(通过/失效)		通过	通过	通过	通过	通过	
进气阀清净度(平均)/(mg/阀)							
方法 1(CECE-05-A-93)	不大于	50	30	30	30	30	
或方法 2(ASTM D 6210)	不大于	90	50	50	50	50	
燃烧室沉积物							
方法 1(ASTM D 6201)	不大于	140	140	140	140	140	
或方法 2(TGA-FLTM BZ154-01)/%	不大于	20	20	20	20	20	

我国目前对汽车排放的控制主要采用的是欧洲汽车排放标准，表 5-13 是欧洲汽车排放标准中的汽油标准。

表 5-13 欧洲车用汽油主要控制指标

汽车排放标准		欧洲Ⅰ号	欧洲Ⅱ号	欧洲Ⅲ号	欧洲Ⅳ号	欧洲Ⅴ号	欧洲Ⅵ号	国Ⅵ
实施时间		1992	1996	2000	2005	2009	2012	2019
硫含量/(mg/kg)	不大于	1000	500	150	50	10	10	10
苯含量/%	不大于	2.5	2.5	1	1	1	1	0.8
芳烃含量/%	不大于	—	—	42	35	35	35	35
烯烃含量/%	不大于	—	—	18	18	18	10	18

第三节 柴 油

柴油是柴油机的燃料，柴油机又称为压燃式发动机，根据转速不同可分为高速柴油机(转速大于 1000r/min)、中速柴油机(转速为 500~1000r/min)和低速柴油机(转速为 100~500r/min)。

由于能源问题，国外的汽车发动机正向柴油机化方向发展。欧洲和日本等石油产量较少的国家，在20世纪60年代末期就基本上做到载货汽车柴油机化了。美国的载货汽车以前是以汽油机为主的，自1973年发生石油危机以来，也已迅速朝柴油机化的方向发展。载货量为8t以上的汽车已全部使用柴油机，其他吨位的载货汽车采用柴油机的比重也愈来愈大。近年来在国外也逐步掀起了小轿车柴油机化的高潮，德国大众汽车公司、美国通用汽车公司、日本丰田汽车公司等大型汽车公司的小轿车也采用了柴油机。

毫无疑问，在原油资源越来越短缺的中国，发展柴油车将是未来汽车工业的重点之一。近数十年来，柴油机得到日益广泛的应用，大量用于载重汽车、公共汽车、拖拉机、机车、船舶和各种农业、建筑、矿山、军用机械作为动力设备。柴油机之所以能如此广泛地被应用，与汽油机相比，主要因其具有以下优点：

①具有较高的经济性。柴油机的压缩比可达14~22，热功效率高，其单位功率燃料消耗量比汽油机低30%~40%，功率大、耗油少；

②所用燃料的沸点高、馏程宽、来源多、成本低。在没有合适的柴油时，容易用其他燃料暂时代替；

③具有良好的加速性能，不需经过预热阶段即可以转入全负荷运转；

④工作可靠耐久，使用保管容易；

⑤柴油闪点比汽油高，使用管理中着火危险性较小，这对于在船舶、舰艇和坦克等装备中使用具有重要意义。

柴油机结构比汽油机复杂，转速较低；柴油机比较笨重，单位功率所需金属比汽油机多，但这些缺点与前述优点相比，就显得次要了，因而柴油机已成为目前使用最广泛的内燃机。尽管柴油机和汽油机都是内燃机，两者有相似之处，但工作原理有着本质的不同。

一、柴油机的工作原理及对燃料的要求

1. 柴油机工作原理

柴油机与汽油机不同之处在于柴油机没有化油器和电点火系统，但有一套专门的柴油高压喷射装置。与汽油机相同，四行程柴油机的工作过程也由进气、压缩、做功和排气四个行程所组成。但两者又有根本性差别，主要的差别是：

①柴油机进气时只吸入空气，进气过程中没有燃料蒸发吸热的影响，压缩过程也只压缩空气，而汽油机吸入和压缩的是空气和汽油蒸气的混合气；

②汽油机中经压缩后的油气混合气，由电火花塞点火引燃，进行燃烧。而柴油机在压缩接近终了时，柴油由高压油泵经喷油嘴喷入气缸中，与高温高压空气迅速混合、蒸发，剧烈氧化以致自燃。柴油机中形成混合气的时间比汽油机短，它必需具备一套复杂而精细的燃料系统。柴油由输油泵从油箱中抽出，经粗、细过滤器除去机械杂质后，由高压油泵(压力可达80~140MPa)把柴油经喷油嘴呈雾状喷入气缸。

2. 柴油机对燃料的要求

根据柴油机的工作特点，对燃料提出一系列要求。对于柴油来说，其主要使用性能有以下几方面：

①具有良好的燃烧性能，保证柴油机工作平稳，经济性好；

②在柴油机工作环境下，具有良好的燃料供给性能；

③良好的雾化性能；

④良好的热安定性和储存安定性；

⑤对机件没有磨损和腐蚀性；

⑥具有较高的闪点，以保证储存运输和使用中的安全。

二、柴油的燃烧性能

柴油发动机工作的可靠性及经济性，取决于混合气能否及时着火和完全燃烧。柴油机的燃烧过程非常短促，对高速柴油机来说只有0.002~0.006s。整个燃烧过程是个连续、复杂的雾化、蒸发和氧化燃烧过程。柴油在柴油机中燃烧时是否容易着火的性能称为发火性。

1. 柴油机的发火性

柴油在柴油机中燃烧时是否容易着火的性能称为发火性，柴油越易着火，则发火性能越好。

柴油的发火性能是决定发火延迟期长短的最重要的因素。发火延迟期是从燃料开始喷入燃烧室至开始着火的时期。这个阶段是燃烧的准备阶段，柴油喷入燃烧室后，迅速雾化、蒸发并与高温空气组成混合气，进行燃烧前的氧化反应。当烃分子遇到氧时，产生了活性较大的过氧化物，过氧化物达到一定浓度便自然着火。如果燃料的着火性能好，则燃料的混合气可以迅速着火，发火延迟期便短；反之，发火延迟期便长。

2. 柴油机的工作粗暴

柴油的发火性能是决定发火延迟期长短的最重要的因素。发火延迟期是从燃料开始喷入燃烧室至开始着火的时期。这个阶段是燃烧的准备阶段，柴油喷入燃烧室后，迅速雾化、蒸发并与高温空气组成混合气，进行燃烧前的氧化反应。当烃分子遇到氧时，产生了活性较大的过氧化物，过氧化物达到一定浓度便自然着火。如果燃料的着火性能好，则燃料的混合气可以迅速着火，发火延迟期便短；反之，发火延迟期便长。如果发火延迟期短，发火前气缸内不致积累过多的燃料，燃烧初期就不会有大量的燃料同时燃烧，于是气缸内压力的上升速度不致过快，发动机的工作比较平稳。但如燃料的着火性能不好，则发火延迟期较长，而在此时期中喷入的燃料积累过多，着火时，积累的大量燃料几乎同时燃烧，气缸内压力急剧升高。当压力上升速度超过一定限度时，气缸头和活塞发生震动和过热，发动机发出金属的敲击声，即出现柴油机的工作粗暴现象。结果使发动机工作不稳定，机械的寿命缩短。通常把柴油机的工作粗暴现象，称为柴油机工作粗暴(也称“粗暴”)。

柴油机工作粗暴和汽油机爆震现象在本质上有很大区别。汽油机中爆震出现于燃烧末期，而在柴油机工作粗暴却出现于燃烧初期。汽油机是由于燃料自燃点太低，太容易氧化，过氧化物积累过多，以致电火花点火后，火焰前锋尚未到达的区域中的混合气体便已自燃，形成爆震。柴油机工作粗暴原因恰恰相反，是由于燃料自燃点过高，不易氧化，过氧化物积累不足，迟迟不能自燃，以致在自燃开始时，气缸中燃料积累过多而出现粗暴现象。因此，柴油机要求自燃点低的燃料，而汽油机要求使用自燃点高的燃料。

由于在汽油机中产生爆震和柴油机中出现工作粗暴的原因相反，各种影响因素也相反。在汽油机中凡促使过氧化物生成的因素(如压缩比大、温度高、空气压力大)都会使产生爆震的倾向加强，而在柴油机中凡促使过氧化物生成的因素都会使燃料容易自燃，缩短发火延迟时期，从而使工作粗暴倾向减弱。必须把汽油机的爆震现象与柴油机的工作粗暴现象区别开来。

3. 柴油发火性的评定方法

柴油发火性能的好坏，主要取决于自燃点的高低。自燃点越低，燃料的发火性能越好。

在柴油机中，燃料的自燃点虽然对发火延迟期有决定性的影响，但在实际工作中并不以自燃点来表示其发火性能。因为还有许多因素也能或多或少影响燃料的燃烧过程，例如燃料喷射的细密程度，燃料的蒸发性、黏度以及发动机的压缩比等。所以，评定燃料在柴油机中的发火性能的最恰当的办法，就是用实际的柴油机来测定柴油的十六烷值。

(1) 十六烷值(*CN*)

十六烷值是柴油在柴油机中燃烧时着火性能的指标。在规定操作条件下的标准发动机试验中，将柴油与标准燃料进行比较而得到的柴油着火性能的测定值。燃料在一个标准试验发动机内，在控制燃料流速、喷油时间和压缩比的条件下，测定的着火滞燃期。

十六烷值原定义是指和柴油发火性能相同的标准燃料中，所含正十六烷的体积百分数。其标准燃料是指不同体积的正十六烷和α-甲萘按不同体积比例调配而成。根据试验，正十六烷发火性很好，规定它的十六烷值为100；α-甲萘的发火性很差，规定它的十六烷值为0。把正十六烷和α-甲萘按不同体积进行混配，就可以得到十六烷值由0~100的各种标准燃料，如某标准燃料是由46%的正十六烷和54%的α-甲萘组成，则该标准燃料的十六烷值为46。测定某一柴油的十六烷值时，就拿它和标准燃料在十六烷值机中进行试验比较。如某一柴油的发火性恰好与含有46%正十六烷和54%α-甲萘的标准燃料相同，则该柴油的十六烷值为46。

由于α-甲萘在结构上与柴油有较大差异，已用七甲基壬烷代替α-甲萘作为标准燃料之一，故目前使用的标准燃料是正十六烷和七甲基壬烷的混合物。七甲基壬烷的十六烷值为15，因此所测十六烷值不再是标准燃料中正十六烷的体积百分数，而需经过换算。

十六烷值=正十六烷的体积百分数+0.15×七甲基壬烷的体积百分数

十六烷值是在规定的单缸柴油机(十六烷值机)中测定的。当要知道某一柴油的十六烷值时，就拿它和标准燃料在十六烷值机中进行试验比较。如某一柴油的发火性恰好与含有46%正十六烷和54%α-甲萘的标准燃料相同，则该柴油的十六烷值为46。十六烷值只表明某一柴油的发火性与标准燃料相同，而不是说它含有那样多的十六烷。如乙醚的十六烷值为53，但它并不含十六烷。

使用十六烷值过低的柴油，很容易引起工作粗暴，结果降低了发动机功率，增大了柴油消耗量。例如在同一发动机中使用馏分相同而十六烷值分别为35和46的两种柴油工作，结果表明前一种柴油的耗油量比后一种多6.5%。柴油机的工作粗暴，还会引起机件磨损增大，这对轴承的影响特别大，因为气缸内压力骤然增大，使轴承负荷也增加很多，严重时会损坏轴承。

十六烷值高的柴油，自燃点低，易于自行发火燃烧，在发动机启动时气缸内温度较低的情况下也能发火自燃，因而启动性能好。

柴油的十六烷值并不是越高越好。例如，当十六烷值从50提高到70或更高时，滞燃期的缩短有限，对燃烧状况改善不多。但因烃类在高温下裂化反应加快，在气缸内形成大量游离碳，来不及完全燃烧而形成黑烟随废气排出，反而增大耗油量，降低柴油机功率，不同转速的柴油机对柴油十六烷值要求不同，不应过高或过低。柴油机转速与柴油十六烷值相应关系列于表5-14中。

表5-14　不同转速柴油机对柴油十六烷值的要求

柴油机转速/(r/min)	要求柴油的十六烷值	柴油机转速/(r/min)	要求柴油的十六烷值
<1000	30~40	>1500	46~60
1000~1500	40~45		

近年来，随着催化裂化柴油产量的增加，特别是渣油催化裂化工艺的发展，提高柴油十六烷值仍成为当前面临的实际问题，采用综合经济数据对比说明，以十六烷值改进剂提高柴油的十六烷值在经济上是可行的。因此，十六烷值改进剂的研究与应用具有重要意义。

多种物质可以具备改善柴油十六烷值的作用，其中包括硝基化合物、亚硝化物、多硫化物、氧化生成物、过氧化物、金属化合物，杂环类化合物、醛、酮、醚、酯等。但是，作为有实用价值的十六烷值改进剂，以烷基硝酸酯类为主。

十六烷值改进剂的作用机理在于这些化合物容易分解成自由基或氧的化合物，分解发生在O—N键及O—O键处，其分解活化能较低，十六烷值改进剂使燃料自燃过程中的活化能降低为添加剂分解的活化能。添加剂分解产物为连锁反应引发剂，降低了反应开始的温度，扩大了火焰前缘阶段反应范围并降低了着火温度，从而改善了燃料的着火性能。

我国柴油十六烷值改进剂研究起步较晚，主要原因是我国原油产量最大的油田是大庆油田，而大庆油田属于石蜡基原油，所生产的柴油十六烷值高、燃烧性好。近年来，随着我国进口原油的大量增加，进口原油所生产的柴油十六烷值低，需添加十六烷值改进剂。我国也开发了T2201柴油十六烷值改进剂(硝酸异辛酯)，主要性能与美国Ethyl公司的D11-3相当。

(2) 十六烷指数(CI)

柴油的十六烷值是在十六烷值机中测定的，但是十六烷值机装置比较复杂，测定方法也比较麻烦，由于柴油的十六烷值与其化学组成有密切的关系，所以也可以用间接的方法，即从柴油的其他容易测定的理化性质计算出柴油的十六烷指数。测定方法有GB/T 11139《馏分燃料十六烷指数计算法》和SH/T 0694《中间馏分燃料十六烷指数计算法》；常用的方法是GB/T 11139《馏分燃料十六烷指数计算法》，其计算方法是根据柴油标准密度和中沸点计算得出，计算公式如下：

$$CI=431.29-1586.88\rho_{20}+730.97(\rho_{20})^2+12.392(\rho_{20})^3+0.0513(\rho_{20})^4-0.554B+97.803(\lg B)^2$$

式中 ρ_{20}——用GB/T 1884和GB/T 1885测定试样在20℃时的密度，g/cm^3；

B——用GB 6536测定试样的中沸点。

4. 影响柴油燃烧性能的因素

柴油在柴油机中燃烧情况和是否容易产生工作粗暴，与柴油使用条件和柴油质量有关，主要影响因素是：

①十六烷值　柴油的十六烷值高，说明该柴油容易自行着火燃烧，其发火延迟期短，柴油机不易产生工作粗暴。

②压缩比　柴油机的压缩比越高，压缩至向气缸喷油时，气缸内的温度、压力也越高，柴油的发火延迟期短，柴油机不易产生工作粗暴。

③喷油提前角　柴油机的喷油提前角越大，柴油喷入气缸时，气缸内的温度、压力越低，柴油的发火延迟期长，柴油机容易产生工作粗暴。

5. 柴油组成与其燃烧性能的关系

与柴油燃烧性能密切相关的滞燃期和自燃点主要决定于柴油的化学组成。不同烃类的氧化速度和产物是有差别的，正构烷烃在热的作用下，氧化反应速度最快，生成过氧化物和自燃点很低的不完全氧化物，芳香烃则相反，环烷烃介于两者之间。因此，烷烃的十六烷值最高，环烷烃次之，芳香烃最差。表5-15表明柴油化学组成与十六烷值的关系。国产原油石蜡基原油多，烷烃含量大，因而国产柴油的十六烷值一般较高。

表 5-15　柴油化学组成对十六烷值的影响

柴油编号	柴油的化学组成/%			十六烷值
	烷烃	环烷烃	芳香烃	
1	85	9	6	68
2	80	10	10	63
3	75	12	13	55
4	67	15	18	45
5	45	22	33	32

柴油的馏分组成对自燃点也有影响，随着烃类沸点升高，相对分子质量增加，其自燃点降低，十六烷值相应变大，这也是柴油馏程通常应比汽油高的原因之一。

柴油的蒸发性能影响其燃烧性能。由于柴油喷入气缸后先气化并与空气形成可燃性混合气后才能自燃，所以形成混合气速度越快，越有利于燃烧。混合气形成的速度决定于柴油的蒸发速度。馏分组成较轻的柴油蒸发速度快，有利于混合气的形成，使其燃烧速度快，启动性好，但如果馏分组成太轻，因自燃点过高而易出现爆震现象。馏分过重的柴油，在气缸中不能很快气化形成均匀的可燃混合气，以致在膨胀过程中燃料还在继续燃烧，未蒸发的油滴裂解而产生气体烃和炭粒，使积炭量和耗油量增加，经济性能变差。例如同一柴油机使用馏程为 315~370℃的柴油，其耗油量比馏程为 200~260℃的柴油多 9 倍以上。

研究证明，柴油中小于 300℃馏分的含量，对单位耗油量和启动性有决定性影响。同一柴油机使用燃烧性能相同而馏程不同的三种柴油，其单位耗油量和启动性情况分别列于表 5-16、表 5-17。小于 300℃馏分的含量愈多，发动机的单位耗油量愈小，启动性愈好。GB 252—2015《普通柴油》和 GB 19147—2016《车用柴油》产品规范中均规定馏程中 50%馏出温度不能高于 300℃。

表 5-16　柴油馏程与单位耗油量的关系

柴油在 300℃时馏出量/%	39	31	20
柴油机单位耗油量/g	100	114	131

表 5-17　柴油 50%馏出温度同启动性的关系

柴油 50%馏出温度/℃	200	225	250	275	285
柴油机启动时间/s	8	10	27	60	90

不同转速柴油机对柴油馏程要求不同，轻柴油规定了馏程要求。低速柴油机使用的重柴油因要求不高，只限制了残炭量不要求馏程。总的说来，对柴油的馏分要求不如对汽油的馏分要求那么严格。

柴油标准中规定了闪点要求，这是因为柴油的馏程要求只规定柴油馏分组成不能太重，以保证柴油的蒸发性能，但并未规定馏分不能过轻的限制温度。为了控制柴油蒸发性不要太强，车用柴油和普通柴油按牌号的不同，其闪点不得低于 45~55℃。闪点过低的柴油，蒸发损失大，储存和使用中安全性能差，所以闪点也是确保安全的质量标准之一。

三、柴油的雾化性能

柴油在各种条件下使用时，要保证不间断的供油、雾化良好，才能给正常燃烧提供良好的条件。柴油在柴油机气缸中形成可燃性混合气的条件比汽油机苛刻，在汽油机中混合气的形成是从进气行程开始，即汽油由喷嘴或化油器喉管喷入时就开始雾化、蒸发、混合，直到压缩行程结束时为止，对于转速为2000r/min的汽油机，这段时间约为0.025s；而柴油机中混合气的形成是从压缩行程即将结束喷入柴油开始，到混合气开始自燃时结束，对于同样转速为2000r/min的柴油机来说，这段时间仅为0.002~0.003s，几乎只有汽油机的1/10。因而柴油必须具备良好的雾化、供油性能，以保证形成必要的可燃混合气，与雾化密切相关的柴油性质是黏度和表面张力。

1. 黏度

黏度是液体流动时，内部分子间的内摩擦系数。黏度的大小说明液体流动的难易，容易流动的液体黏度小，不易流动的液体黏度大。柴油的黏度直接影响气缸的供油量、雾化状态、燃烧情况和高压油泵的磨损程度，是一项重要的质量指标。

（1）对供油量的影响

如果柴油的黏度大，则通过过滤器和流动时的阻力增大，从而会使泵油量减少。同时，黏度是随温度变化而变化的，温度升高，黏度变小，温度降低，黏度变大。柴油的黏度在0℃以上变化较小，在0℃以下变化较大，黏度过大柴油在冬季会变得更大，必将造成供油困难。

反之，黏度过小，虽然容易流动和过滤，但通过高压油泵的柱塞与泵筒之间间隙的漏油量增多，也使喷入气缸的燃料减少，造成发动机的功率下降。

（2）对雾化的影响

柴油的雾化过程是：柴油以高速经由喷孔喷入气缸，由于气缸内压缩空气的阻力和柴油流经喷孔时油柱内部的扰动作用，喷入的柴油被分散成细小的油滴并在气缸内散布开来，就形成了一团由无数细粒组成、外形与火炬相象的油雾。在雾化过程中，要求油雾要细、分布均匀，形状应与燃烧室的形状相适应。这样，油雾的蒸发面积大，形成混合气迅速而且均匀。柴油雾化好坏，对燃烧有很大影响。雾化好，既能缩短滞燃期，也容易燃烧完全，否则会使后燃严重，甚至发生排气冒黑烟的现象。

柴油的黏度增大，分子间相互作用力也增加，柴油喷出的油滴平均直径大，喷出的油流射程较远，圆锥角小，使油滴有效蒸发面积减少，因而蒸发速度减慢，混合气形成不均匀，造成燃烧不完全，燃料消耗量增大，发动机的经济性下降。表5-18中列出黏度对耗油率的影响，当柴油50℃的运动黏度由6.5mm^2/s增大到65mm^2/s时，耗油率几乎增加了50%。

表5-18　柴油黏度对耗油率的影响

柴油密度/(kg/m^3)	886	892	905	906	923	925	930
运动黏度(50℃)/(mm^2/s)	6.5	7.8	14.8	16.2	43.0	54.0	65.0
耗油率/(g/h)	246	250	247	250	260	315	328

柴油的黏度过小，喷出的油流射程太近，圆锥角大，与燃烧室形状不适应，也使混合气的组成不均匀，造成燃烧不良的现象。总之黏度过高或过低，都对雾化产生不利的影响，因

此对柴油的黏度的规定应在一定范围内。

(3) 对磨损的影响

柴油机供油系统中的高压油泵和喷油嘴都是配合紧密的精密部件，它们的高速运动部件是由柴油本身润滑的。柴油的黏度过低，难以保证油泵柱塞得到可靠润滑，会增加磨损，使精密配件之间的间隙增大，引起漏油，以致供油量减少，发动机功率下降。同时，渗入气缸壁与活塞间隙的柴油会冲去气缸壁上的润滑油，使曲轴箱内润滑油变稀，进一步增加磨损。但黏度过大并不利于润滑。表 5-19 中列出的数据表明柴油黏度只有在一定适宜范围内，才能保证良好的润滑作用，因此柴油产品规范规定了黏度上限和下限，例如 GB 19147—2016《车用柴油》中 5 号和 0 号车用柴油的 20℃运动黏度规定为 3.0~8.0mm²/s。

表 5-19 柴油黏度对高压油泵柱塞的影响

运动黏度/(mm²/s)	1.6	7.3	7.6	7.6	17.0	137.7
运行 500h 后，柱塞平均磨损量	2.7	1.5	2.2	2.2	4.5	4.0

2. 表面张力和密度

柴油表面张力愈高，其雾化性就愈差，而雾化时雾粒的平均直径与表面张力成正比。柴油表面张力随温度的降低、馏分组成的变重和密度的增大而增大。

柴油密度的增大还会影响喷入燃烧室油柱的射程。使用密度 878kg/m³ 的柴油，比使用密度 848kg/m³ 的柴油，油柱射程要增长 20%。随着柴油密度的增大，其黏度和表面张力也要增大，即也会影响油柱射程的长度。柴油密度的增大，还会提高柴油机在一个工作循环内的供油量，从表面上看，可提高柴油机的功率。但由于此时雾化质量差，影响形成良好的混合气，使燃烧条件变坏，排气冒黑烟，所以反而会降低柴油机的经济性。柴油密度的提高表明柴油中含有较多的芳香烃，它将导致柴油机工作中粗暴现象的产生。

四、柴油的低温流动性

柴油的低温性是指在低温下，柴油在发动机燃料系统中能否顺利地泵送和通过油滤，从而保证发动机正常供油的性能。如果燃料的低温性能不好，在低温下使用时失去流动性，或产生蜡结晶，都会妨碍燃料在导管和油滤中顺利通过，使供油量减少甚至中断供油，严重影响发动机的工作。柴油的低温性还和燃料的储存运输有密切关系，只有低温性良好的燃料才能保证在低温下顺利地装卸和远距离输送。

1. 柴油在低温下失去流动性的原因

柴油在低温下失去流动性有两个原因，其含蜡量多少导致柴油在低温下失去流动性的主要原因是不一样的。

含蜡很少的油品(环烷基原油生产的油品)在低温下黏度增大形成无定形玻璃体是油品不能流动的主要原因。

含蜡较多的油品(石蜡基原油生产的油品)在低温下石蜡结晶形成网络是油品不能流动的主要原因。当温度低至结晶点以下，燃料中的蜡开始结晶。随着温度的下降，结晶呈网状发展，燃料中的低凝组分则被吸附在众多的网眼中，终于使液体失去流动性。因此，燃料的馏分愈重或含蜡愈多，其凝点也愈高。

2. 评定指标

评定柴油低温性能的常用指标有浊点、凝点和冷滤点。

（1）浊点

浊点是柴油开始出现浑浊的最高温度。在浊点温度下，燃料中只是开始出现很少的微小晶粒，使燃料不再透明，这些晶粒不能用肉眼观察到。柴油中水分的溶解度很小，产生浑浊的原因主要是燃料中的大分子正构烷烃(石蜡)的结晶。含蜡愈多的柴油，其浊点也愈高。

由于用浊点作为柴油低温指标过于苛刻，同时浊点不能表明加有流动改进剂柴油的低温性能，因此除美国等少数国家外，大都不采用浊点作为柴油的低温性能指标。我国也只在军用柴油产品规范中要求报告浊点，但并未作出相应指标限制。

（2）凝点

凝点是柴油在低温下失去流动性的最高温度。它是在规定条件下将油品冷却到预定温度，将试管倾斜45°，经过1min后，液面不移动时的最高温度。我国柴油的牌号就是按柴油的凝点划分的。

凝点是燃料在低温换装、发放和储运中的重要质量指标。凝点越低的柴油，低温下输送、转运作业越顺利，在柴油机燃料系统中供油性能越好。在低温下长期静置的燃料，如果温度降至凝点以下，便无法向车辆的油箱加油。发动机使用凝点过高的燃料，停车后再启动非常困难。因此在室外工作的发动机一般应使用凝点低于周围环境气温5~7℃以上的燃料，才能保证发动机的正常工作。

由于柴油的低温性能与使用较为密切，所以国产柴油的牌号都用凝点来表示。如0号、-10号车用柴油的凝点分别不高于0℃和-10℃。

（3）冷滤点

冷滤点是将试样在规定条件下冷却，当试样不能流过过滤器或20mL试样流过过滤器的时间大于60s或试样不能完全流回试杯时的最高温度。

冷滤点是模拟发动机的实际工作情况，近似于发动机的实际使用条件，试验证明，柴油的冷滤点与柴油的最低使用温度有着良好的对应关系。目前，国内外评价柴油低温流动性，广泛采用冷滤点。冷滤点法比浊点、凝点更具有实用性。因为柴油温度降至浊点时，由于蜡结晶颗粒很小，并不一定引起滤清器堵塞，而在温度尚未降至凝点之前，滤清器就已经堵塞了，所以浊点和凝点的实用意义不大，国外许多国家使用冷滤点取代了浊点和凝点测定法。

3. 改善柴油低温流动性的方法

（1）脱蜡

柴油的凝点都由其烃组成所决定。柴油的烷烃(尤其是正构烷烃)含量越多或其相对分子质量越大，则凝点越高。国产原油石蜡基的较多，其直馏柴油的凝点一般都较高，为了生产低凝点柴油，需选择合适的原油(如克拉玛依低凝点原油)或进行脱蜡处理。因为正构烷烃十六烷值高，所以采用脱蜡工艺生产低凝点的柴油不仅产率要降低，而且十六烷值也要降低，因而生产成本较高，很少单独采用。

（2）降凝剂

为了改善柴油的低温流动性，通常在柴油中加入降凝剂，又称低温流动改进剂。柴油中加入降凝剂后，可在低温下阻止石蜡结晶形成网状结构，降低柴油的冷滤点和凝点，改善柴油在低温下的流动性。采用加入降凝剂改善柴油低温流动性仅对石蜡基原油生产的柴油有效。我国生产的降凝剂有乙烯-醋酸乙烯酯共聚物等。

低温性越好的柴油，来源越少，成本越高。例如，以某原油生产凝点为10℃的柴油产率为100%，当生产凝点为0℃的柴油时，其产率降到64.5%，生产凝点为-10℃柴油的产率仅为46.5%。在调拨柴油时，必须根据不同地区、不同季节和不同使用要求，合理使用不同凝点的柴油。例如，在夏季使用，或在室内固定的发动机上以及大型舰船上使用时，环境温度一般在0℃以上便可使用凝点较高的柴油，切忌不适当地使用低凝柴油造成浪费。

五、柴油的热氧化安定性和储存安定性

柴油的安定性包括热氧化安定性和储存安定性。

1. 热氧化安定性

柴油的热氧化安定性简称热安定性，它反映在高温和溶解氧的作用下，柴油发生变质的倾向。如果柴油机使用热安定性差的柴油，柴油机的燃料系统如喷油嘴等部位会出现不溶性的凝聚物、漆膜和积炭等，影响柴油机正常工作。

柴油机在炎热气候或在密闭舱室中工作时，油箱中柴油温度可达60~80℃，而且由于油箱不断震荡，使柴油在较高温度下与空气剧烈混合，燃料中溶解氧达到饱和程度。当柴油进入供油系统后，温度继续升高，并且要与不同的金属接触。在这种剧烈氧化的条件下，燃料中的不安定成分会急剧氧化而生成各种氧化缩合产物。这种产物在高温条件下便在高压油泵、喷油嘴等处形成漆状沉积，造成油针活动失灵，甚至粘死而中断供油。沉积在喷油嘴周围的漆状物，高温下缩合成积炭，破坏正常供油和雾化；沉积在燃烧室壁和进、排气阀等部位的积炭则会导致金属零件磨损增大，导热不良。

2. 储存安定性

柴油的储存安定性是指柴油在运输、储存过程中保持其外观、组成和使用性能不变的能力，安定性好的柴油在储存中颜色和实际胶质变化不大，很少生成胶质和沉渣。安定性差的柴油最明显表现是颜色变深，实际胶质增大。使用高实际胶质的柴油，容易出现喷油嘴和过滤器堵塞现象。

3. 不安定的主要原因

在烃类组成中，不饱和烃(特别是二烯烃)和环烷芳香烃是引起柴油储存安定性不良的主要原因，多环芳香烃则是引起柴油热氧化安定性不良的主要原因。

柴油中的非烃化合物不仅对储存安定性不利，而且对热安定性也有不良影响，其中以硫化物的危害最显著。为了得到储存安定性合格的柴油，必须控制这些非烃化合物的含量。

与汽油一样，直馏柴油比二次加工得到的柴油储存安定性好，特别是低硫的直馏柴油(如大庆直馏柴油)，其储存安定性更好。

4. 评定方法

柴油产品规范中用10%蒸余物残炭值表示柴油的热氧化安定性，氧化安定性总不溶物表示柴油的储存安定性，军用柴油还增加实际胶质这一指标来表示军用柴油的储存安定性。此外，普通柴油和军用柴油还用色度来考察其精制程度，间接表示其储存安定性。

(1) 10%蒸余物残炭值

柴油10%蒸余物残炭是把测定柴油馏程中馏出90%以后的残留物作为试样所测得的残炭。即指柴油的10%残留物在残炭测定器中隔绝空气的条件下，受热蒸发和分解后所剩下的焦黑色残留物，以质量百分数表示。10%蒸余物残炭值越大，柴油在喷油嘴和气缸零件上形成积炭的倾向越大。

(2) 氧化安定性总不溶物

将已过滤的350mL试样在通入氧气连续鼓泡和95℃下老化16h，测定试样形成的总不溶物含量(包括可滤出不溶物和粘附性不溶物)，以mg/100mL表示。该方法主要反映柴油的储存安定性，氧化安定性总不溶物越大，柴油储存安定性越差，在发动机进油系统中生成沉积物越多。

(3) 实际胶质

实际胶质是指100mL燃料在试验条件下所含胶质的质量(mg)，单位是mg/100mL。实际胶质只是燃料在试验条件下加速蒸发时所具有的胶质，它包括燃料中实际含有的胶质和试验过程中产生的部分胶质。

测定方法是将25mL试油放在250℃的油浴中，用空气吹扫油面(55L/min±5L/min)，直至全部蒸发，残留物重量不变为止。残留物即为柴油的实际胶质，GJB 3075—1997《军用柴油》产品规范中要求实际胶质不超过10mg/100mL。

(4) 色度

色度是石油产品颜色与标准色板相比较所得到的颜色标度，颜色浅，表示液体燃料氧化安定性好。油品颜色的深浅，同胶质含量有直接关系。因此可从色度的好坏来判断油品的精制深度、蒸馏操作情况以及混油污染情况等。

柴油颜色按GB/T 6540《石油产品颜色测定法》规定的方法测定，色号从0.5~8.0(0.5颜色最浅，8.0颜色最深)。GB 252—2015《普通柴油》产品规范规定其颜色不大于3.5号，GJB 3075—1997《军用柴油》产品规范规定其颜色不大于3号。

柴油馏分越轻，精制程度越深，柴油10%蒸余物残炭值、总不溶物、实际胶质和颜色号越小。

六、柴油的腐蚀性

1. 引起柴油腐蚀的物质

柴油中的含硫量一般均较汽油中的含硫量高。柴油的含硫量对柴油机寿命影响很大，柴油中的活性硫化物常温下就能直接腐蚀金属。虽然柴油中的非活性硫化物常温下不能直接腐蚀金属，但不论是活性或非活性的，燃烧后都生成SO_2和SO_3，对排气系统造成气相腐蚀。当气缸壁的温度低于它们的露点时，会凝结生成H_2SO_3和H_2SO_4，附着在气缸各个部位上，对金属产生强烈的液相腐蚀，燃气中的SO_2和SO_3还能促进气缸中形成积炭，使积炭变得既多又硬，当柴油的含硫量由0.1%增加到1.5%时，积炭的密度增大15倍。这些积炭附在零件上，加重机械磨损。同时兼有腐蚀和机械磨损所引起的后果是十分严重的，因此柴油标准中都规定了含硫量的要求。

有机酸大部分包含在石油中的中间馏分中，因此，柴油中有机酸含量较汽油高。有机酸的含量在柴油规格中用酸度表示。柴油中酸性物质不仅腐蚀容器和发动机零件，还能使喷油泵柱塞副的磨损加剧，加速在喷油嘴周围和气缸中形成积炭，从而导致喷雾恶化，柴油机功率降低，破坏正常供油并增加气缸活塞组机件的磨损。曾试验用酸度分别为4mgKOH/100mL和50mgKOH/100mL的两种柴油在同一型号柴油机上运行，50h后发现柴油机功率下降程度和喷嘴供油量下降程度后者比前者分别大4.6倍和8倍，柱塞和活塞环的磨损量，后者也明显大于前者。

灰分是柴油燃烧后残留的无机物。它来源于柴油中的无机盐类、金属有机物和外界进入的尖埃等。灰分进入积炭中，使积炭变得坚固耐磨，加剧机件磨损，所以柴油必须限制灰分的含量。

柴油中的重质胶状物也能促使生成坚硬的积炭，从而加剧了机件磨损。

2. 评定指标

评定柴油的腐蚀性和磨损的指标有：硫含量、酸度、10%蒸余物残炭、铜片腐蚀、磨痕直径、灰分和实际胶质。

车用柴油产品规范中的磨痕直径指标是通过高频往复试验机进行的，主要是考察车用柴油的润滑性，因车用柴油硫含量大幅度降低，其润滑性会下降。

磨痕直径的试验方法是：将 2mL 试油加入油槽内，温度控制为 60℃，固定在垂直夹具中的钢球对水平安装的钢片进行加载(200g)，钢球以 50Hz 的频率和 1mm 的冲程进行往复运动，球与片的接触界面应完全浸在样品中，试验 75min 后，测量钢球的磨斑直径，其平均值即为所测样品的磨痕直径。

七、其他指标

1. 机械杂质和水分

柴油中如含有机械杂质，会使过滤器堵塞，影响或甚至中断供油。机械杂质还会造成精密零件的磨损。柴油机燃料系统的高压油泵和喷油器都是很精密的部件。这些部件如高压油泵的套筒与柱塞的配合间隙被控制在 0.0025mm 以下，在这种情况下，如被机械杂质磨划而引起的划痕都会使工作性能严重恶化。同时机械杂质还会引起柱塞和喷油器中的喷针卡死，出油阀关闭不严和喷嘴上的喷孔堵塞等恶劣的后果。

柴油含有水分会降低柴油的热值；在冬季还会形成冰粒，堵塞油路；同时会带入可溶性的盐类从而增加灰分；更严重的是当有水分存在时，更大地促进硫的燃烧产物对于气缸、活塞等引起的酸腐蚀作用。

水分和机械杂质通常都是在运输、储存和加油过程中混入柴油的，因而在储运、加油等过程中，必须十分重视，严防混入水分和机械杂质。给柴油机加油时，柴油必须经过粗、细两个过滤器，以免冰晶和机械杂质进入。

国产柴油产品规范中都有水分和机械杂质的要求，普通柴油、车用柴油产品规范中规定不许含有机械杂质，只允许含有痕迹量的水分；军用柴油产品规范中规定机械杂质和水分均为无，且增加了固体颗粒污染物含量，要求不大于 10mg/L。

2. 闪点

闪点是石油产品在规定条件下加热到它的蒸气与空气的混合气接触火焰发生闪火时的最低温度。闪点可分为开口闪点和闭口闪点，通常开口杯法用于测定重质润滑油或者深色石油产品的闪点，闭口杯法用于测定蒸发性较大的燃料和轻质润滑油(一般闪点在 150℃以下)的闪点。同一产品用不同方法测出的闪点不同，开口闪点一般较闭口闪点高。

闪点的高低决定于油样的蒸发性，蒸发性越高，则闪点越低。各种液体燃料的闪点大致如表 5-20 所示。

表 5-20　各种液体燃料的闪点

液体燃料	闪点/℃	液体燃料	闪点/℃
汽油	-40~-20	柴油	45~90
喷气燃料	28~60	重油	80~125

油品的闪点也是预示出现火灾和爆炸危险程度的指标，是评价石油产品安全性的指标，对油品储存、运输和使用安全意义重大。由于燃料在容器中被加热到其闪点的温度时，容器空间的混合气一遇火源(火苗、火星)便可被引燃。对于室内燃料蒸气容易浓集的场点，燃料的闭口闪点对防止火灾发生有重大意义。

闪点越低，石油产品的火灾危险性越高。GB 50183—2004《石油天然气工程设计防火规范》根据闪点和饱和蒸气压的高低等，将石油产品的火灾危险性分为甲A类、甲B类、乙A类、乙B类、丙A类和丙B类，见表5-21。

表5-21 石油产品火灾危险性分类

类别		特征/油品闪点(Ft)/℃	举例
甲	A	37.8℃时蒸气压>200kPa的液态烃	液化石油气、液化天然气
	B	①闪点<28℃的液体(甲A类和液化天然气除外) ②爆炸下限<10%(体积分数)的气体	车用汽油、航空活塞式发动机燃料、天然气
乙	A	①28℃≤闪点<45℃的液体 ②爆炸下限≥10%(体积分数)的气体	3号喷气燃料
	B	45℃≤闪点<60℃的液体	普通柴油、车用柴油
丙	A	60℃≤闪点≤120℃的液体	军用柴油、高闪点喷气燃料、军舰用燃料油
	B	闪点>120℃的液体	重质润滑油

汽油属甲B类易燃品，喷气燃料属乙A类易燃品，普通柴油和车用柴油属乙B类易燃品，高闪点喷气燃料、军用柴油属丙A类易燃品。

由于闪点与油品的馏分组成有密切关系，所以当油品闪点出现异常时，表示该油品可能已混入其他油料，或油品取样错误。

3. 密度

油品是复杂的混合物，它的物理性质是其中各种组成性质的综合表现。在油品分析中密度的表达方式概括地分为：密度、标准密度、相对密度、视密度。

(1) 密度

密度是石油及其产品的最简单常用的物理性质指标。它是指在规定温度下，单位体积内所含物质的质量，符号为ρ，单位为kg/m^3。

(2) 标准密度

由于不同温度下，密度会变化。即油料在加热升温时，体积膨胀，密度减小，所以在高温下测得的密度要比低温下测得的密度要小。为了便于比较，一般油料的密度常用规定温度下的密度来表示，我国规定以石油及石油产品在20℃和101.325kPa下，单位体积液体的质量为标准密度，单位为kg/m^3。

(3) 相对密度

它是指物质在给定温度下的密度与标准温度下标准物质的密度之比值，其符号为d。对石油液体和固体石油产品其标准物质是水。在我国，石油产品是以20℃下的密度为标准密度，以4℃的纯水为相对密度的标准物质。因为4℃纯水的密度最大(接近$1000kg/m^3$)，所得到的相对密度在数值上等于标准密度。

(4) 视密度

用密度计测定密度时，在某一温度下所观察到的密度计读数，单位为 kg/m^3，用符号 ρ_t 表示。

(5) 密度的测定意义

①用于油品的计量　对于容器中的石油产品的计量，都是先测出容积 V 和密度 ρ，然后根据容积和密度的乘积，计算石油产品的质量，质量=密度×体积，密度和体积应是同一温度下的数值。

②初步确定油料品种　石油产品的密度大致在 700～1000kg/m^3 之间，如车用汽油不大于 760kg/m^3，车用柴油不小于 790kg/m^3，轻质润滑油在 860～900kg/m^3 之间等。

③判断油品质量　石油产品在储运及使用过程中，如发现密度与原测定结果有显著差别时，可以判断是否混入重质油或轻质油。保管中轻组分蒸发损失过多，密度会升高；误将两种油品混合，会出现密度突然升高或降低的现象，一般发现密度与原来测定结果相差大于 10kg/m^3 时，就可能发生了混油。

八、柴油的种类、牌号与使用

1. 柴油的种类、牌号

我国生产的柴油分为普通柴油、车用柴油和军用柴油三类。

(1) 普通柴油

普通柴油我国原称为轻柴油，轻柴油的使用对象是柴油车、内燃机车、工程机械、船舶、发电机组等。随着发动机技术的改进和环保对排放的要求日益严格，汽车工业对柴油质量提出了更高的要求，原有的轻柴油标准(GB 252—2000)已不能满足要求。我国轻柴油中车用柴油仅占 30%左右，其余为农用、船用、铁路机车用、矿山用及民用等，这种状况今后若干年内不会发生大的变化。为降低柴油车对大气的污染，特别是城市大气的污染(城市由于机动车数量多，因而污染大)，我国将车用柴油从原轻柴油中划分出来，向国外车用清洁柴油标准靠拢，而原轻柴油因使用对象发生变化而改称普通柴油。

普通柴油(GB 252—2015)按凝点划分为：5 号、0 号、-10 号、-20 号、-35 号、-50 号共 6 个品种，其凝点分别不高于 5℃、0℃、-10℃、-20℃、-35℃、-50℃，其产品规范见表 5-22。该标准自 2015 年 5 月发布并实施。

表 5-22　普通柴油(GB 252—2015)

项　目		质量指标						试验方法
		5 号	0 号	-10 号	-20 号	-35 号	-50 号	
色度/号		3.5						GB/T 6540
氧化安定性(以总不溶物计)/(mg/100mL)	不大于	2.5						SH/T 0175
硫含量[a](mg/kg)	不大于	350(2017 年 6 月 30 日以前) 50(2017 年 7 月 1 日开始) 10(2018 年 1 月 1 日开始)						SH/T 0689
酸度(KOH)/(mg/100mL)	不大于	7						GB/T 258
10%蒸余物残炭[b]/%	不大于	0.3						GB/T 268

续表

项目		质量指标						试验方法
		5 号	0 号	−10 号	−20 号	−35 号	−50 号	
灰分/%	不大于	0.01						GB/T 508
铜片腐蚀(50℃，3h)/级	不大于	1						GB/T 5096
水分[c]/%(体)	不大于	痕迹						GB/T 260
机械杂质[c]		无						GB/T 511
运动黏度(20℃)/(mm^2/s)		3.0~8.0			2.5~8.0	1.8~7.0		GB/T 265
凝点/℃	不高于	5	0	−10	−20	−35	−50	GB/T 510
冷滤点/℃	不高于	8	4	−5	−14	−29	−44	SH/T 0248
闪点(闭口)/℃	不低于	55				45		GB/T 261
着火性[d](应满足下列要求之一)								
十六烷值	不小于	45						GB/T 386
十六烷指数	不小于	43						SH/T 0694
馏程：								GB/T 6536
50%回收温度/℃	不高于	300						
90%回收温度/℃	不高于	355						
95%回收温度/℃	不高于	365						
润滑性 校正磨痕直径(60℃)/μm	不大于	460						SH/T 0765
密度(20℃)[e]/(kg/m^3)		报告						GB/T 1884 和 GB/T 1885
脂肪酸甲酯[f]/%(体)	不大于	1.0						GB/T 23801

注：a. 可用 GB/T 380、GB/T 11140、GB/T 17040、ASTM D7039 方法测定。结果有争议时，以 SH/T 0689 方法为准。

b. 若普通柴油中含有硝酸酯型十六烷值改进剂，10%蒸余物残炭的测定，应用不加硝酸酯的基础燃料进行。柴油中是否含有硝酸酯型十六烷值改进剂的检验方法见附录 B。可用 GB/T 17144 方法测定。结果有争议时，以 GB/T 268 方法为准。

c. 可用目测法，即将试样注入 100mL 玻璃量筒中，在室温(20℃±5℃)下观察，应当透明，没有悬浮和沉降的水分及机械杂质。结果有争议时，按 GB/T 260 或 GB/T 511 测定。

d. 由中间基或环烷基原油生产的各号普通柴油的十六烷值或十六烷指数允许不小于 40(有特殊要求者由供需双方确定)；十六烷指数的计算也可用 GB/T 11139。结果有争议时，以 GB/T 386 方法为准。

e. 也可采用 SH/T 0604 方法，结果有争议时，以 GB/T 1884 和 GB/T 1885 方法为准。

f. 脂肪酸甲酯应满足 GB/T 20828 的要求。

普通柴油适用于拖拉机、内燃机车、工程机械、内河船舶和发电机组等压燃式发动机。

普通柴油产品的标记为：牌号+普通柴油；例如：0 号普通柴油。

(2) 车用柴油

为减少汽车尾气排放对环境的污染，我国于 2003 年 5 月 23 日推出了清洁柴油标准，GB/T 19147—2003《车用柴油》，该规范是参照欧洲 EN 590—1998《车用柴油》制定的，要求柴油车的排放达到欧洲Ⅱ号标准。该标准主要规定了车用柴油的硫含量由 GB 252—2000《轻柴油》不大于 0.2%降为不大于 0.05%，部分牌号十六烷值不低于 49，对氧化安定性也作了具体规定。为防止硫含量下降带来柴油润滑性能的下降，车用柴油又增加了柴油抗磨性能的指标，要求 60℃的磨痕直径不大于 460μm。

为配合我国排放法规的顺利实施，我国参照欧洲 EN 590—1999 制定了 GB 19147—2009《车用柴油》，该产品规范由推荐性国家标准改为强制性国家标准，根据国内柴油的实际生产情况，删除了 10 号柴油，车用柴油硫含量由 GB/T 19147—2003《车用柴油》不大于 0.05%降为不大于 0.035%，增加了多环芳烃、生物柴油的含量限值，修改了黏度和密度指标限值，可满足国家第Ⅲ阶段机动车污染物的排放要求。

为配合我国第Ⅳ阶段机动车污染物的排放要求，我国制订了 GB 19147—2013《车用柴油》，增加了Ⅳ类、Ⅴ类车用柴油，其硫含量降为不大于 50mg/kg(Ⅳ类)、10mg/kg(Ⅴ类)，提高了Ⅴ类车用柴油的十六烷值。2016 年 12 月 23 日发布了 GB 19147—2016《车用柴油》，增加了Ⅵ类车用柴油，提高了 5 号、0 号、-10 号车用柴油的闪点至不低于 60℃，将Ⅵ类车用柴油多环芳烃含量修改为 7%。该标准自发布之日起在全国范围内实施，标准要求全国从 2017 年 1 月 1 日最低使用车用柴油的质量等级为Ⅴ类；全国从 2019 年 1 月 1 日最低使用车用柴油的质量等级为Ⅵ类。

车用柴油按凝点划分为：5 号、0 号、-10 号、-20 号、-35、-50 号 6 个品种，其凝点分别不高于 5℃、0℃、-10℃、-20℃、-35℃、-50℃，其产品规范见表 5-23、表 5-24。车用柴油主要适用于压燃式发动机汽车。

表 5-23　车用柴油(Ⅴ)(GB 19147—2016)

项　目		5 号	0 号	-10 号	-20 号	-35 号	-50 号	试验方法
氧化安定性(以总不溶物)/(mg/100mL)	不大于	2.5						SH/T 0175
硫含量[a]/%	不大于	10						SH/T 0689
酸度(以 KOH 计)/(mg/100mL)	不大于	7						GB/T 258
10%蒸余物残炭[b]/%	不大于	0.3						GB/T 17144
灰分/%	不大于	0.01						GB/T 508
铜片腐蚀(50℃，3h)/级	不大于	1						GB/T 5096
水分[c]/%(体)	不大于	痕迹						GB/T 260
机械杂质[d]		无						GB/T 511
润滑性 磨痕直径(60℃)/μm	不大于	460						SH/T 0765
多环芳烃含量[e]/%	不大于	11						SH/T 0806
运动黏度(20℃)[f]/(mm^2/s)		3.0~8.0		2.5~8.0		1.8~7.0		GB/T 265
凝点/℃	不高于	5	0	-10	-20	-35	-50	GB/T 510
冷滤点/℃	不高于	8	4	-5	-14	-29	-44	SH/T 0248
闪点(闭口)/℃	不低于	60			50	45		GB/T 261
十六烷值	不小于	51			49	47		GB/T 386
十六烷指数[g]	不小于	46			46	43		SH/T 0694

续表

项目		5号	0号	-10号	-20号	-35号	-50号	试验方法
馏程： 50%回收温度/℃ 90%回收温度/℃ 95%回收温度/℃	 不高于 不高于 不高于	 300 355 365						GB/T 6536
密度[h](20℃)/(kg/m³)		810~850			790~840			GB/T 1884 GB/T 1885
脂肪酸甲酯[i]/%(体)	不大于	1.0						NB/SH/T 0916

注：a. 也可采用 GB/T 11140 和 ASTMD7039 进行测定，结果有异议时，以 SH/T 0689 方法为准。

b. 也可采用 GB/T 268 进行测定，结果有异议时，以 GB/T 17144 方法为准。若车用柴油中含有硝酸酯型十六烷值改进剂，10%蒸余物残炭的测定使用不加硝酸酯的基础燃料进行。车用柴油中是否含有硝酸酯型十六烷值改进剂的检验方法见附录 B。

c. 可用目测法，即将试样注入 100mL 玻璃量筒中，在室温(20℃±5℃)下观察，应当透明，没有悬浮和沉降的水分。也可采用 GB/T 11133 和 SH/T 0246 测定，结果有异议时，以 GB/T 260 方法为准。

d. 可用目测法，即将试样注入 100mL 玻璃量筒中，在室温(20℃±5℃)下观察，应当透明，没有悬浮和沉降的杂质。结果有异议时，以 GB/T 511 方法为准。

e. 也可采用 SH/T 0606 进行测定，结果有异议时，以 SH/T 0806 方法为准。

f. 也可采用 GB/T 30515 进行测定，结果有异议时，以 GB/T 265 方法为准。

g. 十六烷指数的计算也可采用 GB/T 11139。结、果有异议时，以 SH/T 0694 方法为准。

h. 也可采用 SH/T 0604 进行测定，结果有异议时，以 GB/T 1884 和 GB/T 1885 方法为准。

i. 脂肪酸甲酯应满足 GB/T 20828 要求。也可采用 GB/T 23801 进行测定，结果有异议时，以 NB/SH/T 0916 方法为准。

表 5-24　车用柴油(Ⅵ)(GB 19147—2016)

项目		5号	0号	-10号	-20号	-35号	-50号	试验方法
氧化安定性(以总不溶物)/(mg/100mL)	不大于	2.5						SH/T 0175
硫含量[a]/%	不大于	10						SH/T 0689
酸度(以 KOH 计)/(mg/100mL)	不大于	7						GB/T 258
10%蒸余物残炭[b]/%	不大于	0.3						GB/T 17144
灰分/%	不大于	0.01						GB/T 508
铜片腐蚀(50℃，3h)/级	不大于	1						GB/T 5096
水分[c]/%(体)	不大于	痕迹						GB/T 260
润滑性 磨痕直径(60℃)/μm	 不大于	 460						SH/T 0765
多环芳烃含量[d]/%	不大于	7						SH/T 0806
总污染物含量/(mg/kg)	不大于	24						GB/T 33400
运动黏度(20℃)[e]/(mm²/s)		3.0~8.0		2.5~8.0		1.8~7.0		GB/T 265
凝点/℃	不高于	5	0	-10	-20	-35	-50	GB/T 510
冷滤点/℃	不高于	8	4	-5	-14	-29	-44	SH/T 0248
闪点(闭口)/℃	不低于	60			50	45		GB/T 261

续表

项　目		5号	0号	-10号	-20号	-35号	-50号	试验方法
十六烷值	不小于	51			49	47		GB/T 386
十六烷指数[f]	不小于	46			46	43		SH/T 0694
馏程： 50%回收温度/℃ 90%回收温度/℃ 95%回收温度/℃	 不高于 不高于 不高于	 300 355 365						GB/T 6536
密度[g](20℃)/(kg/m³)		810~850			790~840			GB/T 1884 GB/T 1885
脂肪酸甲酯[h]/%(体)	不大于	1.0						NB/SH/T 0916

注：a. 也可采用 GB/T 11140 和 ASTMD7039 进行测定，结果有异议时，以 SH/T 0689 方法为准。

b. 也可采用 GB/T 268 进行测定，结果有异议时，以 GB/T 17144 方法为准。若车用柴油中含有硝酸酯型十六烷值改进剂，10%蒸余物残炭的测定应使用不加硝酸酯的基础燃料进行。车用柴油中是否含有硝酸酯型十六烷值改进剂的检验方法见附录 B。

c. 可用目测法，即将试样注入 100mL 玻璃量筒中，在室温(20℃±5℃)下观察，应当透明，没有悬浮和沉降的水分。也可采用 GB/T 11133 和 SH/T 0246 测定，结果有异议时，以 GB/T 260 方法为准。

d. 也可采用 SH/T 0606 进行测定，结果有异议时，以 SH/T 0806 方法为准。

e. 也可采用 GB/T 30515 进行测定，结果有异议时，以 GB/T 265 方法为准。

f. 十六烷指数的计算也可采用 GB/T 11139。结果有异议时，以 SH/T 0694 方法为准。

g. 也可采用 SH/T 0604 进行测定，结果有异议时，以 GB/T 1884 和 GB/T 1885 方法为准。

h. 脂肪酸甲酯应满足 GB/T 20828 要求。也可采用 GB/T 23801 进行测定，结果有异议时，以 NB/SH/T 0916 方法为准。

车用柴油主要用于柴油发动机汽车，但不包括三轮汽车和低速货车。

车用柴油产品的标记为：牌号+车用柴油+(类别)；例如：-10 号车用柴油(Ⅳ)。

(3)军用柴油

军用柴油(GJB 3075—1997)按其凝点分为-10 号、-35 号和-50 号共 3 个牌号，其质量要求见表 5-25。

表 5-25　军用柴油(GJB 3075—1997)

项　目		质量指标			试验方法
		-10号	-35号	-50号	
外观		清澈透明	清澈透明	清澈透明	目测
十六烷值	不小于	45	40	40	GB/T 386 GB/T 11139
馏程 10%回收温度/℃ 50%回收温度/℃ 90%回收温度/℃	 不低于 不高于 不高于	 — 280 335	 200 275 335	 200 275 335	GB/T 6536
破乳化值/min	不大于	10	—	—	GB/T 7305
闪点(闭口)/℃	不低于	65	50	50	GB/T 261
凝点/℃	不高于	-10	-35	-50	GB/T 510
浊点/℃		报告	报告	报告	SH/T 0179
倾点/℃		报告	报告	报告	GB/T 265

续表

项　　目		质　量　指　标			试验方法
		-10 号	-35 号	-50 号	
运动黏度[a]/(mm^2/s) （20℃） （40℃）	不小于	3.5 报告	3.5 报告	3.0 报告	GB/T 265
10%蒸余物残炭/%	不大于	0.20	0.20	0.20	GB/T 268
灰分/%	不大于	0.005	0.005	0.005	GB/T 508
硫含量[b]/%	不大于	0.2	0.2	0.2	GB/T 380 GB/T 6324.4
铜片腐蚀(50℃，3h)/级	不大于	1	1	1	GB/T 5096
酸度/(mgKOH/100mL)	不大于	5	5	5	GB/T 258
水溶性酸或碱		无	无	无	GB/T 259
色度/号	不大于	3	3	3	GB/T 6540
固体颗粒污染物/(mg/L)	不大于	10	10	10	SH/T 0093
氧化安定性总不溶物/(mg/100mL)		报告	报告	报告	SH/T 0175
密度(20℃)/(kg/m^3)		报告	报告	报告	GB/T 1884、 GB/T 1885
水分[c]		无	无	无	目测
机械杂质		无	无	无	目测
实际胶质/(mg/100mL)	不大于	10	10	10	GB/T 509、 GB/T 8019

注：a. 经供需双方协商，-50 号军用柴油的 20℃运动黏度可低于 3.0mm^2/s 出厂；对于加氢-35 号、-50 号军用柴油按不小于 2.3mm^2/s 执行。

b. 原油硫含量大于 0.5%时，硫含量允许不大于 0.3%出厂。

c. 5 月至 10 月水分允许按痕迹指标出厂。长江以南(包括湖北地区)的炼厂，全年允许按痕迹指标出厂。

与车用柴油比，军用柴油的特点有：

①军用柴油系直馏产品或加氢精制产品，基本不含烯烃，产品安定性好，适合于长期储存。

②军用柴油由于馏分窄，轻组分多，因而军用柴油较车用柴油启动性好，燃料燃烧完全，发动机油耗低，积炭少。

③军用柴油较同牌号的普通柴油、车用柴油闪点高 5~10℃，这是因为军用柴油使用场合不同，如舰艇柴油机，因其使用条件苛刻，产生火灾可能性大，因而要求其闪点高。军用柴油在使用中，启动性好、功率高、燃烧完全、不冒黑烟、排烟刺激性小、燃料消耗少。

军用柴油主要用于大功率、高转速、舱室温度高的快艇、潜艇、高速护卫艇、扫雷艇以及坦克装甲等军事装备。

军用柴油产品的标记为：牌号+军用柴油；例如：-35 号军用柴油。

2. 柴油的正确选用

选用柴油的原则是首先根据装备确定使用柴油的种类，然后根据使用地区最低气温确定牌号。

(1) 根据装备类型选用柴油种类

内燃机车、工程机械、船舶、发电机组等选用普通柴油；

柴油汽车(不包括三轮汽车和低速货车)选用车用柴油；

舰艇和坦克装甲选用军用柴油。

(2) 根据使用地区气温选用柴油牌号

柴油牌号的选用原则是：柴油的凝点应比使用地区的最低气温低 5~7℃，冷滤点=使用气温。柴油各牌号的最低使用温度见表 5-26。

表 5-26　柴油各牌号的最低使用温度　℃

牌　号	10 号	5 号	0 号	−10 号	−20 号	−35 号	−50 号
普通柴油	有预热设备的高速柴油机	8	4	−5	−14	−29	−44
车用柴油		8	4	−5	−14	−29	−44
军用柴油				−5		−29	−44

如使用地区气温在−10℃，工程机械选用−20 号普通柴油，柴油车选用−20 号车用柴油，坦克应选用−35 号军用柴油。

我国推荐用风险率为 10%的最低气温来估计使用地区的最低温度，如某地某月风险率为 10%的最低气温为−14℃，表示最低温度低于−14℃的概率为 0.1，或者说最低温度低于−14℃的可能性不超过 10%，我国各地区风险率为 10%的最低气温值见表 5-27。

表 5-27　我国各地区风险率为 10%的最低气温值　℃

地　区	一月份	二月份	三月份	四月份	五月份	六月份	七月份	八月份	九月份	十月份	十一月份	十二月份
河北省	−14	−13	−5	1	8	14	19	17	9	1	−6	−12
山西省	−17	−16	−8	−1	5	11	15	13	6	−2	−9	−16
内蒙古自治区	−43	−42	−35	−21	−7	1	4	1	−8	−19	−32	−41
黑龙江省	−44	−42	−35	−20	−6	1	7	4	−6	−20	−35	−43
吉林省	−29	−27	−17	−6	1	8	14	12	2	−6	−17	−26
辽宁省	−28	−21	−12	−1	6	12	18	15	6	−2	−12	−20
山东省	−12	−12	−5	2	8	14	19	18	11	4	−4	−10
江苏省	−10	−9	−3	3	11	15	20	20	12	5	−2	−8
安徽省	−7	−7	−1	5	12	18	20	20	14	7	0	−6
浙江省	−4	−3	1	6	13	17	22	21	15	8	2	−3
江西省	−2	−2	3	9	15	20	23	23	18	12	4	0
福建省	−4	−2	3	8	14	18	21	20	15	8	1	−3
台湾省[a]	3	0	2	8	10	16	19	19	13	10	1	2
广东省	1	2	7	12	18	21	23	23	20	13	7	2
海南省	9	10	15	19	22	24	24	23	23	19	15	12
广西壮族自治区	3	3	8	12	18	21	23	23	19	15	9	4
湖北省	−2	−2	3	9	14	18	22	21	16	10	1	−1
河南省	−10	−9	−2	4	10	15	20	18	11	4	−3	−8
四川省	−21	−17	−11	−7	−2	1	2	1	0	−7	−14	−19
贵州省	−6	−6	−1	3	7	9	12	11	8	4	−1	−4

续表

地 区	一月份	二月份	三月份	四月份	五月份	六月份	七月份	八月份	九月份	十月份	十一月份	十二月份
云南省	−9	−8	−6	−3	1	5	7	7	5	−1	−5	−8
西藏自治区	−29	−25	−21	−15	−9	−3	−1	0	−6	−14	−22	−29
新疆维吾尔族自治区	−40	−38	−28	−12	−5	−2	0	−2	−6	−14	−25	−34
青海省	−33	−30	−25	−18	−10	−6	−3	−4	−6	−16	−28	−33
甘肃省	−23	−23	−16	−9	−1	3	5	5	0	−8	−16	−22
陕西省	−17	−15	−6	−1	5	10	15	12	6	−1	−9	−15
宁夏回族自治区	−21	−20	−10	−4	2	6	9	8	3	−4	−12	−19

注：a. 台湾省所列的温度是绝对最低气温，即风险率为0%的最低气温。

按使用地区分，各牌号柴油使用地区范围大致如下：10号适用于有预热设备的高速柴油机；5号、0号适于全国各地区4~9月份使用，长江以南地区冬季也可使用；−10号适于长城以南地区冬季和长江以南地区严冬使用；−20号适用于长城以北地区冬季和长城以南、黄河以北地区严冬使用；−35号适于东北、华北、西北寒区严冬使用；−50号适用于东北、华北、西北严寒区冬季使用。

−35号、−50号柴油因生产资源有限，成本高、价格贵，如在夏季或南方使用，不仅造成浪费，还因含有轻质成分，对防火安全不利。

3. 柴油机的低温启动

(1) 柴油机低温启动困难的原因

柴油机低温启动时，由于气温低，发动机润滑油的黏度大、启动阻力大，因而发动机的转速低(低于1000r/min)、进气量少、热量损失大，发动机压缩至接近上止点时，温度低于柴油的自燃点而不能使柴油自燃，从而导致柴油机低温启动困难。

(2) 启动燃料

为了解决柴油机在低温下的启动困难，节约燃料，在寒区使用的柴油机可采用启动燃料。启动燃料由70%乙醚+27%喷气燃料+3%的发动机油配制而成。该启动燃料自燃点只有191℃，很易在发动机中着火，与多级机柴油机油配套使用，可在气温达−45℃保证发动机迅速启动。柴油机在使用这种燃料启动前，应摇转曲轴10~20r，再从进气管喷入启动燃料，喷入10~25mL，开动电动机，1min内发动机即可迅速启动。每次使用启动机不应超过3~5s，两次连续启动应间隔15s以上，以免损坏蓄电池。

九、清洁柴油的发展

1. 清洁柴油的发展

为降低汽车排气污染、保护环境，20世纪90年代以来，西方发达国家如美国和欧洲相继实施新的汽车排放污染物控制标准和柴油标准，对汽车和燃料提出了较高要求，对柴油中的硫含量、芳烃含量、多环芳烃含量进行了严格的限制，并且提高了柴油的十六烷值。

我国清洁柴油的发展起步较晚，其原因是我国大部分原油属于低硫石蜡基原油，柴油硫含量较低(小于0.2%)，十六烷值也较高，但随着我国进口原油的增加，我国柴油的硫含量也不断增大，十六烷值不断下降(芳烃含量增加)，加上车辆排放要求的不断提高，因此我国近年来也开始了清洁柴油的研究。我国清洁柴油的发展主要在降低硫含量方面，在柴油清净剂、十六烷值改进剂和限制芳烃和多环芳烃方面也进行了相应的研究。我国制订了 GB 19147—2013《车用柴油》，增加了Ⅳ类、Ⅴ类车用柴油，其硫含量降为不大于 50mg/kg(Ⅳ类)、10mg/kg(Ⅴ类)，提高了Ⅴ类车用柴油的十六烷值。2016 年 12 月 23 日发布了 GB 19147—2016《车用柴油》，增加了Ⅵ类车用柴油，提高了 5 号、0 号~10 号车用柴油的闪点至不低于 60℃，将Ⅵ类车用柴油多环芳烃含量修改为 7%。

2. 汽车使用清洁柴油的优点

(1) 减少污染

使用清洁柴油的汽车，尾气排放中的碳氢化合物、一氧化碳、氮氧化合物将大大减少。

(2) 清洁汽车部件

使用加有清净剂的清洁柴油的汽车能够保持发动机燃油系统清洁，特别是柴油喷嘴的清洁性，保证柴油的雾化质量。

(3) 省油

燃油系统清洁，柴油的雾化程度提高，与空气混合均匀，柴油燃烧完全，使发动机功率充分发挥，节省燃油。

(4) 改善行驶性能

十六烷值高，发动机容易启动，转速平稳，加速性能好。

(5) 延长使用寿命

发动机的喷嘴的使用寿命延长，减少维修更换部件的费用。由于燃油系统不会产生积炭，减少了机械磨损，从而也延长了汽车的使用寿命。

3. 清洁柴油标准

1998 年 6 月 3~5 日在比利时布鲁塞尔举行的第三届世界燃料会议上，美国汽车制造商协会(AAMA)、欧洲汽车制造商协会(ACEA)和日本汽车制造商协会(JAMA)联合发表了《世界燃料规范》，提出世界范围的燃料标准，该标准将燃料分三个等级；2000 年为了进一步减少汽车排放，增加了第四类，但属于推荐性标准；2002 年 12 月，《世界燃料规范》进行了第三次修订，将柴油标准正式划分为四类；2013 年 9 月《世界燃料规范》发布了第五版，相对前四版，第五版规范中柴油指标均未作调整；2019 年 10 月《世界燃料规范》发布了第六版，确定了五类柴油质量，反映了不同级别的监管标准和性能要求。《世界燃料规范》第六版中指出，在第一版《世界燃料规范》通过后的 20 多年里，一些地区的使用柴油的硫含量仍然非常高，甚至在某些市场甚至超过 10μg/kg。为了鼓励这些地区使其燃料质量符合更清洁，更现代的规范，委员会保留了第Ⅰ类作为过渡性柴油燃料质量的指导，但打算在将来的版本中淘汰该类别柴油。

第Ⅰ类柴油燃料适用于对排放控制没有要求或没有一级排放控制要求的市场，主要基于车辆/发动机的基本性能和排放控制系统的保护，此类别将在以后的版本中停用。

第Ⅱ类柴油燃料适用于有排放控制要求的市场，例如美国 Tier 1，US 1998 和 2004 重型公路，Euro 2/Ⅱ，Euro 3/Ⅲ或等效排放标准，或其他市场需求。

第Ⅲ类柴油燃料适用于对排放控制要求更严格的市场，例如美国 LEV，加利福尼亚 LEV 或 ULEV，美国 1998 和 2004 重型公路，Euro 4/Ⅳ，JP 2005 或同等排放标准，或其他市场需求。

第Ⅳ类柴油燃料适用于对排放控制要求较高的市场，例如美国 Tier 2，US Tier 3，加利福尼亚 LEV II，US 2007/2010 重型公路，美国非公路 Tier 4，Euro 4/Ⅳ，Euro 5/Ⅴ，EURO

6/6b，Euro Ⅵ，JP 2009或同等排放标准，或其他市场要求。Ⅳ类燃料可实现复杂的NO_x和颗粒物后处理技术。

第Ⅴ类柴油燃料适用于在排放控制(包括温室气体)和燃料效率方面有非常高级要求的市场，例如美国Tier 3 Bin 5，美国轻型汽车燃料经济性，美国重型燃油经济性和温室气体，加利福尼亚州LEV III和经修订的美国2007/2010重型公路，美国非公路4级，欧Ⅵ c，欧Ⅵ d TEMP，欧Ⅵ d，我国国Ⅵ或同等的排放控制和燃油效率标准，或其他市场需求。此类别的目的是将实际驾驶排放量最小化到欧Ⅵ d TEMP(自2017年起)，欧Ⅵ d(2020年起)，欧Ⅵ和国Ⅵ 所需的水平。Ⅴ类柴油燃料可实现复杂的NO_x和颗粒物后处理技术。

《世界燃料规范》柴油部分要求见表5-28，其不同类别柴油，其主要差异是对硫含量、芳烃含量、多环芳烃含量的限制越来越严格，在第Ⅱ~Ⅴ类柴油中还增加了柴油机使用性能(主要是清净性能)方面的检测。

表5-28　世界燃油规范(第六版)对柴油部分要求

项　目		Ⅰ	Ⅱ	Ⅲ	Ⅳ	Ⅴ
十六烷值	不小于	48	51	53	55	55
十六烷指数	不小于	45	48	50	52	52
密度(15℃)/(kg/m^3)		820~860	815~850	815~840	815~840	815~840
运动黏度(40℃)/(mm^2/s)		2.0~4.5	2.0~4.0	2.0~4.0	2.0~4.0	2.0~4.0
硫含量/(mg/kg)	不大于	2000	300	30	10	10
总芳烃含量/%	不大于	—	25	20	15	15
多环芳烃/%	不大于	—	5	3.0	2.0	2.0
T_{90}(90%馏出温度)/℃	不大于	—	340	320	320	320
T_{95}(95%馏出温度)/℃	不大于	370	355	340	340	340
终馏点/℃	不大于	—	365	350	350	350
闪点/℃	不小于	55	55	55	55	55
残炭/%	不大于	0.30	0.30	0.20	0.20	0.20
润滑性(磨斑直径)μm	不大于	460	460	460	400	400

我国目前对汽车排放的控制主要采用的是欧洲汽车排放标准，表5-29是欧洲汽车排放标准中的柴油标准。目前我国执行的GB 19147—2016《车用柴油》已能满足欧洲Ⅵ号汽车排放标准所需的柴油要求。

表5-29　欧洲车用柴油标准(部分指标)

项　　目		第Ⅰ类	第Ⅱ类	第Ⅲ类	第Ⅳ类	第Ⅴ类	第Ⅵ类
汽车排放标准		欧Ⅰ	欧Ⅱ	欧Ⅲ	欧Ⅳ	欧Ⅳ	欧Ⅳ
十六烷值	不小于	49	49	51	51	51	51
十六烷指数	不小于	46	46	46	46	46	46
硫含量/(mg/kg)	不大于	2000	500	350	50	10	10
多环芳烃含量/%	不大于	—	—	11	11	11	8
95%馏出温度/℃	不高于	365	365	360	360	360	360
润滑性(HFRR磨斑直径，60℃)	不大于	—	465	460	460	460	460

第四节 喷气燃料

飞机发动机又称航空发动机，是飞机动力装置的主要组成部分。它的主要功用是提供飞机运动所需的动力——“推力”或“拉力”，用以克服飞机的惯性和空气阻力。按产生推进动力的原理不同，航空发动机可分为直接反作用力发动机、间接反作用力发动机两类。

直接反作用力发动机是利用向后喷射高速气流，产生向前的反作用力来推进飞行器。直接反作用力发动机又叫喷气式发动机，这类发动机主要有涡轮喷气发动机、涡轮风扇发动机等。

间接反作用力发动机是由发动机带动飞机的螺旋桨、直升机的旋翼旋转对空气做功，使空气加速向后(向下)流动时，空气对螺旋桨(旋翼)产生反作用力来推进飞行器。这类发动机有航空活塞式发动机、涡轮螺旋桨发动机、涡轮轴发动机等。

航空活塞式飞机发动机在高空飞行时，因为高空空气稀薄，气缸吸入的空气量少，使发动机功率下降，而且受螺旋桨效率的限制，飞机只能在10000m以下空域飞行，飞行速度很难超过900km/h。为了提高飞行速度和飞机发动机的功率，出现了航空涡轮喷气发动机。航空涡轮喷气发动机利用高温燃气从尾喷管喷出时的反作用力推动飞机前进，因高空中发动机内外压差大，推动力相应增加，所以适宜在20000~30000m高空飞行。

涡轮喷气发动机具有加速快、设计简便等优点，是较早实用化的喷气发动机类型。但如果要让涡轮喷气发动机提高推力，则必须增加燃气在涡轮前的温度和压气机的增压比，这将会使排气速度增加而损失更多动能，于是产生了提高推力和降低油耗的矛盾。因此涡轮喷气发动机油耗大，对于商业民航机来说是个致命弱点。

涡轮风扇发动机具有低油耗低、功率大等优点，因此涡轮风扇发动机在商业民航机和军用飞机得以迅速推广，我国目前使用的民航客机和我军使用的主战飞机均为涡轮风扇发动机。

涡轮螺旋桨发动机适用于飞行速度较低的民航和军用运输机，它比涡轮喷气发动机更为经济。直升机使用涡轮轴发动机。

由于航空活塞式飞机发动机工作原理与汽油机相同，而涡轮风扇发动机、涡轮螺旋桨发动机、涡轮轴发动机设计是以涡轮喷气发动机为基础，其工作原理与涡轮喷气发动机基本相同。下面主要介绍涡轮喷气发动机的组成及工作原理。

一、涡轮风扇发动机的主要组成及作用

涡轮喷气发动机的结构由进气道、压气机、燃烧室、涡轮和尾喷管组成，军用歼击机为增加动力，在涡轮和尾喷管间还有加力燃烧室，见图5-2。

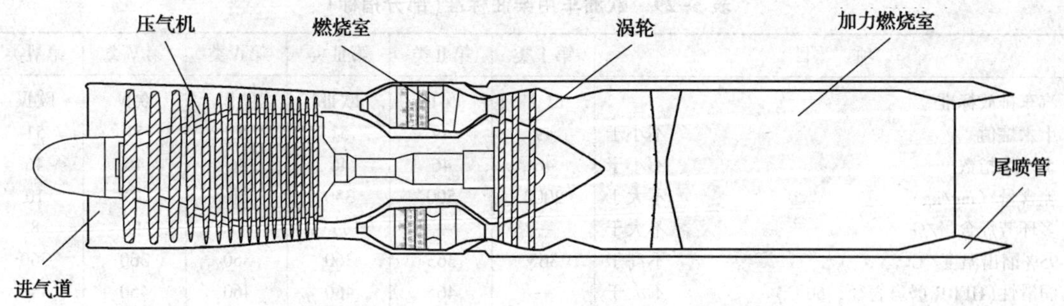

图5-2 涡轮喷气发动机工作原理图

1. 进气道

空气首先进入的是发动机的进气道。当飞机飞行时，可以看作气流以飞行速度流向发动机，由于飞机飞行的速度是变化的。而压气机适应的来流速度是有一定的范围的，因而进气道的功能就是通过可调管道，将来流调整为合适的速度。在超音速飞行时，在进气道前和进气道内气流速度减至亚音速，此时气流的滞止可使压力升高十几倍甚至几十倍，大大超过压气机中的压力提高倍数。

2. 压气机

空气流过压气机时，压气机工作叶片对气流做功，由于压气机是收敛型通道，使气流的压力、温度升高。通过压气机来压缩空气，提高空气压力，从而提高热能的利用程度。这是因为气体压缩得越厉害，压力越大，燃烧后燃气的膨胀也越大，燃气从喷口喷出时，带走的未被利用的热量也越少。这样，热能的利用程度也越高，从而提高发动机的经济性，增强发动机的动力。

3. 燃烧室

燃烧室是发动机给气体加热的主要部件。经压缩的空气与燃料混合在燃烧室燃烧后，温度、压力大大提高，高温、高压的气体膨胀加速，将热能转变为动能，从而产生推力。

4. 涡轮

涡轮由导向器和工作叶轮组成，用来将燃气的部分热能转换为机械能，带动压缩器和其他附件工作。

压缩器叶轮轴与涡轮叶轮轴，用连轴器连接起来组成一个整体，这个整体叫做发动机转子。转子由前、中、后三个轴承支撑。前轴承和后轴承为滚柱轴承，中轴承为滚珠轴承。

5. 加力燃烧室

进入涡轮喷气发动机中的空气，只有小部分(30%)与燃料混合参加燃烧，大部分用来冷却燃气，使进入涡轮前的燃气温度低于900℃。如果能利用这部分空气参加燃烧，则能进一步提高发动机的推力。加力燃烧室的作用，就是在燃气出涡轮后喷入燃料，与多余的空气混合，再次点火燃烧，加热燃气，提高流速，增大推力。

6. 喷管

喷管是使高压、高温燃气膨胀和加速的机件。

7. 附件传动装置

发动机上的一些附件，都是由发动机转子带动的，在压缩器轴的前端，用齿套连接中心传动轴。中心传动轴直接带动润滑油回油泵和离心式油气分离器工作，并通过垂直传动轴带动启动发电机、主燃料泵、加力燃料泵、中介油泵、润滑油进油泵等。

二、喷气式发动机的工作原理

空气进入进气道，通过高速旋转的离心式压缩机被压缩后送入燃烧室，此时空气压力为300~500kPa，温度升高到150~200℃。燃料由高压燃油泵经喷油嘴连续喷入燃烧室，与空气混合后燃烧，形成高温燃气。燃烧室中心燃气温度可高达1900~2200℃。为了避免烧毁涡轮叶片，在燃烧室第二区内送入过量空气，使燃烧室末端温度降到750~850℃。随后燃气推动涡轮高速(转速达8000~16000r/min)旋转，带动空气离心式压缩机工作。燃气进入尾喷管后膨胀加速，在500~600℃下，从尾喷管中高速喷出，同时产生向前的反作用推力，推动飞机前进。军用飞机上的喷气发动机，在涡轮与尾喷管之间装有加力燃烧室，在此喷入部分燃料使之燃烧，提高燃气温度，进一步提高发动机的推动力。

喷气发动机提供给喷气式飞机推力，使飞机升空飞行。它产生推力的大小是由发动机喷出燃气的数量和速度决定的。喷出的燃气量越多，速度越快，发动机产生的推力就越大。

三、对喷气燃料的品质要求

航空涡轮发动机是在高空、低温和低气压条件下把燃料的热能转变为燃气动能进行工作的。其工作特点是航空涡轮发动机在启动时由电火花把喷出的航空活塞式发动机燃料(航空活塞式发动机燃料)引燃后再换用喷油嘴喷入喷气燃料，在高速空气流中连续喷油、连续燃烧。其燃烧速度比活塞式发动机快数倍，要求燃料燃烧连续、平稳、迅速、安全。欲在高空飞行中满足上述要求，会遇到很多问题。例如：因为高空飞行空气不足，发动机变换工作状态时容易熄火；燃烧不易完全，以致产生积炭和增加耗油率；高空气温低，燃料较难顺利地从油箱流入发动机；高空的低气压使燃料容易蒸发；由于高速飞行与空气摩擦产生热量，使燃料温度升高，容易变质等。为了保证航空涡轮发动机正常工作，杜绝上述问题发生，喷气燃料必须具备以下一些性能：

①良好的燃烧性　燃料的热值要高；燃烧要稳定，防止工作条件变化时熄火；燃烧要完全，产生的积炭要少；在冬季或高空熄火后容易启动。

②适当的蒸发性　保证燃烧稳定，在高空中不产生气阻，蒸发损失小。

③低温流动性好　低温时不易析出烃晶体和冰晶体堵塞过滤器。

④良好的洁净度　机械杂质和水分含量要严格控制，不能堵塞过滤器和喷嘴。

⑤较好的热安定性和储存安定性　热安定性好的燃料，在高速飞行导致的燃料高温情况下，不会出现大量结胶而影响使用；储存安定性好的燃料便于军用燃料的战略储备。

⑥良好的润滑性　良好的润滑性能减少磨损，保证油泵正常工作。

⑦无腐蚀性　对燃料供给系统金属无腐蚀，保证发动机正常工作。

⑧良好的橡胶相溶性　对燃料供给系统橡胶件无收缩、溶胀等，保证发动机正常工作。

⑨良好的抗静电着火性　静电产生少和易于导走，保证喷气燃料使用安全。

四、喷气燃料的燃烧性

涡轮发动机燃烧的特点，是在高空低温和极短的时间内，大量的燃料必须在高速气流中连续、稳定、完全地燃烧，最大限度地放出所含的热量。

1. 对燃料燃烧性的要求

①燃烧要连续、稳定　在高空低温条件下，当工作条件变化时，不熄火，不产生空中停车；在严寒地区冬季和高空熄火后应容易启动。

②燃烧要完全　燃烧完全生成的积炭才少。积炭附在火焰筒壁上，会引起火焰筒的变形和裂纹；积炭沉积在喷嘴上，可能使燃料雾化不良，使燃烧过程变坏，有可能产生自动熄火停车的现象；积炭沉积在启动喷油点火器电极之间，会造成“连桥”而产生短路，妨碍点火，使发动机难以启动。

③燃料热值要高　热值高，发动机才有可能获得较大的推力，增加飞机作战半径。

2. 影响燃料燃烧的因素

影响燃料燃烧的因素有发动机的构造、工作条件和燃料性质等，这里仅分析燃料性质对燃烧的影响。

（1）蒸发性

①对燃烧稳定性的影响　要使喷气燃料的热能转化为动能，首先就得使燃料在燃烧室中连续、稳定地燃烧，防止发动机熄火，造成事故。

在高空条件下燃烧不稳定的原因主要是气压和温度较低。蒸发性能好的燃料，与空气形成混合气体快，因而燃烧完全，耗油率低，同时也容易启动。蒸发性差的燃料，在高空低温条件下，特别在低转速工作时，易造成熄火。由于温度低，燃料蒸发困难，如燃料的蒸发性差，蒸发出的油蒸气少，和空气形成的混合气因过度贫油而低于燃烧极限，造成熄火。燃料的蒸发性能决定于燃料中的轻组分含量，喷气燃料10%馏出温度低、饱和蒸气压大，则燃料的蒸发性好。但蒸气压过高也是不利的，在高空低气压下，容易形成气阻；飞机起飞时，由于气压急剧降低，而油温下降很慢，以致燃料猛烈蒸发，造成燃料大量损失。国产喷气燃料蒸发性由10%馏出温度加以控制。

②对完全燃烧的影响　燃料的蒸发性差，蒸发速度慢，在燃烧室中处于液态的时间长，使燃料在高温条件下裂化的倾向大，容易生成烟怠和积炭，燃烧完全度低。

（2）燃料的雾化性能

喷气燃料的雾化程度严重影响燃烧的完全程度。燃料喷入燃烧室时，雾化得越好，燃料的蒸发表面越大，形成混合气速度快，从而加快了燃烧速度，提高了燃烧完全程度。影响雾化程度的质量标准是燃料的黏度。

黏度过大的燃料，喷射锥角小而远，喷出的液滴大，雾化不良，蒸发慢，燃烧不易完全，也易生成积炭；黏度过小的燃料，喷射锥角大射程近，火焰燃烧区域宽而短，在靠近火焰筒壁的地方出现富油混合气，会使火焰筒局部受热，易使火焰筒破坏，而且也易使火焰筒壁沉积积炭。

黏度对发动机的启动也有影响。用20℃黏度为15mm^2/s的柴油做试验表明：在温度低于-7℃时，就完全不能保证启动时所需的雾化条件。20℃黏度为3～4mm^2/s的喷气燃料在-60～-40℃的温度下尚能保证满意的雾化。

此外，黏度过大时在低温下不易流动，会使供油量减少；黏度小，润滑性差，会使燃料泵的磨损增大，均会影响发动机的正常工作。为了保证喷气燃料必须的雾化程度和润滑性能，我国喷气燃料产品规范要求燃料20℃时的黏度不小于1.25mm^2/s，而-20℃时的黏度不大于8mm^2/s。

（3）燃料的化学组成

燃料化学组成对燃烧性的好坏有很大的影响。

①对燃烧稳定性的影响　不同烃类在空气中燃烧时的燃烧极限是不同的。各烃类中，烷烃特别是正构烷烃以及环烷烃燃烧极限较宽，而芳香烃则较窄。燃烧极限宽，有利稳定燃烧，在高空或推油门过猛时，发动机不易熄火，也不易出现因间歇性熄火引起的喘振现象。

②对生成积炭的影响　喷气燃料在发动机中燃烧时生成积炭的倾向称为燃料的积炭性。

燃料在燃烧过程中生成的炭微粒积聚在不同部位上，造成一系列问题。积聚在燃烧室火焰筒壁上的积炭，恶化热传导，产生局部过热，使火焰筒壁变形，甚至产生裂纹。火焰筒壁上的积炭有时可能脱落下来，随气流进入高速旋转的燃气涡轮，造成堵塞，侵蚀和打坏叶片等事故。积炭附在喷油嘴上，使燃料雾化恶化，燃烧状况变坏，促使火焰筒壁生成积炭。电点火器电极上的积炭，会使电极联桥而短路，影响发动机启动。

喷气燃料生成积炭的倾向与燃料的燃烧完全度密切相关。在正常情况下工作时，燃料在喷气发动机中的燃烧是在高温、高压下进行，各类烃均能燃烧完全。但在高空条件下，由于气温、压力较低，当混合气过度贫油或富油时，不同烃类的燃烧完全程度是不同的。在上述情况下，烷烃燃烧得比较完全，环烷烃稍差，芳香烃则更差。

烃类的燃烧完全度按下面顺序排列：双环芳香烃<单环芳香烃<带侧链的单环芳香烃<双环环烷烃<环烯烃<单环环烷烃<烷烃。

总之，当燃料中芳香烃含量增多时，燃烧完全度就下降，在发动机中容易产生积炭。燃料中的芳香烃含量愈多，在燃烧室中生成积炭的数量也愈大。

有的情况下，含有双环芳香烃的燃料，在燃烧中产生的炭粒被气流带走，不在燃烧室留下积炭，但是由于火焰中的炭粒增多，火焰的热辐射增强，过量的辐射热传到火焰筒壁上，使之温度升高，引起火焰筒裂纹、变形甚至烧穿。

各类烃产生积炭的倾向是：芳香烃>环烷烃>烷烃。

从上述可以看出，燃料的化学组成中，芳香烃含量多时，使燃烧稳定性变坏，燃烧不易完全，也易生成积炭。芳香烃含量愈多，影响愈大。这是喷气燃料中的芳香烃含量不允许超过20%的主要原因。

3. 燃烧性的指标

(1)烟点

燃料燃烧后在发动机燃烧室内生成积炭会造成极大危害。积炭的生成除和发动机的构造、工作条件等有密切关系外，与燃料蒸发性、黏度、化学组成(主要是芳香烃含量)都有很大关系。为较直接地进一步评定喷气燃料燃烧时生成积炭的倾向，目前喷气燃料规格中规定了烟点这一指标。

烟点又称无烟火焰高度，按 GB/T 382《煤油和喷气燃料烟点测定法》进行，是在规定的条件下，试样在标准灯具中燃烧时不冒黑烟的最大火焰高度，单位为 mm。燃料中芳香烃越多，其无烟火焰高度越小，燃料馏分愈重，则无烟火焰高度也愈低，燃烧时生成的炭粒越多，火焰明亮度越大，易使燃烧室受辐射过多而超温，故生成积炭的倾向显著增大。合适的烟点，可以保证燃料正常燃烧，避免积炭形成。

涡轮发动机内生成积炭的倾向，与喷气燃料无烟火焰高度之间有密切的关系。燃料的无烟火焰高度愈小，则生成积炭愈多，见表 5-30。

表 5-30　燃料的无烟火焰高度与积炭的关系

无烟火焰高度/mm	12	18	21	23	26	30	43
积炭/g	7.5	4.8	3.2	1.8	1.6	0.5	0.4

国产喷气燃料均须进行无烟火焰高度测定，GB 6537—2018《3 号喷气燃料》要求烟点不

小于25mm；或烟点最小为20mm时，萘烃含量不大于3%(体积分数)，以限制双环芳香烃含量。

(2)辉光值(*LN*)

辉光值主要用来表示燃料燃烧时的火焰辐射强度。

辉光值是在固定火焰辐射强度下(于可见光谱的黄绿带内)火焰温升的数值，试验按GB/T 11128《喷气燃料辉光值测定法》进行，测定是在相当于四氢萘烟点时的固定辐射强度下，将试验燃料和两个标准燃料分别在规定的烟灯中燃烧，比较它们火焰温度的升高值而得出的，一个标准燃料是四氢萘，其辉光值定为0；另一个标准燃料是异辛烷，其辉光值定为100。试验燃料的辉光值按试验方法中给定的公式求出。

燃料的生炭性强，燃气中的炭微粒增多。炽热的炭粒增加了火焰的辐射强度和火焰的明亮度，加速火焰筒出现裂纹和烧穿，缩短其使用期限。燃料的辉光值越高，表示燃料辐射强度越低，燃烧越完全，燃烧时生成的积炭倾向越小。燃料的辉光值过低，火焰筒的使用寿命将缩短。因GB 6537—2018《3号喷气燃料》中取消了喷气燃料对辉光值指标的要求，该指标目前已很少使用。

五、喷气燃料的安定性

喷气燃料的安定性是指储存和使用中是否容易变质的特性。燃料不易变质，安定性就好。

1. 储存安定性

国产喷气燃料在不同气候条件下储存6~10年后，只有酸度和实际胶质略有增加，颜色有所加深，其他无明显变化，全部质量标准仍然合格，可见喷气燃料的储存安定性是很好的。其原因是喷气燃料都是直馏或加氢产品，烯烃含量极少，硫化物特别是硫醇性硫控制很严，在储存过程中氧化反应很微弱，胶质和酸性物质生成量很少。

各种喷气燃料在长期储存过程中，都会有不同程度的变色。这是燃料由于氧化产生胶质的结果，只要各项指标符合规格，一般不影响使用。

2. 热安定性

(1) 定义

燃料在超音速飞机中工作时，由于气动加热，会使燃料温度升高而产生胶质沉淀等。燃料抵抗这种因受热而引起质量变化的特性，称为热安定性。

(2) 燃料高温产生的原因

当飞行速度超过音速以后，由于空气动力加热，使飞机表皮温度上升。飞机速度愈大，温度上升程度愈严重。当$M=2$时，飞机表面温度约为130~152℃；当$M=3$时，约为227~316℃。飞机表面的热有一部分传给了油箱中的燃料使燃料温度升高；此外燃料还用来冷却润滑油、液压油和座舱空气，这样便使燃料温度迅速升高。例如协和式运输机以$M=2.2$的速度在气温为-56℃的18000m高空飞行时，飞机表面温度为150~200℃，油箱中的燃料温度达85℃，喷嘴前的燃料温度约150℃，当飞机降落时，由于油门关小，发动机滑油冷却器中燃料流量减小，燃料温度迅速升到205℃，在这温度下约保持15min。$M=3$的超音速飞机油箱中燃料的温度能达110℃，润滑油散热器中的燃料，飞机降落时最高达到260℃。

(3) 影响燃料热安定性的因素

①化学组成　喷气燃料中各种组分会产生不同程度的氧化，最易产生氧化反应的是含硫、氧、氮的非烃化合物和烃类中的不安定成分如四氢萘、烯烃等。最初生成的氧化物在燃料中呈溶解状态，并逐渐变成胶质，细微的胶质微粒继续聚积，生成较大的颗粒并从燃料中析出。

②水分和机械杂质　在胶质的凝聚过程中，水分和机械杂质起着加速的作用。因机械杂质在这个过程中成了凝聚中心，胶状物质和水分围绕着杂质，聚积成大的颗粒从油中沉降下来。

③温度　温度愈高，生成的沉淀物愈多。例如，某喷气燃料在与青铜接触并通入空气的情况下，于120℃加热6h，燃料中生成的沉淀物为0.02~0.03g/kg。在同样条件下，仅把加热温度升高到150℃，这时在燃料中生成的沉淀物为0.08~0.10g/kg。由此可见，高温对燃料产生沉淀的影响是很大的。在常温下储存多年生成的沉淀物，也赶不上加热几小时所产生的沉淀物多。同时，在这种高温条件下，在燃料系统的金属表面上还将生成胶膜和炭沉积物。由于这些高温氧化产物的出现，将使发动机燃料过滤器和喷嘴堵塞，严重影响发动机的正常工作。因此，对长时间飞行速度在2倍音速以上的飞机使用的燃料，要求应具有良好的热安定性。

(4) 燃料热安定性的评定方法

喷气燃料用GB/T 9169—2010《喷气燃料热氧化安定性的测定　JFTOT法》来评定其热安定性。3号喷气燃料要求过滤器压力降不大于3.3kPa，管壁评级小于3级，且无孔雀蓝色或异常沉淀物。

(5) 提高燃料热安定性的途径

精制不好的喷气燃料，当温度高于100℃以后，热安定性就迅速降低。为了满足更高使用温度的要求，则必须进一步提高燃料热安定性。经常采取的方法有两个：一是对燃料进行深度精制，二是加入热安定性添加剂。

①精制方法　常用的精制方法是加氢精制，将组分中的不安定烃类和含氧、硫、氮的非烃化合物除去后，燃料热安定性即得到提高。另外，加氢精制还能将不饱和烃饱和、部分芳香烃转化为环烷烃。

②热安定性添加剂　常用的热安定性添加剂主要有高分子胺类、烷基苯酚类和共聚物等几种类型。

六、喷气燃料的腐蚀性

1. 腐蚀性物质

喷气燃料的腐蚀作用表现在气相和液相两方面，引起腐蚀原因不同，解决方法也有差别。导致喷气燃料气相腐蚀的主要是含SO_2和SO_3气体在高温下对金属的腐蚀。关于液相腐蚀，其产生原因、危害及控制指标，与汽油、柴油类似，但因喷气发动机的燃料系统有些部件精密度很高，合金材料多，腐蚀问题更为严重。

燃料中的烃类在液态时并无腐蚀作用，液态时对金属的腐蚀主要是由活性硫化合物(如单质硫、硫化氢和低分子硫醇)、含氧化合物(环烷酸等)、水分和细菌所引起的。

(1) 活性硫化物

①单质硫　对铜及其合金有较大的腐蚀性，单质硫能与合金中的铜起反应，生成硫化铜，积累在金属表面形成黑色的硫化铜层，所以铜被硫腐蚀后外观变黑。由于硫化铜层不坚固，经过一段时间后便破裂脱落，使铜合金零件逐渐损坏。燃料不含其他活性硫化物时，只要单质硫含量达到0.005%，铜片上便出现腐蚀痕迹。如果燃料中含有0.001%的硫醇，只要有0.001%的单质硫就会在铜片上出现腐蚀。我国的原油大部分是属于低硫原油，生产的喷气燃料单质硫含量极微，一般不会引起对铜合金的腐蚀。

②硫化氢　能腐蚀锌、铁、铜、铝等金属。喷气燃料中只要含有0.0005%的硫化氢，铜片试验即不合格。喷气燃料中一般不含有硫化氢，因为一方面硫化氢很容易清洗掉，另一方面它与空气接触后易被氧化成单质硫。

③硫醇　主要腐蚀镉和青铜，在常温下不腐蚀钢、铝等合金。在硫化氢存在时，硫醇的腐蚀作用加剧。硫醇腐蚀金属后，产生难溶于燃料的胶状沉淀物，它容易堵塞喷嘴、过滤器和油泵的调节机构。破坏发动机的正常工作。硫醇还会与某些橡胶起作用，破坏橡胶油箱的缝合胶，引起漏油。

由于铜对硫及硫化物的腐蚀比较灵敏，所以可用铜片试验来检查喷气燃料中的硫及活性硫化物的腐蚀性。因喷气发动机的高压油泵采用镀银附件，以提高其耐磨性，而银对某些硫化物腐蚀比铜更为敏感，虽然燃料的铜片试验合格，但仍发现对镀银表面有腐蚀现象。故在喷气燃料规格中增添了银片试验，以防止燃料对油泵镀银部件产生硫化腐蚀。根据研究试验，喷气燃料随单质硫含量增多，对银片的腐蚀加深。因此，银片试验以银片变黑程度划分试验结果的等级。

(2) 环烷酸

从原油直接蒸馏出来的喷气燃料，其中会含有少量环烷酸，工厂一般通过碱洗使环烷酸含量尽量减少。喷气燃料中环烷酸的多少用酸度表示。

环烷酸会腐蚀铅、锌等金属，还会与燃料系统中零件的镀镉层作用，产生不溶性的沉淀物，严重时会堵塞过滤器，破坏发动机的正常工作。因此对喷气燃料的酸度需加以限制，以防止环烷酸的腐蚀作用。

(3) 水分

燃料中进入水分后会引起腐蚀。燃料中的游离水会腐蚀低合金钢零件，腐蚀锌和镉等有色金属制件。燃料中的水分还会引起油罐、油桶和管线内部的锈蚀。

(4)微生物

喷气燃料中的微生物主要包括细菌和真菌两大类，最常见真菌有枝包霉属、青霉属、曲霉属等。喷气燃料在有水混入后，容易滋生微生物污染。微生物最有利的繁殖温度是25~35℃，主要以直链烃为食物，然后产生出二氧化碳、醇、酯、有机酸等物质。经试验证实，喷气燃料中的真菌可使喷气燃料总酸值显著升高。当储油容器、飞机油箱等长期未清洗，底部有水，在湿热的情况下，细菌容易繁殖。特别是在缺氧条件下，容易滋生硫酸盐还原菌，该菌能将燃料中的硫化物转化为元素硫及硫化氢等活性硫化物，使容器遭受腐蚀，也可引起喷气燃料银片腐蚀不合格。为了防止微生物引起的腐蚀，可以在燃料中加入适量的杀菌剂，如加入国际航空运输协会(IATA) Kathon FP1.5 和 Biobor JF 认可的喷气燃料杀菌剂，可有效地防止微生物引起的腐蚀。微生物缺乏游离水时，便不会繁殖，所以，在储运及使用过程中，防止水分进入和及时排出储油器及飞机油箱中的水分，也可以有效防止微生物引起的腐蚀。

2. 评定方法

控制喷气燃料腐蚀性的指标有铜片腐蚀，银片腐蚀、总酸值、总硫含量、硫醇性硫和博士试验。

（1）铜片腐蚀

铜片腐蚀把一定规格的磨光铜片置于30mL喷气燃料中，试验温度为100℃，2h后，取出铜片，洗涤后直接观察铜片发生的颜色变化，与腐蚀标准色板进行比较，确定喷气燃料对铜片的腐蚀级别。铜片腐蚀试验的目的是定性检测喷气燃料中是否含有腐蚀物质，如活性硫化物、无机酸和低分子有机酸。3号喷气燃料要求铜片腐蚀不大于1级。

（2）银片腐蚀

将磨光的银片浸入250mL喷气燃料中，试验温度为50℃，4h后，取出银片，洗涤后直接观察银片，比较试验后银片和新磨光银片的外观，确定喷气燃料对银片的腐蚀级别。银片腐蚀试验的目的也是定性检测喷气燃料中是否含有腐蚀物质，其对腐蚀性物质的敏感度较铜片腐蚀试验好。军队使用的3号喷气燃料要求银片腐蚀不大于1级。

（3）总酸值

总酸值是中和1g喷气燃料所需KOH的质量(mg)，它检测的是喷气燃料中无机酸和有机酸的总含量，由于喷气燃料通过腐蚀试验控制无机酸，故总酸值主要检测喷气燃料中的有机酸含量。3号喷气燃料要求总酸值不大于0.015mgKOH/g。

（4）总硫含量

总硫含量是检测喷气燃料中的活性硫化物和非活性硫化物之和，由于喷气燃料要求铜片、银片腐蚀试验不大于1级，因而硫含量主要检测的是非活性硫化物。3号喷气燃料要求总硫含量不大于0.020%，高闪点喷气燃料要求总硫含量不大于0.040%。

（5）硫醇性硫或博士试验

硫醇性硫属活性硫化物，它不仅对金属产生腐蚀，还会使喷气燃料产生恶臭，故喷气燃料中要限制其含量。硫醇性硫可进行定性和定量检测，博士试验是定性检测喷气燃料中有无硫醇存在，而硫醇性硫测定属于定量检测，3号喷气燃料要求硫醇性硫不大于0.0020%。硫醇性硫和博士试验可任做一项，当硫醇性硫和博士试验发生争议时，以硫醇性硫为准。

七、低温性

喷气燃料的低温性是指在低温下，燃料在飞机燃料系统中能否顺利泵送和通过油滤的性能。燃料在较低的温度下使用，不应因烃类结晶和燃料中的水分结冰而堵塞过滤器，影响供油。

在实际测定飞机燃料系统油温的过程中，发现飞机燃料系统中燃料的最低温度主要取决于地面温度；燃料系统中出现最低油温的部位，是直接与冷空气接触的副油箱。在冬季的海拉尔地区，飞机副油箱中燃料温度曾达-50.5℃；燃料系统的最低油温与飞行最低气温层的时间有关，在最低气温层飞行时间愈长，燃料温度下降程度愈大。

1. 评定指标

我国喷气燃料低温性用冰点表示。冰点是在规定条件下，航空燃料经冷却后出现固态烃类结晶，然后使燃料升温，当烃类结晶完全消失时的最低温度。冰点测定按 GB/T 2430《航空燃料冰点测定法》进行。

2. 主要影响因素

(1) 燃料的化学组成

燃料是由烃类组成的，正构烷烃和某些芳香烃的冰点高，而环烷烃和烯烃较低。同一族烃中，随相对分子质量增加，其冰点升高。石蜡基原油(如大庆原油)生产的直馏喷气燃料，其冰点只能达到-47℃左右，而中间基原油(如克拉玛依原油)则可以生产冰点低于-57℃的直馏喷气燃料。

(2) 水分

①燃料的溶水性　燃料中含有的微量水分，在低温下形成冰晶，造成过滤器堵塞、供油不畅等问题。燃料中的水分除来源于储运保管，使用中管理不善而落入雨雪外，主要是因为烃类具有溶水性，会从空气中吸收水气，使无水的燃料“自动”地含有微量水分。

燃料中的水分以溶解水和游离水两种形式存在于油中。溶解水是由于燃料中烃类具有微弱的溶水性，从空气中溶解一些水分所形成的。不同烃类的溶水性是有差别的，在相同温度下，芳香烃，特别是苯的溶水性最强，环烷烃次之，烷烃最弱。因此从降低结晶点的角度，也需要限制芳香烃的含量。游离水是指悬浮在油中的水粒和沉淀在容器底部的水分。

水在燃料中的溶解度随温度的变化而变化。温度愈高，水在燃料中的溶解度愈大；温度降低，溶解度减小。如大庆喷气燃料，在 10℃ 时对水的溶解度为 0. 0055%，30℃ 时则为 0. 0110%。若有 100kg 大庆喷气燃料在 10℃ 时，可溶解 5. 5g 的水；在 30℃ 时，可溶解 11g 的水。燃料温度升高，燃料便由空气中吸取水分，燃料温度降低，由于燃料对水的溶解度减小，使已溶解的少量水分从油中析出，成为游离水，沉积在油罐底部。这个过程反复多次，罐底积水就会增加。

空气相对湿度增大，燃料会从空气中吸入水分，使燃料中含水量增大。相对湿度愈大，水分吸入愈快，含水量也愈大，一直达到饱和为止。我国南方地区湿度大，这个问题比较严重。

②燃料中水分的危害　燃料中如含有游离水，在高空低温下，会冻结成冰晶，堵塞过滤器，影响正常供油和飞行安全。加入飞机油箱的燃料一般不会带有游离水。但当燃料中溶解水接近或达到饱和状态时，在高空油温降低，燃料对水的溶解度减小，部分溶解水即从燃料中析出成为悬浮在燃料中的微小水粒。当温度降至 0℃ 以下时，即变成冰晶。燃料中出现冰晶以后，燃料系统油滤便容易被堵塞，从而减少对发动机的供油量。燃料中溶解的水愈多，供油量减少的程度愈严重。

3. 防止燃料产生冰晶的方法

防止燃料在低温下析出冰晶，除了有些飞机从压缩器引来热空气加热燃料或油滤，或用润滑油加温燃料外，常采用冷冻过滤和加入防冰添加剂的方法。

(1) 冷冻过滤

该方法是在冬季气温低于 0℃时，将地下油罐中温度较高的燃料，泵送到容量较小的露天油罐内，经过24h以上的冷冻，使燃料中的水分析出，冻结成冰晶，然后经过滤除去。处理后的燃料应立即密闭注入飞机油箱中使用，否则在较高温度下与空气接触，会重新溶入水分。冷冻过滤不能解决飞机升入高空后温度降低再次产生的冰晶。

（2）防冰添加剂

燃料在低温下会产生冰晶，是由于燃料具有可逆的溶水性。即当温度升高时，燃料会从空气中吸收水分；当燃料中含水较多，遇到温度突然下降，部分溶解水便析出呈悬浮状的小水滴，在低温下冻结成冰晶。如果燃料的溶水性是不可逆的，在温度骤降时水分则不会析出，也不会有冰晶出现。在燃料中加入醇类或醚类，可以将燃料的溶水性变为不可逆的过程，即可防止或消除燃料中的冰晶。效果较好的防冰添加剂是醇醚化合物。

我国使用的醇醚化合物防冰剂为乙二醇甲醚，是有醇味的无色透明液体，有毒性，密度大于950kg/m^3，易溶于燃料，添加量为0.10%~0.15%(体)。由于防冰剂具有很强的吸水性，必须密封储存。在北方冬季添加防冰剂时，应在机场油库现用现加，要使防冰添加剂均匀混入喷气燃料中，否则会影响防冰效果。

八、洁净度

喷气燃料的洁净度目前已成为影响飞行安全的极重要因素之一。引起燃料洁净度下降的主要物质有水分、固体杂质、表面活性物质以及细菌等。这些污染物质进入燃料，同储存、运输、使用管理不善有密切关系，应引起油料工作者的严重注意。

1. 各种污染物及危害性

（1）水分

水分对喷气燃料的危害，除了能增加燃料腐蚀性、恶化低温性能外，还能破坏燃料的润滑性，增大磨损，严重时会卡死油泵的柱塞；水分过多时，会引起发动机熄火。

水分还会引起燃料生成片状或头皮状悬浮物和絮状物，它们是水、铁锈和碱相互作用的产物，主要成分是氢氧化铁。当游离水超过一定数量后，能和燃料中的微量胶质结合，在燃料过滤器的过滤网上形成一层黏稠薄膜，使过滤效率降低，甚至堵塞滤网，中止供油。

储存喷气燃料的容器中禁止出现游离水，因为游离水会引起燃料中滋生细菌。细菌的代谢作用所生成的表面活性物质会污染油品，有的细菌能使油中的硫酸盐还原成硫化氢，使油品产生腐蚀性，大大加速燃料容器的腐蚀，并使涂层变松。在适宜条件下大量繁殖的细菌也会堵塞过滤器，美国舰载飞机就曾发生过细菌堵塞过滤器等事故。因此国际民航规定喷气燃料中的悬浮水含量不得超过30μg/g(悬浮水含量超过30μg/g时，会出现浑浊现象)。

（2）固体物质

喷气燃料在储运、使用过程中，由外界混入的固体杂质主要有尘土、砂砾。纤维和腐蚀产生的黑色Fe_3O_4和红色Fe_2O_3。较大的固体杂质其直径可达0.01~0.1mm，它们对燃料系统中的高压油泵和喷油嘴之类精密部件危害很大。这些精密部件的装配间隙有的仅为0.005~0.01mm，燃料中的固体颗粒会划伤甚至卡死这些零件。杂质进入喷油嘴会堵塞油路，减少喷油量，使涡轮所受燃气压力不均，严重时发动机涡轮叶片根部出现裂纹，甚至折断。据研究，喷气燃料中的固体微粒，如大小为10~80μm，含量超过1mg/L，就会引起燃油系统的故障；如小于10μm，而含量超过3mg/L时，也有产生故障的可能。因此，国际航空运输协会(IATA)主张喷气燃料中固体微粒的直径不超过5μm，含量不应超过1mg/L，国产3号喷气燃料已规定固体颗粒污染物含量的指标。

(3) 表面活性物质

表面活性物质是分子中同时具有亲水基团和亲油基团，能使界面张力急剧下降的物质。喷气燃料中的表面活性物质种类很多，常见的有环烷酸和环烷酸盐、磺酸和磺酸盐，此外还有胺类和酚类等。表面活性物质部分是油中固有的，部分是精制过程中产生的。喷气燃料中表面活性物质的含量很少，但是，这种痕迹量的物质对燃料影响却很大。当燃料中的表面活性物质含量达到0.5~1.5μg/g时，燃料中的游离水就难以分离干净，并会降低过滤器滤网上油膜的表面张力，促使一些固体微粒和水分聚集在过滤器上，使过滤器使用周期下降五分之四。表面活性物质还会形成绿色或黑色的黏液，影响过滤器正常供油。当有机盐和有机酸盐这类表面活性剂含量超过一定数量时，燃料的氧化安定性变坏，颜色变深。

(4) 微生物

喷气燃料中的微生物不但会加速油料容器的腐蚀和使油箱涂层的松软，还会在有利条件下大量繁殖堵塞过滤器。

(5) 悬浮物

喷气燃料悬浮物问题过去时有发生，现在发生的次数增加，程度也更加严重。2002年9月，中国石化科技开发部、中国石油炼油与销售分公司、总后勤部物资油料部共同组织召开了喷气燃料悬浮物联合攻关。由空军油料研究所、石油化工科学研究院、石油大学等组成的课题组对喷气燃料悬浮物进行了详细的研究，得出如下结论：

①外界带入的纤维和尘土等污染物是目前所争议的喷气燃料中悬浮物的主要来源。

②如果碱洗工艺控制不严或加氢精制汽提工艺脱水不彻底，能导致悬浮物的产生。

③悬浮物主要产生在储运系统中。

④某些原油(如卡塔尔原油)生产喷气燃料时，能导致悬浮物的产生。

⑤微生物在油水界面繁殖，能产生头皮状悬浮物。

⑥油田使用的杀菌剂和缓蚀剂对悬浮物的产生没有影响。

⑦在原油中加入的石油磺酸盐、聚丙烯酰胺、黄胞胶等助采剂有可能导致悬浮物的产生，但当加入量小于一定数值时，助采剂对悬浮物的生成没有影响。在当前各油田开发生产中所使用的助采剂水平下，助采剂不会导致悬浮物的形成。

⑧炼油工艺中使用的水溶性缓蚀剂对悬浮物的产生没有影响。

⑨由外界带入的纤维和尘土等污染物均可以通过过滤的方法除去。某些絮状、纤维状和片状悬浮物无法通过沉降的方式除去。

综上所述，为了保持喷气燃料的洁净度，除了在炼油厂加工中应完全脱除水分、碱、机械杂质等以外，在储运和使用中精心管理，注意在收发、运输、加注各个环节中，杜绝水分、固体颗粒杂质等混入油中，能有效地防止燃料中污染物的形成和凝聚。为保证飞行安全，机场所用飞机加油车上装有过滤分离器，其中精过滤器可以除去大于5μm的固体颗粒。

2. 评定方法

(1) 目测法

喷气燃料标准规定用目测法检查燃料是否含有机械杂质和水分。将试样注入100mL玻璃量筒中，在15~25℃时观察，要求清彻透明，无游离水及悬浮物。此法简单易行，为机场和油库广泛采用。

喷气燃料中的颗粒直径大于40μm时，肉眼即可察觉，在较强的光照下，10μm的颗粒也能被发现。在试验条件下，试油中悬浮水含量大于0.003%时，可以目测发现。燃料中悬浮水含量与可见性关系见表5-31所示。

表5-31 喷气燃料悬浮水分含量与外观的关系

含水量/%	外 观	含水量/%	外 观	含水量/%	外 观
0.050	严重混浊	0.006	混浊	0.0008	清沏透明
0.025	严重混浊	0.0030	稍有混浊	0.0004	清沏透明
0.012	严重混浊	0.0016	清沏透明		

(2) 水反应试验、水分离指数

喷气燃料水反应试验和水分离指数测定的目的是检查喷气燃料的表面活性物质(水溶性组分)及其对燃料和水的界面的影响，用于评定喷气燃料的洁净程度，同时鉴定油(包括添加剂)、水的分离性质。

由于我国石油工业的不断发展，采油和炼油技术不断提高，在原油处理及加工过程中使用了破乳化剂、缓蚀剂；为改善喷气燃料的性能，往往也加有抗静电添加剂、抗腐蚀添加剂、热安定性添加剂等；在酸、碱精制过程中，若酸碱渣分离不干净、水洗沉降不充分，以及在燃料储存、保管、运输过程中混入某些表面活性物质，这些都可能使燃料混进水溶性掺入物和影响燃料的清洁度及与水的分离性质。为此，进行水反应试验和水分离指数测定，对加强喷气燃料运输、储存过程中的质量控制有重要意义。

①水反应试验　按GB/T 1793《航空燃料水反应试验法》进行，3号喷气燃料要求水反应试验的界面情况1b级，分离程度≤2级。

②水分离指数　按SH/T 0616《喷气燃料水分离指数测定法(手提式分离仪法)》进行，3号喷气燃料要求未加抗静电添加剂的水分离指数≥85，加抗静电添加剂后的水分离指数≥70。

(3) 固体颗粒污染物含量

固体颗粒污染物含量测定按SH/T 0093《喷气燃料固体颗粒污染物测定法》进行，3号喷气燃料要求固体颗粒污染物含量≤1.0mg/L。

九、喷气燃料的润滑性

喷气发动机的燃料系统和柴油机相似，是靠燃料自身的润滑性能来润滑的，燃料还作为冷却剂带走摩擦产生的热量。

喷气发动机的高压油泵运转时，既有滑动摩擦，又有滚动摩擦。其摩擦表面温度、压力很高，温度最高达300~400℃，接触应力为250~300MPa。在如此苛刻的条件下，如要保证摩擦表面可靠的润滑，主要依靠燃料中带极性的非烃类化合物，如环烷酸、酚类以及某些含硫和含氮的化合物。这些物质具有较强的极性，容易吸附在金属表面上，形成牢固的油膜，有效地降低金属间摩擦和磨损。烃类的极性很弱，难以保证润滑。但上述非烃化合物的存在，影响喷气燃料的热安定性，因此通常采用精制方法除去燃料中的非烃化合物以保证燃料的热安定性，然后加入少量抗磨添加剂，提高燃料的润滑性能。

1. 评定指标

喷气燃料的黏度不能反映燃料在高温摩擦表面上的润滑性能。保证润滑的决定因素是燃料组成中的极性组分含量，为此，3号喷气燃料用磨痕直径 WSD 检测喷气燃料的润滑性能。

磨痕直径 WSD 是按 SH/T 0687《航空涡轮燃料润滑性测定法(球柱润滑性评定仪法)》测定的。方法概要：把测试的 50mL 试样放入试验油池中，保持池内相对湿度为 10%，一个不能转动的钢球被固定在垂直安装的卡盘中，使之正对一个轴向安装的钢环，并加上 1000g 负荷。试验柱体部分浸入油池并以 240r/min 的固定速度旋转，这样可保持柱体处于润湿条件下并连续不断地把试样输送到球/环界面上。油池温度保持在 25℃，试球上产生的磨痕直径就是试样润滑性的量度。

2. 抗磨剂

深度精制(包括加氢精制)的喷气燃料，随着其不安定组分的脱除，也脱除了天然的微量极性物质，从而使燃料的抗磨性能变坏，当使用这种燃料时会引起燃油泵柱塞头的磨损，影响其使用寿命，因此发展了抗磨添加剂。

抗磨添加剂为含有极性基团的有机物质，可吸附在摩擦部件的表面，避免金属之间的干摩擦，改善了燃料的润滑性能。常用的防腐抗磨添加剂有长烷基链的脂肪酸，烷基胺基磷酸酯等。

十、喷气燃料的静电着火性

喷气发动机的耗油量很大，为节省注油时间，机场采用高速加油。喷气燃料与管道、容器、注油设备发生剧烈的摩擦，产生大量静电荷。注油速度愈快，产生静电荷数量愈多，而燃料的导电率很低，一般航空燃料的电导率在 1pS/m 以下，因而高速加油时摩擦产生的静电荷就会聚积起来，其静电势可达到数千甚至数万伏，可能引起火花放电，此时如遇到可燃性混合气体，就会引起火灾。

航空燃料的静电失火事故，国内外曾多次发生。主要出现在干燥、炎热季节，发生在向加油车或飞机加油(大都是采用管口绑扎绸套明流加注喷气燃料)的过程中。针对上述情况，提出了改善操作方法，改装加油设备和燃料中加入防静电添加剂等措施，通常这三种方法结合使用，效果很好。改进操作和设备方面的论述，可参考有关资料。

研究发现，只有当燃料电导率大于 50pS/m，时，才可能保证安全。加入防静电添加剂，使燃料电导率提高到规定的喷气燃料的导电率 50~600pS/m，静电及时导出。

加入抗静电添加剂，是防止喷气燃料静电着火最有效的措施，国内外已广泛采用。我国常用的防静电添加剂 T1502，其主要成分是聚胺、聚砜化合物，它能提高燃料的导电率，其加入量在 0.8~1.5mg/L，燃料电导率可提高到 300pS/m 以上。燃料的电导率随温度降低而下降，油品的安全电导率是在-29℃时最低不应小于 50pS/m。

十一、喷气燃料微生物污染

近年来，随着我国航空事业不断建设和发展，喷气燃料的使用和储存量逐年增加。油库日常管理中基本上是不可能做到储油设备的绝对清洁以及无水，因此基本上无法避免喷气燃料中微生物的存在。喷气燃料作为一种战略储备燃料，在战略储备油库中常需储存 15 年乃至更长时间，油库潮湿环境助长了微生物的生长。此外，飞机经常在高温潮湿环境飞行，给微生物在飞机油箱内温暖潮湿的生存环境，不可避免地造成了微生物的生长繁殖。近年全国油库及飞机油箱出现多起喷气燃料微生物污染的问题。由于我国喷气燃料微生物污染检测刚刚起步及重视不足，喷气燃料在储存和使用过程中缺乏对喷气燃料微生物污染监控，发现时微生物污染已严重影响了喷气燃料质量或飞机上的相关设备，造成了非常严重的后果。

(1)引起喷气燃料中微生物污染的种类

陆军勤务学院喷气燃料微生物污染研究课题组从我国东部、南部、西部、北部、中部等地区分别选取油库及飞机场站作为取样点，收集了一百多种喷气燃料样品，通过新一代 Illumina MiSeq 测序技术，对这些喷气燃料微生物多样性进行了分析。多样性分析鉴定出了喷气燃料中的主要污染细菌及真菌种类分别如表 5-32 及表 5-33 所示。

表 5-32　污染细菌属层次上相对丰度分析

细菌属名	占比/%	细菌属名	占比/%
芽孢杆菌 Bacillus	71.40	假单胞菌 Pseudomonas	9.33
葡萄球菌 Staphylococcus	2.76	马赛菌 Massilia	2.41
甲基杆菌 Methylobacterium	2.26	类芽孢杆菌 Paenibacillus	2.24
泛菌 Pantoea	1.68	肠杆菌 Enterobacter	1.11
其他菌属合计	6.81		

由表 5-32 可知，喷气燃料中的污染细菌存在优势菌种，但大部分细菌对喷气燃料的影响不明显。目前认为除硫酸盐还原菌外，微生物对喷气燃料的影响主要源自真菌。

表 5-33　污染真菌属层次上相对丰度分析

真菌属名	占比/%	真菌属名	占比/%
枝孢霉属 Amorphotheca	25.03	链格孢属 Alternaria	21.89
青霉属 Penicillium	18.54	曲霉属 Aspergillus	10.57
毛壳属 Chaetomium	7.12	丝衣霉菌属 Byssochlamys	1.85
附球菌属 Epicoccum	1.46	黑团孢属 periconia	1.18
其他菌属合计	9.13		

由表 5-33 可知，前 5 种污染真菌的占比总和高达 83.15%，证明喷气燃料污染真菌中存在优势菌属，最终课题组确定此 5 种真菌为喷气燃料中主要污染真菌。为进一步确定喷气燃料中主要污染真菌，结合物种相对丰度，课题组又在种水平上对上述 5 种主要污染真菌进行分析，各真菌属类中的优势种类如表 5-34 所示。

表 5-34 污染真菌种层次上相对丰度分析

主要污染真菌属名	优势种	占比/%
枝孢霉属 Amorphotheca	Amorphotheca resinae	100
链格孢属 Alternaria	Alternariaalternata	99.73
青霉属 Penicillium	Penicilliumrestrictum	99.01
曲霉属 Aspergillus	Aspergilluspenicillioides	99.37
毛壳属 Chaetomium	Chaetomiumglobosum	99.50

课题组最终确定枝孢霉菌(Amorphotheca resina)、链格孢菌(Alternaria alternata)、局限青霉(Penicillium restrictum)、帚状曲霉(Aspergillus penicillioides)和球毛壳菌(Chaetomium globosum)为5种喷气燃料主要污染真菌。

(2)喷气燃料微生物污染引起的问题

喷气燃料中的微生物会对飞机及储油设施产生一定影响：如生成紧密的生物膜会堵塞飞机燃油过滤器，造成发动机故障；生物膜会堵塞油罐底部的排水系统，造成油罐底部水无法排出，加重微生物的污染；微生物在精密仪器仪表附近生长繁殖，会使得仪表显示错误；微生物的存在会导致飞机油箱和储油油罐金属表面发生腐蚀；飞机油箱的晃动使得微生物悬浮，并在燃油喷嘴处发生团聚，导致喷嘴堵塞、发热乃至结焦，进而损害涡轮发动机等。

喷气燃料中微生物尤其是丝状真菌的生长繁殖会形成紧密的生物膜和底部淤泥，对喷气燃料的质量产生一系列的影响：如真菌在生长繁殖过程中，会使底部喷气燃料颜色变暗，并产生菌膜及乳化物，引起底部喷气燃料外观不符合要求；真菌在生长繁殖过程中，会产生酸性物质，使喷气燃料总酸值显著上升，严重时会使喷气燃料酸值不符合 GB 6537—2018《3号喷气燃料》要求，虽然真菌会引起喷气燃料酸值超标，但在实验周期内发现，真菌污染对喷气燃料银片腐蚀试验无显著影响；真菌在生长繁殖过程中，会产生表面活性物质，使喷气燃料张力下降，但在实验周期内对喷气燃料水反应试验无显著影响；真菌在生长繁殖过程中，能够从水相进入燃料相，增加喷气燃料阻塞趋势，会影响喷气燃料正常供给。此外，通过硫酸盐还原菌对喷气燃料性质影响研究发现，喷气燃料中的硫酸盐还原菌能够引起银片腐蚀，硫酸盐还原菌数量越多，则银片的腐蚀速度越快，腐蚀级别越高。

(3)喷气燃料微生物污染的检测方法

喷气燃料中微生物的生长繁殖会严重威胁到飞机的航行安全和油料质量，为防止喷气燃料微生物污染造成严重的飞行事故和人员伤亡严重后果，需对喷气燃料微生物的生长繁殖情况进行实时监控，在达到预警污染程度之前进行处置。为此，国际航空运输协会(International Air Transport Association，IATA)从2002年起开始发布《飞机油箱中微生物污染指导材料》(Guidance Material on Microbiological Contamination in Aircraft Fuel Tanks，2015年已更新至第五版)中对微生物的污染现状、检测手段和治理方法进行了较为系统的阐述和介绍。目前国际及国内的微生物检测方法主要有以下几种：

①MicrobMonitor2®(英国 ECHA Microbiology)。该试剂盒用于定量检测各种燃料和水中

的酵母菌、霉菌和细菌。MicrobMonitor2®通过了英国能源研究所的试验验证，该方法是在IP 613和ASTM D7978两个标准上建立起来，被行业机构(如国际航空运输协会和航空联合检查组织)、原始装备制造商(如波音和空客)所采纳。试剂盒由一瓶培养基凝胶和无菌取样器组成(根据燃料种类的不同取样量有所不同)，取样后震荡瓶子使得凝胶液化分散，置于25~35℃环境中生长1~4天后即可看到红色的微生物菌落，通过菌落数计数即可实现样品的定量分析，结果用CFU/L(油相)或CFU/mL(水相)表示。

②EasicμLt Combi&EasicμLt® TTC&EasicμLt® M(芬兰 Orion Diaagnostica Oy)。芬兰奥林诊断公司研发的此三种检测试剂盒原理上与MicrobMonitor2®一样都属于传统培养法，可做到半定量检测水相中的细菌、酵母菌和霉菌。区别在于检测的微生物种类不同：EasicμLt Combi含有TTC琼脂和玫瑰红钠琼脂两种培养基，可分别满足所有好氧细菌和酵母菌及霉菌的生长，因此可用于所有需氧微生物的数量检测；EasicμLt® TTC仅含有TTC琼脂培养基，抑制真菌的生长而促进所有好氧细菌的生长，仅用于喷气燃料中好氧细菌的污染检测；EasicμLt® M仅含有麦芽汁琼脂培养基，抑制细菌的生长而促进酵母菌和霉菌的生长，适用于喷气燃料真菌污染的检测。

③FUELSTAT® resinae PLUS(英国 Conidia Bioscience Ltd)。它采用了横向流动技术和酶联免疫吸附法，可定量检测油相和水相中的枝孢霉菌(Hormoconis resnae)。样品中未知数量的枝孢霉菌与固定在释放板上的特异性抗体相结合，然后根据特异性抗体是否剩余从而与检测线(Test Line)中已知数量的枝孢霉菌结合来判断阳性/阴性。该检测方法的低、高度污染的枝孢霉菌浓度界限分别为1μg/L和5μg/L，该方法单次检测时间短，不需要微生物培养的操作基础，但是存在容易出现“假阳性”、受实验室条件限制等缺点。

④San-Ai Biochecker®(日本 San-Ai Oil CO. Ltd)。它是一种可半定量检测燃料水相中的细菌、霉菌和酵母菌的传统培养检测方法，在检测原理、检测步骤和结果对比上与EasicμLt基本相同。在检测微生物种类上，除去仅可检测所有细菌的Biochecker-TTC和所有真菌的Biocher-M试剂盒之外，日本San-Ai Oil CO. Ltd还研发了一种仅可检测硫酸盐还原菌的Biochecker-S试剂盒，可对燃料中硫酸盐还原菌的污染情况进行针对性检测。

⑤HY-LITE® JET A1燃料试验(德国 Merck)。该试验是对油相和水相中的总ATP进行定量检测，通过ATP生物荧光法估计样品中的菌落数，从而确定微生物的污染情况，与ASTM D7463《燃料、燃料/水混合物和燃料相关水中的微生物的三磷酸腺苷(ATP)含量标准试验方法》一致。该试验是将1mL蓝色提取液加入到1L喷气燃料中并剧烈震荡，将沉降到样品瓶底部含有微生物的的提取液吸取至HY-LITE检测笔中，使用HY-LITE光度仪进行ATP生物荧光检测，从而估计喷气燃料中微生物的污染程度，结果以相对发光强度(RLU)表示。HY-LITE® JET A1燃料试验不受检测环境的限制，可在现地或实验室条件进行试验，整个操作过程不超过10min，对实验人员操作水平要求不高，不需具备专业的微生物培养技能。

⑥喷气燃料特征微生物快速检测方法(LAMP-LFD法)。该方法为喷气燃料微生物检测的国家军用标准方法，由陆军勤务学院制定。方法基于环介导等温扩增技术(Loop-mediated isothermal amplification，LAMP）联合横向流动试纸条快速检测技术（Lateral Flow Dipstick，LFD）开发的特异性检测方法，该方法可实现对喷气燃料中五种主要特征真菌枝孢霉菌（Amorphotheca resinae）、互隔交链孢菌（Alternaria alternata）、帚状曲霉（Aspergillus penicillioides）、局限青霉（Penicillium restrictum）和球毛壳（Chaetomium globosum）和硫酸盐还原菌的快速特异检测。该方法特异性高、检测限低，灵敏度比 PCR 高 10 倍可以检测出喷气燃料中的特征微生物，整个检测时间在 2h 以内。

该方法的主要原理为：首先确定喷气燃料特征微生物的特异性基因片段，以该特性性 DNA 片段为检测对象，借助 Bst 大片段 DNA 聚合酶这一更为高效的酶，并在目标序列中的 6 段特异性区域设计了 4 条引物，最终实现了在等温条件下实现核酸扩增的一种技术。LAMP 方法的可视化判定方法中应用较为成熟为横向流动试纸条快速检测技术，其原理为在 FIP 引物的 5′端用生物素和异硫氰酸荧光素（FITC）标记作为特异性引物用于随后的 LFD 测定步骤。生物素标记的 LAMP 引物和 FITC 标记的特异序列靶探针杂交。将试纸条放入扩增后的产物中，它与试纸条上的特异性物质结合为免疫复合物。免疫复合物进一步通过分析膜扩散，当免疫复合物通过试纸条上固定的生物素特异性分子测试带时，试纸条将捕获标记的免疫复合物并产生红色测试带。

⑦喷气燃料微生物快速检测方法（ATP 法）。该方法为喷气燃料微生物检测的国家军用标准方法，由陆军勤务学院制定。该方法基于三磷酸腺苷（ATP）生物荧光原理。ATP 是生命过程中的主要能量来源，存在于所有微生物体内，而无生命的碎屑、机械杂质等物质中则不存在 ATP。利用提取液捕集喷气燃料中的微生物，通过裂解液使微生物释放体内的 ATP，ATP 与荧光素和荧光素酶混合物质反应后会产生 550nm 左右的生物荧光，在适当的 ATP 浓度范围内，发光强度与 ATP 浓度成一定比例关系。根据喷气燃料微生物专用检测仪的相对发光单位 RLU 即可反映喷气燃料中微生物的总量，从而实现对喷气燃料中微生物总量定量测量。喷气燃料微生物快速检测方法（ATP 法）的检测主要包括 4 个步骤：样品微生物的富集提取，微生物的裂解以获得 ATP，ATP 与酶反应体系的发光，仪器测定相对发光强度（RLU）。

⑧燃油和含水燃油中可繁殖的含氧微生物含量测定-触变凝胶培养法（MH/T 6119—2018）。该方法为我国民用航空行业标准，方法参照 ASTM D7978 与 MicrobMonitor2 方法操作方法类似，主要为使用触变凝胶培养基测定燃油和含水燃油中可繁殖的好氧微生物含量。该方法主要过程为：将一定体积待测样品加入到装有触变凝胶培养基的玻璃瓶中，摇晃玻璃瓶，使样品与培养基混合均匀。随后，将培养基在玻璃瓶的其中一个最大面上重新铺成一平面，再将该玻璃瓶放在恒温避光换将中培育。培育一段时间后，培养基中呈现出肉眼可见的红色或紫色菌落斑点。以 CFU 为单位表示微生物的菌落数量，形成菌落的数量与测试样品体积有关，以 CFU/L 为单位表示油样中微生物含量，或者以 CFU/mL 为单位表示水样中微生物含量。

关于以上几种喷气燃料微生物检测方法比较见表 5-35。

表 5-35　喷气燃料微生物检测方法比较

项　目	Microb Monitor2®/MH/T 6119—2018	Easicμ Lt®			FUELSTAT® resinae PLUS	San-AiBiochecker®			HY-LITE® JET A1 燃料试验	喷气燃料微生物快速检测方法(ATP 法)	喷气燃料特征微生物快速检测方法(LAMP-LFD 法)
		Combi	TTC	M		TTC	M	S			
原理分类	传统培养法	传统培养法			分子生物学法	传统培养法			分子生物学法	分子生物学法	分子生物学法
检测周期	1~4d	2~4d			10min	2~5d			10min	10min	120min
是否适用于现地检测	×	×			×	×			√	√	×
结果定量评估	定量评估 CFU	半定量评估 CFU			评估枝孢霉菌	半定量评估 CFU			定量评估 RLU	定量评估 RLU	半定量评估 CFU
检测菌种	细菌和真菌	好氧细菌和真菌	好氧细菌	真菌	枝孢霉菌	所有活体微生物	所有活体微生物	硫酸盐还原菌	所有活体微生物	所有活体微生物	枝包霉菌、局限青霉、曲霉、球毛壳菌、硫酸盐还原菌
检测样品适用范围	油相	√	×	√	×	√	√	√	—	—	—
	水相	√	√	√	√	√	√	√	—	—	—
特殊处理注意事项	加氯消毒剂或浸泡在消毒剂中	浸泡在消毒剂中			无	浸泡在消毒剂中			无	无	无
能否作为杀菌剂效果验证方法	√	√ 有可能低估其杀菌效果			√	√ 有可能低估其杀菌效果			√	√	有可能评估其杀菌效果

（4）喷气燃料微生物防控方法

目前关于喷气燃料微生物污染的防控主要包括两方面方法，第一种方法是定期监控喷气燃料中微生物含量，具体可选用表 5-35 中提到的喷气燃料微生物检测方法定期对喷气燃料微生物污染情况进行监控，如储罐每半年检测一次，飞机油箱每季度检测一次。检测频率应根据实际储存储存环境、飞机飞行训练区域（符合微生物生长繁殖的条件）及是否发生过微生物中度或重度污染而定。

第二种方法是当喷气燃料微生物污染达到重度时，通过加入杀菌剂和使用过滤分离器过滤的方法处理，因喷气燃料中严格限制了添加剂的使用，添加杀菌剂的方法使用不多。过滤的方法操作性更强，使用 1μm 过滤分离器可以较好过滤去除喷气燃料中微生物。

①微生物污染程度的定义。在喷气燃料和燃油系统中，不可避免地存在微生物，想要完全杜绝微生物，几乎是不可能的。微生物对喷气燃料和燃油系统的危害程度大小，取决于微生物含量。少量微生物的存在，对储存和使用的喷气燃料基本上没有影响，是可忽略的；只有微生物数量达到一定程度，即微生物污染程度较高时，才会对喷气燃料和燃油系统构成危害。微生物生长量测定方法的不同，其生长量的表示方法也不同，微生物污染度的定义也随之发生改变。国际航空运输协会（IATA）针对微生物污染程度做了不同的规定，具体标准见表 5-36～表 5-38。

表 5-36 微生物菌落数定义污染程度 cfu/L

微生物采样地点	微生物可忽略污染	微生物中度污染	微生物重度污染
燃料相	≤4000	4000～20000	≥20000
水相	$\leq 10^6$	$10^6 \sim 10^7$	$\geq 10^7$

表 5-37 微生物质量定义污染程度 μg/L

微生物采样地点	微生物可忽略污染	微生物中度污染	微生物重度污染
燃料相	≤150	150～750	≥750
水相	≤33000	33000～166000	≥166000

表 5-38 微生物 ATP 定义污染程度 RLU/L

微生物采样地点	微生物可忽略污染	微生物中度污染	微生物重度污染
燃料相	≤1000	1000～5000	≥5000
水相	≤1000	1000～5000	≥5000

②储罐微生物防控方法。从储罐底部抽取喷气燃料，检查喷气燃料是否清澈、明亮、透明，是否有异味。如果提取的喷气燃料中有溶解水、杂质或悬浮物，或者喷气燃料有臭鸡蛋

的气味，说明储罐中喷气燃料可能受到微生物的污染；定期用表 5-35 中方法检测喷气燃料油相或水相中微生物含量，根据查看污染程度定义来界定污染程度。

检查过滤器是否有肉眼可见的斑点，是否有丝状团簇物的沉积，如果有，说明储罐中喷气燃料可能受到微生物的污染；定期用表 5-35 中方法检测喷气燃料油相或水相中微生物含量，根据查看污染程度定义来界定污染程度。

采集储罐集水槽中的样品，如果样品是黑色，有很强的硫化物气味或者含有水分、黏糊糊的东西或者活性泥，说明储罐中喷气燃料可能受到微生物的污染；定期用表 5-35 中方法检测喷气燃料油相或水相中微生物含量，根据查看污染程度定义来界定污染程度。

③喷气燃料微生物污染处理措施。在微生物可忽略的污染时，不需要对喷气燃料中的微生物处理，需要时时监控微生物含量的变化，如果每次检测，微生物含量变化不大，继续进行监控；如果每次检测，微生物含量呈现递增趋势，需要采取预防措施，防止微生物达到中度或重度污染。具体措施：及时排除储罐和油箱中的积水；缩短储罐的储存周期，提高飞机的飞行频率；更换燃油系统中的过滤装置。喷气燃料微生物污染达到中度污染时，及时排除储罐底部油样和水，严格控制喷气燃料中水分，缩短监控周期。

喷气燃料微生物污染达到重度污染时，腾空一个无微生物污染的储罐，将受微生物污染的储罐中的喷气燃料经 1μm 过滤分离器滤芯过滤到无微生物污染的储罐。用含杀菌剂的水清洗储罐，清洗高度，一般选取储罐第一圈板 50cm 或储罐内壁锈痕以上 5cm；杀菌剂，可选用浓度为 130μg/g±10μg/g 的异噻唑啉酮水溶液；杀菌剂用量，油罐底面积×水高×杀菌剂浓度；杀菌时间，配置好的杀菌溶液在储罐中浸泡 16h。排空含有杀菌剂的溶液，然后用清水清洗 1~2 遍后排净，用鼓风机干燥储罐中残留的水，然后视情况对储罐进行防腐保养；用合格喷气燃料冲洗储罐一遍后，将储罐注满合格喷气燃料。

十二、喷气燃料的种类、牌号及使用

1. 喷气燃料的种类、牌号

我国民用喷气燃料的牌号只有 3 号喷气燃料，属煤油馏分，沸点范围为 150~300℃，其特点是闪点较高，规定不低于 38℃。此外，3 号喷气燃料还较严格地限制了硫醇性硫含量，使之与国际航空运输协会的相应标准一致，其产品规范见表 5-39。

2. 喷气燃料的正确使用

3 号喷气燃料的冰点不高于-47℃，可在冬季地面气温高于-35℃的地区使用。对于冬季地面气温低于-35℃的严寒区，可在燃料中加入防冰剂。高速喷气飞机($M \geqslant 2$)使用的喷气燃料，必须使用热安定性较好的燃料，以防止燃料在燃料系统中受热氧化产生沉淀，导致发动机不能正常工作。

表 5-39　3 号喷气燃料标准(GB 6537—2018)

项　　目		质 量 指 标	试 验 方 法
外观		室温下清彻透明， 目视无不溶解水及固体物质	目测
色度/号	不小于	+25[a]	GB/T 3555
组成			
总酸值(以 KOH 计)/(mg/g)	不大于	0.015	GB/T 12574
芳烃/%(体)	不大于	20.0[b]	GB/T 11132
烯烃/%(体)	不大于	5.0	GBT 11132
总硫/	不大于	0.20[c]	SH/T 0689[c]
硫醇硫[d]/%	不大于	0.0020	GB/T 1792
或博士试验		通过	NB/SH/T 0174
直馏组分/%(体)		报告	
加氢精制组分/%(体)		报告	
加氢裂化组分/%(体)		报告	
合成烃组分/%(体)		报告	
挥发性			
馏程/℃			
初馏点		报告	
10%回收温度	不高于	205	
20%回收温度		报告	
50%回收温度	不高于	232	GB/T 6536[e]
90%回收温度		报告	
终馏点	不高于	300	
残留量/%(体)	不大于	1.5	
损失量/%(体)	不大于	1.5	
闪点(闭口)/℃	不低于	38	GB/T 21789[f]
密度(20℃)/(kg/m^3)		775~830	GB/T 1884，GB/T 1885[g]
流动性			
冰点/℃	不高于	-47	GB/T 2430[h]
黏度/(mm^2/s)			GB/T 265[i]
20℃	不小于	1.25[j]	
-20℃	不大于	8.0	
燃烧性			
净热值/(MJ/kg)	不小于	42.8	GB/T 384[k]
烟点/mm	不小于	25.0	GB/T 382
或烟点最小为 20mm 时			
萘烃含量/%(体)	不大于	3.0	SH/T 0181
腐蚀性			
铜片腐蚀(100℃，2h)/级	不大于	1	GB/T 5096
银片腐蚀[l](50℃，4h)/级	不大于	1	SH/T 0023

续表

项　　目		质量指标	试验方法
安定性			
热安定性(260℃，2.5h)			GB/T 9169
压力降/kPa	不大于	3.3	
管壁评级/级		小于3，且无孔雀蓝色或异常沉淀物	
洁净性			
实际胶质/(mg/100mL)	不大于	7	GB/T 8019[m]
水反应[n]			GB/T 1793
界面情况/级	不大于	1b	
分离程度/级	不大于	2	
固体颗粒污染物含量/(mg/L)	不大于	1.0	SH/T 0093
导电性			
电导率[o]/(pS/m)		50~600	GB/T 6539
水分离指数			SH/T 0616
未加抗静电剂	不小于	85	
加入抗静电剂	不小于	70	
润滑性			
磨痕直径 WSD/mm	不大于	0.65[p]	SH/T 0687

注：经铜精制工艺的喷气燃料，油样应按 SH/T 0182 方法测定铜离子含量，不大于 150μg/kg。含有合成烃的喷气燃料要求应符合 4.3 的要求。

a. 民用喷气燃料颜色为“报告”。从供应商输送到客户过程中，客户接收喷气燃料时，颜色若出现变化，执行以下要求：初始赛波特颜色大于+25，变化不大于 8；初始赛波特颜色在 25~15 之间，变化不大于 5；初始赛波特颜色小于 15 时，变化不大于 3。

b. 对于民用航空燃料规定为体积分数不大于 25.0%。

c. 硫含量的测定也可采用 GB/T 380、GB/T 11140、GB/T 17040、SH/T 0253、NB/SH/T 0842，有争议时以 SH/T 0689 为准。

d. 硫醇硫和博士试验可任做一项，当硫醇硫和博士试验发生争议时，以硫醇硫为准。

e. 所有符合本标准的燃料在 GB/T 6536 方法中应分在第四组，冷凝管温度为 0~4℃。

f. 闪点的测定也可以采用 GB/T 21929 和 GB/T 261，如有争议时以 GB/T 21789 为准。

g. 密度的测定也可采用 SH/T 0604 方法，如有争议时以 GB/T 1884、GB/T 1885 为准。

h. 冰点的测定也可采用 SH/T 0770 方法，如有争议时以 GB/T 2430 为准。

i. 黏度的测定也可采用 GB/T 30515 方法，如有争议时以 GB/T 265 为准。

j. 对于民用航空燃料，20℃的黏度指标不作要求。

k. 净热值的测定也可采用 GB/T 2429、ASTM D3338 方法，如有争议时以 GB/T 384 为准。

l. 对于民用航空燃料，此项指标可不要求。

m. 胶质的测定也可采用 GB/T 509，如有争议时以 GB/T 8019 为准。

n. 对于民用航空燃料，对此项指标不作要求。

o. 燃料离厂时要求大于 150pS/m(20℃)。如燃料不要求加抗静电剂，对此项指标不作要求。

p. 民用航空燃料要求 WSD 不大于 0.85mm。

第五节　煤　　油

煤油主要用于点灯照明，煤油也可作为煤油炉、工业喷灯的燃料以及作为机械工业、油漆工业和农药等方面的溶剂油。

根据煤油主要用于照明这一特点，煤油应具备以下点灯照明所必须的性能：

①点燃时灯焰有足够亮度，点燃过程中亮度应平稳，下降幅度小；

②灯焰稳定，不冒或少冒黑烟，适用于有罩或无罩的油灯；

③点灯时没有臭味，对人体和家畜没有不良影响；

④灯芯吸油通畅，不结灯花，耗油率低；

⑤使用安全，着火危险性小。

为了满足上述使用要求，煤油必须具有一定的馏分组成和化学组成，并规定了相应的质量标准。

一、煤油的点燃性

煤油的化学组成对其点燃性影响很大，煤油的吸油性和洁净度对点燃性也有一定影响。在各类烃中，烷烃和环烷烃燃烧比较完全，不冒黑烟，烟点高，但火焰的亮度下降较快。芳香烃恰好相反，燃烧时不易完全，烟点小，易冒黑烟，但燃烧时火焰平稳，发光明亮，比烷烃燃烧时发出光的亮度强，亮度下降也缓慢。不饱和烃燃烧情况与环烷烃类似，但易发生氧化缩合反应，生成胶状物质，堵塞灯芯的毛细管，影响吸油性。由此可见，煤油的化学组成应以烷烃和环烷烃为主，含有一定数量的芳香烃(约10%~20%)，尽量不含或少含(不大于2%)不饱和烃。芳香烃含量应有一定的限制，含量过多，煤油点灯时易冒黑烟；灯芯上易结焦(俗称灯花)，芳香烃含量过少，则灯焰亮度不够，煤油的点燃性用燃烧性和烟点来衡量。

煤油燃烧性用点灯法测定，试油置于标准试验灯中，连续点燃16h，测定其平均燃烧速率、火焰宽度变化、火焰高度降低值，评定灯罩上附着物浓密程度以及灯罩上附着物颜色等情况。煤油的燃烧性也能衡量其吸油性和洁净度。

烟点又名无烟火焰高度，它与煤油的化学组成情况和点灯时灯罩污染情况及冒黑烟程度有密切关系。煤油的烟点高，表明其芳香烃含量少，灯罩上的附着物也少。但烟点不能说明灯焰的照明程度，因而烟点不能独立作为一个衡量煤油点燃性的指标，只能补充说明点灯试验时火焰冒烟的程度。

二、煤油的吸油性

煤油在点灯或作煤油炉燃料时，都是用棉纱灯芯吸油进行燃烧的。因而要求灯芯吸油通畅，不会堵塞灯芯的毛细管，灯芯也不会结胶变硬；并应容易点燃，单位时间内耗油量少。这些要求是由煤油的吸油性所决定的。煤油的吸油性和它的馏程、冰点、机械杂质和水分、不饱和烃含量有关，其中影响最大的是馏程和冰点。

1. 馏程

煤油的馏程过高或过低都是不利的。馏程过高的煤油黏度大，沿灯芯毛细管上升的速度慢。在点灯时，煤油中的重组分沿灯芯上升速度慢，而轻组分上升速度快，以致所剩煤油中的重组分更多，上升速度更慢，结果引起灯芯供油不足，影响灯焰亮度，严重时会堵死毛细管，使灯焰熄灭，也可能烧焦灯芯，因而必须限制重组分的含量。

煤油也不是越轻越好，馏分过轻，灯焰容易跳动，耗油量大，经济性差，馏分过轻的煤油，其闪点过低，增加了储存、使用中的着火危险性。因而煤油质量标准中规定了闪点，以保证馏分不会过轻；同时馏程规定 10%的馏出温度以保证必要的轻组分，规定了干点以限制馏分不致于太重。煤油的馏程大致为 200~300℃。

2. 冰点

有些以煤油为燃料的灯具，如汽灯和煤油喷灯等，可能在室外使用。为保证低温下煤油的吸油性，要求煤油具有较低的冰点。冰点高的煤油在较低气温下，就会析出蜡结晶，堵塞灯芯的毛细管，使灯芯吸油不足，甚至灯焰熄灭。为此 GB 253—2008《煤油》产品规范中规定煤油的冰点不得高于-30℃，以保证冬季顺利用油。

3. 不饱和烃和非烃化合物含量

煤油中应不含不饱和烃，特别是不含二烯烃和非烃化合物。当不饱和烃与硫醇等共存时，极易生成胶质。胶质能堵塞灯芯毛细管，使灯芯变硬，影响吸油。所以煤油都是由直馏馏分油经过酸碱精制除去一些非烃化合物后得到的。

三、煤油的洁净度

煤油的洁净度，不仅直接影响吸油性，也与点燃性有关。

煤油的洁净度用色度、水溶性酸或碱、机械杂质和水分以及铜片腐蚀等质量标准来控制。色度反映油中胶质的含量和煤油精制的深度，色度良好的煤油，其吸油性和点燃性也有所改善。水溶性酸或碱和铜片腐蚀两项标准，用来保证煤油不腐蚀灯具和储油容器，机械杂质和水分会影响吸油性和点燃性，所以必须除去。

四、煤油的安全性

煤油目前还是我国很多农民生活和生产的必需品，它的防火和防毒安全性，直接关系着人民的生命财产安全。

煤油是易燃易爆品，它的防火安全性由闭口闪点来控制。馏分愈轻，着火危险性愈大，为了保证安全和减少储存中的蒸发损失，规定煤油的闭口闪点不能低于 38℃。

煤油的防毒安全性，主要是指煤油燃烧后废气对人体和家畜的毒害问题。废气的毒害作用主要来自煤油中的含硫化合物，活性硫化物具有恶臭和腐蚀作用；所有硫化物燃烧后都生成 SO_2 和 SO_3，对人体和生物都是有害的。为了保证煤油没有臭味，不腐蚀金属容器，不毒害人畜，国家标准中除规定煤油对硫醇性硫含量的要求外，还规定煤油含硫量不能大于相应指标。

五、煤油的产品规范

国产煤油产品规范(GB 253—2008)分为 1 号和 2 号两种牌号，其技术指标见表 5-40。1 号煤油是低硫煤油，适用于点灯照明及无烟道的煤油燃烧器，也可用于煤矿洗煤、铜矿提纯、金属热处理工艺和铝制品加工等方面，也可作为防锈油的基础油原料。2 号煤油是普通煤油，适用于有烟道的煤油燃烧器、清洗设备和作为溶剂使用。

表 5-40 煤油标准(GB 253—2008)

项目		质量指标 1	质量指标 2	试验方法
色度/号	不小于	+25	+16	GB/T 3555
硫醇硫/%	不大于	0.003		GB/T 1792
硫含量[a]/%	不大于	0.04	0.10	GB/T 380 GB/T 11140 GB/T 17040 SH/T 0253 SH/T 0686
馏程				
10%馏出温度/℃	不高于	205		GB/T 6536
终馏点/℃	不高于	300		
闪点(闭口)/℃	不低于	38		GB/T 261
冰点[b]/℃	不高于	-30		GB/T 2430 SH/T 0770
浊点/℃	不高于	—	-15	GB/T 6986
运动黏度(40℃)/(mm^2/s)		1.0~1.9		GB/T 265
铜片腐蚀(100℃, 3h)/级	不大于	1		GB/T 5096
机械杂质及水分		无		目测[c]
水溶性酸或碱		无		GB/T 259
密度[d](20℃)/(kg/m^3)	不大于	840		GB/T 1884 和 GB/T 1885、 SH/T 0604
燃烧性[e]				
1)16h 试验				
平均燃烧速率/(g/h)		18~26	—	GB/T 11130
火焰宽度变化/mm	不大于	6	—	
火焰高度降低/mm	不大于	5	—	
灯罩附着物颜色	不深于	轻微白色	—	
或 2)8h 试验+烟点				
8h 试验		合格	合格	SH/T 0178
烟点/mm	不小于	25	25	GB/T 382

注：a. 有争议时以 SH/T 0253 为促裁试验方法。

b. 有争议时以 GB/T 2430 为促裁试验方法。

c. 目测方法是：将样品注入 100mL 玻璃量筒中，在室温 20℃±5℃下观察，透明、没有悬浮和沉降物，即为无机械杂质及水分。有争议时以 GB/T 511 和 GB/T 260 为促裁试验方法。

d. 有争议时以 GB/T 1884 及 GB/T 1885 为促裁试验方法。

e. 有争议时以 GB/T 11130 为促裁试验方法。

除了煤油外，还有以煤油为原料油，用发烟硫酸和碱深度精制后得到的特种煤油(无味煤油)，由于它主要用于某些特殊场合，故而得名。

特种煤油经过大量发烟硫酸精制，较彻底地除去了油中的不饱和烃、芳香烃、胶质、硫化物和氮化物等，具有高度的纯洁性和优良的安定性。油色水白，无蓝色荧光，无臭味，点灯时不冒黑烟，长期储存不发生氧化变质，蒸发后在金属表面没有残留物。因而特种煤油可作为矿灯的燃料，用于清洗精密金属制品、冷却和清洗电火花切割工件、对金属进行渗碳，调制乳化浆，作纺织品印染助剂等。

第六节　溶　剂　油

溶剂油不作为燃料使用，但因其馏分组成接近汽油，因此列入本章中讨论。

溶剂油是对某些物质起溶解、稀释、洗涤、萃取作用的轻质石油产品。由石油的直馏馏分油，铂重整抽余油或其他加工方法所得馏分油精制而成。我国生产四类溶剂油，即 GB 16629—2008《植物油抽提溶剂》(原 6 号抽提溶剂油)、SH 0004—1990(2007)《橡胶工业用溶剂油》、SH 0114—1992(1998)《航空洗涤汽油》和 GB 1922—2006《油漆及清洗用溶剂油》。它们都是蒸发性很强的易燃品，在储存和使用过程中应特别注意安全防火问题。为了保证人体健康，要求任何使用溶剂油类的工作场所，必须保证油气浓度不大于 0.3mg/L，含苯蒸气浓度不大于 0.05mg/L，严格规定溶剂油中不许含有四乙基铅。在储存、转输过程中，不能用输送含铅汽油(如航空活塞式发动机燃料)的管线和用装过含铅汽油的容器包装、运输溶剂油。

一、植物油抽提溶剂

植物油抽提溶剂，又名 6 号抽提溶剂油、6 号溶剂油、大豆抽提溶剂油，主要用作食用植物油脂工业中的萃取剂。由于萃取法所得植物油收率比压榨法高，所以，植物油抽提溶剂已被广泛应用。根据使用条件要求植物油抽提溶剂必须对人体无毒，能很好地溶解油脂，能方便地与萃取物分离。因而，植物油抽提溶剂是以催化重整抽余油为原料，经精制、分馏制得。GB 16629—2008《植物油抽提溶剂》与 GB 16629—1996《6 号抽提溶剂油》相比，馏程由 60~90℃(98%馏出温度)改为 61~76℃(干点)，芳烃质量分数由不大于 1%改为苯质量分数不大于 0.1%，溴指数由不大于 1000 改为不大于 100，不挥发物由不大于 3mg/100mL 改为不大于 1.0mg/100mL，硫含量由不大于 0.012 改为不大于 0.0005，其主要目的是提高植物油抽提溶剂的使用安全性，它既不含过轻的组分(从而提高了安全性)，又没有过重的组分(能和油脂完全分离)，溶剂回收率可达 99.7%~99.9%，植物油抽提溶剂的产品规范见表 5-41。

表 5-41　植物油抽提溶剂(GB 16629—2008)

项　目		质量指标	试验方法
馏程			
初馏点/℃	不低于	61	GB/T 6536
干点/℃	不高于	76	
苯含量/%	不大于	0.1	GB/T 17474

续表

项　　目		质量指标	试验方法
密度(20℃)/(kg/m³)		650~680	GB/T 1884 和 GB/T 1885 SH/T0604[a]
溴指数	不大于	100	GB/T 11136
色度/号	不小于	+30	GB/T 3555
不挥发物/(mg/100mL)	不大于	1.0	GB/T 3209
硫含量/%	不大于	0.0005	SH/T 0253[b] SH/T 0689
机械杂质及水分		无	目测[c]
铜片腐蚀(50℃，3h)/级	不大于	1	GB/T 5096

注：a. 有争议时，以 GB/T 1884 和 GB/T 1885 为促裁试验方法。

b. 有争议时，以 SH/T 0253 为促裁试验方法。

c. 将试样注入 100mL 的玻璃量筒中，室温下观察，试样应透明、无悬浮及沉降物。

二、橡胶工业用溶剂油

橡胶工业用溶剂油又名 120 号溶剂油，主要用于橡胶工业作溶解胶料、配制胶浆之用，也可用作洗涤溶剂。橡胶工业用溶剂油是以直馏馏分或催化重整抽余油为原料，经精制、分馏制得，分为优级品、一级品和合格品三类，优级品具有较低的硫含量和芳烃含量，腐蚀性小。橡胶工业用溶剂油馏程为 80~120℃，要求限制毒性大的芳香烃含量小于 3%(优级品为小于 1.5%)，并限制溴值以保证橡胶溶剂基本不含不饱和烃，以免蒸发后形成残留物，其质量标准见表 5-42。

表 5-42　橡胶工业用溶剂油标准[SH 0004—1990(2007)]

项　　目		质量指标			试验方法
		优级品	一级品	合格品	
密度(20℃)/(kg/m³)	不大于	700	730	—	GB/T 1884 和 GB/T 1885
馏程					GB/T 6536
初馏点/℃	不低于	80	80	80	
110℃馏出量/%	不小于	98	93	—	
120℃馏出量/%	不小于	—	98	98	
残留量/%	不大于	1.0	1.5	—	
溴值/(gBr/100g)	不大于	0.12	0.14	0.31	SH/T 0236
芳烃含量/%	不大于	1.5	3.0	3.0	SH/T 0166
硫含量/%	不大于	0.018	0.020	0.050	GB/T 380[a]
博士试验		通过	通过	—	SH/T 0174
水溶性酸或碱		无			GB/T 259

续表

项 目	质量指标			试验方法
	优级品	一级品	合格品	
机械杂质及水分[b]	无			
油渍试验[c]	合格			

注：a. 允许用 SH/T 0253 测定，有异议时，用 GB/T 380 仲裁。

b. 将油样注入 100mL 玻璃量筒中，于室温(20℃±5℃)观察，必须透明，没有悬浮和沉降的机械杂质和水，有异议时，按 GB/T 511 和 GB/T 260 测定。

c. 油渍试验方法：将溶剂油蒸馏试验的残留物，用小滤纸滤入干净的试管或量筒中，用吸管取其滤液往干净的滤纸上滴 3 滴，在室温(20℃±3℃)下放置 30min，如滤纸上没有油渍存在，即认为合格。

三、航空洗涤汽油

航空洗涤汽油主要用于洗涤航空发动机中的精密机件，也可用作精密仪器仪表的清洗溶剂。航空洗涤汽油是一种宽馏分的直馏轻质汽油，不含四乙基铅，其沸点范围为 40~180℃。为了保证不腐蚀所洗涤的机件，对航空洗涤汽油规定了严格的酸度、水溶性酸或碱、腐蚀、含硫量、机械杂质和水分等质量指标，产品规范见表 5-43。

表 5-43 航空洗涤汽油规范[SH 0114—1992(1998)]

项 目		质量指标	试验方法
馏程			GB/T 255
初馏点/℃	不低于	40	
10%馏出温度/℃	不高于	80	
50%馏出温度/℃	不高于	105	
90%馏出温度/℃	不高于	145	
终馏点/℃	不高于	180	
残留量及损失/%(体)	不大于	2.5	
酸度/(mgKOH/100mL)	不大于	1.0	GB/T 258
水溶性酸或碱		无	GB/T 259
铜片腐蚀(50℃，3h)/级	不大于	1	GB/T 5096
硫含量/%	不大于	0.05	GB/T 380
碘值/(gI_2/100g)	不大于	10	SH/T 0234
实际胶质/(mg/100mL)	不大于	2	GB/T 509
机械杂质及水分		无	目测[a]

注：a. 将油样注入 100mL 的量筒中，于室温(20℃±5℃)观察，应当透明，没有悬浮或沉降的机械杂质和水。在有异议时，按 GB/T 511 和 GB/T 260 方法进行。

四、油漆及清洗用溶剂油

油漆及清洗用溶剂油我国目前目前执行的国家标准是 GB 1922—2006《油漆及清洗用溶剂油》，它代替了 GB 1922—1980《溶剂油》和石化行业标准 SH 0005—1990(1998)《油漆工业用溶剂油》。GB 1922—2006《油漆及清洗用溶剂油》按产品馏程分为 5 个牌号，分别是 1 号中沸点溶剂油，2 号高沸点、低干点溶剂油，3 号高沸点溶剂油，4 号高沸点、高闪点溶剂油，5 号煤油型溶剂油。高沸点溶剂油按照芳烃体积含量进一步分为 3 种类型，分别是普通型，芳烃含量 8%~22%；中芳型，芳烃含量 2%~8%；低芳型，芳烃含量 0~2%。中沸点和煤油型分为中芳型和低芳型两种类型。

GB 1922—2006《油漆及清洗用溶剂油》与 GB 1922—1980《溶剂油》的主要差异是删除了 70 号和 90 号产品牌号，由 2 号代替原标准中的 190 号，5 号代替原标准中的 260 号，增加了 1 号和 4 号产品牌号类型。GB 1922—2006《油漆及清洗用溶剂油》中的 3 号代替 SH 0005—1990(1998)《油漆工业用溶剂油》(以前称为 200 号溶剂汽油)，具体产品规范见表 5-44。

溶剂油主要用于油漆溶剂或稀释剂，中芳型和低芳型溶剂也可用做有涂层或无涂层金属部件的清洗剂(脱脂剂)，但在使用之前需检查涂层与溶剂油的适应性。

油漆中的成膜物是加工后的油脂和树脂，都是十分黏稠的液态、半固态甚至固态物质，无法直接涂刷在物体表面，必须加入溶剂稀释后，才能涂刷在物体表面，形成漆膜薄层。当溶剂蒸发后，成膜物氧化干燥，形成光滑的弹性漆膜。醇类、酮类、酯类都是很好的油漆稀释剂，但价格较贵，因而工业上大多采用溶剂油。作为油漆用溶剂油，对油脂和树脂应具有很强的溶解能力。芳香烃对这些物质的溶解能力比其他烃类强，但芳香烃对人体的毒害大，为保证安全，必须控制芳香烃含量不能过大，但芳香烃的含量过少，因溶解能力差而出现分层现象，影响使用效果。油漆用溶剂油的蒸发速度必须与漆膜形成速度相适应，蒸发速度过快，漆膜表面会产生裂纹和气泡；蒸发速度太慢，油漆干燥时间太长。影响其蒸发性能的质量指标是溶剂油的馏程，为保证生产、储运和施工中的安全，要求溶剂油应具较高的闭口闪点。

1 号中沸点溶剂油主要用做快干型油漆溶剂(或稀释剂)，也可用做毛纺羊毛脱脂剂及精密仪器清洗剂，其使用特点为干燥时间短、挥发速度快。

2 号高沸点、低干点溶剂油用做油漆溶剂(或稀释剂)以及干洗溶剂。作干洗和清洗剂时，清洗物不易留痕迹。

3 号高沸点溶剂油主要用做油漆溶剂(或稀释剂)以及干洗溶剂。作为清洗剂(或稀释剂)时，与 1 号产品比较，其挥发速度慢、溶解能力强，也广泛用于金属表面的清洗。

4 号高沸点、高闪点溶剂油用在工作环境要求油漆、除油污及衣物干洗剂闪点较高的场合。

5 号煤油型溶剂油适用于作金属表面除油污溶剂，具有低挥发、闪点高、环境污染小，易回收的特点，尤其适用于轴承及金属部件防锈油脂的脱除。

表 5-44　油漆及清洗用溶剂油(GB 1922—2006)

项　目	1号		2号			3号			4号			5号		试验方法
	中芳型	低芳型	普通型	中芳型	低芳型	普通型	中芳型	低芳型	普通型	中芳型	低芳型	中芳型	低芳型	
芳烃含量[a]/%(体)	2~8	0~<2	8~22	2~8	0~<2	8~22	2~8	0~<2	8~22	2~8	0~<2	2~8	0~<2	GB/T 11132 SH/T 0166 SH/T 0245 SH/T 0411 SH/T 0693
外观	透明，无沉淀及悬浮物													目测[b]
闪点(闭口)/℃　不低于	4		38			38			60			65		SH/T0733[c] GB/T 261
颜色　不深于	赛波特色号+28 或铂-钴色号 10		赛波特色号+25 或铂-钴色号 25			赛波特色号+25 或铂-钴色号 25			赛波特色号+25 或铂-钴色号 25			赛波特色号+25		GB/T 3555 GB/T 3143
溴值/(gBr/100g)　不大于	5											—		GB/T 11135[d] SH/T 0236
博士试验	—		通过											SH/T 0174
馏程														GB/T 6536
初馏点/℃　不低于	115		150			150			175			200		
50%蒸发温度/℃　不高于	130		175			180			200			—		
干点/℃　不高于	155		185			215			215			300		
残留量/%(体)　不大于	—		1.5			1.5			1.5			—		
水溶性酸或碱	—		无											GB/T 259
铜片腐蚀/级　不大于														GB/T 5096
100℃，3h	—		—			—			—			1		
50℃，3h	1		1			1			1			—		
密度(20℃)/(kg/m^3)	报告													GB/T 1884 GB/T 1885

注：①表中第 1 项和第 3 项技术要求为强制性，其他为推荐性。

②如果用户要求溶剂油的贝壳松脂丁醇值，技术指标由供需双方协商，试验方法采用 GB/T 11134。

a. 芳烃的测定可根据馏程选择适当的方法。采用 SH/T 0166、SH/T 0245 和 SH/T 0411 测定时，标准样品按体积百分数配制。有争议时，当芳烃含量(体)大于 5%时，采用 GB/T 11132 方法仲裁；当芳烃含量(体)小于 5%时，1 号采用 SH/T 0166 方法，2 号、3 号、4 号采用 SH/T 0245 方法，5 号采用 SH/T 0411 方法仲裁。

b. 将试样注入 100mL 量筒中，在室温下观察，无悬浮物及游离水。有争议时分别采用 GB/T 511 和 GB/T 260 方法。

c. 对于预估闪点高于室温 10℃以上的样品允许采用 GB/T 261，有争议时采用 SH/T 0733 方法。

d. 有争议时采用 GB/T 11135 方法。

第七节　燃料油

燃料油分为船用燃料油、工业及船用燃气轮机燃料和加热炉燃料三类，广泛用作船用柴油机燃料、船用锅炉燃料、燃气轮机燃料、加热炉燃料、冶金炉和其他工业炉燃料。

一、锅炉和工业炉的工作原理

各种锅炉和工业炉的基本工作原理和燃料系统大致相同，其燃料系统由储油罐、抽油泵、过滤器、预热器、调节阀、喷油嘴等设备组成。抽油泵将燃料油从储油罐中抽出，再经过粗、细过滤器，除去机械杂质，再进入预热器，加热到 70～120℃。预热后的燃料油黏度降低，流动性增大了，然后经过调节阀。在 800～2000kPa 压力下，燃料油通过喷油嘴，由空气或蒸汽将其分散成雾状喷入炉膛，进行燃烧，锅炉输出具有一定压力温度的蒸汽，驱动汽轮机或其他装置做功。工作过的废气通过冷凝装置变成水，经预热后再送回锅炉继续蒸发，循环工作。燃烧生成的废气经烟囱排入大气。

船用蒸汽涡轮机工作原理图见图 5-3，蒸汽轮机的优点是单机功率大，使用可靠，运转平稳，无振动和噪声，检修工作量小，锅炉可燃用劣质油。但汽轮机油耗比柴油机高，即使采用再热循环的汽轮机装置，也比低速柴油机高 40%左右。

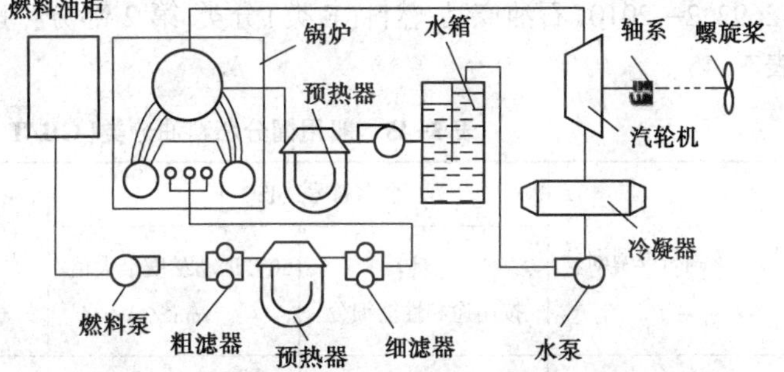

图 5-3　船用蒸汽涡轮机工作原理图

喷油嘴是锅炉和工业炉的重要组成部分，主要有以下三种不同类型：

①利用蒸汽流把燃料油吹散成雾状喷入炉膛的蒸汽喷嘴；

②采用空气流雾化燃料油的空气喷嘴；

③借助燃料油泵的高压雾化燃料油的机械喷嘴。不同热负荷的燃烧炉，选用不同类型的喷油嘴，不同型号的喷油嘴，要求使用不同牌号的燃料油作为燃料。

由于燃料油是通过喷油嘴直接喷散在炉膛内进行燃烧的，对燃料油的要求远不如对内燃机燃料那么严格。燃料油主要由石油的裂化残渣油和直馏残渣油制成的，其特点是黏度大，含非烃化合物，胶质、沥青质多。为了保证工业炉具有高的热效率，燃料油必须易被喷散，雾化良好，燃烧完全，同时还应具备一些其他必要的使用性能。

二、燃气轮机工作原理

燃气轮机由压气机、燃烧室和燃气涡轮（涡轮）等组成。燃气轮机的工作原理：压气机（即压缩机）连续地从大气中吸入空气并将其压缩，压缩后的空气进入燃烧室，与喷入的燃料混合后燃烧，成为高温燃气，随即流入燃气涡轮（涡轮）机中膨胀做功，推动涡轮机叶轮带着压气机叶轮一起旋转。加热后的高温燃气的做功能力显著提高，因而涡轮机在带动压气机的同时，尚有余功作为燃气轮机的输出机械功。

燃气轮机工作原理图见图 5-4，燃气轮机动力装置在 20 世纪 50 年代开始用于船

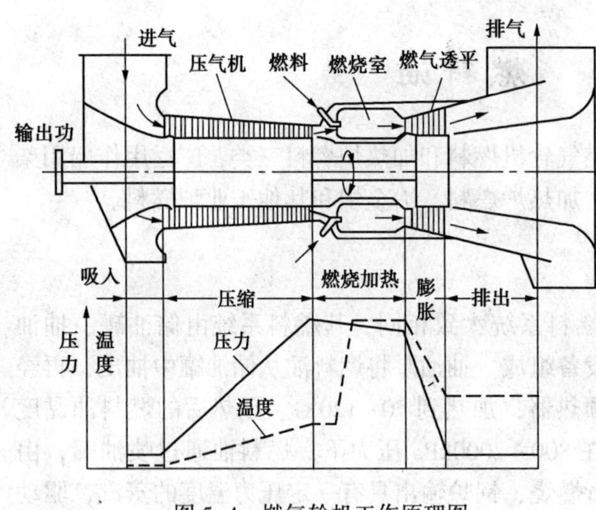

图 5-4　燃气轮机工作原理图

舶，目前主要用于军用舰艇和少量的民用舰艇，在发电厂也有应用。燃气轮机同柴油机和汽轮机比较，单机功率大、体积小、质量轻、加速性能好，能随时启动并很快发出最大功率。燃气轮机在高温、高压下工作，对燃油质量要求很高，但热效率也比柴油机低得多。

三、种类、牌号及使用

1. 质量分类

(1)船用燃料油

中国石化石油化工科学研究院等效采用 ISO 8216-1：2005《石油产品燃料(F 类)分类　第 1 部分：船用燃料品种》制定了 GB/T 12692.2—2010《石油产品 燃料(F 类)分类 第 2 部分：船用燃料油品种》，具体分类情况见表 5-45。

表 5-45　船用馏分燃料油分类(GB/T 12692.2—2010)

组：按燃料类型细分	命名符号 ISO-F- 品种：按用途和性能细分	命名符号 ISO-F- 50℃运动黏度最大值/(mm^2/s)	说　明
船用馏分燃料	DMX	—	机舱外应急目的使用
	DMA	—	一般用途，不含残渣组分
	DMB	—	一般用途，可含微量残渣组分
	DMC	—	一般用途，可含少量残渣组分
船用残渣燃料	RMA	30	在 ISO 8217：2005 中，对所有类型的产品规定有密度最大限值
	RMB	30	
	RMD	80	
	RME	180	
	RMF	180	
	RMG	380	
	RMH	380	
	RMK	380	
	RMH	700	
	RMK	700	

按 GB/T 12692.2 规定，产品命名形式由组合在一起的字母符号来表示。

该类产品符号构成如下：

①首字母 ISO；

②代表燃料类的字母 F；

③燃料品种由三个字母构成：品种的第一个字母是组别字母，D 代表馏分，R 代表残渣；第二个字母 M 代表燃料应用于“船舶”；第三个字母 X，A，B，C，…，K 单独存在时无意义，仅在产品规格中涉及产品特殊性能时有意义；

④数字，用于残渣燃料产品，表示产品 50℃时的最大黏度，以 mm^2/s 为单位。

例如，ISO-F-RMA 30 代表 50℃时最大黏度为 $30mm^2/s$ 的残渣船用燃料油。

（2）燃气轮机燃料

中国石化石油化工科学研究院等效采用 ISO 8216/2—1986《石油产品燃料（F 类）分类 第 2 部分：工业及船用燃气轮机燃料品种》制定了 GB/T 12692. 3—1990《石油产品 燃料（F 类）分类 第 3 部分：工业及船用燃气轮机燃料品种》，具体分类情况见表 5-46。

表 5-46　燃气轮机燃料油分类（GB/T 12692. 3—1990）

燃料类型	命名符号 ISO-F-		说　明
	品种：按照应用细分	区分数字	
馏分燃料	DST	0	低闪点石油馏分，石脑油型
	DST	1	中闪点石油馏分，煤油型
	DMT	1	
	DST	2	石油馏分，柴油型
	DMT	2	
	DST	3	低灰分馏分，可含少量蒸馏残渣油
	DMT	3	
残渣燃料	RST	3	低灰分石油残渣燃料，可含有石油加工成的重质组分
	RMT	3	
	RST	4	石油残渣燃料，含有石油加工成的重质组分
	RMT	4	

按 GB/T 12692. 3 规定，产品命名形式由组合在一起的字母符号来表示。

该类产品符号构成如下：

①首字母 ISO；

②代表燃料类的字母 F；

③燃料品种由三个字母构成：第一个字母是组别字母，D 代表馏分，R 代表残渣；第二个字母表示燃料应用领域，S 代表固定装置，M 代表船用；第三个字母 T 表示燃气轮机；

④数字（0，1，2，3，4）是产品性能上区分的标志。从产品性能方面来说，这些数值没有数值的含义。

例如，ISO-F-DMT2 代表柴油型船用燃气轮机燃料。

2. 种类、牌号及使用

（1）燃料油

SH/T 0356—1996《燃料油》根据 40℃或 100℃时的运动黏度分为 1 号、2 号、4 号轻、4 号、5 号轻、5 号重、6 号和 7 号共 8 个牌号，其产品规范见表 5-47。

表 5-47 燃料油(SH/T 0356—1996)

项目		质量指标								试验方法
		1号	2号	4号轻	4号	5号轻	5号重	6号	7号	
闪点(闭口)/℃	不低于	38	38	38	55	55	55	60	—	GB/T 261
闪点(开口)/℃	不低于	—	—	—	—	—	—	—	130	GB/T 3536
水和沉淀物/%(体)	不大于	0.05	0.05	0.05[a]	0.05[a]	1.00[a]	1.00[a]	2.00[a]	3.00[a]	GB/T 6533
馏程/℃										GB/T 6536
10%回收温度	不高于	215	—	—	—	—	—	—	—	
90%回收温度	不低于	—	282	—	—	—	—	—	—	
	不高于	288	338	—	—	—	—	—	—	
运动黏度/(mm^2/s)										GB/T 265 或 GB/T 11137
40℃	不小于	1.3	1.9	1.9	5.5	—	—	—	—	
	不大于	2.1	3.4	5.5	24.0[b]	—	—	—	—	
100℃	不小于	—	—	—	—	5.0	9.0	15.0	—	
	不大于	—	—	—	—	8.9[b]	14.9[b]	50.0[b]	185	
10%蒸余物残炭/%	不大于	0.15	0.35	—	—	—	—	—	—	SH/T 0160
灰分/%	不大于	—	—	0.05	0.10	0.15	0.15	—	—	GB/T 508
硫含量/%	不大于	0.50	0.50	—	—	—	—	—	—	GB/T 380 或 GB/T 388 或 GB/T 11140
铜片腐蚀(50℃, 3h)/级	不大于	3	3	—	—	—	—	—	—	GB/T 5096
密度(20℃)/(kg/m^3)	不小于	—	—	872[c]	—	—	—	—	—	GB/T 1884 及 GB/T 1885
	不大于	846	872	—	—	—	—	—	—	
倾点/℃[d]	不高于	-18	-6	-6	-6	—	—	e	—	GB/T 3535

注：①本标准的某一个牌号燃料油只有一个指标不合格，也不能自动改为下一级牌号。除非它符合下一级牌号的全部要求。然而，对特殊操作条件的个别指标的修改可在买方、卖方和生产厂间协商。

②试验方法也可采取标准第 2 章所列的相应方法。但是上表中规定的试验方法是仲裁方法。

a. 用 GB/T 260 蒸馏方法测得的水分加上利用 GB/T 6531 抽提法测得的沉淀物的总量不应超过表上所示的值。对 6 号燃料油抽提法所得的沉淀物不得超过 0.50%，当水分和沉淀物超过 1%(体)时，应在总量中全部扣除。当 7 号燃料油的水分和沉淀物超过 2%(体)时，应在总量中全部扣除。当有争议时，以 GB/T 6533 测定结果为准。

b. 当需要低硫燃料的情况下，可根据供需双方商定，供给黏度小的燃料油。

c. 这个限值是为了保证最低的热值，也为了避免误报为 2 号燃料油和不正确的使用。

d. 只要储存和使用需要，可以规定较低和较高的倾点，但当规定倾点低于-18℃时，2 号燃料油的黏度应不小于 1.7mm^2/s，同时不控制 90%的回收温度。

e. 如果需要低硫燃料油，6 号燃料油应分等级为低倾点的(不高于+15℃)或高倾点的(不控制最高值)，如果油罐和管线无加热设施，应使用低倾点的燃料油。

1 号和 2 号是馏分燃料油，适用于家用或工业小型燃烧器上使用。特别是 1 号适用于汽化型燃烧器，或用于储存条件要求低倾点燃料油的场合。

4 号轻和 4 号是重质馏分燃料油，或者是馏分燃料油与残渣燃料油混合而成的燃料油。适用于要求该黏度范围的工业燃烧器上使用。

5 号轻、5 号重、6 号和 7 号是黏度和馏程范围递增的残渣燃料油。适用于工业燃烧器，为了装卸和正常雾化，燃料油通常需要预热。

(2) 船用燃料油

为满足我国远洋船舶的用油需要，便于远洋船舶在世界范围内选用船用燃料油，我国制定了 GB/T 17411—2015《船用燃料油》产品规范。该规范将船用燃料油分为船用馏分燃料油和船用残渣燃料油二类，其质量要求见表 5-48 和表 5-49。

表 5-48　船用馏分燃料油的要求(GB/T 17411—2015)

项　目		指标				试验方法
		DMX	DMA	DMZ	DMB	
运动黏度(40℃)/(mm²/s)	不大于 不小于	5.500 1.400	6.000 2.000	6.000 3.000	11.00 2.000	GB/T 265
密度/(kg/m³)(需满足下列要求之一): 15℃ 20℃	 不大于 不大于	 — —	 890.0 886.5	 890.0 886.5	 900.0 896.9	GB/T 1884 和 GB/T 1885[a]
十六烷指数	不小于	45	40	40	35	SH/T 0694
硫含量[b]/% Ⅰ Ⅱ Ⅲ	不大于	 1.00 0.50 0.10	 1.00 0.50 0.10	 1.00 0.50 0.10	 1.50 0.50 0.10	GB/T 17040[c]
闭点(闭口)/℃	不低于	60.0	60.0	60.0	60.0	GB/T 261(步骤 A)
硫化氢[d]/(mg/kg)	不大于	2.00	2.00	2.00	2.00	IP 570(步骤 A)
酸值(以 KOH 计)/(mg/g)	不大于	0.5	0.5	0.5	0.5	GB/T 7304
总沉淀物(热过滤法)/%	不大于	—	—	—	0.10[e]	SH/T 0701
氧化安定性/(mg/100mL)	不大于	2.5	2.5	2.5	2.5[f]	SH/T 0175
10%蒸余物残炭 /% 残炭/%	 不大于 不大于	 0.30 —	 0.30 —	 0.30 —	 — 0.30	GB/T 17144
浊点/℃	不高于	-16	—	—	—	GB/T 6986
倾点[g]/℃　冬季 夏季	不高于 不高于	— —	-6 0	-6 0	0 6	GB/T 3535
外观		清晰透明[h]			[e,f,i]	目测
水分/%(体)	不大于	—	—	—	0.3[e]	GB/T 260
灰分/%	不大于	0.01	0.01	0.01	0.01	GB/T 508
润滑性 校正磨痕直径(WS1.4)(60℃)/m	不大于	520	520	520	520[j]	SH/T 0765

注：a. 测定方法也包括 SH/T 0604，结果有争议时，以 GB/T 1884 和 GB/T 1885 为仲裁方法。

b. 尽管给出了限值，买方应该按照船舶行驶区域的有关法规限制确定最大硫含量，参见附录 C。

c. 测定方法也包括 GB/T 387、GB/T 11140、SH/T 0172、SH/T 0253、SH/T 0689、NB/SH/T 0842，结果有争议时，以 GB/T 17040 为仲裁方法，采用试验前各方认可的有证的硫标准物质。

d. 参见附录 D，该项目由供需双方协商是否检测。

e. 如果样品不透明，要求做总沉淀物(热过滤法)和水分实验，如果样品透明，总沉淀物(热过滤法)和水分试验可以不做。

f. 如果样品不透明，氧化安定性试验可不做，氧化安定性限值不适用，此时应测定总沉淀物(热过滤法)。

g. 买方应确保倾点适合船上设备要求，尤其是船舶运行在寒冷气候环境下。

h. 样品注入 100mL 量筒中，在 20~25℃温度下，在光线好的地方(非强光和黑暗)观察，应无可见沉淀物和水。

i. 如果样品不透明，润滑性试验可不做，润滑性限值不适用。

j. 此要求适用于硫含量低于 0.050%(500mg/kg)清澈透明的燃料。

表 5-49　船用残渣燃料油的要求(GB/T 17411—2015)

特性		指标											试验方法
		RMA 10	RMB 30	RMD 80	RME 180	RMG 180	RMG 380	RMG 500	RMG 700	RMK 380	RMK 500	RMK 700	
运动黏度(50℃)/(mm²/s)	不大于	10.0	30.0	80.0	180.0	180.0	380.0	500.0	700.0	380.0	500.0	700.0	GB/T 11137
密度/(kg/m³)(需满足下列要求之一): 15℃ 20℃	 不大于 不大于	 920.0 916.5	 960.0 956.6	 975.0 971.6	 991.0 987.6	 991.0 987.6				 1010.0 1006.6			GB/T 1884 和 GB/T 1885[a]
碳芳香度指数(CCAI)	不大于	850	860	860	860	870				870			见附录 F
硫含量[b]/% Ⅰ Ⅱ Ⅲ	不大于	 3.50 0.50 0.10						 3.50 0.50					GB/T 17040[c]
闪点(闭口)/℃	不低于	60	60	60	60	60				60			GB/T 261(步骤 B) 参见附录 G
硫化氢[d]/(mg/kg)	不大于	2	2	2	2	2				2			IP 570(步骤 A)
酸值[e](以 KOH 计)/(mg/g)	不大于	2.5	2.5	2.5	2.5	2.5				2.5			GB/T 7304
总沉淀物(老化法)/%	不大于	0.10	0.10	0.10	0.10	0.10				0.10			SH/T 0702
残炭/%	不大于	2.5	10.0	14.0	15.0	18.0				20.0			GB/T 17144
倾点[f]/℃　冬季 夏季	不高于 不高于	0 6	0 6	30 30		30 30				30 30			GB/T 3535
水分[g]/%(体)	不大于	0.30	0.50	0.50	0.50	0.50				0.50			GB/T 260

续表

特性		指标											试验方法
		RMA 10	RMB 30	RMD 80	RME 180	RMG 180	RMG 380	RMG 500	RMG 700	RMK 380	RMK 500	RMK 700	
灰分/%	不大于	0.04	0.07	0.07	0.07	0.10				0.15			GB/T 508
钒/(mg/kg)	不大于	50	150	150	150	350				450			IP 501[h]
钠/(mg/kg)	不大于	50	100	100	50	100				100			IP 501
铝+硅/(mg/kg)	不大于	25	40	40	50	60				60			IP 501[i]
净热值/(MJ/kg)	不小于	39.8											GB/T 384[j]
使用过的润滑油(ULO)/(mg/kg) 钙和锌 钙和磷		燃料油应不含 ULO，符合下述条件之一，认为燃料油含有 ULO： 钙>30 且锌>15 钙>30 且磷>15											IP 501

注：残渣燃料油的的清洁度和相容性见附录 L。

a. 测定方法也包括 SH/T 0604，结果有争议时，以 GB/T 1884 和 GB/T 1885 为仲裁方法。

b. 尽管给出了限值，卖方应该按照船舶行驶区域的有关法规限值确定最大硫含量，参见附录 C。

c. 测定方法也包括 GB/T 387、GB/T 1140、SH/T，结果有争议时，以 GB/T 17040 为仲裁方法，采用试验前各方认可的有证的硫标准物质。

d. 参见附录 D，本标准该项目由供需双方协商是否检测。

e. 参见附录 H。

f. 买方应确保倾点适合穿上设备要求。尤其是船舶运行在寒冷气候。

g. 水分超过 0.5%的应予需方协商并经用户认可，但最高不大于 1.0%。

h. 测定方法也包括 GB/T 12575、SH/T 0715、ISO 14597，结果有争议时，以 IP 501 为仲裁方法。参见附录 I。

i. 测定方法也包括 SH/T 0706，结果有争议时，以 IP 501 为仲裁方法。参见附录 J。

j. 热值也可以由附录 E 计算获取，结果有争议时，以 GB/T 384 为仲裁方法。

(3) 燃气轮机燃料

中国石油化工总公司石油化工科学研究院修改采用ISO 4261：1993《石油产品　燃料(F级)分类　工业及船用燃气轮机燃料规格》制定了GB/T 29114—2012《燃气轮机液体燃料》产品规范，规定了非航空用燃气轮机液体燃料的分类和要求，其产品规范见表5-50。

表5-50　燃气轮机液体燃料(GB/T 29114—2012)

项　目		质量指标						试验方法
		ISO-F-[a]						
		DST0	DST1 DMT1	DST2 DMT2	DST3 DMT3	RST3 RMT3	RST4 RMT4	
		低闪点石油馏分(石脑油型)	中闪点石油馏分[喷气燃料(煤油型)]	石油馏分(柴油型)	低灰分石油馏分	低灰分残渣燃料或含有石油炼制中重质组分的馏分油	石油炼制中重质组分的石油燃料	
闪点(闭口)/℃	不低于	—	38(陆用) 43(海用)	56(陆用) 60(海用)	56(陆用) 60(海用)	60	60	GB/T 261
运动黏度/(mm^2/s) 40℃ 100℃		≥1.3 —	1.3~2.4 —	1.3~5.5 —	1.3~11.0 —	1.3~20.0 —	— ≤55	GB/T 265
15℃密度/(kg/m^3)	不大于	报告	报告	880	900	920	996	GB/T 1884 GB/T 1885
馏程 90%(体)回收温度/℃	不高于	288	288	365	—	—	—	GB/T 6536
倾点[b]/℃	不高于	—	-18	-6	报告	报告	报告	GB/T 3535
残炭/%	不大于	0.15(10%蒸余物)	0.15(10%蒸余物)	0.15(10%蒸余物)	0.25	1.50	报告	SH/T 0160
灰分/%	不大于	0.01	0.01	0.01	0.01	0.03	0.15	GB/T 508
水分/%(体)	不大于	0.05	0.05	0.05	0.30	0.50	1.0	GB/T 260
沉淀物/%(体)	不大于	0.01	0.01	0.01	0.05	0.05	0.25	GB/T 6531
硫含量/%[c]	不大于	0.5	0.5	—	—	—	—	GB/T 12700
		0.5	0.5	1.3	2.0	2.0	4.5	GB/T 17040[d]
铜片腐蚀/级	不大于	1 (50℃,3h)	1 (100℃,3h)	1 (50℃,3h)	—	—	—	GB/T 5096
计算法净热值/(MJ/kg)	不低于	报告	42.8	41.6	40.0	40.0	39.4	附录C

注：a. 由于原油是多种多样的，无需定义原油的类别。如果采用原油为工业用涡轮发动机的燃料，这种用法须由涡轮发动机制造者和用户达成一致。

b. 冬季低于6℃操作时，燃料系统应有加热设施。

c. 燃气涡轮发动机废热回收装置要求另外控制硫含量，以防止对冷却末端的腐蚀。

d. 硫含量的测定方法也可采用GB/T 387、GB/T 11140、SH/T 0172，有争议时以GB/T 17040为仲裁方法。

第八节　替代燃料的性质及应用

近年来，我国汽车工业发展迅速，随着轿车进入家庭速度的快速增加，汽车保有量也逐年增加。目前，我国汽车使用的燃料几乎为石油，发动机燃料的供应将更加紧张。

随着汽车保有量的增长和世界石油资源的日益减少，各国都在千方百计降低汽车的燃料消耗率和致力于代用燃料和新能源的开发研究工作，以减轻对石油资源的过分依赖。我国石油开发和生产严重滞后于消费增长，供需矛盾日益突出，进口量大幅度上升。随着工业化进程的加快和汽车保有量的增加，我国未来石油需求将呈强劲增长态势，供需缺口较大。因此，节约和使用替代燃料是解决我国石油资源短缺，缓解石油供需矛盾，保障国家经济安全和长远发展的重大战略措施。

另一方面，汽车用的汽油、柴油造成的环境污染，也是人们使用其他清洁能源替代石油产品的重要原因。当前，汽车尾气中污染物(碳氢化合物、一氧化碳、二氧化碳、氮氧化物、颗粒物等)已成为当前我国城市空气污染的主要污染源之一。因此，减少汽车尾气污染物排放量已成为保护环境的迫切需要。使用清洁代用燃料是减少汽车排放污染的有效途径，而使用可再生的低二氧化碳排放量的清洁能源是减少我国二氧化碳排放总量的最佳选择，是对我国履行《京都议定书》、减排温室气体承诺的巨大支持，也是维护我国国际形象和地位的需要。

生物质是指由光合作用而产生的各种有机体，包括所有的动植物和微生物。生物质能是太阳能以化学能形式储存在生物中的一种能量形式，一种以生物质为载体的能量。它直接或间接地来源于植物的光合作用，可转化成常规的固态、液态和气态燃料，取之不尽，用之不竭，是一种可再生能源。生物质能的原始能量来源于太阳，所以生物质能是太阳能的一种表现形式。

生物质能是仅次于煤炭、石油、天然气的第四大能源，在整个能源系统占有重要地位的生物质能一直是人类赖以生存的重要能源之一。这些以葡萄糖、淀粉等物质形式存在于植物内部的能量，经过生物技术的加工，就能够转变成乙醇、生物柴油、甲醇、二甲醚、甲烷、氢气等燃料。因生物质能源不含硫和其他杂质，燃烧时不产生 SO_2 等有害气体，所以这些生物燃料有“绿色能源”之称。生物质能是来源于太阳能的一种可再生能源，具有资源丰富、含碳量低的特点，加之在其生长过程中吸收大气中的 CO_2 而成为元素，因而用新技术开发利用生物质能不仅有助于减轻温室效应和生态良性循环，而且可替代部分石油、煤炭等化石燃料，成为解决能源与环境问题的重要途径之一。

目前，生物质能技术的研究与开发已成为世界重大热门课题之一，受到世界各国政府与科学家的关注。许多国家都制定了相应开发研究计划，如欧盟可再生能源起飞运动、印度的绿色能源工程、美国的能源农场和巴西的酒精能源计划等，其中生物质液体燃料的开发利用占有相当的比重。我国对可再生能源的研究开发非常重视，大力开发生物质能资源，采用高新技术将农作物、秸秆等生物质能转化为高品位液体燃料，对于改善我国以化石燃料为主的能源结构具有重要的战略意义和现实意义。

在生物质液体燃料的研究开发中，醇类燃料和生物柴油是主要的研究开发对象。除此之外，我国目前使用量大的替代清洁燃料还有天然气和液化石油气。

一、醇类燃料

在众多的清洁燃料中，醇类燃料由于具有来源广泛、丰富，抗爆性好，与石油燃料的理化性能相近，因而受到更多的重视。醇类燃料汽车是指以甲醇汽油、乙醇汽油、甲醇、乙醇为燃料的汽车，它与电动车、天然气汽车一样，都是新能源和清洁燃料汽车。

1. 醇类燃料的性质

甲醇和乙醇均是无色透明、易挥发的可燃液体。甲醇和乙醇与汽油相比，热值低、蒸发潜热大、抗爆性好、含氧量高。甲醇略带酒精味，有毒，进入人体会引起胃痛、肌肉痉挛、头昏、乏力等症状，严重时可导致失明甚至死亡。乙醇又称酒精，有强烈的酒精气味，对人体的大脑神经有麻痹作用。甲醇和乙醇的理化性质与汽油的比较见表 5-51。

表 5-51　甲醇、乙醇和汽油理化指标的比较

项　目	汽油	甲醇	乙醇	项　目	汽油	甲醇	乙醇
分子式	C_4~C_{12}	CH_3OH	C_2H_5OH	理论空燃比/(kg/kg)	14.73	6.45	8.97
物理状态	液态	液态	液态	蒸发潜热/(kJ/kg)	349	1101	913
密度，20℃/(g/cm^3)	0.70~0.76	0.792	0.789	沸点/℃	35~205	64.7	78.3
闪点(闭口)/℃	-43	11.1	21.8	饱和蒸气压(37.8℃)/kPa	74~88	32	17
低热值/(MJ/kg)	44.39	20.10	27.37	辛烷值/(RON)	90~98	112	111
热值比	1	0.45	0.61	自燃点/℃	495	464	423
理论混合气热值/(kJ/kg)	2939	2848	2977	燃烧速度/(m/s)	0.33	0.52	0.48
含氧量/%	0	50	35	着火极限/%(体)	1.4~7.6	6.7~36.0	4.3~19.0

2. 使用醇类燃料的可行性

(1) 动力性、经济性分析

醇类燃料(甲醇和乙醇)由于来源丰富，作为发动机燃料的使用性能与汽油接近，因而成为最有前途的发动机清洁燃料。由表 5-51 可知，甲醇、乙醇性质类似之处很多，与汽油相比，它们的缺点和优点几乎相同，只是程度略有差别。另外，醇类燃料吸水性强、化学活性高、容易发生早燃等。

由表 5-48 可知，甲醇和乙醇尽管热值较汽油小得多，但由于含氧量较高，其理论混合气热值与汽油接近，因此，甲醇和乙醇可以作为汽油机燃料使用，而且其动力性可以接近使用汽油的发动机。此外，甲醇和乙醇的辛烷值远高于普通汽油，抗爆性好，发动机的压缩比可适当加大，从而可提高发动机的热效率和动力性。

甲醇和乙醇的热值较低，其燃料消耗量从理论上讲，应是燃用汽油时的 2.2 倍(甲醇)和 1.6 倍(乙醇)，但由于甲醇和乙醇的辛烷值高，醇类发动机压缩比高、热效率高，故其消耗量分别是燃用汽油时的 1.5~1.8 倍(甲醇)和 1.1~1.4 倍(乙醇)。尽管如此，使用醇类的发动机在经济性上也比不上使用汽油的发动机。由于醇类燃料资源丰富，排放污染小，特别是从植物中提取的醇类燃料是再生能源(间接利用太阳能)，国家对其生产和销售单位应给予优惠政策，鼓励使用再生能源，则醇类燃料在经济性上也是可行的。

(2) 对发动机使用性能的影响

①对发动机冷启动的影响　发动机冷启动时(特别是冬季)，转速低、空气流速低，加上外界气温低，因而燃料蒸发困难，而甲醇的蒸发潜热是汽油的 3 倍多，乙醇的蒸发潜热是汽油的 2 倍多。由于蒸发潜热大、蒸发时所吸收的热量多，导致发动机喉管处的温度急剧下降，更加恶化了进气蒸发条件，加上醇类的饱和蒸气压又分别比汽油低 1 倍(甲醇)和 2 倍

(乙醇)左右，故在冷启动时，只有少量的醇类才能蒸发，若蒸发形成的可燃混合气浓度达不到着火浓度下限，则混合气不能着火燃烧，发动机冷启动困难。因此，使用醇类燃料的发动机较使用汽油的发动机冷启动更加困难。

解决醇类发动机冷启动困难的途径有四：一是对进气进行预热，提高进气温度，增加醇的蒸发数量；二是减小喉管直径，增加进气真空度，提高醇类蒸发数量；三是在醇类中掺入轻质烃，增加燃料的蒸发数量；四是采用高能量火花塞，增大点火能量，进行稀混合气燃烧。

②对发动机产生气阻的影响　醇类的沸点较低(甲醇为65℃，乙醇是78℃)，在夏季使用时，容易产生醇类燃料在燃料供给系中大量蒸发而使供油量下降，甚至供油中断的气阻现象，其解决方法是加强发动机与燃料供给系统间的隔热，此外，还可采用提高油泵的泵油能力而解决产生气阻的问题。

③对发动机产生液膜的影响　液膜是燃料不能完全蒸发而粘附在进气管壁上的一种现象。液膜的形成与燃料的蒸发性及蒸发条件有关，对于醇类燃料，其蒸发潜热大，在使用中较汽油更易产生液膜。液膜进入离进气岐管近的气缸多，这样就会导致发动机各缸的燃料分配不均，而未燃醇类会沿缸壁渗入到机油中，冲刷了活塞和气缸间的润滑油膜，发动机出现窜气，压力下降，活塞和气缸间的磨损增大，对外的输出功率下降；进入曲轴箱的醇类还会对润滑油产生稀释作用，降低润滑油的润滑性能，因此，液膜的形成会使发动机功率下降、油耗增加、磨损增大(包括甲酸带来的腐蚀磨损)。为减少液膜的产生，可采用如下方法：一是对进气进行预热，提高醇类燃料的蒸发数量；二是增加进气真空度，提高醇类燃料的蒸发数量。此外，根据醇类燃料对润滑油的稀释作用较大，还应研制醇类发动机专用润滑油，该油与常用汽油机油比，主要需提高其防锈性和润滑性。

(3) 安全性分析

安全性包括对人体的危害程度、对环境的影响以及在生产、供应、使用过程中的安全性。

①醇类的毒性及对人体的影响。

A. 甲醇的毒性及对人体的影响　人类甲醇中毒的症状和摄入的途径关系不大。在开始时，症状表现为中枢神经压抑，接着是8~40h的无症状时期，然后出现头晕、头疼、恶心、视力障碍和代谢酸中毒等，在后阶段发生严重腹部疼痛，最后导致失明，甚至死亡。

甲醇在人体中，主要集中在肌肉、血液、尿和胃肠道中，甲醇也能通过肺部呼吸排出。留存体内的甲醇被氧化成甲醛和甲酸，从而带来上述危害。

人吸入300μg/g甲醇，便会影响中枢神经系统。每周5天每天工作8h工作场所的甲醇极限值TLV(Threshold Limit Values极限允许浓度)，国外一般规定为200μg/g，我国标准较严，定为50μg/g。

B. 乙醇的毒性及其对人体的影响　乙醇对中枢神经有抑制作用，可通过吸入、口服和皮肤吸收进人体。大部分国家规定工作场所的极限允许浓度为1000μg/g。乙醇作为燃料使用，其对人体健康的影响较汽油和甲醇小。

②醇类对生态的影响　醇类在生产、供应和使用过程中难免蒸发和泄漏，污染局部地区的空气、水和土壤，影响水域和陆地的生态。但是，无论海洋还是陆地，均栖有多种需氧生物，它们很容易分解含氧的醇，故醇在环境中的滞留时间并不长。这样，醇比相同水平的汽油对生态的影响要小。对水栖生物的LD_{50}(试验动物半数致死量)，按0~100评分，100代

表最高毒性，则汽油为100，乙醇为50，甲醇为30。

土壤中的真菌和细菌对甲醇、乙醇的泄漏有很强的忍受能力，恢复也很快。甲醇、乙醇泄漏对植被的影响比汽油小，因此，醇类在陆地泄漏时，对环境造成的影响要比汽油泄漏影响更小。

③醇类的安全性　醇类闪点较汽油高，在生产、供应和使用过程中的着火危险性较汽油小，但其闪点仍然偏低(甲醇闪点为11℃，乙醇闪点为21℃)，在生产、供应和使用过程中的着火危险性仍然较大，与汽油的生产、供应和使用一样，应着重防止火灾的发生。

(4) 醇类在使用过程中的排放

在使用方面，由于醇类燃料含氧量高，燃料燃烧完全，排气中的NO_x、HC、CO含量较使用汽油时低，虽然排气中的醇类不完全燃烧产物甲醛、乙醛、甲醇含量较高，但通过在排气管中采用适当的催化剂即可将排气中的甲醛、乙醛、甲醇含量大大降低，中国科学院生态环境研究中心对BJ492Q发动机燃用纯甲醇的排气净化进行了研究，用堇青石蜂窝金属钯催化剂进行净化试验，甲醇、甲醛浓度分别降低到3~17μg/g、1~13μg/g，净化率分别达到93%~99%，92%~98%。

大城市中汽车排气过多，在一定的气候条件下，排出的烃和NO_x在有太阳紫外线照射下，会形成对人体有害的光化学烟雾。醇类发动机排放的光化学反应性低于汽油机，大气中未燃甲醇、乙醇的光化学反应性也比烃类要低，产生光化学烟雾的可能性较汽油小，因此，从安全性分析，醇类燃料对人体、生态的影响较汽油要小，在使用中的排放污染也比汽油好。

3. 醇类燃料的正确使用

(1) 车用乙醇汽油

①车用乙醇汽油的组成　车用乙醇汽油由车用汽油、变性燃料乙醇和改善其使用性能的添加剂组成。变性燃料乙醇是以玉米、小麦、薯类、甘蔗、甜菜、纤维素等为原料，经发酵、蒸馏制得乙醇，脱水后再添加变性剂变性的燃料乙醇，变性剂是车用汽油，添加到燃料乙醇中主要是为了防止人们以食用酒精误食。

由国家质量技术监督局负责组织制定的GB 18350—2013《变性燃料乙醇》国家强制性标准已于2014年5月1日起开始实施。该标准要求燃料乙醇与变性剂的体积混合比为(100∶1)~(100∶5)，且变性剂的质量应符合GB/T 22030《车用乙醇汽油调合组分油》或GB 18351《车用乙醇汽油(E10)》的要求，其他理化要求见表5-52。GB/T 22030—2017《车用乙醇汽油调合组分油》的产品规范见表5-53。

表5-52　变性燃料乙醇(GB 18350—2013)

项目		指标	项目		指标
外观		清澈透明，无可见悬浮物和沉淀物	无机氯(以Cl^-计)/(mg/L)	不大于	8
乙醇/%(体)	不小于	92.1	酸度(以乙酸计)/(mg/L)	不大于	56
甲醇/%(体)	不大于	0.5	铜/(mg/L)	不大于	0.08
溶剂洗胶质/(mg/100mL)	不大于	5.0	硫/(mg/kg)	不大于	30
水分/%(体)	不大于	0.8	pH值		6.5~9.0

注：应加入有效的金属腐蚀抑制剂，以满足车用乙醇汽油铜片腐蚀的要求。

表 5-53 车用乙醇汽油调合组分油(V)的技术要求和试验方法(GB/T 22030—2017)

项目		质量指标			试验方法
		89	92	95	
抗爆性:					
研究法辛烷值(*RON*)	不小于	87.0	90.0	93.5	GB/T 5487
抗爆指数(*RON*+*MON*)/2	不小于	82.5	85.5	89.0	GB/T 503、GB/T 5487
铅含量[a]/(g/L)	不大于	0.005			GB/T 8020
馏程/℃					GB/T 6536
10%馏出温度	不高于	70			
50%馏出温度	不高于	120			
90%馏出温度	不高于	190			
终馏点	不高于	205			
残留量/%(体)	不大于	2			
蒸气压[b]/kPa					GB/T 8017
从11月1日至4月30日		40~78			
从5月1日至10月31日		35~58[c]			
溶剂洗胶质含量/(mg/100mL):					GB/T 8019
未洗胶质含量(加入清净剂前)	不大于	30			
溶剂洗胶质含量	不大于	5			
诱导期/min	不小于	540			GB/T 8018
硫含量[d]/(mg/kg)	不大于	10			SH/T 0689
硫醇(博士试验)		通过			NB/SH/T 0174
铜片腐蚀(50℃, 3h)/级	不大于	1			GB/T 5096
水溶性酸或碱		无			GB/T 259
机械杂质及水分		无			目测[e]
有机含氧化合物含量[f]/%	不大于	0.5			NB/SH/T 0663
苯含量[g]/%(体)	不大于	1.0			SH/T 0713
芳烃含量[h]/%(体)	不大于	43			GB/T 11132
烯烃含量[h]/%(体)	不大于	26			GB/T 11132
锰含量[a]/(g/L)	不大于	0.002			SH/T 0711
铁含量[a]/(g/L)	不大于	0.01			SH/T 0712
密度[i](20℃)/(kg/m³)		720~775			GB/T 1884、GB/T 1885

注:a. 车用乙醇汽油调和组分油中,不得人为加入含铅、含铁和含锰的添加剂。

b. 也可采用SH/T 0794进行测定,在有异议时,以GB/T 8017方法为准。

c. 广西全年执行此项要求。共广东、海南两省车用乙醇汽油(E10)使用的车用乙醇汽油调和组分油全年执行此项要求。

d. 也可采用GB/T 11140、SH/T 0253、ASTM D7039进行测定,在有异议时,以SH/T 0689方法为准。

e. 也可采用目测法:将试样注入100mL玻璃量筒中观察,应当透明,没有悬浮和沉降的机械杂质和水分。在有异议时,以GB/T 511和GB/T 260方法为准。

f. 不得人为加入,也可采用SH/T 0720进行测定,有异议时,以NB/SH/T 0663方法为准。

g. 也可采用GB/T 28768、GB/T 30519和SH/T 0693进行测定,在有异议时,以SH/T 0713方法为准。

h. 对于95号车用乙醇汽油调和组分油,在烯烃、芳烃总含量控制不变的前提下,可允许芳烃的最大值为42%(体)。也可采用GB/T 28768、GB/T 30519、NB/SH/T 0741进行测定,在有异议时,以GB/T 11132方法为准。

i. 也可采用SH/T 0604进行测定,在有异议时,以GB/T 1884、GB/T 1885方法为准。

②车用乙醇汽油的牌号　按 GB 18351—2017《车用乙醇汽油(E10)》规定，我国车用乙醇汽油目前有三个牌号，分别是 89 号、92 号和 95 号，与车用汽油一样，其牌号是按研究法辛烷值大小来划分的，数值越大，表示车用乙醇汽油的抗爆性越好。车用乙醇汽油的产品规范见表 5-54。

表 5-54　车用乙醇汽油(E10)(GB 18351—2017)

项目		质量指标			试验方法
		89 号	92 号	95 号	
抗爆性：					
研究法辛烷值(*RON*)	不小于	89	92	95	GB/T 5487
抗爆指数(*RON*+*MON*)/2	不小于	84	87	报告	GB/T 503、GB/T 5487
铅含量[a]/(g/L)	不大于	0.005			GB/T 8020
馏程/℃					GB/T 6536
10%馏出温度	不高于	70			
50%馏出温度	不高于	120			
90%馏出温度	不高于	190			
终馏点	不高于	205			
残留量/%(体)	不大于	2			
蒸气压[b]/kPa					GB/T 8017
从 11 月 1 日至 4 月 30 日	不大于	42~85			
从 5 月 1 日至 10 月 31 日	不大于	40~65[e]			
胶质含量/(mg/100mL)					GB/T 8019
未洗胶质含量(加入清净剂前)	不大于	30			
溶剂洗胶质含量	不大于	5			
诱导期/min	不小于	480			GB/T 8018
硫含量[c]/(mg/kg)	不大于	50			SH/T 0689
硫醇(博士试验)		通过			SH/T 0174
铜片腐蚀(50℃，3h)/级	不大于	1			GB/T 5096
水溶性酸或碱		无			GB/T 259
机械杂质[e]		无			GB/T 511
水分/%	不大于	0.20			SH/T 0246
乙醇含量/%(体)		10.0±2.0			SH/T 0663
其他含有机氧化合物[e]/%	不大于	0.5			SH/T 0663
苯含量[g](体)[f]/%	不大于	1.0			SH/T 0693
芳烃含量[h](体)[g]/%	不大于	40			GB/T 11132
烯烃含量[h](体)[g]/%	不大于	28			GB/T 11132

续表

项　　目		质量指标			试验方法
		89号	92号	95号	
锰含量[a,h]/%(体)	不大于	0.008			SH/T 0711
铁含量[a]/%(体)	不大于	0.010			SH/T 0712
密度[i](20℃)/(kg/m^3)		720~775			GB/T 1884、GB/T 1885

注：a. 车用乙醇汽油(E10)中。不得人为加入含铅、含铁、含锰的添加剂。

b. 也可采用SH/T 0794进行测定，在有异议时，以GB/T 8017测定结果为准。换季时，加油站允许有15天的置换期。

c. 广西全年执行此项要求。广东、海南两省使用车用乙醇汽油(E10)的地区全年执行此项要求。

d. 也可采用GB/T 11140、SH/T 0253、ASTM D7039进行测定，在有异议时，以SH/T 0689方法为准。

e. 也可采用目测法：将试样注入100mL玻璃量筒中观察，应当透明，没有悬浮物和沉降的机械杂质及分层。在有异议时，以GB/T 511方法测定结果为准。

f. 不得人为加入，允许采用SH/T 0720方法测定。有异议时，以NB/SH/T 0663测定结果为准。

g. 也可采用SH/T 0713、GB/T 28768、GB/T 30519进行测定。在有异议时，以SH/T 0693方法测定结果为准。

h. 对于95号车用乙醇汽油(E10)，在烯烃、芳烃总含量控制不变的前提下，可允许芳烃的最大值为42%(体)。也可采用GB/T 28766 GB/T 30519 NB/SH/T 0741进行测定。在有异议时，以GB/T 11132方法测定结果为准。

i. 也可采用SH/T 0604进行测定，在有异议时，以GB/T 1884、GB/T 1885方法为准。

③车用乙醇汽油的正确选用　车用乙醇汽油的选用与车用汽油一样，主要是根据汽车生产厂家推荐的汽油牌号或发动机压缩比。发动机压缩比越高，所需使用的汽油牌号就越高，可在汽车的使用说明书中查到发动机的压缩比和汽车生产厂家推荐的汽油牌号，车用乙醇汽油基本选用原则是：

压缩比在8.0以下的发动机，应选用89号车用乙醇汽油(E10)；

压缩比在8.0~12.0之间的发动机，应选用92号、95号车用乙醇汽油(E10)。

(2)车用甲醇汽油

车用甲醇汽油我国制订了GB/T 23510—2009《车用燃料甲醇》和GB/T 23799—2009《车用甲醇汽油(M85)》二项国家推荐性标准，因甲醇生产原料属于不可再生的煤和天然气，因而未大量推广使用。

4. 使用醇类燃料的注意事项

(1)使用前需要对车辆进行相应调整

①彻底清洗燃油系统和油箱　这是使用乙醇汽油前所必须做的一项工作。醇类燃料具有较强的清洗作用，在使用初期，会把原来附着在油箱壁上或沉积在油箱底部的胶质颗粒(指原汽油中所含的物质，在一定条件下所产生的胶化现象)、铁锈等杂质清洗下来，混入油中，由油管吸入油路，造成汽油滤芯、化油器雾化喷嘴、电喷车的喷嘴等被杂质阻塞而熄火。同时，甲醇和乙醇具有亲水性，可以任意比与水混合。在首次加入甲醇汽油或乙醇汽油时，积存在油箱底部的水就会与甲醇汽油或乙醇汽油混合，造成油品分层，出现不易点火现象，影响发动机的正常工作。

②更换泡沫塑料件和橡胶件　把燃油系统中易变形的泡沫塑料质的油浮子更换为不易变形的不锈钢质或铜质的油浮子；对汽油泵的泵膜要及时检查、更换；橡胶垫圈要选用材质好、耐溶涨的，或备足配件，发现有溶涨、变形时，及时更换。

③调整点火时间　对低比例掺烧的乙醇汽油或甲醇汽油，因不提高发动机的压缩比，为

充分利用醇类燃料高辛烷值的特点，应根据车型车辆的不同特点，对点火时间略作提前调整，一般调整量为2°~5°。

④调整怠速　根据车型车辆的不同使用特点，进行实车调整。

⑤调整可燃混合气的混合比　醇类燃料的热值比汽油低，甲醇、乙醇和汽油的低热值分别为20.10 MJ/kg、27.37 MJ/kg和44.39 MJ/kg。甲醇空气、乙醇空气和汽油空气的理论混合气热值分别为3.56 MJ/m^3、3.66 MJ/m^{3}和3.82 MJ/m^3，若不加大燃料供给量，不仅动力性下降，其他性能也会受影响，因此，应适当调浓可燃混合气的混合比，以提高车辆的动力性和经济性。

(2) 在使用初期应加强车辆的保养和维护

在使用乙醇汽油前对油路的清洗未必十分彻底，仍可能有残存的少量杂质进入油路。因此，在用完第一箱乙醇汽油后，要对车辆再进行一次检查清理。

①对油路系统再进行一次清洗，去除杂质。

②对汽油泵进行清洗　汽油泵为齿轮泵结构，制造精密，齿轮泵对侧间隙要求极为严格。电动汽油泵的进油口滤网，是油品进入供油系统的第一道关口，如油品中杂质含量过多，汽油泵的滤网就有先被堵塞的可能，造成吸不进油，使油泵空转。油泵长时间空转，会使汽油泵齿轮侧向间隙磨损超标，从而使油泵失去泵油作用。

③检查油箱盖上的空气阀　油箱盖上的空气阀，其作用同呼吸阀的原理。当油箱内的油料逐渐用掉时，随着油箱内油面的下降，油箱内的压力降低，这时油箱盖上的空气阀打开，吸入空气，平衡油箱内的压力。反之，当天气较热时，油箱内的部分油料挥发成气态，压力升高，超压的气体又经油箱盖上的空气阀自动打开而排出，保持油箱内气压的稳定。如油箱盖上的空气阀堵塞，或橡胶密封垫的材质不适应，而引起的溶涨、粘连现象，使空气阀不能自动打开而出现负压，就有可能发生不供油的现象。

排除故障的方法是：打开油箱盖，使空气进入消除负压；检查油箱盖上的空气阀，保持其畅通。

(3) 车用乙醇汽油和车用汽油的混用

使用车用乙醇汽油的车辆，可以加入同牌号的车用汽油，但应选择中国石化、中国石油等信誉好质量有保证的加油站加油。避免加入含水车用汽油和假冒伪劣油品，使车辆不能保持正常运转。同样，在合格的车用汽油中可加入正规加油站出售的同牌号的车用乙醇汽油。

综上所述，醇类燃料来源丰富，作为发动机燃料使用在动力性上与使用汽油接近，虽对发动机的使用性能有一定影响，但可采取相应的措施而予以解决。从替代的经济性来看醇类燃料不如汽油，但由植物生产的醇类燃料是再生能源，国家应出台相应的优惠政策给予支持，则醇类燃料在经济性上也是可行的。醇类燃料对人体、生态的影响较汽油要小，在使用中的排放污染也比汽油好，是一种清洁代用燃料，应大力推广使用。

二、生物柴油

生物柴油是指以油料作物、野生油料植物和工程微藻等水生植物油脂，以及动物油脂、废餐饮油等为原料油通过酯交换工艺制成的甲酯或乙酯燃料，这种燃料可供内燃机使用。生物柴油属可再生能源。

1. 生物柴油性质

作为柴油的替代燃料或添加剂，生物柴油应当满足柴油的使用要求，才能保证作为燃料使用的性能。因此，评价生物柴油是否可以作为柴油的替代燃料，应当看其是否具有同矿物柴油相近的性质，生物柴油与矿物柴油的某些性质比较见表 5-55。

表 5-55　生物柴油和矿物柴油的性质比较

主要性质	生物柴油	常规柴油	主要性质	生物柴油	常规柴油
十六烷值	≥56	≥49	冷滤点/℃		
热值/(MJ/L)	32	35	夏季产品	-10	0
相对密度	0.88	0.83	冬季产品	-20	-20
运动黏度/(mm^2/s)	4~6	2~4	硫含量/%	<0.01	<0.2
闭口闪点/℃	>100	55	氧含量/%	10	0

2. 生物柴油使用性能

(1)动力性

柴油机使用十六烷值过低的柴油，很容易引起工作粗暴，引起机件振动和磨损增大，结果降低了发动机功率，增大了柴油消耗量。十六烷值高的柴油，自燃点低，易于自行发火燃烧，在发动机启动时气缸内温度较低的情况下也能发火自燃，因而启动性能好，发动机不易产生工作粗暴，生物柴油十六烷值大于 56，完全能满足高速柴油机的使用要求。

生物柴油热值较柴油低约 10%，使用生物柴油时，如不改变发动机的结构参数，发动机的功率要下降 8%。但生物柴油含有 10%的氧，其燃烧完全有助于弥补发动机功率的降低。

生物柴油在美国通常以 20%生物柴油与 80%矿物柴油的混合油使用(称为 B20)，实践证明，B20 生物柴油在所有未经改造的柴油机动力上运行，其功率、扭矩和做功的消耗量都非常接近低含硫的矿物柴油。

(2) 燃料经济性

目前生物柴油的主要问题是成本高，不同原料生产的生物柴油(B100)矿物柴油价格高出 30%~100%。成本问题是限制生物柴油使用的最主要问题，只有降低成本，才能有广阔的商业化应用前景。据统计，生物柴油制备成本的 75%是原料成本。因此采用廉价原料及提高转化率从而降低成本是生物柴油能否实用化的关键。以餐饮废油脂为原料来生产生物柴油能解决上述问题，大大降低生物柴油的制造成本，这是我国目前发展生物柴油的一条捷径。

由于生物柴油属可再生能源，对保障国家的能源安全和保护环境具有重大的战略意义，因此国外普遍对生物柴油的生产、销售和使用采用扶持政策。法国、意大利对生物柴油的税率为零；德国农民种植为生物柴油作原料的油菜籽可获得一些补贴，并对制造生物柴油予以免税；美国农业部每年拿出 1.5 亿美元补贴生物柴油等生物燃料的使用。欧盟即将出台鼓励开发和使用生物柴油的新规定，如对生物柴油免征增值税，规定机动车使用生物动力燃料占动力燃料营业总额的最低份额。

采用廉价原料、提高转化率、实行政府扶持政策以及矿物柴油价格的不断上涨，则生物柴油在经济性上也是可行的。

(3) 发动机排放

生物柴油不含对环境造成污染的硫化物和芳香烃，加上含有 10%的氧，其燃烧更加完全，与普通柴油相比，生物柴油具有环境友好特点，其柴油车尾气中有毒有机物排放量下降 90%，颗粒物下降 80%，CO_2 和 CO 排放量下降 90%，其废气排放指标可满足欧洲Ⅱ号和Ⅲ号排放标准，因而对城市的污染治理极为有利。

（4）使用安全性

生物柴油无毒，其闪点高达200℃以上，不属于危险品。因此，生物柴油在运输、储存、使用方面的安全性又是显而易见的。加上生物降解率高达98%，降解速率是柴油的2倍，大大减轻因意外泄漏对环境造成的污染。

（5）对柴油润滑性的影响

在普通柴油中掺入1%的生物柴油，其润滑性能提高了30%。生物柴油与矿物柴油混合使用，大大改进了燃油的润滑性。随着汽车工业的发展和环保要求越来越高，我国制定了GB 19147—2013《车用柴油》新标准。这个标准主要规定了车用柴油的硫含量由GB 252—2011《普通柴油》的不大于0.2%降为不大于0.005%，为防止硫含量下降带来柴油润滑性能的下降，车用柴油又增加了柴油抗磨性能的指标，要求60℃的磨痕直径不大于460μm。因此，生物柴油与矿物柴油混合使用的方法将有助于达到GB 19147—2013《车用柴油》低硫含量和润滑性的相关要求。

3. 生物柴油的使用

生物柴油在柴油机的使用方法有两种，这就是纯烧和掺烧。目前，由于生物柴油纯烧在动力性、经济性、黏度和腐蚀橡胶和塑料等多方面的原因，应用比较少，大多是以一定的比例与矿物柴油相混合，形成生物柴油混合物。这种混合物大都是以“BXX”表示，其中“XX”代表生物柴油所占的比例(如B20表示包含20%的生物柴油)。

我国生物柴油的研究与开发起步较晚，与国外相比，我国在发展生物柴油方面还有相当大的差距，未能形成生物柴油的产业化，政府尚未针对生物柴油提出一套扶植、优惠和鼓励的政策办法。目前，我国生物柴油产品规范为GB/T 25199—2017《B5柴油》，其附录C中规定了BD100生物柴油的分类、技术要求和试验方法。BD100生物柴油按硫含量分为S50和S10两个类别，分别是指硫含量不超过50mg/kg和10mg/kg，其技术要求和试验方法见表5-56。

表5-56 BD 100生物柴油技术要求和试验方法(GB/T 25199—2017)

项目		指标		试验方法
		S50	S10	
密度(20℃)/(kg/m^3)		820~900		GB/T13377[a]
运动黏度(40℃)/(mm^2/s)		1.9~6.0		GB/T 265
闪点(闭口)/℃	不低于	130		GB/T 261
冷滤点/℃		报告		SH/T 0248
硫含量/(mg/kg)	不大于	50	10	SH/T 0689[b]
残碳/%	不大于	0.050		GB/T17144[c]
硫酸盐灰分/%	不大于	0.020		GB/T 2433
水含量/(mg/kg)	不大于	500		SH/T 0246
机械杂质		无		GB/T 511[d]
铜片腐蚀(50℃，3h)/级	不大于	1		GB/T 5096
十六烷值	不小于	49	51	GB/T 386
氧化安定性(110℃)/h	不小于	6.0[e]		NB/SH/T0825[f]

续表

项　　目		指　　标		试验方法
		S50	S10	
酸值(以 KOH 计)/(mg/g)	不大于	0.50		GB/T7304[g]
游离甘油含量/%	不大于	0.020		SH/T 796
单甘脂含量/%	不大于	0.80		SH/T 796
总甘油含量%	不大于	0.240		SH/T 796
一价金属(Na+K)含量/(mg/kg)	不大于	5		EN 14538[h]
二价金属(Ca+Mg)含量/(mg/kg)	不大于	5		EN 14538[h]
脂肪酸甲酯含量/%	不小于	96.5		NB/SH/T 0831
磷含量/(mg/kg)	不大于	10.0		EN 14107[i]

注：a. 也可用 GB/T 5526、SH/T 0604、GB/T 1884、GB/T 1885 方法测定，以 GB/T 13377 仲裁。

b. 可用 GB/T 11140、GB/T 12700 和 NB/SH/T 0842 方法测定，结果有争议时，以 SH/T 0689 方法为准。

c. 可用 GB/T 268 方法测定，结果有争议时，以 GB/T 17144 仲裁。

d. 可用目测法，即将试样注入 100mL 玻璃量筒中，在室温(20℃±5℃)下观察，应当透明，没有悬浮和沉淀的机械杂质。结果有争议时，以 GB/T 511 测定。

e. 可加抗氧剂。

f. 可用 NB/SH/T 0873 方法测定，结果有争议时，以 NB/SH/T 0825 仲裁。

g. 可用 GB/T 5530、GB/T 264 方法测定，结果有争议时，以 GB/T 7304 仲裁。

h. 可用 GB/T 17476、ASTM D7111 方法测定，结果有争议时，以 EN 14538 仲裁。

i. 可用 ASTM D4951、GB/T 17476、SH/T 0749 方法测定，结果有争议时，以 EN14107 仲裁。

2010 年 10 月，由中国石化石油化工科学研究院及中粮集团有限公司负责起草并完成的 GB/T 25199—2010《生物柴油调合燃料(B5)》颁布。随着我国柴油的发展，该规范先后经过两次修改，分别为 GB/T 25199—2015《生物柴油调合燃料(B5)》和 GB/T 25199—2017《B5 柴油》。目前我国执行的是 2017 年 9 月发布的 GB/T 25199—2017《B5 柴油》，该规范将 B5 柴油按用途分为 B5 普通柴油和 B5 车用柴油两个类别，B5 普通柴油是体积分数为 1%～5%的 BD100 生物柴油与体积分数为 95%～99%的除润滑性外其余指标满足 GB 252 的普通柴油的调合燃料，适用于拖拉机、内燃机车、工程机械、内河船舶和发电机组等压燃式发动机，其技术要求和试验方法见表 5-57。B5 车用柴油是体积分数为 1%～5%的 BD100 生物柴油与体积分数为 95%～99%的除润滑性外其余指标满足 GB 19147 的车用柴油的调合燃料，适用于压燃式发动机汽车使用的以生物柴油为调合组分的车用柴油。B5 车用柴油又分为 B5 车用柴油(Ⅴ)和 B5 车用柴油(Ⅵ)，其技术要求和试验方法分别见表 5-58 和表 5-59。

B5 柴油按凝点分为 3 个牌号，分别为 5 号、0 号、-10 号。

表 5-57　B5 普通柴油技术要求和试验方法(GB/T 25199—2017)

项　　目		质量指标			试验方法
		5 号	0 号	-10 号	
色度/号	不大于	3.5			GB/T 6540
氧化安定性总不溶物)/(mg/100mL)	不大于	2.5			SH/T 0175

续表

项　　目		质量指标			试验方法
		5号	0号	-10号	
硫含量/(mg/kg)	不大于	10			GB/T380[a]
酸值/(以KOH计)/(mg/g)	不大于	0.09			GB/T 7304[b]
10%蒸余物残炭[c]/%	不大于	0.3			GB/T 17144
灰分/%	不大于	0.01			GB/T 508
铜片腐蚀(50℃，3h)/级	不大于	1			GB/T 5096
水含量/%	不大于	0.030			SH/T 0246
机械杂质		无			GB/T 511[d]
运动黏度(20℃)/(mm^2/s)		3.0~8.0			GB/T 265
闪点(闭口)/℃	不低于	60			GB/T 261
冷滤点[e]/℃	不高于	8	4	-5	SH/T 0248
凝点/℃	不高于	5	0	-10	GB/T 510
十六烷值	不小于	45[f]			GB/T 386
密度(20℃)/(kg/m^3)		报告			GB/T 1884 GB/T1885[g]
馏程： 50%回收温度/℃ 90%回收温度/℃ 95%回收温度/℃	 不高于 不高于 不高于	 300 355 365			GB/T 6536
润滑性 校正磨斑直径(60℃)/μm	 不大于	460			SH/T 0765
脂肪酸甲酯(FAME)含量/%(体) 大于 不大于		 1.0 5.0			GB/T 23801[h]

注：a. 可用GB/T 11140、GB/T 17040、SH/T 0253和ASTM D7039方法测定，结果有争议时，以SH/T 0689方法仲裁。

b. 可用GB/T 264方法测定，结果有争议时，以GB/T 7304方法为准。

c. 若柴油中含有硝酸酯型十六烷值改进剂，10%蒸余物残炭的测定，应用不加硝酸酯的基础燃料进行。柴油中是否含有硝酸酯型十六烷值改进剂的检验方法见附录B。可用GB/T 268方法测定，结果有争议时，以GB/T 17144方法为准。

d. 可用目测法，即将试样注入100mL玻璃量筒中，在室温(20℃±5℃)下观察，应当透明，没有悬浮和沉降的机械杂质。结果有争议时，按GB/T 511测定。

e. 对于调配当年11月15日至次年3月15日使用的生物柴油调合燃料(B5)时，生物柴油(BD100)冷滤点不得大于8℃。

f. 由中间基或环烷基原油生产的石油柴油调合的B5普通柴油十六烷值允许不小于40(有特殊要求时，由供需双方确定)。

g. 可用SH/T 0604、GB/T 13377方法测定。

h. 可用NB/SH/T 0916方法测定，结果有争议时，以GB/T 23801方法仲裁。

表 5-58　B5 车用柴油（Ⅴ）技术要求和试验方法（GB/T 25199—2017）

项　　目		质量指标			试验方法
		5 号	0 号	-10 号	
氧化安定性（总不溶物）/（mg/100mL）	不大于	2.5			SH/T 0175
硫含量/（mg/kg）	不大于	10			GB/T0689[a]
酸值/（以 KOH 计）/（mg/g）	不大于	0.09			GB/T 7304[b]
10%蒸余物残炭[c]/%	不大于	0.3			GB/T 17144
灰分/%	不大于	0.01			GB/T 508
铜片腐蚀（50℃，3h）/级	不大于	1			GB/T 5096
水含量/%	不大于	0.030			SH/T 0246
机械杂质		无			GB/T 511[d]
运动黏度（20℃）/（mm^2/s）		2.5~8.0			GB/T 265
闪点（闭口）/℃	不低于	60			GB/T 261
冷滤点[e]/℃	不高于	8	4	-5	SH/T 0248
凝点/℃	不高于	5	0	-10	GB/T 510
十六烷值	不小于	51			GB/T 386
密度（20℃）/（kg/m^3）		810~850			GB/T 1884 GB/T1885[f]
馏程/℃					GB/T 6536
50%回收温度	不高于	300			
90%回收温度	不高于	355			
95%回收温度	不高于	365			
润滑性（HFRR），校正磨斑直径（60℃）/μm	不大于	460			SH/T 0765
脂肪酸甲酯（FAME）含量/%（体）					GB/T23801[g]
大于		1.0			
不大于		5.0			
多环芳烃含量/%	不大于	11			GB/T 25963[h]

注：a. 可用 GB/T 11140、SH/T 0253 和 ASTM D7039 方法测定，结果有争议时，以 SH/T 0689 方法仲裁。

b. 可用 GB/T 264 方法测定，结果有争议时，以 GB/T 7304 方法为准。

c. 若柴油中含有硝酸酯型十六烷值改进剂，10%蒸余物残炭的测定，应用不加硝酸酯的基础燃料进行。柴油中是否含有硝酸酯型十六烷值改进剂的检验方法见附录 B。也可用 GB/T 268 方法测定，结果有争议时，以 GB/T 17144 方法仲裁。

d. 可用目测法，即将试样注入 100mL 玻璃量筒中，在室温（20℃±5℃）下观察，应当透明，没有悬浮和沉降的机械杂质。结果有争议时，按 GB/T 511 方法测定。

e. 对于调配当年 11 月 15 日至次年 3 月 15 日使用的 B5 柴油时，BD100 生物柴油冷滤点不得大于 8℃。

f. 可用 SH/T 0604、GB/T 13377 方法测定，结果有争议时，以 GB/T 1884 和 GB/T 1885 方法仲裁。

g. 可用 NB/SH/T 0916 方法测定，结果有争议时，以 GB/T 23801 方法仲裁。

h. 可用 SH/T 0606 方法测定，结果有争议时，以 GB/T 25963 方法仲裁。

表 5-59　B5 车用柴油(Ⅵ)技术要求和试验方法(GB/T 25199—2017)

项目		质量指标			试验方法
		5 号	0 号	-10 号	
氧化安定性(总不溶物)/(mg/100mL)	不大于	2.5			SH/T 0175
硫含量/(mg/kg)	不大于	10			GB/T0689[a]
酸值/(以 KOH 计)/(mg/g)	不大于	0.09			GB/T 7304[b]
10%蒸余物残炭[c]/%	不大于	0.3			GB/T 17144
灰分/%	不大于	0.01			GB/T 508
铜片腐蚀(50℃，3h)/级	不大于	1			GB/T 5096
水含量/%	不大于	0.030			SH/T 0246
总污染物含量/(mg/kg)		24			GB/T33400
运动黏度(20℃)/(mm^2/s)		2.5~8.0			GB/T 265
闪点(闭口)/℃	不低于	60			GB/T 261
冷滤点[d]/℃	不高于	8	4	-5	SH/T 0248
凝点/℃	不高于	5	0	-10	GB/T 510
十六烷值	不小于	51			GB/T 386
密度(20℃)/(kg/m^3)		810~845			GB/T 1884 GB/T 1885[e]
馏程/℃ 50%回收温度 90%回收温度 95%回收温度	 不高于 不高于 不高于	 300 355 365			GB/T 6536
润滑性 校正磨斑直径(60℃)/μm	 不大于	460			SH/T 0765
脂肪酸甲酯(FAME)含量/%(体) 大于 不大于		 1.0 5.0			GB/T 23801[f]
多环芳烃含量/%	不大于	7			GB/T 25963[g]

注：a. 可用 GB/T 11140、SH/T 0253 和 ASTM D7039 方法测定，结果有争议时，以 SH/T 0689 方法准。

b. 可用 GB/T 264 方法测定，结果有争议时，以 GB/T 7304 方法为准。

c. 若柴油中含有硝酸酯型十六烷值改进剂，10%蒸余物残炭的测定，应用不加硝酸酯的基础燃料进行。柴油中是否含有硝酸酯型十六烷值改进剂的检验方法见附录 B。也可用 GB/T 268 方法测定，结果有争议时，以 GB/T 17144 方法仲裁。

d. 对于调配当年 11 月 15 日至次年 3 月 15 日使用的 B5 柴油时，BD100 生物柴油冷滤点不得大于 8℃。

e. 也可采用 SH/T 0604、GB/T 13377 方法测定，结果有争议时，以 GB/T 1884 和 GB/T 1885 方法仲裁。

f. 可用 NB/SH/T 0916 方法测定，结果有争议时，以 GB/T 23801 方法仲裁。

g. 可用 SH/T 0606 方法测定，结果有争议时，以 GB/T 25963 方法仲裁。

B5 柴油国家标准的颁布、实施将为生物柴油的推广应用及行业发展奠定重要的基础。BD100 生物柴油生产及 B5 柴油的生产、调合、销售企业应严格执行相关国家标准，保证产品质量。这对加速开发生物质能产业化发展步伐，建立可持续发展的能源系统，改善我国能源结构、促进我国社会经济发展和生态环境改善都具有重大的现实意义。

三、天然气

天然气的主要成分是甲烷，因而氢含量大，硫、氮等杂质少，不含芳香烃，加上天然气是气态燃料，容易与空气混合，燃料燃烧完全。与其他化石燃料相比，车辆使用天然气燃烧时仅排放极微量的一氧化碳、碳氢化合物和氮氧化物，尾气排放污染物较低。因此，目前天然气是世界公认的“清洁燃料”，受到越来越多国家的重视，发展前景十分好。根据石油输出国组织提供的数据，在目前的世界能源消费构成中，天然气占大约21%。到2025年，这一比例将上升到近30%。

1. 天然气的性质

天然气无色、无味、无毒且无腐蚀性，天然气的组成依产地不同而有所差异，但其主要成分是甲烷(85%~95%)和少量的乙烷、丙烷等，还有少量的氮气、氧气、二氧化碳和硫化物。我国天然气各产地中，四川的气田产天然气甲烷含量最高。天然气的组成成分决定了其理化性能，甲烷的理化性能与汽油比较见表5-60。

表5-60　天然气与汽油理化性能比较

项目		天然气(甲烷)	90号汽油	0号柴油
H/C原子比		4	2~2.3	2~2.3
密度(液相)/(kg/m^3)		424	700~760	780~860
沸点/℃		−161.5	35~205	200~330
凝点/℃		−182.5	<−100	0
临界温度/℃		−82.6		
临界压力/MPa		4.62		
蒸发潜热/(kJ/kg)		510	349	270
比热(液体，沸点)/[kJ/(kg·K)]		3.87		
比热(气体，25℃)/[kJ/(kg·K)]		2.23		
气/液容积比(15℃)		624	150	150
密度(气相)/(kg/m^3)		0.715		
理论空燃比	质量比	17.25	14.8	14.3
	体积比	9.52	8586	9417
低热值/(MJ/kg)		50.05	43.90	42.50
混合气热值/(MJ/m^3)		3.39	3.73	3.79
辛烷值(*RON*)		>140	90	
着火极限/%		5~15	1.3~7.6	1.5~8.2
着火温度(常压下)/℃		537	390~420	350
火焰传播速度/(cm/s)		33.8	39~47	
火焰温度/℃		1918	2197	

2. 汽车使用天然气的优缺点

(1)汽车使用天然气的优点

①抗爆性能好　天然气的主要成分是甲烷，甲烷的*MON*(马达法辛烷值)为140，大多数

天然气的 *MON* 为 115~130，具有很强的抗爆性。研究表明，燃用天然气的发动机应采用的合理压缩比为 12，允许的压缩比为 15，通过提高压缩比可大幅度提高提高发动机的热效率，弥补由于热值低带来的发动机功率下降，从而使天然气汽车获得更好的动力性和燃料的经济性。

②燃烧完全　天然气本身是气态，与空气混合均匀，燃烧完全，不结炭，可提高热效率 10%以上。

③对环境污染小　汽车使用天然气作燃料与使用汽油作燃料相比，一氧化碳减少 97%，碳氢化物减少 72%，氮氧化物减少 39%，二氧化碳减少 24%，二氧化硫减少 90%，苯、铅等粉尘减少 100%，噪声降低 40%。

④资源丰富　我国天然气地质资源量估计超过 $5.5\times10^{13}m^3$，预测天然气可采资源量为 $1.2\times10^{13}m^3$，可采储量前景看好，可采 100 年以上，在世界上属资源比较丰富的国家。使用天然气可减轻对石油资源的依赖，有利于我国经济的健康发展。

⑤经济性好　用天然气作发动机燃料，其燃料费用是汽油车的 2/3（天然气尽管其热值较汽油略低，但其价格便宜），加上天然气的着火极限较汽油宽，它可在 $\alpha=0.58\sim1.8$ 的范围内着火燃烧，这样有利于燃烧稀混合气，提高使用天然气汽车的燃料经济性。由于燃料燃烧完全，无结炭、无爆震，汽车使用寿命大大延长，维修费用仅为汽油车的 70%。

⑥安全性好　天然气相对密度较空气小，为 0.58，一旦发生泄漏，会很快在空气中消失。但汽油不易扩散，一遇火星，易于着火燃烧。

(2) 汽车使用天然气的缺点

①功率下降　天然气与空气的混合气热值较汽油低且充气量系数小，使用天然气时，如不改变发动机的结构参数，发动机的功率要下降 10%~18%。

②点火所需能量大　天然气比汽油着火温度高（天然气的着火温度为 537℃，而汽油的着火温度在 430℃以下），因此需要较高的点火能量。

③行驶距离短　由于天然气的能量密度低，压缩天然气汽车携带的燃料量较少，一般行驶距离较汽油车短。在城市行驶的出租车，白天需加气 2~3 次。

④较大缸体容器增加重量并减少行李箱空间　气态天然气的能量密度比汽油小得多。$1m^3$ 常压天然气装入 20MPa 的储气瓶中，约占 5L 容积，而与之等热量的汽油（0.81kg）只占 1.1L 容积，CNG 所占容积等于汽油的 4.5 倍。要保证相同的续驶里程，天然气汽车储气瓶的体积比汽车油箱就要大许多。虽然可以充分利用原来闲置的空间，但还是会占据一些本来可以作为行李箱等用途的一些有用空间，同时增加了布置上的难度。由于高压气瓶本身的质量较大，使汽车的整备增加，多多少少会使汽车的有效载重质量减少。这些问题在轿车上显得更为突出。

3. 天然气的正确使用

由于我国目前实际投入使用的天然气汽车绝大部分是压缩天然气汽车，因此只介绍车用压缩天然气使用的技术标准和正确选用。

(1) 车用压缩天然气的技术要求

我国车用压缩天然气目前执行的是强制性国家标准 GB 18047—2017《车用压缩天然气》，该标准结合我国近年来压缩天然气加气站和压缩天然气汽车运行的经验，规定了车用压缩天然气的技术要求，见表 5-61。除此之外，为确保车用压缩天然气的使用安全，该标准还规定车用压缩天然气应有可察觉的臭味，无臭味或臭味不足的车用压缩天然气应加臭，加臭剂的最小用量应符合当车用压缩天然气泄漏到空气中，达到爆炸下限的 20%时，应能察觉。

表 5-61 车用压缩天然气(GB 18047—2017)

项目		技术指标
高位发热量[a]/(MJ/m³)	≥	31.4
总硫(以硫计)[a]/(mg/m³)	≤	100
硫化氢[a]/(mg/m³)	≤	15
二氧化碳/(mol/%)	≤	3.0
氧气/(mol/%)	≤	0.5
水[a]/(mg/m³)		在汽车驾驶的特定区域内，在压力不大于 25MPa 和环境温度不低于-13℃的条件下，水的质量浓度应不大于 30mg/m³
水露点/℃		在汽车驾驶的特定区域内，在压力不大于 25MPa 和环境温度低于-13℃ 的条件下，水露点应比最低环境温度低 5℃

注：a. 本标准中气体体积的标准参比条件是 101.325kPa，20℃。

(2) 车用压缩天然气的正确选用

车用压缩天然气的正确选用主要是水露点应比使用地区最低气温低 5℃。

水露点是压缩天然气中的一个特殊指标，天然气中水的保持量随着压力的增加而下降，在 CNG 常用的 20MPa 压力下，天然气中水的保持量会下降 60~90 倍(随着环境温度的升高，其下降倍数增大)，因而天然气被压缩时，水露点上升，除非气体是非常干燥的，否则，水会在 CNG 气瓶中形成。

管道中液态水是形成天然气水合物的必要条件之一。天然气水合物是天然气与水在一定条件下形成的一种类似冰雪的白色结晶体，俗称“可燃冰”。形成水合物的条件第一必须是管道内有液态水或者天然气处于水蒸气的过饱和状态，第二是管道内的天然气要有足够高的压力和足够低的温度。天然气水合物一旦形成后，会减少管道的流通面积，产生节流，加速水合物的进一步形成，进而造成管道、阀门和一些设备的堵塞，严重影响压缩天然气车辆的正常行驶。因此，车用压缩天然气对水露点有严格的要求。

四、液化石油气

液化石油气(Liquefied Petroleum Gas，简称 LPG) 常温常压下是一种无毒、无色、无味的气体，其主要成分是丙烷、丙烯、丁烷、丁烯以及少量不易液化的乙烯和少量不易气化的戊烷。液化石油气具有辛烷值高、氢含量大、硫、氮等杂质少、热值高、储运压力低等优点，在发动机内燃烧完全，排放污染低，因而是城市车辆比较理想的清洁燃料。

1. 液化石油气的理化性能

液化石油气主要由丙烷和丁烷组成，其理化性质与汽油的比较情况见表 5-62。

表 5-62 LPG 与汽油的物理性质比较

性质	液化石油气			90 号汽油
	丙烷	正丁烷	异丁烷	
H/C 原子比	2.67	2.50	2.50	2~2.30
相对密度/(kg/m³)	0.582	0.579	0.557	0.700~0.760
沸点/℃	-42.1	-0.5	-11.7	35~205
闪点/℃	-104	-60	-83	-43
热值/(MJ/kg)	45.53	48.89	45.75	43.90

续表

性　质	液化石油气			90 号汽油
	丙烷	正丁烷	异丁烷	
混合气热值/(MJ/m³)	3.49	3.52	3.50	3.73
辛烷值	111	94	102	90
自燃点(常压下)/℃	432	405	462	390~420
着火极限/%	2.2~9.5	1.9~8.5	1.9~8.5	1.3~7.6
火焰传播速度/(cm/s)	42.9	41.6	42.5	39~47
蒸发潜热/(kJ/kg)	426	385	381	349

2. 汽车使用液化石油气的优缺点

(1)汽车使用液化石油气的优点

①抗爆性能好　LPG 的辛烷值在 110 左右，而汽油则在 90~98 之间，所以 LPG 具有较好的抗爆震性能。燃用 LPG 的专用发动机合理压缩比为 12，所以采取提高压缩比的方法，可大幅度提高使用 LPG 汽车的动力性和经济性。

②对环境污染小　LPG 氢含量大，硫、氮等杂质少，不含芳香烃，在使用时为气相，与空气混合均匀，因而燃烧完全、热值高，CO、HC 和微粒的排放极低，CO_2 的排放因含碳少而大大降低，有助于减少温室效应。加上 LPG 燃烧温度低，NO_x 生成少，大大减少了车辆尾气排放对环境的污染。

③延长发动机使用寿命　汽车使用汽油作为燃料时，因汽油不能完全气化而形成液膜，稀释、冲刷了运动部件的润滑油，运动部件润滑情况变差，加快了零部件的磨损。同时，进入曲轴箱的汽油会稀释润滑油，导致润滑油黏度下降，润滑性能变差，加速了发动机摩擦部件的磨损。LPG 主要成分是丙烷等低沸点化合物，与空气混合质量好，燃烧完全、无积炭，由于呈气态，不会出现使用汽油时因形成液膜而带来的一系列危害，从而延长了发动机的使用寿命及润滑油的使用寿命。同时，LPG 具有较高的抗爆性，可使汽车运转更加平稳，进一步延长了发动机的使用寿命。

④低温启动性好　LPG 的主要成分丙烷的沸点为−42℃，试验证明，在环境温度为−30℃时，LPG 汽车无须采取特别措施仍可顺利启动。

⑤使用方便　液化石油气易于压缩，在常温条件下，约 16 个大气压就可由气体变成液体，可用中压气罐储存，LPG 以液态携带，较为方便。由于属中压储存，LPG 钢瓶壁厚不大，自重较轻，加上热值高，密度大，一次加气行程较远。

⑥经济性好　LPG 的热值比汽油高约 4%~5%，加上 LPG 燃烧完全，因而 LPG 比汽油燃料消耗少约 6%，具有较好的经济性。

⑦缓解我国汽车燃料短缺的供需矛盾　我国经济正处于高速发展阶段，交通运输事业迅猛发展，对汽油资源需求量大幅度增加，大力发展车用液化石油气是保证我国石油安全的一项重要措施。以石化生产过程中副产品 LPG 精制后作为车用 LPG，既缓解了汽油供应紧张的问题又满足了环境保护的需要。

(2) 汽车使用液化石油气的缺点

①功率下降　LPG 与空气的混合气热值较汽油低且充气量系数小，使用 LPG 时，如不改变发动机的结构参数，发动机的功率要下降 10%。

②点火所需能量略大　天然气比汽油着火温度高(液化石油气的主要成分丙烷的着火温

度为432℃，而汽油的着火温度在400℃左右)，因此需要较高的点火能量。

③严寒区使用受限　由于丁烷在摄氏零度时就不能转变成气态，而LPG只能在气态状态下才能使用，所以LPG汽车在极度寒冷天气下启动受到LPG中丁烷含量的限制，往往不能使用。

④减少行李箱空间　尽管LPG汽车气瓶较CNG汽车气瓶重量更轻、体积更小，但对LPG/汽油两用燃料车来说，LPG气瓶还是会占据一些本来可以作为行李箱等用途的一些有用空间，同时增加了布置上的难度。LPG气瓶也会多多少少使汽车的有效载重质量减少，这些问题在轿车上显得更为突出。

3. 车用液化石油气的牌号及使用

(1) 车用液化石油气的牌号

我国车用液化石油气目前执行的强制性国家标准GB 19159—2012《车用液化石油气》。该标准结合我国车用液化石油气资源、车辆使用特点和现状，修改采用欧盟标准EN 589：2008《车用液化石油气》，与GB 19159—2003《车用液化石油气》相比，其适用范围明确为"点燃式内燃机使用的车用液化石油气"，增加了马达法辛烷值的技术要求等，其牌号划分由组分差异更改为达到最低蒸气压150kPa时的温度，分为-10号、-5号、0号、10号和20号共5个牌号，其产品规范见表5-63。

表5-63　车用液化石油气(GB 19159—2012)

项　目		质量指标	试验方法
密度(15℃)/(kg/m^3)		报告	SH/T0221[a]
马达法辛烷值(*MON*)	不小于	89.0	附录A
二烯烃(包括1,3-丁二烯)/(mol/%)	不大于	0.5	SH/T 0614
硫化氢		无	SH/T 0125
铜片腐蚀(40℃,1h)/级	不大于	1	SH/T 0232
总硫含量(含赋臭剂[b])/(mg/kg)	不大于	50	ASTM D6667[c]
蒸发残留物/(mg/kg)	不大于	60	EN 15470
C_5及以上组分/%	不大于	2.0	SH/T 0614
蒸气压(40℃，表压)/kPa	不大于	1550	附录B[d]
最低蒸气压(表压)为150kPa的温度/℃[e]			
-10号	不高于	-10	
-5号	不高于	-5	ISO 8973和附录C
0号	不高于	0	
10号	不高于	10	
20号	不高于	20	
游离水[f]		通过	EN 15469
气味		体积浓度达到燃烧下限的20%时有明显异味	附录E

注：a. 测定方法也包括用ISO 8973。

b. 气味检测未通过时，需要加赋臭剂。

c. 试验方法也包括用SH/T 0222，结果有争议时，以ASTM D 6667为仲裁方法。

d. 试验方法也包括用ISO 8973和附录C，结果有争议时，以附录B为仲裁方法。

e. 在指定温度下，应采用ISO 8973和附录C来共同确定产品分级。对于生产企业内部质量控制，可以利用附录D提供的方法确定分级。

f. 在0℃和饱和蒸气压下，目测车用液化石油气中不含游离水，允许加入不大于2000mg/kg的甲醇，但不允许加入除甲醇外的防冰剂及其他非烃化合物。

(2) 车用液化石油气与民用液化石油气差异

车用液化石油气的主要成分是丙烷和丁烷，与民用液化石油气相比：车用液化石油气通过蒸气压限制不易液化的轻烃(如乙烯)的含量，以保证车用液化石油气有正常的液化性能；通过限制戊烷及以上组分的含量，以保证车用液化石油气具有良好的燃烧性能；通过限制烯烃含量(民用液化石油气烯烃含量较多)，减少燃烧积渣的生成。与民用液化石油气一样，车用液化石油气同样对腐蚀和硫含量进行了相应的规定，但车用液化石油气对总硫含量限制更严，并且要求不得含有硫化氢。

(3) 车用液化石油气的正确选用

车用液化石油气的正确选用是根据最低蒸气压(表压)为150kPa的温度，也即车用液化石油气的牌号进行选用。

-10号车用液化石油气应在环境温度不低于-10℃时使用；

-5号车用液化石油气应在环境温度不低于-5℃时使用；

0号车用液化石油气应在环境温度不低于0℃时使用；

10号车用液化石油气应在环境温度不低于10℃时使用；

20号车用液化石油气应在环境温度不低于20℃时使用。

第六章　润滑油的性质及应用

润滑油是成品油库和炼油厂油品车间所储存管理的一大类油品，它的品种繁多，牌号各异、质量要求严格、价格较高。为了科学地搞好润滑油的储运、使用管理，必须对润滑油的性质有一全面认识。

第一节　润滑油分类

一、润滑油的分类

润滑油种类繁多，规格、牌号都很复杂，不同的应用领域要求使用不同的品种，不同的使用环境和不同的使用条件，又要求不同的牌号。为此国际标准化组织(ISO)制定了 ISO 6743-99：2002《润滑剂、工业用油和有关产品(L 类)的分类——第 99 部分：总则》(英文版)分类标准。我国等效采用了 ISO 6743-99：2002 标准，制定了国家标准 GB/T 7631.1—2008《润滑剂、工业用油和有关产品(L 类)的分类　第 1 部分：总分组》，如表 6-1 所示，根据应用场合将润滑剂和相关产品分为 18 组。

表 6-1　润滑剂、工业用油和有关产品(L 类)的分类(GB/T 7631.1—2008)

组别	应用场合	组别	应用场合
A	全损耗系统	N	电器绝缘
B	脱模	P	气动工具
C	齿轮	Q	热传导液
D	压缩机(包括冷冻机和真空泵)	R	暂时保护防腐蚀
E	内燃机油	T	汽轮机
F	主轴、轴承和离合器	U	热处理
G	导轨	X	用润滑脂的场合
H	液压系统	Y	其他应用场合
M	金属加工	Z	蒸汽气缸

二、工业液体润滑剂黏度分类

我国等效采用国际标准 ISO 3448—1992《工业液体润滑剂-ISO 黏度分类》制订了 GB/T 3141—1994(2004)《工业液体润滑剂 ISO 黏度分类》，按 40℃运动黏度从 2~3200mm^2/s 分成 20 个黏度等级，包括了从煤油到气缸油的黏度范围。

每个黏度等级用最接近 40℃时中间点运动黏度的 mm^2/s 正数值来表示，每个黏度等级的运动黏度范围允许为中间点运动黏度的±10%。20 个等级和每个等级的合适的上限、下限见表 6-2。

表 6-2 工业液体润滑剂 ISO 黏度分类[GB/T 3141—1994(2004)]

ISO 黏度分类	中间点运动黏度(40℃)/(mm²/s)	运动黏度范围(40℃)/(mm²/s)	
		最小	最大
2	2.2	1.98	2.42
3	3.2	2.88	3.52
5	4.6	4.14	5.06
7	6.8	6.12	7.48
10	10	9.00	11.0
15	15	13.5	16.5
22	22	19.8	24.2
32	32	28.8	35.2
46	46	41.4	50.6
68	68	61.2	74.8
100	100	90.0	110
150	150	135	165
220	220	198	242
320	320	288	352
460	460	414	506
680	680	612	748
1000	1000	900	1100
1500	1500	1350	1650
2200	2200	1980	2420
3200	3200	2880	3520

注：对于某些 40℃黏度等级大于 3200 的产品，如某些含高聚合物或沥青的润滑剂，可以参照本分类表中的黏度等级设计，只要把运动黏度测定温度由 40℃改为 100℃，并在黏度等级后加后缀符号“H”即可。如黏度等级为 15 H，则表示黏度等级是采用 100℃运动黏度确定的，它在 100℃时的运动黏度范围应为 13.5~16.5mm²/s。

需要说明的是，工业液体润滑剂 ISO 黏度分类适用于除内燃机油和车辆齿轮油以外的液体润滑剂，内燃机油和车辆齿轮油采用了专用的 SAE 黏度分类。

第二节　润滑油组成

润滑油一般由基础油和添加剂两部分组成。基础油是润滑油的主要成分，决定着润滑油的基本性质，添加剂则可弥补和改善基础油性能方面的不足，赋予某些新的性能，是润滑油的重要组成部分(各种添加剂的组成和性能请参见第四章)。

润滑油基础油主要分矿物基础油、合成基础油及动植物基础油三大类。矿物基础油应用广泛，用量很大，但有些应用场合用矿物基础油调配的产品已不能满足使用要求。此时，则必须使用合成基础油调配的产品，因而使合成基础油得到迅速发展。动植物油生物降解性好，能作为环保性要求高的基础油使用。

一、矿物基础油

矿物基础油是由石油提炼，经过常减压蒸馏、溶剂精制、脱蜡白土精制以及加氢等工艺制成，根据加氢程度的不同，可得到不同的黏度指数、氧化稳定性、倾点、挥发性指标不同的基础油。尽管目前生产的基础油在很多性能方面已有很大改善，但在蒸发损失、高温稳定性、氧化稳定性、倾点、抗磨特性等方面仍无法与合成基础油相比。

二、合成润滑油基础油

合成润滑油种类较多，根据化学结构不同分成酯类油、烷基聚醚、聚硅氧烷、硅油、硅酸酯、含氟油、磷酸酯和聚烯烃。与矿物油相比，合成润滑油具有优良的黏温性能和低温流动性、良好的热氧化安定性、低挥发性，以及其他一些特殊性能，如化学安定性、抗辐射性等，因而能够满足矿物油所不能满足的使用要求。

1. 合成烃

合成烃基础油是由化学合成方法制备的烃类润滑油，具有与矿物润滑油相似的性能，但又具有一些优于矿物油的特性，用作润滑油基础油的合成烃有聚 α-烯烃(PAO)、烷基苯、烷基萘等，其中以聚 α-烯烃的应用范围最广。

聚 α-烯烃：由乙烯经聚合反应制成 α-烯烃，再进一步经聚合及氢化而制成。它是最常用的合成润滑油基础油，使用范围最广泛。聚 α-烯烃合成油具有良好的黏温性能和低温流动性，氧化安定性及热氧化安定性好，闪点较高，挥发性较低，极佳的剪切安定性，是配制高档、专用润滑油较为理想的基础油。

烷基苯：是另一类受重视的合成烃，常用的是二烷基苯。二烷基苯根据烷基的碳数不同而有不同的黏度和凝点。二烷基苯的主要特点是黏温性好、黏度指数高、凝点低、抗辐射性较好，可用于制备抗辐射润滑油。

合成烃类油还有烷基萘，它的用途也主要是作为抗辐射润滑油的基础油。此外，还有聚异丁烯、聚丁烯油，主要特点是高温下结焦比较少，可作为高温润滑油的基础油。高黏度聚异丁烯可作为阻尼润滑油的基础油。

2. 酯类油

酯类油最早用作航空涡轮发动机润滑油，由脂肪酸和脂肪醇在催化剂作用下经酯化反应脱水制得。酯类油具有以下优异的性能：黏度指数高、闪点高、倾点低、低温流动性好，更宽的工作温度范围，蒸发损失小，高温稳定性好，氧化稳定性好，残炭少，润滑性能优异，毒性极低，环保、生物降解性能好。缺点是水解安定性能差。

常用作润滑油基础油的酯类油因反应的脂肪酸和脂肪醇的种类不同，可分为双酯、多元醇酯和复酯等。

二元酸双酯的黏温性好，黏度指数几乎都在150以上，凝点低(在-60℃左右)，低温黏度小，适合制备通用航空润滑油的基础油。双酯在100℃时就易被氧化，可通过加入抗氧化剂来提高氧化安定性。另外以双酯为基础油的润滑油对天然橡胶、塑料有溶胀作用，对于普通油漆有腐蚀性，因而在选用双酯为基础油的润滑油对接触的密封件材料等一定要特别注意。

多元醇酯只是在低温性和黏温性上比双酯稍差一些，但是高温性能有明显提高，润滑性也相应改善，对天然橡胶、塑料的溶胀性也有明显降低。可作为-60～180℃乃至200℃温度范围内使用的润滑油的基础油。

酯类油中除了双酯、多元醇酯之外，还有二元酸或二元醇为主体分子，两端以一元醇或一元酸封头的复酯。这种复酯黏度比较大，润滑性非常好，高温性能很好，虽然低温性能差一些，但是对于制备高温润滑油，也是一类良好的基础油。

3. 硅油

硅油的黏温性极好，同时具有优良的高低温性能，蒸发性小。另外硅油憎水、抗燃，呈化学惰性，电器绝缘性好。缺点是边界润滑性差，和矿物油相容性较差，作为润滑油基础油的硅油除了甲基硅油、乙基硅油、甲基苯基硅油之外，还有甲苯氯苯基硅油、烷基硅油、氟硅油等。

甲基硅油的主要特点是黏温性好，缺点是润滑性差，通常用作高真空润滑油和专用阻尼润滑油的基础油。

乙基硅油润滑性比甲基硅油好，和矿物油的相容性也较好，常作为精密仪表润滑油的基础油。

甲基苯基硅油随着苯基含量的增多，硅油的热安定性提高，但黏温性有所降低，凝点以含5%苯基的甲基硅油为最低(-70℃以下)，随着苯基含量增多，凝点升高。低苯基甲基硅油常用作低温润滑油的基础油，中苯基甲基硅油常用作高低温或高温润滑油的基础油，高苯基甲基硅油的抗辐射性好，可作抗辐射润滑油的基础油。

甲基氯苯基硅油的润滑性能优于甲基硅油或甲基苯基硅油，例如四球试验最大无卡咬负荷 P_B 值，甲基硅油或甲基苯基硅油为小于58.8N，而氯苯基硅油的 P_B 值可达441N。氯苯基硅油的黏温性能仅次于甲基硅油，高温性能仅次于甲基苯基硅油，而优于甲基硅油。用氯苯基硅油可制成-60~200℃温度范围使用的润滑油，不但具有良好的高低温性能，而且可耐高真空。

烷基硅油也是人们为了改善硅油润滑性而采取的一条技术路线，即用长链烷基取代部分甲基。这种硅油由于分子中含有长链烷基，其润滑性比甲基硅油和甲基苯基硅油好得多，四球试验磨斑直径同矿物油相近，烧结负荷 P_D 值高达3530N，但是烷基硅油的热安定性和氧化安定性比甲基硅油和甲基苯基硅油要差一些。

氟硅油可以制备抗化学溶剂的润滑油。这类润滑油能抗各种烃类溶剂、强酸(如硫酸、盐酸、发烟硝酸)、腐蚀性气体以及导弹火箭用的燃料和氧化剂的腐蚀。

4. 聚醚

聚醚是以环氧乙烷、环氧丙烷、环氧丁烷和四氢呋喃为原料，在催化剂作用下开环均聚或共聚制得的线型聚合物。聚醚具有很多优异的性能：很高的黏度指数，优异的润滑性能和热氧化安定性，高闪点、低倾点和良好的低温流动性、更宽的工作温度范围，毒性很低，残炭少，高温可以完全挥发，不留残余。由于其分子结构可以量身定做，相对分子质量可大可小，因此，可制得不同的聚醚以满足不同的使用要求。常用的聚醚有聚苯醚和聚亚烷基醚。

聚苯醚油具有优良的热安定性和氧化安定性。它在450℃时热安定性仍极好，在288℃氧化安定性也很好，常用的各类型基础油中，聚苯醚油的热安定性和氧化安定性最好。聚苯醚油的第二个优良特性是抗辐射性非常好。在一般矿物油吸收 γ 射线固化的条件下，聚苯醚仍是油状，具有润滑性。聚苯醚的缺点是凝点高，一般在5℃时已凝固，低温流动性差，黏温性能较差。

聚亚烷基醚也是润滑油的重要基础油，它具有很好的黏温特性和高的承载能力，良好的氧化安定性，使用温度可达220℃。

5. 含氟油

氟油是分子中含有氟元素的合成润滑油，通常是烷烃中的氢被氟或氟、氯取代而形成的氟碳化合物或氟氯碳化合物。含氟油的最大特点是具有优异的化学稳定性，润滑性比一般矿物油好，可用于宇航高温、高真空以及抗化学介质部位的密封和润滑。含氟油可分为三大类，即全氟烃油、氟氯碳油和全氟烷基聚醚，都可以用作润滑油的基础油。

全氟烃油是无色无味液体，它的密度为相应烃的2倍多，但凝点较高。

氟氯碳的轻、中馏分是无色液体，减压蒸馏所得重馏分是白色脂状物质，密度比全氟烃油稍小，凝点稍高，黏温性能比全氟烃油好。

聚全氟丙醚油是无色液体，与全氟烃油和氟氯碳油相比，其凝点较低，黏温性能最好，聚全氟甲乙醚的凝点更低。

三、动植物基础油

这是人类最早使用的润滑剂。作为润滑剂的动植物油脂主要有植物油如菜籽油、蓖麻油、花生油、葵花籽油等。其优点是油性好，生物降解性好，缺点是氧化安定性和热稳定性较差，低温性能也不够好。随着石油资源的逐渐短缺和环保要求的日益严格，人们又重新重视动植物油脂作为润滑材料的开发应用，并希望通过化学方法改善它的热氧化安定性和低温性能，成为未来替代矿物润滑油的重要润滑材料。

四、基础油分类及代号

1. API分类及代号

美国石油学会(API)于1993年将基础油按硫含量、饱和度、黏度指数分为5类(API-1509)，分别为：Ⅰ类、Ⅱ类、Ⅲ类、Ⅳ类、Ⅴ类，见表6-3。

表6-3 基础油分类(API-1509)

类别	硫含量/%	饱和烃/%	黏度指数
Ⅰ	>0.03	<90	80~120
Ⅱ	<0.03	>90	80~120
Ⅲ	<0.03	>90	>120
Ⅳ	PAO合成油		
Ⅴ	不包括以上四类的其他基础油		

Ⅰ类基础油通常是由传统的“老三套”工艺生产制得。从生产工艺来看，Ⅰ类基础油的生产过程基本以物理过程为主，不改变烃类结构，生产的基础油质量取决于原料中理想组分的含量和性质。因此，该类基础油在性能上受到限制。

Ⅱ类基础油是通过组合工艺(溶剂工艺和加氢工艺结合)制得，工艺主要以化学过程为主，不受原料限制，可以改变原来的烃类结构，因而Ⅱ类基础油杂质少(芳烃含量<10%)，饱和烃含量高，热安定性和抗氧性好，低温和烟炱分散性能均优于Ⅰ类基础油。

Ⅲ类基础油是用全加氢工艺制得，与Ⅱ类基础油相比，属高黏度指数的加氢基础油，又称作非常规基础油(UCBO)。Ⅲ类基础油在性能上远远超过Ⅰ类基础油和Ⅱ类基础油，尤其是具有很高的黏度指数和很低的挥发性。某些Ⅲ类油的性能可与聚α-烯烃媲美，其价格却比合成油便宜得多。

Ⅳ类基础油是聚α-烯烃合成油。常用的生产方法有石蜡分解法和乙烯聚合法。PAO依聚合度不同可分为低聚合度、中聚合度、高聚合度，分别用来调制不同的油品。这类基础油与矿物油相比，无硫、磷和金属，由于不含蜡，所以倾点极低，通常在-40℃以下，黏度指数一般超过140。但PAO边界润滑性差，另外，由于它本身的极性小，对极性添加剂的溶解能力差，且对橡胶密封件有一定的收缩作用。

除Ⅰ～Ⅳ类基础油之外的其他合成油（合成烃类、酯类、硅油等）、植物油、再生基础油等统称Ⅴ类基础油。

21 世纪对润滑油基础油的技术要求主要有：热氧化安定性好、低挥发性、高黏度指数、低硫/无硫、低黏度、环境友好。传统的“老三套”工艺生产的Ⅰ类润滑油基础油已不能满足未来润滑油的这种要求，加氢法生产的Ⅱ或Ⅲ类基础油和合成基础油将成为市场主流。

2. 我国基础油分类及代号

我国润滑油基础油分类标准目前执行中国石油化工集团提出的 Q/SH PRD 0731—2018《润滑油基础油分类及规格》。该标准根据饱和烃含量、硫含量、黏度指数将润滑油基础油分为 0 类、Ⅰ类、Ⅱ类、Ⅲ类。0 类基础油包括 MVI，Ⅰ类基础油包括 HVI Ⅰa、Ⅰb、Ⅰc，Ⅱ类基础油包括 HVI Ⅱ和Ⅱ$^{+}$，Ⅲ类基础油包括 HVI Ⅲ和Ⅲ$^{+}$。详细见分类表 6-4。

表 6-4 润滑油基础油分类（Q/SH PRD 0731—2018）

项 目	类别							
	0 类	Ⅰ类			Ⅱ类		Ⅲ类	
	MVI	HVIⅠa	HVIⅠb	HVIⅠc	HVI Ⅱ	HVI Ⅱ$^{+}$	HVI Ⅲ	HVI Ⅲ$^{+}$
饱和烃含量/%	<90 和/或	<90 和/或	<90 和/或	<90 和/或	≥90	≥96	≥98	≥98
硫含量/%	≥0.03%	≥0.03%	≥0.03%	≥0.03%	<0.03	<0.03	<0.03	<0.03
黏度指数	≥60	≥80	≥90	≥95	90～<110	≥110	≥120	≥130

注：VI——黏度指数；MVI——中黏度指数；HVI——高黏度指数。

第三节 摩擦、磨损与润滑

一、摩擦

两个表面直接接触的物体，在作相对运动时，物体运动受阻碍的现象称为摩擦。摩擦时产生的阻力称为摩擦力，因摩擦使物体表面损伤形成磨损。润滑是为了减少磨损所采用的方法。

产生摩擦的原因有两个方面：

1. 表面不平

一个十分光滑的表面，当放大观察时，该表面不是绝对平滑的。加工精度为八级的表面，其凸起的高度平均达 1.6～3.2μm，这样的表面直接接触作相对运动时，凸起部分就会相互碰撞，产生摩擦，见图 6-1。

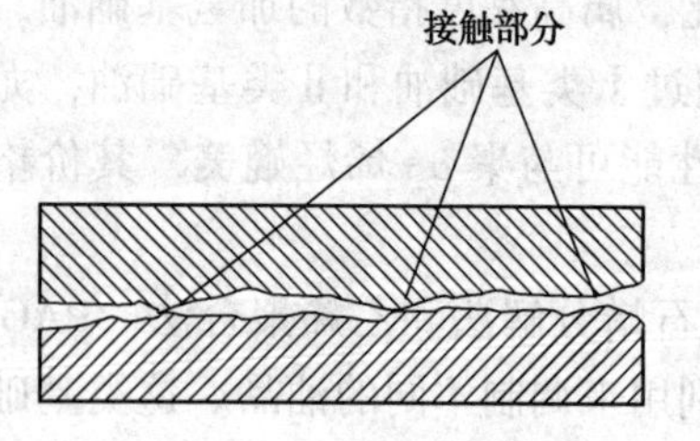

图 6-1 两个相互接触表面的示意图

2. 运动阻力

两个表面互相接触的部位，因距离十分接近，分子之间存在着分子引力，阻碍物体之间运动。物体表面凸起部位因碰撞、啮合，使表面凸起部分扭曲、破裂以致脱落。摩擦时消耗的部分动能转换为热能，使表面温度升高，在万分之几秒的瞬间温度可升高到200~300℃甚至1000℃以上，凸起部位的瞬间压力，局部可达200~300MPa，引起金属融熔，机件烧毁的事故。高温和脱落的金属屑夹在摩擦面之间，更加剧了磨损。

两个表面直接接触产生的摩擦称为干摩擦[见图6-3中(a)]。干摩擦消耗大量动力，纺织机械总功率的85%消耗在干摩擦上，近代汽车发动机在良好的润滑情况下，摩擦消耗的功率也达20%(喷气发动机的摩擦损失功率仅占2%)。据估计，全世界摩擦消耗的动力约占全部动力能量的30%~40%。因而，改善润滑状况，降低摩擦损失具有重大的经济意义。

二、磨损

把摩擦副表面相对运动时，工作表面物质不断损失或产生残余变形的现象叫磨损。机械零件表面磨损后往往造成设备精度丧失，需要进行维修，造成停工损失，材料消耗和生产率降低，因此人们对磨损现象不断进行研究以找出影响磨损的因素和控制磨损的措施达到减少磨损的目的。

1. 磨损过程

机械零件正常过程中的磨损一般分为三个阶段，如图6-2所示。

(1) 跑合阶段

跑合阶段又称磨合阶段，新的摩擦副表面具有一定粗糙度，真实接触面积较小，经过短时间跑合后，表面逐渐磨光，真实接触面积逐渐增大，磨损程度减缓，如图6-2的oa线段。人们有意利用跑合阶段的轻微磨损为正常运行的稳定磨损创造条件。为了缩短跑合期，可以采用适当的加工工艺与装配工艺，使用含有活性添加剂的润滑油(磨合油)或是选用适当的试车规范等方法。跑合结束后应重新换油。任何新机械设备都必须进行必要的磨合。

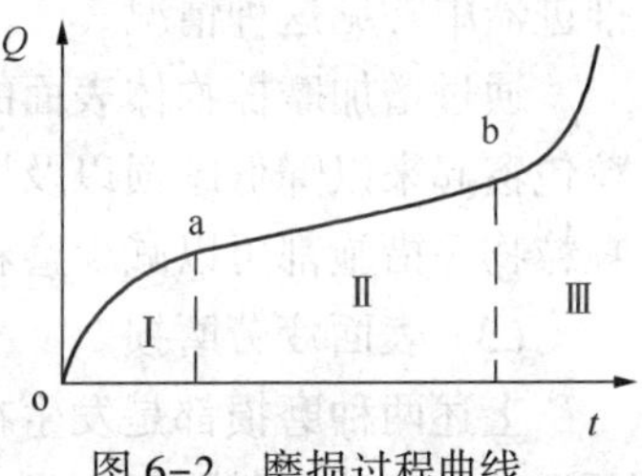

图6-2　磨损过程曲线

(2) 稳定磨损阶段

这一阶段磨损缓慢、稳定，如图6-2的ab线。ab线段的斜率为磨损速度，横坐标时间是零件耐磨寿命。由ab曲线上各点的坐标可以找出某一工作时间内零件的磨损量。

(3) 剧烈磨损阶段

图6-2的b点以后磨损速度急剧增长，机械效率下降，精度丧失，功率和润滑油的损耗增加，还可能产生异常的噪声和振动，磨擦温度迅速上升，最终导致零件失效，此时必须进行维修。

实践证明，良好的磨合能使摩擦副的正常工作寿命提高1~2倍，而且还能有效改善摩擦副的其他性能。良好的磨合性能表现为磨合时间短、磨合磨损量小以及磨合后的耐磨性高。合理的磨合规范应当是逐步增加载荷和摩擦速度，使表面品质得到相应改善。还要选择适当的润滑油和添加剂。实践证明，使用黏度较低的润滑油对提高磨合性能有很大作用。

2. 磨损的机理

根据磨损的破坏机理可把磨损分为以下几种类型：

(1) 粘附磨损

这是直接相互接触的运动副表面发生摩擦过程中产生的磨损。任何看起来很光滑的金属表面实际上仍是很粗糙的。两个表面直接靠在一起时，只有少数凸出点相接触形成支撑点，这些紧密接触的表面在分子间引力作用下会互相粘结在一起形成粘附或焊接。在滑动运动的摩擦过程中，这些联接点会被剪断，同时又产生新的联接点。在联接点被剪断时，如果剪断的位置刚好是原来的交界面就不会产生磨损，如果剪断的位置不是原来的交界面，那么金属就会从这一表面转移到另一表面。在进一步受到摩擦时，一些转移的金属会被擦下来，金属表面出现磨损。

因此，粘附磨损是直接接触的表面做相对运动时由于分子间吸引力作用而产生的粘附连接(或固相局部焊接)被破坏，致使材料由一个表面转移到另一个表面造成的磨损。使用不易相互粘附的金属做摩擦副材料，增加润滑油油膜的厚度以及在润滑油脂中加入油性和极性添加剂，提高润滑油吸附能力和油膜强度都可使摩擦副抗粘附磨损的能力提高。

(2) 磨料磨损

这是在两物体表面作相对运动时由于存在硬的物质颗粒使较软的金属表面擦伤造成的磨损。当滑动表面之间存在第三种物质(如泥沙、矿石粉等硬质颗粒时)就会产生磨料磨损。这种磨损称为高应力磨料磨损，常见于农业机械、工程机械中。将在滑动表面间不存在第三种物质硬颗粒的磨料磨损称为低压力磨损。而借助流体或气体的作用输送矿石颗粒时也会与机器的壳体发生摩擦，将这种情况下发生的磨料磨损称为冲击磨损。在汽轮机叶片、搅拌机推进器中常见这种情况。

通过增加摩擦物体表面的硬度，降低粗糙程度，在摩擦表面形成一个软的覆盖膜把碎颗粒包覆起来以降低磨损以及增加摩擦表面润滑油膜的厚度，对润滑油及时进行过滤处理去除颗粒物等措施都可以减少磨料磨损。

(3) 表面疲劳磨损

上述两种磨损都是发生在运动物体表面直接接触并发生滑动摩擦的过程中产生的。而当两运动表面被油膜隔开不发生直接接触，表面之间也没有尘埃及金属屑等颗粒的情况下流动，运动物体表面仍然会发生磨损，把这种磨损称为疲劳磨损，特别是两接触表面作滚动或滚动滑动复合摩擦时常发生这种磨损。因此，把两接触表面作滚动或滚动滑动复合摩擦时在交变接触压应力作用下，材料表面因疲劳而产生微观裂纹并分离出磨粒或碎片造成物质损失的现象称为表面疲劳磨损。滚动轴承和齿轮都易发生表面疲劳磨损。

为了降低疲劳磨损而通常采取的措施有：把体系包含或溶解的水带来的影响降低到最小，增加润滑剂膜的厚度，在接触物体作滚动运动时设法把相应的滑动运动降低到最低，以及添加抑制疲劳的添加剂等。

(4) 腐蚀磨损

当摩擦在有腐蚀性物质存在的环境中进行时，摩擦表面会发生化学反应(或电化学反应)并在表面生成反应产物。一般反应产物与表面都粘得不牢，容易在下一步摩擦过程中被擦掉，露出新的金属表面又继续反应生成新的反应产物，最终使金属表面被磨损。

将金属表面在摩擦过程中与周围介质发生化学反应(或电化学反应)而产生的磨损称为腐蚀磨损。

能造成腐蚀磨损的环境物质包括：潮湿空气中的水，氧气，显酸性的硫、氮化合物，润滑剂氧化变质产生的酸性油泥，矿物油燃烧生成的酸性物质，甚至手上的汗液也可引起腐蚀磨损。

为了减少腐蚀磨损，一方面要限制水进入物体表面的机会，另一方面可使用各种润滑油添加剂，如使用有防腐剂、防锈作用的添加剂，使用显碱性的去垢剂以中和酸性物质，以及使用具有阻止化学物质粘附在表面作用的添加剂等。

另外，还有分层磨损、电蚀磨损、微动磨损、浸蚀、气蚀等多种形式的磨损。磨损是一个复杂的过程，往往是摩擦表面间材料受到粘附擦伤、腐蚀、疲劳等多种作用的综合结果。机械在运转过程中发生摩擦和磨损都是不可避免的，为降低磨损一方面要选用磨损率低的材料，另一方面要减少两摩擦面间的接触，这就要使用润滑剂。在连续运转中使摩擦面始终处于流体润滑状态，而当机械启动或停车时使用适当的边界润滑剂或固体润滑剂可使磨损保持在低水平，由此可见润滑剂的使用对降低磨损有重要意义。

三、润滑

1. 润滑的定义

通常把在发生相对运动的各种摩擦副的接触面之间加入润滑剂，从而使两摩擦面之间形成润滑膜，将原来直接接触的干摩擦面分开，变干摩擦为润滑剂分子间的摩擦，达到减少摩擦，降低磨损，延长机械设备的使用寿命的技术称为润滑。从广义上讲，润滑是一种减少摩擦和磨损的技术，不仅包括使用润滑剂，还包括对摩擦副材料的表面改性以及采用具有自润滑性的摩擦副材料等。近20年来，摩擦学研究的重点已从传统的润滑剂和润滑系统转移到摩擦学新材料和新技术上。因此，润滑具有新的、更广泛的含义。本书仅介绍有关润滑剂的润滑。

2. 润滑剂的作用

在机械设备摩擦副相对运动的表面间加入润滑剂的目的是降低摩擦阻力和能源消耗，减少表面磨损，延长使用寿命，保证设备正常运转，具体作用表现在以下几个方面：

①降低摩擦　在摩擦副表面加入润滑剂后形成的润滑膜将摩擦表面隔开，使金属表面间的摩擦转化为具有较低抗剪切强度的油膜分子间的内摩擦，从而降低摩擦阻力和能源消耗并使摩擦副运转平稳。

②减少磨损　在摩擦副表面形成的润滑膜可降低摩擦并支承载荷，因此可以减少表面磨损及划伤，保持零件的配合精度。

③冷却降温　采用液体润滑剂的循环润滑系统可以把摩擦时产生的热量带走，降低机械运转摩擦发热造成的温度上升。

④防止腐蚀　摩擦表面的润滑剂膜覆盖在摩擦面上有隔绝空气、水蒸气及其他腐蚀性气体的作用可防止摩擦表面被腐蚀或生锈。

⑤传递作用力　某些润滑剂(如液压油)可以做力的传递介质，把冲击振动的机械能转变成液压能。

⑥减振作用　吸附在金属表面上的润滑剂由于本身应力小，在摩擦副受到冲击时能够吸收冲击振动的机械能起到减振、缓冲作用。

⑦绝缘作用　矿物油等润滑剂有很高的电阻，因此可作为电绝缘油、变压器油。

⑧清洗作用　随着润滑油的循环流动可把摩擦表面的污染物、磨屑等杂质带走，再经过滤器滤除。内燃机油还可以把活塞上的尘土和其他沉积物分散去除，保持发动机的清洁。

⑨密封作用　润滑剂对某些外露零部件形成密封，防止冷凝水、灰尘及其他杂质入侵，并使气缸和活塞之间保持密封状态。

3. 润滑机理

润滑油吸附在机件表面上，形成一层有一定厚度的油膜，油膜是由多层油分子相互吸引所构成的。如果油膜能完全把摩擦表面隔开，以液体摩擦代替干摩擦，这种状态称为液体润滑[见图 6-3 中(c)]，是最理想的润滑状态。形成液体润滑是有条件的，取决于摩擦表面的运动形式、负荷、运动速度和润滑油的性质。运动速度愈快或润滑油的黏度愈大，愈易形成油膜，而负荷大则不利于油膜的形成。对于具体的机械设备，其负荷，运动形式、运动速度都是既定因素，无法改变，只能选择具有合适油性和黏度的润滑油来满足机械要求。油性表示润滑油分子对金属表面的吸附能力，由石油生产的润滑油油性通常能适应一般机械要求，可以不必考虑。黏度是选择润滑油的首要因素，一般低速高负荷的机械选用高黏度润滑油，高速低负荷的机械选用低黏度润滑油。

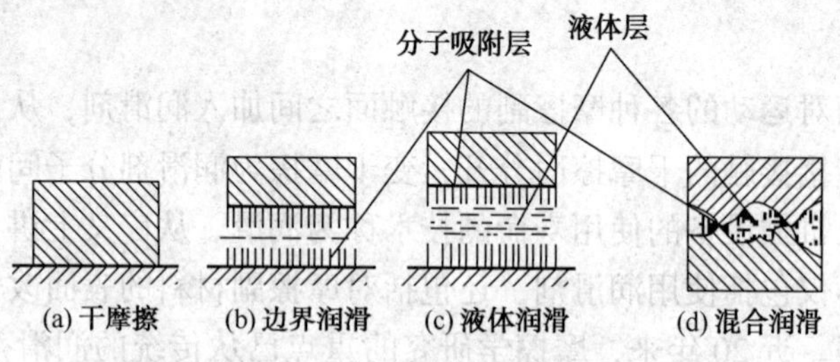

图 6-3　几种润滑状态示意图

液体润滑是最理想的润滑状态。但是在负荷过大、转速过慢或有冲击负荷时，油膜变薄，在摩擦表面之间无法保持液体润滑层，在一定条件下形成很薄的一层弹性流体润滑油膜。当负荷超过一定限度时，油膜出现局部裂缝，裂缝部位形成干摩擦，这种情况即为图 6-3 中(d)所示，称为混合润滑。

在负荷很大而转速很慢、摩擦表面又很粗糙的情况下，不可能形成液体润滑和弹性流体润滑的完整油膜，摩擦表面出现干摩擦。为解决此问题，可在润滑油中加入油性添加剂。它们是一些极性分子，如脂肪酸等。它们能依靠分子间引力，牢固地吸附在金属表面上，形成一层或几层分子厚度的吸附膜。这一吸附膜极薄，称为边界膜，它不能代替液体润滑，但却能大大减少表面凹凸不平部位的碰撞和磨损。这种润滑如图 6-3(b)所示，称为边界润滑。

当摩擦表面压力很大、温度很高时，边界膜因高温而脱附，破坏了边界润滑。这种情况下应加入极压添加剂，它们是一些含硫、磷，氯元素的有机化合物，在高温、高压下，能和金属表面起化学反应，生成一层化学膜，起到减小摩擦系数、防止金屑烧结的作用，这种润滑称为极压润滑。图 6-4 是硫渗入铁表面形成一层硫化铁化学膜的示意图。

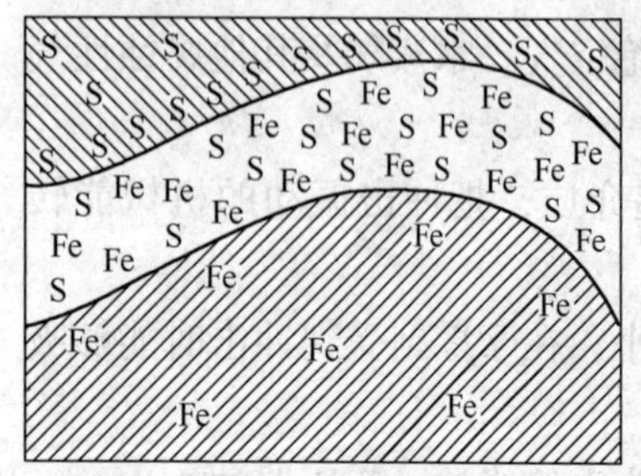
图 6-4　金属表面化学膜示意图

润滑油主要起减少摩擦磨损、防止烧结的作用，同时还对摩擦面起冷却、清洗和缓和冲击作用以及抗腐、防锈、密封等作用。

4. 润滑剂的分类

按照润滑剂的物理状态可分为液体润滑剂、半固体润滑剂、固体润滑剂和气体润滑剂四大类，每类各有其性能特点和适用范围。

(1) 液体润滑剂

液体润滑剂是用量最大、品种最多的一类润滑材料，包括矿物润滑油、合成润滑油、动植物油和水基液体等。液体润滑剂的特点是具有较宽的黏度范围，对不同的负荷速度和温度条件下工作的运动部件提供了较宽的选择余地。

①矿物润滑油　这是目前使用量最大的一种液体润滑剂，约占润滑油总产量90%，一般是由矿物基础油加入添加剂形成的。过去的矿物润滑油不含添加剂，近几十年来为大幅度改善润滑油的性能，普遍添加不同的添加剂，不含添加剂的润滑油只占润滑油总产量的15%左右。添加剂的用量虽不大，但效果却十分显著，如在汽轮机油中加入0.1%~1%的抗氧化剂可使其寿命由几百小时提高到数千小时。通常加入的添加剂有清净分散剂、抗氧剂、抗氧化腐蚀剂、黏度指数改进剂、油性剂和极压抗磨剂、防锈剂、抗泡剂、抗乳化剂等。

②合成润滑油　是通过化学合成的方法制备的润滑油。合成润滑油的研制开发从第二次世界大战开始。当时缺乏石油资源的德国和日本为战争的紧迫需要不惜成本开发了这类产品。但由于其成本比矿物润滑油高得多，所以目前仍只限于在矿物润滑油不能满足使用要求的某些特殊润滑条件下使用。但随着化学工业的发展，价格会逐渐下降，并且通过与矿物润滑油混用和加入添加剂改善其性能，能制成节能、长寿命的高级润滑油，因此合成润滑油有扩大应用范围的趋势。

③动植物油　这是人类最早使用的润滑剂。作为润滑剂的动植物油脂主要是植物油如菜子油、蓖麻油、花生油、葵花籽油等，其优点是油性好、生物降解性好，缺点是氧化安定性和热稳定性较差，低温性能也不够好，目前仍作为某些金属切削液的重要组分。随着石油资源的逐渐短缺和环保要求的日益严格，人们又重新重视动植物油脂作为润滑材料的开发应用，并希望通过化学方法改善它的热氧化安定性和低温性能，能成为未来替代矿物润滑油的重要润滑材料。

④水基液体　是含水的润滑剂，有溶液型和乳化型两类。由水、油、乳化剂及添加剂组成的乳化液有水包油和油包水两种形式。由于水具有无毒、不燃、不污染环境、价格低、来源丰富、储运方便等优点，作为润滑油成分又有冷却性能好、抗氧化安定性好等特点，用水代替油使用不仅可以节约能源，而且使用安全、有利保护环境。但水作为润滑剂有表面张力大、黏度低、润滑性能差、摩擦系数大、倾点高、冻结后膨胀、使用温度范围窄、易腐败变质、易使金属锈蚀等缺点，因此使用范围受到限制。目前乳化液主要用于液压油及金属加工油液。水包油型水基液压油最早作为耐燃液压油，大量用于冶金和矿山机械。目前作为液压油已广泛用于冶金、矿山、玻璃、陶瓷、塑料、纤维等行业的机械上，乳化气缸油也大量用于船舶机械及火车上。由于乳化液具有良好的冷却性能而被广泛用作切削、研磨、压延、冲压、拉拔等作为金属加工油液。

随着世界石油资源枯竭，节油要求日益迫切，水基液体将成为一种很有发展前途的润滑材料代替矿物油使用。用纯水也可以做润滑剂，如用净水可润滑中小型高速滑动的轴承(如山地农田使用的扬水泵)。但水的摩擦系数大，因此耗能多，磨损也大，为克服水作为润滑剂使用温度范围窄(只能在5~50℃范围使用)的缺点，加入乙二醇或聚乙二醇等抗冻剂形成的溶液型水基润滑液，目前已作为液压油大量使用。

(2) 润滑脂

润滑脂又称半固体润滑剂，是在常温常压下呈半流动状态，并且具有胶体结构的润滑材料。按使用稠化剂种类，润滑脂分为皂基脂、烃基脂、无机脂和有机脂四类。其中皂基酯中的锂基脂具有多方面的优良性能，因而使用量最大，先进工业国家中锂基脂的产量一般占润滑脂总产量的60%以上。

虽然目前使用的润滑剂主要是液体状态的润滑油，但在某些情况下也需使用半固体状态的润滑脂。润滑脂是具有良好润滑性能的矿物润滑油或合成润滑油与具有良好亲油性的碱土金属皂类、膨润土、硅胶脂、有机高分子聚合物等稠化剂形成的具有安定网架结构胶体的半固体润滑剂。在一些特殊条件下要求使用润滑脂做润滑剂，如某些开放式的润滑部位要求有良好的粘附性，才不致使润滑剂流失或滴落；在有尘埃、水分或有害气体侵蚀的情况下，要求有良好的密封性、防护性和防腐蚀性；由于运转条件限制要求长期不换润滑剂的摩擦部位，以及摩擦部位的温度和速度变化范围很大的机械，往往需要使用耐负荷能力强的润滑脂。由于润滑脂比润滑油摩擦阻力小，可节约能源，有耐用且寿命长、适应面广的特点，同时维护管理方便、操作简单，因此得到广泛应用。虽然润滑脂只占润滑剂总产量的2%左右，但在润滑中起的作用很大，大约90%的滚动轴承是用润滑脂润滑的。而且大约43%的滚动轴承失效是由于润滑不当造成的，因此改善润滑脂的质量和产品的构成是一个重要任务。

润滑脂的缺点是流动性小，散热性差，高温下易产生相变、分解。

(3) 固体润滑剂

固体润滑剂是随着科学技术不断发展，为解决一些极端状态下的润滑需要而出现的一类新型润滑剂。在某些情况下往往不适合用润滑油、脂，如航空航天飞行器，某些零部件工作温度很高或温度范围变化很大；核电站的原子反应堆有很强的高能辐射；食品机械、纺织机械的一些部位不允许使用会造成污染的润滑油脂；真空机械要求润滑剂挥发性很低等。由于固体润滑剂具有耐高温、耐低温、抗辐射、抗腐蚀、不污染环境等优点，因此主要用于宇航工程等高温、低温、高真空、强辐射、高化学腐蚀的特殊条件的润滑上，特别适合于给油不方便、装拆困难的场合。固体润滑剂的缺点是摩擦系数较高、冷却散热性能差。

固体润滑剂包括以下四类：

①铅、锡、铟、锌、银、金等软金属；

②氧化铅、氟化钙等金属化合物；

③石墨、氮化硼、滑石、云母等无机物；

④石蜡、聚四氟乙烯、聚酰胺等有机物。

按其形状可分为固体粉末、薄膜和自润滑复合材料三种。设备润滑最常用的固体润滑剂是二硫化钼、石墨和聚四氟乙烯。

固体润滑剂的润滑作用主要有三种类型。第一种是能在摩擦表面形成固体润滑膜，它的润滑机理与边界润滑相似；第二种是软金属固体润滑剂是利用软金属抗剪切强度低的特点起到润滑作用的；第三种是石墨具有层状结构的物质利用其结构特点起到润滑作用。

(4) 气体润滑剂

气体也是一种流体，同样符合流体润滑的物理规律，因此在一定条件下气体也可以像液体一样成为润滑剂。气体润滑剂的优点是摩擦系数小，在高速下产生摩擦热少，温升低，运转灵活，工作温度范围广，形成的润滑膜比液体薄，气体支承能保持较小间隙，在高速支承中容易保持较高的回转精度，在放射性和其他特殊环境中也能保持正常工作，而且能在润滑表面普遍分布，不会产生局部热斑，不存在密封、堵塞和污染的问题。

气体润滑剂可在比润滑油脂更高或更低的温度范围内使用，如在10000~600000r/min高速转动和-200~2000℃温度范围内润滑滑动轴承，其摩擦系数可低到检测不出的程度。使用在高速精密轴承（如医用牙钻、精密磨床主轴及惯性导航陀螺）上可获得高精度。但气体润滑剂密度低，因此有承载能力低的缺点，只能用在 30～70kPa 的空气动力装置和不高于 100kPa 的空气静力学装置中。对使用的设备精度要求很高，需要用价高的特殊材料制成，而且排气噪声高。

常用的气体润滑剂有空气、氦气、氮气、氢气等。空气适合在 650℃以下使用，氮气和氦气等惰性气体可在 1000℃以上使用。

气体润滑剂要求清净度很高，使用前必须进行严格的精制处理。目前在高速设备中气体润滑剂的应用有增加的趋势，如在精密光学仪器中、牙医的钻床中、测量仪器中、电子计算机中、精密的研磨设备中以及在制药、化学、食品、纺织和核工业这类低负载而要求避免污染的部门，但气体润滑剂在润滑剂的总产量中占的比例很小。

第四节　润滑油的理化性能指标

润滑油质量的高低对设备的工作效果和寿命有很大影响，为此人们规定了多种润滑油的理化性能指标，在选用润滑油时既应重视黏度、黏度指数、倾点等与流动性有关，以及油性、极压性等与润滑性能有关的性能指标外，也应重视油品的抗氧化性、防锈性、闪点、水分含量、酸值、抗乳化性等化学性能有关的性能指标，下面分别对这些理化指标作一介绍。

一、黏度

润滑油受到外力作用发生相对移动时，润滑油分子之间会产生阻碍运动的阻力，这种内摩擦系数被称为黏度。目前绝大多数润滑油都是根据黏度来分级的。黏度是润滑油的一项重要技术指标，是选用润滑油的主要依据。

1. 黏度的作用

润滑油的黏度对润滑油的流动性和它在摩擦面之间形成的油膜厚度都有很大影响。黏度较大的润滑油流动性较差，但油膜强度大，承受负荷的能力较强。因此，在负荷较大的情况下，使用黏度较大的润滑油容易在摩擦面之间形成较厚的润滑膜，保持流体润滑状态取得较好的润滑效果。但是黏度大时润滑油的冷却作用较差，消耗在克服摩擦阻力的功率也较大；而黏度较小的润滑油流动性较好，容易流到间隙小的摩擦面之间保证润滑效果，同时消耗在克服摩擦阻力的功率也较少；但黏度过小，在较大负荷下润滑油膜会变薄以致破坏，使摩擦表面产生磨损。因此，要根据不同情况选用黏度合适的润滑剂。

2. 黏度的表示方法

黏度的表示方法可分为绝对黏度和相对黏度。常用的绝对黏度又分为动力黏度和运动黏度两种。

（1）动力黏度（η）

动力黏度是牛顿液体的内摩擦系数，也是黏度的定义，见图 6-5。在流体中取两面积各为 $1cm^2$，相距 1cm 远的两个油层，当其中一个油层以 1cm/s 的速度作相对运动时所产生的阻力叫做动力黏度。

$$动力黏度\ \eta = \frac{F/A}{V/h}$$

动力黏度的单位为帕斯卡·秒（Pa·s），$1Pa\cdot s = 1N\cdot s/m^2 = 10^3 cP$。

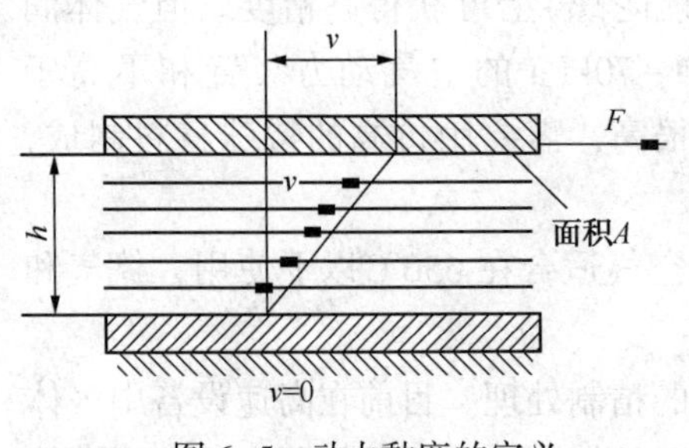

图 6-5　动力黏度的定义

(2) 运动黏度(ν)

运动黏度是液体的动力黏度(η)与同温度下该液体的密度(ρ)的比值。

$$运动黏度 = \eta/\rho$$

我国石油产品黏度常用运动黏度表示，运动黏度的单位是 m^2/s，常用单位是 mm^2/s(cSt)。

相对黏度是用各种黏度计测得的黏度。根据使用的黏度计不同分为恩氏黏度(E)、雷氏黏度(R)、赛式黏度(S)等。如恩氏黏度是将 200mL 试油在规定温度下流经恩氏黏度计的时间与 20℃时用 200mL 水流经恩氏黏度计时间的比值。这些相对黏度都可以通过经验公式或图表换算成运动黏度。

目前，我国用运动黏度表示润滑油的黏度和用作划分润滑油牌号的主要依据。通常使用的运动黏度数据是在 40℃、100℃测定的。

二、黏度指数

1. 黏温性能(黏度-温度特性)

润滑油的黏度对润滑的效果影响很大，而温度则是影响黏度的一个最重要的参数。随着温度升高，润滑油的黏度降低，温度降低则黏度增大。产生的原因是温度上升，液体内部分子运动加剧，使得润滑油分子间的相互吸引力减弱，从而使润滑油的内摩擦力下降，因而黏度下降。但润滑油黏度随温度的变化程度并不呈线性关系。

把润滑油黏度随温度变化而变化的程度称为润滑油的黏温性能。润滑油黏度随温度变化小，则其黏温性能好。

黏温性能对润滑油的使用有重要意义，如发动机润滑油的黏温性能不好，温度低时则会黏度过大，启动发生困难，而且启动后润滑油不易流到摩擦面上造成机械零件的磨损；而在温度高时，黏度变小不易在摩擦面上形成适当的油膜而失去润滑作用，也会使机械零件的摩擦面产生擦伤，因此通常都要求使用黏温性能好的润滑油。

润滑油的黏温性能与其组成有关，由不同原油或不同馏分或不同精制工艺制得的润滑油黏温性能不相同。一般环烷基油的黏温性能差，石蜡基油的黏温性能好，而加氢裂化油的黏温性能更好。

石油产品黏度与温度的经验公式关系为：

$$\lg\lg(\nu + 0.6) = n - m\lg T$$

式中　ν——运动黏度，mm^2/s；

T——绝对温度，K；

n、m——与油品温度有关的常数。

测定某一油品在两个不同温度下的黏度，代入上式，即可解得 n、m 值。n、m 值确定以后，即可由上式求得该油品在任何一温度下的黏度。但应注意，低温下的黏度不能用此公式计算，尤其是含有黏度指数改进剂的油品。

2. 黏度指数

评价油品黏温性能常采用黏度指数(简写 VI)，这是润滑油的一项重要质量指标。黏度指数越高，表示油品的黏度受温度的影响越小，其黏温性能越好。黏度指数最简便、快捷的求取方法是通过已知该油品的40℃与100℃运动黏度从GB/T 2541《石油产品黏度指数表》中求取。

这里需要说明的是，黏度指数也不是一个完美的表征油品黏温性能的参数。例如，它只能表示润滑油从40~100℃之间黏温曲线的平缓度，不一定能说明40℃以下、100℃以上的黏温性能。

三、低温性的评定指标

1. 凝点

油品的凝固和纯化合物的凝固有很大的不同。纯化合物的凝点是一个物理常数，而油品是由多种烃及少量氧、硫、氮等化合物组成的混合物，并没有明确的凝固温度，所谓“凝固”只是作为整体来看失去了流动性，并不是所有组分都变成了固体。

油品凝点按GB/T 510《石油产品凝点测定法》测定，在规定的条件下将油品冷却到预定温度，将试管倾斜45°，1min后，液面不移动时的最高温度即是油品凝点。

油品在低温下失去流动性是由两个原因引起的，因此也分为两类原因的凝点。

①石蜡凝点　油品中含有石蜡，随着温度的降低，蜡结晶析出，结晶形成网状结构，使处于液态的油品被包含在其中，从而使油品的整体不能流动，失去流动性。石蜡基润滑油的凝固就属于此类原因，通常可以通过脱蜡及加入降凝剂来改善其低温流动性。

②黏度凝点　温度降低时，黏度变得很大，油品变成无定形的玻璃状物质，当黏度增大到约200000mm^2/s时，油品即失去流动性。高黏度油品(尤其是含有大量高分子稠环烃的油品)的凝固就可能属于此类原因。对于此类“凝固”，降凝剂的作用也不明显。

润滑油的凝点是表示润滑油低温流动性的一个重要的质量指标。对于生产、运输和使用都有重要意义。凝点高的润滑油不能在低温下使用。相反，在气温较高的地区则没有必要使用凝点低的润滑油，造成不必要的浪费。因为润滑油的倾点越低，其生产成本越高。

2. 倾点

油品倾点按GB/T 3535《石油产品倾点测定法》测定，在规定的条件下冷却油品，每隔3℃将试管取出，水平放置观察试样液面有无流动，直至5s试样液面不流动时的温度再加上3℃即为油品的倾点。

倾点的使用意义同凝点基本相同。但是特别还要提及的是，对于在室外低温环境下工作的机械所用的油品，如发动机油和车辆齿轮油等，凝点或倾点还不能确切地表征其低温使用性，在选用低温的润滑油时，应结合油品的倾点(凝点)、低温黏度及黏温特性全面考虑。因为低倾点的油品，其低温黏度和黏温性能亦有可能不符合要求。

3. 发动机油的低温动力黏度

如果发动机油在启动温度下太黏稠，将会使运动部件黏滞，使发动机曲轴转动达不到启动的转速而无法启动。一般要求发动机油在-35~-15℃的温度下启动时，其黏度在9500~6200mPa·s范围内。

发动机油低温动力黏度的测定方法按GB/T 6538《发动机油表观黏度的测定 冷启动模拟机法》，即CCS法，是修改采用ASTM D 5293《使用冷启动模拟机测定发动机油-35~-5℃表观黏度的标准方法》。方法概要是：将试样加在转子与定子之间，用直流电动机驱动一个紧密装在定子里的转子，通过调节流经定子的制冷剂流量来维持试验温度。转子的转速是黏度的函数，由标准曲线和测得的转子转速来确定试油的黏度。

4. 发动机油的边界泵送温度

如果发动机油在低温下油泵供油速度和供油量不足，就会出现发动机启动后摩擦表面长时间得不到充分的润滑而导致磨损增加。机油的泵送失败是因为其在低温下黏度太大或出现蜡结晶或含有高分子聚合物等所致，简言之是由于泵入口处机油的屈服应力过大(屈服应力是液体刚刚开始流动所需的剪切应力)。一般认为发动机油的屈服应力小于35Pa或黏度小于30000mPa·s才能保证油泵正常的供油量。因此，在发动机油规范中把出现临界屈服应力(35Pa)或临界黏度(30000mPa·s)时的最高温度作为边界泵送温度，该温度即是能保证油泵入口处得到足够机油的最低温度。

GB/T 9171《发动机油边界泵送温度测定法》与ASTM D3829《预测发动机油边界泵送温度的标准方法》等效。方法概要是：将发动机油试样在10h内以非线性程序冷却速率把油样冷却到试验要求温度，恒温16h，之后在旋转黏度计上逐步施加规定的扭矩，观察并测定其转动速度，用于计算该温度的屈服应力和表观黏度。由三个或三个以上试验温度所得结果，确定该试油的边界泵送温度，或者为了满足某些规格指标的要求，只测定边界泵送温度低于某个规定温度即可。

5. 发动机油无屈服应力时的低温泵送黏度

GB 11121—2006《汽油机油》中SG级以上级别的汽油机油和GB 1122—2006《柴油机油》中CF级以上级别的柴油机油，采用的是发动机油在指定温度下无屈服应力时的低温泵送黏度表示发动机油在低温下的油泵供油能力。一般认为发动机油在本方法试验温度下(相同级别的发动机油比发动机油边界泵送温度低5℃)的表观黏度不大于60000mPa·s才能保证油泵正常的供油。本试验方法将发动机油的屈服应力小于35Pa判断为无屈服应力。

SH/T 0562《低温下发动机油屈服应力和表观黏度测定法》与ASTM D4684—2017《低温下发动机油屈服应力和表观黏度测定法》等效。方法概要是：将发动机油试样在80℃恒温2h，接着在控制的冷却速度下降温43h以上，达到最终试验温度。发动机油被冷却时，其冷却速率和冷却时间会影响发动机油的屈服应力和表观黏度。在本试验中，发动机油在有蜡结晶析出的温度范围内缓慢冷却，接着快速冷却至最终试验温度。之后在旋转黏度计上施加10g法码(屈服应力35Pa)，观察转子在横臂上的运动，如果15s内转子在横臂末端转动不到3mm，则该发动机油有上屈服应力。在发动机油无屈服应力时，在旋转黏度计上施加150g砝码，测定其试验温度下的表观黏度，也即发动机油无屈服应力时的低温泵送黏度。

6. 齿轮油的低温表观黏度

汽车后桥齿轮油的表观黏度与其低温流动性有关。一般认为，齿轮油的动力黏度小于150000mPa·s时，汽车方能正常起步。

齿轮油低温表观黏度测定方法按GB/T 11145《车用流体润滑剂低温黏度测定法（勃罗克费尔特黏度计法)》(即布氏黏度计法)，与ASTM D2983《用勃罗克费尔特黏度计测定汽车流体润滑剂低温黏度的标准试验方法》等效。方法概要是：将试油在规定温度的冷浴中冷却16h，然后在布氏黏度计中测定其表观黏度，或者测定试油表观黏度达到150000mPa·s时的温度。

7. 齿轮油的成沟点

为保证在低温下汽车启动时，后桥齿轮能得到最低限度的润滑，通常需要齿轮油有较低的成沟点。

SH/T 0030《车辆齿轮油成沟点测定法》齿轮油成沟点测定方法与FTMS 791B 3456.1《润

滑剂的成沟特性》等效。方法概要是：将试油在规定的温度下存放18h，用金属片把试油切成一条沟，然后在10s内测定试油是否流到一起并盖住试油容器底部。若在10s内试油流回并完全覆盖容器底部，则报告试油不成沟；反之则报告油样成沟。试油在规定条件下出现成沟的最高温度，就是试油的成沟点。

四、油性和极压性

减少摩擦和磨损，防止烧结是润滑剂的主要功能，油性和极压性是反映润滑油润滑性能的指标。

油性是指润滑油在金属表面形成吸附膜减少摩擦的性能，极压性是指润滑剂在低速高负荷和高速冲击摩擦条件下，在摩擦表面反应生成反应膜而防止摩擦部件发生烧结、擦伤的能力。润滑油的润滑性能好坏与润滑油的化学成分有关，如植物油润滑油的油性就比矿物润滑油好，为了提高矿物润滑油的润滑性能要加入油性添加剂和极压添加剂。

五、抗氧化安定性

润滑油在使用过程中，在温度升高，与氧气、金属等环境因素影响下，会逐渐氧化变质。将润滑油在加热和在金属催化作用下抵抗氧化变质的能力称为润滑油的抗氧化安定性。润滑油的抗氧化安定性是反映润滑油在实际使用、储存和运输中氧化变质或老化倾向的重要特性。

润滑油的抗氧化安定性主要取决于它的化学组成。如矿物油原油中的成分容易氧化变质影响矿物润滑油的使用，在矿物油精炼过程中必须把这些成分去除，并且使用添加剂提高其抗氧化安定性。此外，抗氧化安定性也与使用条件如温度、氧压、接触金属、接触面积、氧化时间有关。

测定润滑油的抗氧化安定性原理通常有两类：一是在一定量的试油中加入金属片做催化剂，在一定温度下通入一定量的空气(或氧气)，经过规定的时间测定试油氧化后的酸值、黏度、残炭、沉淀物和金属片的质量变化。酸值越低，黏度变化越小，残炭、沉淀物越少，金属片重量减少得越少，说明润滑油抗氧化安定性越好；二是在规定条件下，测定润滑油达到某一氧化程度时所需要的时间。

六、酸值、碱值和中和值

1. 酸值

酸值是润滑油中含有无机酸(强酸值)和有机酸(弱酸值)的总含量(总酸值，简称*TAN*)，用中和1g油样所需氢氧化钾质量(mg)表示，单位是mgKOH/g。通常说的酸值是指“总酸值”。润滑油酸值的大小可以衡量润滑油在使用过程中被氧化变质的程度，而且对润滑油的使用有很大影响。润滑油的酸值大，说明其有机酸含量高，有可能对机械零件造成腐蚀，尤其是有水存在时，腐蚀作用更明显，酸值大到一定程度就应该换油。

2. 碱值

碱值是表示润滑油中碱性物质含量的指标，单位是mgKOH/g。

碱值亦分强碱值和弱碱值两种，两者合并即为总碱值(简称TBN)。通常说的“碱值”实际上是指“总碱值(TBN)”。总碱值反映润滑油中碱性添加剂，主要是内燃机油清净分散剂含量的多少。

3. 中和值

中和值实际上包括了总酸值和总碱值。但是，除了另有注明，一般所说的"中和值"，实际上仅是指"总酸值"，其单位也是 mgKOH/g。中和值(即总酸值和总碱值)的测定方法，可分为颜色指示剂法和电位差滴定法两类。

(1) 颜色指示剂法

我国现行的方法有 GB/T 264《石油产品酸值测定法》、GB/T 4945《石油产品和润滑剂中和值测定法》、GB/T 28552《变压器油、汽轮机油酸值测定法》和 SH/T 0251《石油产品总碱值测定法》。

颜色指示剂法测定的基本原理是：将试样溶解于方法规定的溶剂中，并用标准溶液进行滴定，以指示剂的颜色变化确定滴定终点。并按滴定所消耗的标准溶液的体积数计算试样的中和值(总酸值或总碱值)。

颜色指示剂法只适用于浅色油品，而对于新的或在用的深色油品，由于指示剂呈现的滴定终点不分明易产生误差而不适用。

(2) 电位差滴定法

我国现行的方法有 GB/T 7304《石油产品和润滑剂中和值测定方法(电位滴定法)》，该方法与 ASTM D 664 等效。

电位差滴定法是利用电位差及玻璃电极来指示滴定终点，因此，可以测定深色油品的总酸值或总碱值。

(3) 测定润滑油中和值的意义

润滑油中的酸性组分主要是有机酸(如环烷酸)和酸性添加剂，同时亦包括无机酸类、酯类、酚类化合物，重金属盐类、胺盐和其他弱碱的盐类，多元酸的酸式盐，以及某些呈酸性的添加剂等。

对于新油，酸值表示油品精制的深度或添加剂的加入量(当加有酸性添加剂时)。一般地，基础油的酸值应该很低，而对于含有酸性添加剂的油品，肯定具有相应的酸值；对于旧油，酸值表示其氧化变质的程度。润滑油在储存和使用过程中，由于与空气中的氧发生反应会生成一定量的有机酸，从而使酸值增大；而对于含有酸性添加剂的油品，则可能在使用过程中由于添加剂的消耗而酸值变小。因此，油品酸值的异常变大或变小，在一定程度上说明油品严重变质，应引起注意。

润滑油中的碱性组分包括有机和无机碱、胺基化合物、弱酸盐、多元酸的碱性盐、重金属的盐类，以及碱性的添加剂(在内燃机油中这类添加剂尤其多)。

在用润滑油(特别是高档发动机油)碱值的变小，表示油中碱性添加剂(如清净剂)的消耗和油品性能的下降，同样应引起注意。

七、闪点

将润滑油在规定条件下加热使其温度升高，当油温达到某一温度时，润滑油的蒸气和周围空气形成的可燃混合气与火焰接触能发生瞬间闪火的最低温度称为润滑油的闪点，单位是℃。

根据测定方法和仪器的不同，闪点又可分为开口闪点(GB/T 267《石油产品闪点与燃点测定法(开口杯法)》)和闭口闪点(GB/T 261《闪点的测定 宾斯基-马丁闭口杯法》)。通常，开口杯法用于测定重质润滑油或者深色石油产品的闪点，闭口杯法用于测定蒸发性较大的燃料和轻质润滑油(一般闪点在 150℃以下)的闪点。同一产品用不同方法测出的闪点不同，开口闪点一般比闭口闪点高。

润滑油闪点的高低，取决于润滑油中轻质组分的含量。油品的馏分越轻，蒸发性越大，其闪点也越低，润滑油的蒸发性高还会造成润滑油在工作过程中蒸发损失增大。反之，油品馏分越重，蒸发性越小，其闪点也越高。因而闪点是表示润滑油蒸发性的一项指标。

同时，闪点又是表示石油产品着火危险性的指标，对油品储存、运输和使用安全意义重大。用户在选用润滑油时应根据使用温度和润滑油的工作条件进行选择。一般要求润滑油的闪点比使用温度高20~30℃以保证使用安全和减少挥发损失。

八、水溶性酸及碱

所谓水溶性酸及碱，是指润滑油中能溶于水的无机酸和低分子有机酸、碱和碱性化合物。

这是一项定性试验，按GB/T 259《石油产品水溶性酸及碱测定法》进行。其过程是：在70~80℃温度下，把50mL的试油和50mL的蒸馏水混合在一起摇荡5min，分别用酚酞和甲基橙指示剂检验分离出的抽提水层是否有酸、碱反应。酚酞变红则说明是碱性；甲基橙变红则说明是酸性；不变色则为中性(即无水溶性酸或碱)。

该试验对于润滑油生产厂，主要用以鉴别油品在精制过程中是否将用于精制的无机酸或碱水洗干净；对于用户，可以鉴别油品在储存、使用过程中，有无受无机酸或碱的污染或由于包装、保管不当使油品氧化分解，产生有机酸类，以致使油品的反应呈酸碱性。

油品中一般不允许有水溶性酸及碱。因为若润滑油含有水溶性酸及碱，尤其对于和水、汽接触的油品，特别容易引起氧化、酸化的水解化学反应，以致腐蚀机械设备。但是，如果油品中加有酸性或碱性添加剂时，则试验的意义不大。因此，用户不能以油品不是中性就轻易对油品下结论。

九、抗乳化性

抗乳化性是润滑油抵抗与水混合形成乳化液的性能。具有抗乳化性的润滑油遇水虽经搅拌振荡，也不易形成乳化液或形成的乳化液很易迅速分离。

润滑油的抗乳化性与其洁净度有很大关系，若润滑油中含有较多的机械杂质或皂类、酸类、油泥等表面活性物质，在有水的情况下润滑油就容易乳化。抗乳化性差的润滑油抗氧化安定性也差。

抗乳化性是汽轮机油的重要质量指标。因为汽轮机油在使用过程中必然要与水接触，抗乳化性能不好的汽轮机油在使用中形成乳状液破坏润滑油形成的油膜就会增加摩擦、磨损和产生腐蚀。另外，压缩机油也应具有良好的抗乳化性能，否则同样会影响压缩机油的循环润滑和氧化安定性。

十、抗泡性

润滑油在使用过程中由于受到振荡、搅动等作用会混入空气形成气泡。如果润滑油抵抗形成气泡的性能不好，就会在使用过程中形成许多气泡，这会影响润滑油的润滑性能，增加氧化的速度和造成溢出损失，还可能阻碍润滑油在循环系统中的传送和影响液压油的压力传递。为提高润滑油的抗泡性能，经常要加入抗泡沫添加剂。

十一、腐蚀性

润滑油在一定温度下对金属的腐蚀作用称为其腐蚀性能，如航空润滑油对金属铅的机械零件有较强的腐蚀作用，内燃机油对铅铜合金轴瓦也会有一定的腐蚀作用，使用前要对润滑油进行腐蚀试验。如把铅片放在加热至140℃的试油中放置50h，根据金属片试验前后的质量变化确定试油的腐蚀性，以 g/m^2 表示。或根据实际情况用银片、铜片等金属做类似试验。试验前后金属片质量变化超过一定标准的润滑油是腐蚀试验不合格产品，会对机械设备造成腐蚀，不能使用。

十二、机械杂质

机械杂质是指存在于润滑油中不溶于汽油、乙醇和苯等溶剂的沉淀物或胶状悬浮物，简称机杂或杂质。润滑油中的机械杂质是润滑油在使用、储存、运输中混入的灰尘、泥砂、金属碎屑、金属氧化物、铁锈末等外来物以及由润滑油添加剂带来的一些难溶于溶剂的有机金属盐。机械杂质测定按GB/T 511—2010《石油和石油产品及添加剂机械杂质测定法》进行。

机械杂质和水分都是反映油品纯洁度的质量指标。通常，润滑油基础油的机械杂质都控制在0.005%以下(机械杂质在0.005%以下被认为是无)；加添加剂后的成品油机械杂质一般都增大，这是正常的。对于一些含有大量添加剂的油品(如一些添加剂量大的内燃机油)来讲，机械杂质的指标表面上看是比较大，但主要是因为加入了多种添加剂后所引入的溶剂不溶物，这些胶状的金属有机物，并不影响使用效果。不应当简单地用“机械杂质”的多少来判断油品的好坏，而应分析“杂质”的内容。否则，就会带来不必要的损失和浪费。

对使用者而言，关注机械杂质是非常必要的。因为润滑油在使用、储存、运输中混入灰尘、泥沙、金属碎屑、铁锈及金属氧化物等，由于这些杂质的存在，加速机械设备的正常磨损，严重时堵塞油路、油嘴和滤油器，破坏正常润滑。据报道，若设备机况、工况和润滑油质量正常，润滑油的洁净度是影响设备寿命和维护成本的一个很关键的参数。欧美一些先进的工矿企业正推行对大型设备的润滑系统进行精密的过滤和监控，并取得显著成效。因此，用户在使用前和使用中，应对润滑油进行严格的过滤并防止外部杂质对润滑系统造成污染。

十三、水分

润滑油产品指标中的水分是指其含水量的质量百分数。按GB/T 260《石油产品水分测定法》测定。

润滑油中的水分一般呈三种状态存在：游离水、乳化水和溶解水。一般游离水比较容易脱去，而乳化水和溶解水就不易脱去。

润滑油中不应含有水分，因润滑油中水分的存在会促使油品氧化变质，破坏润滑油形成的油膜，使润滑效果变差，加速有机酸对金属的腐蚀作用，锈蚀设备，使油品容易产生沉渣。而且会使添加剂(尤其是金属盐类)发生水解反应而失效，产生沉淀，堵塞油路，妨碍润滑油的过滤和供油。不仅如此，润滑油中的水分在低温下使用时，由于接近冰点使润滑油流动性变差，黏温性能变坏；当使用温度高时，水汽化，不但破坏油膜而且产生气阻，影响润滑油的循环。另外，在个别油品(如变压器油)中，水分的存在就会使介电损失急剧增大，而击穿电压急剧下降，以致于引起事故。因此，用户必须在使用、储存中精心保管油品，注意使用前和使用中要检查有无水分，必要时要进行脱水处理。

十四、残炭

残炭是指油品在规定的试验条件下（不通入空气等）受热蒸发、裂解和燃烧后形成的焦黑色残留物，以质量百分数表示。残炭的测定方法有两种：一种是 GB/T 268《石油产品残炭测定法（康氏法）》；另一种是 SH/T 0170《石油产品残炭测定法（电炉法）》。

残炭是润滑油基础油的重要质量指标，是为判断润滑油的性质和精制深度而规定的项目。润滑油中残炭多，则结焦倾向大，会增大机械设备的摩擦、磨损。润滑油基础油中，残炭的多少不仅与其化学组成有关，而且也与油品的精制深度有关，润滑油中形成残炭的主要物质是油中的胶质、沥青质及多环芳烃等。这些物质在空气不足的条件下，受强热分解、缩合而形成残炭。油品的精制深度越深，其残炭值越小。一般地，空白基础油的残炭值越小越好。

现在，许多油品都含有由金属（如钙、镁、锌、钡、铜、钠）、硫、磷等元素组成的添加剂，它们的残炭值很高。因此，含这类添加剂的油品的残炭已经失去测定的本来意义。

残炭有时也用于在用润滑油的检验，以其超过新油原来残炭值的数量表示油品老化变质的程度。不过这只能作为一种极粗略的而且不一定正确的估计，对于含添加剂的或受到砂土、金属碎屑等杂质污染的油品更是如此。

十五、灰分和硫酸灰分

灰分是指在规定的条件下，试样被灼烧炭化后，所剩残留物经煅烧所得的无机物，以质量百分数表示，灰分的组成一般认为是一些金属元素及其盐类。测定方法是 GB/T 508《石油产品灰分测定法》，多用于基础油或不含有金属盐类添加剂的油品的灰分检定。

硫酸灰分也是一种特定条件的灰分，是指试样被灼烧炭化后所剩残渣，用硫酸处理后再经煅烧所得的无机物。按 GB/T 2433《添加剂和含添加剂润滑油硫酸盐灰分测定法》进行测定，多用于如发动机油等含金属盐类添加剂的油品的灰分检定。

同一试样，其“硫酸灰分”可能会比“灰分”高 20% 左右，并且前者的灰分多为白色、淡黄色或赤红色的疏松物质，而后者则是无规则的坚硬的小块。

灰分对于不同的油品具有不同的概念。对基础油或不含有金属盐类添加剂的油品来说，灰分可用于判断油品的精制深度，越少越好。对于加有金属盐类添加剂的油品（新油），灰分就可作为定量控制添加剂加入量的手段，这时的灰分在指标意义上不是越少越好，而是应不低于某个值（或范围）。如对于发动机油，在配方及原料确定后，就可把其基础油的最高灰分和成品油的最低灰分作为品质控制的参考指标。

第五节　内燃机油

内燃机油（E 组）包括汽油机油、柴油机油、铁路内燃机油、船用发动机油、二冲程汽油机油等。在内燃机油中，又分为单级油、多级油、通用油。内燃机油中以车用汽油机油、车用柴油机油占主导地位。

由于内燃机是当代的主要动力机械，所以内燃机油的消耗量很大，我国每年的内燃机油约占润滑油年消耗总量的40%以上。因此，掌握内燃机油的基本知识、正确合理地使用内燃机油，对于节约油料、节约能源、提高内燃机的技术水平和使用寿命，都有十分重要的意义。

一、内燃机的工作特点及内燃机油的基本性能

1. 内燃机的工作特点

内燃机与其他各种机械相比，其运动零件的摩擦面有许多特殊性，特别是随着内燃机向高速度、高强度、大功率和防止废气污染等方面不断发展，这种特殊性就变得更为突出。根据内燃机的工作状况，其工作特点归纳为：

(1) 温度高，温差大

内燃机除了产生摩擦热以外，还要受到燃料燃烧产生热的影响，因而当内燃机工作一段时间后，各摩擦面的温度都比较高。如活塞顶、气缸壁及气缸盖在250~300℃，活塞裙部在110~150℃，主轴承、曲轴箱油温为85~95℃。另外，内燃机大多在室外使用，冬季不工作时其零部件的温度与环境温度接近。当冷机启动和运转开始时，各摩擦面极易发生干摩擦和半干摩擦。

(2) 运动速度快

内燃机曲轴转速多为1500~4800r/min，活塞平均速度高达8~14m/s，摩擦面上形成润滑油膜非常困难。用喷溅或飞溅方法进入活塞与气缸壁之间的润滑油，还会被未气化燃烧的液体燃料稀释和带入燃烧室而烧掉。因此，在活塞与气缸壁之间，经常处于边界润滑状态。热膨胀和热变形会影响各运动零件正常的配合间隙，严重时会导致发生摩擦面粘着和烧结等故障。

(3) 载荷重

现代内燃机的热效率高、质量小、功率大，因而运动零件单位摩擦面的载荷很大。例如连杆的轴承负荷为7.0~24.5MPa，主轴承的负荷为5.0~12.0MPa。有一些摩擦零件，如凸轮和气门挺杆等，还断续地处于极压润滑状态，连杆的轴承要承受冲击负荷。

(4) 易受到环境因素的影响

内燃机在进气冲程中吸入的尘埃，燃料燃烧生成的废气和固态物，以及润滑油在高温和低温下氧化生成的积炭、漆膜和油泥等沉积物，都会对各摩擦面起加速磨损和增大腐蚀的作用，缩短摩擦零件的使用寿命。

2. 内燃机油的基本性能

内燃机的种类、机型和使用条件不同，故对内燃机油的性能要求也不同。因此，不同品种的内燃机油，在质量上是有差别的，不同质量等级的油，也有不同的性能要求。但是，不论是什么品种的内燃机油，都应该具备以下基本性能：

(1) 良好的黏温特性，适当的黏度

在内燃机的工作特点中提到，其工作温度非常宽广，如在非严寒地区都要在-20~250℃以上的宽温度范围内工作。这就要求内燃机油不仅应有适当的黏度，而且还要有良好的黏温特性。如果黏度太低，则发动机的运动部件得不到良好的润滑。据有关资料介绍，不含黏度指数改进剂的内燃机油，100℃运动黏度低于6mm²/s时，连杆轴承和曲轴轴承的磨损会明显增加；含黏度指数改进剂的内燃机油，100℃运动黏度低于4.5mm²/s时，轴承的磨损也

较严重。但是，如果油的黏度过高和黏温特性不好，也会使发动机低温下启动困难，发生干摩擦，而且也增大发动机磨损。根据流体动压润滑理论计算和实验证明，内燃机使用的润滑油，其100℃运动黏度以10mm²/s左右为宜，黏度指数应在90以上。

多级内燃机油，由于基础油的黏度低，加入黏度指数改进剂能提高其黏温性能，保证油品能够在更宽的温度范围内正常工作，并使发动机在低温下容易启动，是最理想的节能型内燃机油。

(2) 良好的清净分散性

燃料在内燃机中燃烧生成的炭粒和烟尘，内燃机油氧化生成的积炭和油泥，很容易集结变大或沉积在活塞、活塞环槽、气缸壁和二冲程发动机的排气口，使发动机磨损增大、散热不良、活塞环粘结、换气不良、排气不畅、油耗上升和功率下降。油泥的沉积，还会堵塞润滑系统，使供油不足，造成润滑不良。因此，要求内燃机油不仅应该具有良好的高温清净作用，能将摩擦零件上的沉积物清洗下来，保持摩擦面的清洁，而且要具备良好的低温分散性，能阻止颗粒物的积聚和沉积，以便在通过机油滤清器时将它们除掉。

(3) 较强的抗氧化能力，较好的稳定性

油品的氧化速度与温度、氧浓度以及金属的催化作用都有密切关系。内燃机油的工作温度比其他很多品种的润滑油都高，油在润滑系统中高速循环和在油箱中被剧烈地搅拌，显著增加了与空气接触的面积和氧的浓度，加之受机械零件的金属如铁、铜和铝等的催化作用，油品的氧化速度加快。同时，磨损的磨粒以及从气缸泄漏出来的气体中的固态物和尘埃等，也会起促进油加速氧化的作用。氧化的结果是生成腐蚀金属的酸性物质以及由于黏度增大，油泥和漆膜大量生成而使油失去应有的润滑作用。

另外，充填在活塞环部分的气体，大部分是空气。活塞头部的温度在200℃以上，这个温度又是油品被氧化的危险温度。活塞与气缸壁之间呈薄层状态。这些因素都会促使油发生剧烈的热氧化反应生成漆状胶膜。这种漆膜是热的不良导体，不仅会使活塞和气缸壁过热、发动机功率下降，而且能使活塞环粘结在活塞环槽内，轻者使活塞环失去弹力，严重时使活塞环烧毁。当活塞环失去密封性能后，不仅使内燃机油窜入燃烧室烧掉，增加耗油量和气缸积炭，而且由于未气化燃烧的燃料窜入曲轴箱，既降低发动机的功率、增大燃料消耗，又使内燃机油受稀释，降低润滑油性能。

提高内燃机油抗氧化能力和热稳定性，采取选用抗氧性好的基础油并加入一定数量的抗氧抗磨添加剂。

(4) 良好的润滑性、抗磨损性

内燃机轴承的负荷重，气缸壁上油膜的保持性很差，这就要求内燃机具有良好的油性，以减少摩擦磨损和防止烧结。凸轮-挺杆系统间歇地处于边界润滑状态，润滑条件苛刻，很容易造成擦伤磨损，连杆轴承也长期承受冲击负荷。因此，要求内燃机油应具有一定的抗磨性能。

(5) 较好的抗腐蚀性和中和酸性物质的能力

现代内燃机的强化程度较高、载荷重，主轴轴承和曲轴轴承必须使用机械强度较高的耐磨合金，如铜铅、镉银、锡青铜或铅青铜等合金，但这些合金的抗腐蚀性能都很差。为了保证轴承不因腐蚀作用而损坏，这就要求内燃机油要有较强的抗腐蚀能力。

另外，内燃机油在使用过程中，由于自身氧化生成酸性物质，特别是小汽车和公共汽车，经常处于时开时停的状态，内燃机油更容易氧化产生酸性物质和低温油泥。其次是燃料燃烧后产生的腐蚀性物质混入油中，特别是使用硫含量高的柴油时，会生成二氧化硫、三氧化硫，并遇水生成腐蚀性很强的硫酸。因此，要求内燃机油要有中和酸性物质的能力。

二、内燃机油的分类

1940 年以前，汽车发动机体积大、功率小、热载荷低，精制的直馏矿物油就能够满足其润滑要求，所以当时发动机润滑油只有黏度的区别，没有性能质量等级。近 30 年来，汽车发动机的结构和工作条件不断改变，因而对润滑油质量的要求也不断提高。人们为了使内燃机油既有良好的低温启动性能，又有适应高温下工作的黏度，故产生了多级内燃机油。与此同时，随着内燃机的热载荷和机械载荷不断提高，内燃机油的工作条件日益苛刻，仅用黏度来区别内燃机油的级别已不能反映油的使用性能，因而又出现了按工作条件或使用性能分档的方法。

1. 内燃机油的黏度等级(SAE 黏度分类)

黏度是润滑油的主要物理化学性质，也是润滑油的一个基本性能指标。在实际应用中，机械相对运动时的摩擦热、摩擦损失、磨损、密封性和泄漏等情况都与油品的黏度有密切关系。黏度分级就是以一定温度下的黏度范围来划定内燃机油的牌号。

国际上通用的内燃机油黏度分类是美国汽车工程师协会(SAE)黏度分类法，我国等效采用 SAE 的分类方法，制定了 GB/T 14906—2018《内燃机油黏度分类》。该黏度分类中把内燃机油的黏度分为 14 个级号，其中 6 个含 W 即 0W、5W、10W、15W、20W、25W，是低温黏度级号，以指定温度下最大低温启动黏度、指定温度下无屈服应力时低温泵送黏度以及 100℃时最小运动黏度划分；不含 W 的有 8 个级号，即 8、12、16、20、30、40、50、60，系 100℃运动黏度级号，表示其具有一定高温性能，但并不代表其 100℃的运动黏度具体数字，各级号的黏度范围和最小高温高剪切黏度如表 6-5 所示。

这 14 个级号的油品，均为单级油，只能满足低温或高温条件使用，因而单级油的使用有明显的地区范围和季节的限制。如果油品能同时满足 2 个黏度级，其黏度既符合低温黏度级号，又符合 100℃运动黏度级号的，通称为多级油。注意，多级油两黏度级号之差大于等于 15,。例如，一个多级油可标为 10W-30 或 20W-40，而不可标为 10W-20 或 20W-20。一个多级油同时符合 10W、15W、20W 和 30 级号，黏度牌号只能标为 10W-30。

单级油：如 SAE 30 表示该油的 100℃运动黏度应在 9.3~小于 12.5mm^2/s 范围内，最小高温高剪切黏度不小于 2.9mm^2/s，对低温性无要求。

表 6-5　内燃机油黏度分类(GB/T 14906—2018)

黏度级别	低温黏度		高温黏度		
	低温启动黏度/mPa·s　不大于	低温泵送黏度(无屈服应力时)/mPa·s　不大于	运动黏度(100℃)/(mm^2/s)　不小于	运动黏度(100℃)/(mm^2/s)　小于	高温高剪切黏度(150℃)/mPa·s　不小于
试验方法	GB/T 6538	NB/SH/T 0562	GB/T 265	GB/T 265	SH/T 0751[a]
0W	6200(-35℃)	60000(-40℃)	3.8	—	—

续表

黏度级别	低温黏度		高温黏度		
	低温启动黏度/mPa·s 不大于	低温泵送黏度（无屈服应力时）/mPa·s 不大于	运动黏度（100℃）/（mm^2/s） 不小于	运动黏度（100℃）/（mm^2/s） 小于	高温高剪切黏度（150℃）/mPa·s 不小于
5W	6600（-30℃）	60000（-35℃）	3.8	—	—
10W	7000（-25℃）	60000（-30℃）	4.1	—	—
15W	7000（-20℃）	60000（-25℃）	5.6	—	—
20W	9500（-15℃）	60000（-20℃）	5.6	—	—
25W	13000（-10℃）	60000（-15℃）	9.3	—	—
8	—	—	4.0	6.1	1.7
12	—	—	5.0	7.1	2.0
16	—	—	6.0	8.2	2.3
20	—	—	6.9	9.3	2.6
30	—	—	9.3	12.5	2.9
40	—	—	12.5	16.3	3.5（0W-40，5W-40 和 10W-40 等级）
40	—	—	12.5	16.3	3.7（15W-40，20W-40，25W-40 和 40 等级）
50	—	—	16.3	21.9	3.7
60	—	—	21.9	26.1	3.7

注：a. 也可采用 SH/T 0618、SH/T 0703 方法，有争议时，以 SH/T0751 为准。

多级油：如 SAE 15W-40 表示该油既符合 SAE 40 黏度等级的要求，其 100℃运动黏度应在 12.5~小于 16.3mm^2/s 范围内，最小高温高剪切黏度不小于 3.7mm^2/s，又符合 SAE 15W 对低温性的要求，即低温黏度在-20℃时最大冷启动黏度不大于 7000mPa·s，-25℃时无屈服应力的最大泵送黏度不超过 60000mPa·s，多级油可冬夏通用。

2. API 质量等级分类

内燃机油的质量等级分类，国际上通常采用 API 分类。2013 年 3 月 1 日我国实施了 GB/T 28772-2012《内燃机油分类》标准，该标准根据产品特性、使用场合和使用对象确定了汽油机油、柴油机油详细分类及代号。在内燃机油分类标准中，“S”代表汽油机油，“C”代表柴油机油（农用柴油机油除外）。

（1）汽油机油

汽油机油分为 SE、SF、SG、SH/GF-1、SJ/GF-2、SL/GF-3、SM/GF-4 和 SN/GF-5 等 8 个质量等级，其特性和使用场合见表 6-6。

表 6-6 汽油机油质量分类(GB/T 28772—2012)

品种代号	特性和使用场合
SE	用于轿车或某些货车的汽油机以及要求使用 API SE、SD 级油的汽油机。此种油品的抗氧化性能及控制汽油机高温沉积物、锈蚀和腐蚀性能优于 SD 或 SC
SF	用于轿车或某些货车的汽油机以及要求使用 API SF、SE 级油的汽油机。此种油品的抗氧化和抗磨性能优于 SE，同时还具有控制汽油机沉积、锈蚀和腐蚀性能，并可代替 SE
SG	用于轿车、货车和轻型的汽油机以及要求使用 API SG 级油的汽油机。SG 级质量还包括 CC 或 CD 的使用性能。此种油品改进 SF 级油控制发动机机沉积物、磨损和油的氧化性能，同时还具有抗锈蚀和腐蚀的性能，并可代替 SF、SF/CD 或 SE/CC
SH/GF-1	用于轿车、货车和轻型的汽油机以及要求使用 API SH 级油的汽油机。此种油品在控制发动机机沉积物、油的氧化、磨损、锈蚀和腐等方面的性能优于 SG，并可代替 SG。 CF-1 与 SH 相比，增加了对燃料经济性的要求
SJ/GF-2	用于轿车、动力型多用途汽车、货车和轻型的汽油机以及要求使用 API SJ 级油的汽油机。此种油品在挥发性、过滤性、高温泡沫性和高温沉积物控制等方面的性能优于 SH，并可代替 SH 和 SH 以前的“S”系列等级中使用。 CF-2 与 SJ 相比，增加了对燃料经济性的要求，GF-2 可代替 GF-1
SL/GF-3	用于轿车、动力型多用途汽车、货车和轻型的汽油机以及要求使用 API SL 级油的汽油机。此种油品在挥发性、过滤性、高温泡沫性和高温沉积物控制等方面的性能优于 SJ，并可代替 SJ 和 SJ 以前的“S”系列等级中使用。 CF-3 与 SL 相比，增加了对燃料经济性的要求，GF-3 可代替 GF-2
SM/GF-4	用于轿车、动力型多用途汽车、货车和轻型的汽油机以及要求使用 API SN 级油的汽油机。此种油品在高温氧化和清净性能、低温油泥以及高温沉积物控制等方面的性能优于 SM，并可代替 SL 和 SL 以前的“S”系列等级中使用。 CF-4 与 SM 相比，增加了对燃料经济性的要求，GF-4 可代替 GF-3
SN/GF-5	用于轿车、动力型多用途汽车、货车和轻型的汽油机以及要求使用 API SM 级油的汽油机。此种油品在高温氧化和清净性能、高温磨损性能以及高温沉积物控制等方面的性能优于 SL，并可代替 SM 和 SM 以前的“S”系列等级中使用。 对于资源节约型的 SN 油品，除具有上述性能外，强调燃料经济性、对排放系统和涡轮增压器的保护以及含乙醇最高达 85% 的燃料的兼容性能。 CF-5 与资源节约型 SN 相比，性能基本一致，GF-5 可代替 GF-4

GF-1、GF-2、GF-3、GF-4 和 GF-5 级汽油机油是节能汽油机油。为减少燃料消耗，1993 年，国际润滑剂标准化及认证委员会(ILSAC)在 API SH 级汽油机油的基础上颁布 GF-1 规格，提出了燃油经济性要求，并在产品规范中提出了节能指标，即 GF-1 比相同牌号的 SH 级汽油机油燃料消耗更低。1996 年，在 API SJ 级汽油机油的基础上颁布 GF-2 规格，2000 年在 API SL 级汽油机油的基础上颁布 GF-3 规格，2004 年在 API SM 级汽油机油的基础上颁布 GF-4 规格，2010 年在 API SN 级汽油机油的基础上颁布 GF-5 规格，GF 规格就是 API + 节能，具体节油指标见表 6-7。

表 6-7　节能内燃机油的节油率

项目	GF-1（与 SH 汽油机油相比）	GF-2（与 SJ 汽油机油相比）			GF-3（与 SL 汽油机油相比）			GF-4（与 SM 汽油机油相比）			GF-5（与非资源节约型 SN 汽油机油相比）		
		0W-20 5W-20	其他 0W-×× 和 5W-××	10W-××	0W-20 5W-20	其他 0W-×× 和 5W-××	10W-××	0W-20 5W-20	其他 0W-×× 和 5W-××	10W-××	0W-20	0W-30	10W-30 其他
节油率/% 不小于	2.7	1.4	1.1	0.5	2.0(FEI1)	1.6(FEI1)	0.9(FEI1)	2.3(FEI1)	1.8(FEI1)	1.1(FEI1)			
					1.7(FEI2)	1.3(FEI2)	0.6(FEI2)	2.0(FEI2)	1.5(FEI2)	0.8(FEI2)	1.2(FEI2 老化 100h 后)	0.9(FEI2 老化 100h 后)	0.6(FEI2 老化 100h 后)
					—	3.0（FEI1+FEI2）	1.6（FEI1+FEI2）	—	—	—	2.6（FEI1+FEI2）	1.9（FEI1+FEI2）	1.5（FEI1+FEI2）

注：FEI1——16h 老化后燃料经济性改进评价；FEI2——96h 老化后燃料经济性改进评价。

（2）柴油机油

柴油机油分为CC、CD、CF、CF-2、CF-4、CG-4、CH-4和CI-4共8个质量等级，其特性和使用场合见表6-8。

表6-8　柴油机油质量分类(GB/T 28772—2012)

应用范围	品种代号	特性和使用场合
柴油机油	CC	用于在中负荷及重负荷下运行的自然吸气、涡轮增压和机械增压式柴油机以及一些重负荷汽油机。对于柴油机具有控制高温沉积物和轴瓦腐蚀的性能，对于汽油机具有控制锈蚀、腐蚀和高温沉积物的性能
	CD	用于需要高效控制磨损及沉积物或使用包括高硫燃料的自然吸气、涡轮增压和机械增压式柴油机以及要求使用API CD级油的柴油机。具有控制轴瓦腐蚀和高温沉积物的性能，并可代替CC
	CF	用于非道路间接喷油式柴油机和其他柴油机，也可用于需有效控制活塞沉积物、磨损和含铜轴瓦腐蚀的自然吸气、涡轮增压和机械增压式柴油机。能够使用硫的质量分数大于0.5%的高硫燃料，并可代替CD
	CF-2	用于需高效控制气缸、环表面胶合和沉积物的二冲程柴油机，并可代替CD-Ⅱ
	CF-4	用于高速、四冲程柴油发动机以及要求使用API CF-4级油的柴油机，特别适用于高速公路行驶的重负荷卡车。此种油品在机油消耗和活塞沉积物控制等方面的性能优于CE，并可代替CE、CD和CC
	CG-4	用于可在高速公路和非道路使用的高速、四冲程柴油发动机。能够使用硫的质量分数小于0.05%~0.5%的柴油燃料。此种油品可有效控制活塞沉积物控制、磨损、腐蚀、泡沫、氧化和烟炱的累积，并可代替CF-4、CE、CD和CC
	CH-4	用于高速、四冲程柴油发动机，能够使用硫的质量分数不大于0.5%的柴油燃料。即使在不利的应用场合，此种油品可凭借其在磨损控制、高温稳定性和烟炱控制方面的特性有效地保持发动机的耐久性；对于非铁金属的腐蚀、氧化和不溶物的增稠、泡沫性以及由于剪切所造成的黏度损失提供最佳保护。其性能优于CG-4，并可代替CG-4、CF-4、CE、CD和CC
	CI-4	用于高速、四冲程柴油发动机，能够使用硫的质量分数不大于0.5%的柴油燃料。此种油品在装有废气再循环装置的系统里使用可保持发动机的耐久性。对于腐蚀性和烟炱有关的磨损倾向、活塞沉积物以及由于烟炱所引起的黏温性变差、氧化增稠、机油消耗、泡沫性、密封材料的适应性降低和由于剪切所造成的黏度损失可提供最佳保护。其性能优于CH-4，并可代替CH-4、CG-4、CF-4、CE、CD和CC
	CJ-4	用于高速、四冲程柴油发动机，能够使用硫的质量分数不大于0.5%的柴油燃料。对于使用废气后处理系统的发动机，如使用硫的质量分数大于0.0015%的柴油燃料，可能会影响废气后处理系统的耐久性和/或机油的换油期。此种油品在装有微粒过滤器和其他后处理系统里使用可特别有效地保持排放控制系统的耐久性。对于催化剂中毒的控制、微粒过滤器堵塞、发动机磨损、活塞沉积物、高低温稳定性、烟炱处理特性、氧化增稠、泡沫性和由于剪切所造成的黏度损失可提供最佳保护。其性能优于CI-4，并可代替CIH-4、CH-4、CG-4、CF-4、CE、CD和CC
农用柴油机油	—	用于以单缸柴油机为动力的三轮汽车(原三轮农用运输车)、手扶变形运输机、小型拖拉机，还可用于其他以单缸柴油机为动力的小型农用机具，如抽水机、发电机等。具有一定的抗氧、抗磨性能和清净分散性能

无论汽油机油还是柴油机油，其质量等级以“A、B、C……N”为序，序号越靠后的质量等级越高。

(3) 摩托车汽油机油

GB/T 7631. 17—2014《润滑剂、工业用油和相关产品(L类)的分类　第17部分：E组(内燃机油)》修改采用ISO 6743-15：2007(E)《润滑剂、工业用油和相关产品(L类)的分类　第15部分：E组(内燃机油)》，与GB/T 7631. 17—2003相比，主要增加了“四冲程摩托车汽油机油”品种。

GB/T 7631. 17—2014《润滑剂、工业用油和相关产品(L类)的分类　第17部分：E组(内燃机油)》将二冲程摩托车汽油机油分为EGB、EGC和EGD三个质量等级，四冲程摩托车汽油机油分为EMA/EMA1/EMA2和EMB二个质量等级，其特性及使用场合见表6-9。

表6-9　摩托车汽油机油分类(GB/T 7631. 17—2014)

组别代号	一般应用	特殊应用	更具体应用	品种代号(L)	组成和特性	典型应用
E	内燃式发动机	火花点燃式汽油机	二冲程	EGB	由润滑油基础油和清净剂、分散剂及抑制剂组成，具有润滑性和清净性	对防止排气系统沉积物的形成及降低排烟水平无要求的一般性能发动机
				EGC	由润滑油基础油和清净剂、分散剂及抑制剂组成，具有润滑性和较高的清净性。加入的合成液可减少排烟并抑制引起动力降低的排气系统沉积物	对防止排气系统沉积物的形成有要求的一般性能发动机，这种发动机可通过降低排烟水平而获益
				EGD	由润滑油基础油和清净剂、分散剂及抑制剂组成，具有润滑性和更高的清净性。加入的合成液可减少排烟并抑制引起动力降低的排气系统沉积物。良好的清净性可防止在苛刻条件下活塞环的黏结	对防止排气系统沉积物的形成有要求的一般性能发动机，这种发动机可通过降低排烟水平而获益。这些发动机也可从使用具有更高清净性的润滑剂中受益
			四冲程	EMA/EMA1/EMA2	由润滑油基础油和清净剂、分散剂及抑制剂组成，具有润滑性、磨损保护、氧化控制和清净性。可以使用或可以不使用黏度指数改进剂。目前一般不使用润滑剂摩擦改进剂	拥有一个共用机油箱，包括发动机和动力传动系统、启动器、变速器(箱)部件的一般性能发动机。这些发动机和动力传动系统、启动器、变速器(箱)等部件的设计要求使用具有相对高摩擦系数的润滑剂
				EMB	由润滑油基础油和清净剂、分散剂及抑制剂组成，具有润滑性、磨损保护、氧化控制和清净性。可以使用或可以不使用黏度指数改进剂。可以使用润滑剂摩擦改进剂以降低和/或改进油品的摩擦特性	拥有一个共用机油箱，包括发动机和动力传动系统、启动器、变速器(箱)部件的一般性能发动机。这些发动机和动力传动系统、启动器、变速器(箱)等部件的设计要求使用具有相对低摩擦系数的润滑剂

三、内燃机油种类及牌号

内燃机油牌号由质量等级、黏度等级及文字说明组成。在质量等级中，第一字母“S”代表汽油机油，“C”代表柴油机油，第二个字母代表内燃机油质量等级，后面的数字代表黏度等级。

1. 汽油机油

按国家标准 GB 11121—2006《汽油机油》产品规范，汽油机油的质量等级分为 SE、SF、SG、SH、GF-1、SJ、GF-2、SL 和 GF-3 等 9 个汽油机品种；牌号有 17 个，分别是 14 个多级油 0W-20、0W-30、5W-20、5W-30、5W-40、5W-50、10W-30、10W-40、10W-50、15W-30、15W-40、15W-50、20W-40、20W-50 和 3 个单级油 30、40、50，具体质量指标见表 6-10~表 6-12。

汽油机油适用于各种操作条件下使用的汽车四冲程汽油发动机，如轿车、货车和客车发动机的润滑。

表 6-10　汽油机油黏温性能要求(SE、SF)(GB 11121—2006)

项目		低温动力黏度/mPa·s 不大于	边界泵送温度/℃ 不大于	运动黏度(100℃)/(mm²/s)	黏度指数 不小于	倾点/℃ 不高于
方法试验		GB/T 6538	GB/T 9171	GB/T 265	GB/T 1995 GB/T 2541	GB/T 3535
质量等级	黏度等级					
SE、SF	0W-20	3250(-30℃)	-35	5.6~<9.3	—	-40
	0W-30	3250(-30℃)	-35	9.3~<12.5	—	
	5W-20	3500(-25℃)	-30	5.6~<9.3	—	-35
	5W-30	3500(-25℃)	-30	9.3~<12.5	—	
	5W-40	3500(-25℃)	-30	12.5~<16.3	—	
	5W-50	3500(-25℃)	-30	16.3~<21.9	—	
	10W-30	3500(-20℃)	-25	9.3~<12.5	—	-30
	10W-40	3500(-20℃)	-25	12.5~<16.3	—	
	10W-50	3500(-20℃)	-25	16.3~<21.9	—	
	15W-30	3500(-15℃)	-20	9.3~<12.5	—	-23
	15W-40	3500(-15℃)	-20	12.5~<16.3	—	
	15W-50	3500(-15℃)	-20	16.3~<21.9	—	
	20W-40	4500(-10℃)	-15	12.5~<16.3	—	-18
	20W-50	4500(-10℃)	-15	16.3~<21.9	—	
	30	—	—	9.3~<12.5	75	-15
	40	—	—	12.5~<16.3	80	-10
	50	—	—	16.3~<21.9	80	-5

表 6-11　汽油机油黏温性能要求(SG、SH、GF-1、SJ、GF-2、SL、GF-3)(GB 11121—2006)

项　目		低温动力黏度/mPa·s 不大于	低温泵送黏度(无屈服应力时)/mPa·s 不大于	运动黏度(100℃)/(mm^2/s)	高温高剪切黏度(150℃, 10^6s^{-1})/mPa·s 不小于	黏度指数不小于	倾点/℃ 不高于
方法试验		GB/T 6538 ASTM D5293[c]	SH/T 0562	GB/T 265	SH/T 0618[d] SH/T 0703 SH/T 0751	GB/T 1995 GB/T 2541	GB/T 3535
质量等级	黏度等级						
SG、SH、GF-1[a]、SJ、GF-2[b]、SL、GF-3	0W-20	6200(-35℃)	60000(-40℃)	5.6~<9.3	2.6	—	-40
	0W-30	6200(-35℃)	60000(-40℃)	9.3~<12.5	2.9	—	
	5W-20	6600(-30℃)	60000(-35℃)	5.6~<9.3	2.6	—	-35
	5W-30	6600(-30℃)	60000(-35℃)	9.3~<12.5	2.9	—	
	5W-40	6600(-30℃)	60000(-35℃)	12.5~<16.3	2.9	—	
	5W-50	6600(-30℃)	60000(-35℃)	16.3~<21.9	3.7	—	
	10W-30	7000(-25℃)	60000(-30℃)	9.3~<12.5	2.9	—	-30
	10W-40	7000(-25℃)	60000(-30℃)	12.5~<16.3	2.9	—	
	10W-50	7000(-25℃)	60000(-30℃)	16.3~<21.9	3.7	—	
	15W-30	7000(-20℃)	60000(-25℃)	9.3~<12.5	2.9	—	-25
	15W-40	7000(-20℃)	60000(-25℃)	12.5~<16.3	3.7	—	
	15W-50	7000(-20℃)	60000(-25℃)	16.3~<21.9	3.7	—	
	20W-40	9500(-15℃)	60000(-20℃)	12.5~<16.3	3.7	—	-20
	20W-50	9500(-15℃)	60000(-20℃)	16.3~<21.9	3.7	—	
	30	—	—	9.3~<12.5		75	-15
	40	—	—	12.5~<16.3		80	-10
	50	—	—	16.3~<21.9		80	-5

注：a. 10W 黏度等级低温动力黏度和低温泵送黏度的试验温度均升高 5℃，指标分别为：不大于 3500mPa·s 和 30000mPa·s。

b. 10W 黏度等级低温动力黏度的试验温度均升高 5℃，指标分别为：不大于 3500mPa·s。

c. GB/T 6538—2000 正在修订中，在新标准正式发布前 0W 油使用 ASTM D5293：2004 方法测定。

d. 为仲裁方法。

汽油机油产品的标记为：质量等级+黏度等级+汽油机油。

例如：SL 15W-40 汽油机油

S——表示该润滑油为汽油机油；

SL——表示该汽油机油质量等级为 SL 级；

15W——低温性能符合 SAE 15W 黏度等级要求；

40——高温黏度符合 SAE 40 黏度等级要求。

表 6-12　汽油机油模拟性能和理化性能要求（GB 11121—2006）

项　目		质量指标										试验方法
		SE	SF	SG	SH	GF-1		SJ		GF-2	SL、GF-3	
水分/%（体）	不大于	痕迹										GB/T 260
泡沫性（泡沫倾向/泡沫稳定性）（ml/mL）												
24℃	不大于	25/0		10/0				10/0			10/0	GB/T12579[a]
93.5℃	不大于	150/0		50/0				50/0			50/0	
后 24℃	不大于	25/0		10/0				10/0			10/0	
150℃	不大于	—		报告				200/50			200/50	SH/T 0722[b]
蒸发损失[c]/%	不大于		5W-30	10W-30	15W-40	0W 和 5W	所有其他多级油	0W-20 5W-20 5W-30 10W-30	所有其他多级油			
诺亚克法（250℃，1h）或			25			25	20	22	20	22	15	SH/T 0059
气相色谱法（371℃馏出量）				20	18							
方法 1			20			20	17					SH/T 0558
方法 2				17	15			17	15	17		SH/T 0695
方法 3								17	15	17	10	ASTM D6417
过滤性/%	不大于			5W-30 10W-30	15W-40							
EOFT 流量减少				50	无要求	50		50		50	50	ASTM D6795
EOWTT 流量减少												
用 0.6% H_2O								报告			50	ASTM D6794
用 1.0% H_2O								报告			50	
用 2.0% H_2O								报告			50	
用 3.0% H_2O								报告			50	

续表

项目		质量指标								试验方法
		SE	SF	SG	SH	GF-1	SJ	GF-2	SL、GF-3	
均匀性和混合性		与 SAE 参比油混合均匀								ASTM D6922
高温沉积物/mg	不大于									
TEOST							60	60	—	SH/T 0750
TEOST MHT							—	—	45	ASTM D7097
凝胶指数	不大于						12 无要求	12[d]	12[d]	SH/T 0732
机械杂质/%	不大于	0.01								GB/T 511
闪点(开口)/℃(黏度等级)	不低于	200(0W、5W 多级油)；205(10W 多级油)；215(15W、20W 多级油)；220(30)；225(40)；230(50)								GB/T 3536
磷/%	不大于	报告		0.12[e]		0.12	0.10[f]	0.10	0.10[g]	GB/T 17476[h] SH/T 0296 SH/T 0631 SH/T 0749

注：a. 对于 SG、SH、GF-1、SJ、GF-2、SL 和 GF-3，需首先进行步骤 A 试验。

b. 为 1min 后测定稳定体积。对于 SL 和 GF-3 可根据需要确定是否首先进行步骤 A 试验。

c. 对 SF、SG 和 SH，除规定了指标的 5W-30、10W-30 和 15W-40 之外的所有其他多级油均为“报告”。

d. 对于 GF-2 和 GF-3，凝胶指数试验是从-5℃开始降温直到黏度达到 40000mPa · s(40000cP)时的温度或温度达到-40℃时试验结束，任何一个结果先出现即视为试验结束。

e. 仅适用于 5W-30 和 10W-30 黏度等级。

f. 仅适用于 0W-20、5W-20、5W-30 和 10W-30 黏度等级。

g. 仅适用于 0W-20、5W-20、0W-30、5W-30 和 10W-30 黏度等级。

h. 仲裁方法。

2. 柴油机油

按国家标准 GB 11122—2006《柴油机油》产品规范，柴油机油的质量等级分为 CC、CD、CE、CF、CF-4、CH-4 和 CI-4 共 7 个柴油机品种；牌号有 20 个，分别是 16 个多级油 0W-20、0W-30、0W-40、5W-20、5W-30、5W-40、5W-50、10W-30、10W-40、10W-50、15W-30、15W-40、15W-50、20W-40、20W-50、20W-60 和 4 个单级油 30、40、50、60，具体质量指标见表 6-13~表 6-15。

柴油机油适用于以柴油为燃料的四冲程柴油发动机，如卡车、货车和客车柴油发动机、农用、工业用和建设用柴油发动机的润滑。

表 6-13　柴油机油黏温性能要求(CC、CD)(GB 11122—2006)

项目		低温动力黏度/mPa·s 不大于	边界泵送温度/℃ 不大于	运动黏度(100℃)/(mm^2/s)	高温高剪切黏度(150℃，10^6s^{-1})/mPa·s 不小于	黏度指数 不小于	倾点/℃ 不高于
方法试验		GB/T 6538	GB/T 9171	GB/T 265	SH/T 0618[b] SH/T 0703 SH/T 0751	GB/T 1995 GB/T 2541	GB/T 3535
质量等级	黏度等级						
CC[a]、CD	0W-20	3250(-30℃)	-35	5.6~<9.3	2.6	—	-40
	0W-30	3250(-30℃)	-35	9.3~<12.5	2.9	—	
	0W-40	3250(-30℃)	-35	12.5~<16.3	2.9	—	
	5W-20	3500(-25℃)	-30	5.6~<9.3	2.6	—	-35
	5W-30	3500(-25℃)	-30	9.3~<12.5	2.9	—	
	5W-40	3500(-25℃)	-30	12.5~<16.3	2.9	—	
	5W-50	3500(-25℃)	-30	16.3~<21.9	3.7	—	
	10W-30	3500(-20℃)	-25	9.3~<12.5	2.9	—	-30
	10W-40	3500(-20℃)	-25	12.5~<16.3	2.9	—	
	10W-50	3500(-20℃)	-25	16.3~<21.9	3.7	—	
	15W-30	3500(-15℃)	-20	9.3~<12.5	2.9	—	-23
	15W-40	3500(-15℃)	-20	12.5~<16.3	3.7	—	
	15W-50	3500(-15℃)	-20	16.3~<21.9	3.7	—	
	20W-40	4500(-10℃)	-15	12.5~<16.3	3.7	—	-18
	20W-50	4500(-10℃)	-15	16.3~<21.9	3.7	—	
	20W-60	4500(-10℃)	-15	21.9~<26.1	3.7	—	
	30	—	—	9.3~<12.5		75	-15
	40	—	—	12.5~<16.3		80	-10
	50	—	—	16.3~<21.9		80	-5
	60	—	—	21.9~<26.1		80	-5

注：a. CC 不要求测定高温高剪切黏度。

b. 为仲裁方法。

表 6-14　柴油机油黏温性能要求(CF、CF-4、CH-4、CI-4)(GB 11122—2006)

项目		低温动力黏度/mPa·s 不大于	低温泵送黏度/mPa·s 在无屈服应力时，不大于	运动黏度(100℃)/(mm^2/s)	高温高剪切黏度(150℃，$10^6 s^{-1}$)/mPa·s 不小于	黏度指数 不小于	倾点/℃ 不高于
方法试验		GB/T 6538 ASTM D5293[b]	SH/T 0562	GB/T 265	SH/T0618[c] SH/T 0703 SH/T 0751	GB/T 1995 GB/T 2541	GB/T 3535
质量等级	黏度等级						
CF、CF-4、CH-4、CI-4[a]	0W-20	6200(-35℃)	60000(-40℃)	5.6~<9.3	2.6	—	-40
	0W-30	6200(-35℃)	60000(-40℃)	9.3~<12.5	2.9	—	
	0W-40	6200(-35℃)	60000(-40℃)	12.5~<16.3	2.9	—	
	5W-20	6600(-30℃)	60000(-35℃)	5.6~<9.3	2.6	—	-35
	5W-30	6600(-30℃)	60000(-35℃)	9.3~<12.5	2.9	—	
	5W-40	6600(-30℃)	60000(-35℃)	12.5~<16.3	2.9	—	
	5W-50	6600(-30℃)	60000(-35℃)	16.3~<21.9	3.7	—	
	10W-30	7000(-25℃)	60000(-30℃)	9.3~<12.5	2.9	—	-30
	10W-40	7000(-25℃)	60000(-30℃)	12.5~<16.3	2.9	—	
	10W-50	7000(-25℃)	60000(-30℃)	16.3~<21.9	3.7	—	
	15W-30	7000(-20℃)	60000(-25℃)	9.3~<12.5	2.9	—	-25
	15W-40	7000(-20℃)	60000(-25℃)	12.5~<16.3	3.7	—	
	15W-50	7000(-20℃)	60000(-25℃)	16.3~<21.9	3.7	—	
	20W-40	9500(-15℃)	60000(-20℃)	12.5~<16.3	3.7	—	-20
	20W-50	9500(-15℃)	60000(-20℃)	16.3~<21.9	3.7	—	
	20W-60	9500(-15℃)	60000(-20℃)	21.9~<26.1	3.7	—	
	30	—	—	9.3~<12.5		75	-15
	40	—	—	12.5~<16.3		80	-10
	50	—	—	16.3~<21.9		80	-5
	60	—	—	21.9~<26.1		80	-5

注：a. CI-4 所有黏度等级的高温高剪切黏度均为不小于 3.5mPa·s，但当 SAE J300 指标高于 3.5mPa·s 时，允许以 SAE J300 为准。

b. GB/T 6538—2000 正在修订中，在新标准正式发布前 0W 油使用 ASTM D5293：2004 方法测定。

c. 为仲裁方法。

柴油机油产品的标记为：质量等级+黏度等级+柴油机油。

例如：CH-4 15W-40 柴油机油

C—该润滑油为柴油机油；

CH-4——该柴油机油质量等级为 CH-4 级；

15W——低温性能符合 SAE 15W 黏度等级要求；

40——高温黏度符合 SAE 40 黏度等级要求。

表 6-15　柴油机油理化性能要求(GB 11122—2006)

项　　目		质量指标					试验方法
		CC CD	CF CF-4	CH-4		CI-4	
水分/%(体)	不大于	痕迹					GB/T 260
泡沫性(泡沫倾向/泡沫稳定性)/(mL/mL)							GB/T12579[a]
24℃	不大于	25/0	20/0	10/0		10/0	
93.5℃	不大于	150/0	50/0	20/0		20/0	
后 24℃	不大于	25/0	20/0	10/0		10/0	
蒸发损失[c]/%	不大于			10W-30	15W-40		
诺亚克法(250℃,1h)				20	18	15	SH/T 0059
气相色谱法(371℃馏出量)				17	15	—	ASTM D6417
机械杂质/%	不大于	0.01					GB/T 511
闪点(开口)/℃(黏度等级)	不低于	200(0W、5W 多级油) 205(10W 多级油) 215(15W、20W 多级油) 220(30) 225(40) 230(50) 240(60)					GB/T 3536
碱值(以 KOH 计)[b]/(mg/g)		报告					SH/T 0251
硫酸盐灰分[b]/%		报告					GB/T 2433
硫[b]/%		报告					GB/T 387、GB/T 388、GB/T 11140、GB/T 17040、GB/T 17476、SH/T 0172、SH/T 0631、SH/T 0749
磷[b]/%		报告					GB/T 17476、SH/T 0296、SH/T 0631、SH/T 0749
氮[b]/%		报告					GB/T 9170、SH/T 0656、SH/T 0704

注：a. CH-4、CI-4 不允许使用步骤 A。

b. 生产者在每批产品出厂时要向使用者或经销者报告该项目的实测值，有争议时以发动机台架试验结果为准。

3. 通用内燃机油

通用内燃机油在 GB 11121—2006《汽油机油》和 GB 11122—2006《柴油机油》中未作具体规定。通用内燃机油可根据需要在上述标准的 9 个汽油机油品种和 6 个柴油机油品种中进行组合。任何一个通用内燃机油都应同时满足其汽油机油品种和柴油机油品种的所有要求。

柴油机油和汽油机油虽然都用在内燃机上，但在品质上有一定差别。汽油车特别是轿车，负荷较小，而且经常开开停停，常在较低温度下工作，滑油容易在曲轴箱中生成沉淀，所以要求汽油机油有较好的低温分散性。柴油车的负荷较大，经常是连续工作，工作温度特别是气缸、活塞区域的温度很高，容易在气缸中生成积炭，在活塞和活塞环槽中生成漆膜，所以要求柴油机油有较好的高温清净性。汽油机和柴油机通用油，既能满足汽油机的性能要求，又能满足柴油机的性能要求，它要求同时通过汽油机油的台架试验和柴油机油的台架试验。

通用内燃机油最早的目的是为了方便汽油车和柴油车混合车队的用油需求而设制的。但是，随着内燃机热负荷越来越高，新型的高等级汽油机都要求使用具有高等级汽油机油性能又具有相关的柴油机油性能的通用内燃机油，所以国外高等级的汽油机轿车大部分都使用通用内燃机油。

通用内燃机油产品的标记为：

汽油机油质量等级/柴油机油质量等级+黏度等级+通用内燃机油；

柴油机油质量等级/汽油机油质量等级+黏度等级+通用内燃机油。

例如：SJ/CF-4 15W-40 通用内燃机油或 CF-4/SJ 15W-40 通用内燃机油

SJ/CF-4 15W-40 通用内燃机油或 CF-4/SJ 15W-40 通用内燃机油表示其配方均需同时符合 SJ 汽油机油和 CF-4 柴油机油的全部质量指标。在黏度等级方面，低温黏度等级符合 SAE 15W 黏度等级的低温性要求，高温黏度等级符合 SAE 40 黏度等级的黏度范围。

4. 二冲程汽油机油

二冲程汽油机由于具有结构简单，单位功率质量轻，转速高，功率大等特点，在摩托车、摩托艇及小型农林动力机械方面得到广泛应用。二冲程汽油机采用油雾润滑，汽油与润滑油按比例混合后进入发动机，汽油首先汽化后与润滑油分离，雾化的润滑油对运动部件起润滑作用。随着人类的技术进步和对环境保护，要求达到高燃润比（目前已达到 100∶1），低烟或无烟、低灰分、优良的高温清净性，良好的抗磨性和润滑性等。

我国二冲程汽油机油目前执行的是 GB/T 20420—2006《二冲程汽油发动机油》和 SH/T 0676—2005《水冷二冲程汽油机油》标准。

GB/T 20420—2006《二冲程汽油发动机油》产品规范规定了采用高黏度指数基础油，加入多种添加剂调制而成的二冲程汽油机油的技术条件，产品有 EGB、EGC 和 EGD 三个牌号，其中 EGB、EGC 可取代 SH/T 0675—1999《风冷二冲程汽油机油》中的 FB 和 FC。产品适用于具有曲轴箱扫气系统的二冲程点燃式汽油发动机并用于运输、休闲和其他用途的相关机具，如摩托车、雪撬和链锯等的润滑，产品规范见表 6-16。

表 6-16　二冲程汽油机油理化性能要求（GB/T 20420—2006）

项　目		质量指标			试验方法
		EGB	EGC	EGD	
运动黏度（100℃）/（mm^2/s）	不小于	6.5			GB/T 265
闪点（闭口）/℃	不小于	70			GB/T 261
机械杂质/%	不大于	0.01			GB/T 511
水分/%（体）	不大于	痕迹			GB/T 260
硫酸盐灰分/%	不大于	—	0.18	—	GB/T 2433
倾点[a]/℃	不大于	—	-20	—	GB/T 3535
润滑性指数[b]	不小于	95	95	95	SH/T 0668
初始扭矩指数[b]	不小于	98	98	98	SH/T 0668
清净性指数[b]	不小于	85	95	—	SH/T 0667
		—	—	125	SH/T 0710
活塞裙部漆膜指数[b]	不小于	85	90	—	SH/T 0667
		—	—	95	SH/T 0710

续表

项　目		质量指标			试验方法
		EGB	EGC	EGD	
排烟指数[b]	不小于	45	85	85	SH/T 0646
排气系统堵塞指数[b]	不小于	45	90	90	SH/T 0669

注：a. 本项指标可由供需双方协商确定。

b. 性能数值代表一个指数，把参比油 JATRE-1 的性能指数定为 100。

SH/T 0676—2005《水冷二冲程汽油机油》参照采用美国船舶制造商协会(National Marine Manufacturers Association，简称 NMMA)制定的《NMMA 许可证试验 TC-W3，二冲程汽油机润滑油》规格。该规范规定了采用高黏度指数基础油，加入多种添加剂调制而成的水冷二冲程汽油机油的技术条件，产品适用于各种功率的水冷二冲程汽油发动机的润滑，产品规范见表 6-17。

表 6-17　水冷二冲程汽油机油(SH/T 0676—2005)

项　目		质量指标		试验方法
		TC-W2	TC-W3	
运动黏度(100℃)/(mm²/s)		6.5~9.3		GB/T 265
闪点(开口)/℃	不低于	70		GB/T 3536
倾点/℃	不高于	-28		GB/T 3535
机械杂质/%	不大于	0.01		GB/T 511
水分/%	不大于	痕迹		GB/T 260
锈蚀试验				SH/T 0633
锈蚀面积	不大于	参比油锈蚀面积		
滤清器堵塞倾向试验				SH/T 0634
流动速率变化/%	不大于	20		
早燃倾向试验，发生早燃测试	不多于	参比油早燃次数		SH/T 0647
润滑性试验，平均扭矩降	不大于	参比油平均扭矩降		SH/T 0670
低温流动性/混溶性试验				
低温流动性(-25℃)/mPa·s	不大于	7500		SH/T 0671
混溶性(-25℃)，翻转次数	不大于	参比油的 110%		
相溶性试验		—	通过	SH/T 0697
清净性及一般性能评定		通过		SH/T 0648
清净性及一般性能评定 OMC 70HP 法			通过	SH/T 0708
清净性及一般性能评定 Mercury 15HP 法			通过	SH/T 0709

5. 农用柴油机油

为满足以单缸柴油机为动力的三轮汽车(原农用三轮运输车)、拖拉机运输机组、小型拖拉机发动机和其他以单缸柴油机为动力的小型农机具，如抽水机、发电机等的润滑，我国制定了农用柴油机油国家强制性标准(GB 20419—2006)，具体的性能指标见表 6-18。

表 6-18　农用柴油机油技术要求(GB 20419—2006)

项　目	质　量　指　标						试验方法
黏度等级(按 GB/T 14906)	10W-30	15W-30	15W-40	30	40	50	
运动黏度(100℃)/(mm²/s)	9.3~<12.5	12.5~<16.3	12.5~<16.3	9.3~<12.5	12.5~<16.3	16.3~<21.9	GB/T 265

续表

项目			质量指标						试验方法
黏度等级(按 GB/T 14906)			10W-30	15W-30	15W-40	30	40	50	
低温动力黏度/mPa·s(℃)		不大于	3500 (-20℃)	3500 (-15℃)	3500 (-15℃)	—	—	—	GB/T 6538
黏度指数		不小于	—			60			GB/T 1995 或 GB/T 2541
闪点(开口)/℃		不低于	195	200	205	210	215	220	GB/T 3536
倾点/℃		不高于	-30	-23	-23	-12	-3	0	GB/T 3535
铜片腐蚀/级		不大于	1						GB/T 5096
泡沫性(泡沫倾向/泡沫稳定性)/(mL/mL)	24℃	不大于	25/0						GB/T 12579
	93.5℃	不大于	150/0						
	后24℃	不大于	25/0						
机械杂质/%		不大于	0.01						GB/T 511
水分/%(体)		不大于	痕迹						GB/T 260
碱值(以 KOH 计)/(mg/g)		不小于	2.0						SH/T 0251
磷/%		不小于	报告						GB/T 17476[a] SH/T 0296 SH/T 0631 SH/T 0749
抗磨性(四球机试验) 磨斑直径(392 N/60min, 75℃/1200r/min)/mm		不大于	0.55						SH/T 0189

注:a. 仲裁方法。

四、内燃机油的合理使用

由于汽油发动机与柴油发动机工作条件的差异，因而使用的润滑油也不相同。即使同属汽油机或柴油机，其工作负荷、转速也会相差很大，在使用润滑油的级别上也会有差异。内燃机油使用得当，发动机的动力性、经济性以及使用寿命会得到保证，否则，既不能满足发动机使用要求，还会造成发动机早期损坏，因此，正确选用润滑油是十分必要的。

选用内燃机油时，首先应分清柴油车还是汽油车，然后选择相应的内燃机油或者汽油机/柴油机通用发动机油。

内燃机油的选用主要是从质量等级和黏度等级两方面进行。选用原则是首先选择合适的质量等级，如柴油机油的 CD、CH-4，汽油机油的 SF、SJ；然后选择需要的黏度等级，如 SAE 15W-40、SAE 30、SAE 40 等。

1. 质量等级的选择

质量等级选择的原则是：根据内燃机制造商的推荐、内燃机的机械负荷和热负荷、工作条件的苛刻程度、燃料性质等来确定。

(1) 根据内燃机制造商推荐选油

汽车制造商在汽车出厂时，都会对内燃机润滑油的使用作严格的试验，并会在出厂说明书中推荐选用的内燃机油。这应该是内燃机油选用的首要依据。

(2) 根据内燃机的机械负荷和热负荷选油

内燃机的机械负荷和热负荷也是选用油的重要根据。如根据压缩比、发动机附设装置选择汽油机油质量等级和根据强化系数选择柴油机油质量等级。

①汽油机油质量等级的选用　汽油机压缩比越大，热负荷和机械负荷越大，要求润滑油的清净分散性、抗磨极压性和抗氧防腐性也越好，对汽油机油的质量等级要求越高。按汽油机压缩比选用汽油机油质量等级的基本原则如表 6-19 所示(仅供参考)。

表 6-19　汽油机相关参数与选用汽油机油的关系

压缩比	发动机附设装置	质量等级
<7.5	EGR 装置(废气循环)	SE
7.5~8.5	EGR 装置	SF
8.5~9.5	EGR 装置、废气催化转化器	SG、SH/GF-1
>9.5	EGR 装置、废气催化转化器	SJ/GF-2
>9.5	涡轮增压装置、废气催化转化器	SL/GF-3、SM/GF-4、SN/GF-5

②柴油机油质量等级的选用　柴油机的热负荷和机械负荷是影响润滑油质量变化的主要因素，柴油机负荷越大，工作温度也越高，工作强度越剧烈，要求使用柴油机油的质量也越高。

选择柴油机油的质量等级时，可按柴油机的强化系数(K_ϕ)来决定，强化系数的数值为发动机的平均有效压力、活塞平均速度及冲程系数的乘积，强化系数 K_ϕ 计算方法如下：

$$K_\phi = P_e \cdot C_m \cdot Z$$

式中　K_ϕ——柴油发动机的强化系数；

P_e——气缸平均有效压力，MPa；

C_m——活塞平均线速度，m/s；

Z——冲程系数，四冲程 Z=0.5，二冲程 Z=1。

柴油机强化系数代表了柴油机的热负荷和机械负荷，其选用如表 6-20 所示(仅供参考)。

表 6-20　强化系数与选用柴油机油的关系

强化系数 K_ϕ	选用柴油机油的质量等级	强化系数 K_ϕ	选用柴油机油的质量等级
<50	CC	>120	CH-4
50~80	CD	>120(废气循环)	CI-4
80~120	CF、CF-4	>120(柴油颗粒过滤器 DPF)	CJ-4

③特殊使用条件内燃机油的选用　选用内燃机油的质量等级时，除上述选用原则外，还应根据使用环境来综合考虑。建议以下五种情况之一者，使用的润滑油要考虑提高一个质量档次或缩短换油期。

a. 汽车处于停停开开的使用状态，如出租车，易产生低温油泥；

b. 长期低温、低速(气温小于0℃，速度在 16km/h 以下)行驶，易产生低温油泥；

c. 长时间在高温、高速下工作尤其是满载长距离行驶；

d. 2t 以上的牵引车，满载、长时间行驶(带拖挂)；

e. 灰尘大的场所。

2. 内燃机油黏度等级的选用

黏度是内燃机油的重要指标，确定内燃机油的质量等级后，选择合适的黏度就显得更为重要。黏度过大或过小都会引起能源浪费、磨损增加或其他润滑故障。内燃机油的黏度等级的选用原则有：

(1) 根据发动机工作的环境温度选用

寒冷地区冬季选用黏度小、倾点低的单级或多级内燃机油，一般在寒区或严寒区地区为保证冬季顺利启动，应选用多级油；夏季或全年气温高的地区选用黏度适当高些的内燃机油，内燃机油黏度等级的具体选用见表。根据表 6-21，如多级油 15W-40 可用于气温在 -20~40℃的地区使用(SAE 15W 最低使用气温为-20℃，SAE 40 最高使用温度为 40℃)，同理，多级油 0W-30 可用于气温在-35~30℃的地区使用。

表 6-21　内燃机油黏度等级选用表

黏度等级	适用环境最低气温/℃	黏度等级	适用环境气温/℃
0W	-35	20	-10~30
5W	-30	30	-10~30
10W	-25	40	-5~40
15W	-20	50	0~50
20W	-15	60	0~50
25W	-10		

(2) 根据载荷和转速选用

载荷高，转速低，如大型推土机、起重机、钻井机等，一般选用黏度大的机油；载荷低、转速高，如小轿车、吉普车、微型车及小型动力装备等，一般选用低黏度油。

(3) 根据内燃机磨损状况选用

新内燃机应选用黏度较小的机油，而磨损大(摩擦面间隙增大)的内燃机则应选用黏度较大的机油。

(4) 优先使用多级油

在保证润滑的前提下，应优先使用多级油，如 15W-40 可在我国黄河以南地区四季通用。多级油的特点在于其突出的高、低温性能，即低温启动时，内燃机油能迅速流到设备的摩擦部位提供润滑，减少磨损；在高温时它具有较高的黏度，从而使机油在摩擦时保持足够的黏度，提供良好润滑。因此，多级油可冬夏通用，既可减少季节性换油，又可降低发动机摩擦阻力，减少燃料消耗，节约能源。

(5) 使用节能内燃机油

节能内燃机油主要是通过加入减摩剂(还有其他添加剂)制成，减摩剂能形成有效的润滑膜，覆盖在金属表面，减少摩擦阻力和磨损。节能内燃机油 GF-1、GF-2、GF-3、GF-4 和 GF-5 比相应质量等级的内燃机油燃料消耗更低，如 GF-1 较 SH 节油 2.7%，GF-2 较 SJ 节油 0.5%~1.4%，GF-3 较 SL 节油 0.6%~2.0%，GF-4 较 SM 节油 0.8%~2.3%，GF-5 较 SN 节油 0.6%~1.2%。

五、内燃机油的更换

任何质量等级的润滑油，在使用中都会发生上述提到的一系列变化，而且用到一定的时候，某些主要性能就不能满足发动机的要求(如丧失了清净分散性能)，这时就应该果断地更换机油。

汽车发动机润滑油的换油周期有两个标准，一是以内燃机油质量变化为依据，如 GB/T

8028—2010《汽油机油换油指标》和 GB/T 7607—2010《柴油机油换油指标》分别见表 6-22 和表 6-23。该标准规定油品的质量下降达到某一程度时就应更换机油。这个规定既能保证润滑需要，又不浪费资源。另一个是汽车生产厂家推荐的换油标准(换油里程)，该标准是在难以对运行中油品进行质量监测，而又要确保汽车发动机经常处于良好的工况状态为依据的。所以后者的换油周期一般比按质换油周期要短。

表 6-22　汽油机油换油指标（GB/T 8028—2010）

项　　目		换油指标		试验方法
		SE、SF	SG、SH、SJ(SJ/GF-2)、SL(SL/GF-3)	
运动黏度变化率 η(100℃)/%	>	±25	±20	GB/T 265 或 GB/T11137[a] 和本标准的 3.2
闪点(闭口)/℃	<	100		GB/T 261
(碱值-酸值)(以 KOH 计)/(mg/g)	<	—	0.5	SH/T 0251 GB/T 7304
燃油稀释/%	>	—	5.0	SH/T 0474
酸值(以 KOH 计)/(mg/g)增加值	>	2.0		GB/T 7304
正戊烷不溶物/%	>	1.5		GB/T 8926 B 法
水分/%	>	0.2		GB/T 260
铁含量/(μg/g)	>	150	70	GB/T17476[a] SH/T 0077 ASTM D 6595
铜含量/(μg/g)增加值	>	—	40	GB/T 17476
铝含量/(μg/g)	>	—	30	GB/T 17476
硅含量/(μg/g)增加值	>	—	30	GB/T 17476

注：①执行本标准的汽油发动机技术状况和使用情况正常。

②本标准 3.1 中涉及的项目参见附录 A。

a. 此方法为仲裁方法。

运动黏度变化率 η(%)按式(1)计算：

$$\eta = \frac{\nu_2 - \nu_1}{\nu_1} \times 100 \qquad (1)$$

式中　ν_1——新油运动黏度实测值，mm^2/s；

ν_2——使用中油运动黏度实测值，mm^2/s。

表 6-23　柴油机油换油指标（GB/T 7607—2010）

项　　目		换油指标				试验方法
		CC	CD、SF/CD	CF-4	CH-4	
运动黏度变化率 η(100℃)/%	超过	±25		±20		GB/T 11137 和本标准 3.2
闪点(闭口)/℃	低于	130				GB/T 261
碱值下降率/%	大于	50[b]				SH/T0251[c]、SH/T 0688 和本标准 3.3

续表

项目		换油指标				试验方法
		CC	CD、SF/CD	CF-4	CH-4	
酸值增值(以 KOH 计)/(mg/g)	大于	2.5				GB/T 7304
正戊烷不溶物质量分数/%	大于	2.0				GB/T 8926 B 法
水分/%	大于	0.20				GB/T 260
铁含量/(μg/g)	大于	200 100[a]	150 100[a]	150		SH/T 0077、GB/T17476[c] ASTM D 6595
铜含量/(μg/g)	大于	—	—	50		GB/T 17476
铝含量/(μg/g)	大于	—	—	30		GB/T 17476
硅含量(增加值)/(μg/g)	大于	—	—	30		GB/T 17476

注：①执行本标准的柴油发动机技术状况和使用情况正常。

②本标准 3.1 中涉及的项目参见附录 A。

a. 适合于固定式柴油机。

b. 采用同一检测方法。

c. 此方法为仲裁方法。

运动黏度变化率 η 按式(2)计算：

$$\eta_2 = \frac{\nu_2 - \nu_1}{\nu_1} \times 100 \tag{2}$$

式中　η_2——运动黏度变化率,%；

ν_1——新油运动黏度实测值，mm^2/s；

ν_2——使用中油运动黏度实测值，mm^2/s。

碱值下降率按式(3)计算：

$$\eta_3 = \frac{X_1 - X_2}{X_1} \times 100 \tag{3}$$

式中　η_3——碱值下降率,%；

X_1——新油碱值实测值，mg/g(以 KOH 计)；

X_2——使用油碱值实测值，mg/g(以 KOH 计)。

按 GB/T 8028—2010《汽油机油换油指标》和 GB/T 7607—2010《柴油机油换油指标》规定，内燃机油在使用中，经取样化验，若有一个项目超过表 6-22 或表 6-23 标准中任何一项指标时，均应更换新油。

如发动机使用质量较高一级的油品，其换油里程可适当延长。使用中的内燃机油，按实测的质量变化数据决定是否应该换油是比较严谨、科学的方法，但在实际中很难做到。目前，我国执行的换油标准，基本上是按行车里程换油，这种作法虽然简便易行，但不能正确反映是否应该换油，容易造成资源浪费。内燃机油换油里程由汽车生产厂推荐，并写入汽车使用说明书中。但汽车生产厂推荐的换油里程，一般是在标准使用条件下确定的，即使是同种类型的内燃机油，在不同条件下工作，润滑油的变质程度是不同的，规定统一的换油周期，显然有些不合理，所以应按照发动机的使用条件，考虑延长或缩短换油周期。

第六节 齿轮油

齿轮传动是机械中最主要的一种传动方式，在现代化机械设备中应用极广，无论是精密仪表齿轮，还是传递上千万瓦功率的巨型齿轮都是如此。现代化的机器朝着高载荷的方向发展，对齿轮的承载能力和使用条件提出了更苛刻的要求。要充分发挥齿轮的承载能力，减少齿轮失效的可能，延长齿轮寿命，提高齿轮的传动效率，润滑是一个非常重要的环节。

一、齿轮传动的类型及润滑特点

1. 齿轮传动的类型

根据齿轮的轴线的相互位置可分为平行轴传动、相交轴传动和交错轴传动三类。每类传动中还包括几种传动方式，其主要类型如图6-6所示。

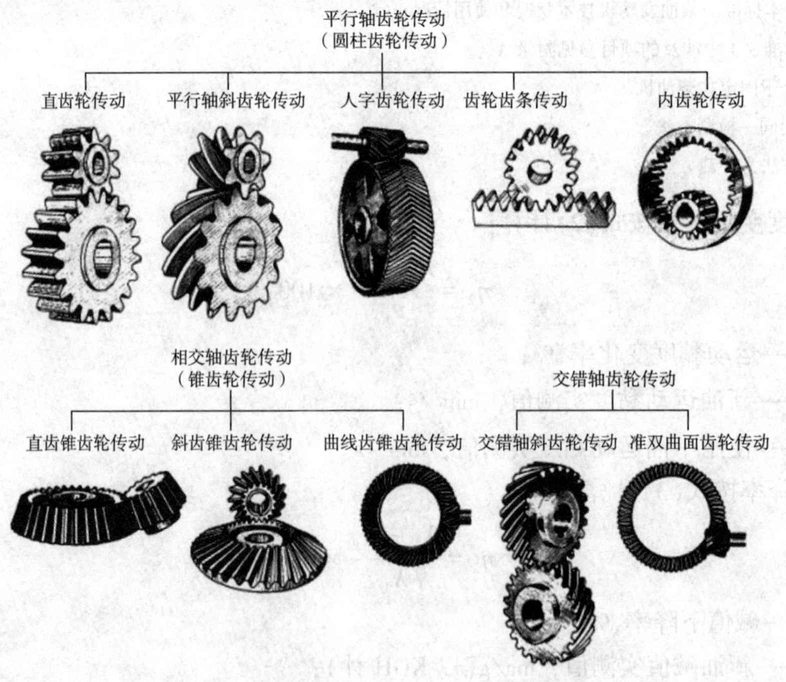

图6-6 齿轮的主要类型

（1）平行轴传动的两齿轮轴都是平行的

①直齿圆柱齿轮——两齿轮轴线平行，该种传动是最普通的齿轮传动形式。传动中以滚动为主，但在高速时易出现振动和噪声。

②斜齿圆柱齿轮——两齿轮轴线平行，齿向与轴线倾斜一角度，这种传动方式较直齿圆柱齿轮传递的功率大，运转较平稳，但有轴向力。

③人字齿圆柱齿轮——齿轮轴线平行，传动较为平稳，无轴向力，可传递大功率。

（2）在相交轴传动中，使用的都是锥形齿轮，其特点是两齿轮轴线相交

①直齿锥齿轮——两齿轮轴线相交，轮齿啮合时以滚动为主，在高速时易出现振动和噪声。

②斜齿锥齿轮——比直齿锥齿轮传动稍平稳。

③螺旋锥齿轮——两锥齿轮轴线相交，齿轮齿向为一弧线，比直齿、斜齿锥齿轮传递的

功率都要大，而且传动平稳。

(3) 交错轴传动

双曲线齿轮——两锥齿轮的轴线相交叉，齿向仍为弧线，轮齿的弯曲强度和接触强度都较高，并且传动较为平稳，因此适于大功率传动。由于大小锥齿轮有一定偏距，用于汽车后桥传动可使车身重心降低，故适用于高速轿车及越野车。但该种齿轮在啮合中滑动速度大，且接触应力大，所以润滑条件苛刻，对润滑剂有较高的要求。

①涡轮传动——涡轮与涡杆轴线相互交叉，传动比一般较大，在啮合过程中滑动速度很大。为了避免胶合，涡轮常以磷青铜制作，而涡杆则用钢制作且硬度较高。在润滑剂的选择上不仅要考虑涡轮的点蚀，而且更重要的要考虑涡轮涡杆的传动效率，磨损及抗胶合的能力。

②螺旋齿轮传动——是指两个轴线不平行的螺旋齿(斜齿)圆柱齿轮的传动，这种传动所产生的滑动速度大，在实际的工业动力传动中很少采用。

2. 齿轮的磨损

齿轮工作的特点是齿轮以“线”或“点”的形式接触，在运动过程中既有滚动摩擦，又有滑动摩擦。齿轮接触处的应力很大，有的重负荷齿轮接触处的应力可达 4GPa。这些特点使齿轮的润滑处于边界润滑及弹性流体动压润滑状态，当润滑剂使用不当将会造成齿轮损坏。

把齿轮传动装置承担的扭矩和速度超过其能力时造成的齿轮损坏称为超载磨损。在不同的工作条件(扭矩、速度)下，齿轮损坏的形式分为磨损、擦伤、点蚀、断裂四种。磨损和擦伤都属于齿轮的粘附磨损。由于齿轮运动速度太低或负荷太重在齿轮间不能建立润滑油膜或使液体动压润滑油膜破裂时发生的轻微粘附磨损称为磨损。通过适当降低操作温度或改善润滑条件(增加润滑油黏度、加入抗磨添加剂)可降低这类磨损。当齿轮表面以较大的速度滑动，产生较多的热量使润滑油黏度下降而导致油膜破裂时，齿表面会发生直接摩擦并发生焊接，在继续滑动中将强度较低的金属从齿表面撕裂下来，把这种较严重的粘附磨损称为擦伤。通过提高润滑油黏度，或加入添加剂提高润滑油的承载能力在一定程度上可以减少擦伤。点蚀和齿断裂是齿轮工作过程中发生的齿轮材料的疲劳损坏，也属于超载磨损。断裂指弯曲应力超过材料疲劳极限时破坏齿的一部分或整个齿的情况。点蚀是齿表面在交变接触应力重复作用下发生表面疲劳，产生微观裂缝，分离出磨粒或屑片而剥落形成小凹坑或麻点的情况。为避免这两类磨损(点蚀和断裂)，主要应从改善齿轮材料性能上下功夫而润滑剂的作用不大。

齿轮工作中除发生超载磨损之外，还经常发生磨料磨损和腐蚀磨损。磨料磨损通常是由于灰尘、沙粒等外界介质进入润滑油引起的，保持润滑系统和润滑油的清洁，对防止齿轮发生磨料磨损很重要。腐蚀磨损是由于润滑油的化学作用和周围环境中存在的腐蚀性物质引起的。在润滑油中加入防腐蚀添加剂在一定程度上可减少齿轮的腐蚀磨损。

由此可见，齿轮传动过程中不可避免会地会发生磨损，而通过正确使用润滑剂可在一定程度上减少磨损，有利于齿轮的正常工作。目前高载荷的机械设备给齿轮的承载能力和使用条件提出了更苛刻的要求，要充分发挥齿轮的承载能力、减少失效的可能、延长寿命、提高传动效率，润滑是一个非常重要的环节。

3. 齿轮润滑的特点

与其他零件的润滑相比，齿轮润滑具有以下四个特点：

①齿轮的当量曲率半径小，油楔条件差　在齿面间存在滑动，而且滑动的方向与大小急剧变化时极易引起磨损、擦伤和胶合。

②齿轮的接触应力非常高，一般滑动轴承单位负荷压力最大不超过 100MPa，而一些重

载机械的齿面应力可达400~1000MPa，双曲线齿轮的齿面应力可达1000~3000MPa，在高接触应力作用下齿轮极易发生胶合和点蚀。

③齿轮润滑的断续性，由于齿面加工精度不高，润滑膜的建立是一个连续的过程，每次啮合都需重新建立油膜，在齿轮润滑过程中，流体动力润滑，弹性动力润滑与混合摩擦三种润滑方式同时存在，大部分齿轮工作是处于混合摩擦状态，因此容易引起磨损，擦伤和胶合。

④润滑状态对齿轮失效有较大影响，使用的润滑油黏度、润滑油的性能以及润滑方式、润滑油供应量对齿轮失效都有明显影响。齿轮润滑的好坏易受其他因素，如齿形的修整、箱体及轴的变形、材料的选取、热处理方法是否适当、装配及安装精度如何等的影响。

二、齿轮油的性能要求

1. 齿轮润滑剂的种类

由于齿轮的类型及工作条件变化很大，因此齿轮润滑剂的种类也很多。矿物油、动植物油、合成油、固体润滑剂都可以做齿轮传动装置的润滑剂。

固体润滑剂多用于啮合时产生热量少，并能通过传导和辐射散热，保持较低工作温度的齿轮传动装置上。特别是在空间技术中，由于流体润滑剂在低压条件下容易挥发，故须使用固体润滑剂。但使用石墨、二硫化钼、聚四氟乙烯等固体润滑剂有散热性能差、使用寿命短的缺点。

动植物油目前已很少单独用于润滑齿轮，主要用作齿轮润滑油的油性添加剂，如在矿物油中加入0.3%~10%的动植物油制成“复合油”，用于润滑高负荷涡杆传动装置。

合成润滑油目前也只用于特殊用途的齿轮传动装置中，如使用在工作温度范围较宽，要求高温下具有良好安定性，低温下具有良好流动性条件下的齿轮润滑。

由于石油类产品在理化性能方面比较均衡，能完全满足齿轮传动润滑的要求，而且具有来源广、价格较低的优点，因此目前使用的齿轮润滑剂主要是以矿物油为主要成分的齿轮油。

2. 对齿轮油的性能要求

(1) 适当的黏度

黏度是齿轮油的主要质量指标。黏度越大其耐载荷能力越大，但黏度过大也会给循环润滑带来困难，增加齿轮运动的搅拌阻力，以致发热而造成动力损失。同时还由于黏度大的润滑油流动性差，对一度被挤压的油膜及时自动补偿修复较慢而增加磨损。因而，黏度一定要合适，特别是加有极压抗磨剂的齿轮油，其耐载荷性能主要是靠极压抗磨剂，这类齿轮油更不能追求高黏度。

(2) 良好的热氧化安定性

热氧化安定性也是齿轮油的主要性能。在苛刻条件下工作的齿轮油都处在较高温度下，如汽车差速器中使用的齿轮油温度可达120~130℃，准双曲面齿轮的油温甚至能达到160~180℃。在较高温度下，齿轮油很易被氧化，加上齿轮箱中金属的催化作用容易使齿轮油使用性能迅速变坏。

齿轮油工作时被激烈搅动与空气接触充分，加上水分、杂质和金属的作用，使其很容易被氧化造成黏度增加，产生氧化物或油泥。而黏度增加会使冷却效果和供油性下降，氧化物是造成磨损的原因，而且从节能和维护的角度出发，希望尽可能延长换油期，因此要求齿轮油具有良好的热安定性和氧化安定性。

(3) 良好的抗磨、耐载荷性能

由于齿轮的载荷一般都很高，为了使齿轮传递载荷时，齿面不发生擦伤、磨损、胶合，要求齿轮油有很好的承载性能。如汽车后轴的双曲面齿轮，传递压力非常大，而且齿面间的侧滑速度很大，瞬间温度可高达600~800℃，一般油性添加剂在100℃就会从摩擦表面脱附不能形成油膜。为提高齿轮油的抗磨性能，在中等载荷以下，必须使用含油性剂和中等极压剂的齿轮油；而重载荷的齿轮传动，必须使用含强极压剂的重载荷齿轮油。齿轮油的极压添加剂都是一些活性很强的添加剂，在高温摩擦面上其活性元素与金属表面发生反应，形成化学反应膜，这种膜的抗磨、抗胶合能力很强，从而减缓齿面磨损和擦伤。

(4) 良好的抗泡沫性能

由于齿轮运转中的剧烈搅动，或油循环系统的油泵、轴承等的搅动以及向油箱回流的油面过低等原因，都会使得油品产生泡沫。如果泡沫不能很快消失，会因油面升高从呼吸孔漏油，同时将影响齿轮啮合面油膜的形成或堵塞油路，使供油量减少，冷却作用不够而引起齿轮损伤。这些现象都可能引起齿轮及轴承损伤。所以齿轮油应当泡沫生成得少，消泡性好，即齿轮油应具有良好的抗泡沫性。

(5) 良好的防锈防腐性能

齿轮油的腐蚀性来源于油中的酸性物质，无机酸和低分子有机酸对齿轮有很强的腐蚀性。金属中以铅、铜等有色金属及合金对酸性腐蚀最敏感。另外由于齿轮油中含有极压添加剂，其化学活性强，低温下容易与金属表面发生反应造成腐蚀。齿轮油在使用过程中会发生分解或氧化变质产生酸类和胶质，特别是与水接触时容易产生腐蚀和锈蚀。因此，齿轮油中要加有防锈防腐剂以提高其防锈防腐性能。

(6) 良好的抗乳化性能

齿轮油(特别是工业齿轮油)在齿轮运转中常常不可避免地接触水分，如果齿轮油的抗乳化性不好，则会造成齿轮油乳化并产生泡沫，导致油膜强度降低或破裂。加有极压抗磨剂的油乳化后，极压剂会发生水解或产生沉淀，从而失去极压作用并且产生有害物质，使齿轮油迅速变质、失去使用性能，从而造成齿轮擦伤、磨损，甚至造成事故。抗乳化性能是齿轮油的重要性能指标。

(7) 良好的抗剪切安定性

齿轮油的黏度在使用期间，容许有一定的变化，但是在指定的温度下，不容许有大的变化。齿轮油黏度变化的发生是由于齿轮啮合运动所引起的剪切作用的结果，特别是中重载荷条件下，最容易受剪切影响的成分是聚合物，如黏度指数改进剂。因此齿轮油中使用的黏度指数改进剂必须有良好的抗剪切安定性，以保证齿轮油在使用过程中黏度基本保持不变。

对齿轮油的其他性能要求还包括良好的低温流动性、与密封材料的适应性、储存安定性、与添加剂的配伍性等，开式齿轮油还有粘附性。

三、齿轮油的分类

齿轮油分为工业齿轮油和车辆齿轮油。

1. 工业齿轮油

工业齿轮油一般由基础油与添加剂调制而成。基础油由矿物油加工精制而成，也有使用合成油的。一般优质工业齿轮油选用黏度指数较高的石蜡基基础油，按一定比例将重质光亮油和轻质中性油调合至所需黏度。使用的添加剂有改善润滑油性能的黏度指数改进剂、破乳剂、降凝剂、抗泡剂和保护金属表面和润滑油本身的摩擦改进剂、极压抗磨剂、防腐剂、防锈剂、抗氧化剂等。使用添加剂使齿轮润滑油的性能得到显著改善，为进一步适应齿轮传动的高速、重负荷要求创造良好的条件。

(1) 质量等级分类

我国工业齿轮油等效采用国际标准 ISO 6743-6：1990《润滑剂、工业用油和有关产品(L类)的分类 第6部分：C组(齿轮)》，制定了 GB/T 7631.7—1995《润滑剂和有关产品(L类)的分类 第7部分 C组(齿轮)》，将工业齿轮油分为工业闭式齿轮油、工业开式齿轮油。其中，工业闭式齿轮油分为 CKB、CKC、CKD、CKE、CKT、CKS 六档(第二个字母引进“K”字，是为了避免与柴油机油混淆)，工业开式齿轮油分为 CKH、CKJ、CKM 三档，详见表 6-24。

表 6-24　工业齿轮油分类(GB/T 7631.7—1995)

分类			组成和特性	典型应用
特殊应用	更具体应用	品种代号 L-		
闭式齿轮	连续润滑(用飞溅循环或喷射)	CKB	精制矿物油，具有抗氧、防腐(黑色和有色金属)和抗泡性	在轻负荷下运转的齿轮
		CKC	CKB 油，并提高其极压和抗磨性	保持在正常或中等恒定油温和重负荷下运转的齿轮
		CKD	CKC 油，并提高其热/氧化安定性，能使用于较高的温度	在高的恒定油温和重负荷下运转的齿轮
		CKE	CKB 油，并具有低的摩擦系数	在高摩擦下运转的齿轮(即涡轮)
		CKS	在极低和极高温度条件下使用的具有抗氧、抗摩擦和抗腐(黑色和有色金属)性的润滑剂	在更低的、低的或更高的恒定流体温度和轻负荷下运转的齿轮
		CKT	用于极低和极高温度和重负荷下的 CKS 型润滑剂	在更低的、低的或更高的恒定流体温度和重负荷下运转的齿轮
	连续飞溅润滑	CKG	具有极压和抗磨性的润滑脂	在轻负荷下运转的齿轮
装有安全挡板的开式齿轮	间断或浸渍或机械应用	CKH	通常具有抗腐蚀性的沥青型产品	在中等环境温度和通常在轻负荷下运转的圆柱型齿轮或伞齿轮
		CKJ	CKH 型产品，并提高其极压和抗磨性	在中等环境温度和通常在轻负荷下运转的圆柱型齿轮或伞齿轮
		CKL	具有改善极压、抗磨性和热稳定性的润滑脂	
	间断应用	CKM	为允许在极限负荷条件下使用的、改善抗擦伤性的产品和具有抗腐性的产品	偶然在特殊重负荷下运转的齿轮

注：①油的恒定温度或环境温度：

更低温—— <-34℃；

低　温—— -34～-16℃；

正常温—— -16～70℃；

中等温—— 70～100℃；

高　温—— 100～120℃；

更高温—— >120℃。

②齿轮操作条件：

轻负荷——当齿轮具有接触压力通常小于 500MPa(500N/mm^2)和具有在齿面上的最大滑动速度(v_g)通常小于 1/3 的在运转节圆柱上齿节速度(v)时，该齿轮的负荷水平通常称为“轻负荷”。

重负荷——当齿轮具有接触压力通常大于 500MPa(500N/mm^2)和具有在齿面上的 v_g 可能大于 1/3 的在运转节圆柱上的 v 时，该齿轮的负荷水平通常称为“重负荷”。

（2）黏度等级分类

我国工业齿轮油的黏度分类采用 GB/T 3141—1994《工业液体润滑剂-ISO 黏度分类》，按其 40℃运动黏度的中心值分为 68、100、150、220、320、460、680 七个牌号。下面将黏度等级及美国齿轮制造商协会（AGMA），国际标准化组织（ISO）的黏度等级对应于表 6-25。

表 6-25　工业齿轮油黏度等级

黏度等级	40℃运动黏度/(mm^2/s)	AGMA 黏度等级	ISO 黏度等级
68	61.2~74.8	2EP	VG 68
100	90~110	3EP	VG 100
150	135~165	4EP	VG 150
220	198~242	5EP	VG 220
320	288~352	6EP	VG 320
460	414~506	7EP	VG 460
680	612~748	8EP	VG 680

2. 车辆齿轮油

车辆齿轮油主要用于润滑汽车、拖拉机等车辆的手动变速箱和后桥传动齿轮。齿轮润滑油起到减少摩擦，降低磨损，冷却零部件，缓和振动，减少冲击，防止锈蚀以及清洗摩擦面的作用。

（1）质量等级分类

GB/T 28767—2012《车辆齿轮油分类》是参照采用 API 1560：1995《汽车手动变速器、手动变速箱和驱动桥用润滑剂的使用规定》制定。它是根据齿轮的形式、负载情况等使用要求对齿轮油进行分类，详细分类见表 6-26。

表 6-26　车辆齿轮油质量分类（GB/T 28767—2012）

应用范围	品种代号	使用说明
车辆齿轮	GL-3	适用于速度和负荷比较苛刻的汽车手动变速器和螺旋伞齿轮驱动桥
	GL-4	适用于速度和负荷比较苛刻的螺旋伞齿轮和较缓和的准双曲面齿轮，可用于手动变速器和驱动桥
	GL-5	适用于高速冲击负荷、高速低扭矩和低速高扭矩下操作的各种齿轮，特别是准双曲面齿轮
	MT-1	适用于在大型客车和重型卡车上使用的非同步手动变速器。该类润滑剂对于防止化合物热降解、部件磨损及油封劣化提供保护，这些性能是 GL-4 和 GL-5 要求的润滑剂所不具有的。MT-1 没有给出乘用车和重负荷车辆中同步器和驱动桥的性能要求

车辆齿轮油的分类是非常严格，没有经过严格的台架评定，是不能称之为哪一类油的。我国目前市售的所谓双曲线齿轮油就是没有等级标准的，是不符合要求的。

（2）黏度等级分类

GB/T 17477—2012《汽车齿轮润滑剂黏度分类》是参照采用 SAE J306—2005《汽车齿轮润滑剂黏度分类》制定。该分类将车辆齿轮油按黏度分为 11 个级号，即 70W、75W、80W、85W、80、85、90、110、140、190、250。在黏度分类中，与发动机润滑油一样“W”表示有低温要求，如果一种齿轮油能同时满足 2 个黏度级号要求的油品，称为多级油，如 80W-90，85W-90、85W-140。但数字表示的黏度大小不同，比如：SAE 90 齿轮油黏度大致与 SAE 40、SAE 50 发动机润滑油黏度相同。因此，不同品种的润滑油黏度分级表示方式不同，千万不要仅以数字大小判断油品黏度的高低，汽车齿轮润滑剂高、低温黏度及低温性如表 6-27 所示。

表 6-27 汽车齿轮润滑剂黏度分类(GB/T 17477—2012)

黏度等级	最高温度[a] (黏度达到 150000mPa·s)/℃	运动黏度[b] (100℃)/(mm²/s) 最小	运动黏度[b] (100℃)/(mm²/s) 最大
70W	-55[d]	4.1	—
75W	-40	4.1	—
80W	-26	7.0	—
85W	-12	11.0	—
80	—	7.0	<11.0
85	—	11.0	<13.5
90	—	13.5	<18.5
110	—	18.5	<24.0
140	—	24.0	<32.5
190	—	32.5	<41.0
250	—	41.0	—

注：a. 采用 GB/T 11145 测定。
b. 采用 GB/T 265 测定。
c. 在经 NB/SH/T 0845(20h)试验后，也应满足限值要求。
d. GB/T 11145 方法尚未建立在测定温度低于-40℃时的精确度。生产者与消费者中任何一方均应仔细考虑这一因素。

四、齿轮油的主要品种介绍

1. 工业齿轮油

(1) 工业闭式齿轮油(GB 5903—2011)

①CKB 抗氧防锈工业齿轮油　采用深度精制的矿物油，加入抗氧、防锈、抗泡等多种添加剂调制而成。它具有良好的氧化安定性、抗腐蚀锈蚀性、抗乳化性、消泡性等，适用于普通负荷工业齿轮的润滑。现执行国家标准 GB 5903—2011《工业闭式齿轮油》，见表 6-28，有 100、150、220、320 等 4 个牌号。

②CKC 中负荷工业齿轮油　采用深度精制的矿物油(中性油)或合成馏分油为基础油，加入性能优良的硫磷型极压抗磨剂、抗氧、抗腐、防锈等添加剂配制而成。它具有良好的极压抗磨性和热氧化安定性等性能，Timken 试验 *OK* 值不小于 200N、FZG 齿轮试验不小于 10 级，质量水平高于美国 AGMA250.03。国外现已很少用这一档次的油，大都使用重负荷工业齿轮油。

CKC 中负荷工业闭式齿轮油目前执行国家标准 GB 5903—2011《工业闭式齿轮油》，见表 6-30，分为 32、46、68、100、150、220、320、460、680、1000、1500 共 11 个牌号。该产品适用于冶金、矿山、水泥、造纸、制糖等行业，用于具有中负荷的闭式齿轮传动装置。

③CKD 重负荷工业齿轮油　基础油与添加剂的要求与中负荷工业齿轮油相似，一般性能要求与中负荷工业闭式齿轮油相当，但比中负荷工业闭式齿轮油具有更好的极压抗磨性、氧化安定性和抗乳化性。它要求通过四球机试验，Timken 试验 *OK* 值不小于 267N，FZG 试验不小于 12 级，其质量水平与美钢 224、AGMA250.04EP 相当。目前执行国家标准 GB 5903—2011《工业闭式齿轮油》，见表 6-29，分为 68、100、150、220、320、460、680、1000 共 8 个牌号。

CKD 重负荷工业闭式齿轮油主要用于要求使用重载荷或抗乳化优良的齿轮传动装置，如冶金、煤矿、化肥、采矿、水泥等行业的引进设备的齿轮装置。

④CKE 蜗轮蜗杆油　采用深度精制的矿物油或合成油，加入油性、抗磨、抗氧、防锈、抗泡等添加剂配制而成。它具有良好的润滑性和承载能力、良好的防锈抗氧性能，能有效地提高传动效率，延长蜗轮副寿命，适用于涡轮涡杆传动装置的润滑。

CKE 蜗轮蜗杆油执行石化行业标准 SH 0094—1991(2007)《蜗轮蜗杆油》。见表 6-29，产品分 CKE 和 CKE/P 两个品种，有 220、320、460、680、1000 共 5 个牌号。

表 6-28　工业闭式齿轮油（GB 5903—2011）

项目	质量指标																							试验方法
品种	L-CKB				L-CKC											L-CKD								
黏度等级（按 GB/T 3141）	100	150	220	320	32	46	68	100	150	220	320	460	680	1000	1500	68	100	150	220	320	460	680	1000	GB/T 2541
运动黏度（40℃）/（mm^2/s）	90.0~110	135~165	198~242	288~352	28.8~35.2	41.4~50.6	61.2~74.8	90.0~110	135~165	198~242	288~352	414~506	612~748	900~1100	1350~1650	61.2~74.8	90.0~110	135~165	198~242	288~352	414~506	612~748	900~1100	GB/T 265
外观	—	—	—	—	透明											透明								目测[a]
运动黏度（100℃）/（mm^2/s）	—	—	—	—	报告											报告								GB/T 265
黏度指数　不小于	90				90								85			90								GB/T1995[b]
表观黏度达 150000mPa·s 时的温度/℃	—				[c]											[c]								GB/T 11145
闪点（开口）/℃　不低于	180	200			180			200								180	200							GB/T 3536
倾点/℃　不高于	-8				-12				-9				-5			-12		-9				-5		GB/T 3535
水分/%　不大于	痕迹				痕迹											痕迹								GB/T 260
机械杂质/%　不大于	0.01				0.02											0.02								GB/T 511
铜片腐蚀（100℃，3h）/级　不大于	1				1											1								GB/T 5096
液相锈蚀（24h）	无锈				无锈											无锈								GB/T 11143（B 法）
氧化安定性 总酸值达到 2.0mgKOH/g 的时间/h　不小于	750	500			—											—								GB/T 12581
氧化安定性（95℃，312h） 100℃运动黏度增长/%　不大于	—				6											6							报告	SH/T 0123
沉淀值/mL　不大于	—				0.1											0.1							报告	

续表

项目	质量指标						试验方法
品种	L-CKB	L-CKC			L-CKD		
旋转氧弹(150℃)/min	报告	—			—		SH/T 0193
泡沫性(泡沫倾向/泡沫稳定性)/(mL/mL)							GB/T 12579
程序Ⅰ(24℃) 不大于	75/10	50/0		75/10	50/0	75/10	
程序Ⅱ(93.5℃) 不大于	75/10	50/0		75/10	50/0	75/10	
程序Ⅲ(后24℃) 不大于	75/10	50/0		75/10	50/0	75/10	
抗乳化性(82℃)							GB/T 8022
油中水/%(体) 不大于	0.5	2.0		2.0	2.0	2.0	
乳化层/mL 不大于	2.0	1.0		4.0	1.0	4.0	
总分离水/mL 不小于	30.0	80.0		50.0	80.0	50.0	
极压性能(梯姆肯试验机法)							GB/T 11144
OK 负荷值/N(lb) 不小于	—	200(45)			267(60)		
承载能力							SH/T 0306
齿轮机试验，失效级 不小于	—	10	12	>12	12	>12	
剪切安定性(齿轮机法)							SH/T 0200
剪切后 40℃ 运动黏度/(mm^2/s) 不小于	—	在黏度等级范围内			在黏度等级范围内		
四球机试验							
烧结负荷(P_D)/N(kgf) 不小于					2450(250)		GB/T 3142
综合磨损指数/N(kgf) 不小于	—	—			441(45)		
磨斑直径(196N，60min，54℃，1800r/min)/mm 不小于					0.35		SH/T 0189

注：a. 取 30mL~50mL 样品，倒入洁净的量筒中，室温下静置 10min 后，在常光下观察。

b. 测定方法也包括 GB/T 2541。结果有争议时，以 GB/T 1995 为仲裁方法。

c. 此项目根据客户要求进行检测。

表 6-29 蜗轮蜗杆油[SH 0094—1991(2007)]

项目		质量指标																				试验方法
品种		L-CKE										L-CKE/P										
质量等级		一级品					合格品					一级品					合格品					
黏度等级(按 GB 3141)		220	320	460	680	1000	220	320	460	680	1000	220	320	460	680	1000	220	320	460	680	1000	
运动黏度(40℃)/(mm^2/s)		198~242	288~352	414~506	612~748	900~1100	198~242	288~352	414~506	612~748	900~1100	198~242	288~352	414~506	612~748	900~1100	198~242	288~352	414~506	612~748	900~1100	GB/T 265
闪点(开口)/℃	不低于	200	200	220	220	220	180	180	180	180	180	200	200	220	220	220	180	180	180	180	180	GB/T 3536
黏度指数	不小于	90					90					90					90					GB/T 1995
倾点/℃	不高于	-6					-6					-12					-6					GB/T 3535
水溶性酸或碱		无					无					—					—					GB/T 259
机械杂质/%	不大于	0.02					0.05					0.02					0.05					GB/T 511
水分/%	不大于	痕迹					痕迹					痕迹					痕迹					GB/T 260
中和值/(mgKOH/g)	不大于	1.3					1.3					1.0					1.3					GB/T 4945
皂化值/(mgKOH/g)		9~25					5~25					不大于 25					不大于 25					GB/T 8021
腐蚀试验(铜片,100℃,3h)/级	不大于	1					1					1					1					GB/T 5096

续表

项目		质量指标				试验方法
品种		L-CKE		L-CKE/P		
质量等级		一级品	合格品	一级品	合格品	
液相锈蚀试验 蒸馏水 合成海水		 无锈 —	 无锈 —	 — 无锈	 无锈 —	GB/T 11143
沉淀值/mL	不大于	0.05	0.05	—	—	SH/T 0024
硫含量/%	不大于	1.00	1.00	1.25	1.25	SH/T 0303
氯含量[①]	不大于	—	—	0.03	—	SH/T 0161
抗乳化性(82℃，40-37-3mL)/min	不大于	60	—	60	—	GB/T 7305
泡沫性(泡沫倾向/泡沫稳定性)/(mL/mL) 24℃ 93.5℃ 后24℃	 不大于 不大于 不大于	 75/10	 75/10	 75/10	 -/300 -/25 -/300	GB/T 12579
氧化安定性[②](酸值达到2mgKOH/g时间)/h	不小于	350	—	350	—	GB/T 12581
综合磨损指数(1500r/min)/N	不小于	—	—	392	392	GB/T 3142
剪切安定性试验[③](40℃运动黏度下降率)/%	不大于	6	—	6	—	SH/T 0505

注：①对矿物油型，未加含氯添加剂时可不测定含氮量。

②保证项目，每年测一次。

③加有增黏剂的黏度等级油必须测定。

CKE 为复合型蜗轮蜗杆油，主要用于铜-钢配对的圆柱型和双包围等类型的承受轻负荷、传动中平稳无冲击的涡轮涡杆副，包括该设备的齿轮及滑动轴承、气缸、离合器等部件的润滑，以及在潮湿环境下工作的其他机械设备的润滑。在使用过程中应防止局部过热和油温在 100℃以上时长期运转。

CKE/P 为极压型蜗轮蜗杆油，主要用于铜-钢配对的圆柱型承受重负荷，传动中有振动和冲击的蜗轮蜗杆副，包括该设备的齿轮和直齿圆柱齿轮等部件的润滑，及其他机械设备的润滑。如要用于双包围等类型的蜗轮蜗杆副必须有油品生产厂的说明。

(2)普通开式齿轮油[SH/T 0363—1992(1998)]

CKH 普通开式齿轮油采用深度精制以的矿物油为基础油，加入防锈等添加剂及适量沥青质而制得的非溶剂稀释型开式工业齿轮油。具有良好的极压抗磨性、抗腐蚀锈蚀性等，适用于中等温度和轻负荷下运行的圆柱形或斜齿轮。现执行 SH/T 0363—1992(1998)《普通开式齿轮油》，见表 6-30，有 68、100、150、220、320 共 5 个牌号。

表 6-30　普通开式齿轮油[SH/T 0363—1992(1998)]

项　目		质量指标					试验方法
黏度等级(按 40℃运动黏度划分)		68	100	150	220	320	—
运动黏度(100℃)/(mm^2/s)		60~75	90~110	135~165	200~245	290~350	GB/T 265
闪点(开口)/℃	不低于	200			210		GB/T 267
腐蚀试验(铜片，100℃，3h)		合格					SH/T 0195
液相锈蚀试验(蒸馏水)		无锈					GB/T 11143
最大无卡咬负荷(P_B)/N(kgf)	不小于	686(70)					GB/T 3142
清洁性		必须无砂子和磨料					①

注：①用 5~10 倍直馏汽油稀释、中速定量过滤纸过滤、乙醇苯混合液冲洗残渣，观察滤纸必须无砂子和磨料。

2. 车辆齿轮油

(1) 普通车辆齿轮油(GL-3)

采用深度精制的矿物油，加入抗氧、防锈、抗泡及少量极压剂，具有较好的抗氧防锈性和一定的极压性。适用于一般车辆螺旋锥齿轮减速机构、手动变速器齿轮机构，与 API GL-3 的质量水平相当。

该产品执行石油化工行业标准 SH/T 0350—1992(2007)《普通车辆齿轮油》，见表 6-31，分为 80W-90、85W-90、90 三个牌号。

表 6-31　普通车辆齿轮油行业标准(SH/T 0350—1992)

项　目		质量标准			试验方法
		80W-90	85W-90	90	
运动黏度(100℃)/(mm^2/s)		15~19	15~19	15~19	GB/T 265
表观黏度为 150Pa·s 时温度/℃	不高于	-26	-12	—	SH/T 0350 附录 A①
黏度指数	不小于	—	—	90	GB/T 1995 或 GB/T 2541
倾点/℃	不高于	-28	-18	-10	GB/T 3535
闪点(开口)/℃	不低于	170	180	190	GB/T 267②
水分/%	不大于	痕　迹	痕　迹	痕　迹	GB/T 260
锈蚀试验 15 号钢棒(A 法)		无　锈	无　锈	无　锈	GB/T 11143

续表

项　　目		质量标准			试验方法
		80W-90	85W-90	90	
起泡性/(mL/mL) 24℃±0.5℃ 93℃±0.5℃ 后 24℃±0.5℃	不大于	 100/10 100/10 100/10	 100/10 100/10 100/10	 100/10 100/10 100/10	GB/T 12579
铜片腐蚀试验(100℃, 3h)/级	不大于	1	1	1	GB/T 5096
最大无卡咬载荷 P_B/kgf	不小于	80	80	80	GB/T 3142
糠醛或酚含量(未加剂)		无	无	无	SH/T 0120
机械杂质/%	不大于	0.05	0.02	0.02	GB/T 511③
残炭(未加剂)/%		报　告			GB/T 268
酸值(未加剂)/(mgKOH/g)		报　告			GB/T 264
氯含量/%		报　告			SH/T 0161
锌含量/%		报　告			SH/T 0226
硫酸盐灰分/%		报　告			GB/T 2433

注：①齿轮油表观黏度为保证项目，每年测定一次。

②新疆原油生产的各号普通车辆齿轮油闪点允许比规定的指标低 10℃出厂。

③不允许含有固体颗粒。

(2) 中负荷车辆齿轮油(GL-4)

该产品执行石化行业标准 Q/SH PRD 0116—2016《GL-4 中负荷车辆齿轮油》，见表 6-32，牌号划分与重载荷一样，适用于小轿车、载重卡车要求使用 GL-4 性能水平齿轮油的后桥齿轮箱的润滑。

表 6-32　中载荷车辆齿轮油暂行标准

分析项目		质量标准								
黏度等级		75W	75W-90	80W	80W-90	85W-90	85W-140	90	140	试验方法
运动黏度(100℃)/(mm^2/s)	不小于	≥4.1	13.5~<18.5	≥7.0	13.5~<18.5	13.5~<18.5	24.0~<32.5	13.5~<18.5	24.0~<32.5	GB/T 265
黏度指数		报告						—	—	GB/T 2541
黏度指数	不小于	—						75	75	
倾点/℃		报告								
闪点(开口)/℃	不低于	150	165	160	165	180	180	180	180	GB/T 3536
表观粘度达 150Pa·s 时的黏度/℃	不高于	-40	-40	-26	-26	-12	-12	——	——	GB/T 1145

续表

分析项目		质量标准								
成沟点/℃	不高于	-45	-45	-35	-35	-20	-20	-17.8	-6.7	SH/T 0030
机械杂质/%	不大于	0.02								GB/T 511
铜片腐蚀(121℃, 3h)/级	不大于	3								GB/T 5096
水分/%	不大于	痕迹								GB/T 260
硫/%		报告								GB/T 17040
磷/%		报告								SH/T 0296
氮/%		报告								NB/SH/T 0704
起泡倾向性/泡沫稳定性(mL/mL)										GB/T 12579
24℃±0.5℃	不大于	20/0								
93℃±0.5℃	不大于	50/0								
后 24℃±0.5℃	不大于	20/0								
贮存稳定性										SH/T 0037
液体沉淀物/%(体)	不大于	0.25								
固体沉淀物/%	不大于	0.25								
台架试验[a]		通过								

A 按 GL-5 配方，进行相应的锈蚀试验(NB/SH/T 0517)、抗擦伤试验(SH/T 0519)、承载能力试验(SH/T 0518)和热氧化安定性试验(SH/T 0520)，结果达到 GL-5 的指标要求为通过。

(3) 重负荷车辆齿轮油(GL-5)

采用深度精制的矿物油，加入硫磷极压抗磨剂、防腐防锈剂等配制而成。必须通过 CRCL-33、37、42、60 等台架试验。其质量水平与美军 MIL-L-2105C 规格车辆齿轮油相当，达到 APIGL-5 性能水平。

重负荷车辆齿轮油执行 GB 13895—2018《重负荷车辆齿轮油(GL-5)》技术标准，见表 6-33，分为 75W-90、80W-90、85W-110、80W-140、85W-90、85W-110、85W-140、90、110、140 十个牌号。重负荷车辆齿轮油主要适用于汽车驱动桥，特别适用于在高速冲击负荷、高速低扭矩和低速高扭矩工况下应用的双曲面齿轮。

表 6-33　重载荷车辆齿轮油技术要求(GB 13895—2018)

分析项目	质量指标										试验方法
黏度等级	75W-90	80W-90	80W-110	80W-140	85W-90	85W-110	85W-140	90	110	140	
运动黏度(100℃)/(mm^2/s)	13.5~<18.5	13.5~<18.5	18.5~<24.0	24.0~<32.5	13.5~<18.5	18.5~<24.0	24.0~<32.5	13.5~<18.5	18.5~<24.0	24.0~<32.5	GB/T 265

续表

分析项目	质量指标										试验方法
黏度等级	75W-90	80W-90	80W-110	80W-140	85W-90	85W-110	85W-140	90	110	140	
黏度指数 不低于	报告							不小于 90			GB/T 1995[a]
KRL 剪切安定性（20h）剪切后 100℃运动黏度/（mm^2/s）	在黏度等级范围内										NB/SH/T 0845
倾点/℃	报告	报告	报告	报告	报告	报告	报告	不高于 -12	不高于 -9	不高于 -6	GB/T 3535
表观黏度（-40℃）（mPa·s）不大于	150000	—	—	—	—	—	—	—	—	—	GB/T 11145
表观黏度（-26℃）（mPa·s）不大于	—	150000	150000	150000	—	—	—	—	—	—	
表观黏度（-12℃）（mPa·s）不大于	—	—	—	—	150000	150000	150000	—	—	—	
闪点（开口）/℃ 不低于	170	180	180	180	180	180	180	180	180	200	GB/T 3536
泡沫性（泡沫倾向）/mL											GB/T 12579
24℃ 不大于	20										
93.5℃ 不大于	50										
后 24℃ 不大于	20										
铜片腐蚀（121℃，3h）/级 不大于	3										GB/T5096
机械杂质/% 不大于	0.05										GB/T 511
水分/% 不大于	痕迹										GB/T 260
戊烷不溶物/%	报告										GB/T8926A 法
硫酸盐灰分/%	报告										GB/T 2433
硫/%	报告										GB/T 11140[b]
磷/%	报告										GB/T 11140[c]
氯/%	报告										NB/SH/T 00704[d]
钙/%	报告										SH/T 17476[e]
储存稳定性											SH/T 0037
液体沉淀物/%（体） 不大于	0.5										
固体沉淀物/%（体） 不大于	0.25										
锈蚀性试验											NB/SH/T 0517
最终锈蚀性能评价 不小于	9.0										
承载能力试验[f]											NB/SH/T 0518
驱动小齿轮和环形齿轮											
螺脊 不小于	8										
波纹 不小于	8										
磨损 不小于	5										
点蚀/剥落 不小于	9.3										
擦伤 不小于	10										

续表

分析项目	质量指标										试验方法
黏度等级	75W-90	80W-90	80W-110	80W-140	85W-90	85W-110	85W-140	90	110	140	
抗擦伤试验	优化参比油或与参比油性能相当										SH/T 0519
热氧化稳定性 100℃运动黏度增长/% 不大于	100										SH/T 0520[g] GB/T 265 GB/T8926A 法
戊烷不溶物% 不大于	3										GB/T8926A 法
甲苯不溶物% 不大于	2										

注：a. 也可采用 GB/T2541 方法进行，结果有争议时以 GB/T1995 为仲裁方法。

b. 也可采用 GB/T11140 SH/T0303 方法进行，结果有争议时以 GB/T17040 为仲裁方法。

c. 也可采用 SH/T0296 NB/SH/T0822 方法进行，结果有争议时以 GB/T 17476 为仲裁方法。

d. 也可采用 GB/T17674 SH/T0224 方法进行，结果有争议时以 NB/SH/T0704 为仲裁方法。

e. 也可采用 SH/T0270 NB/SH/T0822 方法进行，结果有争议时以 GB/T 17476 为仲裁方法。

f. 75W-90 黏度等级需要同时满足标准版和加拿大版的承载能力试验和抗擦伤试验。

g. 也可采用 SH/T0755 方法进行，结果有争议时以 SH/T0520 为仲裁方法。

从表 6-34 中的技术条件可以看出，重负荷车辆齿轮油(GL-5)除了一般的理化指标外，最关键的有四项台架试验指标，即锈蚀试验(相当于 CRC-33)、低速高扭矩的抗擦伤试验(CRC-37)、高速冲击负荷下的承载能力试验(CRC-42)和热氧化安定性试验(CRC-60)。这四项台架试验设备昂贵，试验条件非常苛刻，且互相制约。每个试验配方都得经过实验反复试验，严格筛选，最后经过多次试验才能通过。中负荷车辆齿轮油(GL-4)的四项台架试验方法已废除，其配方按 GL-5 添加剂量减半，即可被认为符合 GL-4 中负荷车辆齿轮油。

五、齿轮油的选用

1. 工业齿轮油的选用

选用工业齿轮油时应首先选择齿轮油质量等级，然后再选齿轮油黏度等级。选择工业齿轮油的类型时，主要根据齿面接触应力和齿轮状况进行选择。选择齿轮油的类型一般遵循以下几条原则。

(1) 质量等级

根据齿面接触应力选择齿轮油质量等级，见表 6-34。

表 6-34 低速重载齿轮选油表(闭式齿轮)

齿轮种类	润滑方式	齿面应力/MPa		推荐用油类型	使用工况
圆柱齿轮与圆锥齿轮	油浴润滑与循环润滑	传动齿轮，低于 350		工业齿轮油	一般传动齿轮
		动力齿轮	低负荷 350~500	工业齿轮油中负荷工业齿轮油	一般齿轮有冲击高温的齿轮
			中负荷 500~1100	中负荷工业齿轮油或重负荷工业齿轮油	矿井提升，露天采掘，水泥球磨机，高温有冲击的齿轮
			重负荷高于 1100	重负荷工业齿轮油	冶金、轧钢、井下、采煤、高温有冲击有水部位的齿轮

(2) 黏度等级

根据齿轮线速度选择齿轮油黏度等级，速度高的选用低黏度油，速度低的选用高黏度油，见表 6-35。

表 6-35 闭式齿轮黏度选用等级

齿轮种类	直齿轮 斜齿轮 锥齿轮						
节线速度/(m/s)	0.5	1.3	2.5	5.0	12.5	25	50
黏度等级(40℃)	460~1000	320~680	220~460	150~320	100~220	68~150	46~100

(3) 使用温度

注意使用温度，油温高油黏度应大，夏天用黏度高油，冬天用低黏度油。

(4) 润滑轴承

考虑齿轮润滑和轴承润滑是否同一系统，是滚动轴承还是滑动轴承。滑动轴承要求润滑油的黏度较低。

(5) 使用注意事项

①同一种类工业齿轮油在应用中可以互相调合，不同种类的不能互相调合。三种闭式工业齿轮油不能混装、混用，也不能与其他油品混用，但同一种油中的不同黏度级号可以调合混用。

②添加齿轮油应在静态进行，加油量以装至油位线为宜，如无刻线，油量以浸过最低位置齿轮之齿高的三倍为准。

③必须避免水和杂质进入齿轮箱。

④倾点较高的油，不宜用在寒区野外作业的齿轮传动装置。

⑤28 号轧钢机油已淘汰，原使用 28 号油的轧钢机、剪断机等大型设备，应选用相应的 CKC、CKD 工业闭式齿轮油。

⑥使用中，可按齿轮制造厂规定的换油期或换油指标及时换油，换油时应事先把齿轮箱和齿轮清洗干净。

2. 车辆齿轮油选用

(1) 质量等级

车辆齿轮油质量档次的选择主要是依据齿轮形状、齿面载荷、车型、工况确定，见表 6-36。

表 6-36 车辆齿轮油质量档次选择表

齿轮形状	齿面载荷	车型及工况	质量档次
双曲线	压力<2000MPa，滑动速度 1.5~8m/s	一般	GL-4
双曲线	压力<2000MPa，滑动速度 1.5~8m/s	拖挂车，山区作业	GL-5
双曲线	压力>2000MPa，滑动速度>10m/s，油温 120~130℃	不论	GL-5
螺旋锥齿		国产车	GL-3
螺旋锥齿		进口车或重型车	GL-4
非同步手动变速器		大型客车和重型卡车	MT-1

（2）黏度等级

要根据使用地区的最高和最低工作温度来确定齿轮油的黏度级别，以满足高、低温使用条件下的润滑要求。齿轮油的黏度最好能同时满足一年内最高和最低气温的要求，即冬夏通用。一般而言，气温低、负荷小，可选择黏度较小的油；反之，气温较高、负荷较重的车辆，宜选用黏度较大的油。多级油可同时满足最低环境温度冷启动和正常工作条件下温度要求的黏度。在环境温度较高的地区，使用适用低温条件下的车辆齿轮油是种浪费；而在低温地区使用适用环境温度高地区的车辆齿轮油，不仅齿轮运行阻力增大、动力损失增加、不利于节油，而且很容易造成汽车无法起步。表6-37为车辆齿轮油黏度等级与适用的环境温度，供选用参考。

表6-37　各种黏度牌号车辆齿轮油适用的温度范围

黏度等级	70W	75W	80W-90	85W-90	85W-140	90	140
适用温度/℃	-55~10	-40~10	-25~50	-15~50	-15~50	-10~50	0~50

根据我国地域气候情况，南方冬季气温不低于-10℃的地区全年可选用SAE 90车辆齿轮油；冬季气温不低于-25℃的地区全年可选用SAE 80W-90车辆齿轮油；冬季气温低于-25℃的地区全年可选用SAE 75W-90车辆齿轮油；冬季气温低于-40℃的地区全年可选用SAE 70W-90车辆齿轮油；夏季最高气温达40℃的南方炎热地区，经常长途行驶或在山区公路行驶的重型汽车，夏季宜选用SAE 140车辆齿轮油或全年使用SAE 85W-140车辆齿轮油。

选择适当质量级别和黏度的齿轮油不仅有利于驱动桥和变速箱齿轮的润滑，而且可以减少摩擦，节约能源。一般在满足润滑的前提下，选用低黏度比高黏度齿轮油节能，使用多级齿轮油比单级油节能。在齿轮油中加入适当高效摩擦改进剂可以节能。但是需要注意，准双曲面齿轮驱动桥在重负荷下连续运行时的转动阻力与齿轮油黏度的关系与变速器的情况不同，当油温超过某一数值后(例如75W超过65℃)，低黏度齿轮油的传动效率反而下降。经验表明，如果夏季准双曲面齿轮驱动桥在重负荷或高速下运转时，齿轮油的温度将高达120~130℃，此时若使用黏度太低的齿轮油，就会引起严重的汽车故障。

（3）使用注意事项

①普通车辆齿轮油不能取代中、重负荷车辆齿轮油用于双曲线齿轮，也不能混存混用。否则会引起设备磨损，缩短使用寿命。

②要注意防止混入水分和杂质，否则易引起车辆齿轮油变质。

③要注意适时更换新油。换用不同牌号车辆齿轮油时，一定要将原用车辆齿轮油放完，并将齿轮箱清洗干净后再注入新油，加油量要适当，不可太多或过少。

六、齿轮油的更换

1. 工业齿轮油的更换

L-CKC、L-CKD工业闭式齿轮油的换油参照NB/SH/T 0586—2010《工业闭式齿轮油换油指标》的要求，使用中的工业闭式齿轮油达到表6-38任何一项指标即应更换新油。检测取样应在机械正常运转停止后的10min内于油箱的代表性部位取得所需试样，取样前的24h工作时间内不得向油箱内补加新油，采样器和盛样容器(带盖)要清洁、干燥。其他工业齿轮油的换油可参照执行。

表 6-38　工业闭式齿轮油换油指标（NB/SH/T 0586—2010）

项　　目		L-CKC 换油指标	L-CKD 换油指标	试验方法
外 观		异 常[a]	异 常[a]	目测
运动黏度(40℃)变化率/%	超过	±15	±15	GB/T 265
水分/%	大于	0.5	0.5	GB/T 260
机械杂质/%	不小于	0.5	0.5	GB/T 511
铜片腐蚀(100℃，3h)/级	不小于	3b	3b	GB/T 5096
梯姆肯 *OK* 值/N	不大于	133.4	178	GB/T 11144
酸值增加/(mgKOH/g)	不小于	—	1.0	GB/T 7304
铁含量/(mg/kg)	不小于	—	200	GB/T 17476

注：a. 外观异常是指使用后油品颜色与新油相比变化非常明显(如由新油的黄色或棕黄色等变为黑色)或油品中能观察到明显的油泥状物质或颗粒状物质等。

无油品质量检测设备的单位，可参考以下建议。

①新齿轮运转4周就应换油，以防金属粉屑磨损齿轮，换下的油可经50~100μm的细滤器过滤后重复使用。

②一般齿轮正常运转2500h或6个月后换油。当油温超过规定时，则每超过10℃，换油期缩短1倍。如运动温度40℃时，换油期一般为1250h或3个月，当高于50℃时，则为600h或1个半月。

2. 车辆齿轮油的更换

与内燃机油一样，任何质量等级的车辆齿轮油，在使用中其质量是不断下降的，当其主要性能就不能满足车辆齿轮的要求时，就应该果断地更换新油。

车辆齿轮油的更换可按SH/T 0475—1992(2003)《普通车辆齿轮油换油指标》(表6-39)和GB/T 30034—2013《重负荷车辆齿轮油(GL-5)换油指标》(表6-40)和的技术要求进行，使用中车辆齿轮油达到表6-39和表6-40任何一项指标即应更换新油。无检测设备，用于汽车齿轮润滑时，相应换油里程为45000km。

表 6-39　普通车辆齿轮油换油标准(SH/T 0475—1992)

项　　目		指　　标	试验方法
100℃运动黏度变化率/%	大于	+20或-10	GB/T 265和本标准3.3条
水分/%	大于	1.0	GB/T 260
酸值增加值/(mgKOH/g)	大于	0.5	GB/T 8030
正戊烷不溶物/%	大于	2.0	GB/T 8926
铁含量/%	大于	0.5	SH/T 0197

表 6-40 重负荷车辆齿轮油(GL-5)换油指标(GB/T 30034—2013)

项　　目		指　　标	试验方法
100℃运动黏度变化率/%	大于	+10~-15	GB/T 265 和本标准 3.3 条
酸值(变化值，以 KOH 计)/(mg/g)		±1	GB/T 7304
正戊烷不溶物/%	大于	1.0	GB/T 8926 B 法
水分/%	大于	0.5	GB/T 260
铁含量/(μg/g)	大于	2000	GB/T 17476、ASTM D6595
铜含量/(μg/g)	大于	100	GB/T 17476、SH/T 0102、ASTM D6595

第七节　液　压　油

液压传动是机械设备中常用的一种传动装置，是利用液体作传动介质、利用液体的压力或动能来传递能量的系统。随着自动化技术的发展，液压传动和控制设备有了很大发展，不仅可节省人力，而且对保证机械设备正确操作和提高工作精密度起到重要作用。由于液压传动具有许多优点，所以在机床、冶金机械、汽车、船舶、农业机械、建筑工程机械、矿山机械、石油化工以及航空宇航机械等都得到广泛应用。例如，组合机床利用液压传动系统可以方便地实现速度的变换。磨床利用液压传动系统，可以实现平稳、快速的连续往复运动以保证加工精度。液压机上使用液压传动系统可使压力变换快速、准确，从而保证对金属、木材、塑料进行压力加工的质量。在单斗挖掘机等矿山机械上，使用液压传动系统可以使挖掘、提升、回转等复合动作顺利进行并缩短每一循环的工作时间，充分发挥发动机的功率、提高生产率。液压油是液压传动中最主要的传递能量介质。

液压传动离不开液压介质，通常把液压介质分为两类：将利用液体压力能的液压系统所使用的液压介质称为液压油；利用液体动能的液力传动系统所用的介质称为液力传动油。

液压油在液压设备中起着许多重要作用，根据其不同功能可归纳为传递能量、润滑机器、减少机器的摩擦和磨损、防止机器生锈和腐蚀、对液压设备内的一些间隙起密封作用、带走摩擦热，起冷却、冲洗、分散作用等，因此液压油(液)也是润滑油中重要的一类。

一、液压传动系统

1. 液压传动系统的组成

液压传动是利用连通管原理进行工作的，并依靠液压系统中容积变化来传递运动的，见图 6-7。

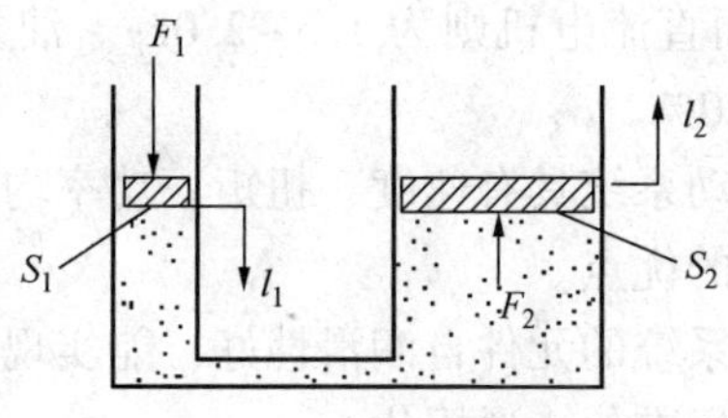

图 6-7　液压原理示意图

如图 6-7 所示，作用在连通器两端活塞上的压强是相等的，因此压力 F_1、F_2 是与活塞面积 S_1、S_2 成正比，而与活塞行程 l_1、l_2 成反比的。

$$\frac{F_1}{F_2}=\frac{S_1}{S_2}=\frac{l_2}{l_1}$$

因此在面积较小的活塞上使用较小的作用力运动较长的行程能够在较大面积的活塞上形成较大的压力，是利用工作腔容积变化来传递压力能的装置。图 6-8 是液压传动系统工作原理图。

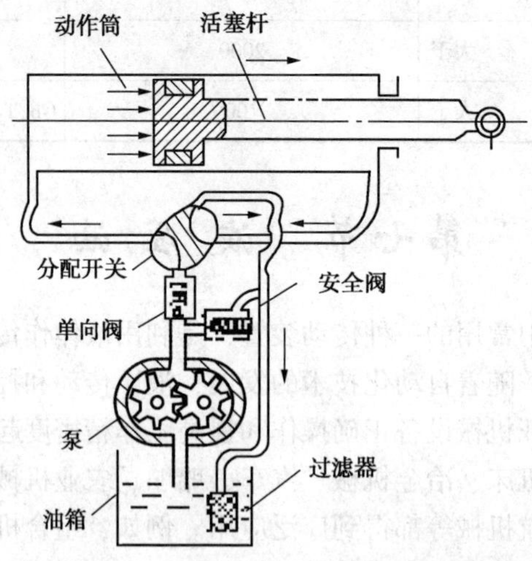

图 6-8　液压传动系统工作原理图

实际生活中液压系统是由动力元件、操纵元件、执行元件和辅助元件四大部分组成的。

动力元件主要是各种油泵，油泵的作用是将机械能传给液体使之转变成液体的压力能，如各种齿泵可以产生 20~30MPa 的压力，而柱塞泵可产生 50~60MPa 的压力。操纵元件又称控制和调节装置，包括各种单向阀、溢流阀、节流阀、换向阀，通过它们来控制和调节液体的压力，流量和流向以满足机器的工作性能要求，并实现各种不同的工作循环。执行元件又称液压机，包括传递旋转运动的液压电机和传递往复直线运动的油缸，把液体的压力能转换成机械能输出到工作机械上。辅助元件包括油箱、油管、管接头、蓄能器、冷却器、滤油器以及各种控制仪表，起到储存输送液体、控制液体温度、对液体进行过滤、储存能量以及密封等作用。

2. 液压传动系统的特点和分类

(1) 液压传动系统的特点

液压传动系统具有元件单位重量传递功率大，结构简单，布局灵活，便于与其他传动方式联用，易于实现远距离操纵和自动控制的优点。如油泵的质量与其功率之比平均每走高 1kW 功率只有 0. 15~0. 2kg，而直流电机则为 1. 5~2. 0kg。油泵质量是同功率电机的 10%~20%，尺寸仅为电机的 13%~20%。

从工作性能上看，液压传动系统具有速度、扭矩、功率均可无级调节，能迅速换向和变速，调速范围宽，动作速度快的优点。

从使用维护看，液压传动系统的元件自润滑性好，能实现系统的过载保护与保压，使用寿命长，元件易实现系列化、标准化、通用化。

液压传动系统与机械传动相比，缺点是速比不如机械传动准确，传动效率较低，对油液的质量、密封、冷却、过滤以及对元件的制造精度、安装、调整和维护要求较高。

(2) 液压传动系统的分类

液压传动系统分为压力变换为主(如液压机)、多路复合系统(如矿山控制系统)和速度变换为主的系统三类。其中以速度变换为主的系统又分为直线系统和回旋运动两种。直线运动的变换又分为断续直线运动(如组合机床系统)和连续直线系统(如磨床工作系统)两种。

二、液压油的基本性能

如果将油泵(主油泵)比作整个液压系统的心脏，那么液压油就是整个液压系统的血液。它对整个液压系统有很大的影响。即使是一台设计先进、制造精度很高的液压设备，如果不能正确选择和使用液压油，也不能发挥设备的效率，甚至会造成严重事故，使设备损坏或缩短使用寿命。液压系统能否可靠、有效而经济地工作，在相当程度上取决于液压油的性能。有的液压设备工况条件十分恶劣，如高温、潮湿、粉尘、水分和杂质等，这就对液压油提出了更高的要求。因此，要求液压油必须具有以下特性：

1. 合适的黏度和良好的黏温特性

黏度是液压油的主要性能指标，黏度对系统的平稳工作有重要影响。黏度过高时，油泵吸油阻力增加，流动过程能量损失增加，容易产生空穴和气蚀作用，造成油压不稳，使油泵工作困难，甚至受到损坏，油泵的能量损失增大，机械总效率降低；管路中压力损失增大，也会降低总效率；阀和油缸的敏感性降低，工作不够灵活。黏度过低时，油泵的内泄漏增多，容积效率降低，管路接头处的泄漏增多，控制阀的内泄漏增多，控制性能下降；润滑油膜变薄，油品对机器滑动部件的润滑性能降低，造成磨损增加，甚至发生烧结。因此黏度必须适当，多数情况下使用40℃时运动黏度为11.0~60.0mm^2/s的液压油。目前，各国都在大力推广使用低黏度优质液压油和水基液压油。水基液压油有节约油品、降低润滑油成本、对保护环境和人体健康安全有利等优点。

黏温特性是表示油品黏度随温度变化的大小。由于工程机械多在露天环境中工作，油温会随气温变化而变化，不同地区、不同季节也会使油温发生较大变化。而液压油承受泵、阀机件的较高压力不可避免地会使油温升高，黏度下降。停止时油温下降至常温，黏度又会上升，导致启动困难。而数控机床液压油黏度变化有时会造成控制系统失灵。因此为保护液压系统工作稳定，要求液压油有较好的黏温特性，黏度指数越大越好，一般抗磨液压油的黏度指数不应低于90，低温时液压油不低于130，数字控制液压油要求黏度指数在170以上。

2. 良好的抗氧化性

液压油和其他油品一样，在使用过程中都不可避免地发生氧化。特别是有空气、温度、水分、杂质、金属催化剂等有利于或加速氧化的因素存在时，要求液压油有较好抗氧化性尤为重要。

液压油被氧化后产生的酸性物质会增加对金属的腐蚀性，产生的黏稠油泥沉淀物会堵塞过滤器和其他孔隙，妨碍控制机构的工作，降低效率，增加磨损。氧化严重，液压油的许多性能都大为下降，以致必须更换。因此，液压油的抗氧化性越好，使用寿命就越长。通常要求酸值达到2.0mgKOH/g的时间不少于1000h。

3. 良好的防腐蚀和锈蚀性能

液压油在工作过程中，不可避免地要接触水和空气，液压元件会因此发生锈蚀。液压油中的添加剂发生氧化、水解后，也会产生腐蚀性物质。液压元件的锈蚀、腐蚀会影响液压元件的精度，锈蚀产生的颗粒脱落也会造成磨损，从而影响液压系统的正常工作和寿命。因此，要求液压油要有较强的防锈、防腐能力。

4. 良好的抗乳化性

液压油在工作过程中，都有可能混进水，进入油箱的水，受到油泵、电机等液压元件的剧烈搅动后，容易形成乳化液。如果这种乳化液是稳定的，则会加速液压油的变质，降低润滑性、抗磨性，生成沉淀物会堵塞过滤器、管道、阀门等，还会发生锈蚀、腐蚀。因此，要求液压油有良好的抗乳化性，就是说液压油能较快地与水分离开来，使水沉到油箱底部，然后定期排出，避免形成稳定的乳化液，因此常在液压油中加入抗乳化剂等添加剂。

5. 良好的润滑性(抗磨性)

在液压设备运转时，总要产生摩擦和磨损，尤其是在机器启动和停止时，常处于边界润滑状态，如果液压油抗磨性差，润滑性能不好就会发生磨损，造成泵和电机性能降低，寿命缩短或系统产生故障。因此，为提高液压油的抗磨性能常添加一定量的极压抗磨剂，如磷酸三甲苯酯和二烷基二硫代磷酸锌等。工作压力高的液压系统，对液压油的抗磨性的要求就更高。

6. 良好的抗泡性和空气释放性

液压设备在运转时，由于下列原因会使液压油产生气泡：

①在油箱内液压油与空气一起受到剧烈搅动。

②油箱内油面过低，油泵吸油时把一部分空气也吸进泵里。

③因为空气在油中的溶解度是随压力而增加的，所以在高压区域油中溶解的空气较多，当压力降低时，空气在油中的溶解度也随之降低，油中原来溶解的空气就会析出一部分来，因而产生气泡。

液压油中气泡的害处是：

①气泡很容易被压缩，因而会导致液压系统的压力下降，不准确，产生振动和噪声，液压系统的工作不规律。能量传递不稳定、不可靠。

②容易产生气蚀作用，当气泡受到油泵的高压时，气泡中的气体就会溶于油中，这时气泡所在的区域就会变成局部真空，周围的油液会以极高的速度来填补这些真空区域，形成冲击压力和冲击波。这种冲击压力可高达几十甚至上百兆帕，这就是空穴作用。如果这种冲击压力和冲击波作用于固体壁面上，就会产生气蚀作用，使机器损坏。

③气泡在油泵中受到迅速压缩(绝热压缩)时，产生局部高温可高达1000℃，促使油品蒸发、热分解和气化，变质变黑。

④增加油与空气的接触面积，增加油中的氧分压，促进油的氧化。

抗泡性和空气释放性是液压油的重要使用性能。液压系统中易产生空气泡，不仅使液流产生空腔发出响声、振动、气冲和气阻，以致造成液压不稳，控制速度缓慢或失灵，动作精度下降，产生泡沫，体积弹性加大，损失动力能量，还会促进液压油迅速氧化变质，甚至发生液压油溢流事故。因此，液压油应有良好的抗泡性和空气释放性，即在设备运转过程中，产生的气泡要少；所产生的气泡要能很快破灭，以免与液压油一起被油泵吸进液压系统中去；溶在油中的微小气泡必须容易释放出来。为此，液压油中通常需加入甲基硅油或聚酯等抗泡剂。

7. 较好的抗剪切性

在高压、高速条件下工作的液压油经过泵、阀等元件，尤其是通过各种液压元件的微孔、缝隙时，要经受剧烈的剪切作用。在剪切力的作用下，液压油中的一些大分子就会发生断裂，变成较小的分子，使液压油的黏度降低。当黏度降低到一定限度时该液压油就不能继续使用了。因此，液压油必须具有较好的抗剪切性。

8. 良好的水解安定性

液压油中的添加剂是保证油品使用性能的关键成分，如果液压油的抗水解性差，油中的添加剂容易被水解，则液压油的主要性能不可能是好的。

9. 良好的过滤性

由于现代液压设备向着小型化、高压、高速、大流量和自动化方向发展，而微小杂质颗粒都会引起设备的磨损和失灵，因此液压系统安装有过滤器，防止杂质对液压系统的不良影响。在一些使用场合发现，抗磨液压油特别是被少量水污染后很难过滤。这种状况引起过滤系统的阻塞和泵与其他部件污染磨损显著增加。一些数控机床中由于伺服阀非常精密，阀芯尖锐的刃边易被油中的磨损颗粒伤害，导致机床精度下降。因此，近年来国外有些标准对液压油提出了可滤性要求，如 Denison HF-0 和英国国防部 MOD 规格中 OM-33 油。我国抗磨液压油在必要场合也可增加可滤性指标，要求液压油具有较好的过滤性。

10. 与材料的配伍性好

液压油对与其接触的各种金属材料以及橡胶、涂料、塑料等非金属材料、密封材料应有良好的适应性，不会因相互作用而使金属腐蚀、涂料溶解、橡胶过分膨胀、密封失效或油变质。

液压设备对液压油的要求，除以上几点外，特殊的工况还有特殊的要求，如在低温地区露天作业，则要求液压油低温性能好，也即要求油品的低温流动性好(倾点低)、低温启动性和低温泵送性好(低温黏度小)，以保证液压设备的正常工作。与明火或高温热源接触，有可能发生火灾的液压设备，以及需要预防一氧化碳、煤尘爆炸的煤矿井下某些液压设备，还要求液压油有良好的抗燃性。乳化型液压油，还要求乳化稳定性要好等。

液压油除了要满足标准所规定的理化指标外，更重要的是要有较好的使用性能。切不可认为理化指标达到就是品质高的液压油。

11. 洁净度

目前高压、高精度液压设备很多，这些设备的液压系统一些附件构造精密、间隙很小(只有几微米)。间隙这么小，如果液压油的洁净度不好，含有机械杂质和不溶性物质，不仅增加部件磨损、破坏密封、降低附件寿命，甚至会使系统出现严重故障，如油泵的柱塞或液压助力器的主副配油柱塞卡滞、油滤局部堵塞、油流不畅、系统压力不足等，以致传动活塞反应迟缓、操纵困难，影响液压系统正常工作。因此，要求液压油有良好的洁净度。

三、液压油的分类

1. 品种分类

我国液压油目前采用的标准 GB/T 7631. 2—2003《润滑剂、工业用油和相关产品(L类)的分类　第 2 部分：H 组(液压系统)》是根据 ISO 6743-4：1999《润滑剂、工业用油和相关产品(L 类)的分类　第 4 部分：H 组(液压系统)》用油分类标准制定的。该标准把液体传动系统用工作介质按系统中的工作性质分为流体静压系统和流体动力系统工作介质，见表 6-41。

液压导轨油采用的标准 GB/T 7631.11—2014《润滑剂、工业用油和相关产品(L类)的分类　第11部分：G组(导轨)》是根据 ISO 6743-13：2002《润滑剂、工业用油和相关产品(L类)的分类　第13部分：G组(导轨)》用油分类标准制定的。该标准把导轨系统用工作介质按性能和组成分为GA、GB和GS三个类别，如表6-42所示。

表6-41　液压油分类(GB/T 7631.2—2003)

用油系统	更具体应用	产品符号 ISO-L	组成和特性	主要用途	备注
流体静压系统用油		HH	无抑制剂的精制矿油		
		HL	精制矿油，并改善其有防锈和抗氧性		
		HM	HL油，并改善其抗磨性	有高负荷部件的一般液压系统	
		HR	HL油，并改善其黏温性		
		HV	HM油，并改善其黏温性	建筑和船舶设备	
		HS	无特定难燃性的合成液		特殊性能
	用于要求使用环境可接受液压液的场合	HETG	甘油三酸酯	一般液压系统(可移动式)	每个品种的基础液的最小含量应不少于70%
		HEPG	聚乙二醇		
		HEES	合成酯		
		HERP	聚α-烯烃和相关烃产品		
	液压导轨系统	HG	HM油，并具有抗黏-滑性	液压和滑动轴承导轨润滑系统使用的机床在低速下使振动或间断滑动(黏-滑)减为最小	这种液体具有多种用途，但并非在所有液压应用中皆有效
	用于使用难燃液压液的场合	HFAE	水包油型乳化液		通常水含量大于80%
		HFAS	化学水溶液		通常水含量大于80%
		HFB	油包水乳化液		
		HFC	含聚合物水溶液[a]		通常水含量大于35%
		HFDR	磷酸酯无水合成液[a]		
		HFDU	其他成分的无水合成液[a]		
流体动力系统用油	自动传动系统	HA			与这些应用有关的分类尚未进行详细的研究，以后可以增加
	偶合器和变矩器	HN			

注：a. 这类液体也可以满足HE品种规定的生物降解性和毒性要求。

表 6-42 润滑剂、工业用油和相关产品(L类)的分类 G组(导轨)(GB/T 7631.11—2014)

组别代号	应用范围	特殊应用	更具体应用	品种代号(L-)	产品类型和/或性能要求	典型应用	备注
G	导轨	润滑	两个接触表面是金属的导轨系统润滑	GA	精制矿油，并改善其抗磨性、抗腐蚀性、黏性和抗黏滑性	机床的润滑部位包括普通导轨，螺母螺杆系统，球形螺母螺杆系统，普通轴承。润滑油应具有抗黏滑性和减摩特性	L-GA 油可以由具有相同黏度等级的 L-HG 油代替，需满足抗黏滑性的要求
			两个接触表面之一是由非金属材料(聚合物、树脂等)组成的导轨系统润滑	GB	精制矿油，并改善其抗磨性、抗腐蚀性、黏性、抗黏滑性以及含水液体的分离特性	机床的润滑部位包括对水基切削液的污染具有敏感性的非金属材料普通导轨，螺母螺杆系统，球形螺母螺杆系统，普通轴承。润滑油应具有抗黏滑性和减摩特性	在含水冷却介质存在的情况下，应考虑非金属滑动材料与导轨润滑剂之间的相容性
			两个接触表面是金属的导轨系统润滑	GS	合成型润滑剂，并改善其抗磨性、抗腐蚀性以及防止滑动器不连续或间断运动(黏滑)的特性	机床的润滑部位包括普通导轨，螺母螺杆系统，球形螺母螺杆系统，普通轴承。润滑油应具有抗黏滑性和减摩特性	应考虑导轨润滑和含水冷却介质之间的相容性；导轨润滑剂污染了冷却介质后，对冷却介质特性的影响是最小的(导轨润滑剂是可乳化的或可溶解的)

2. 黏度分级

我国采用国际通用的 ISO 3448 关于工业润滑油的黏度分级。分级方法是用 40℃ 运动黏度的某一中心值为黏度牌号，液压油分为 10、15、22、32、46、68、100、150 共 8 个黏度等级，见表 6-43。

表 6-43 液压油黏度等级(牌号)

黏度等级(牌号)	40℃运动黏度/(mm^2/s)	ISO 黏度等级	黏度等级(牌号)	40℃运动黏度/(mm^2/s)	ISO 黏度等级
10	9.00~11.0	VG 10	46	41.4~50.6	VG 46
15	13.5~16.5	VG 15	68	61.2~74.8	VG 68
22	19.8~24.2	VG 22	100	90.0~110.0	VG 100
32	28.8~35.2	VG 32	150	135~165	VG 150

四、液压油主要品种介绍

1. HL 液压油

HL 液压油属抗氧防锈型液压油，采用深度精制的矿物油作为基础油，加入抗氧、防锈等添加剂制成，具有较好的抗氧、防锈、抗泡、抗乳化、空气释放、橡胶密封适应等性能。GB 11118.1—2011《液压油(L-HL、L-HM、L-HV、L-HS、L-HG)》HL 抗氧防锈液压油分为 15、22、32、46、68、100、150 共 7 个牌号，其技术要求见表 6-44。

HL 抗氧防锈液压油产品的标记为：品种代号+黏度等级+产品名称+标准号。

如：L-HL 46 抗氧防锈液压油 GB 11118.1

HL 抗氧防锈液压油用于一般机床的主轴箱、液压箱和齿轮箱或类似的机械设备中、低压液压系统的润滑(2.5MPa 以下为低压，2.5~8.0MPa 为中压)，所以也称为通用机床工业润滑油。

2. HM 抗磨液压油(高压、普通)

液压设备正向着高压、高速、高效、小型化发展，这就给润滑油提出更高的抗磨性要求，各国都普遍采用抗磨液压油，抗磨液压油已在液压油中占主要地位。

抗磨液压油属 HM 类，也是采用深度精制的优质中性基础油，加入抗氧、抗磨、防锈、抗泡等多种配伍添加剂制成。抗磨液压油较 HL 类具有突出的抗磨性。由于使用条件更加苛刻，其他指标也显得更严格。抗磨性要求通过威克斯叶片泵试验和 FZG 齿轮试验。GB 11118.1—2011《液压油(L-HL、L-HM、L-HV、L-HS、L-HG)》将抗磨液压油分为 HM(高压)和 HM(普通)二类，HM(高压)抗磨液压油有 32、46、68、100 共 4 个牌号，HM(普通)抗磨液压油有 22、32、46、68、100、150 共 6 个牌号，其技术要求见表 6-44。

HM 抗磨液压油产品的标记为：品种代号+黏度等级+产品名称+标准号。

如：L-HM 46 抗磨液压油(高压) GB 11118.1

L-HM 46 抗磨液压油(普通) GB 11118.1

HM 抗磨液压油适用于压力大于 10MPa 高压和超高压的叶片泵、柱塞泵等。由于齿轮泵的载荷是平均分配的，局部区域的载荷不会很大，因此齿轮泵不一定都要求使用抗磨液压油。

3. HG 液压油(液压导轨油)

很多机床为了简化润滑结构、方便操作，将导轨润滑系统与液压传动系统连在一起。这就要求有一种润滑油，既能满足液压系统的性能要求，又能满足导轨系统的润滑要求。HG 液压油，就是一种既具有液压油的一般性能，又具有导轨油性能的多功能润滑油。

HG 液压油采用深度精制的矿物油作为基础油，加入多种相配伍的添加剂调制而成。具有良好的抗氧、抗磨、抗乳化、抗泡性和油性、防爬性等。

GB 11118.1—2011《液压油(L-HL、L-HM、L-HV、L-HS、L-HG)》HG 液压导轨油分为 32、46、68、100 共 4 个牌号，其技术要求见表 6-44。

HG 液压导轨油产品的标记为：品种代号+黏度等级+产品名称+标准号。

如：L-HG 32 液压导轨油 GB 11118.1

HG 液压导轨油适用于液压系统和导轨润滑系统连在一起的机床液压箱、齿轮箱、导轨系统的润滑。

表 6-44　液压油(L-HL、L-HM、L-HG)(GB 11118.1—2011)

项目		质量指标																					试验方法
品种(按 GB/T 7631.2)		L-HL 抗氧防锈液压油							L-HM 抗磨液压油											L-HG 液压导轨油			
									L-HM(高压)				L-HM(普通)										
黏度等级(按 GB/T 3141)		15	22	32	46	68	100	150	32	46	68	100	22	32	46	68	100	150	32	46	68	100	—
密度[a](20℃)/(kg/m^3)		报告							报告				报告						报告				GB/T 1884 和 GB/T 1885
色度/号		报告							报告				报告						报告				GB/T 6540
外观		透明							透明				透明						透明				目测
闪点(开口)/℃	不低于	140	165	175	185	195	205	215	175	185	195	205	165	175	185	195	205	215	175	185	195	205	GB/T3536
运动黏度/(mm^2/s) 40℃		13.5~16.5	19.8~24.2	28.8~35.2	41.4~50.6	61.2~74.8	90~110	135~165	28.8~35.2	41.4~50.6	61.2~74.8	90~110	19.8~24.2	28.8~35.2	41.4~50.6	61.2~74.8	90~110	135~165	28.8~35.2	41.4~50.6	61.2~74.8	90~110	GB/T 265
0℃	不大于	140	300	420	780	1400	2560	—	—	—	—	—	300	420	780	1400	2560	—	—	—	—	—	
黏度指数[b]	不小于	80							95	95	95	95	85	85	85	85	85	85	90				GB/T1995
倾点[c]/℃	不高于	-12	-9	-6	-6	-6	-6	-6	-15	-9	-9	-9	-15	-15	-9	-9	-9	-9	-6	-6	-6	-6	GB/T 3535
酸值[d](以 KOH 计)/(mg/g)		报告							报告				报告						报告				GB/T 4945
水分(质量分数)/%	不大于	痕迹							痕迹				痕迹						痕迹				GB/T 260
机械杂质		无							无				无						无				GB/T 511
清洁度		[e]							[e]				[e]						[e]				DL/T 432 和 GB/T 14039
铜片腐蚀(100℃,3h)/级	不大于	1							1				1						1				GB/T 5096
硫酸盐灰分/%		—							报告				报告										GB/T 2433
液相锈蚀(24h) A 法		无锈							—				无锈						无锈				GB/T 11143
B 法		—							无锈				—						—				
皂化值(以 KOH 计)/(mg/g)		—							—				—						报告				GB/T 8021

续表

项目	质量指标																			试验方法
品种(按 GB/T 7631.2)	L-HL 抗氧防锈液压油							L-HM 抗磨液压油										L-HG 液压导轨油		
								L-HM(高压)				L-HM(普通)								
泡沫性(泡沫倾向/泡沫稳定性)/(mL/mL) 程序Ⅰ(24℃) 不大于 程序Ⅱ(93.5℃) 不大于 程序Ⅲ(后 24℃) 不大于	150/0 75/0 150/0							150/0 75/0 150/0				150/0 75/0 150/0						150/0 75/0 150/0		GB/T 12579
空气释放值(50℃)/min 不大于	5	7	7	10	12	15	25	6	10	13	报告	5	6	10	13	报告	报告	—		SH/T 0308
密封适应性指数 不大于	14	12	10	9	7	6	报告	12	10	8	报告	13	12	10	8	报告	报告	报告		SH/T 0305
抗乳化性(乳化液到 3mL 的时间)/min																				GB/T 7305
54℃ 不大于	30	30	30	30	30	—	—	30	30	30	—	30	30	30	30	—	—	报告	—	
82℃ 不大于	—	—	—	—	—	30	30	—	—	—	30	—	—	—	—	30	30	—	报告	
黏滑特性(动静摩擦系数差值)[i] 不大于	—							—				—						0.08		SH/T 0361 的附录 A
氧化安定性 1500h 后总酸值(以 KOH)计/(mg/g) 不大于	—							2.0				—								GB/T 12581
1000h 后总酸值(以 KOH)计[f]/(mg/g) 不大于	—	2.0						—				2.0						2.0		GB/T 12581
1000h 后油泥/mg	—	报告						报告				报告						报告		SH/T 0565
旋转氧弹(150℃)/min	报告	报告						报告				报告						报告		SH/T 0193
抗磨性 齿轮机试验[g]/失效级 不小于	—							10				—	10	10	10	10		10		SH/T 0306
叶片泵试验(100h,总失重)[g]/mg 不大于	—							—				100						—		SH/T 0307
磨斑直径(392N,60min,75℃,1200r/min)/mm	—							报告				报告						报告		SH/T 0189
双泵(T6H20 C)试验[g] 叶片和柱销总失重/mg 不大于 柱塞总失重/mg 不大于	— —							15 300				— —						—		附录 A
磨斑直径(392N,60min,75℃,1200r/min)/mm	报告							—				—						—		SH/T 0189

续表

项目		质量指标				试验方法
品种(按 GB/T 7631.2)		L-HL 抗氧防锈液压油	L-HM 抗磨液压油		L-HG 液压导轨油	
			L-HM(高压)	L-HM(普通)		
水解安定性						
铜片失重/(mg/cm^2)	不大于	—	0.2	—	—	SH/T 0301
水层总酸度(以 KOH 计)/mg	不大于		4.0	—		
铜片外观			未出现灰、黑色	—		
热稳定性(135℃,168h)						
铜棒失重/(mg/200mL)	不大于	—	10	—	—	SH/T 0209
钢棒失重/(mg/200mL)	不大于		报告	—		
总沉渣量/(mg/100mL)	不大于		100	—		
40℃运动黏度变化率,%			报告	—		
酸值变化率/%			报告	—		
铜棒外观			报告	—		
钢棒外观			不变色	—		
过滤性/s						
无水	不大于	—	600	—	—	SH/T 0210
2%水[h]	不大于		600	—		
剪切安定性(250 次循环后,40℃运动黏度下降率)/%	不大于	—	1	—	—	SH/T 0103

注:a. 测定方法也包括用 SH/T 0604。

b. 测定方法也包括用 GB/T 2541,结果有争议时,以 GB/T 1995 为仲裁方法。

c. 用户有特殊要求时,可与生产单位协商。

d. 测定方法也包括用 GB/T 264。

e. 由供需双方协商确定,也包括用 NAS 1638 分级。

f. 黏度等级为 15 的油不测定,但所含抗氧剂类型和量应与产品定型时黏度等级为 22 的试验油样相同。

g. 对于 L-HM(普通)油,在产品定型时,允许只对 L-HM22(普通)进行叶片泵试验,其他各黏度等级油所含功能剂类型和量应与产品定型时 L-HM22(普通)试验油样相同。对于 L-HM(高压)油,在产品定型时,允许只对 L-HM32(高压)进行齿轮机试验和双泵试验,,其他各黏度等级油所含功能剂类型和量应与产品定型时 L-HM32(高压)试验油样相同。

h. 有水时的过滤时间不超过无水时的过滤时间的两倍。

i. 经供、需双方商定后也可以采用其他黏滑特性测定法。

4. 低温液压油(HV、HS液压油)

在环境温度较低(-15℃以下)或环境温度变化较大的地区，在室外工作的设备要使用倾点低、低温黏度小、黏度指数高的液压油。否则，液压油的黏度就会增至很大，以致失去流动性，使液压设备难启动，这就必须使用低温液压油。

低温液压油除了必须具有抗磨液压油的性能外，还必须具有下列特性：

①具有较低的倾点，通常要求比环境的最低温度低10~15℃以上。

②具有较好的低温流动性，在环境的最低温度下，它的黏度不太高，仍具有一定流动性。

③具有优越的黏温特性，黏度指数要在130以上。

④具有较好的低温稳定性，即低温下长期储存也不会发生可逆变化。

⑤具有较好的抗剪切性能，要求喷嘴剪切40℃时的运动黏度降低不超过10%，确保在高载荷、高剪切力下，黏度不会有大的下降。

HV低温液压油，采用精制矿油为基础油，加入抗剪切性能好的黏度指数改进剂、降凝剂，并加入与其相配伍的添加剂调配而成，适用于寒冷地区的工程机械的液压系统和其他液压设备。

HS超低温液压油，采用合成烃作为基础油。加入抗剪性能好的黏度指数改进剂和与其相配伍的添加剂调配而成，适用于极寒地区的工程机械的液压系统和其他液压设备。

GB 11118.1—2011《液压油(L-HL、L-HM、L-HV、L-HS、L-HG)》HV低温液压油分为10、15、22、32、46、68、100共7个牌号，HS超低温液压油分为10、15、22、32、46共5个牌号，其技术要求见表6-45。

低温液压油产品的标记为：品种代号+黏度等级+产品名称+标准号。

如：L-HV 32 低温液压油 GB 11118.1

L-HS 32 超低温液压油 GB 11118.1

HV低温液压油、HS超低温液压油系列产品具有优良的高低温性能，良好的热稳定性、水解安定性、抗乳化性和空气释放性。两者不同的是HV低温液压油的低温性能稍逊于HS超低温液压油。因而HV低温液压油油只适用于寒冷地区，而HS超低温液压油适用于极寒冷地区。从经济上说，HV低温液压油的成本、价格都低于HS超低温液压油。

5. 液力传动油(自动传动液ATF)

液力传动与液压传动一样，都是以液体作为工作介质的一种能量的转换装置，但是二者的工作原理不同。液压传动是应用流体静力学原理，液力传动是应用流体动力学原理。二者的机械结构、零部件、形式、工作特性等都不同，各应用于不同的场合，因而对传动介质的要求也不同。液力传动油常用于液力变矩器与液力偶合器作传动介质。用于汽车自动变速器的变矩器的液力传动油又称之为自动传动液(ATF)。

(1) 液力传动油的特性

①良好的热氧化安定性　因为油的旋转速度高(1000~3600r/min)、流速快(可高达20m/s)、工作温度可高达140~175℃(液压油一般工作温度控制在70℃或80℃以下)，在工作中液力油又不断与空气及铝、铜等有色金属(油品氧化催化剂)接触，所以它比液压油更易氧化变质。液力传动油必须具有更好的热氧化安定性，才能防止在元件上生成漆膜和其他沉积物。

表 6-45　液压油（L-HV、L-HS）（GB 11118.1—2011）

项目		质量指标												试验方法
品种（按 GB/T 7631.2）		L-HV 低温液压油							L-HS 超低温液压油					
黏度等级（按 GB/T 3141）		10	15	22	32	46	68	100	10	15	22	32	46	—
密度[a]（20℃）/（kg/m^3）		报告							报告					GB/T 1884 和 GB/T 1885
色度/号		报告							报告					GB/T 6540
外观		透明							透明					目测
闪点/℃														
开口	不低于	—	125	175	175	180	180	190	—	125	175	175	180	GB/T 3536
闭口	不低于	100	—	—	—	—	—	—	100	—	—	—	—	GB/T 261
运动黏度（40℃）/（mm^2/s）		9.00~11.0	13.5~16.5	19.8~24.2	28.8~35.2	41.4~50.6	61.2~74.8	90~110	9.00~11.0	13.5~16.5	19.8~24.2	28.8~35.2	41.4~50.6	GB/T 265
运动黏度 1500mm^2/s 时的温度/℃	不高于	-33	-30	-24	-18	-12	-6	0	-39	-36	-30	-24	-18	GB/T 265
黏度指数[b]	不小于	130	130	140	140	140	140	140	130	130	150	150	150	GB/T 1995
倾点[c]/℃	不高于	-39	-36	-36	-33	-33	-30	-21	-45	-45	-45	-45	-39	GB/T 3535
酸值[d]（以 KOH 计）/（mg/g）		报告							报告					GB/T 4945
水分（质量分数）/%	不大于	痕迹							痕迹					GB/T 260
机械杂质		无							无					GB/T 511
清洁度		[e]							[e]					DL/T 432 和 GB/T 14039
铜片腐蚀（100℃，3h）/级	不大于	1							1					GB/T 5096
硫酸盐灰分/%		报告							报告					GB/T 2433
液相锈蚀（24h）		无锈							无锈					GB/T 11143（B 法）
泡沫性（泡沫倾向/泡沫稳定性）/（mL/mL）														GB/T 12579
程序Ⅰ（24℃）	不大于	150/0							150/0					
程序Ⅱ（93.5℃）	不大于	75/0							75/0					
程序Ⅲ（后 24℃）	不大于	150/0							150/0					

续表

项目			质量指标											试验方法
品种（按 GB/T 7631.2）			L-HV 低温液压油						L-HS 超低温液压油					
空气释放值（50℃）/min		不大于	5	5	6	8	10	12	15	5	5	6	8	10	SH/T 0308
抗乳化性（乳化液到 3mL 的时间）/min															GB/T 7305
54℃		不大于	30	30	30	30	30	30	—			30			
82℃		不大于	—	—	—	—	—	—	30			—			
剪切安定性（250 次循环后，40℃运动黏度下降率）/%		不大于				10						10			SH/T 0103
密封适应性指数		不大于	报告	16	14	13	11	10	10	报告	16	14	13	11	SH/T 0305
氧化安定性															
1500h 后总酸值（以 KOH 计）[f]/(mg/g)		不大于	—	—			2.0			—	—		2.0		GB/T 12581
1000h 后油泥/mg			—	—			报告			—	—		报告		SH/T 0565
旋转氧弹（150℃）/min						报告						报告			SH/T 0193
抗磨性	齿轮机试验[g]，失效级	不小于	—	—	—	10	10	10	10	—	—	—	10	10	SH/T 0306
	磨斑直径（392N，60min，75℃，1200r/min）/mm					报告						报告			SH/T 0189
	双泵（T6H20 C）试验[g]，														附录 A
	叶片和柱销总失重/mg	不大于	—	—	—		15			—	—	—	15		
	柱塞总失重/mg	不大于	—	—	—		300			—	—	—	300		
水解安定性															SH/T 0301
铜片失重/(mg/cm^2)		不大于				0.2						0.2			
水层总酸度（以 KOH 计）/(mg/g)		不大于				4.0						4.0			
铜片外观						未出现灰、黑色						未出现灰、黑色			

续表

项目		质量指标		试验方法
品种(按 GB/T 7631.2)		L-HV 低温液压油	L-HS 超低温液压油	
热稳定性(135℃,168h)				SH/T 0209
铜棒失重/(mg/200mL)	不大于	10	10	
钢棒失重/(mg/200mL)	不大于	报告	报告	
总沉渣量/(mg/100mL)	不大于	100	100	
40℃运动黏度变化率/%		报告	报告	
酸值变化率/%		报告	报告	
铜棒外观		报告	报告	
钢棒外观		不变色	不变色	
过滤性/s				SH/T 0210
无水	不大于	600	600	
2%水[h]	不大于	600	600	

注:a. 测定方法也包括用 SH/T 0604。

b. 测定方法也包括用 GB/T 2541,结果有争议时,以 GB/T 1995 为仲裁方法。

c. 用户有特殊要求时,可与生产单位协商。

d. 测定方法也包括用 GB/T 264。

e. 由供需双方协商确定,也包括用 NAS 1638 分级。

f. 黏度等级为 10 和 15 的油不测定,但所含抗氧剂类型和量应与产品定型时黏度等级为 22 的试验油样相同。

g. 在产品定型时,允许只对 L-HV 32(L-HS 32)油进行齿轮机试验和双泵试验,其他各黏度等级油所含功能剂类型和量应与产品定型时黏度等级为 32 的试验油样相同。

h. 有水时的过滤时间不超过无水时的过滤时间的两倍。

②良好的高温性能　在高温、高压下液力传动油要保持合适的黏度，保证液力传动系统具有更高的效率。液力传动油都具有优良的黏温特性。典型的 DEXRONE 要求黏度指数为 170。

③良好的低温性能　在低温(如-25℃)下工作的传动油要有更好的低温流动性，即对低温低黏度的要求比较严格。

④合适的摩擦特性

多片离合器是以摩擦面使驱动面与被动面交互重合构成，由油压活塞推动传动力。液力变速器的摩擦特性是影响换挡性能的一个重要参数，要求 SAE 2 号摩擦试验机，动摩擦系数大于静摩擦系数(美国福特公司 M2C33-F 油则相反要求静摩擦系数大于动摩擦系数)。

⑤良好的润滑性(抗磨性)

因为液力传动系统内的轴承、齿轮摩擦副也要用传动油润滑，所以必须要有良好的润滑性(抗磨性)。

⑥良好的抗泡沫性和放气性　泡沫多会使传动油冷却效果下降，轴承及齿轮过热，甚至烧坏。泡沫多还会产生气蚀，损坏机器，或使机器工作不正常，效率降低。

⑦良好的剪切安定性，对密封材料适应性和防锈防腐性　液力传动油在变矩器中，会受到强烈的剪切，引起黏度下降、油压降低，以致离合器打滑。因此要通过严格的剪切试验。对密封材料适应性和防锈防腐性其要求也和液压油一样。

(2) 液力传动油的分类及品种

美国材料和试验协会(ASTM)以及美国石油学会(API)把液力传动油分为三类，见表 6-46。

表 6-46　液力传动油分类方案(ASTM、API)

分　类	符合的规格	应　　用
PTF-1	通用汽车公司(GM) Dexron Ⅱ Dexron Ⅲ 福特公司(Ford) M_2C_{33}-G、M_2C_{138}-G、M_2C_{166}-H、Mercon	轿车、轻卡车用自动传动液
PTF-2	通用汽车公司 Track&Coach Alison C-3 汽车工程师协会 SAE J1285	适用于卡车、农业用车、越野车的自动变速器。多级变矩器和液力偶合器用
PTF-3	约汉狄尔公司(John Deere) J20A J14B 福特公司 $M_2C_{86}A$、$M_2C_{134}A$	农业和建筑野外机械用液力传动油

我国液力传动油的规格标准和产品发展都起步较晚，目前国家标准仍待制定。企业标准已经出现。随着等效采用 ISO 6743/4 产生的 GB/T 7631. 2—1987(H)组分类。液力传动油为流体动力系统的传动介质，仍分为 HA、HN 两种。HA 为自动传动用油液，HN 为联轴节和转换器用油。

在品种方面，我国原有的 6 号、8 号液力传动油性能达不到国外标准。因为其质量指标和评定手段极不完善，只能用于条件比较缓和的变矩器。随着我国的引进设备日益增多，对液力传动油的要求也更严格。我国有的厂家也采用引进国外的技术和原料生产液力传动油。

6. 抗燃液压油

抗燃液压油包括 6 个品种，都具有抗燃的性能。由于烃类液压油在国防消防法规中属于第四类危险(可燃)品，规定不许接近明火、不许超过闪点使用等。因此在热压延机械等的液压系统一定要用耐燃或不燃的液压油。耐燃液压油的最大用户来自钢铁行业和压铸、冲压行业。

(1) HFAE 液压液

HFAE 为水包油型乳化液(O/W)，它是细小油粒分散在水为连续相里的混合物，该液水含量高达 80%以上。一般用 1 份乳化油加 20 份水组成，乳化油中含基础油、乳化剂和防锈剂，根据需要有时还添加助溶剂、防霉剂、抗泡剂等。它是一种乳化型的水基抗燃液，具有热容量高、抗燃性好、冷却性能优良、价格便宜、对人体无害的优点。但其润滑性差，一般在温度不超过 50℃，系统压力不超过 7.0MPa 条件下使用。

(2) HFAS 液压液

HFAS 是一种高水基溶液，由 95%的水和 5%水溶性物质形成的溶液，具有不燃、无压缩性、高热容量、导热性好、冷却效果好、黏度低、污物沉降快、价格低廉、无毒的优点。适合在 4~50℃范围内使用，温度过低会发生冻结，温度过高，蒸发太快。但其含水多，润滑性差，所以它运行的系统压力也不能高于 7.0MPa。此外，它除了与铝、镁、铅、锌、镀锌钢(材)、镉金属材料不相适应外，与软木、纸、丁基橡胶、皮革、大多数涂料及涂层也不适应。因此，在其油箱内壁最好不使用涂料。

(3) HFB 液压液

HFB 是细小水滴分散在矿物油连续相中形成的油包水乳状液，通常由 60%矿物油、40%水借助乳化剂作用配制而成。水是抗燃组分，它的润滑性和防止金属腐蚀的性能比水包油型的 HFAE 好，具有无毒、无味、价格便宜的优点，是一种应用较广的抗燃性液压液。但它比矿物油润滑性差，由于含水，蒸汽压高，使用温度不超过 65℃。油包水乳化液在使用中主要问题之一是稳定性。长期静置，高温和污染部分都会引起分相，分相的出现加速了泵的过早损伤。油包水的主要优点是能与矿物油使用相同的非金属材料，包括密封件、软管及涂料等。除了镁以外，能与一般金属材料相适应。

(4) HFC 液压液

HFC 是由 30%~55%的水(蒸馏水或去离子水)，25%~45%乙二醇、丙二醇或其聚合物，水溶性稠化剂及抗磨、防锈、消泡等添加剂所组成的一种抗燃液压液。水是其中的抗燃成分。该液压液是具有优良的抗燃性、高的黏度指数、良好的稳定性和流动性，呈透明的真溶液。由于其含水量较大，因此使用温度不能超过 65℃，一般使用在不高于 10MPa 压力的系统中。和油包水一样，它能与矿物油使用相同的密封和软管材料，且在金属材质中除锌、镉、镁以外一般都适应。而在涂料上需用专门选择的环氧基涂料。乙二醇液体具有一定的毒性，但只要防止进入口内，就不会对人体发生危害。水-乙二醇液在使用中应定期监测黏度、水含量及 pH 值变化。如果黏度和 pH 值超过规定指标，应补加水和添加剂。污物太多时，应将液体放出进行过滤。GB/T 21449—2008《水-乙二醇型难燃液压液》的技术要求见表 6-47。

表 6-47　水-乙二醇型难燃液压液 (GB/T 21449—2008)

项　　目		质量指标				试验方法
黏度等级(按 GB/T 3141)		22	32	46	68	—
运动黏度(40℃)/(mm^2/s)		19.8~24.2	28.8~35.2	41.4~50.6	61.2~74.8	GB/T 265
外观		清澈透明[a]				目测
水分/%	不小于	35				SH/T 0246

续表

项　　目		质量指标				试验方法
倾点/℃		报告				GB/T 3535
泡沫特性(泡沫倾向/泡沫稳定性)/(mL/mL) 25℃ 50℃ 25℃	 不大于 不大于 不大于	 300/10 300/10 300/10				GB/T 12579
空气释放值(50℃)/min	不大于	20	20	25	25	SH/T 0308
pH 值(20℃)		8.0~11.0				ISO 20843
剪切安定性 黏度变化率(20℃)/% 黏度变化率(40℃)/% 剪切前后 pH 值变化 剪切前后水分变化/%	 不大于 不大于	 报告 报告 ±1.0 8				SH/T 0505 ISO 20843 SH/T 0246
抗腐蚀性(35℃±1℃，672h±2h)[b]		通过				SH/T 0275
密度(20℃)/(kg/m^3)		报告				GB/T 1884， GB/T 1885 或 GB/T 2540 或 SH/T 0604
橡胶相容性(60℃/168h)丁腈橡胶(NBR1) 体积变化率/% 硬度变化 拉伸强度变化率/% 扯断伸长率变化率/%	 不大于 不小于/不大于 	 7 -7/+2 报告 报告				GB/T 14832
芯式燃烧持久性		通过				SH/T 0785
歧管燃烧试验		通过				SH/T 0567
喷射燃烧试验		c				ISO 15029-1
老化特性 pH 值增长 不溶物/%		 c c				ISO 4263-2
四球机试验 最大无卡咬负荷 P_B 值/N 磨斑直径(1200r/min，294N，30min，常温)/mm		 c c				 GB/T 3142 SH/T 0189
FZG 齿轮试验		c				SH/T 0306

注：本产品一般以配好的成品供应。根据 GB/T 16898 难燃液压液使用导则，使用温度一般为-20~50℃。

a. 用一个直径大约 10cm 的干净玻璃容器盛装水-乙二醇型难燃液压液，并在室温可见光下观察，外观应是清澈透明的，并且无可见的颗粒物质。

b. 抗腐蚀试验所用的金属试片由生产单位和使用单位协商确定。若仅使用铜片，可采用 GB/T 5096 石油产品铜片腐蚀试验法(条件为 T2 铜片，50℃，3h)测定，作为出厂检验项目，不大于 1 级为通过。

c. 指标值由供应者和使用者协商确定。

(5) HFDR 液压液

HFDR 是磷酸酯抗燃液压液。该液自燃点高、挥发性低、抗燃性好，具有良好的润滑性和热稳定性，可在-50~135℃的较宽温度范围内使用，常用于高温热源和明火附近的高压精密系统中。由于磷酸酯水解安定性较差，使用中应尽量保持液体干燥。磷酸酯对许多有机物质有很强溶解能力，一方面有利于添加剂溶解，另一方面会造成橡胶、涂料、软管与它不相匹配，使用时要特别注意，必须细心地选择与它相匹配的密封、涂料、软管等。

(6) HFDU 液压液

为其他的无水合成液，如有机酯类，我国目前无该类产品。

7. 导轨油

我国导轨油目前采用的分类标准是 GB/T 7631. 11—2014《润滑剂、工业用油和有关产品(L类)的分类 第11部分 G组(导轨)》，见表6-48。导轨油的性质与液压—导轨油相似，但不需要满足液压性能需要，而要有更好的低速防爬性和更好的油性。导轨油适用于磨床、车床、刨车、镗床等导轨，SH/T 0361—1998(2007)《导轨油》分为 32、46、68、100、150、220、320 共7个牌号，见表6-49。

表 6-48 G 组(导轨油)分类(GB/T 7631. 11—2014)

组别符号	应用范围	特殊应用	更具体应用	产品类型和/或性能要求	品种代号 L—	典型应用	备注
G	导轨	润滑	两个接触表面是金属的导轨系统润滑	精制矿油，并改善其抗磨性、抗腐蚀性、黏性和抗黏滑性	GA	机床的润滑部位包括普通导轨，螺母螺杆系统，球形螺母螺杆系统，普通轴承。润滑油应抗黏滑性和减摩特性	L-GA 油可以由具有相同黏度等级的 L-HG 油代替，需满足抗黏滑性的要求
			两个接触表面之一是非金属材料(聚合物、树脂等)组成的导轨系统润滑	精制矿油，并改善其抗磨性、抗腐蚀性、黏性、抗黏滑性以及含水液体的分离特性	GB	机床的润滑部位包括对水基切削液的污染具有敏感性的非金属材料的普通导轨，螺母螺杆系统，球形螺母螺杆系统，普通轴承。润滑油应抗黏滑性和减摩特性	在含水冷却介质存在的情况下，应考虑非金属滑动材料与导轨润滑剂之间的相容性
			两个接触表面是金属的导轨系统润滑	合成型润滑剂，并改善其抗磨性、抗腐蚀性以及防止滑动器不连续或间断运动(黏滑)的特性	GS	机床的润滑部位包括普通导轨，螺母螺杆系统，球形螺母螺杆系统，普通轴承。润滑油应抗黏滑性、减摩特性、与冷却介质相溶性	应考虑导轨润滑剂和含水冷却介质之间的相溶性；导轨润滑剂污染了冷却介质后，对冷却特性的影响是最小的(导轨润滑剂是可乳化的或可溶解的)

表 6-49　导轨油技术要求[SH/T 0361—1998(2007)]

项　　目		质　量　指　标							试验方法
品种(按 GB/T 7631.11)		L-G							
黏度等级		32	46	68	100	150	220	320	
运动黏度(40℃)/(mm^2/s)		28.8~35.2	41.4~50.6	61.2~74.8	90~110	135~165	198~242	288~352	GB/T 265
黏度指数		报告[a]							GB/T 1995
密度(20℃)/(kg/m^3)		报告[a]							GB/T 1884 GB/T 1885
中和值/(mgKOH/g)		报告[a]							GB/T 4945
外观(透明度)		清彻透明					透明		目测[b]
闪点(开口)/℃	不小于	150	160	180					GB/T 3536
铜片腐蚀(T_3 铜片，60℃，3h)/级	不大于	2							GB/T 5096
液相锈蚀试验(蒸馏水法)		无锈							GB/T 11143
倾点/℃	不高于	-9					-3		GB/T 3535
机械杂质/%	不大于	无					0.01		GB/T 511
抗磨性[a] 磨斑直径(200N，60min，1500r/min)/mm	不大于	0.5[c]							SH/T 0189
橡胶相溶性		d							GB/T 1690
黏-滑特性		e							e
加工液相溶性		d							b
水分/%	不大于	痕迹							GB/T 260

注：a. 这些特性对于机械制造者来说是重要的，但它可随机械设计、材料和操作环境等条件的变化而变化，特性数据应由供油者提供。

b. 供需双方可共同商定测试方法。

c. 尽管四球试验结果与导轨油的实际使用在吻合程度上有争议，但对于用户在选用导轨油而了解其抗磨性数据时有一定的参考价值。四球机试验条件和指标水平都是建议性的(如果采用转速为 1200r/min 时，应在化验报告单上予以注明)。

d. 供需双方应经常交流测定的数据。

e. 按供需双方同意的方法测定，由供应者提供数据。

五、液压油的选用

各种液压油都有其特性，都有一定的适用范围。实践证明，必须正确、合理地选用液压油，这样才能提高液压设备运转的可靠性，防止故障的发生，延长液压设备元件的使用寿命。选用液压油主要是依据液压系统的工作环境、工况条件及液压油的特性，选择合适的液压油品种和黏度。

1. 液压油品种的选择

(1) 根据液压系统的环境和工况条件选择

根据液压系统的环境和工况条件选择液压油，如表 6-50 所示。

表 6-50 根据环境和工况条件选择液压油

环境及工况	压力：7.0MPa 以下 温度：50℃以下	压力：7.0~14.0MPa 温度：50℃以下	压力：7.0~14.0MPa 温度：50~80℃	压力：14.0MPa 以上 温度：80~100℃
室内，固定液压设备	HL	HL 或 HM	HM	HM
露天、寒冷和严寒区	HR	HV 或 HS	HV 或 HS	HV 或 HS
地下，水上	HL	HL 或 HM	HL 或 HM	HM
高温热源或明火附近	HFAE，HFAS	HFB，HFC	HFDR	HFDR

（2）根据油泵的类型选油

一般而言，齿轮泵对液压油的抗磨要求比叶片泵、柱塞泵低，因此齿轮泵可选用 HL 或 HM 油，而叶片泵、柱塞泵一般则选用 HM 油。

（3）根据液压油的特性及液压元件的材质选油

①含锌油在钢-钢摩擦体上性能很好，但由于含有硫（Zn-P-S 系）对铜、银敏感，因此在含有铜、银材质部件的系统不能用，水易浸入的系统也尽量少用。

②无灰抗磨油（S-P-N 系）具有优良的水解安定性、破乳化性或可滤性，使用范围较广，因含有硫，对铜、银材质部件系统不适应。

③仅含磷的抗银液压油是具有中负荷水平的抗磨液压油，其水解安定性、破乳化性、可滤性也不错，由于用不含硫的抗磨剂，所以对银系统无伤害。

④液压系统中有铝元件，则不能选用 pH 值>8.5 的碱性液压油（水-乙二醇型抗燃液压油）。

2. 液压油黏度的选择

在液压油品种选择确定以后，还必须确定其使用黏度级。黏度选得太大，液压损失大，系统效率低，油泵吸油困难。黏度太小，油泵内渗漏量大，容积损失增加，同样会使系统效率降低。因此，必须针对系统、环境选择一个适宜的黏度，使系统在容积效率和机械效率间求最佳平衡。

液压油的黏度选择主要取决于启动、系统的工作温度和所用泵的类型。一般中、低压室内固定液压系统的工作温度比环境温度高 30~40℃。在此温度下，液压油应具有 13~16mm^2/s 的黏度，黏度低于 10mm^2/s，就会加大磨损，油品的黏度指数在 90 以上就可以满足要求。而在户外高压机具的液压系统中（大于 20.0MPa）工作温度要比环境温度高 50~60℃，为减少渗漏，工作黏度最好在 25mm^2/s。考虑到户外温差变化大，因此要求液压油具有较好的黏温性能，黏度指数一般在 130 以上。

为防止泵的磨损，必须限定最低黏度。齿轮泵系统用油最低黏度通常是在 20mm^2/s，叶片泵系统用油≥10mm^2/s，柱塞泵系统用油≥8mm^2/s。必要时，在系统的回油线上安装冷却器，维持一定的油温，保证泵对油品黏度的要求。

液压油的最大黏度限度是由被长期停置后的系统启动温度和使用泵的类型所限定。每个液压泵制造厂都规定适合本厂产品使用的油品在操作温度下的最低黏度和最高黏度。不同类型的泵要求不同，见表 6-51。

表 6-51　不同类型泵满足运行的黏度限度

泵　型	齿轮泵	柱塞泵	叶片泵
最高黏度/(mm^2/s)	2000	1000	500~700
最低黏度/(mm^2/s)	20	8	10

3. 综合经济分析

液压油选用中经济性的分析是不可缺少的一个重要部分。人们往往注意到油价的贵贱，而忽略了所选的油种、质量、维护与再生等问题，这样做会给液压系统的运行带来重大影响。

在高温热源和明火附近的液压系统中一定要选用抗燃液压油，对高温、高压、精密的设备必须采用磷酸酯抗燃液压油，不能用含水抗燃液压液。这样做会带来泵的过早磨损和系统运行障碍，更不能用矿物液压油来顶替，否则有失火的危险。

在高压系统中一定要采用抗磨液压油，也不能用 HH 液压油或 HL 防锈、抗氧液压油，不然就会导致泵的寿命大大缩短。以 ISO VG46 同一黏度的 HH 油与 HM 油为例，在相同的 YB-D25 叶片泵中(压力 12.5MPa，温度 65℃，转速 1500r/min)连续运行 250h，HH 油泵的磨损量为 HM 油泵磨损量的 63 倍。因此，高压系统绝对不能用 HH 或 HL 油。

寒冷和严寒区的露天行走工程机械大多是高压系统，环境温度变化大，所以必须采用 HV 或 HS 高黏度指数的低温液压油，否则冷启动发生困难，冬用更换频繁，既费油又影响生产。

为延长油的使用期，节省维护费用，延长液压元件的使用寿命，提高运行效率，必须采用高质量的液压油。高质量的液压油从一次购买的角度来看，花费较大，但从使用的寿命、元件的更换、运行的维护、生产效率的提高上讲，总的经济效益是非常合算的。

六、液压油的污染控制

油液尤其是液压油在使用过程中，由于外部污染物侵入、内部污染物的生成，造成油液污染，从而导致液压元件磨损、液压系统产生突发故障；而油液污染还会加速油液劣化、缩短油液使用寿命。所以，必须对油液尤其是液压油加强污染控制，其中最重要的就是要有效地控制油液中颗粒的大小与数量。颗粒计数技术就是评定油液中颗粒污染程度的一项重要技术。

1. 颗粒计数标准

为方便衡量润滑油被固体颗粒污染的程度，国内外均有相应的污染度(洁净度)等级评定标准。常用标准的有飞机制造业采用的 NAS 1638(见表 6-52)、美国汽车工程师学会(SAE)和美国材料与试验协会(ASTM)采用的 SAE 749D(见表 6-53)、国际标准化组织采用的 ISO 4406(见表 6-54)，我国采用的 GB/T 14039—2002《液压传动 油液 固体颗粒污染等级代号》(见表 6-55)，我军采用的 GJB 420A—1996《飞机液压系统用油液固体污染度分级》(见表 6-56)，一般润滑油系统的要求见表 6-57。

表 6-52 NAS1638 污染度等级(计数法，每 100mL 油中污物粒数)

等 级	污染物粒径/μm				
	5~15	15~25	25~50	50~100	>100
00	125	22	4	1	0
0	250	44	8	2	0
1	500	88	16	3	1
2	1000	178	32	6	1
3	2000	356	63	11	2
4	4000	712	126	22	4
5	8000	1425	253	45	8
6	16000	2850	506	90	16
7	32000	5700	1012	180	32
8	64000	11400	2025	360	64
9	128000	22800	4050	720	128
10	256000	45600	8100	1440	256
11	512000	91200	16200	2880	512
12	1024000	182400	32400	5760	1024
13	204800	364800	64800	11520	2050
14	4096000	729600	129600	23040	4100
15	8192000	1459200	259200	46080	8200
16	16384000	2918400	518400	92160	16400

表 6-53 SAE 749D 污染等级(计数法，每 100mL 油中污物粒数)

污物粒径/μm	等 级						
	0	1	2	3	4	5	6
5~10	2700	4600	9700	24000	32000	87000	128000
10~25	670	1340	2680	5360	10700	21400	42000
25~50	93	210	380	780	1510	3130	6500
50~100	16	28	56	110	225	430	1000
>100	1	3	5	11	21	41	92

表 6-54 ISO 4406 油污染分类(每 mL 油中颗粒数)

等级/号	颗粒数	等级/号	颗粒数	等级/号	颗粒数
0	0. 00~0. 01	10	5~10	20	5000~10000
1	0. 01~0. 02	11	10~20	21	10000~20000
2	0. 02~0. 04	12	20~40	22	20000~40000
3	0. 04~0. 08	13	40~80	23	40000~80000
4	0. 08~0. 16	14	80~160	24	80000~160000

续表

等级/号	颗粒数	等级/号	颗粒数	等级/号	颗粒数
5	0.16~0.32	15	160~320	25	160000~320000
6	0.32~0.64	16	320~640	26	320000~640000
7	0.64~1.3	17	640~1300	27	640000~1300000
8	1.3~2.5	18	1300~2500	28	1300000~2500000
9	2.5~5	19	2500~5000	>28	2500000~

表 6-55　液压传动油液固体颗粒污染等级代号(GB/T 14039—2002)(每 mL 油中颗粒数)

代码	颗粒数	代码	颗粒数	代码	颗粒数
0	0.00~≤0.01	10	5~10	20	5000~10000
1	0.01~≤0.02	11	10~20	21	10000~20000
2	0.02~≤0.04	12	20~40	22	20000~40000
3	0.04~0.08	13	40~80	23	40000~80000
4	0.08~0.16	14	80~160	24	80000~160000
5	0.16~0.32	15	160~320	25	160000~320000
6	0.32~0.64	16	320~640	26	320000~640000
7	0.64~1.3	17	640~1300	27	640000~1300000
8	1.3~2.5	18	1300~2500	28	1300000~2500000
9	2.5~5	19	2500~5000	>28	>2500000

注：数值范围是>~≤，如 5~10，表示颗粒数>5 颗，≤10 颗。

表 6-56　飞机液压系统用油液固体污染度分级(GJB 420A—1996)(每 100mL 油中污物粒数)

等级	000	00	0	1	2	3	4	5	6	7	8	9	10	11	12
>2	164	328	656	1310	2620	5250	10500	21000	42000	83900	168000	336000	671000	1340000	2690000
>5	76	152	304	609	1220	2430	4860	9730	19500	38900	77900	156000	311000	623000	1250000
>15	14	27	54	109	217	432	864	1730	3460	6920	13900	27700	55400	111000	222000
>25	3	5	10	20	39	76	152	306	612	1220	2450	4900	9800	19600	39200
>50	1	1	2	4	7	13	26	53	106	212	424	848	1700	3390	6780

表 6-57　各润滑油系统要求的清洁度

系　统	罕见清洁	非常清洁	液压系统	汽轮机发电系统	一般润滑系统
SAE 级别	0~1	2	3~4	4~5	5
IS0 4406 级别	13/11	14/13	15/13~16/14	16/14~17/15	17/15

注：IS0 4406 级别中的第一个数值表示大于 4μm 颗粒的数量代码，第二个数值表示大于 6μm 颗粒的数量代码。

2. 自动颗粒计数器

随着电子技术的快速发展，自动颗粒计数器在油液清洁度检测技术中得到了日益广泛的应用。它具有计数速度快、准确度高、操作简便等优点。目前广泛获得应用的是遮光型自动颗粒计数器，随后又发展了光散射型和电阻变化型自动颗粒计数器，最近又推出了滤膜阻尼型和便携式自动颗粒计数器，使用效果都很好。

(1)遮光型自动颗粒计数器

遮光型自动颗粒计数器根据遮光原理工作，其中来自白炽灯泡或激光二极管的光被引导通过传感器中的一个透明窗口到达一个探测器，污染的油液流过该传感器，见图6-9。光束中单个颗粒的存在使探测器所接收的光量减少。被遮挡的光量与该颗粒的尺寸成正比。通过用标准污染物来校准，得到探测器的输出电压-尺寸的关系。自动颗粒计数器既能以在线模式工作又能以离线模式工作。

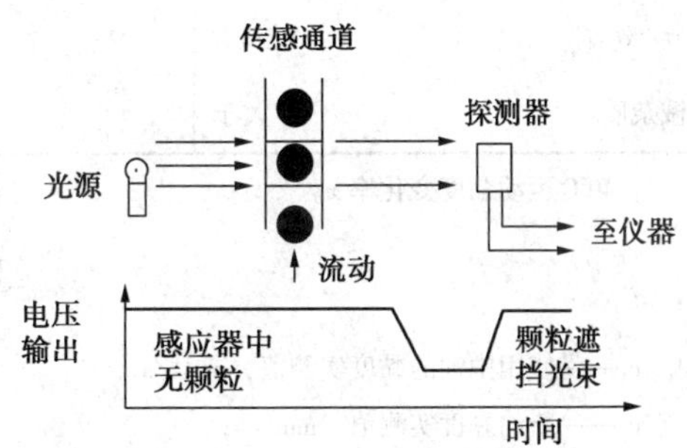

图6-9 自动颗粒计数器的工作原理

遮光型自动颗粒计数器能提供一种快速、准确的颗粒尺寸分析手段，但是它们要求流体是半透明和均质的。任何形成光学界面的成分，例如乳化液、两相液体、液体混合物、含水和外来液体的油基液体以及空气，都将被当成颗粒记录下来。此外，如果油液被颗粒和氧化产物严重污染，则问题也随之出现。不过，在玻璃试样瓶中采集油样有个优点，即能在分析之前观察到油液的状态并评估任何潜在的干扰，目前生产的该类自动颗粒计数器可测1~900μm的颗粒。

(2)光散射型自动颗粒计数器

当光线束照射到悬浮在液体中的颗粒时，一部分光被吸收，另一部分光被散射，被散射的光包括入射光束中被衍射、折射和反射的部分。通过测定散射光强随散射角的变化，可以确定颗粒尺寸及分布状况，因此能测较小的颗粒尺寸，目前生产的光散射自动颗粒计数器可测0.5~560μm的颗粒。

七、液压油的更换

工作中液压油的维护管理很重要，液压装置发生故障，70%是液压油使用管理不当造成的，因此在使用过程中要防止外界杂质、水分、空气混入液压油。还要严格控制液压油的使用温度，注意防火。液压油在使用过程中会慢慢老化变质，发臭、颜色变深变黑、出现混浊沉淀，因此必须定期或按质换油。

HL液压油、HM液压油换油指标已有规定，均系石化行业标准，见表6-58和表6-59，其他液压油未见规定。

表6-58 HL液压油换油指标[SH/T 0476—1992(2003)]

项目		指标	试验方法
外观		不透明，混浊	目测
运动黏度变化率(40℃)/%	不大于	4~10	

续表

项　　目		指　　标	试验方法
色度变化(比新油)	不小于	3	GB 6540
酸值/(mgKOH/g)	大于	0.3	GB 264
水分/%	大于	0.1	GB 260
机械杂质/%	大于	0.1	GB 511

注：40℃运动黏度变化率 x。

$$x=\frac{\nu_1-\nu_2}{\nu_2}\times 100\%$$

式中　ν_1——使用中油的黏度实测值，mm^2/s；

ν_2——新油黏度实测值，mm^2/s；

ν_1、ν_2 按 GB/T 265 测定。

表 6-59　HM 液压油换油指标(NB/SH/T 0599—2013)

项　　目		指　　标	试验方法
外　观		不透明、混浊	目　测
40℃运动黏度变化率/%	超过	±10	GB/T 265 及本标准 3.2 条
水分/%	大于	0.1	GB/T 260
色度增加/号	大于	2	GB/T 6540
酸值增加[a]/(mgKOH/g)	大于	0.3	GB/T 264、GB/T 7304
正戊烷不溶物[b]/%	大于	0.10	GB/T 8526 A 法
铜片腐蚀(100℃，3h)/级	大于	2a	GB/T 5096
泡沫特性(24℃)(泡沫倾向/泡沫稳定性)/(mL/mL)	大于	450/10	GB/T 12579
清洁度[c]	大于	−/18/15 或 NAS 9	GB/T 14039 或 NAS 1638

注：a. 结果有争议时以 GB/T 7304 为仲裁方法。

b. 允许采用 GB/T 511 方法，使用 60~90℃石油醚作溶剂，测定试样机械杂质。

c. 根据设备制造商的要求适当调整。

换油前必须冲洗液压系统，去除沉积的污染物和杂质，放尽污油。清洗时不得用卤代烃溶剂及含碱、酸的清洗剂，而要用黏度(40℃)不高于 $32mm^2/s$ 的含强溶解力组分和防锈剂及清除锈蚀化合物、油泥的特制冲洗油。冲洗用泵容量应比液压系统泵大 1~2 倍。在加热到 65~71℃时，冲洗油发生湍流的情况下冲洗 12h。放出冲洗油后，用运转使用的同样液压油进行置换，开泵循环并加热到 65~71℃ 24h，至过滤器不见污物为止。放出置换油，加入经离心分离机 3~10μm 的滤器过滤的新油。

第八节　汽轮机油

汽轮机又称涡轮涡轮机，包括蒸汽轮机和燃气轮机等，是以蒸汽或燃气为工质的旋转式热能动力机械。它具有单机功率大、效率较高、运转平稳和使用寿命长等优点。蒸汽轮机的主要用途是做发电用的原动机，其发电量约占总发电量的 80%。汽轮机由于能变速运行，可以用它直接驱动各种泵、风机、压缩机和船舶螺旋桨等，因此按用途可把汽轮机分为电站汽轮机、工业汽轮机、船用汽轮机等。蒸汽轮机必须与蒸汽发生器(锅炉)、驱动机械(如发电机)以及凝汽器、加热器、泵等协调，配合工作组成成套设备。而燃气轮机也是由压气机、燃烧室和涡轮三大部分以及相应的辅助设备组成的成套动力装置。汽轮机广泛应用于电力工业，石油化工、钢铁以及大型船舶等行业。

一、汽轮机的工作原理

1. 蒸汽轮机的工作原理

蒸汽轮机主要由静子和转子两大部分组成，静子包括气缸、隔板、动静叶栅、进排气装置、端气封以及轴承、轴承座等部件。转子部分包括主轴、叶轮和动叶片、联轴器等部件。蒸汽轮机中一列静叶栅和其后的动叶栅以及有关的结构部分所组成的将蒸汽热能转变为机械功的基本工作单元，称为汽轮机的级。只有一个级的汽轮机称为单级汽轮机，有多个级的称为多级汽轮机。来自锅炉的蒸汽经过主汽阀和调节阀进入汽轮机内，依次流过一系列环形配置的喷嘴和动叶栅而膨胀做功，其热能转变为推动汽轮机转子旋转的机械功，并驱动其他机械。膨胀做功后的蒸汽由排气部件排出机外。凝汽或排出的汽被引入凝汽器而凝结。凝结水再经泵输送至加热器加热后作为锅炉给水循环使用。

2. 燃气轮机的工作原理

燃气轮机分为开式简单循环燃气轮机和闭式循环气轮机两种。开式简单循环燃气轮机的工作原理见图 6-10。

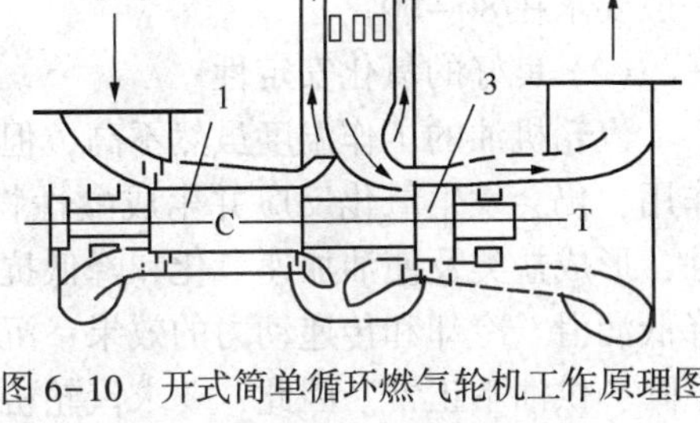

图 6-10　开式简单循环燃气轮机工作原理图
1—压气机；2—燃烧室；3—透平

压气机从大气中吸入空气并把它压缩到一定的压力，然后进入燃烧室与喷入的燃料混合燃烧成为高温燃气。具有做功能力的高温燃气进入汽轮机膨胀做功，推动转子带动压气机一起旋转，从而把燃料的化学能部分转变为机械功。燃气在汽轮机中膨胀做功过程中，压力和温度都逐渐下降，最后排放到大气中。

闭式循环气轮机与开式循环燃气轮机的主要区别在于工质不是燃气而是氦气、氮气、空气、二氧化碳等气体。工质是间接地从外界接受热量并在封闭回路中循环工作的。可采用提高工质基础压力的办法来增大单机功率，利用流量调节达到较高的部分负荷效率。由于工质纯净，工作过程中不易被污染，能适应多种燃料提供的热源，因此常在核电站中使用。

燃气轮机具有启动快、自动化程度高、对燃料适应性强、用水少、润滑油消耗少的优点。适用于发电，原油和天然气开采和输送，船舶交通输运等部门使用，特别适用于高原、寒冷、缺水的边远地区发电。

二、汽轮机油的性能

1. 汽轮机油的作用

汽轮机油在蒸汽轮机、燃气轮机机组中的作用是相同的，主要起润滑、冷却和调速作用。

（1）润滑作用

通过润滑油泵把汽轮机油输送到汽轮机组滑动轴承的主轴和轴瓦之间，在其间形成油楔起到流体润滑作用。此外，汽轮机油还要给齿轮减速箱和调速机构等运动摩擦部件提供润滑。

（2）冷却散热作用

汽轮机组在运行时，转速可达3000r/min，轴及润滑油的内摩擦会产生大量的热，而汽轮机使用的工质无论是蒸汽或燃气其热量也会通过叶轮传达到轴承上。这些热量不及时传递出去将会严重影响机组的安全运行，甚至会导致主轴烧结等事故。因此，汽轮机油要在润滑油路中不断循环流动，把热量从轴承上带走，起到散热冷却作用，使轴承的正常工作温度保持在60℃以下。

（3）调速作用

汽轮机调速系统中使用的汽轮机油实际起液压介质的作用，传递控制机构给出的压力，对汽轮机的运行起调速作用。

2. 汽轮机油的性能

（1）适宜的黏度及良好的黏温特性

合适的黏度是保证汽轮机组正常润滑的一个主要因素。汽轮机对润滑油黏度的要求，依汽轮机的结构不同而异。用压力循环的汽轮机需选用黏度较小的汽轮机油；而对用油环给油润滑的小型汽轮机，因转轴传热，影响轴上油膜的黏着力，需用黏度较大的油；具有减速装置的小型汽轮发电机组和船舶汽轮机，为保证齿轮得到良好的润滑，也需要使用黏度较大的油。为保证汽轮机组在不同温度下都能保持良好的润滑，要求汽轮机油有良好的黏温特性，一般要求在80~90。

（2）良好的氧化安定性

汽轮机油的工作温度虽然不高，但用量较大，使用时间长，并且受空气、水分和金属的作用，仍会发生氧化反应并生成酸性物质和沉淀物。酸性物质的积累，会使金属零部件腐蚀，形成盐类及使油加速氧化和降低抗乳化性能；溶于油中的氧化物，会使油的黏度增大，降低润滑、冷却和传递动力的效果；沉淀析出的氧化物，会污染堵塞润滑系统，使冷却效率下降，供油不正常。因此，要求汽轮机油必须具有良好的氧化安定性，使用中老化的速度应十分缓慢，使用寿命不少于5~15年。

（3）良好的抗乳化性

在蒸汽轮机运行过程中，蒸汽和水不可避免从轴封或其他部位漏进汽轮机油中。如果汽轮机油抗乳化性能不好，不仅会形成乳状液而降低润滑性能，而且使油加速氧化和对金属产生锈蚀。特别是用压力循环方式供给润滑油时，汽轮机油循环油量大，并始终处于湍流状态，遇水易乳化，因此抗乳化性是汽轮机油的一项主要性能。要使汽轮机油具有良好的抗乳化性，则基础油必须经过深度精制，尽量减少油中的环烷酸、胶质和多环芳香烃。

（4）良好的防锈防腐性

汽轮机组润滑系统进入水后，不仅会造成油品的乳化，还会造成金属的锈蚀、腐蚀。特别是远洋船用汽轮机组，润滑油冷却器使用海水做冷却介质，由于海水含盐分多，如果冷却器发生渗漏，将对润滑系统金属部件造成严重锈蚀。因此，汽轮机油特别是远洋船舶用的汽轮机油要有良好的防锈性能。防锈汽轮机油通常由深度精制的矿物基础油加入抗氧剂、防锈剂、金属钝化剂、抗泡沫剂等添加剂配成。

(5) 良好的抗泡沫性

汽轮机油在循环润滑过程中，会由于以下原因吸入空气：

①油泵漏气；

②油位过低，使油泵露出油面；

③润滑系统通风不良；

④润滑油箱的回油过多；

⑤回油管路上的回油量过大；

⑥压力调节阀放油速度太快。

⑦油中有杂质；

⑧油泵送油过量。

当汽轮机吸入的空气不能及时释放出去时，就会产生发泡现象，使油路发生气阻，供油量不足，润滑作用下降，冷却效率降低，严重时甚至使油泵抽空和调速系统控制失常。为了避免汽轮机油产生发泡现象，除了应按汽轮机规程操作和做好维护保养，尽可能使油少吸入空气外，还要求汽轮机油具有良好的抗泡沫性，能及时地将吸入的空气释放出去。

(6) 汽轮机油的特殊性能

用于以氨气为压缩介质的压缩机和汽轮机共同一套润滑系统的汽轮机油，就需具有抗氨性能(抗氨汽轮机油)。为适应大型发电机组中高压调速系统和液压系统的润滑和安全，要求使用具有极压抗磨性和防燃性的汽轮机油，在这类汽轮机油中加有极压抗磨剂，因而有较强的承载能力。

三、汽轮机油分类

根据 GB/T 7631. 10—2013《润滑剂和有关产品(L类)的分类 第10部分 T组(汽轮机)》(等效采用 ISO 6743-5—2006《润滑剂、工业润滑油和有关产品(L类)的分类 第5部分：T组(汽轮机)》)把汽轮机油分为蒸汽轮机油3个品种，燃气轮机油7个品种，燃/汽轮机油2个品种，水力涡轮机油分为4个品种。汽轮机油的性能要求和典型应用见表6-60。

表6-60 汽轮机润滑剂分类(GB/T 7631. 10—2013)

组别符号	一般应用	特殊用途	更具体应用	产品类型和/或性能要求	符号ISO-L	典型应用
T	涡轮机	蒸汽	一般用途	具有防锈和抗氧化性的深度精制的石油基润滑油	TSA	不需要润滑剂具有抗燃性的发电、工业驱动装置和相配套的控制机构和不需改善齿轮承载能力的船舶驱动装置
			齿轮连接到负荷	具有防锈、抗氧化性和高承载能力的深度精制的石油基润滑油	TSE	需要润滑剂改善齿轮承载能力的发电、工业驱动装置、船舶齿轮装置及其相配套的控制系统
			抗燃	磷酸酯基润滑剂	TSD	要求润滑剂具有抗燃性的发电、工业驱动装置及其相配套的控制装置

续表

组别符号	一般应用	特殊用途	更具体应用	产品类型和/或性能要求	符号ISO-L	典型应用
T	涡轮机	燃气直接驱动，或通过齿轮驱动	一般用途	具有防锈和抗氧化性的深度精制的石油基润滑油	TGA	不需要润滑剂抗燃性的发电、工业驱动装置和相配套的控制机构和不需改善齿轮承载能力的船舶驱动装置
			高温使用	具有防锈和抗氧化性的深度精制的石油基润滑油	TGB	要求润滑剂具有抗高温性的发电、工业驱动装置和相配套的控制系统
			特殊用途	聚α烯烃和相关烃类的合成液	TGCH	要求润滑剂具有特殊性能(增强的氧化安定性，低温性能的发电、工业驱动装置和相配套的控制系统
			特殊用途	合成酯型的合成液	TGCE	需要润滑剂具有特殊性能(增强的氧化安定性，低温性能的发电、工业驱动装置和相配套的控制系统
			抗燃	磷酸酯基润滑剂	TGD	要求润滑剂具有抗燃性的发电、工业驱动装置及其相配套的控制装置
			高承载能力	具有防锈、抗氧化性和高承载能力的深度精制的石油基润滑油	TGE	需要润滑剂改善齿轮承载能力的发电、工业驱动装置、船舶齿轮装置及其相配套的控制系统
			高温使用高承载能力	具有防锈、抗氧化性和高承载能力的深度精制的石油基润滑油	TGF	要求润滑剂具有抗高温和承载性能的发电、工业驱动装置及其相配套的控制系统
		具有公共润滑系统，单轴连接循环涡轮机	高温使用	具有防锈和抗氧化性的深度精制的石油基或合成基润滑油	TGSB	不需要润滑剂抗燃性的发电和控制系统
			高温使用和高承载能力	具有高承载能力、防锈和抗氧化性的深度精制的石油基或合成基润滑油高温使用	TGSE	不需要润滑剂抗燃性，但需要改善齿轮承载能力的发电和控制系统
		控制系统	抗燃	磷酸酯控制液	TCD	润滑剂和抗燃液需分别(独立)供给的蒸汽、燃气、水力轮机控制装置
		水力涡轮机	一般用途	具有防锈和抗氧化性的深度精制的石油基润滑油	THA	具有液压系统的水力涡轮机
			特殊用途	聚α烯烃和相关烃类的合成液	THCH	需要润滑剂具有排水毒性低和环境保护性能的水力涡轮机
			特殊用途	合成酯型的合成液	THCE	需要润滑剂具有排水毒性低和环境保护性能的水力涡轮机
			高承载能力	具有抗摩擦和/或承载能力的防锈和抗氧化性的深度精制的石油基润滑油	THE	没有液压系统的水力涡轮机

四、汽轮机油的主要品种

1. 蒸汽轮机油

我国汽轮机油参照ISO8068：2006标准制订了GB 11120—2011《涡轮机油》，有L-TSA汽轮机油和L-TSE汽轮机油，适用于蒸汽轮机，见表6-61。

L-TSA汽轮机油通常由深度精制的基础油，以及抗氧剂、腐蚀抑制剂、金属钝化剂、抗泡剂等添加剂调制而成，具有良好的抗乳化性能、抗氧化性能和防锈性能。适用于蒸汽轮机等要求有良好防锈能力的设备上。

L-TSE汽轮机油在L-TSA汽轮机油的基础上增加了极压性能，用于蒸汽轮机的齿轮系统。

蒸汽轮机油产品的标记为：品种代号+黏度等级+产品名称+标准号。

如：L-TSA 32汽轮机油(A级) GB 11120；

L-TSA 46汽轮机油(B级) GB 11120；

L-TSE 32汽轮机油 GB 11120。

表6-61 L-TSA和L-TSE汽轮机油技术要求(GB 11120—2011)

项目		质量指标							试验方法
		A级			B级				
黏度等级(按GB/T 3141)		32	46	68	32	46	68	100	
外观		透明			透明				目测
色度/号		报告			报告				GB/T 6540
运动黏度(40℃)/(mm^2/s)		28.8~35.2	41.4~50.6	61.2~74.8	28.8~35.2	41.4~50.6	61.2~74.8	90.0~110.0	GB/T 265
黏度指数	不小于	90			85				GB/T1995[a]
倾点[b]/℃	不高于	-6			-6				GB/T 3535
密度(20℃)/(kg/m^3)		报告			报告				GB/T 1884 GB/T1885[c]
闪点(开口)/℃	不低于	186	186	195	186	186	195	195	GB/T 3536
酸值(以KOH计)/(mg/g)	不大于	0.2			0.2				GB/T 4945[d]
水分/%	不大于	0.02			0.02				GB/T 1133[e]
泡沫性(泡沫倾向/泡沫稳定性)[f]/(mL/mL)									GB/T 12579
程序Ⅰ(24℃)	不大于	450/0			450/0				
程序Ⅱ(93.5℃)	不大于	50/0			100/0				
程序Ⅲ(后24℃)	不大于	450/0			450/0				
空气释放值(50℃)/min	不大于	5	5	6	5	6	8	—	SH/T 0308
铜片试验(100℃，3h)/级	不大于	1			1				GB/T 5096
液相锈蚀(24h)		无锈			无锈				GB/T 11143B法
抗乳化性(乳化液到3mL的时间)/min									GB/T 7305
54℃	不大于	15	15	30	15	15	30	—	
82℃	不大于	—	—	—	—	—	—	30	
旋转氧弹[g]/min		报告			报告				SH/T 0193

续表

项目		质量指标							试验方法
		A级			B级				
氧化安定性									
1000h后总酸值(以KOH计)/(mg/g)	不大于	0.3	0.3	0.3	报告	报告	报告	—	GB/T 12581
总酸值达2.0mgKOH/g的时间	不小于	3500	3000	2500	2000	2000	1000	1000	GB/T 12581
1000h后油泥/mg	不大于	200	200	200	报告	报告	报告	—	SH/T 0565
承载能力[h]									GB/T 19936.1
齿轮机试验/失效级	不小于	8	9	10	—				
过滤性									
干法/%	不小于	85			报告				SH/T 0805
湿法		通过			报告				
清洁度[i]/级	不大于	—/18/15			报告				GB/T 14039

注：a. 测定方法也包括GB/T 2541，结果有争议时，以GB/T 1995为仲裁方法。

b. 可与生产单位协商较低的温度。

c. 测定方法也包括用SH/T 0604。

d. 测定方法也包括GB/T 7304和SH/T 0163，结果有争议时，以GB/T 4945为仲裁方法。

e. 测定方法也包括GB/T 7600和SH/T 0207，结果有争议时，以GB/T 11133为仲裁方法。

f. 对于程序I和程序III，泡沫稳定性在300s时记录，对于程序Ⅱ，在60s时记录。

g. 该数值对使用中的油品监控是有用的。低于250min属不正常。

h. 仅适用于TSE。测定方法也包括SH/T 0306，结果有争议时，以GB/T 19936.1为仲裁方法。

i. 按GB/T 18854校正自动粒子计数器。(推荐采用DL/T 432方法计算和测量粒子)。

2. 燃气轮机油

我国燃气轮机油参照ISO8068：2006标准制订了GB 11120—2011《涡轮机油》，有L-TGA燃气轮机油和L-TGE燃气轮机油，适用于燃气轮机，见表6-62。

L-TGA燃气轮机油由深度精制的基础油，以及抗氧剂、腐蚀抑制剂、金属钝化剂等添加剂调制而成，具有良好的抗氧化以及防锈性能，适用于燃气轮机等要求有良好的防锈能力的设备上。

L-TGE燃气轮机油在L-TGA燃气轮机油的基础上增加了极压性能，用于燃气轮机的齿轮系统。

燃气轮机油产品的标记为：品种代号+黏度等级+产品名称+标准号。

如：L-TGA 32燃气轮机油 GB 11120；

L-TGE 32燃气轮机油 GB 11120。

表6-62　L-TGA和L-TGE燃气轮机油(GB 11120—2011)

项目	质量指标						试验方法
	L-TGA			L-TGE			
黏度等级(按GB/T 3141)	32	46	68	32	46	68	
外观	透明			透明			目测
色度/号	报告			报告			GB/T 6540
运动黏度(40℃)/(mm^2/s)	28.8~35.2	41.4~50.6	61.2~74.8	28.8~35.2	41.4~50.6	61.2~74.8	GB/T 265

续表

项目		质量指标						试验方法
		L-TGA			L-TGE			
黏度等级(按 GB/T 3141)		32	46	68	32	46	68	
黏度指数	不小于	90			90			GB/T1995[a]
倾点[b]/℃	不高于	-6			-6			GB/T 3535
密度(20℃)/(kg/m³)		报告			报告			GB/T 1884　GB/T1885[c]
闪点/℃								
开口	不低于	186			186			GB/T 3536
闭口		170			170			GB/T 261
酸值(以 KOH 计)/(mg/g)	不大于	0.2			0.2			GB/T 4945[d]
水分/%	不大于	0.02			0.02			GB/T 1133[e]
泡沫性(泡沫倾向/泡沫稳定性)[f]/(mL/mL)								
程序Ⅰ(24℃)	不大于	450/0			450/0			GB/T 12579
程序Ⅱ(93.5℃)	不大于	50/0			50/0			
程序Ⅲ(后 24℃)	不大于	450/0			450/0			
空气释放值(50℃)/min	不大于	5		6	5		6	SH/T 0308
铜片试验(100℃，3h)/级	不大于	1			1			GB/T 5096
液相锈蚀(24h)		无锈			无锈			GB/T 11143(B 法)
旋转氧弹[g]/min		报告			报告			SH/T 0193
氧化安定性								
1000h 后总酸值/(mgKOH/g)	不大于	0.3	0.3	0.3	0.3	0.3	0.3	GB/T 12581
总酸值达 2.0mgKOH/g 的时间/h	不大于	3500	3000	2500	3500	3000	2500	GB/T 12581
1000h 后油泥/mg	不大于	200	200	200	200	200	200	SH/T 0565
承载能力								
齿轮机试验/失效级	不小于	—	—	—	8	9	10	GB/T 19936.1[h]
过滤性								SH/T 0805
干法/%	不小于	85			85			
湿法		通过			通过			
清洁度[i]/级	不大于	-/17/14			-/17/14			GB/T 14039

注：a. 测定方法也包括 GB/T 2541，结果有争议时，以 GB/T 1995 为仲裁方法。

b. 可与生产单位协商较低的温度。

c. 测定方法也包括用 SH/T 0604。

d. 测定方法也包括 GB/T 7304 和 SH/T 0163，结果有争议时，以 GB/T 4945 为仲裁方法。

e. 测定方法也包括 GB/T 7600 和 SH/T 0207，结果有争议时，以 GB/T 11133 为仲裁方法。

f. 对于程序Ⅰ和程序Ⅲ，泡沫稳定性在 300s 时记录，对于程序Ⅱ，在 60s 时记录。

g. 该数值对使用中的油品监控是有用的。低于 250min 属不正常。

h. 测定方法也包括 SH/T 0306，结果有争议时，以 GB/T 19936.1 为仲裁方法。

i. 按 GB/T 18854 校正自动粒子计数器。(推荐采用 DL/T 432 方法计算和测量粒子)。

3. 燃/汽轮机油

我国燃/汽轮机油参照 ISO8068：2006 标准制订了 GB 11120—2011《涡轮机油》，有 L-TGSB 燃/汽轮机油和 L-TGSE 燃/汽轮机油，见表 6-63。

表 6-63 L-TGSB 和 L-TGSE 燃/汽轮机油(GB 11120—2011)

项目		质量指标						试验方法
		L-TGSB			L-TGSE			
黏度等级(按 GB/T 3141)		32	46	68	32	46	68	
外观		透明			透明			目测
色度/号		报告			报告			GB/T 6540
运动黏度(40℃)/(mm^2/s)		28.8~35.2	41.4~50.6	61.2~74.8	28.8~35.2	41.4~50.6	61.2~74.8	GB/T 265
黏度指数	不小于	90			90			GB/T1995[a]
倾点[b]/℃	不高于	-6			-6			GB/T 3535
密度(20℃)/(kg/m^3)		报告			报告			GB/T 1884 GB/T1885[c]
闪点/℃								
开口	不低于	200			200			GB/T 3536
闭口		190			190			GB/T 261
酸值(以 KOH 计)/(mg/g)	不大于	0.2			0.2			GB/T 4945[d]
水分/%	不大于	0.02			0.02			GB/T 1133[e]
泡沫性(泡沫倾向/泡沫稳定性)[f]/(mL/mL)								
程序Ⅰ(24℃)	不大于	450/0			50/0			GB/T 12579
程序Ⅱ(93.5℃)	不大于	50/0			50/0			
程序Ⅲ(后 24℃)	不大于	450/0			50/0			
空气释放值(50℃)/min	不大于	5		6	5		6	SH/T 0308
铜片试验(100℃, 3h)/级	不大于	1			1			GB/T 5096
液相锈蚀(24h)		无锈			无锈			GB/T 11143(B 法)
抗乳化性(54℃, 乳化液到 3mL 的时间)/min	不大于	30			30			GB/T 7305
旋转氧弹/min	不小于	750			750			SH/T 0193
旋转氧弹[g]/%	不小于	85			85			SH/T 0193
氧化安定性								
总酸值达 2.0mgKOH/g 的时间/h	不小于	3500	3000	2500	3500	3000	2500	GB/T 12581
高温氧化安定性(175℃, 72h)								
黏度变化		报告			报告			
酸值变化(以 KOH 计)/(mg/g)		报告			报告			
金属片质量变化								
钢		±0.250			±0.250			ASTM D4636[h]
铝		±0.250			±0.250			
镉		±0.250			±0.250			
铜		±0.250			±0.250			
镁		±0.250			±0.250			

续表

项目		质量指标						试验方法
		L-TGSB			L-TGSE			
黏度等级(按 GB/T 3141)		32	46	68	32	46	68	
承载能力 齿轮机试验/失效级	不小于	—			8	9	10	GB/T 19936.1[i]
过滤性 干法/% 湿法	不小于	85 通过			85 通过			SH/T 0805
清洁度[j]/级	不大于	-/17/14			-/17/14			GB/T 14039

注：a. 测定方法也包括 GB/T 2541，结果有争议时，以 GB/T 1995 为仲裁方法。

b. 可与生产单位协商较低的温度。

c. 测定方法也包括用 SH/T 0604。

d. 测定方法也包括 GB/T 7304 和 SH/T 0163，结果有争议时，以 GB/T 4945 为仲裁方法。

e. 测定方法也包括 GB/T 7600 和 SH/T 0207，结果有争议时，以 GB/T 11133 为仲裁方法。

f. 对于程序Ⅰ和程序Ⅲ，泡沫稳定性在 300s 时记录，对于程序Ⅱ，在 60s 时记录。

g. 取 300mL 油样，在 121℃下，以 3L/h 的速度通入清洁干燥的氮气，经 48h 后，按照 SH/T 0193 进行试验，用所得结果与未经处理的样品所得结果的比值的百分数表示。

h. 测定方法也包括 GJB 563，结果有争议时，以 ASTM D4636 为仲裁方法。

i. 测定方法也包括 SH/T 0306，结果有争议时，以 GB/T 19936.1 为仲裁方法。

j. 按 GB/T 18854 校正自动粒子计数器，推荐采用 DL/T 432 方法计算和测量粒子。

L-TGSB 燃/汽轮机油由深度精制的基础油，以及抗氧剂、腐蚀抑制剂、金属钝化剂等添加剂调制而成，比 L-TSA 和 L-TGA 增加了耐高温氧化安定性和高温热稳定性。L-TGSE 是具有极压性要求的耐高温氧化安定性和高温热稳定性的燃/汽轮机油。燃/汽轮机油主要用于共用润滑系统的燃气-蒸汽联合循环涡轮机，也可单独用于蒸汽轮机和燃气轮机。

燃/汽轮机油产品的标记为：品种代号+黏度等级+产品名称+标准号。

如：L-TGSB 32 燃/汽轮机油 GB 11120；

L-TGSE 32 燃/汽轮机油 GB 11120。

4. 抗氨汽轮机油

在现代化肥工业中，合成氨用的压缩机常由汽轮机带动，压缩机和汽轮机共用一套润滑系统。该系统不能采用上述的防锈汽轮机油，因为防锈汽轮机中多使用酸性的防锈剂，这种酸性防锈剂与氨接触后会发生化学反应，生成白色的絮状沉淀物，导致油品性能变差，并会使联轴节失去动平衡，产生剧烈振动，引发事故。因此，就需要一种防锈剂不与氨起化学反应的防锈汽轮机油——抗氨汽轮机油。

抗氨汽轮机油亦由深度精制的基础油和抗氧、防锈、抗泡等添加剂组成。它与防锈汽轮机油的主要差别在于防锈剂的选择。它不使用烯基丁二酸等羧酸类酸性防锈剂，因而不会与氨起反应。抗氨汽轮机油除具有良好的抗氧、防锈、抗乳化等性能外，还必须通过特定的抗氨试验，其酸值低也是抗氨汽轮机油在理化指标上的一个特征。我国现行的抗氨汽轮机油产品规范是 SH/T 0362—1996《抗氨汽轮机油》，见表 6-64。产品分一等品和合格品两类，牌号均有 32、32D、46、68，其中 32D 是我国增加牌号。

表 6-64 抗氨汽轮机油(SH/T 0362—1996)

项　目		质　量　指　标				试验方法
牌号		32	32D	46	68	GB/T 3141
运动黏度(40℃)/(mm^2/s)		28.8~35.2	28.8~35.2	41.4~50.6	61.2~74.8	GB/T 265
黏度指数	不小于	95	95	95	95	GB/T 1995①
倾点/℃	不高于	-17	-27	-17	-17	GB/T 3535
闪点(开口)/℃	不低于	一等品为 200，合格品为 180				GB/T 267
中和值/(mgKOH/g) 加剂前 加剂后	 不大于	 报告 一等品 0.03，合格品为 0.06				GB/T 4945
灰分(加剂前)/%	不大于	0.005				GB/T 508
水分		无				GB/T 260
机械杂质		无				GB/T 511
氧化安定性(酸值达 2.0mgKOH/g 的时间)/h	不小于	一等品为 2000，合格品为 1000				GB/T 2581②
破乳化时间(54℃，40-47-3mL)/min	不大于	一等品 32~46 为 15，68 为 20，合格品均为 30				GB/T 7305
液相锈蚀试验蒸馏水(24h)		无锈				GB/T 1143
抗氨性试验		合格				SH/T 0302②

注：①中间基原油生产的抗氨汽轮机油黏度指数允许不低于 70。

②氧化安定性和抗氨性试验作为保证项目，每年测定一次。

五、汽轮机油的选择

1. 根据汽轮机的类型选择汽轮机油的品种

如普通的汽轮机组可选择防锈汽轮机油，接触氨的汽轮机组须选择抗氨汽轮机油，减速箱载荷高、调速器润滑条件苛刻的汽轮机组须选择极压汽轮机油，而高温汽轮机则须选择难燃汽轮机油。

2. 根据汽轮机的轴转速选择汽轮机油的黏度等级

通常在保证润滑的前提下，应尽量选用黏度较小的油品。低黏度的油，其散热性和抗乳化性均较好。设备(装备)使用说明书均提出了适合使用的黏度。

六、汽轮机油的使用管理

①汽轮机油的容器，包括储油缸、油桶和取样工具等必须洁净。尤其是在储运过程中，不能混入水、杂质和其他油品。不得用镀锌或有磷酸锌涂层的铁桶及含锌的容器装油，以防油品与锌接触发生水解和乳化变质。

②新机加油或旧机检修后加油或换油前，必须将润滑油管路、油箱清洗干净，不得残留油污、杂质，尤其是如金属清洗剂等表面活性剂。合理的方法是先用少量油品把已清洗干净的管路循环冲洗一遍，抽出后再进油。每次检修抽出的油品，应进行严格的过滤并经检验合格后，方可再次投入运行。

③汽轮机油的使用温度以 40~60℃为宜，要经常调节汽轮机油冷却器的冷却水量或供油量，使轴承回油管温度控制在 60℃左右。

④在机组的运行过程中，要防止漏气、漏水及其他杂质的污染。

⑤定期或不定期地将油箱底部沉积的水及杂质排出，以保持油品的洁净。

⑥定期或根据具体情况随机地对运行中的汽轮机油取样，取样按 GB/T 7597—2007《电力用油(变压器油、汽轮机油)取样方法》进行。观察油样的颜色和清洁度，并有针对性地对油样进行黏度、酸值、水分、杂质、水分离性、防锈性、抗氧剂的含量等项目的分析。如变化过大，应及时换油。

表 6-65 和表 6-66 分别是抗氨汽轮机油换油指标(SH/T 0137—2013)和 L-TSA 汽轮机油换油指标(NB/SH/T 0636—2013)，表 6-67 是电厂运行中矿物涡轮机油质量(GB/T 7596—2017)。

表 6-65 抗氨汽轮机油换油指标(SH/T 0137—2013)

项 目		换 油 指 标	试验方法
运动黏度(40℃)变化率/%	超过	±10	GB/T 265
酸值增加/(mgKOH/g)	大于	0.3	GB/T 264
闪点(开口)/℃	比新油标准值低	8	GB/T 267
水分/%	大于	0.1	GB/T 260
破乳化时间/min	大于	80	GB/T 7305
液相锈蚀试验(蒸馏水)		不合格	GB/T 11143
氧化安定性/min	小于	60	SH/T 0193
抗氨性能试验		不合格	SH/T 证 0302

表 6-66 L-TSA 汽轮机油换油指标(NB/SH/T 0636—2013)

项 目		换油指标				试验方法
黏度等级(按 GB 3141)		32	46	68	100	—
40℃运动黏度变化率/%	超过	±10				本标准 3.2 条
酸值增加/(mgKOH/g)	大于	0.3				GB/T 7304
水分/%	大于	0.1				GB/T 260、GB/T 7600、GB/T 11133
抗乳化性(乳化层减少到 3mL)，54℃[a]/min	大于	40		60		GB/T 7305
氧化安定性/min	小于	60				SH/T 0193
液相锈蚀试验(蒸馏水[b])		不合格				GB/T 11143
清洁度[c]		报告				DL/T 432、GJB380.4A

注：a. 当使用 100 号油时，测试温度为 82℃。

b. 当使用于船舶设备时采用合成海水法，指标为中等锈蚀或严重锈蚀。

c. 根据设备制造商的要求。

表 6-67 电厂运行中矿物涡轮机油质量(GB/T 7596—2017)

项 目		质量指标	检验方法
外观		透明，无杂质或悬浮物	DL/T 429.1
色度		≤5.5	GB/T 6540
运动黏度[a] (40℃)/(mm²/s)	32[a]	不超过新油测定值±5%	GB/T 265
	46[a]		
	68		

续表

<table>
<tr><th colspan="2">项 目</th><th>质量指标</th><th>检验方法</th></tr>
<tr><td colspan="2">闪点(开口杯)/℃</td><td>≥180，且比前次测定值 不低 10℃</td><td>GB/T 3536</td></tr>
<tr><td colspan="2">机械杂质</td><td>无</td><td>GB/T 511</td></tr>
<tr><td colspan="2">颗粒污染等级[b]/SAE AS4059F，级</td><td>≤8</td><td>DL/T 432</td></tr>
<tr><td colspan="2">酸值/(mgKOH/g)</td><td>≤0.3</td><td>GB/T 264</td></tr>
<tr><td colspan="2">液相锈蚀[c]</td><td>无锈</td><td>GB/T 11143</td></tr>
<tr><td colspan="2">抗乳化性(54℃)/min</td><td>≤30</td><td>GB/T 7605</td></tr>
<tr><td colspan="2">水分[c]/(mg/L)</td><td>≤100</td><td>GB/T 7600 或
GB/T 7601</td></tr>
<tr><td rowspan="3">泡沫性(泡沫倾向/泡沫稳定性)/(mL/mL)
不大于</td><td>24℃</td><td>500/10</td><td rowspan="3">GB/T 12579</td></tr>
<tr><td>93.5℃</td><td>100/10</td></tr>
<tr><td>后 24℃</td><td>500/10</td></tr>
<tr><td colspan="2">空气释放值(50℃)/min</td><td>≤10</td><td>SH/T 0308</td></tr>
<tr><td colspan="2">旋转氧弹值(150℃)/min</td><td>不低于新油原始测定值的 25%，
且汽轮机用油、水轮机用油≥100，
燃气轮机用油≥200</td><td>SH/T 0193</td></tr>
<tr><td rowspan="2">抗氧剂含量/%</td><td>T501 抗氧剂</td><td rowspan="2">不低于新油原始测定值的 25%</td><td>GB/T 7602</td></tr>
<tr><td>受阻酚类或
芳香胺类抗氧剂</td><td>ASTM D6971</td></tr>
</table>

注：a. 32、46、68 为 GB/T 3141 中规定的 ISO 黏度等级。

b. 对于 100 MW 及以上机组检测颗粒度，对于 100 MW 以下机组目视检查机械杂质。对于调速系统或润滑系统和调速系统共用油箱使用矿物涡轮机油的设备，油中颗粒污染等级指标应参考设备制造厂提出的指标执行，SAEAS4059F 颗粒污染分级标准参见附录 A。

c. 对于单一燃气轮机用矿物涡轮机油，该项指标可不用检测。

第九节 压缩机油

气体压缩机是压缩和输送气体的通用机械，在工业中有着广泛的用途。空气压缩机在油料储运工作中也被广泛使用。如管线的试压、清扫和排空，金属表面喷砂除锈，油桶整形，自控测量的控制，大中型柴油机的启动等。

一、压缩机类型及结构特点

根据压缩气体的方式把压缩机分为容积型和速度型(又称涡轮型)两大类。

1. 容积型压缩机

容积型压缩机是通过气缸内的活塞作往复运动或转子作回转运动来改变工作容积，使气体体积缩小、密度增加，从而提高气体的压力。它分为往复式和回转式。

(1) 往复式压缩机

往复式压缩机常见的形式有活塞式和膜片式。它们分别通过活塞或膜片在气缸内的往复运动，并借助进排气阀的自动开闭，进行气体的吸入、压缩和排出。其特点是压力范围广泛，工业应用上最高压力达350MPa，输气不连续，气体压力有脉冲，运转时有振动。

①活塞式压缩机是使用最广泛的一种往复式压缩机，其工作原理是利用曲柄连杆机构，变原动机的旋转运动为活塞的往复运动。根据曲柄连杆机构不同可分为十字头和无十字头式。按活塞在气缸内的作用分为单作用式、双作用式、级差式。按压缩过程分为单级和多级式。按气缸排列相对位置分为立式、卧式、角式、对称平衡式、对置式等多种形式。图6-11为二级空压机工作原理图。

②膜片式压缩机通常是指曲柄连杆机构通过液体而驱动膜片工作的往复式压缩机。只有在低压力时，才由曲柄连杆机构直接驱动膜片。由于压缩机膜式腔的气密性很好，压缩介质的净度很高，因此常被用于某些珍贵的稀有气体的压缩、输送和装瓶，以及用于输送不允许有泄漏、易燃、强腐蚀性、放射性的气体和剧毒介质。

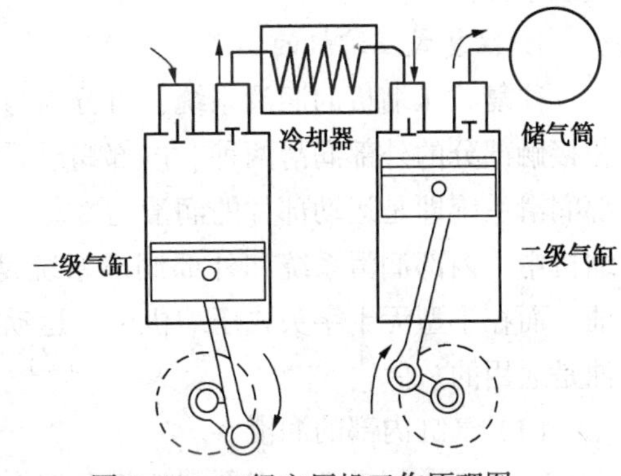

图6-11　二级空压机工作原理图

膜片式压缩机的输气量很小，每小时仅为$5 \sim 20m^3$。故使用范围只限于科研以及生产特殊用途产品的少数单位。

膜片式压缩机的气缸不需要润滑，其曲柄连杆和液压油缸可通过液压油润滑。

（2）回转式压缩机

这是一种借助于气缸内的一个或多个转子的旋转运动所产生的工作容积的变化，而实现气体压缩的容积型压缩机。常见的有滑片式、螺杆式、液环式和转子式多种，其中螺杆式应用最广。

与往复式压缩机比较，回转式压缩机一般不存在往复惯性力和力矩，所以转速较高，它的结构简单、运转平稳、可靠性高、具有体积小、质量小、气流脉动小等优点，是国内外发展较快的一种机型。但回转式压缩机的功率消耗比往复式稍高，目前所能达到的压力还不高。

2. 速度型压缩机

速度型(涡轮型)压缩机是借助作高速旋转的叶轮的离心力，让气体获得很高的速度，然后进入固定的扩压器内急剧降速，使气体速度能转变为压力能，从而提高气体的压力。按气体对叶轮的流动方向不同，可分为离心式、轴流式和混流式三种，并可采用多级增压的方式达到工作所需的压力。

速度型压缩机通常作为大排量的压缩机使用。其结构简单、紧凑，运动件只有一个带叶片的叶轮，工作时气流无脉动、振动小，且具有气腔与润滑油隔绝的特点，压缩气体中不含油，因此近年发展很快，应用范围日益广泛。

①离心式压缩机主要应用于石油炼制、大型化肥生产等行业，尤其适用于压缩腐蚀性和有毒的气体。

②轴流式压缩机主要应用于大型高炉、天然气液化、石油炼制及大型制气装置等，一般作为低压力、大排量的压缩机使用。

③混流式压缩机使用范围较窄，适用于需要中压和中等排量的生产场合。

二、压缩机润滑及对润滑油的要求

压缩机润滑的基本任务在于借助相对摩擦表面之间形成的液体层，来减少它们的磨损、降低摩擦表面的功率消耗，同时还起到冷却运动机构的摩擦表面，以及密封压缩气体的工作容积的作用。

不同结构形式的压缩机由于工作条件、润滑特点以及压缩介质性质的不同，因此对压缩机润滑油的质量与使用性能的要求也就不同。

大多数的容积型压缩机，由于润滑油直接接触压缩介质，易受压缩气体性质的影响，容易产生在其他工业机械中所没有的因润滑引起的故障。因此，对容积型压缩机润滑油的选择应该十分慎重。

1. 往复式压缩机的润滑

往复式压缩机的润滑系统，可分为与压缩气体直接接触部分的内部润滑和与压缩气体不相接触部分的外部润滑两种。内部润滑系统主要指气缸内部的润滑、密封与防锈、防腐；外部润滑系统即是运动部件的润滑与冷却。通常在大容量压缩机、高压压缩机和有十字头式压缩机中，内部润滑系统和外部润滑系统是独立的，分别采用适合各自需要的内部油和外部油。而在小型无十字头式压缩机中，运动部件的润滑系统兼作对气缸内部的润滑，其内外部油是通用的。

(1) 气缸内部的润滑

往复式压缩机气缸内部润滑具有如下的功能：减少气缸、活塞环、活塞杆及填料等摩擦表面的磨损；压缩气体的密封(在活塞环和气缸壁之间)；各部件的防锈、防腐蚀。

内部润滑油在完成上述使命后，与压缩气体一起被排出，同时润滑排气阀，通过冷却器，一部分经分离后排出，未被分离的油进入储气罐和罐前的管路。因此，往复式压缩机的内部润滑属全损失式润滑，润滑油在压缩机中的移动路线如图 6-12 所示。

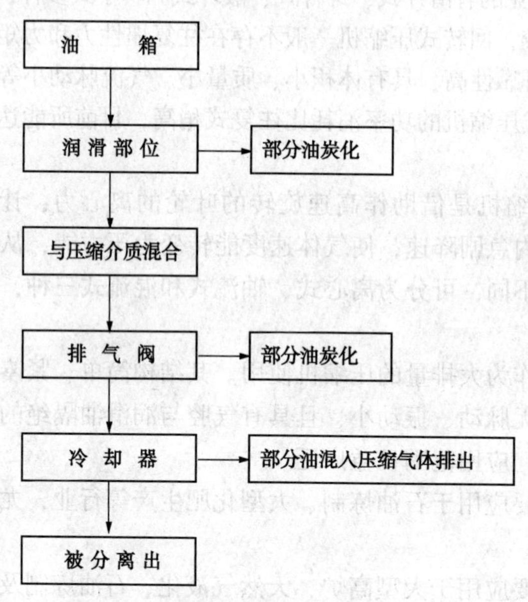

图 6-12　压缩机油在压缩机中的移动路线

目前，气缸内部润滑大致有如下三种方式：

①飞溅润滑　大多数用于无十字头式的小型通用压缩机；

②吸油润滑　这是一种在压缩机进气中吸入少量润滑油的润滑方法，常用于无法采用飞

溅润滑的无十字头式压缩机；

③压力注油润滑　此方式的最大优点是能以最少的油量达到各摩擦表面的最均匀而合理的润滑，被广泛应用于有十字头式压缩机和其他大容量、高压压缩机。

(2) 外部润滑(即运动机构的润滑)

往复式压缩机运动机构的润滑目的，除了减少运动部件各轴承及十字头导轨等摩擦表面的磨损与摩擦功率消耗外，还起到冷却摩擦表面及带走摩擦下来的金属磨屑的作用。

往复式压缩机运动机构润滑的主要方式是压力强制润滑，其特点是油量充足、润滑充分，并能有效地带走摩擦表面的热量与金属磨屑，因此在各种压缩机上广泛采用。而在微型压缩机和一部分小型压缩机中，还常常采用飞溅的润滑方式。

(3) 往复式压缩机油的使用条件

①高温、高压缩比(温度可达 220℃以上)，冷却条件差，容易氧化，形成积炭。

②高氧分压(指空气压缩机)，油品与氧气的接触比在大气中多，更易被氧化。

③冷凝水和铜等金属在高温下的催化作用，会使油品更迅速地氧化，在气缸及排气系统中形成积炭。

④油品在气缸内部润滑完毕后被排出，不再回收、循环回气缸内使用。

(4) 往复式压缩机对压缩机油性能的要求

往复式压缩机，就其对润滑油恶劣影响的程度来说，内部润滑系统严重得多。内部使用的润滑油由于直接接触压缩气体，极易受气体性质的影响和高温高压的作用，使用条件比较苛刻，很容易氧化和形成积炭，因此要求润滑油具有以下特点。

①良好的热氧化安定性　压缩机油要有良好的热氧化安定性，保证压缩机油在压缩机运转中较少生成油泥和高温下不易生成积炭，这是压缩机油的重要使用性能。

热安定性不好的润滑油容易分解产生小分子碳氢化合物和炭尘，这两项是造成空气压缩机发生爆炸的主要原因。由于压缩机工作温度高，一般排气阀和气缸与活塞环摩擦面温度可达 200℃以上，空气压缩机中压缩气体的氧分压又较大，所以容易促使润滑油氧化变质生成油泥和积炭，影响压缩机正常运转。根据调查，空气压缩机的故障中，有 70%是由于积炭积累。积炭并不是纯炭，而是由烃的氧化缩合物、油、磨屑、尘土等组成。所以，积炭里面的油分受到强烈氧化时，便出现火星。这时，如果火星周围油的裂化气或油蒸气浓度在爆炸浓度以内，便会引起爆炸。所以，压缩机油必须具有良好的抗氧化安定性，尤其是用于多级压缩机的润滑油。

压缩机油应使用抗氧化性能好(产生油泥少)、炭化倾向小(积炭少)，而且形成的炭质松软易脱落，排除的深度精制的环烷基基础油并加入抗氧、抗腐、抗磨剂做内部润滑油使用。但是无论石油润滑油的抗氧化性能有多好，都不允许将其用在氧气或氯气的压缩机上，因这些高压气体遇石油会使其激烈氧化、自燃而产生爆炸事故。

②闪点要高　闪点实际上是润滑油蒸发性的一个指标。闪点低的润滑油，在高温下所形成的润滑油蒸气就多，当积炭出现火星时，产生爆炸的可能性就大，所以要求压缩机油的闪点要高。通常，压缩机油的闪点应高于压缩空气正常工作温度 30~40℃以上。

③适当的黏度　为保证良好的润滑和压缩气缸的密封，润滑油必须具有一定的黏度，而且压缩机油的黏度在高压下是会增大的，例如 1MPa 黏度为 20mm^2/s 的润滑油在 10MPa 时会增加到 40mm^2/s。因此，在压缩机气缸里的润滑油黏度实际上是较大的，但黏度过大不仅浪费功率，而且由于摩擦面上的油膜恢复速度慢而增加磨损容易生成油泥和积炭，对压缩机

运转不利。选择气缸内部润滑油的黏度一般应考虑压缩机的级数、排气终压和压缩机的功率等因素。对内部、外部润滑系统独立的应采用不同黏度的油。对内外部兼用的应以润滑条件差的内部用油为主来选择。一般往复式活塞压缩机适用润滑油黏度如表6-68所示。

往复式压缩机外部润滑系统用润滑油黏度的选择，主要是考虑维持轴承液体润滑的形成。一般可采用黏度等级为32~100的汽轮机油或液压油。

表6-68 往复式压缩机内部用润滑油黏度参考表

级 数	终压/kPa	黏度/(mm^2/s)		功率/kW	终压/kPa	黏度(40℃)/(mm^2/s)
		40℃	100℃			
1~2	~700	50~80	7~10	~75	~200	50~60
1~3	700~5000	80~100	10~12	~75	~800	70~100
3~5	5000~20000	100~120	12~16	~100	~800	80~100
5~7	20000~100000	120~190	15~20	~200	~800	100~150
1~2冷冻用	~1500	30~40	4~7	200~	~800	150~200

④残炭值低　残炭值是润滑油在使用中产生积炭多少的重要指标。积炭是润滑油中易被氧化的组分，在高温下与空气接触被氧化成胶质附在金属表面上继续受热过程中分解产生的。积炭不仅会影响散热效率，而且能蓄积热量形成火点，润滑油黏附在积炭火点上被蒸发和分解，裂化产生轻质碳氢化合物和游离炭。它们在高温下与空气混合达到爆炸极限时则会发生爆炸。统计表明，空气压缩机排气温度超过170℃时50%发生爆炸，因此为减少排气阀积炭，防止爆炸事故，一般润滑油要求氧化后沉积物残炭不超过0.3%，排气温度控制在150℃以下。通常深度精制的矿物油比浅度精制的油，低黏度油比高黏度油、窄馏分油比宽馏分油的积炭倾向小。环烷基油生成的积炭比石蜡基油生成的积炭松软、易于清除。

⑤防锈性能好　因压缩气体往往含有水分，在压缩过程中会凝聚在气缸和阀件上，容易造成气缸、阀、活塞、活塞环等部件的锈蚀。因此，在压缩机油中加入适量的防锈剂和抗氧化剂，以提高其防锈、抗氧防腐性能。

2. 回转式压缩机的润滑

(1) 润滑特点

回转式压缩机有滑片式、螺杆式、转子式和液环式四种，其中螺杆式应用最广泛，回转式压缩机按其采用的润滑方式又可分为三种润滑。

①干式压缩机　指气腔内不给油，压缩机油不接触压缩介质，如干式螺杆压缩机和转子压缩机的内腔不需用油润滑和密封，仅润滑轴承、同步齿轮和传动机构，其润滑条件相当于往复式压缩机的外部润滑系统或速度型压缩机，选油也相同。

②滴油式压缩机　亦称非油冷式压缩机。这是一种采用滴油润滑、双层壁水套冷却的滑片式压缩机，多数采用两级压缩，排气量较大，作为固定式使用。它有卸荷环式和无卸荷环式之分，采用一个油量可调节的注油器，通过管路将油注滴在气缸、气缸端盖及轴承座上的各个润滑点，以此润滑轴承、转子轴端密封表面及气缸、滑片、转子槽等摩擦表面，然后随压缩气体排出机外，其润滑条件与往复式压缩机内部润滑的压力注油方式相仿，选油也相同。

③油冷式(或称油浸式)压缩机　这是目前湿式螺杆式和滑片式压缩机中最广泛采用的润滑方式。润滑油被直接喷入气缸压缩室内，起润滑、密封、冷却等作用，然后随压缩气体排出压缩室外经油气分离，润滑油得以回收、循环使用。油冷回转式压缩机与往复式压缩机

的内部润滑或滴油回转式、滑片式压缩机相比具有两个明显的特点：一是供油量大(约为排气量的0.24%~1.1%)，以保证最佳的冷却和有效的密封作用；二是润滑油可以回收和循环使用。

下面叙述的回转式压缩机油是指油冷回转式压缩机油，主要应用于油冷回转式压缩机。

(2) 回转式压缩机油的使用条件

①油成为雾状并与热的压缩空气充分混合，与氧化的接触面积大大增加，受热强度大，这是油品最易氧化的恶劣条件。

②润滑油以高的循环速度，反复地被加热、冷却，且不断地受到冷却器中铜、铁等金属的催化，易氧化变质。

③混入冷凝液造成润滑油严重乳化。

④易受吸入空气中颗粒状杂质、悬浮状粉尘和腐蚀性气体的影响。这些杂质常常成为强烈的氧化催化剂，加速油的老化变质。

因此，润滑油在油冷回转式压缩机中的工作条件是极其苛刻的。

(3) 回转式压缩机油的基本性能要求

①良好的氧化安定性　由于润滑油是以雾粒状喷入压缩室中并与较高温度的压缩空气相遇，如果压缩机油氧化安定性差，油品易氧化而使黏度增加，从而减少压缩机油的喷入量，使压缩机油和压缩机的温度升高，导致漆膜和积炭生成，造成滑片运动迟钝、压缩机失效。由于回转式压缩机油循环使用，其老化变质、形成积炭的倾向甚至大于一次性使用的往复式压缩机油。

②合适的黏度　为保证良好的润滑和有效的冷却、密封作用，润滑油应具备适当的黏度。对于压力较高的一级或二级滑片式压缩机宜用黏度较大的润滑油；而压力极低的两级滑片式压缩机，由于每一级压力和压缩温度较低，宜使用黏度较低的润滑油。螺杆式压缩机运动部件之间摩擦较滑片式缓和，且转速较高，宜使用黏度较小的油。为了得到最有利的冷却，在满足密封要求的前提下，尽量采用低黏度的润滑油，其黏度范围通常为5~15mm^2/s(100℃)。

③良好的抗乳化性　一级回转式压缩机通常排气温度较高，使空气中的水分呈蒸汽状态随气流带出机外。但在两级压缩机中，有时会因温度过低凝结大量水分，促使润滑油乳化，其结果不仅造成油气分离不清、油耗量增大，而且造成磨损和腐蚀加剧，水分还会使塑料滑片膨胀造成滑动不灵或折断。因此，对两级压缩机的润滑应该选用抗乳化性好的压缩机油，而不应该选用易与水形成乳化的油品(如使用内燃机油代用)。

④防锈蚀性好　为防止水分引起机件锈蚀，还要求回转式压缩机油有较好的防锈性。

⑤挥发性小　为了使压缩机油从压缩空气中得到很好的分离与回收，必须选择一种比较不易挥发的油，通常石蜡基油比环烷基油具有低的挥发性而应优先选用。

⑥良好的抗泡沫性　回转式压缩机油在循环使用中极易产生泡沫，尤其在温度较低的启动运转初期形成的泡沫不易破裂。泡沫进入油气分离器中使分油元件严重浸油，不但增加油耗，而且使阻力增加造成压缩机内部严重过载，因此回转式压缩机油应具有良好的抗泡沫性能。

3. 速度型压缩机的润滑特点

速度型压缩机的润滑油与气腔隔绝，需要润滑的只是支撑叶轮转子的轴承、联轴节、调速机构和轴封等。因此，排出的压缩气体不含油质，适合压缩不允许与油接触的氧气、氯气、煤气等。速度型压缩机高速旋转的滑动轴承的润滑是其主体，轴承使用的润滑剂根据机型的大小和轴承类型不同而异。小型速度型压缩机多采用滚动轴承，一般选用化学安定性和机械安定性好的润滑脂润滑。一些小型的以滚动轴承或滚动轴承支撑的速度型压缩机则用油泵或油环供给润滑油润滑。

速度型压缩机油的使用条件及质量要求与蒸汽轮机油基本相同，主要要求油品具有适当的黏度、良好的黏温性能、氧化安定性、防锈性、抗乳化性以及抗泡沫性等。目前，运转中的速度型压缩机除特殊情况下，一般均使用防锈汽轮机油。

另外，不同的气体对压缩机油还有一些特殊要求。如氧气、氯气遇矿物油型润滑油会发生反应而引起爆炸，因此不能使用矿物油型润滑油。氧气压缩机一般采用无油润滑活塞环或用中性肥皂水、甘油水润滑。氯气压缩机则采用甘油或石墨润滑油、聚醚、聚丁烯等合成油润滑。

三、压缩机油的组成及牌号

1. 压缩机油的组成

压缩机油由基础油和相应的添加剂组成。

（1）基础油

压缩机油按基础油的类型可分为矿物油型和合成油型两类。

矿物油型压缩机油必须选择经过深度精制的，其重芳烃及胶质含量少、残炭低、对抗氧剂感受性好的基础油。因为压缩机油之所以在使用过程中产生积炭，造成排气管、排气阀等结焦、堵塞和漏气等故障甚至爆炸事故，主要是由于矿物型基础油中一些不安定(易氧化)组分在高温高压下，尤其是在金属(如铜等)催化下，迅速被空气氧化，生成氧化聚合物(如胶质、油泥等)，沉积在排气管、阀等金属表面上，继续受热作用，发生热裂解反应而形成积炭。这些积炭就会阻碍压缩机的排气和阀门的灵活动作，并影响其散热效率，蓄积热量而形成火点，一部分润滑油黏在这些积炭火点上被蒸发和分解，裂化产生轻质烃和游离碳，当与高温高压的空气混合，达到爆炸界限时就会发生爆炸。

合成油型的基础油主要有合成烃(聚 α-烯烃)、有机酯(双酯)、多元醇酯、氟硅油和磷酸酯等。这些合成型基础油氧化安定性好、积炭倾向小，可超过矿物油的温度范围进行润滑，并且使用寿命长，可以满足一般矿物油型压缩机油所不能承受的使用要求。如 ISO L-DAC、DAJ 压缩机油就是采用合成型基础油。

（2）添加剂

多数矿物油基压缩机油都加有抗氧剂、防锈剂、金属钝化剂和抗泡沫剂。某些特殊压缩机油中还加有油性剂、抗磨极压剂、清净分散剂及减少压缩气体中携带油量的添加剂。压缩机油中常用的一些添加剂有如下四种：

①抗氧剂　润滑油中加入抗氧剂，可提高油品在储存，尤其是在苛刻使用条件下的氧化安定性，防止或改变氧化过程，延迟氧化物的发展。常用的抗氧剂有酚类化合物、芳胺类和有机硫化物等。

②防锈剂　压缩机系统一般处在有水和含有水气的空气中。进入系统中的水，主要是由于大气中的水气经压缩冷凝而成的。在压缩机油中加入防锈剂能置换水气，增加其防护性能。常用的防锈剂为烯基丁二酸和二壬基萘磺酸钡。

③金属钝化剂　铜、铁等金属是润滑油氧化的强烈催化剂。金属钝化剂能与金属表面形成络合物，抑制金属在油品氧化过程中的催化作用，并有利于防止金属腐蚀。常用的金属钝化剂有苯并三唑及一些硫氮化合物。

④抗泡剂　为防止压缩机油在使用中形成稳定的泡沫，常加入抗泡剂(如二甲基硅油、丙烯酸酯聚合物)来降低其表面张力促使泡沫消除。

2. 压缩机油品种和规格

压缩机有多种结构形式，其工作条件、润滑方式以及压缩介质各有差异，所需要的润滑油也不相同。因此，通常所说的压缩机油仅是指用于往复式和回转式压缩机的气缸(内部)或气缸与轴承等运动机构(内外部共用)的润滑油。

我国采用 ISO 6743—3：2003《润滑剂、工业用油和有关产品(L类)的分类　第3部分：D组(压缩机)》，制定了压缩机油分类国家标准 GB/T 7631. 9—2014《润滑剂、工业用油和有关产品(L类)的分类　第9部分：D组(压缩机)》，该标准把空气压缩机润滑剂分为DAA、DAB和DAG、DAH、DAJ共5个品种，DAA、DAB用于往复式、活塞式或滴油回转(滑片)式压缩机，DAG、DAH、DAJ用于喷油回转式压缩机；真空泵润滑剂分为DVA、DVB和DVC、DVD、DVE、DVF共6个品种，DVA、DVB用于往复式、滴油回转式和喷油回转式真空泵，DVC、DVD、DVE、DVF用于油封式真空泵；气体压缩机润滑剂按组成和性能分为DGA、DGB、DGC、DGD、DGE共5个品种；详细分类见表6-69和表6-70。

表6-69　空气压缩机润滑剂的分类(GB/T 7631. 9—2014)

<table>
<tr><th>组别符号</th><th>应用范围</th><th>特殊应用</th><th>更具体应用</th><th>产品类型和(或)性能要求</th><th>产品代号(ISO-L)</th><th>典型应用</th><th>备注</th></tr>
<tr><td rowspan="7">D</td><td rowspan="7">空气压缩机</td><td rowspan="5">压缩腔室有油润滑的容积型空气压缩机</td><td rowspan="2">往复的十字头和筒状活塞或滴油回转(滑片)式压缩机</td><td>通常为深度精制的矿物油，半合成或全合成液</td><td>DAA</td><td>普通负荷</td><td rowspan="5">见附录A</td></tr>
<tr><td>通常为特殊配制的半合成或全合成液，特殊配制的深度精制的矿物油</td><td>DAB</td><td>苛刻负荷</td></tr>
<tr><td rowspan="3">喷油回转(滑片和螺杆)式压缩机</td><td>矿物油、深度精制的矿物油</td><td>DAG</td><td>润滑剂更换周期≤2000h</td></tr>
<tr><td>通常为特殊配制的深度精制的矿物油或半合成</td><td>DAH</td><td>2000h < 润滑剂更换周期≤4000h</td></tr>
<tr><td>通常为特殊配制的半合成或全合成液</td><td>DAJ</td><td>润滑剂更换周期>4000h</td></tr>
<tr><td>压缩腔室无油润滑的容积型空气压缩机</td><td>液环式压缩机，喷水滑片和螺杆式压缩机，无油润滑往复式压缩机，无油润滑回转式压缩机</td><td>—</td><td>—</td><td>—</td><td>润滑剂用于齿轮、轴承和运动部件</td></tr>
<tr><td>速度型压缩机</td><td>离心式和轴流式透平压缩机</td><td>—</td><td>—</td><td>—</td><td>润滑剂用于轴承和齿轮</td></tr>
</table>

续表

组别符号	应用范围	特殊应用	更具体应用	产品类型和(或)性能要求	产品代号(ISO-L)	典型应用	备注
D	真空泵		往复式、滴油回转式、喷油回转式(滑片和螺杆)真空泵	—	DVA	低真空，用于无腐蚀性气体	低真空为 $10^2 \sim 10^{-1}$kPa
				—	DVB	低真空，用于有腐蚀性气体	
			油封式(回转滑片和回转柱塞)真空泵	—	DVC	中真空，用于无腐蚀性气体	中真空为 $10^{-4} \sim 10^{-1}$kPa
				—	DVD	中真空，用于有腐蚀性气体	
				—	DVE	高真空，用于无腐蚀性气体	高真空为 $10^{-8} \sim 10^{-4}$kPa
				—	DVF	高真空，用于有腐蚀性气体	

表 6-70　气体压缩机润滑剂的分类(GB/T 7631.9—2014)

组别符号	应用范围	特殊应用	更具体应用	产品类型和(或)性能要求	产品代号(ISO-L)	典型应用	备注
D	气体压缩机	容积型往复式和回转式压缩机，用于除制冷循环或热泵循环或空气压缩机以外的所有气体压缩机	不与深度精制矿物油发生化学反应或不会使矿物油的黏度降低到不能使用程度的气体	深度精制的矿物油	DGA	$<10^4$kPa 压力下的 N_2、H_2、NH_3、Ar、CO_2，任何压力下的 He、SO_2、H_2S，$<10^3$kPa 压力下的 CO	氨会与某些润滑油中所含的添加剂反应
			用于 DGA 油的气体，但含有湿气或凝缩物	特定矿物油	DGB	$<10^4$kPa 压力下的 N_2、H_2、NH_3、Ar、CO_2	氨会与某些润滑油中所含的添加剂反应
			在矿物油中有高的溶解度而降低其黏度的气体	通常为合成液	DGC[a]	任何压力下的烃类，$>10^4$kPa 压力下的 NH_3、CO_2	氨会与某些润滑油中所含的添加剂反应
			与矿物油发生化学反应的气体	通常为合成液	DGD[a]	任何压力下的 HCl、Cl_2、O_2 和富氧空气，$>10^3$kPa 压力下的 CO	对于 O_2 和富氧空气应禁止使用矿物油，只有少数合成液是合适的
			非常干燥的惰性气体或还原气(露点-40℃)	通常为合成液	DGE	$>10^4$kPa 压力下的 N_2、H_2、Ar	这些气体使润滑困难，应特殊考虑

注：高压下气体压缩可能会导致润滑困难(咨询压缩机生产商)。

a. 用户在选用 DGC、DGD 和 DGE 三种合成液时应注意，由于牌号相同的产品可以有不同的化学组成，因此在未向供应商咨询前不得混用。

四、压缩机油主要品种

1. 往复式压缩机油

我国参照有关的ISO标准制定了往复式压缩机油相应的产品规范，产品规范号为GB/T 12691—1990(2017)《空气压缩机油》，见表6-71。该产品规范有L-DAA和L-DAB共2个品种，每个品种分为32、46、68、100、150共5个牌号。

表6-71　往复式压缩机油标准[GB/T 12691—1990(2017)]

项　目	质量指标										试验方法
品　种	L-DAA					L-DAB					
黏度等级(按GB 3141)	32	46	68	100	150	32	46	68	100	150	—
运动黏度/(mm^2/s) 40℃	28.8~35.2	41.6~50.6	61.2~74.8	90.0~110	135~165	28.8~35.2	41.6~50.6	61.2~74.8	90.0~110	135~165	GB/T 265
100℃	报告					报告					
倾点/℃　不高于	-9				-3	-9				-3	GB/T 3535
闪点(开口)/℃　不低于	175	185	195	205	215	175	185	195	205	215	GB/T 5096
腐蚀试验(铜片，100℃，3h)/级　不大于	1					1					GB/T 5096
抗乳化性(40-37-3)/min 54℃　不大于	—						30		—		GB/T 7305
82℃　不大于	—						—		30		
液相锈蚀试验(蒸馏水)	—					无锈					GB/T 11143
硫酸盐灰分/%	—					报告					GB/T 2433
老化特性 (1)200℃，空气 蒸发损失/%　不大于	15					—					SH/T 0192
康氏残炭增值/%　不大于		1.5		2.0		—					
(2)200℃，空气，Fe_2O_3 蒸发损失/%　不大于	—					20					
康氏残炭增值/%　不大于	—						2.5		3.0		
减压蒸馏蒸出80%后残留物性质 残留物康氏残炭/%　不大于	—						0.3		0.6		GB/T 9168 GB/T 268
新旧油40℃运动黏度之比　不大于	—					5					GB/T 265
中和值/(mgKOH/g) 未加剂	报告					报告					GB/T 4945
加剂后	报告					报告					
水溶性酸或碱	无					无					GB/T 259
水分/%　不大于	痕迹					痕迹					GB/T 260
机械杂质/%　不大于	0.01					0.01					GB/T 511

2. 回转式压缩机油

我国参照有关的 ISO 标准制定了轻载荷喷油回转式压缩机油（L-DAG）相应的产品规范，产品规范号为 GB/T 5904—1986（2017）《轻负荷喷油回转式空气压缩机油》，见表 6-72。该产品规范分为 15、22、32、46、68、100 共 6 个牌号。

表 6-72　轻载荷喷油回转式压缩机油标准［GB/T 5904—1986（2017）］

项　目		质量指标						试验方法
黏度等级		15	22	32	46	68	100	GB/T 3141
40℃黏度/（mm^2/s）	±10%	15	22	32	46	68	100	GB/T 265
黏度指数	不大于	90						GB/T 2541
倾点/℃	不高于	-9						GB/T 3535
闪点（开口）/℃	不低于	165	175	190	200	210	220	GB/T 267
铜片腐蚀（100℃，3h）/级	不大于	1						GB/T 5096
抗泡性（24℃）/mL								
泡沫倾向	不大于	100						GB/T 12579
泡沫稳定性	不大于	0						—
破乳化性（40-37-3）/min								
54℃	不大于	30					—	GB/T 7305
82℃	不大于	—					30	
防锈试验（15 号钢）		无锈						GB/T 11143
氧化安定性/h	不大于	1000						GB/T 12581
机械杂质/%	不大于	0.01						GB/T 511
水分/%	不大于	痕迹						GB/T 260
水溶性酸或碱		无						GB/T 259
残炭（加剂前）/%		报告						GB/T 268

我国还未制定中载荷喷油回转式压缩机油（L-DAH）产品规范，DAH 参考产品规范见表 6-73。该产品规范分为 32、46、32A、46A 共 4 个牌号。

表 6-73　中载荷喷油回转式压缩机油参考标准

项　目		质量指标				试验方法
黏度等级		32	46	32A	46A	GB/T 3141
运动黏度/（mm^2/s） 40℃		28.8 ~ 35.2	41.4 ~ 50.6	28.8 ~ 35.2	41.4 ~ 50.6	GB/T 265
100℃		报告		报告		
黏度指数	不小于	90		90		GB/T 2541
色度/号	不大于	1		1		GB/T 6540
密度（20℃）/（g/cm^3）		报告		报告		GB/T 1884
闪点（开口）/℃	不低于	220		220		GB/T 3536
倾点/℃	不高于	-9		-9		GB/T 3535
酸值/（mgKOH/g）		报告		报告		GB/T 7304
抗乳化性（40-37-3）/min	不大于	30		30		GB/T 7305

续表

项　目		质量指标		试验方法
泡沫性(泡沫倾向/泡沫稳定性)/(mL/mL) 24℃		300/0	300/0	GB/T 12579
液相锈蚀(A法)		无锈	无锈	GB/T 11143
氧化试验(200℃空气，Fe_2O_3)				
蒸发损失/%	不大于	20	20	SH/T 0192
康氏残炭增加/%	不大于	2.5	2.5	
FZG齿轮机失效载荷/级	不大于	—	10	SH/T 0306

五、压缩机油的选用

合理选择压缩机油对延长设备的使用寿命，提高设备运转的可靠性、防止事故的发生等均有直接影响，故对此必须十分慎重。选用压缩机油分为品种选择和黏度选择。

1. 压缩机油品种选择

压缩机油品种选择按压缩机和载荷大小以及压缩介质来选择，以适应压缩机的性能要求与工作条件，并使压缩介质不受压缩机油的影响。

对压缩介质而言，在氧气压缩机里，氧分会使矿物性润滑油剧烈氧化而引起压缩机燃烧和爆炸，因此避免采用油润滑，或者采用无油润滑的方式，或者采用水型乳化液或蒸馏水添加质量分数6%~8%的工业甘油进行润滑；在氯气压缩机里，烃基润滑油可与氯气化合生成氯化氢，对金属(铸铁和钢)具有强烈的腐蚀作用，因此一般均采用无油润滑或固体(石墨)润滑。对于压缩高纯气体的乙烯压缩机等为防止润滑油混入气体中去影响产品的质量和性能，通常也不采用矿物油润滑，而多用医用白油或液态石蜡润滑等。只是在一般空气、惰性气体、烃类(碳氢化合物)气体、氮、氢等气体压缩机中，大量广泛采用矿物油润滑。

具体的选用方法见表6-74和表6-75。

表6-74　不同类型的空气压缩机选油参考表

压缩机类型	油品类型
无油润滑压缩机：往复式和回转式	DAA压缩机油或汽轮机油或液压油
油润滑压缩机	按压缩机载荷轻重选用
(1)空冷往复式压缩机(轴输入功率<20kW)	DAA或DAB或DAC压缩机油；轻、中载荷亦可选用单级CC、CD发动机油①
(2)空冷往复式压缩机(轴输入功率>20kW)	按压缩机载荷 轻、中载荷用DAA、DAB压缩机油，或汽轮机油、液压油；亦可选用单级CC、CD发动机油①
(3)水冷往复式压缩机及滴油润滑回转式压缩机	轻载荷用DAA油或汽轮机油或液压油中载荷用DAB油，可用单级CC、CD发动机①
(4)油冷回转式压缩机	轻载荷用DAG油或汽轮机油或液压油 中载荷用DAH油 重载荷用DAJ油

注：①不可选用多级发动机油。

表 6-75　不同介质压缩机选油参考表

介质类型	对润滑剂的要求	推荐润滑剂
空气	因有氧，油的抗氧化性能要好，油的闪点应比最高排气温度高 40℃	L-DAB100 或 L-DAB150 号防锈抗氧压缩机油
氢氮	无特殊影响，可用与相同的油	矿物油、合成油压缩机油
氩、氦、氖	气体较贵重、气体中应不含水分和油，多用膜片式压缩机压送	矿物油型压缩机油
氧	会使润滑油剧烈氧化和爆炸，不用矿物油润滑	多采用无油润滑，或采用氟油润滑
氯	在一定条件下与烃作用生成氯化氢	无油润滑(石墨)
硫化氢、二氧化碳、一氧化碳	润滑油应不含水分，否则水溶解气体可生成酸，会破坏润滑性	防锈汽轮机油或矿物油型压缩机油或合成压缩机油
二氧化碳、二氧化硫	能与油互溶，降低黏度，油中应不含水分并应防止生成腐蚀性酸	防锈汽轮机油或压缩机油或合成压缩机油
氨	如有水分会与油的酸性氧化物生成沉淀，与酸性防锈剂生成不溶性皂	抗氨汽轮机油
天然气	湿而含油	干气可用矿物型压缩机油，湿气用合成压缩机油
石油气	会产生冷凝液稀释润滑油	矿物型压缩机油或合成压缩机油
乙烯	避免润滑油与压送气体混合而影响产品性能，不用矿物油润滑	合成压缩机油或白油、液体石蜡
丙烷	与油混合可被稀释，高纯度的丙烷应用无油润滑	合成压缩机油、乙醇肥皂润滑剂或防锈汽轮机油
焦炉气、水煤气	对润滑油无特殊影响，但气体较脏，含硫多时有破坏作用	矿物型压缩机油或合成压缩机油
煤气	杂质多，易弄脏润滑油	矿物型压缩机油或合成压缩机油

2. 压缩机油黏度选择

黏度的选择与压缩机的类型、功率、给油方法和工作条件(主要是出口温度和压力)有关，要求油的黏度对润滑部位能形成油膜，同时起到润滑、减摩、密封、冷却、防腐蚀等作用。表 6-76 是各类型压缩机使用的润滑油(包括内部油、外部油和内外部共用油)黏度选择方法之一。

表 6-76　压缩机油黏度选择参考表

压缩机型式			排气压力/0.1MPa	压缩级数	润滑部位	润滑方式	ISO 黏度等级
容积型	往复式	移动式	10 以下	1～2	气　缸	强制、飞溅	46、68
					轴　承	循环、飞溅	46、68
			10 以下	2～3	气　缸	强制、飞溅	68、100
					轴　承	循环、飞溅	46、68

续表

<table>
<tr><th colspan="4">压缩机型式</th><th>排气压力/0.1MPa</th><th>压缩级数</th><th>润滑部位</th><th>润滑方式</th><th>ISO 黏度等级</th></tr>
<tr><td rowspan="17">容积型</td><td rowspan="6">往复式</td><td colspan="2" rowspan="6">固定式</td><td rowspan="2">50 ~ 200</td><td rowspan="2">3 ~ 5</td><td>气　缸</td><td>强　制</td><td>68、100、150</td></tr>
<tr><td>轴　承</td><td>强制、循环</td><td>46、68</td></tr>
<tr><td rowspan="2">200 ~ 1000</td><td rowspan="2">5 ~ 7</td><td>气　缸</td><td>强　制</td><td>100、150</td></tr>
<tr><td>轴　承</td><td>强制、循环</td><td>46、68</td></tr>
<tr><td rowspan="2">>1000</td><td rowspan="2">多　级</td><td>气　缸</td><td>强　制</td><td>100、150</td></tr>
<tr><td>轴　承</td><td>强制、循环</td><td>46、68</td></tr>
<tr><td rowspan="11">回转式</td><td rowspan="4">滑片式</td><td rowspan="2">水冷式</td><td><3</td><td>1</td><td rowspan="2">气缸滑片侧盖轴承</td><td rowspan="2">压力注油</td><td rowspan="2">100、150</td></tr>
<tr><td>7</td><td>2</td></tr>
<tr><td rowspan="2">油冷式</td><td>7 ~ 8</td><td>1</td><td rowspan="2">气　缸</td><td rowspan="2">循　环</td><td rowspan="2">43、46、68</td></tr>
<tr><td>7 ~ 8</td><td>2</td></tr>
<tr><td rowspan="5">螺杆式</td><td rowspan="3">干　式</td><td>3.5</td><td>1</td><td rowspan="3">轴承、同步齿轮传动机构</td><td rowspan="3">循　环</td><td rowspan="3">32、46、68</td></tr>
<tr><td>6 ~ 7</td><td>2</td></tr>
<tr><td>12 ~ 26</td><td>3 ~4</td></tr>
<tr><td rowspan="2">油冷式</td><td>3.5 ~ 7</td><td>1</td><td rowspan="2">气　缸</td><td rowspan="2">循　环</td><td rowspan="2">32、46、68</td></tr>
<tr><td>7</td><td>2</td></tr>
<tr><td colspan="2" rowspan="2">转子式</td><td rowspan="2">—</td><td rowspan="2">—</td><td>齿　轮</td><td>油浴、飞溅</td><td>46、68、100</td></tr>
<tr><td>气缸、轴承</td><td>循　环</td><td>46、68、100</td></tr>
<tr><td>速度型</td><td colspan="3">离心式</td><td>7 ~9</td><td>—</td><td>轴承（有时含齿轮）</td><td>循环（或油环）</td><td>32、46、68</td></tr>
</table>

六、压缩机油的使用

合理地使用压缩机油不仅是保证压缩机安全正常运转的重要条件，而且是节约能源的重要途径。

1. 正确控制给油量

供给压缩机的润滑油量，应在保证润滑和冷却的前提下尽量减少。给油量过多，会增加气缸内积炭，使气阀关闭不严，压缩效率下降，甚至引起爆炸，并浪费润滑油；给油量过少，则润滑和冷却效果不好，引起压缩机过热，增大机械磨损。因此，必须根据压缩机的压力、排气量和速度以及润滑方式和油的黏度等条件来正确控制给油量。关于最佳给油量，有不少的经验数据和计算公式，尚无统一的说法。一般观点认为应遍及气缸全面、无块状油膜、不从气缸底部外流，达到这种状况的给油量即为最佳给油量。

①往复活塞式压缩机的气缸内部和传动机构是分别润滑时，气缸的给油量可根据压缩机的类型和运转条件不同直接用注油器调节。给油量原则上按气缸和活塞的滑动面积确定，但即使滑动面积相同，如压力增加，给油量亦要增加，往复活塞式压缩机气缸润滑参考给油量见表 6-77。

表 6-77　往复活塞式压缩机气缸润滑参考给油量

气缸直径/cm	活塞行程容积/cm^3	滑动表面积/(m^2/min)	给油量/(mL/h)	给油滴数/min
15 以下	1 以下	45 以下	3	2/3
15~20	1~2	45~70	5	1

续表

气缸直径/cm	活塞行程容积/cm^3	滑动表面积/(m^2/min)	给油量/(mL/h)	给油滴数/min
20~25	2~4	70~100	6	4/3
25~30	4~6	100~140	10	1~2
30~35	6~10	140~185	18	2~3
35~45	10~17	185~240	23	3~4
45~60	17~30	240~340	33	4~5
60~75	30~50	340~450	40	5~6
75~90	50~75	450~560	50	6~8
90~105	75~105	560~700	75	8~10
105~120	105~150	700~840	100	10~12

②滴油式回转压缩机的给油量按功率大小确定，见表6-78。

表6-78 滴油式回转压缩机的参考给油量

压缩机的功率/kW	55以下	55~75	75~150	150~300
给油量/(mL/h)	15~25	27~30	20~25	14~20

③对新安装或新更换活塞环的压缩机，则必须以2~3倍的最低给油量进行磨合运转。

2. 合理换油

压缩机的换油期，随着压缩机的构造形式、压缩介质、操作条件、润滑方式和润滑油质量的不同而异。通常，可以根据油品在使用过程中质量性能的变化情况确定换油，轻负荷喷油回转式空气压缩机油换油指标见表6-79(NB/SH/T 0538—2013)。

表6-79 轻负荷喷油回转式空气压缩机油换油指标(NB/SH/T 0538—2013)

项目		指标	试验方法
运动黏度变化率(40℃)/%	超过	±10	GB/T 265
酸值增加值/(mgKOH/g)	大于	0.2	GB/T 264
水分/%	大于	0.1	GB/T 260
正戊烷不溶物/%	大于	0.2	GB/T 8526
氧化安定性(旋转氧弹，150℃)/min	小于	50	SH/T 0193

往复式压缩机的内部油是全损式润滑，冷却器回收用过的油不再循环使用。外部油及内外部共用油的换油指标可参考表6-80。

表6-80 压缩机油换油参考指标

类型	润滑部位		换油质量指标				附注
			黏度	酸值/(mgKOH/g)	残炭/g	正康烷不溶物/%	
往复式	高压用	内部用(气缸)	—	—	—	—	不反复使用、排出可作轴承润滑用
		外部用(轴承)	1.5倍	2.0	1.0	0.5	—
	低压用	气缸轴承共用	1.5倍	2.0	1.0	0.5	—

续表

类型	润滑部位	换油质量指标				附　注
		黏度	酸值/(mgKOH/g)	残炭/g	正康烷不溶物/%	
回转式	气缸轴承共用	1.5倍	0.5	—	0.2	主要使用汽轮机油和回转压缩机油
离心式	轴承用	1.5倍	0.5	—	0.2	主要使用汽轮机油

第十节　冷冻机油

冷冻机是利用低沸点液体(制冷剂)蒸发时吸收热量的原理，以获得低温(低于环境温度)的机械装置。随着科学和生产技术的迅速发展，各种类型的制冷设备不断出现，不仅用于生活，而且广泛用于石油、化工、纺织、医疗、机械制造、食品加工、交通运输、科学研究和宇宙开发等国民经济的各个领域。

一、冷冻机的类型及润滑方式

冷冻机按其制冷原理和结构可分为压缩式、吸收式、蒸气喷射式、半导体式等。其中，吸收式、蒸气喷射式、半导体式制冷设备中没有机械运动部件，不需要润滑，因此本节只介绍压缩式冷冻机的构造及润滑。通常冷冻机油也是指压缩式中的往复式、回转式、离心式三种冷冻机使用的润滑油。

压缩式冷冻机是一个闭合的循环制冷系统，它由蒸发器、制冷压缩机、冷凝器和节流阀等组成。其基本原理是：利用液相制冷剂气化时吸收周围介质热量的特性使温度降低，然后通过制冷压缩机压缩，将气相制冷剂复原到液相再重新气化，如此重复循环，达到控制低温的目的，如图6-13所示。

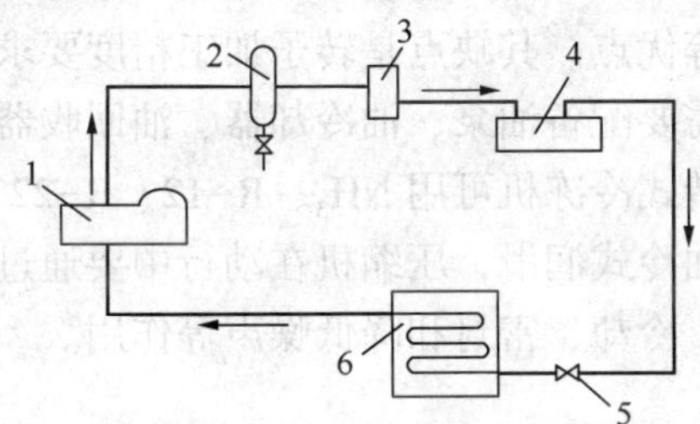

图6-13　压缩式冷冻机制冷原理示意图

1—压缩机；2—油分离器；3—冷凝器；4—受液器；5—节流阀；6—蒸发器

压缩式冷冻机实际上是循环制冷系统中的压缩机，它的类型、结构和润滑方式与压缩机基本相同，只是压缩的气体不同，工作状况不同而已。

1. 往复式(活塞式)冷冻机

往复式冷冻机是目前各种冷冻机中应用最广泛的，尤其在中小制冷量范围内具有许多优点：

①使用制冷量范围宽，可达10~2100MJ/h，最大的制冷量已达10GJ/h。

②使用温度范围广。

③制冷效率高，单位能耗较低。

④装置系统比较简单，加工容易，造价低。

⑤可以采用氨、氟利昂等各种制冷剂。

(1) 往复式冷冻机的分类

①按密封程度可将往复式制冷压缩机分为开启式、半封闭式和全封闭式三种。

开启式——压缩机的曲轴通过轴封装置伸出机体外面与电动机联接，多用于较大制冷量的冷冻机。

半封闭式——压缩机的电机外壳和机体铸成一体，压缩机和电动机的主轴也被制成一体，不需要轴封装置，多用于中小制冷量的氟利昂冷冻机。

全封闭式——压缩机和电动机的主轴制成一体，并放置在一个焊死的密封机壳内，用于各种冰箱、空调等较小制冷量的制冷压缩机。

全封闭式和半封闭式冷冻机因为压缩机与电动机一起封闭在一个机壳内，冷冻机油必然经常和电动机相接触，因此，对冷冻机油还提出了电气性能上的要求。

②按冷却的方式可将往复式冷冻机分为空气冷却式、水冷却式和进气冷却式。

(2) 往复式制冷压缩机的润滑方式

往复式制冷压缩机需要用油润滑的部位，一是活塞与气缸之间，二是曲轴连杆机构。根据机型的大小和结构的不同，其润滑方式主要有飞溅润滑和压力润滑两种。少数大型卧式带十字头的氨制冷机，其活塞与气缸采用注油器润滑，曲轴连杆机构采用压力润滑。

2. 回转式(螺杆式)冷冻机

回转式冷冻机是一种新型的回转式制冷压缩机，其制冷量介于往复式与离心式之间，制冷范围为0.1~18.0GJ/h左右，通常都在1.5GJ/h以上。其基本构造是在机壳内有一对互相平行置放的阴、阳转子。当转子转动时，转子上的齿槽容积随转子的旋转不断发生由大到小的变化，从而对制冷剂蒸气进行吸入、压缩和排出三个连续过程，从而达到制冷的目的。

与往复式制冷压缩机相比，回转式制冷压缩机没有往复式压缩机所具有的气阀、活塞、活塞环、缸套等易损部件，因此具有寿命长，运行平稳可靠、排气温度低、单级压缩比大、结构紧凑、体积小、质量小等优点。其缺点是转子加工精度要求高、加工困难，在制冷过程中要喷入大量润滑油，因而需要配备油泵、油冷却器、油回收器等较多的辅助设备，同时噪声较高、电耗量也较大。回转式冷冻机可用NH_3、R-12、R-22等制冷剂。

回转式制冷压缩机均为油冷式润滑，压缩机在动行中要通过喷油孔不断向转子壳体内喷入冷冻机油，从而起到润滑、冷却、密封和降低噪声等作用。

3. 离心式冷冻机

离心式冷冻机具有制冷量大、质量小、平衡性好、与活塞式冷冻机相比无易损件、运转可靠、操作维护简便、振动小等优点。尤其适应大制冷量的要求，制冷范围通常为1~100GJ/h。

离心式冷冻机的工作原理是利用高速旋转的叶轮使连续流动的气态制冷剂获得高速度，再通过扩压过程将速度能转变为压力能，从而达到提高制冷剂蒸气压力的目的。故这种冷冻机的速度很快，制冷量大。但由于它的每一级叶轮产生的压缩比比较小，而排出的气体容积又比较大，因而较适宜采用相对分子质量较大、汽化压力与冷凝压力的比值较小和单位容积制冷量较低的氟利昂作制冷剂。

离心式制冷压缩机的润滑部位是轴承及齿轮箱，润滑油不与制冷剂接触，因此，通常可用汽轮机油润滑。为了避免制冷剂泄漏，在机壳轴承内侧还装有高压机械密封油系统。因此，在离心式冷冻机中，润滑油不仅要润滑传动机构的摩擦部件，而且要润滑机械密封，并作密封介质。

二、冷冻机油的性能要求

1. 冷冻机油的主要作用

①润滑作用　减少机械摩擦和磨损。

②降低温度　冷冻机油在制冷压缩机中不断循环，因此也不断携走制冷压缩机工作过程中产生的大量热量，使机械保持较低的温度，从而提高制冷机的机械效率和使用可靠性。

③密封作用　冷冻机油还用于各轴封及气缸和活塞间起密封作用，提高轴封和活塞环的密封性能，防止制冷剂泄漏。

④用作能量调节机构的动力　有些制冷机中利用冷冻机油的油压作为能量调节机构的动力，对制冷机的制冷量进行自动或手动调节。

2. 冷冻机油的工作条件

①冷冻机油处于制冷压缩机排气阀的较高温(可高达150℃)以及在膨胀阀、蒸发器等部位的低温(可低至-40℃以下)这样两种极端的温度条件下工作。有别于总在高温下工作的其他用途的压缩机。

②压力较低，一般为中、低压。

③与制冷剂在制冷压缩系统内直接接触，并有少量冷冻机油被携入制冷剂管线内参与冷冻循环。

④冷冻机油在制冷压缩机内循环使用，有别于其他用途的往复式压缩机油(在气缸内部)的全损式润滑。尤其是半封闭式或全封闭式制冷压缩机，要求长期不换油。

⑤在全封闭式制冷压缩机中，冷冻机油与电机的线圈及密封件等材料密切接触。

3. 冷冻机油的性能要求

由于冷冻机油特殊的工作条件，因此，要求它能同时满足制冷循环系统内的压缩机、冷凝器、膨胀阀和蒸发器等的不同要求，见表6-81。

表6-81　制冷循环系统对冷冻机油的性能要求

循环部位	性能要求
压缩机	①制冷剂共存时具有优良的化学安定性 ②有良好的润滑性 ③有良好的与制冷剂的相溶性 ④对绝缘材料和密封材料具有优良的适应性 ⑤有良好的抗泡性
冷凝器	有优良的与制冷剂的相溶性
膨胀阀	①无蜡状物絮凝分离 ②不含水
蒸发器	①优良的低温流动性 ②无蜡状物絮凝分离 ③不含水 ④有优良的与制冷剂的相溶性

(1) 适宜的黏度及良好的黏温特性

适宜的冷冻机油黏度是确保制冷压缩机润滑及密封良好的重要因素。如果制冷剂与冷冻机油互溶性较大时，应使用黏度较高的油以克服润滑油被制冷剂稀释造成的黏度降低。此外，冷冻机油要在制冷压缩机排气阀高达150℃的高温下以及在膨胀阀、蒸发器低到-40℃以下的低温两种极端温度条件下工作。与其他只在较高温度下使用的压缩机油不同，冷冻机油在制冷循环系统中的使用温度范围很宽。因此，要求冷冻机油必须有很好的黏温特性，以保证冷冻机油在各种不同温度下都具有良好的润滑性和流动性。

（2）良好的低温性能

冷冻机工作温度变化范围较大，为保证润滑油的作用正常发挥，要求其低温流动性好，倾点一般应低于冷冻温度10℃，以保证冷冻机油在低温下能从蒸发器返回压缩机。由于各种制冷剂与冷冻机油在冷冻机的低温区的互溶性不同，因而就会因为冷冻机所用溶剂的不同而对冷冻机油低温性能的要求有不同的侧重点。

①倾点低　对于使用与油难互溶的氨及R502、R503的制冷系统，如果冷冻机油的倾点过高，当其随制冷剂进入制冷系统后，就会在蒸发器盘管等低温部位滞留或凝固，严重时甚至会堵塞管道使设备不能正常工作。因此，冷冻机油要有较低的倾点。

②良好的相溶性　在制冷系统内，冷冻机油与制冷剂的溶解对于压缩机的润滑是至为关键的。若两者不溶解，冷冻机油会滞留在系统内造成冷冻效果不良；或会因为冷冻机油在系统内的分布不均匀，导致局部油量不足而引起润滑故障。新型制冷剂HFC134a就是因为其不含氯，且与传统的矿物油型冷冻机油不相溶而要求研制专门的、昂贵的合成冷冻机油。

③低的絮凝点　对于使用R11、R12等氟利昂制冷剂的制冷系统，虽然冷冻机油与这类制冷剂是完全溶解的，在低温下也不会发生油-剂分离现象，但是由于冷冻机油中的蜡在此类制冷剂中的溶解性差，常在温度尚未到达冷冻机油的凝点之前就从油-剂的均溶液中以絮状物的形式凝结出来，造成毛细管和膨胀阀堵塞，使制冷剂的循环中断、制冷失效。因此，用于此类制冷剂系统中的冷冻机油的蜡含量必须很低，以保证冷冻机油具有较低的絮凝点。

理想的冷冻机油应该兼备上述三种特性，以适应各种类型的制冷剂。但实际上许多冷冻油是无法满足这一要求的(见表6-82)，因此在选择冷冻机油时，须先了解冷冻机所用的制冷剂种类。

表6-82　冷冻机油的类型及其低温特性

油品类型	石蜡基油（脱蜡）	石蜡基油（深冷脱蜡）	低精制环烷基油	高精制环烷基油	烷基苯（硬性）
黏度(40℃)/(mm^2/s)	31.6	33.4	29.3	32.8	33.0
黏度指数	106	102	-10	59	-44
倾点/℃	-15	-30	-37.5	-37.5	-42.5
絮凝点/℃	>-30	-50	-60	-40	<-75
临界溶解温度(20%油)/℃	30	>30	-12	18	<-60

（3）良好的热化学安定性

避免冷冻机油与制冷剂(氟利昂、氯甲烷、氨等)发生化学反应，生成腐蚀性的酸或酸的胺盐、油泥等杂质，从而导致堵塞制冷系统、影响制冷效率、腐蚀设备、破坏绝缘材料致使电机烧坏等故障。

（4）良好的抗氧化安定性

冷冻机最后压缩温度可达130~160℃，为避免在高温下冷冻机油会产生油泥、积炭等氧化物，影响制冷效果，导致机件磨损，冷冻机油应具有良好的抗氧化安定性。对于半封闭和全封闭的冷冻机，冷冻机油要能够满足全封闭式制冷压缩机在 10~15 年以上不换油，这就要求冷冻机油抗氧化安定性要好，长期使用不变质。所以，有的冷冻机油需加入抗氧化剂，以提高它的抗氧化安定性。

(5) 闪点高，挥发性小

要求冷冻机油具有较高的闪点和较小的挥发性。因为闪点低、挥发量大，在冷冻机油随制冷剂的循环量就大，在高温阀片处挥发、变黏而生成积炭的可能性就增加，而且在压缩升温过程中发生燃烧的危险性加大。因此，一般要求冷冻机油的馏分要窄，闪点要比制冷压缩机的最高排气温度高 20~30℃。

(6) 不含水分

水在蒸发器中结冰会影响供热效率，在膨胀阀结冰，会引起阀的故障。与制冷剂接触会加速其分解并腐蚀设备。如在用氟利昂做制冷剂的冷冻机中，在金属的催化作用下，水分与氟利昂反应会产生盐酸、氢氟酸，腐蚀冷冻机。因此冷冻机油中不应含水。

在全封闭式冷冻机中使用的冷冻机油还要求有好的电绝缘性、抗泡性，并且对橡胶、漆包线不溶解、不膨胀等。

三、冷冻机油种类及牌号

1. 冷冻机油的分类

我国采用 ISO 6743-3：2003《润滑剂、工业用油和有关产品(L 类)的分类　第 3 部分：D 组(压缩机)》，制定了压缩机油分类国家标准 GB/T 7631. 9—2014《润滑剂、工业用油和有关产品(L 类)的分类　第 9 部分：D 组(压缩机)》，该标准将制冷压缩机润滑剂按制冷的不同分为 DRA、DRB、DRC、DRD、DRE、DRF、DRG 共 7 个品种；详细分类见表 6-83。我国 2013 年 3 月 1 日实施的 GB/T 16630—2012《冷冻机油》中已有 DRE 和 DRG 质量等级，其分类见表 6-84。

表 6-83　制冷压缩机润滑剂的分类(GB/T 7631. 9—2014)

组别符号	应用范围	制冷剂	润滑剂类别	部分润滑剂类型（典型-非包含）	产品代号（ISO-L）	典型应用	备　注
D	制冷压缩机	氨(NH_3)	不互溶	深度精制的矿物油（环烷基或石蜡基），烷基苯，聚 α-烯烃	DRA	工业用和商业用制冷	开启式或半封闭式压缩机的满液式蒸发器
			互溶	聚(亚烷基)二醇	DRB	工业用和商业用制冷	直接膨胀式蒸发器；聚(亚烷基)二醇用于开启式压缩机或工厂组装装置
		氢氟烃(HFC)	不互溶	深度精制的矿物油（环烷基或石蜡基），烷基苯，聚 α-烯烃	DRC	家用制冷，民用和商用空调、热泵，公交空调系统	适用于小型封闭式循环系统
			互溶	多元醇酯，聚乙烯醚，聚（亚烷基）二醇	DRD	车用空调，家用制冷，民用和商用空调、热泵，商用制冷包括运输制冷	—

续表

组别符号	应用范围	制冷剂	润滑剂类别	部分润滑剂类型（典型-非包含）	产品代号（ISO-L）	典型应用	备　注
D	制冷压缩机	氯氟烃（CFC）氢氯氟烃（HCFC）	互溶	深度精制的矿物油（环烷基或石蜡基），烷基苯，多元醇酯，聚乙烯醚	DRE	车用空调，家用制冷，民用和商用空调、热泵，商用制冷包括运输制冷	制冷剂中含有氯有利于润滑
		二氧化碳（CO_2）	互溶	深度精制的矿物油（环烷基或石蜡基），烷基苯，聚（亚烷基）二醇，多元醇酯，聚乙烯醚	DRF	车用空调，家用制冷，民用和商用空调、热泵	聚（亚烷基）二醇用于开户式车用空调压缩机
		烃类（HC）	互溶	深度精制的矿物油（环烷基或石蜡基），烷基苯，聚α-烯烃，聚（亚烷基）二醇，多元醇酯，聚乙烯醚	DRG	工业制冷，家用制冷，民用和商用空调、热泵	典型应用是工厂组装低负荷装置

表 6-84　冷冻机油分类及各种品种的应用［GB/T 16630—2012 附录 A（规范性附录）］

分组字母	主要应用	制冷剂	润滑剂分组	润滑剂类型	代号	典型应用	备　注
D	制冷压缩机	NH_3（胺）	不相溶	深度精制矿物油（环烷基或石蜡基），合成烃（烷基苯、聚α-烯烃）	DRA	工业用和商业制冷	开启式或半封闭式压缩机的满液式蒸发器
			相溶	聚（亚烷基）二醇	DRB	工业用和商业制冷	开启式压缩机或工厂厂房装置用的自膨式蒸发器
		HFC_3（氢氟烃类）	相溶	聚酯油、聚乙烯醚、聚（亚烷基）二醇	DRD	车用空调、家用制冷、民用商用空调、热泵、商业制冷包括运输制冷	—
		$HCFC_3$（氢氯氟烃类）	相溶	深度精制矿物油（环烷基苯、烷基或石蜡基）、聚酯油、聚乙烯醚	DRE	车用空调、家用制冷、民用商用空调、热泵、商业制冷包括运输制冷	—
		HC_3（烃类）	相溶	深度精制矿物油（环烷基苯、烷基或石蜡基）、聚（亚烷基）二醇、合成烃（烷基苯、聚α-烯烃）、聚酯油、聚乙烯醚	DRG	工业制冷、家用制冷、民用商用空调、热泵	工厂厂房用的低负载制冷装置

2. 冷冻机油的组成

冷冻机油是一种质量要求较高的专用润滑油，它以深度精制的矿物油或以合成油作基础油，加入一定量的添加剂如抗氧剂、润滑剂、抗泡剂和降凝剂(制冷剂与降凝剂会发生化学反应者不得使用烷基苯冷冻机)等调制而成。

基础油类型和质量是影响冷冻机油质量和选用的关键因素，表6-85对用不同类型基础油生产的冷冻机油的性能作了比较。

表6-85 不同类型基础油生产的冷冻机油性能比较

项目		环烷基冷冻机油	石蜡基冷冻机油	烷基苯冷冻机油		聚烯烃冷冻机油
				硬性	软性	
低温流动性		○	△	●	●	●
相溶性	R12	●	○	●	●	●
	R22	○	△	●	○	○
	R502	×	×	●	△	×
化学安定性		△	○	●	○	●
热稳定性		△	○	●	○	○
润油性		○	○	×	○	○
黏温性		×	○	×	△	△~○

注：●—优；○—良；△—中；×—差。

3. 冷冻机油种类及牌号

我国冷冻机油现行产品规范是GB/T 16630—2012《冷冻机油》(表6-86、表6-87和表6-88)，该规范有L-DRA、L-DRB、L-DRD、L-DRE、L-DRG共5种冷冻机油，其牌号按40℃运动黏度分别有：

L-DRA有15、22、32、46、68、100共6个牌号的冷冻机油；

L-DRB有22、32、46、68、100、150共6个牌号的冷冻机油；

L-DRD有7、10、15、22、32、46、68、100、150、220、320、460共12个牌号的冷冻机油；

L-DRE有15、22、32、46、56、68、100、150、220、320、460共11个牌号的冷冻机油；

L-DRG有8、10、15、22、32、46、68、100、150、220、320、460共12个牌号的冷冻机油。

冷冻机油产品的标记为：品种代号+黏度等级+产品名称+标准号。

例如：黏度等级为68的DRA冷冻机油标记为

L-DRA 68冷冻机油 GB/T 16630

L——润滑剂类；

DRA——品种；

68——黏度等级。

表 6-86　L-DRA、L-DRB 和 L-DRD 冷冻机油技术要求(GB/T 16630—2012)

项　　目	质量指标																								试验方法
品种	L-DRA						L-DRB						L-DRD												
黏度等级(GB/T 3141)	15	22	32	46	68	100	22	32	46	68	100	150	7	10	15	22	32	46	68	100	150	220	320	460	
外观	清澈透明						清澈透明						清澈透明												目测[a]
运动黏度(40℃)/(mm^2/s)	13.5~16.5	19.8~24.2	28.8~35.2	41.4~50.6	61.2~74.8	90~110	19.8~24.2	28.8~35.2	41.4~50.6	61.2~74.8	90~110	135~165	6.12~7.48	9.0~11.0	13.5~16.5	19.8~24.2	28.8~35.2	41.4~50.6	61.2~74.8	90~110	135~165	198~242	288~352	414~506	GB/T 265
倾点/℃　不高于	-39	-36	-33	-33	-27	-21	[b]						-39	-39	-39	-39	-39	-39	-36	-33	-30	-21	-21	-21	GB/T 3535
闪点/℃　不低于	150		160		170		200						130		150		180		180		210				GB/T 3536
密度(20℃)/(kg/m^3)	报告						报告						报告												GB/T1884[c] 及 GB/T 1885
酸值(以 KOH 计)/(mg/g)　不大于	0.02[d]						[b]						0.10[d]												GB/T 4945[e]
灰分(质量分数)/%　不大于	0.005[d]						—						—												GB/T 508
水分/(mg/kg)　不大于	30[f]						350[g]						100[h]　300[g]												ASTM D6304[i]
颜色/号　不大于	1	1	1	1.5	2.0	2.5	[b]						[b]												GB/T 6540
机械杂质(质量分数)/%	无						无						无												GB/T 511
泡沫性(泡沫倾向/泡沫稳定性,24℃)/(mL/mL)	报告						报告						报告												GB/T 12579
铜片腐蚀(T_2铜片,100℃,3h)/级　不大于	1						1						1												GB/T 5096
击穿电压/kV　不小于	[j]						—						25												GB/T 507
化学稳定性(175℃,14d)	—						—						无沉淀												SH/T 0698
残碳(质量分数)/%　不大于	0.05[d]						—						—												GB/T 268
氧化安定性(140℃,14h) 氧化油酸值(以 KOH 计)/(mg/g)　不大于 氧化油沉淀(质量分数)/%　不大于	 0.2 0.02						[b]						—												SH/T 0196

续表

项目	质量指标																								试验方法
品种	L-DRA						L-DRB						L-DRD												
黏度等级(GB/T 3141)	15	22	32	46	68	100	22	32	46	68	100	150	7	10	15	22	32	46	68	100	150	220	320	460	
极压性能(法莱克斯法)失效负荷/N	报告						报告						报告												SH/T 0187
压缩机台架试验[k]	通过						通过						通过												供需双方商定

注:a. 将试样注入 100mL 玻璃量筒中,在 20℃±3℃下观察,应透明、无不溶解水及机械杂质。
b. 指标由供需双方商定。
c. 试验方法也包括 SH/T 0604。
d. 不适用于含添加剂的冷冻机油。
e. 试验方法也包括 GB/T 7304,有争议时,以 GB/T 4945 为促裁方法。
f. 仅适用于交货时密封容器中的油。装于其他容器时的水含量由供需双方另订协议。
g. 仅适用于交货时密封容器中的聚(亚烷基)二醇油。装于其他容器时的水含量由供需双方另订协议。
h. 仅适用于交货时密封容器中的酯类油。装于其他容器时的水含量由供需双方另订协议。
i. 试验方法也包括 GB/T 11133 和 NB/SH/T 0207,有争议时,以 ASTM D6304 为促裁方法。
j. 该项目是否检测由供需双方商定,如果需要应不小于 25kV。
k. 压缩机台架试验(包括寿命试验、结焦试验和与各种材料的相容性试验等)为本产品定型时和用油者首次选用本产品时必做的项目。当生产冷冻机油的原料和配方有变动时,或转厂生产时应重做台架试验。如果供油者提供的产品,其红外线谱图与通过压缩机台架试验的油样谱图相一致,又符合本标准所规定的理化指标或供需双方另订的协议指标时,可以不再进行压缩机台架试验。红外线谱图可以采用 ASTM El421:1999(2009)方法测定。

表 6-87　L-DRE、L-DRG 冷冻机油技术要求(GB/T 16630—2012)

项目	质量指标																							试验方法
品种	L-DRE											L-DRG												
黏度等级(GB/T 3141)	15	22	32	46	56[a]	68	100	150	220	320	460	8[a]	10	15	22	32	46	68	100	150	220	320	460	
外观	清澈透明											清澈透明												目测[b]
运动黏度(40℃)/(mm^2/s)	13.5~16.5	19.8~24.2	28.8~35.2	41.4~50.6	50.8~61.0	61.2~74.8	90~110	135~165	198~242	288~352	414~506	8.5~9.0	9.0~11.0	13.5~16.5	19.8~24.2	28.8~35.2	41.4~50.6	61.2~74.8	90~110	135~165	198~242	288~352	414~506	GB/T 265
倾点/℃　不高于	-39	-36	-36	-33	-30	-27	-24	-18	-15	-12	-9	-48	-45	-39	-36	-33	-33	-24	-24	-21	-15	-12	-9	GB/T 3535
闪点/℃　不低于	150		160		170		180	210		225		145	150			160		170		210			225	GB/T 3536
密度(20℃)/(kg/m^3)	报告											报告												GB/T1884[c] 及 GB/T 1885

续表

项目	质量指标																							试验方法
品种	L-DRE											L-DRG												
黏度等级(GB/T 3141)	15	22	32	46	56[a]	68	100	150	220	320	460	8[a]	10	15	22	32	46	68	100	150	220	320	460	
酸值(以 KOH 计)/(mg/g) 不大于	0.02[d]											0.02[d]												GB/T 4945[e]
灰分(质量分数)/% 不大于	0.005[d]											—												GB/T 508
水分/(mg/kg) 不大于	30[f]											30[f]												ASTM D6304[g]
颜色/号 不大于	0.5	1.0	1.0	1.5	2.0	2.0	h					h	h	0.5	1.0	1.0	1.5	2.0	h					GB/T 6540
机械杂质(质量分数)/%	无											无												GB/T 511
泡沫性(泡沫倾向/泡沫稳定性,24℃)/(mL/mL)	报告											报告												GB/T 12579
铜片腐蚀(T_2铜片,100℃,3h)/级 不大于	1											1												GB/T 5096
击穿电压/kV 不小于	25											25												GB/T 507
残碳(质量分数)/% 不大于	0.03[d]											0.03[d]												GB/T 268
絮凝点[i]/℃ 不高于	-45	-42	-42	-42	-42	-42	-35	-20				-42	-42	-42	-42	-42	-35	-35	-30	-25	-20			GB/T 12577
化学稳定性(175℃,14d)	无沉淀											j												SH/T 0698
极压性能(法莱克斯法)失效负荷/N	报告											报告												SH/T 0187
压缩机台架试验[k]	通过											通过												供需双方商定

注:a. 不属于 ISO 黏度等级。

b. 将试样注入 100mL 玻璃量筒中,在 20℃±3℃下观察,应透明、无不溶解水及机械杂质。

c. 试验方法也包括 SH/T 0604。

d. 不适用于含添加剂的冷冻机油。

e. 试验方法也包括 GB/T 7304,有争议时,以 GB/T 4945 为促裁方法。

f. 仅适用于交货时密封容器中的油。装于其他容器时的水含量由供需双方另订协议。

g. 试验方法也包括 GB/T 11133 和 NB/SH/T 0207,有争议时,以 ASTM D6304 为促裁方法。

h. 指标由供需双方商定。

i. 只适用于深度精制的矿物油或合成烃油。

j. 该项目是否检测由供需双方商定,如果需要应为无沉淀。

k. 压缩机台架试验(包括寿命试验、结焦试验和与各种材料的相容性试验等)为本产品定型时和用油者首次选用本产品时必做的项目。当生产冷冻机油的原料和配方有变动时,或转厂生产时应重做台架试验。如果供油者提供的产品,其红外线谱图与通过压缩机台架试验的油样谱图相一致,又符合本标准所规定的理化指标或供需双方另订的协议指标时,可以不再进行压缩机台架试验。红外线谱图可以采用 ASTM E1421:1999(2009)方法测定。

表 6-88 冷冻机油其他技术要求(GB/T 16630—2012)

项目	试验方法
皂化值[a](以 KOH 计)/(mg/kg)	GB/T 8021
絮凝点[b]/℃	GB/T 12577
油/制冷剂混合物黏度[a]/(mm^2/s)	由供需双方商定
冷冻机油与制冷剂相溶性[c]/℃	SH/T 0699
折射率[a](η_D^{20})/%	SH/T 0205
苯胺点[a]/℃	GB/T 262

注：a. 该项目是否检测由供需双方商定。

b. 仅适用于 L-DRB、L-DRD 两个品种，该项目是否检测由供需双方商定。

c. L-DRA 不规定该检测项目，对 L-DRB、L-DRD、L-DRE、L-DRG4 个品种，该项目检测，指标由供需双方商定。

四、冷冻机油的选择

冷冻机油的选择是否合适，直接影响到制冷设备的运行、机械寿命、制冷效率、动力及冷冻机油的消耗。

要正确选择冷冻机油，要考虑的因素很多。一般选择冷冻机油时主要考虑的因素应是冷冻机油和制冷剂的种类、黏度和倾点；次要考虑的因素是冷冻机油的氧化稳定性、闪点、电气性能等，选择的依据有如下几个方面：

影响因素有以下几个方面：

①制冷剂的种类　根据制冷剂与冷冻机油相互溶解的程度、有无化学反应等情况来选择。如以氟利昂为制冷剂的冷冻机不能选用含蜡或加有降凝剂的油，因氟利昂与降凝剂有化学反应；以二氧化硫作制冷的冷冻机不能使用芳烃含量较高的油品。一般氟利昂制冷机用冷冻机油的黏度应高于氨制冷机，因为氟利昂与油有一定的互溶性，从而使油品黏度下降。

②气缸的排气温度和压力　排气温度高、压力大，则应选择高黏度、高闪点的冷冻机油。

③制冷温度(蒸发温度)　制冷温度低，要求冷冻机的倾点也低。如果制冷温度要求很低，则应选用具有良好低温性能、倾点很低的合成冷冻机油。

④密封程度　对于半封闭和全封闭式的冷冻机，则要求选用具有良好热安定性和电气绝缘性的冷冻机油。

冷冻机油品种选择参考表 6-89(GB 16630—2012 附录 A)和表 6-90，黏度的选择参考表 6-91。

表 6-89 冷冻机油品种及黏度选择参考表

冷冻机油		制冷压缩机的工况					用途
质量等级	黏度等级	功率	排气温度/℃	排气压力/MPa	制冷剂	密封程度	
DRA/A	32	小型低速	小于 125	1.6	NH_3、CO_2	开启式	冷却、冷冻、空调、大型冷库、冷藏车等
	46	大、中型	小于 145	3.0			
	68	大型高速多缸	大于 145	3.0			
DRA/B	32	中、小型			氟利昂	半封闭 开启式	
	46	大中型					

续表

冷冻机油		制冷压缩机的工况					用途
质量等级	黏度等级	功率	排气温度/℃	排气压力/MPa	制冷剂	密封程度	
DRB/A	32	小型			氟利昂	全封闭	冰箱、冷柜、空调器、冷藏车、冷水机、车用空调等
	46	中型					
DRB/B	46	中、小型活塞式、转子式			氟利昂	全封闭	

表 6-90　制冷剂对冷冻机油的选择

制冷剂	R11	R12	R13	R22	R123	HFC134a	R500	R502	R600a
第一选择	MO	MO 或 AB	MO 或 AB	MO 或 AB	MO 或 AB	PAG 或 POE	MO 或 AB	MO 或 AB	MO
第二选择	—	PAG 或 POE	PAG 或 POE	PAG 或 POE	—	—	PAG 或 POE	PAG 或 POE	—

注：MO—矿物冷冻机油；AB—烷基苯冷冻机油；PAG—聚乙二醇(醚)冷冻机油；POE—聚酯冷冻机油。

表 6-91　各种制冷压缩机用冷冻机油的黏度选择

制冷压缩机类型		制冷剂	蒸发温度/℃	适用黏度(40℃)/(mm^2/s)
活塞式	开式	氨	-35 以上	46~68
		R12	-35 以下	22~46
		R22	-40 以上	56
			-40 以下	32
	封闭式	R12	-40 以下	10~32
		R22	-40 以下	22~68
	斜板式	R12	冷气、空调	46~100
螺杆式	螺杆式	氨	-50 以下	46
		R12	-50 以下	100
		R22	-50 以下	46
	转子式	R12	一般空调	32~68
		R22		32~100
离心式		R11	一般空调	32(汽轮机油)
		其他氟利昂		46(汽轮机油)
		氯甲烷		46(汽轮机油)

五、冷冻机油的使用

冷冻机能否正常运转，如何延长机械设备的寿命、提高设备的生产能力、降低动力消耗、把润滑油的消耗量减少到最低水平等，除了与冷冻机油的质量有关外，与冷冻机油的使用和管理也是分不开的。

1. 适当控制给油量

冷冻机的润滑一般采用油泵(强制)循环润滑和飞溅式润滑两种方式。冷冻机油的损失主要有两方面：一是从气缸进入制冷剂中被带走的部分；二是润滑传动机构的损失和用于密封部分的损失。为了保持冷冻机正常工作所需要的油量，就必须适当补充不能回收的冷冻机油损失量。有关冷冻机油的消耗定额，已经有许多经验方式，本节介绍一种根据冷冻机制冷量来决定冷冻机油消耗定额的方法以供参考，见表 6-92。

表 6-92 根据制冷压缩机制冷量计算冷冻机油消耗量

制冷能力/(MJ/h)	气缸润滑油耗量/(g/h)		传动机构消耗量/(g/h)
	氨、二氧化碳	氟利昂	
<400	10~20	20~30	15~20
400~2000	20~30	30~50	20~30
2000~4000	30~50	50~70	30~50
4000~8000	50~80	70~100	50~80
>8000	80 以上	100 以上	80 以上

2. 在使用过程中加强对冷冻机油的质量监测

冷冻机油变质的主要因素有：氧化变质，其特征是油品颜色变深、黏度增大、酸值升高，甚至产生沉积物；混入水和机械杂质，使蒸发系统产生冰塞现象(氨制冷机)，或降低制冷能力，导致设备腐蚀，产生乳化现象，加速油品质量恶化等。因此，在使用中要尽可能地降低储存温度、密封好容器、防止混油和混入水和杂质。

通常可以通过对冷冻机油进行采样分析来检测油品的变质情况。分析项目为黏度(40℃)、酸值、腐蚀、颜色、水分、闪点等。如果分析项目中有一项变化较大，就需要更换新油。表 6-93 给出了国内外一些换油标准，供参考。

表 6-93 冷冻机油更换标准

项　目	指　标		
	国内例 1	国外例 1	国外例 2
水分	0.03%以下	75×10^{-6} 以下	100×10^{-6} 以下
水溶性酸或碱	有	—	—
腐蚀	对铜、钢有腐蚀	对铜、钢有腐蚀	—
色度	—	增加两个等级	—
黏度变化/%	—	±20 以下	±(15~20)
正戊烷不溶物/%	—	—	0.19 以下
总酸值/(mgKOH/g)	—	—	0.5 以下

第十一节　电器绝缘油

电器用电器绝缘油包括用于变压器、互感器、开关设备、整流器、电缆和电容器中所用的各种电器绝缘油，国产电器绝缘油主要有变压器油、电容器油、断路器油和电缆油。此类油品可以单独或与固体绝缘材料一起，既作为电器绝缘介质，又作为传导电器设备热能的导热介质，主要起冷却和绝缘作用，在断路器内还起消灭电路切断时所产生的电弧(火花)的作用。

在电器用电器绝缘油中，以矿物油型变压器油用量最大，一个大的变压器可注油 30~40t，全国年用量约 100kt。在英、美等发达国家，变压器油和变压器是以同寿命来设计和生产的，油品一般的使用寿命达 15 年以上。我国在 20 世纪 50 年代初期，变化器油质量较差，使用期仅半年左右。自 60 年代以后，对变压器油的生产工艺进行不断改进，使得油品的寿命显著提高。目前使用期可达10~15年，甚至更长时间。随着当前国民经济的日益发展。对电力的需要越来越多，为了发展远距离高功率电力输送网，并降低输电损失，电力工业正朝着高压比和大功率的方向发展。

由于电力工业与国民经济密切相关，因而无论在国内和国外对于提高电器绝缘油质量和研制电器绝缘油新产品都给予了极大的关注。从目前来看，矿物油型的电容器油和电缆油将不能满足日益提高的要求，为此正在加速发展合成型绝缘液。

一、电器绝缘油的性能要求

电器绝缘油的使用条件与其他润滑油完全不同，其质量要求差别很大。对电器绝缘油的主要使用要求是具有良好的电气性能、抗氧化安定性和低温性等。

1. 良好的电气性能

电器绝缘油的主要作用是绝缘，因而其电气性能是电器绝缘油的主要使用指标，电器绝缘油的电气性能由下列指标进行评定。

(1) 介电强度(绝缘强度、击穿电压)

介电强度是物质(即电介质)在电场作用下所能承受的最高电压，超过这个电压，在物质中瞬间会有很大电流通过，物质被电击穿而毁坏。电器绝缘油的介电强度测定法是在特定条件下，把试油装在油杯中，杯中有两个直径为25mm、相距2.5mm的圆盘形电极，在15~35℃和相对湿度不高于75%的条件下接通电源，不断升高电压，直至试油被击穿，此时的电压称为击穿电压，以kV为单位表示。由于击穿电压与两个电极间距离有关，因而以单位长度物质所能承受的击穿电压来表示电器绝缘油的绝缘性能，称为电器绝缘油的介电强度，单位为kV/cm。这个数值愈高，试油的绝缘性能愈好，其测定方法为GB/T 507—2002《绝缘油击穿电压测定法》。

电器绝缘油都是石油馏分经深度精制后的产品，其化学组成对绝缘性能影响不大。对绝缘性能影响最大的因素是油中的水分和杂质。油中的微量水分在电场作用下定向排列，以致导电击穿，油中含有0.01%水分时，就会使击穿电压降低87.5%，其影响是十分严重的。烃类具有一定的吸水性，烃类对水的溶解度随温度和空气湿度升高而增大，当油中的水含量增大到过饱和而沉积下来时，沉积水的含量却对击穿电压没有影响。油中如有纤维、铁屑粉末等与水共存时，影响更为严重，因而电器绝缘油中绝不允许这类物质存在，水分对击穿电压的影响见表6-94。电器绝缘油在使用中因氧化面生成的有机酸等极性物质，也会大大降低油品的介电强度。因而在生产、储运、管理和使用过程中，必须特别注意严防水分和杂质混入。

表6-94 电器绝缘油含水量对击穿电压的影响

含水量/%	0	0.005	0.01	0.02	0.03	0.06	0.1
击穿电压/kV	70	31	22	16	14	12.5	10

(2) 电容率(介电常数)

电容器中储存的电量 Q 与两个极片之间的电压 V 和电容器的电容 C 成正比，三者关系为：

$$Q=CV$$

电容器的电容 C 与极片大小，极片间距离和介于极片之间的介质有关。当电容器的电压，极片大小和极片间距离一定时，电容器的电容只受介质的电容率影响。

电容率又称为介电常数或介电系数，油品的电容率是在一定温度下，同一电容器中以油品作为绝缘介质时的电容与真空时电容的比值。在其他条件一定的情况下，介质的电容率愈大，则电容器的电容愈大。使用大电容率的介质，可以减小电容器的体积和质量。介质的电容率随温度和频率而变化，实际使用中要求电容器电容率较大而且稳定。电容器油规定在20℃时，频率在50~1000Hz范围内变化时，电容率为2.1~2.3。

(3) 容积电阻系数

容积电阻系数是表示介质绝缘性能的一个指标。在恒定的电压和温度下，介质的导电能力称为导电率，导电率的倒数称为容积电阻系数，用在一定温度下，长1cm、截面积为$1cm^2$介质的电阻来表示，其单位为Ω·cm。电器用油的容积电阻系数愈大，其绝缘性能愈好。

容积电阻系数随介质温度升高而减小。当油中混有杂质或吸收水分后，容积电阻系数显著降低。电容器油要求20℃和100℃时的容积电阻系数分别高于1×10^{14}和1×10^{13}。如果电容器油的容积电阻系数低于1×10^{11}，则已变质不能使用。

(4) 介质损失角(介质损耗因数)

在电场作用下，单位时间内电介质所消耗的能量称为电介质损耗，损耗的能量转变为热能，引起电介质发热。

一般电器绝缘油是经深度精制的石油产品，由非极性的烃类和微量极性的有机酸、胶质等非烃分子组成的。在电场中，极性分子被极化，按电性方向排列起来，当电器绝缘油处于交变电场中时，油中的极性分子的极化随交变电场方向改变而转位，这种转位造成了电能损耗。由于这种能量损耗是因电器绝缘油介质本身引起的，因而称为介质损失。介质损失的大小是用高压电桥，在规定交变电场作用下测定的，用介质损失角的正切值表示，称为介质损失角，此值愈小，损耗愈少。

介质损失角随油品精制程度加深而减小，随电器绝缘油温度的升高而增大；随着油品老化程度增加，油中氧化生成的有机酸等极性物质增多，其介质损失角迅速增大；电器绝缘油中的水分和杂质会大大增加介质损失角。因而，电器绝缘油必须深度精制，除去油中的有害杂质，在储存、运输中保证电器绝缘油的洁净程度。

良好的绝缘性是对电器绝缘油的基本要求，具有高的击穿电压的电器绝缘油是一种良好的绝缘介。它可以防止在高电压作用下电极之间发生的跳火现象，同时对具有低介质损耗因数的电器绝缘油可以大幅度降低交流电改变极性时引起的能量损失。电容器油还要求在电场作用下电容率高而稳定，并具有大的容积电阻系数。

2. 良好的抗氧化安定性

对于在300kV以下变压器中运行时，油温一般在60~80℃，如超负荷运转，则油温可达70~90℃，个别热点达100℃左右；对于在500kV变压器中运行的变压器油的油温会更高，再加上在变压器中有铁芯和铜芯作为金属催化剂存在，这些因素均可促使油品氧化加快。变压器油需长期使用，几年甚至几十年不更换，而充油电缆是一次充油就不再更换。在如此长时间的运转中，不可避免地会因缓慢氧化面生成有机酸等物质，这类物质在电场和温度影响下进一步聚合，生成不溶于油的沉淀和油泥。氧化生成的酸性物质、沉淀和油泥等对变压器、断路器和充油电缆的危害很大，特别是低分子酸，会腐蚀金属设备，侵蚀绝缘材料，破坏绝缘性能。油泥具有较大的吸湿性，它会沉淀在绝缘材料表面，容易引起短路。沉淀在线圈和铁芯上的油泥等沉积物妨碍散热，以致因局部高温而烧毁线圈。

变压器和断路器的用油量都很大，一台 220kV 的断路器需油量为 5000kg，一台 15000kW 变压器需要灌注 25000kg 变压器油。换油不仅消耗大量变压器油，而且影响整个电路的正常供油。因此，要求电器绝缘油具有很强的抗氧化安定性，在电场和热的长期作用下，氧化变质速度很慢、耐用时间长。为了提高电器绝缘油的氧化安定性，在生产时需对基础油进行深度精制，尽量除去不安定组分，同时必须加入 2，6-二叔丁基对甲酚等抗氧化添加剂；在使用中，变压器等用油电器必须密封良好，防止空气、水分、杂质进入，也可以在变压器中充入氮气等隋性气体，以减少氧化、延长使用期限。

3. 良好的低温性能

变压器油只有在液态时才能较好地发挥冷却和灭弧作用。为了保证室外的变压器和断路器在冬季低温下正常安全运行，要求变压器油具有良好的低温流动性。变压器油的低温性能用倾点和凝点来评定。

试验表明，在变压器中常年运行的变压器油，因为变压器发热，油的凝点略高于气温时变压器仍能正常工作。变压器油的低温流动性除受凝点、倾点影响外，与油品黏度关系也很大。凝点相同的油品，在降温过程中，黏度大的油品，其流动性明显变差。变压器油的馏分一般较轻，以便在保证闪点要求的前提下，黏度尽可能小，确保变压器油具有良好的低温流动性。

用于断路器中的断路器油，因断路器运行中不产生热量，同时，黏稠的断路器油的灭弧能力很差，因而断路器油的除倾点低外，还规定了-30℃的黏度值。

由于电缆埋于地下，要求电缆油具有良好的低温流动性，除规定凝点不高于-45℃外，同时规定了 20℃和 0℃的黏度。

4. 良好的安全性能

电器绝缘油的安全性能用闪点控制。闪点低的油品，其着火危险性大，在使用中蒸发损耗也大。一般要求变压器油、电容器油的闭口闪点要求不低于 135~140℃，断路器油因工作温度低，其闭口闪点要求不低于 95℃，电缆油要求高温蒸发损失小，其开口闪点要求不低于 250℃。

5. 低的析气性

绝缘油在高压电场下会发生吸气或放气的现象，称为油品的析气性。

由于变压器油工作温度比较高，变压器的介质不断发生膨胀与收缩，易于生成汽泡，局部放电或电子撞击油分子，使之分解析出气体。人们目前均愿意使用具有“吸气性”的油，以防在极端情况下产生放电现象，油品的析气性是评定超高压变压器油性能的一项重要指标。

电容器油在高压电场作用下，将发生一些化学变化而析出气体。电容器在运行中，如析出气体过多，会使电容器箱壳内部的压力突然增大，将会造成壳体膨胀变形，甚至会引起爆炸和燃烧，因而要求电容器油析气性小，以保证安全运行。

6. 其他性能要求

灌注用的电容器油，使用时被封闭在电容器中，其抗氧化安定性相对来说，已显得不太重要了。但要求电容器油在电场作用下具有良好的抗老化性能，也就是要求在电场中耐用性好，绝缘强度保持稳定。否则在高电压下，绝缘强度下降，会导致电容器被击穿。

二、电器绝缘油的作用、品种及使用

长期以来，电器绝缘油主要以矿物油为原料，并按其使用场合分为变压器油、断路器油、电容器油和电缆油等。近年来随着电力和电气工业的发展，对电器绝缘油的电气性能和耐燃性要求更高。目前，在电容器和电缆中使用各种合成液较为广泛，但在变压器中还是以矿物油型电器绝缘油为主。

1. 变压器油

变压器油主要作为绝缘介质和导出热量(冷却)之用。在变压器中，变压器油在不同电压下保证线圈之间、线端之间、线圈与接地外壳间以及其他部位之间绝缘，以防发生短路。由于变压器工作时部分电能耗损转变为热能，变压器油的另一重要功能是将这些热量传导出去，以防变压器过热烧毁。传热方式是利用变压器油内外温度不同引起的自然对流，把热量由铁芯和线圈带到散热管中使其冷却。

GB 2536—2011《电工流体　变压器油和开关用的未使用过的矿物绝缘油》是修改采用国际电工协会标准 IEC 60296：2003《变压器油和开关用的未使用过的矿物绝缘油》制定的，该产品规范将变压器油分通用和特殊两种类别，特殊型氧化安定性更好。

变压器油具有良好的绝缘性、氧化安定性和冷却性，主要用于变压器、电抗器、互感器、套管等充油设备中起绝缘和冷却作用。通用和特殊变压器油按最低冷态投运温度均分别有 0 号、-10 号、-20 号、-30 号、-40 号共 5 个牌号。选用时主要根据使用地区冬季最低气温选择合适的牌号，最低冷态投运温度就是该油品能够使用的最低温度，变压器油技术指标见表 6-95(通用变压器油)和表 6-96(特殊变压器油)。

变压器油产品的标记为：品种代号+最低冷态投运温度+产品名称+标准号。

其中的品种代号，电器绝缘油按抗氧剂不同分为如下三类：

U——不含抗氧剂油；

T——含微量抗氧剂油；

I——含抗氧剂油。

如：U　0℃　变压器油(通用)　GB 2536；

　　T　-30℃　变压器油(通用)　GB 2536；

　　I　-40℃　变压器油(特殊)　GB 2536。

表 6-95　变压器油(通用)(GB 2536—2011)

项　目			质量指标					试验方法
最低冷态投运温度(LCSET)			0℃	-10℃	-20℃	-30℃	-40℃	
功能特性[a]	倾点/℃	不高于	-10	-20	-30	-40	-50	GB/T 3535
	运动黏度/(mm²/s)	不大于						GB/T 265
	40℃		12	12	12	12	12	
	0℃		1800	—	—	—	—	
	-10℃		—	1800	—	—	—	
	-20℃		—	—	1800	—	—	
	-30℃		—	—	—	1800	—	
	-40℃		—	—	—	—	2500[b]	NB/SH/T 0837
	水含量[c]/(mg/kg)	不大于	30/40					GB/T 7600

续表

项目				质量指标	试验方法
最低冷态投运温度(LCSET)				0℃ | −10℃ | −20℃ | −30℃ | −40℃	
功能特性[a]	击穿电压(满足下列要求之一)/kV 未处理油 经处理油[d]		不小于	 30 70	GB/T 507
	密度[e](20℃)/(kg/m^3)		不大于	895	GB/T 1884 和 GB/T 1885
	介质损耗因数[f](90℃)		不大于	0.005	GB/T 5654
精制/稳定特性[g]	外观			清澈透明、无沉淀物和悬浮物	目测[h]
	酸值(以 KOH 计)/(mg/g)		不大于	0.01	NB/SH/T 0836
	水溶性酸或碱			无	GB/T 259
	界面张力/(mN/m)		不小于	40	GB/T 6541
	总硫含量[i]/%			无通用要求	SH/T 0689
	腐蚀性硫[j]			非腐蚀性	SH/T 0804
	抗氧化添加剂含量[k]/% 不含抗氧化添加剂油(U) 含微抗氧化添加剂油(T)不大于 含抗氧化添加剂油(I)			 检测不出 0.08 0.08~0.40	SH/T 0802
	2-糠醛含量/(mg/kg)		不大于	0.1	NB/SH/T 0812
运行特性[l]	氧化安定性(120℃)				
	试验时间： (U)不含抗氧化添加剂油：164h (T)含微抗氧化添加剂油：332h (I)含抗氧化添加剂油：500h	总酸值(以 KOH 计)/(mg/g)	不大于	1.2	NB/SH/T 0811
		油泥/%	不大于	0.8	
		介质损耗因数[f](90℃)	不大于	0.500	GB/T 5654
	析气性/(mm^3/min)			无通用要求	NB/SH/T 0810
健康、安定和环保特性(HSE)[m]	闪点(闭口)/℃		不低于	135	GB/T 261
	稠环芳烃(PCA)含量/%		不大于	3	NB/SH/T 0838
	多氯联苯(PCB)含量/(mg/kg)			检测不出[n]	SH/T 0803

注：①“无通用要求”指由供需双方协商确定该项目是否检测，且测定限值由供需双方协商确定。

②凡技术要求中的“无通用要求”和“由供需双方协商确定是否采用该方法进行检测”的项目为非强制性的。

a. 对绝缘和冷却有影响的性能。

b. 运动黏度(−40℃)以第一个黏度值为测定结果。

c. 当环境湿度不大于 50%时，水含量不大于 30mg/kg 适用于散装交货；水含量不大于 40mg/kg 适用于桶装或复合中型传为集装容器(IBC)交货。当环境湿度大于 50%时，水含量不大于 35mg/kg 适用于散装交货；水含量不大于 45mg/kg 适用于桶装或复合中型传为集装容器(IBC)交货。

d. 经处理油指试验样品在 60℃下通过真空(压力低于 2.5kPa)过滤流过一个孔隙度为 4 的烧结玻璃过滤器的油。

e. 测定方法也包括 SH/T 0604。结果有争议时，以 GB/T 1884 和 GB/T 1885 为仲裁方法。

f. 测定方法也包括 GB/T 21216。结果有争议时，以 GB/T 5654 为仲裁方法。

g. 受精制深度和类型及添加剂影响的性能。

h. 将样品注入 100mL 量筒中，在 20℃±5℃下目测。结果有争议时，按 GB/T 511 测定机械杂质含量为无。

i. 测定方法也包括 GB/T 11140、GB/T 17040、SH/T 0253、ISO 14596。

j. SH/T 0804 为必做项目。结果有争议时，以 GB/T 1884 和 GB/T 1885 为仲裁方法。

k. 测定方法也包括 SH/T 0792。结果有争议时，以 SH/T 0802 为仲裁方法。

l. 在使用中和/或在高压电场强度和温度影响下与油品长期运行有关的性能。

m. 与安全和环保有关的性能。

n. 检测不出指 PCB 含量小于 2mg/kg，且其单峰检出限为 0.1mg/kg。

表 6-96　变压器油(特殊)(GB 2536—2011)

项　目			质量指标					试验方法
最低冷态投运温度(LCSET)			0℃	-10℃	-20℃	-30℃	-40℃	
功能特性[a]	倾点/℃	不高于	-10	-20	-30	-40	-50	GB/T 3535
	运动黏度/(mm^2/s)	不大于						GB/T 265
	40℃		12	12	12	12	12	
	0℃		1800	—	—	—	—	
	-10℃		—	1800	—	—	—	
	-20℃		—	—	1800	—	—	
	-30℃		—	—	—	1800	—	
	-40℃		—	—	—	—	2500[b]	NB/SH/T 0837
	水含量[c]/(mg/kg)	不大于	30/40					GB/T 7600
	击穿电压(满足下列要求之一)/kV	不小于						GB/T 507
	未处理油		30					
	经处理油[d]		70					
	密度[e](20℃)/(kg/m^3)	不大于	895					GB/T 1884 和 GB/T 1885
	苯胺点/℃		报告					GB/T 262
	介质损耗因数[f](90℃)	不大于	0.005					GB/T 5654
精制/稳定特性[g]	外观		清澈透明、无沉淀物和悬浮物					目测[h]
	酸值(以 KOH 计)/(mg/g)	不大于	0.01					NB/SH/T 0836
	水溶性酸或碱		无					GB/T 259
	界面张力/(mN/m)	不小于	40					GB/T 6541
	总硫含量[i]/%		0.15					SH/T 0689
	腐蚀性硫[j]		非腐蚀性					SH/T 0804
	抗氧化添加剂含量[k]/%							SH/T 0802
	含抗氧化添加剂油(I)		0.08~0.40					
	2-糠醛含量/(mg/kg)	不大于	0.05					NB/SH/T 0812
运行特性[l]	氧化安定性(120℃)							
	试验时间：(U)不含抗氧化添加剂油：164h (T)含微抗氧化添加剂油：332h (I)含抗氧化添加剂油：500h	总酸值(以 KOH 计)/(mg/g) 不大于	0.3					NB/SH/T 0811
		油泥/% 不大于	0.05					
		介质损耗因数[f](90℃) 不大于	0.050					GB/T 5654

续表

项 目		质量指标					试验方法
最低冷态投运温度(LCSET)		0℃	-10℃	-20℃	-30℃	-40℃	
运行特性[l]	析气性/(mm^3/min)	无通用要求					NB/SH/T 0810
	带电倾向(ECT)/(μC/m^3)	报告					DL/T 385
健康、安定和环保特性(HSE)[m]	闪点(闭口)/℃　　不低于	135					GB/T 261
	稠环芳烃(PCA)含量/%　　不大于	3					NB/SH/T 0838
	多氯联苯(PCB)含量/(mg/kg)	检测不出[n]					SH/T 0803

注：凡技术要求中“由供需双方协商确定是否采用该方法进行检测”和测定结果为“报告”的项目为非强制性的。

a. 对绝缘和冷却有影响的性能。

b. 运动黏度(-40℃)以第一个黏度值为测定结果。

c. 当环境湿度不大于50%时，水含量不大于30mg/kg适用于散装交货；水含量不大于40mg/kg适用于桶装或复合中型传为集装容器(IBC)交货。当环境湿度大于50%时，水含量不大于35mg/kg适用于散装交货；水含量不大于45mg/kg适用于桶装或复合中型传为集装容器(IBC)交货。

d. 经处理油指试验样品在60℃下通过真空(压力低于2.5kPa)过滤流过一个孔隙度为4的烧结玻璃过滤器的油。

e. 测定方法也包括SH/T 0604。结果有争议时，以GB/T 1884和GB/T 1885为仲裁方法。

f. 测定方法也包括GB/T 21216。结果有争议时，以GB/T 5654为仲裁方法。

g. 受精制深度和类型及添加剂影响的性能。

h. 将样品注入100mL量筒中，在20℃±5℃下目测。结果有争议时，按GB/T 511测定机械杂质含量为无。

i. 测定方法也包括GB/T 11140、GB/T 17040、SH/T 0253、ISO 14596。

j. SH/T 0804为必做项目。结果有争议时，以GB/T 1884和GB/T 1885为仲裁方法。

k. 测定方法也包括SH/T 0792。结果有争议时，以SH/T 0802为仲裁方法。

l. 在使用中和/或在高压电场强度和温度影响下与油品长期运行有关的性能。

m. 与安全和环保有关的性能。

n. 检测不出指PCB含量小于2mg/kg，且其单峰检出限为0.1mg/kg。

变压器油在运行中，定期抽取油样，取样按GB/T 7597—2007《电力用油(变压器油、汽轮机油)取样方法》进行。检测指标达不到GB/T 7595—2008《运行中变压器油质量》的规定指标时，就必须更换新油，以免影响正常运行。

2. 低温开关油

低温开关油也称断路器油，开关是高压电路中的重要电气设备，其作用是在高压电路有负载的情况下开、闭电路。在切断电路时会产生电弧，开关油起灭弧作用的原因是因断路器的动触头和定触头在分开时产生高温电弧，使周围的开关油分解和蒸发成气体，这些气体的导热性和绝缘性比空气大很多倍，从而较快地使电弧熄灭。

低温开关油具有良好的绝缘性和氧化安定性，主要用于油浸开关起绝缘和灭弧作用。如表6-97所示GB 2536—2011《电工流体　变压器油和开关用的未使用过的矿物绝缘油》低温开关油只有1个牌号，最低冷态投运温度为-40℃，倾点为不高于-60℃，由于低温性好，适用于全国各地使用，其技术指标见表6-98。

低温开关油产品的标记为：品种代号+最低冷态投运温度+产品名称+标准号。

GB 2536-2011《电工流体　变压器油和开关用的未使用过的矿物绝缘油》低温开关油只有1个牌号，其品种代号为I(含抗氧剂油)，最低冷态投运温度为-40℃。

产品的标记为：I-40℃ 低温开关油 GB 2536。

低温开关油在运行中要定期抽取油样进行检测，指标达不到GB/T 7595—2008《运行中变压器油质量》中断路器油的规定指标时，就必须更换新油。

表 6-97 低温开关油(GB 2536—2011)

项目			质量指标	试验方法
最低冷态投运温度(LCSET)			-40℃	
功能特性[a]	倾点/℃	不高于	-60	GB/T 3535
	运动黏度/(mm^2/s) 40℃ -40℃	不大于	 3.5 400[b]	GB/T 265 NB/SH/T 0837
	水含量[c]/(mg/kg)	不大于	30/40	GB/T 7600
	击穿电压(满足下列要求之一)/kV 未处理油 经处理油[d]	不小于	 30 70	GB/T 507
	密度[e](20℃)/(kg/m^3)	不大于	895	GB/T 1884 和 GB/T 1885
	介质损耗因数[f](90℃)	不大于	0.005	GB/T 5654
精制/稳定特性[g]	外观		清澈透明、无沉淀物和悬浮物	目测[h]
	酸值(以 KOH 计)/(mg/g)	不大于	0.01	NB/SH/T 0836
	水溶性酸或碱		无	GB/T 259
	界面张力/(mN/m)	不小于	40	GB/T 6541
	总硫含量[i]/%		无通用要求	SH/T 0689
	腐蚀性硫[j]		非腐蚀性	SH/T 0804
	抗氧化添加剂含量[k]/% 含抗氧化添加剂油(I)		 0.08~0.40	SH/T 0802
	2-糠醛含量/(mg/kg)	不大于	0.1	NB/SH/T 0812
运行特性[l]	氧化安定性(120℃) 试验时间：(I)含抗氧化添加剂油：500h　总酸值(以 KOH 计)/(mg/g)	不大于	1.2	NB/SH/T 0811
	氧化安定性(120℃) 试验时间：(I)含抗氧化添加剂油：500h　油泥/%	不大于	0.8	
	氧化安定性(120℃) 试验时间：(I)含抗氧化添加剂油：500h　介质损耗因数[f](90℃)	不大于	0.500	GB/T 5654
	析气性/(mm^3/min)		无通用要求	NB/SH/T 0810
健康、安定和环保特性(HSE)[m]	闪点(闭口)/℃	不低于	100	GB/T 261
	稠环芳烃(PCA)含量/%	不大于	3	NB/SH/T 0838
	多氯联苯(PCB)含量/(mg/kg)		检测不出[n]	SH/T 0803

注：①“无通用要求”指由供需双方协商确定该项目是否检测，且测定限值由供需双方协商确定。

②凡技术要求中的“无通用要求”和“由供需双方协商确定是否采用该方法进行检测”的项目为非强制性的。

a. 对绝缘和冷却有影响的性能。

b. 运动黏度(-40℃)以第一个黏度值为测定结果。

c. 当环境湿度不大于 50%时，水含量不大于 30mg/kg 适用于散装交货；水含量不大于 40mg/kg 适用于桶装或复合中型传为集装容器(IBC)交货。当环境湿度大于 50%时，水含量不大于 35mg/kg 适用于散装交货；水含量不大于 45mg/kg 适用于桶装或复合中型传为集装容器(IBC)交货。

d. 经处理油指试验样品在 60℃下通过真空(压力低于 2.5kPa)过滤流过一个孔隙度为 4 的烧结玻璃过滤器的油。

e. 测定方法也包括 SH/T 0604。结果有争议时，以 GB/T 1884 和 GB/T 1885 为仲裁方法。

f. 测定方法也包括 GB/T 21216。结果有争议时，以 GB/T 5654 为仲裁方法。

g. 受精制深度和类型及添加剂影响的性能。

h. 将样品注入 100mL 量筒中，在 20℃±5℃下目测。结果有争议时，按 GB/T 511 测定机械杂质含量为无。

i. 测定方法也包括 GB/T 11140、GB/T 17040、SH/T 0253、ISO 14596。

j. SH/T 0804 为必做项目。结果有争议时，以 GB/T 1884 和 GB/T 1885 为仲裁方法。

k. 测定方法也包括 SH/T 0792。结果有争议时，以 SH/T 0802 为仲裁方法。

l. 在使用中和/或在高压电场强度和温度影响下与油品长期运行有关的性能。

m. 与安全和环保有关的性能。

n. 检测不出指 PCB 含量小于 2mg/kg，且其单峰检出限为 0.1mg/kg。

3. 电缆油

电缆油用于浸渍电缆绝缘物，或注入电缆空隙中充作绝缘介质。矿物油型电缆油因用户使用面和生产厂较少目前已无国家标准和行业标准，仅有企业标准，如抚顺石化石油一厂制订的 Q/SH 006.1.13—1987(1998)35kV 电缆油标准见表 6-98。该标准只有一个牌号，主要用于制造油浸纸绝缘电力电缆和充油电缆。此外，有些电缆制造厂家直接使用变压器油浸渍或充填电缆。

表 6-98　电缆油企业标准[Q/SH 006.1.13—1987(1998)]

项　目		质量指标	试验方法
运动黏度 (40℃)/(mm^2/s)	不小于	23	GB/T 265
闪点(开口)/℃	不低于	250	GB/T 267
机械杂质/%	不大于	0.01	GB/T 511
酸值/(mgKOH/g)	不大于	0.10	GB/T 264
残炭/%	不大于	1	GB/T 268
凝点/℃	不高于	-25	GB/T 510
水分/%		无	GB/T 260
水溶性酸或碱		无	GB/T 259
介质损失角正切(100℃)		0.06	SH/T 0268[a]
击穿电压(间距 2.5mm)/kV	不小于	35	GB/T 265[b]

注：a. 测定老化前介质损失角时，试油须经 4 号微孔漏斗过滤，或试油预先加热到 110℃脱水不小于 3h。

b. 试油预先加热到 80~85℃，在残压不大于 133.3Pa 下脱水脱气 3h，试油预先加热到 110℃脱水不小于 3h。

第十二节　全损耗系统用油

一、分类

我国全损耗系统用油目前采用的分类标准 GB/T 7631.13—2012《润滑剂、工业用油和有关产品(L 类)的分类　第 13 部分：A 组(全损耗系统)》是修改采用 ISO 6743-1：2002《润滑剂、工业用油和有关产品(L 类)的分类　第 1 部分：A 组(全损耗系统)》，该分类标准将全损耗系统用油按组成分为 L-AY、L-AN、L-AB 和 L-AC 四个品种，见表 6-99。

表 6-99　全损耗系统用油分类(GB/T 7631.13—2012)

级别符号	应用范围	组成和特性	品种代号 L	典型应用	备　注
A	全损耗系统	浅度精制矿物油	AY	粗加工应用，轴，铁路道岔等[a]	这类品种的一些产品可能含有对身体健康和环境有害的组分

续表

级别符号	应用范围	组成和特性	品种代号L	典型应用	备　注
A	全损耗系统	精制矿物油	AN	轻负荷部件(滑动轴承，齿轮)，处于流体动力润滑状态的普通轴承	
		精制矿物油，含有沥青或改善某些性能(例如：粘附性、极压性和抗腐蚀性)的添加剂	AB	开式齿轮，钢丝绳，机械传动的链条[b]	
		基础油是矿物油、动物油、植物油或是合成油中的任一种，含有适当的添加剂以给予产品需要的特性	AC	链锯的链条	

注：a. 对于这种直接排放到环境中的润滑剂，应不影响周围环境。

b. 对于某些应用，如开式齿轮、钢丝绳、开式链条、铁路道岔、铁轨弯道和普通轴承等，可以使用半流体的润滑脂。

二、全损耗系统用油

全损耗系统用油广泛用于金属加工、冶金、纺织、造纸，印刷等部门无特殊要求的锭子、轴承，齿轮和其他低负荷机械零件的润滑，是润滑油中的大宗商品。

全损耗系统用油的使用条件比较缓和，工作温度一般为50~60℃，不与水蒸气、热空气或其他腐蚀性气体接触，由于大都用于室内机械润滑，工作条件随季节气温变化不大，润滑方式通常采用非循环式的方式，因而，对这类润滑油的要求不像发动机润滑油那么高，主要要求具有合适的黏度和对机械没有锈蚀作用。

由于机械设备品种繁多，要求各异，L-AN全损耗系统用油的等级牌号相应也较多，GB/T 443—1989(2017)《L-AN全损耗系统用油》按40℃运动黏度分为5、7、10、22、32、46、68、100和150共9个牌号，见表6-100，该标准1990年4月开始实施，1991年调整为强制性国家标准。

表6-100　L-AN全损耗系统用油标准[GB/T 443—1989(2017)]

项　目		质量指标										试验方法
品种(按GB/T 7631.13)		L-AN										—
黏度等级(按GB/T 3141)		5	7	10	15	22	32	46	68	100	150	—
运动黏度(40℃)/(mm^2/s)		4.14~5.06	6.12~7.48	9.00~11.00	13.5~16.5	19.8~24.2	28.8~35.2	41.4~50.6	61.2~74.8	90~110	135~165	GB/T 265
倾点/℃	不高于	-5										GB/T 3535
水溶性酸或碱		无										GB/T 259
中和值/(mgKOH/g)		报告										GB/T 4945
机械杂质	不大于	无			0.005				0.007			GB/T 511
水分/%	不大于	痕迹										GB/T 260
闪点(闭口)/℃	不低于	80	110	130	150	150	150	160	160	180	180	GB/T 3536

续表

项　目		质 量 指 标			试验方法
铜片腐蚀(100℃, 3h)/级	不大于	1			GB/T 5096
色度/号	不大于	2	2.5	报告	GB/T 6540

注：①当本产品用于寒区时，其倾点指标可由供需双方协商后另订。

②品种符号与 ISO 相同。

全损耗系统用油的黏度直接影响机械的磨损和动力消耗，通常根据润滑部位的运动速度、负荷大小、工作温度、摩擦表面的加工精度和供油方式等情况选择合适的全损耗系统用油。转速快、负荷小、温度低的摩擦面选择黏度较小的全损耗系统用油。

全损耗系统用油由矿物油精制而成，不含油性剂或抗磨剂等，主要用于工作温度在50~60℃以下机械的润滑。

5号主要用于超高速纺织机械和高速轻负荷机械的润滑，还可作热处理用油和调配高速切削油的基础油等。

7号用于纺织工业中15000r/min以上的细纱锭子的润滑。在机械制造业中润滑8000~12000r/min的高速轻负荷机械，如高速车床、内圆磨床的主轴承、各种小型风动工具，以及润滑0.5kW以下的小型电机，还可作缝纫机油使用，也可作金工切削乳化液及有色金属轧制油的基础油等。

10号主要用于润滑纺织工业中10000~13000r/min的细纱锭子及轻型针织机，在机械制造工业中用于润滑5000~8000r/min以上的小型电机，还可作为皮革工业中鞣制皮革的柔和剂，橡碎工业的软化剂，也可润滑控制仪器和测量仪器等。此外，还可用于润滑缝纫机，或用作有色金属冷轧工艺润滑油的基础油。

15号用于润滑纺织工业中10000r/min以下的轻负荷机械，如粗纱锭子、滚纱机锭子主轴、细纹机锭子、走锭精纺机锭子主轴以及络经机、浆纱机、穿扣机和织布机等。在机械制造工业中润滑1500~5000r/min的轻负荷机械，如普通车床的床头箱、仪表车床的主轴箱、单轴自动车床的主轴箱、变压箱以及各种磨床的砂轮主轴承，还可润滑小型电机、鼓风机和风动工具。此外，还用作金属加工中的淬火油、切削用乳化油和防锈油的基础油，并可代替软麻油使用。15号还可作为液压油用于普通低压液压设备中，如普通机床的液压系统、液压千斤顶、液压打包机、液压榨油机和登陆艇大门机的液压系统。

22号和32号用于润滑转速为1500r/min以上的机床主轴，中、小型高速切削机床、钻床、磨床、铣床和螺纹加工机等的齿轮箱；滑动速度为0.5m/s，负荷在0.1MPa以下的机床水平导轨；小型木材加工机械的齿轮箱；可作液压油用于铸造设备、木材加工机械、启动机和打包机等机械的液压装置；在纺织工业中用来润滑粗纺机、梳棉机、滚纱机、织布机及拼条机等。此外，还可润滑转速在1000r/min以上，功率在100kW以下的电动机、小型空压机和风动工具，并可作金属加工的淬火油，以及加工医药、化妆品、工业用的白油和切削油等的原料油。

46号广泛用于各式中型机床，如普通机床、六角车床、平铣、立铣、万能铣和龙门铣的主轴箱，齿轮加工机床、滚齿机、插齿机、锯床、插床、牛头刨床的齿轮箱以及丝杆轴承座等的润滑。并可用于下述行业各种机械的润滑：纺织工业的织布机、拼条机、梳棉机、滚纱机、粗纺机和精纺机；造纸工业的纸浆机、抄纸机、滚筒机；各种中型的木材加工机械、铸造机械、锻压机械；农副业机械如播种机、粉碎机、磨粉机、磨浆机、榨糖机、风力机和揉捻机；一般通用的机械如鼓风机、中型回转泵、离心泵、轴流泵、小型水轮机；转速1000r/min以下，功率在100~400kW之间的中型电机等。46号也还可作淬火油或作加工润滑脂的原料油以及调制齿轮油、织布机油、船用机油等用的基础油。

68号适用于润滑下述各种机械：低速重型机床，如立式车床、龙门铣床、龙门刨床的中央箱；落地镗床、深孔钻床主轴箱；吊车和铸造设备的减速箱，传动带齿轮箱；各种大型木材加工机械；锻压设备的风动锻锤、弹簧锤、杠杆锤、冲床及剪床；起重设备中30t以下的电动桥式吊车，5t以下的电葫芦；各种蒸汽往复泵、蒸汽机的常温机械；煤气机、空压机；一些中型矿山机械卷扬机；纺织机械的清棉机、拼条机、精纺机、粗纺机、浆纱机、织布机和打包机的滑动轴承；750r/min以下，100~1000kW的电动机；农副业机械中的收割机、榨糖机等。未加入添加剂的68号油可作加工润滑脂的原料油。

100号主要用于负荷大、转速低，时开时停的重型机械及大型工作母机上，如落地车床、立式车床、龙门铣床和切管机等。还可用于转速在250r/min以下，功率在100kW以上的大型电机上，纺织工业的拼条机、粗纺机和精纺机的皮辊；造纸工业的磨碎机、回转机、蒸解机、脱水机、湿式抄纸机；干燥机和切纸机；3000t以下的水压机及锻压机、电梯的减速箱；剪冲机、剪板机、压榨机；各种蒸气机的常温机械。

150号适用于巨型机床、重型矿山机械的制管拨丝和小型轧钢机的润滑。

第七章　润滑脂的性质及应用

第一节　润滑脂的分类

一、润滑脂的定义

润滑脂是将稠化剂分散到液体润滑油中形成的一种具有塑性的固体到半固体的的润滑材料。

为了改善某些性能，加入一些其他组分(添加剂、填料等)。润滑脂兼有液体和固体润滑剂的优点。在常温和静止状态下，润滑脂保持塑性，在升高温度和运动状态下，润滑脂变稀，润滑摩擦表面。润滑脂由基础油、稠化剂、稳定剂和添加剂所组成，润滑脂能在敞开或密封不良的摩擦部位上工作，起到润滑、密封和保护机械装备等作用，因此用途广泛。

二、润滑脂分类

随着科学技术进步，润滑脂的品种发展愈来愈多样化。世界各国对润滑脂分类方法极其重视，主要有如下三种方法。

1. 按组成分类

润滑脂按照基础油种类可分为矿物油润滑脂和合成油润滑脂。矿物油润滑脂用得较多，可满足一般情况下各种机械设备的润滑要求；合成油润滑脂主要用于一些特殊情况下的润滑，如航空航天、精密仪器仪表等的润滑。

我国习惯于按照润滑脂组成之一的稠化剂种类来对润滑脂进行分类，因为不同类型的稠化剂的润滑脂有不同的性能，可满足不同的润滑要求。常见的润滑脂稠化剂类型见表 7-1。

表 7-1　润滑脂稠化剂的类型

稠化剂		类　型
皂基	单皂	钙皂、钠皂、锂皂、铝皂、钡皂、铅皂等
	混合皂	钙-钠皂、锂-钙皂
	复合皂	复合钙皂、复合钠皂、复合铝皂、复合锂皂
有机稠化剂		聚脲、酰胺、阴丹士林、酞菁铜、聚四氟乙烯
无机稠化剂		膨润土、硅胶
烃基稠化剂		石蜡、地蜡、石油脂

2. 按用途分类

润滑脂按主要用途可分为：减摩润滑脂、防护润滑脂、仪表润滑脂、密封润滑脂和其他润滑脂，其中减摩润滑脂品种最多，用量也最大。

3. 按使用性能分类

国际标准组织(ISO)于 1987 年提出了润滑脂分类的国际标准 ISO 6743-9：1987。此标准的特点是排除了按稠化剂类型、使用部门和使用部位作为分类命名的基础，而是完全按润滑脂应用场合的操作条件、操作环境、需要润滑脂具备的各种使用性能作为分类代号的基础。使用性能包括：最低使用温度、最高使用温度、抗水和防锈水平、极压抗磨性能和稠度牌号等状况。因为润滑脂产品属类为 X 类，后面用 4 个英文字母，分别表示使用性能水平，再用一个数字表示稠度等级，由此组成的代号可以反映这种润滑脂的使用性能水平。

我国于 1990 年等效采用 ISO 6743-9：1987，制定了 GB/T 7631. 8—1990《润滑剂和有关产品(L类)的分类第 8 部分：X 组（润滑脂)》。这种润滑脂分类方法的主要内容见表 7-2 和表 7-3。

表 7-2　按使用性能的分类代号(GB/T 7631. 8—1990)

适用范围	使用要求									标记	备注
	操作温度范围				水污染③	字母4	负荷EP	字母5	稠度		
	最低温度①/℃	字母2	最高温度②/℃	字母3							
用润滑脂的场合	0 -20 -30 -40 <-40	A B C D E	60 90 120 140 160 180 >180	A B C D E F G	在水污染的条件下，润滑脂的润滑性、抗水性和防锈性	A B C D E F G H I	在高负荷或低负荷下，表示润滑脂的润滑性和极压性，用 A 表示非极压型脂；用 B 表示极压型脂	A B	或选用如下稠度号 000 00 0 1 2 3 4 5 6	一种润滑脂的标记是由代号字母 X 与其他 4 个字母及稠度等级号联系在一起来标记的	在包含在这个分类体系范围里的所有润滑脂彼此相容是不可能的。而由于缺乏相容性，可能导致润滑脂性能水平的剧烈降低，因此，在允许不同的润滑脂相接触之前，应和产销部门协商

注：①设备启动或运转时，或者泵送润滑脂时，所经历的最低温度。

②在使用时，被润滑的部件的最高温度。

③见表 7-3。

表 7-3　水污染(抗水性和防锈性)代号的确定(GB/T 7631. 8—1990)

环境条件①	防锈性②	字母 4	环境条件①	防锈性②	字母 4
L	L	A	M	H	F
L	M	B	H	L	G
L	H	C	H	M	H
M	L	D	H	H	I
M	M	E			

注：①L 表示干燥环境；M 表示静态潮湿环境；H 表示水洗。

②L 表示不防锈；M 表示淡水存在下的防锈性；H 表示盐水存在下的防锈性。

[代号例]：

一种润滑脂，使用在下述操作条件：

最低操作温度：-20℃；

最高操作温度：160℃；

环境条件：经受水洗；

防锈性：不需要防锈；

负荷条件：高负荷；

稠度等级：3。

这种润滑脂的代号应为 L-XBEGB 3。

此分类法适用于各种设备、机械部件、车辆等润滑和防护，可用于所有种类的润滑脂。但不适用于如接触食品、抗辐射、高真空用的特种润滑脂。由此可见，以使用性能为基础的分类法对于量大、面广的绝大部分润滑脂品种和绝大部分应用场合，均可适用，用户可合理选脂，同时对于性能相似的产品，便于简化品种。此分类法也布设了品种框架，便于开发新产品，也同样指导人们不再研制性能类同的品种。但此分类法还有不足之处，例如，对极压性能分得不细。

第二节　润滑脂的组成

润滑脂是由基础油、稠化剂、稳定剂和添加剂所组成。润滑脂的性质是由其组成的各组分以及所形成的结构共同决定的。因此，需要了解润滑脂的各组分的主要特性及其对润滑脂性能的影响。以便掌握各种润滑脂的特性，对于选择使用润滑脂和研制润滑脂新品种来说都是十分重要的。

一、基础油

在润滑脂中，基础油的含量约占 70%~95%，比例最大，对润滑脂的性能有很重要的影响。例如，润滑脂的蒸发性和对橡胶密封材料的相容性几乎完全取决于基础油。润滑脂的低温性能，在很大程度上受基础油的低温黏度、凝点和黏温性影响，因而低温用脂要求用低温黏度小、凝点低和黏温性好的基础油。润滑脂的高温性能受基础油的氧化安定性、热分解温度和蒸发性的影响，制备高温用脂不仅要求使用能耐高温稠化剂，而且也要求用热安定和氧化安定性好、蒸发量小的基础油。对于一些在特殊条件下使用的润滑脂，基础油还须具备一些特殊的性能，例如抗辐射、耐化学介质等。

润滑脂的基础油分为两大类，一类是矿物油，另一类是合成油。合成油中有合成烃类油、酯类油、硅油、含氟油和聚醚型油等。

1. *矿物油*

矿物油是目前润滑脂生产中用量最多、使用面最广而且价格最低的基础油。

矿物油作基础油的优点是：润滑性能好，黏度范围宽，不同黏度的油品分别适于制造不同用途的润滑脂。例如，低黏度、低凝点的润滑油可制备低温用脂；高黏度的矿物油可制备高温、重负荷用润滑脂。另外，其来源比较广泛，加工成本低廉，价格比较便宜。矿物油制备的润滑脂在一定的温度范围内能满足使用要求，因而至今仍是润滑脂工业中量大面广的产品。缺点是：对高温低温不能同时兼顾，换言之，不能适应宽温度范围，同时对一些极高温度、极低温度、高转速、长寿命、耐化学介质、耐辐射等特殊条件无法满足要求。要制备满足这些苛刻条件下使用的润滑脂，还需要使用各种合成油。

矿物油根据原油的不同而有环烷基油、石蜡基油和芳香基油等类型。在润滑脂工业中除了使用环烷基油外，也使用石蜡基和芳香基油。

2. 合成烃

作为润滑脂的基础油使用的合成烃有聚 α-烯烃、烷基苯、烷基萘等。其中聚 α-烯烃使用最多。

聚 α-烯烃油作润滑脂的基础油时，润滑脂的高温性能、低温性能比矿物油润滑脂好得多。因此，聚 α-烯烃油可作为宽温度范围多效通用润滑脂的基础油，可作寒区、严寒区低温润滑脂的基础油，也可以作为高转速、低转矩的仪器仪表润滑脂的基础油。

如聚 α-烯烃油与脲基稠化剂配制的宽温多效通用润滑脂，使用温度范围宽(-62～204℃)，在高温和高速下的轴承运转寿命较长，在纺织工业的高速轴承上使用，比矿物油锂基脂寿命长 9 倍，达到 5441h。

烷基苯是另一类受到人们重视的合成烃，在国外常用的是二烷基苯。二烷基苯根据烷基的碳数不同而有不同的黏度和凝点。

二烷基苯的主要特点是黏温性好、黏度指数高、凝点低、抗辐射性较好。因此，可用于制备寒区用脂或抗辐射润滑脂。但是烷基苯油的润滑脂除特殊用途外，一般应用很少，主要是轴承的运转寿命不长。目前国内也未见到有正式产品。

合成烃类油还有烷基萘，它的用途也主要是作为抗辐射润滑脂的基础油。还有聚异丁烯、聚丁烯油，主要特点是高温下结焦比较少，可作为高温脂的基础油。高黏度聚异丁烯可作为阻尼润滑脂的基础油。

3. 酯类油

酯类油是目前合成润滑脂中使用最多的一类基础油。它具有良好的润滑性能和高低温性能，并且对添加剂有良好的感受性。

酯类油的黏温性好、凝点低，与黏度相近的矿物油相比，它的蒸发损失低、闪点较高、热安定性较好、氧化安定性较好。大多数无机及有机稠化剂可以稠化酯类油，制备高低温用润滑脂和高转速润滑脂以及一些特殊用途的润滑脂。润滑脂的使用温度范围随稠化剂及酯类油的结构不同而异。制备润滑脂时，根据产品的使用要求可选择一种或两种酯类油作基础油，也可以选用酯类油和其他合成油或者矿物油的混合油作基础油。

常用作润滑脂基础油的酯类油有二元酸双酯、新戊基多元醇酯和复酯等。

二元酸双酯的黏温性好，黏度指数几乎都在 150 以上，凝点低(约-60℃)，低温黏度小，适合制备通用航空润滑脂的基础油。双酯在 100℃时就易被氧化，可通过加入抗氧化剂来提高氧化安定性。另外，以双酯为基础油的润滑脂对天然橡胶、塑料有溶胀作用，对于普通油漆有腐蚀性。因而，在选用双酯为基础油的润滑脂时，对接触密封件的材料等一定要特别注意。

新戊基多元醇酯，只是在低温性和黏温性上比双酯稍差一些，但是高温性能有明显的提高，润滑性也有所改善，对天然橡胶、塑料的溶胀性也有明显降低，可作为-60～180℃乃至 200℃温度范围内使用的润滑脂的基础油。

酯类油中除了双酯、多元醇酯之外，还有二元酸二元醇为主体分子，两端以一元酸或一元醇封头的复酯。这种复酯，黏度比较大，润滑性非常好，高温性能很好，虽然低温性能差一些，但是对于制备高温润滑脂，也是一类良好的基础油。此外，还有甘油酯，黏度大结焦少，据报道作为刹车系统用脂，效果较好。另外，还有磷酸酯，可作为煤矿坑道使用抗燃润滑脂的基础油。

4. 硅油

硅油的黏温性极好，同时具有优良的高低温性能，蒸发性小。另外硅油憎水、抗燃，呈化学惰性，电器绝缘性好。缺点是边界润滑性差，和矿物油相容性较差。作为润滑脂的基础油，硅油除了甲基硅油、乙基硅油、甲基苯基硅油之外，还有甲苯氯苯基硅油、氟硅油等。

甲基硅油的主要特点是黏温性好，缺点是润滑性差，通常用作高真空脂、密封润滑脂和专用阻尼润滑脂的基础油。

乙基硅油润滑性比甲基硅油好，和矿物油的相容性也较好，它常与矿物油相混合作为精密仪表润滑脂的基础油，如特 7 号、特 7-5 号、特 12 号精密仪表润滑脂，特 221 号润滑脂等。

甲基苯基硅油随着苯基含量的增多，硅油的热安定性提高，但黏温性有所降低，凝点以含 5%苯基的甲基硅油为最低(-70℃以下)，随着苯基含量增多，凝点升高。低苯基甲基硅油常用作低温润滑脂的基础油，中苯基甲基硅油常用作高低温或高温润滑脂的基础油，高苯基甲基硅油的抗辐射性好，可作抗辐射润滑脂的基础油。

甲基氯苯基硅油的润滑性能优于甲基硅油或甲基苯基硅油，例如四球试验最大无卡咬负荷 P_B 值，甲基硅油或甲基苯基硅油为小于 58.8N(6kgf)，而氯苯基硅油的 P_B 值可达 441N(45kgf)。氯苯基硅油的黏温性能仅次于甲基硅油，高温性能仅次于甲基苯基硅油，而优于甲基硅油。用氯苯基硅油可制成-60~200℃温度范围使用的润滑脂。国外用于宇航的一些电机或仪器的轴承就是采用氯苯基硅油润滑脂，如 G-300 润滑脂，不但具有良好的高低温性能，而且可耐高真空，还具有极长的轴承运转寿命。

烷基硅油也是人们为了改善硅油润滑性而采取的一条技术路线。它是用长链烷基取代部分甲基。这种新型硅油，由于分子中含有长链烷基，其润滑性比甲基硅油和甲基苯基硅油好得多，四球试验磨迹直径同矿物油相近，烧结负荷高达 3530N，但是烷基硅油的热安定性和氧化安定性比甲基硅油和甲基苯基硅油要差一些。

氟硅油可以制备抗化学溶剂的润滑脂。这类润滑脂能抗各种烃类溶剂、强酸(如硫酸、盐酸、发烟硝酸)、腐蚀性气体以及导弹火箭用的燃料和氧化剂。

5. 聚醚类油

(1) 聚苯醚

聚苯醚是一类新型高温润滑剂。它可以作为润滑脂的基础油，但是价格昂贵。

聚苯醚油具有优良的热安定性和氧化安定性。它在 450℃时热安定性仍极好，在 288℃氧化安定性也很好。至今常用的各类型基础油中，聚苯醚油的热安定性和氧化安定性最好。苯醚油的第二个优良特性是抗辐射性非常好，在一般矿物油吸收 γ 射线固化的条件下，聚苯醚仍是油状，具有润滑性。

聚苯醚的缺点是凝点高，一般在 5℃时已凝固，低温流动性差，黏温性能较差。

(2) 聚亚烷基醚油

它也是润滑脂的重要基础油，具有很好的黏温特性和高的承载能力、良好的抗氧化性，使用温度可达 220℃。

6. 含氟油

含氟油可分为三大类，即全氟碳油、氟氯碳油和全氟烷基聚醚，都可以做润滑脂的基础油。

含氟油在性能上有许多特殊之处，但是价格相当昂贵。用含氟油制成的润滑脂，可用于与强腐蚀性、强氧化性介质以及与有机物接触的轴承和齿轮的润滑，也可用于液氧泵上的密封和润滑。全氟烷基聚醚油用全氟乙烯-丙烯共聚物或聚四氟乙烯稠化，可以制得在-55～315℃温度范围内使用的具有良好润滑性的润滑脂，可以用于宇航的高温、高真空以及抗化学介质的部位的密封和润滑。

二、稠化剂

稠化剂在润滑脂中起结构骨架作用，其含量约占5%～30%。稠化剂的作用主要是将流动的液体润滑油增稠成不流动的固体至半固体状态。它同基础油一样决定着润滑脂的一系列性能。润滑脂的科研工作者，其大量的工作主要是进行稠化剂的研究，因而在某种程度上，也可理解为润油脂的发展史主要是稠化剂的发展史。

稠化剂种类可分四大类，即皂基、烃基、有机和无机稠化剂。稠化剂的种类不同，将对润滑脂的一系列性能起重要影响。

1. 烃基稠化剂

常用的烃基稠化剂有石蜡、地蜡和石油脂三种。它们的性质见表7-4。

表7-4　烃基稠化剂的性质

种类	组　成	碳数	熔点/℃	相对分子质量	性　状
石蜡	主要为正构烷烃	C_{20}～C_{30}	45～60	300～500	白色至黄色的片状结晶体
地蜡	主要为带长烷基侧链的环状烃	C_{35}～C_{50}	70～95	500～700	黄色至褐色的针状结晶体
石油脂	石蜡、地蜡和高黏度润滑油的混合物		不低于55		淡褐色

烃基稠化剂在温度高时能分散在基础油中，温度低时则能形成网状结构骨架，使基础油被稠化而失去流动性，成为油膏状。

用烃基稠化剂制成的润滑脂，抗水性好，不分油，防护性能强，但耐温性很差，使用温度一般在60℃以下。

2. 皂基稠化剂

（1）单皂

脂肪或脂肪酸与碱反应所生成的物质，叫做皂，其反应过程叫皂化。日常生活所用的肥皂就是用脂肪或脂肪酸与烧碱（氢氧化钠）反应生成的，叫做钠皂。采用不同的碱就可以得到不同的皂。制皂原理如下：

$$C_3H_5(COOR)_3+3MeOH \longrightarrow 3RCOOMe+C_3H_5(OH)_3$$

脂肪　　　碱　　　金属皂　　　甘油

$$RCOOH+MeOH \longrightarrow RCOOMe+H_2O$$

脂肪酸　　碱　　金属皂　　水

式中　R——烃基，其碳数根据所用脂肪而异；

Me——金属，如钠、钙、锂等。

制造润滑脂的皂有钙皂、钠皂、锂皂、钡皂、铝皂、锌皂、铅皂等。

皂分子是极性分子，一端是极性的羧基端，另一端是非极性的烃基端。在一定的条件下，皂分子能聚结成皂纤维，皂分子的羧基端相互吸引在纤维的内部，烃基端则指向纤维的表面，因而使纤维表面具有亲油性，见图7-1。

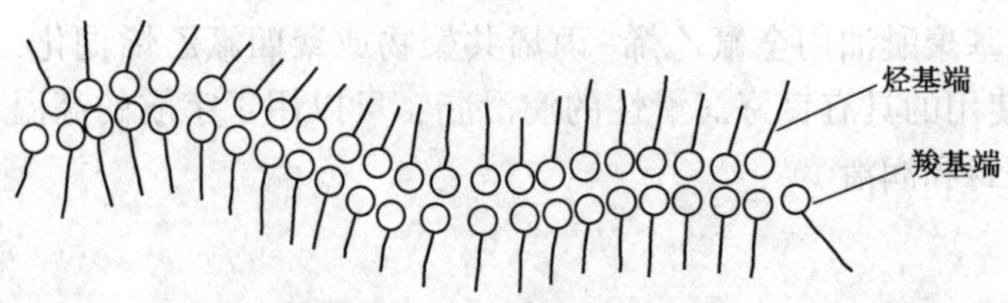

图 7-1　皂纤维示意图

由皂分子形成的骨架多数呈纤维状，只有个别的是不规则片状(铅皂)和特细纤维团(铝皂)，基础油被吸附和固定在骨架之中而成为油膏。

用不同种类的皂基稠化剂制成的润滑脂具有不同的特性，尤其在耐温性和抗水性方面的差别更为明显。皂基润滑脂的主要特性见表 7-5。有些润滑脂含有两种不同的金属皂，其性能介于两种皂的特性之间。

表 7-5　皂基润滑脂的主要特性(基础油为矿物油)

种类	主 要 特 性
钙皂	抗水性好；耐温性差，最高使用温度 70~80℃；低温性不好，在寒区冬季使用时变硬
钠皂	抗水性很差，遇水乳化变稀；耐温性好，最高使用温度 120℃左右；低温性不好，在寒区冬季使用变硬
锂皂	抗水性好；耐温和耐寒性都较好，可在-20~120℃使用
钡皂	抗水性好；不易被醇类(如乙醇、甘油)所溶解；耐温性好，最高使用温度可达 110℃
铝皂	抗水性很好；耐温性很差，最高使用温度约 50℃
锌皂	抗水性好；用蓖麻油作基础油时，难溶于烃类，可作为汽油密封润滑脂；耐温性很差，工作温度不宜超过 50℃
铅皂	抗水性好；具有极压性；低温性也较好，但不耐高温

(2) 复合皂

复合皂是指用含有高级脂肪酸及其他有机酸两种以上的化合物，皂化反应生成的金属皂作稠化剂。由复合引起的润滑脂的特性的改变，主要表现在润滑脂滴点的提高。

①复合钙皂　一般由硬脂酸钙同醋酸钙复合而成。复合钙基润滑脂是复合皂基脂中最古老的一个。复合钙基润滑脂具有如下特点：

a. 具有高的滴点，一般滴点>250℃，因而它的使用温度范围可提高到 200℃。

b. 复合钙基润滑脂由于引入醋酸钙，因而复合钙基润滑脂极压性良好。

c. 抗水淋性能良好。

d. 原料来源广泛，价钱比较便宜。

它的缺点是：储存中吸收微量水分而表面硬化结皮。这在使用中会影响电机的启动性能，尤其对于微电机，这一缺点影响更大。

②复合铝皂　一般是由苯甲酸、硬脂酸制成的复合铝基脂。复合铝基润滑脂具有以下特点：

a. 具有高的滴点，一般滴点>250℃，它的高温使用界限可达 200℃。

b. 具有优良的抗水性，良好的机械安定性、胶体安定性和氧化安定性。

c. 突出的是它具有良好的泵送性及独特的热可逆性能(即受热后再冷却时，短时间就能恢复原来的结构的性能)。特别适宜于集中润滑系统使用。因此复合铝基脂是目前公认的抗水性好的高温通用润滑脂。

它的缺点是：制备工艺比较复杂，复合铝皂对矿物油的稠化能力比较强，但是对合成油如硅油、酯类油、聚醚等的稠化能力很差，甚至不成脂。同复合锂基脂、脲基润滑脂相比，复合铝基脂的轴承运转寿命不太长。

③复合锂皂　主要是以脂肪二元酸(主要是癸二酸、壬二酸、己二酸)同12-羟基硬脂酸的复合锂皂为主。复合锂皂既保持了锂基脂的多效性，又提高了它的使用温度和使用寿命。同复合铝基脂一样是很有发展前景的复合皂基润滑脂。

复合锂基润滑脂的特点有：

a. 具有良好的耐高温性能，同时具有高的滴点，一般>260℃。

b. 具有较长的轴承运转寿命。国外有研究人员进行复合锂基脂、有机膨润土脂、复合铝润滑脂的轴承运转寿命试验，试验结果列于表7-6中。

表7-6　三种润滑脂的寿命试验(150℃)　h

基础油	复合锂	复合铝	膨润土
精制石蜡基油	2052	352	824
精制的混合油	2586	430	748
精制同未精制混合油	916	324	360

c. 具有良好的抗微动磨损的性能。近年来对微动磨损非常注意，还未找到有效的防止方法。从现成的润滑材料评选中发现，复合锂基润滑脂具有良好的抗微动磨损的能力。

d. 具有良好的机械安定性和良好的泵送性。其耐高速性能比锂基脂还要好。

e. 不仅对矿物油具有良好的稠化能力，而且对硅油、酯类油、聚醚、聚α-烯烃均有良好的稠化能力。

④复合钡皂　是高级脂肪酸钡皂同低分子酸如醋酸钡盐的复合物。其特点是：

a. 复合钡基润滑脂的滴点一般大于230℃，可使用于比较高的温度条件。

b. 具有良好的抗磨极压性能，不加任何抗磨极压添加剂，矿物油复合钡基脂的四球试验综合磨损值可达392N以上。

c. 具有良好的抗水性能，同复合钙基润滑脂不同，复合钡基脂遇水汽或者在储存中不会出现硬化和表面结皮现象。

d. 钡皂的稳定性能好，适合于同酸、碱以及一些溶剂接触的部位的润滑和密封。

e. 具有较长的轴承运转寿命和较好的抗微动磨损能力。

复合钡基润滑脂的缺点是：稠化剂的用量比较多，一般是20%~25%；机械安定性稍差；制备工艺难掌握。

⑤复合钠皂　复合钠基润滑脂主要是以硬脂酸、苯甲酸的复合钠皂为主。复合钠皂具有高的滴点，滴点一般>260℃。复合钠皂的稠化能力比较强，对大多数的矿油以及合成油都可制成高滴点润滑脂。但是复合钠基润滑脂的机械安定性较差，抗水性能差。

复合钠基润滑脂在工农业上的应用极少，因而生产量也极小，我国还没有复合钠基润滑脂的商品。

3. 有机稠化剂

有机稠化剂系指金属皂和固体烃以外的有稠化作用的有机物，如脲类化合物、酰胺类、酞菁颜料和阴丹士林染料等。

(1) 酰胺

酰胺稠化剂系指 *N*-烷基对苯二甲酸单酰胺的金属盐。其特点是:

①酰胺稠化剂的润滑脂具有高的滴点,一般滴点>250℃。

②酰胺润滑脂抗水性较好,即使用酰胺钠皂,其润滑脂的抗水性也优于锂基润滑脂。

③酰胺这类化合物本身也是一种氧化抑制剂,因此酰胺润滑脂具有良好的抗氧化性能。

④酰胺稠化剂分子结构中含有苯环,因而酰胺润滑脂具有良好的抗辐射性能。用酰胺钠皂稠化特种润滑油可以制成用于核电站等一些部位的润滑脂。

⑤酰胺润滑脂具有良好的机械安定性。

⑥酰胺润滑脂具有长的轴承运转寿命,通常它的轴承运转寿命是多效锂基润滑脂的4~5倍。

酰胺润滑脂的缺点有:酰胺润滑脂的制备过程,必须先制得酰胺稠化剂,再用酰胺稠化剂来制备润滑脂。酰胺稠化剂的制备工艺比较繁琐复杂,因而成本较高。由于酰胺中夹杂少量胺,所以有一点使人不愉快的气味。酰胺润滑脂同锂基润滑脂相比,外观显得没有锂基润滑脂那样光滑细腻,因而轴承的噪声降低值比不上锂基脂,不适宜用来制备低噪声密封轴承润滑脂。

酰胺润滑脂虽然问世较早,但是在国外,其产量远远赶不上复合锂基润滑脂和脲基润滑脂。

(2) 脲基稠化剂

20世纪50年代开发了一类新的脲类化合物作润滑脂的稠化剂。作为润滑脂稠化剂的脲基化合物通常有双脲、四聚脲等。

脲基润滑脂的特点有:

①良好的耐高温性能　脲基润滑脂滴点>330℃,高温性能好。

②很好的氧化安定性　脲类化合物不仅本身具有良好的热安定性,而且它不含金属原子,在使用中对基础油没有催化老化作用。

③良好的胶体安定性　脲类化合物是一类有机物,同基础油有很好的亲合能力,此外脲基润滑脂在高剪切作用下,它的稠度变化较小,所以脲基润滑脂适用于高转速条件下的润滑。

④抗辐射性好　一般脲基稠化剂都含芳基,所以脲基润滑脂具有良好的抗辐射性能,用其稠化含芳烃基础油的脂适用于核工业。

⑤很好的抗水性能　由于脲类化合物是一类有机物,它不同于脂肪酸皂类和膨润土,憎水性很强。

⑥良好的抗酸性气体介质的能力　在化工企业以及印染等行业,企业生产运行中往往释放出一些酸性气体,一方面造成摩擦部件腐蚀,另一方面破坏润滑脂结构,使润滑脂很快变稀流失,造成润滑不良。而脲基脂在酸性气体介质中有很好的稳定性。

⑦长轴承寿命　润滑脂装入轴承中,轴承运转到摩擦力矩超过规定值所需时间(中间不补加脂),这叫润滑脂的轴承寿命。润滑脂的轴承寿命的长短是润滑脂的综合性能的一个反映。

中国石化某润滑油公司曾评定了我国两类脲基脂的轴承寿命。评定条件:120℃,10000r/min,204轴承,负荷22.2N,轴承寿命见表7-7。

表 7-7 几种矿物油润滑脂的轴承寿命

润滑脂	脲基脂	酰胺钠脂	复合锂脂	锂基脂
轴承寿命/h	>20000	1400	1500	<500

脲基润滑脂的缺点是：低剪速条件下稠度变化较大，另外其原料——异氰酸酯是一种剧毒品，所以脲基润滑脂在生产中的防护设施需用投资比较大，原料的运输、储存都有许多特殊要求，因而比较困难。

(3) 氟碳稠化剂

氟碳稠化剂是 20 世纪 70 年代发展的一种新型稠化剂，包括：聚四氟乙烯，简称 PTFE；全氟乙烯丙烯共聚物，或者又称四氟乙烯六氟丙烯共聚物，简称 FEP。

使用氟碳稠化剂的润滑脂的优点有：

①具有良好的耐高温性能　一般滴点>250℃。用它稠化全氟聚醚制成的润滑脂可以使用在 250~300℃。在如此高的温度下，唯有这类润滑脂的轴承运转寿命最长。

②具有优良的润滑性能　聚四氟乙烯和四氟乙烯六氟丙烯共聚物本身都是固体润滑剂，具有良好的摩擦特性。它们在低速下的摩擦系数为 0.04~0.06，比石墨和二硫化钼的摩擦系数还低(石墨为 0.09，二硫化钼为 0.12)。

③具有良好的化学惰性　PTFE 和 FEP 与火箭燃料和酸碱等都不反应，几乎与所有的溶剂和油品不起作用。用 PTFE 和 FEP 作稠化剂，用全氟碳油或全氟聚醚油作基础油制成的润滑脂，能满足与强氧化介质或强还原介质以及许多溶剂相接触的部位的润滑与密封的要求。这是航空、航天和核工业必不可少的一类润滑脂。

④具有良好的机械安定性。

⑤具有长的轴承运转寿命　高温条件下在轴承上结焦很少。这一点不同于芳基双脲、亚胺复合铝、三聚氰酸二酰胺，这些稠化剂在轴承的保持架上留下残炭沉积。如用 PTFE 作稠化剂，全氟聚醚为基础油制成的润滑脂，在 GT-05 轴承试验机上，用 204 轴承，轴承外环温度 250℃，转速 6000r/min，轴承运转寿命长达 1000h 以上。而在同样条件下用脲基稠化剂稠化甲基苯基硅油制成的润滑脂，寿命仅为 500h。

⑥具有良好的低温性能　据试验，PTFE 稠化环烷烃油、双酯、氯硅油和氟硅油制成的润滑脂，尽管稠化剂含量较多，但低温(-40℃)转矩却比较低，其低温启动力矩和运转力矩都比 12-羟基硬脂酸锂和芳基脲为稠化剂的上述基础油制成的润滑脂低。用 FIFE 稠化低苯基含量的甲基苯基硅油可以制成耐-80℃低温的超低温的润滑脂。

氟碳稠化剂的缺点是：密度比较大，因而稠化剂的用量比较多，一般用量在 25%~30%。其次是价格比较昂贵，这限制了它在更广范围的应用。

全氟聚苯是后来发展起来的新型化合物。全氟聚苯是浅黄色固体粉末，熔点高于 360℃。它具有很好的热安定性和辐射安定性。全氟聚苯可作为高温润滑脂的稠化剂。

(4) 三聚氰酸二酰胺

三聚氰酸二酰胺具有良好的热安定性和化学安定性，分解温度较高，在 350℃以上才开始分解。本身不含金属原子，不会造成对基础油氧化的催化作用，而且对氧化具有抑制作用。因此用三聚氰酸二酰胺作稠化剂，可以制成在 300~350℃使用的润滑脂。三聚氰酸二酰胺润滑脂的工作寿命比其基础油长得多。例如，在 200~300℃时，由全氟聚醚油制备的三聚氰酸二酰胺润滑脂，其使用寿命是基础油的 10 倍。三聚氰酸二酰胺也能大大延长硅油在高温的使用寿命。在真空试验条件下，三聚氰酸二酰胺延长其基础油的寿命的作用更加显著。

三聚氰酸二酰胺的缺点是：稠化能力不强，一般稠化剂用量较大，大约在35%左右。所形成的润滑脂没有结构特点，外观同泥巴相似。所以一般将三聚氰酸二酰胺同其他稠化剂共同使用，以便得到性能更优良的润滑脂。

至于阴丹士林、酞青铜等染料都可做润滑脂的稠化剂，都因其共同缺点——稠化能力不强、轴承寿命不长、有颜色、容易玷污设备，故均未商品化。

4. 无机稠化剂

无机稠化剂常用的有膨润土、硅胶和氮化硼、炭黑等。我国又发现海泡石可以作润滑脂的稠化剂。

（1）膨润土

膨润土是一种矿物，是以蒙脱石为主体的岩石，化学成分主要是二氧化硅、三氧化二铝和水。膨润土能吸附8~15倍于它本身体积的水分，吸湿后膨胀，膨胀倍数从几倍到30多倍，因此得名膨润土。

作为润滑脂稠化剂用的膨润土，需经过表面改型，使其由亲水变为亲油。再干燥、粉碎，便得到膨润土稠化剂。

膨润土润滑脂的优点有：具有良好的耐高温性能，膨胀土润滑脂没有滴点，在高温下，膨润土润滑脂的稠度比所有的复合皂基脂都稠。因此膨润土适用于作高温润滑脂的稠化剂以及密封润滑脂的稠化剂。

膨润土润滑脂的缺点是：防护性不好，很细的砂粒难以除去。因而膨润土润滑脂对轴承噪声的影响比锂基脂大，故膨润土润滑脂一般不适宜作密封轴承脂以及高转速润滑脂。另外它在高温下结焦比皂基脂以及其他稠化剂的润滑脂严重。

（2）硅胶

硅胶的成分主要是二氧化硅。根据制备方法的不同，硅胶分为沉淀硅胶、气凝胶硅胶和发烟硅胶。发烟硅胶又称白炭黑。

硅胶润滑脂的特点有：

①具有良好的耐高温性能，制成的润滑脂无滴点。在高温下，其润滑脂的稠度也较稠。硅胶本身也不会氧化变质。

②硅胶稠化剂的稠化能力很强，用量少。

③硅胶稠化特种润滑油得到的脂具有良好的抗辐射性能。

硅胶润滑脂的缺点是：硅胶润滑脂的防护性比较差，因为硅胶表面有许多—OH，是亲水性的。所以，一般在制备硅胶脂时必须经过硅胶表面改性，使其变成亲油的。另外，硅胶是一种磨蚀性的微粒，所以硅胶润滑脂的摩擦性能较差，不适宜用作抗摩润滑脂的稠化剂。适用于作密封润滑脂和阻尼润滑脂的稠化剂。

（3）氮化硼

氮化硼$(BN)_n$是一种新型固体润滑剂，它可以作高温润滑脂的稠化剂。

氮化硼润滑脂的优点有：

①氮化硼稠化剂的稠化能力较强，不但能稠化矿物油而且可以稠化合成油。

②氮化硼润滑脂具有良好的耐高温性能。氮化硼具有高的熔点和分解温度，制成的润滑脂具有高滴点，并在高温下具有较长寿命。

③氮化硼润滑脂不同于膨润土润滑脂和硅胶润滑脂，它具有良好的抗水性。因为氮化硼

本身不溶于水，也不需要进行表面覆盖处理。

氮化硼润滑脂的缺点是：氮化硼本身制备比较困难，价格昂贵；其次，有人研究表明，它的轴承运转寿命不算太长。

三、稳定剂

稳定剂又称结构改善剂，其作用是使稠化剂和基础油能稳定地结合而不易产生分油。它虽然用量很少，但对某些润滑脂来说是必不可少的。稳定剂是一些极性较强的物质，如有机酸、醇、胺等化合物。只有水这个极性化合物是唯一例外的稳定剂。由于这些稳定剂含有极性基团，如羧基、胺基、羟基等，它们趋向于吸附在皂分子的极性端间，皂纤维中的皂分子的排列的距离就相应地增大，使基础油膨化到皂纤维内的量增大，如图 7-2 所示。

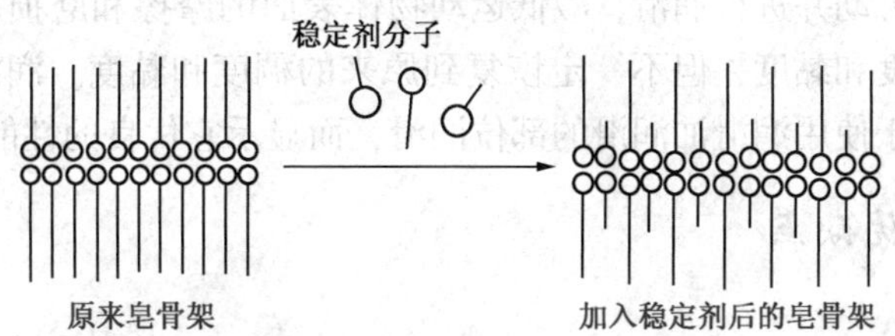

图 7-2　结构稳定剂的作用

在常用润滑脂中，钙基润滑脂需要特别加以说明，因为钙基润滑脂必需用微量的水(1%~2%)作为稳定剂，一旦钙基润滑脂失去水分，脂的结构就完全被破坏，造成严重的油皂分离。不同润滑脂使用的稳定剂不同，如钠基润滑脂中的甘油，锂基润滑脂中的环烷酸皂，复合钙基润滑脂中的醋酸钙，钡基润滑脂中的醋酸钡、铅基润滑脂中的油酸等，均起稳定剂的作用。

实践中发现，结构稳定剂的用量过多或过少都对润滑脂的质量有不利影响。例如，结构稳定剂过少，皂的聚结程度较大，膨化和吸附的油量较少，皂-油体系不安定；反之，如果过多，由于极性的影响，也会造成胶体结构的破坏。所以，结构稳定剂的用量要适量，一般是由实验确定的。

四、添加剂

添加剂是用来改善润滑脂的某些性能，作用原理基本上与润滑油添加剂相同。用于润滑脂的主要添加剂有抗氧化剂、防锈抗腐剂、拉丝剂和油性-极压抗磨剂等。

润滑脂的组成归纳如下：

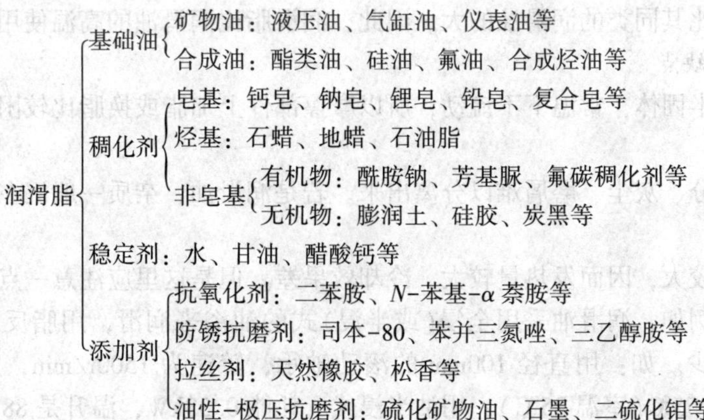

第三节　润滑脂的特点

一、润滑脂的触变性

润滑脂的组成和结构决定了它同润滑油不同的特性。润滑脂所具有的最基本的特性，就是触变性。所谓触变性就是：“当施加一个外力时，润滑脂在流动中逐渐变软，表观黏度降低，但是一旦处于静止，经过一段时间(很短)后，稠度再次增加(恢复)，这种特性称为触变性”。在常温和静止状态时，润滑脂像固体，能保持自己的形状不流动，能粘附在摩擦部件表面而不滑落。在高温或受到一定限度的外力时，它又像液体能产生流动。在机械中受到运动部件的剪切作用时，它能产生流动并进行润滑，减低运动物体表面的摩擦和磨损。当剪切作用停止时，它又恢复到一定的稠度和黏度，但不一定恢复到原来的稠度和黏度。润滑脂的这种特殊性能，决定了它可以在不适于使用润滑油润滑的部位润滑，而显示它优良的性能。

二、润滑脂的优缺点

1. 润滑脂的优点

①使用滑脂润滑时，不需要复杂的密封装置和供油系统，可以大大地简化轴承的外围尺寸，有利于设备的小型化和轻量化。

②润滑脂的粘附性好，在摩擦表面上的保持能力强，密封性好，因而润滑脂可以在敞开的以及密封不良的摩擦部件上工作。可以防止水分、灰尘的侵入，保护金属长期不腐蚀。

③润滑脂的使用寿命长，供油次数少，不需要经常添加，在难于经常加油的摩擦部件上，使用润滑脂较为有利。有一些密封轴承，可以在轴承制造厂填充优质润滑脂，一直使用到轴承寿命终了为止，期间不需更换或补加润滑脂。

④润滑脂的油膜厚度要比润滑油的油膜厚度大。润滑脂对低转速承受高负荷和冲击负荷的部位，有良好的润滑性。润滑脂的减震效果好，轴承的噪声相对要低一些。

⑤润滑脂的使用温度范围比润滑油更宽。使用润滑脂机器能够在低于其基础油凝点10℃的条件下启动。这是因为润滑脂在轴承中经过短期运转之后，润滑脂的分布是一个薄层的油膜，摩擦点是一些点或线接触，比全浸式的油浴润滑的轴承阻力要小，就容易启动。另外，稠化剂脂肪酸金属皂对基础油具有降低凝点的作用，因此润滑脂要比润滑油使用温度更低一些。在高温下，润滑脂的表观黏度随着温度的变化要比润滑油的小。所以在高温下，润滑脂的表观黏度比其同类的润滑油的大。因此，润滑脂比润滑油的高温使用范围更宽一些。

2. 润滑脂的缺点

①润滑脂是半固体，常温下不流动，所以摩擦部件上加脂或换脂比较困难，轴承的清洗就不十分方便。

②混入的水分、灰尘、磨屑难以分离出来。若是润滑油，杂质一般沉在下部，或通过滤油器很容易除掉。

③搅拌阻力较大，因而发热量较大，冷却效果差。但是这里应注意一点，这同润滑方式有密切的关系。例如，润滑油采用全浸(或半浸)式的油浴来润滑，用脂反而比用油消耗的功率小、发热量少。如：用直径100mm的滚动轴承，转速为1500r/min，用脂润滑，耗能0.11kW，温升是55℃(室温25℃)；用油半浸式，耗能0.33kW，温升是88℃(室温25℃)。

④对高转速不太适用。一般来说，普通的矿物油润滑脂只允许使用的转速为 *DN* 值（轴承的内径 mm×转速 r/min）小于 300000mm · r/min。随着润滑脂技术的发展，合成润滑脂可以使用到 *DN* 值 500000~600000，甚至 1000000。

第四节　润滑脂的性质

一、外观

润滑脂的外观包括颜色和物态性状两个方面。润滑脂有各种各样的颜色：白色、浅黄色、黄褐色、暗褐色、黑色等。润滑脂的颜色与所用的原料有关，不能以颜色的深浅去判断润滑脂质量的好坏。润滑脂的物态性状也各有不同，有的呈光滑均匀的油膏状，如钙基润滑脂、2 号低温润滑脂等；也有的呈纤维或颗粒状，如钠基润滑脂、滚珠轴承润滑脂等。了解不同润滑脂的外观特征，对简易识别润滑脂有一定的参考。下面介绍几种常用润滑脂的外观特征。

工业凡士林：暗褐色，光亮透明，黏度大；

钙基润滑脂：淡黄色到暗褐色，光滑均匀状；

钠基润滑脂：淡黄色到暗褐色，纤维状，粘附性较差；

滚珠轴承润滑脂：淡黄色到暗褐色，短纤维状或颗粒状，粘附性较差；

2 号低温润滑脂：乳白色到淡黄色，光滑油腻柔软；

石墨润滑脂：黑色或灰黑色，有金属光泽，粘附性强。

二、滴点

在试验条件下，润滑脂因受热从脂杯中滴下第一滴或成柱状触及试管底时的温度，叫做润滑脂的滴点。测定润滑脂的滴点按 GB/T 4929《润滑脂滴点测定法》和 GB/T 3498《润滑脂宽温度范围滴点测定法》进行，滴点是润滑脂规格中最重要的指标之一。它与润滑脂的使用温度有关，如果润滑部位的工作温度高于润滑脂的滴点，润滑脂就会从润滑部位流失。

润滑脂滴点的高低，主要取决于稠化剂的种类和数量。稠化剂的种类不同，润滑脂的耐温性也不同。几种不同稠化剂制成的润滑脂，其滴点见表 7-8。从表 7-8 可以看出，有机稠化剂和无机稠化剂的润滑脂滴点最高，其次的顺序是锂基润滑脂、钠基润滑脂、钙基润滑脂，工业凡士林最差。用同一种稠化剂制成的润滑脂，稠化剂含量越多，润滑脂的滴点也越高。表 7-9 是 5 种钙基润滑脂的含皂量与滴点的关系。

表 7-8　各种润滑脂的滴点

种类	膨润土脂	脲基脂	复合皂脂	锂基脂	钠基脂	钙基脂	凡士林
滴点/℃	>280	>260	>260	>180	>140	<100	<55

表 7-9　钙基润滑脂的含皂量与滴点的关系

牌　号		1	2	3	4	5
含皂量/%		9~14	12~17	14~20	17~24	19~26
滴点/℃	不低于	75	80	85	90	95

润滑脂的使用温度很大程度上受到滴点限制，为了使润滑脂能在润滑部位长期工作而不

流失，润滑脂的最高使用温度只能在滴点以下，不同的润滑脂没有统一的标准。对滴点较低的润滑脂而言，最高使用温度应低于滴点20~30℃或更多。

三、锥入度

锥入度以前也称针入度，锥入度测定按GB/T 269《润滑脂和石油脂锥入度测定法》进行，在试验条件下，将规定质量的标准圆锥体在5s内刺入润滑脂中的深度，叫做润滑脂的锥入度，以0.1mm为单位。锥入度是表示润滑脂的稠度大小或软硬的尺度。锥入度越大，表示润滑脂越软，锥入度越小，表示润滑脂越硬。

润滑脂的锥入度有未工作锥入度、工作锥入度和延长工作锥入度。未工作锥入度是指润滑脂样品从容器中取出直接放入润滑脂工作器中不经过工作或搅动的锥入度。工作锥入度是指润滑脂放入工作器中经过60次工作(剪切)后的锥入度，平时所说的锥入度大多是工作锥入度。搅拌超过60次测定的锥入度，称延长工作锥入度，延长工作锥入度可表示润滑脂的剪切安定性。通常，润滑脂的牌号就是以工作锥入度的等级来划分的，划分标准见表7-10。

表7-10　润滑脂的牌号与锥入度的关系

润滑脂牌号	锥入度/0.1mm	状态	润滑脂牌号	锥入度/0.1mm	状态
000	445~745	液状	3	220~250	中软
00	400~430	半液状	4	175~205	硬
0	355~385	非常软	5	130~160	很硬
1	310~340	很软	6	85~115	非常硬
2	265~295	软			

从表7-10可以看出，绝大多数润滑脂呈半固体油膏状，但也有少数润滑脂呈液体或半液体状。因为它含有构成润滑脂的组分，因而把它们归为润滑脂类，如防锈润滑脂等。

选择润滑脂时，应考虑润滑脂锥入度的大小。当机械摩擦表面负荷很大时，应使用锥入度小的润滑脂，不然会因不能承受所受负荷而被挤出；如摩擦表面负荷很小时，应采用锥入度大的润滑脂，否则不易形成完整的油膜，或因摩擦阻力过大过多地损耗动力，而且容易引起机件过热。通常2号、3号、4号润滑脂因其软硬程度比较适合普通机械的要求，所以用得最多最广。

润滑脂的锥入度也和润滑油的黏度一样，随温度变化而变化，温度升高，锥入度增大；温度降低，锥入度减小。另外，锥入度还受机械剪切的影响。润滑脂受机械剪切的次数越多，骨架结构越易受到破坏，导致润滑脂变软，锥入度增大。

四、保护性能

润滑脂的保护性能是指对金属的保护作用，防止金属受到腐蚀和生锈的性能。用作保护作用的润滑脂，必须具备三个条件：

①本身不腐蚀金属，即不易氧化，酸值要小；

②抗水性好，即不吸水，不易被水冲掉；

③粘附性好，高温不滑落，低温不龟裂，能有效地使金属表面与空气隔绝。

评价润滑脂的保护性能，常用以下几个指标来评定。

1. 腐蚀性

这是定性检查润滑脂对金属是否产生腐蚀的指标。金属产生腐蚀，主要是过多的有机酸、游离碱或者硫化物所引起。

测定润滑脂的腐蚀性的测定方法有 GB/T 7326《润滑脂铜片腐蚀试验法》和 SH/T 0331《润滑脂腐蚀试验法》。这两种方法均系金属片定性腐蚀试验。在试验时，根据机械对润滑脂的要求，采用不同的金属片，如钢片、铜片、黄铜片、铝片或其他金属片，在规定的温度下，经过一定的时间，观察金属片是否产生斑点或变色来判断润滑脂对金属的腐蚀性。如果在金属上没有斑点和明显的不均匀的颜色变化，即认为润滑脂合格。但用铜片及铜合金片时，允许金属片有轻微的均匀变色。通常多采用在 100℃下试验 3h 的快速测定法。

2. 润滑脂防腐蚀性试验

GB/T 5018《润滑脂防腐蚀性实验法》是根据在潮湿情况下存放的涂有润滑脂的锥形滚子轴承的腐蚀情况来评定润滑脂的防腐蚀性能。

将新的清洗净的涂有润滑脂试样的轴承在轻微负载推力下运转 60s±3s，使润滑指如实际使用时分布。轴承在 52℃±1℃和 100%相对湿度的条件下存放 48h±0.5h，然后清洗并检查轴承外圈滚道的腐蚀痕迹。

该方法相当苛刻，每次试验需要 3 个新轴承，一般润滑脂如果不加入优良的防锈剂是不易通过这项试验的。现在许多通用多效润滑都有这一项试验要求。

3. 游离有机酸和游离碱

润滑脂中的游离有机酸包括制造润滑脂时未被皂化的有机酸、基础油中原来含有的酸性物质和润滑脂因氧化而生成的有机酸。润滑脂中的游离有机酸，特别是低分子有机酸会腐蚀金属。多数润滑脂不允许存在游离有机酸，只有非皂基润滑脂，如烃基润滑脂，允许含有微量的游离有机酸。皂基润滑脂通常是不含游离有机酸的。如果皂基润滑脂含有游离有机酸，说明已氧化变质不宜再使用。

游离碱是制造润滑脂时加入的过量碱。通常绝大多数的皂基润滑脂都含有不大于 0.2%的游离碱(NaOH)。润滑脂中的微量碱可以中和润滑脂因氧化而生成的有机酸，这样就可以延长润滑脂的储存期限和使用期限。所以，润滑脂经储存和使用之后，游离碱会减小以至消失，最后使润滑脂出现游离有机酸。0.2%以下的游离碱对金属无明显的腐蚀作用，所以有些保护用的烃基润滑脂允许加入 0.02%的氢氧化钠，使其成弱碱性。但游离碱过大时会腐蚀有色金属，并使皂分子凝聚，甚至难以成脂。

游离有机酸和游离碱的测定按 SH/T 0329《润滑脂游离碱和游离有机酸测定法》方法进行。取 2~3g 润滑脂于锥形烧瓶中，加入 50mL 汽油-乙醇混合液，回流煮沸 5min 后加入 2~3 滴酚酞指示剂，若呈红色，则趁热用盐酸标准溶液滴定至红色消失；若为无色，则趁热用氢氧化钾标准溶液滴定至红色出现，最后计算结果。

五、安定性

1. 胶体安定性

润滑脂在储存和使用中抑制分油的能力，叫做润滑脂的胶体安定性。若制成的润滑脂在相当短的时间内就产生分油，说明这种润滑脂的胶体安定性差。反之，经较长时间的储存也不分油的润滑脂，说明这种润滑脂的胶体安定性好。

但是，油-皂体系的润滑脂产生轻微的分油现象是难免的，往往在下列的几种情况下就可能产生分油现象。

①基础油的黏度愈小，润滑脂的皂含量愈少，愈易出现分油。例如：2 号低温润滑脂和冬

季炮用润滑脂等，它们是用黏度小的基础油加少量稠化剂制成的润滑脂，储存时较易分油。

②储存温度过高时，由于基础油黏度变小，同时分子运动加速，基础油易从结构骨架上析出。

③润滑脂受的静压力越大，下部润滑脂的皂结构骨架被压缩，有一部分基础油会被压出。所以，润滑脂适于小包装。润滑脂表面有凹坑时，基础油易析出并积于凹坑处。所以，在储存中的润滑脂，其表面应保持平整。

④由于储存时间过长，皂分子受氧化分解，结构受到破坏，稠化能力降低，使少量基础油析出。

⑤如果失去稳定剂，将会产生严重的分油现象。如钙基润滑脂，加热熔化后，由于失去了结合水，造成严重的油皂分离。

如果某种润滑脂的胶体安定性不好，分油严重，这种润滑脂就不宜长期储存。发现润滑脂有轻度分油时，可将其搅拌均匀后尽早使用。从润滑角度来说，润滑脂在使用中有轻微的分油，对滚动轴承的润滑是有好处的。如果润滑脂已经严重分油，改变了原来的结构，这种润滑脂就不能使用，应进行更生处理。

润滑脂的胶体安定性用分油量(%)表示，测定润滑的分油量按 SH/T 0324《润滑脂分油的测定 锥网法》和 GB/T 392《润滑脂压力分油测定法》进行。表 7-11 为几种润滑脂的钢网分油结果。

表 7-11　几种润滑脂的钢网分油结果(150℃，30h)

脂名	脲脂 1	脲脂 2	复合钙	复合铝	复合锂	膨润土脂	锂基脂
分油量/%	3.31 (230℃)	0.71	10.44	9.77	8.82	4.34 (100℃)	5 (100℃)

2. 氧化安定性

润滑脂在储存和使用过程中抵抗氧化的能力，叫做润滑脂的氧化安定性化学安定性。目前用量最大的仍是皂基润滑脂，金属皂不仅本身易氧化，而且对基础油的氧化有催化作用，特别是锂皂，因此润滑脂比润滑油更容易被氧化。

润滑脂的氧化安定性与它的组成有关，特别是与稠化剂有关。一般来说，烃基润滑脂的化学安定性比皂基润滑脂的化学安定性好。不同皂基的润滑脂，化学安定性也不同。例如，用 15%的硬脂酸皂在同一种基础油中制成的几种皂基润滑脂，在 98.9℃测定诱导期，得出的结果见表 7-12。从表中可见，几种金属皂中以锂皂对氧化的催化作用最大，而铝皂的催化作用最小。为了提高润滑脂的化学安定性，可加入抗氧化剂。

表 7-12　金属皂对润滑脂氧化的影响

润滑脂	锂基	钠基	钙基	钡基	铝基
诱导期/h	25	45	100	135	330

严重氧化的皂基润滑脂，颜色变深，有恶臭，对金属产生腐蚀，变软(皂分解)或结块等。主要原因是皂结构受到破坏并产生酸性物质。在润滑剂中，润滑脂属于易变质物质，所以应妥善保管。

润滑脂的氧化安定性的测定方法有 SH/T 0325《润滑脂氧化安定性测定法》、SH/T

0335—1992《润滑脂化学安定性测定法》和SH/T 0790《润滑脂氧化诱导期测定法(压力差示扫描量热法)》。表7-13是几种润滑脂的氧化安定性测定值。

表7-13 几种润滑脂的氧化安定性

脂名	压力降/kPa				锥入度变化/0.1mm
	24h	48h	72h	96h	
脲基脂A	20.7	34.5	68.9	124	+90
脲基脂B	6.9	13.8	27.6	34.5	+22
脲基脂C	13.8	20.7	41.4	55.2	+18
锂基脂A	27.6	41.4	172.4	413.6	流体
锂基脂B	34.5	103.4	151.7	379.2	流体
复合铝脂	55.2	144.8	262	330.9	流体
复合钙脂	20.7	41.4	193	310.2	流体

3. 储存安定性

润滑脂储存过程中，性质可能发生一些变化，我国制订了SH/T 0452《润滑脂储存安定性试验方法》。润滑脂在38℃放置6个月后，锥入度的变化值不得超过30。

4. 机械安定性

机械安定性又称剪切安定性，它是指润滑脂在机械工作条件下抵抗稠度变化的能力。润滑脂在机械中长期工作时，由于受到剪切，稠度会发生改变，如果剪切后稠度变化小，则机械安定性好。机械安定性对润滑脂的使用有较大的意义。在实验室测定机械安定性有两种方法：GB/T 269《延长工作锥入度》和SH/T 0122《滚筒安定性》。它们都是利用仪器使润滑脂遭受剪切，然后测定润滑脂的锥入度，并以剪切前后锥入度的差值表示机械安定性的好坏。

需要注意的是：实验室测定的机械安性和实际使用的关系不完全一致。一般说来，在实验室中评定差的润滑脂，在使用中也不会好，但在实验室中评定好的，在使用中却不一定好。这是因为锥入度工作器和滚筒中的剪切速度都很低，前者为500/s以下，后者为2000/s以下，而实际中受到的剪切作用却大得多；在实验中两个评定方法都是在室温测定的，而实际使用中温度较高。此外，由于使用中的其他因素，也会使润滑脂过分软化而漏失增多，例如润滑脂用量过多时，即使机械安定性较好也会引起轴承温度升高较多和润滑脂漏失增多。所以实验室评定结果就不完全和实际使用一致。但实验室测定方法作为筛选手段还是很必要的。

5. 轴承漏失量

轴承漏失量是评定轮毂轴承用润滑脂的重要指标，模拟润滑脂在汽车轮毂轴承中的工作状态和性质，它与润滑脂的机械安定性紧密相关，机械安定性差的润滑脂的漏失量也大。漏失量还与润滑脂的稠度和粘附性有关，润滑脂的稠度大和粘附性好有利于降低漏失量。漏失量的测定方法是SH/T 0326《润滑脂漏失量测定方法》。

六、抗水性

润滑脂的抗水性是指不溶于水的性能。抗水性差的润滑脂，不能使用在潮湿或易与水接触的摩擦部位。润滑脂的抗水性主要取决于稠化剂的抗水性。

润滑脂抗水性好坏：烃基脂最好，有机脂、无机脂均好。皂基脂中：Pb>Al>Mg>Li>Na。

评定方法有：

1. 抗水淋性能试验

润滑脂抗水淋性能试验按 SH/T 0109《润滑脂抗水淋性能测定法》进行。此法用来评价轴承内润滑脂抵抗被水淋洗出的能力，水淋损失的质量百分数少，表示抗水淋性能好，但不等于使用评价试验。

抗水淋性能试验条件不很苛刻，大多数抗水性好的润滑脂损失大约只有 5%。几种脂的抗水淋试验见表 7-14。

表 7-14 抗水淋性试验结果

脂　　名	脲脂 1	脲脂 2	复合钙脂	复合铝脂	复合锂脂	膨润土脂	锂基脂
水淋损失(38℃)/%	0.13	0.70	2.2	3.77	8.73	4.95	6.4

2. 加水剪切和加水滚筒试验

加水剪断试验又称水安定性试验是将 10%的水加到润滑脂样品中，混合均匀后，测定剪切 10000 次或 100000 次的锥入度，试验结果以剪切后的锥入度值表示，或以剪切前后锥入度的变化值表示。例如，汽车通用锂基脂的抗水性就是规定为：加入 10%的水，经 100000 次剪切后，其锥入度值不得大于 375。

除上述加水用工作器剪断外，还有将样品加 10%的水用滚筒试验，与未加水的样品微锥入度比较来评定抗水性，加水滚筒试验方法比加水剪断 100000 次方法快速，更适于作筛选试验。

3. 润滑脂抗水喷雾性能测定法

润滑脂抗水喷雾性能是指润滑脂在直接接触水喷雾时，润滑脂对金属表面的黏附能力，其测定结果可以预测润滑脂在直接接受水喷雾冲击的工作环境下的使用性能。润滑脂抗水喷雾性能按 SH/T 0643《润滑脂抗水喷雾性测定法》进行。

4. 润滑脂抗水和抗水-乙醇(1∶1)溶液性能

润滑脂抗水和抗水-乙醇(1∶1)溶液性能是指润滑脂在水和水-乙醇溶液中抗浸泡溶解的能力，其测定按 SH/T 0453《润滑脂抗水和抗水-乙醇(1∶1)溶液性能试验法》进行。

七、强度极限

润滑脂是半固体状的物质，所受的外力如果不大，它只会塑性变形，而不会流动。当外力逐渐加大，达到某一临界数值时，润滑脂开始流动。使润滑脂产生流动所需的最小的力，称为润滑脂的强度极限。

强度极限对润滑脂的使用有重要意义，如润滑脂的强度极限过小，在不密封的摩擦部件或垂直面上使用时，容易流出或滑落；在高速旋转的机械中使用时如强度极限过小，也会被离心力甩出。此外，润滑脂的高、低温使用性能也和强度极限有关。在高温下，润滑脂强度极限会减小，如减得过小，则润滑脂容易流失；在低温下润滑脂强度极限也不应过大，否则，便会使机械启动困难，或消耗过多的动力。因此，规定润滑脂在较高温度下强度极限不小于某一数值；在低温下强度极限不大于某一数值。大部分润滑脂在使用温度范围内强度极限约在 98~294Pa(1~30g/cm^2)之间。测定按 SH/T 0323《润滑脂强度极限测定法》进行。

强度极限与稠化剂的性质和数量有关，含稠化剂数量增多，润滑脂的强度极限也增大。因此，低温用润滑脂含稠化剂数量应较少，以免低温强度极限过大。

八、相似黏度

润滑脂在所受外力超过它的强度极限时，就会产生流动；润滑脂流动的难易，与其分子间摩擦阻力有关，其阻力大小也用黏度表示。

但是，润滑脂流动时的黏度和普通液体的黏度不完全一样。普通液体的黏度在一定温度下是个常数，润滑脂流动时的黏度在一定温度下却不是常数，而是随着润滑脂层间剪速的改变而改变。剪速小则黏度大，剪速大则黏度小。而当剪速很大时，其黏度小到一定程度则保持恒定。所以称为相似黏度，也称表观黏度。在说明润滑脂的相似黏度时，必须指明测定时的剪速(单位为 s^{-1})和温度，否则没有意义，相似黏度用 Pa · s 表示。

润滑脂的相似黏度对使用有很大意义。滚动轴承是应用润滑脂的主要类型的摩擦部件，滚动轴承的摩擦损失，首先决定于注入轴承中的润滑脂的相似黏度。正确地选择摩擦部件中所用的润滑脂，可大大减少机械中摩擦的功率损失，如果润滑脂的相似黏度过大，则会增加动力的消耗。在低温下使用的润滑脂，除了强度极限外，相似黏度也有很大的影响。

由于润滑脂的相似黏度在剪速很大时接近于它的基础油的黏度，所以基础油的黏度选择要符合润滑脂使用条件的要求。如在高速、轻负荷或低温下使用的润滑脂，就需要选用黏度小的基础油，以免润滑脂在使用中黏度过大，增加摩擦阻力。相似黏度的测定方法：SH/T 0048《润滑脂相似黏度测定法》、SH/T 0681《润滑脂表观黏度测定法》。

九、低温转矩

润滑脂的低温转矩是指在低温(-20℃以下)时，润滑脂阻滞低速滚珠轴承转动的程度。低温转矩是表示润滑脂低温性好坏的重要指标，在润滑脂的实际使用中比低温相似黏度有更好的可靠性。

按 SH/T 0338《滚珠轴承脂低温转矩测定法》试验方法的定义，低温转矩是在-54℃下，以试验润滑脂润滑 204 型开式滚珠轴承，当其内环以 1r/min 的速度转动时，阻滞该轴承外环所需要的力矩，以“g · cm”表示。可以得到以下两个值：

①启动转矩，即开始转动时测得的最大力矩；

②运转转矩，即在转动规定的时间(60min)之后，测得的力矩平均值。

低温转矩是衡量润滑脂低温性能的一项重要指标，润滑脂低温转矩特性好，就是指润滑脂在规定的辐承中，在低温试验条件下的转矩小。低温转矩的大小关系到用润滑脂润滑的轴承低温启动的难易和功率损失，如果低温转矩过大将使启动困难并且功率损失增多。低温转矩对于在低温使用的微型电机、精密控制仪表等特别重要。精密设备要求轴承的转矩小而稳定，以保证容易启动和灵敏、可靠地工作。

由于润滑脂本身具有强度极限，要使润滑脂润滑的轴承开始运转，必须克服润滑脂的强度极限，而润滑脂的强度极限、相似黏度以及稠度在低温都是增大的，这些因素都会使润滑脂在低温下阻滞轴承运转的程度增大。

目前我国的低温和宽温用润滑脂规格中，一般是要求低温黏度不应过大。在美国军用润滑脂规格中，低温和宽温用的航空润滑脂，大多数要求在其使用温度下的启动力矩不大于 1500mN · m，运转力矩不大于 500mN · m。

润滑脂低温转矩的测定方法有三种：SH/T 0338《滚珠轴承脂低温转矩测定法》、ASTM D 3337《小轴承脂低温转矩和使用寿命试验法》和 SH/T 0839《汽车轮毂轴承润滑脂低温转矩测定法》。

十、润滑脂的轴承寿命

润滑脂的轴承寿命指润滑脂在一定高温、负荷、转速下保持结构不被破坏和维持润滑性能不变化的能力。润滑脂的轴承寿命直接影响机械设备的维修保养期、补脂周期，因此是润滑脂的重要性能之一，有些密封轴承要求润滑脂与轴承同寿命。由于润滑脂的工作温度、机械设备运转速度对润滑脂使用寿命影响很大，工作环境温度越高，润滑脂使用寿命越短，因此，在高温、高转速条件下，要选用氧化安定性好、蒸发损失小、滴点高、抗剪切的润滑脂。影响润滑脂轴承寿命的因素很多，润滑脂的组成、性质和使用条件都会影响润滑脂的轴承寿命。

1. 润滑脂的组成对轴承寿命的影响

(1) 稠化剂的影响

在高温下，聚脲润滑脂和酰胺润滑脂的寿命最长，复合钙基润滑脂的寿命也比较长，锂基润滑脂在120℃以下的寿命较长，但温度升高至150℃以上寿命显著缩短。

(2) 基础油的影响

基础油的种类和黏度对轴承寿命有影响。有人采用锂皂与矿物油、聚α-烯烃油、双酯和三羟甲基丙烷酯四种基础油制成的润滑脂进行寿命试验，结果表明：以酯类油为基础油的润滑脂的寿命长，这可能与基础油的氧化安定性和热安定性有关；矿物油润滑脂的寿命较短。

基础油黏度应符合润滑脂的使用条件要求。通常，速度较高时应使用低黏度基础油的润滑脂，如果基础油的黏度较大，则轴承内润滑脂运动时的阻力大，促使轴承温度上升，加快脂的氧化变质，从而降低脂的寿命；而负荷较高时，应使用基础油黏度较大基础油的润滑脂。

2. 润滑脂的性质对寿命的影响

润滑脂的性质取决于它的组成和结构，润滑脂的寿命和性质的关系，实际上也和它的组成结构有关。润滑脂的寿命与润滑脂的氧化、分油和蒸发都有关系，还与润滑脂在机械中长期工作时的机械安定性、高温时的稠度变化、相似黏度的变化等有关。如果机械安定性不好，或高温时流动性变化大，都可以发生过分软化而流失，从而导致润滑脂的轴承寿命缩短。

3. 润滑脂轴承寿命试验方法

我国润滑脂轴承寿命的评定采用SH/T 0428《高温下润滑脂在抗磨轴承中工作性能测定法》。

十一、润滑性

润滑脂的润滑原理和润滑性评定方法与润滑油有相似之处，润滑脂大多用于滚动轴承，处于弹流润滑和边界润滑状态。但润滑脂与润滑油又有所不同，它含有稠化剂，因为稠化剂本身有良好的润滑性，如锂皂有良好的减摩性，磺酸盐复合钙皂、复合锂皂和聚脲有良好的抗磨极压性，所以，脂的润滑性能比润滑油好得多。

润滑脂抗磨极压性能的评价方法有：SH/T 0202《润滑脂极压性能测定法(四球机法)》、SH/T 0203《润滑脂极压性能测定法(梯姆肯试验机法)》、SH/T 0204《润滑脂抗磨性能测定法(四球机法)》、SH/T 0427《润滑脂齿轮磨损测定法》、SH/T 0716《润滑脂抗微振磨损性能测定法》和SH/T 0721《润滑脂摩擦磨损性能测定法》。

十二、蒸发性

润滑脂的蒸发性表示润滑脂在高温条件下长期使用时，润滑脂油分挥发的程度。蒸发性越小，越理想。

润滑脂中基础油的蒸发不仅引起性能的劣化，而且冷凝的油雾还引起设备故障和影响正常观察。影响蒸发性的内部因素是基础油的种类和黏度，外部因素是温度和压力。外部压力越小，润滑脂的蒸发量越大。脂的蒸发性主要取决于基础油的性质和馏分组成。

蒸发性测定方法有：SH/T 0337《润滑脂的蒸发度测定法》、GB/T 7325《润滑脂和润滑油蒸发损失测定法》、SH/T 0661《润滑脂宽温度范围蒸发损失测定法》。

十三、橡胶相容性

润滑脂在使用中，在许多场合会与橡胶密封元件接触，不同橡胶在不同油脂的作用下会发生不同的作用，有的收缩，有的膨胀，都会影响橡胶密封件的工作性能。润滑脂与合成橡胶相容性试验按 SH/T 0429《润滑脂与合成橡胶相容性测定法》进行。

该方法所用的橡胶有二种：标准氯丁橡胶(CR)和标准丁腈橡胶(NBR-L)。测定试片在试验前的硬度、相对密度和体积，然后将试片浸入煮沸 5min 后冷至 25℃的蒸馏水中再称量。接着将已称量的试片浸泡在润滑脂样品中，在 100℃(或 150℃)温度下保持 70h。洗净擦干，测定试片的硬度和体积。试验结果以硬度变化 ΔH 和体积变化 ΔV 表示。

十四、机械杂质和水分

1. 机械杂质

润滑脂中的机械杂质主要是指磨损性的机械杂质，如砂粒、尘土、铁锈、金属屑等，这些机械杂质主要来源于以下几个方面：

①制造润滑脂时，原料过滤不好而带来的，如制造钙基润滑脂时，石灰乳过滤不细。

②制造过程中混入，如生产厂房简陋，没有达到无尘要求。

③容器不清洁。

④管理不当，如有些基层单位的加油站，桶装润滑脂不加盖等。

润滑脂混入机械杂质后，既不能沉淀，也不能过滤，会造成润滑部位的严重磨损，因此要严格控制。

评定方法有以下 4 类：

①酸分解法：GB/T 513《润滑脂机械杂质测定法(酸分解法)》；

②抽出法：SH/T 0330《润滑脂机械杂质测定法(抽出法)》；

③显微镜法：SH/T 0336《润滑脂杂质含量测定法(显微镜法)》；

④有害粒子鉴定法：SH/T 0322《润滑脂有害粒子鉴定法》。

2. 水分

润滑脂的水分有两种，一种是游离水，它会引起金属生锈，这是不希望有的；另一种是结合水，它是润滑脂结构的稳定剂。不同的润滑脂，含水量不同。通常，烃基润滑脂不允许含水分，皂基润滑脂的含水量也作了不同的规定。但有些润滑脂本身具有一定的吸水性，如钠基润滑脂、滚珠轴承润滑脂、4 号高温润滑脂、硅胶润滑脂等，对这类润滑脂应密封保管。检查润滑脂的水分含量按 GB/T 512《润滑脂水分测定法》进行。

由于润滑脂的成分复杂，用途广泛，要求苛刻，因此对润滑脂在物理方面的性质和在化学方面的性质的要求也多种多样。在所有石油产品中，对润滑脂性能要求最为特殊，评价的项目也最多。以上介绍的理化性质是常规项目中最主要的。

第五节　常用润滑脂品种

润滑脂的种类很多，分类方法也比较多，有按使用性能的分类、按稠化剂类型的分类，也有按润滑脂使用部位以及使用部门的分类。下面所介绍的内容我们按稠化剂的类别来分类，因为润滑脂的性质及其使用范围多半由稠化剂来决定，每一类稠化剂构成的润滑脂都有类同的性质。每一类稠化剂构成的润滑脂在基本性能，如耐温性、耐水性等方面，以及使用方面都有相似之处。

一、钙基润滑脂

以钙皂为稠化剂的润滑脂常用的有：钙基润滑脂、石墨钙基润滑脂、复合钙基润滑脂等。

1. 钙基润滑脂

钙基润滑脂俗名“黄油”，前苏联称它为“索利多尔”，英、美等国家有的称它为“杯脂”。它是20世纪30年代的老品种，目前在我国还有使用。它的主要特性是耐水性好，耐温性差，适合用于在潮湿或易与水接触而温度又不高的摩擦部位起润滑作用，如各种水泵轴承、汽车底盘不能使用润滑油的各个摩擦点等等。

钙基润滑脂按GB/T 491—2008《钙基润滑脂》规范分为四个牌号，使用温度范围为-10~60℃，见表7-15。

表7-15　钙基润滑脂产品规范（GB/T 491—2008）

项　目		质量要求				试验方法
		1号	2号	3号	4号	
外观		淡黄色至暗褐色均匀油膏				目测
工作锥入度/0.1mm		310~340	265~295	220~250	175~205	GB/T 269
滴点/℃	不低于	80	85	90	95	GB/T 4929
腐蚀（T_2 铜片，24h）		铜片上没有绿色或黑色变化				GB/T 7326（乙法）
水分/%	不大于	1.5	2.0	2.5	3.0	GB/T 512
灰分/%	不大于	3.0	3.5	4.0	4.5	SH/T 0327
钢网分油量（60℃，24h）/%	不大于		12	8	6	SH/T 0324
延长工作锥入度（10000次）与工作锥入度差值/0.1mm	不大于		30	35	40	GB/T 269
水淋流失量（38℃，1h）/%	不大于		10	10	10	SH/T 0109

注：水淋后，轴承烘干条件为77℃，16h。

钙基润滑脂是汽车上使用最多的一种润滑脂，主要用在汽车底盘。而汽车底盘使用润滑脂的部位，主要又是轮毂轴承。现将汽车轮毂轴承使用润滑脂的一些问题概述如下：

汽车轮毂轴承为圆锥滚柱轴承，负荷、转速都比较小，径向负荷约1000kgf（1kgf=9.8N），转速300~500r/min，温度随使用条件不同而异。类似北京郊区山路上采用一般的驾驶速度行车，轴承温度在 60℃左右，可以使用 2 号或 3 号钙基润滑脂。如果下坡较多，频繁地使用制动，制动鼓的摩擦热会传至轴承，使轴承温度达到 70~80℃，这种情况下，宜使用钙钠基润滑脂、滚珠轴承脂或锂基润滑脂。在南方山区夏季行车时，尤其是下长坡后，轴承温度可以超过 100℃，这种情况最好使用锂基润滑脂。

汽车轮毂轴承使用润滑脂的另外一个问题是空腔装不装润滑脂的问题。过去习惯于把空腔装满润滑脂，但都发现损坏油封的现象。因为空腔填满润滑脂后，当温度升高时，润滑脂膨胀，从而挤破油封，并产生甩油，严重时使刹车失灵。经过试验证明，只需把轴承填满润滑脂，而空腔不装润滑脂，只在空腔内薄薄地涂上一层润滑脂起防锈作用，轮毂轴承的润滑仍然安全、可靠，而且可大量地节约润滑脂。有人估计，每辆解放牌汽车可节约润滑脂 1.5~2.5kg，同时，由于空毂润滑也减小了车轮运转阻力。据试验，用同等力转动车轮，空毂润滑可转 11.5 圈，满毂润滑只转 6 圈，可见空毂润滑对节约车用汽油也是有利的。

2. *石墨钙基润滑脂*

石墨钙基润滑脂由动植物油钙皂和 68 号机械油稠化而成，并加有 10%的鳞片石墨。

石墨本身是一种固体润滑剂，它加入钙基润滑脂中不仅具有钙基润滑脂的特性，而且还具有耐压性，使石墨钙基润滑脂适用于压力大、表面粗糙、潮湿、并且工作温度不超过 60℃的摩擦部位，如汽车的钢板弹簧，吊车和起重机的齿轮转盘、钢丝索等。按用油规定，汽车钢板弹簧在保养时应涂抹石墨钙基润滑脂，但有些单位不按规定用油，导致钢板弹簧锈蚀和折断。其产品规范是 SH/T 0369—1992《石墨钙基润滑脂》。

3. *特 221 号润滑脂*

特 221 号润滑脂是用醋酸钙复合硬脂酸钙稠化乙基硅油而成。由于乙基硅油的低温性很好，所以该脂的使用温度范围为-65~150℃。

特 221 号润滑脂可用于与腐蚀性介质接触的摩擦组合件、金属与橡胶的接触面，起润滑和密封的作用。如用在歼-7 飞机的敞开式绞链接头、操纵拉杆的端头表面等。其产品规范是 SH 0459—1992(1998)《特 221 号润滑脂》。

4. *复合钙基润滑脂*

复合钙基润滑脂是高滴点润滑脂中发展最早的一种润滑脂。它具有良好的高温多效性能，价格比其他高滴点润滑脂便宜，但存在储存和使用过程中表面硬化的缺点，因此推广应用上受限。以高碱值磺酸钙为主要成分的磺酸盐复合钙基润滑脂比一般的复合钙基润滑脂性能更优良，近年来在国内外得到迅速发展。

复合钙基润滑脂[SH/T 0370—1995(2005)]由脂肪酸与低分子酸(如醋酸)的复合钙皂稠化矿物油或合成油而成，工作温度范围为-10~150℃，其产品规范见表 7-16。

表 7-16　复合钙基润滑脂的质量指标[SH/T 0370—1995(2005)]

项　目		质量指标			试验方法
		1 号	2 号	3 号	
工作锥入度/0.1mm		310~340	265~295	220~250	GB/T 269
滴点/℃	不低于	200	210	230	GB/T 4929
钢网分油(100℃，24h)/%	不大于	6	5	4	SH/T 0324

续表

项目		质量指标			试验方法
		1号	2号	3号	
腐蚀(T_2铜片，100h，24h)		无绿色或黑色变化			GB/T 7326 乙
蒸发量(99℃，22h)/%	不大于	2.0			GB/T 7325
水淋(38℃，1h)/%	不大于	5			SH/T 0109
延长工作锥入度(10万次)变化率/%	不大于	25	25	30	GB/T 269
氧化(99℃，100h，0.770MPa)压力降/MPa		报告			SH/T 0325
表面硬化(50℃，24h) 不工作微锥入度差值/0.1mm	不大于	35	30	25	附录A

二、钠基润滑脂

常用的以钠皂为稠化剂的润滑脂有：钠基润滑脂、4号高温润滑脂、特12号精密仪表脂等。

1. 钠基润滑脂

钠基润滑脂，前苏联称为“康士大林”，是由动植物油钠皂稠化矿物油而成。钠基润滑脂的特性是耐高温，但非常不耐水，不能用于潮湿和易与水接触的摩擦部位。如把钠基润滑脂用于坦克的主离合器轴承、闭锁离合器轴承、风扇离合器轴承和垂直轴，因为这些部位均在车体内部，离发动机很近，散热不好，温度较高，不太容易与水接触。

钠基润滑脂的外观为深黄色到暗褐色的纤维状均匀油膏，按GB 492—1989《钠基润滑脂》规定分为2号和3号两个牌号。2号和3号使用温度不高于110℃，其产品规范见表7-17。

表7-17　钠基润滑脂的质量指标(GB/T 492—1989)

项目		质量指标		试验方法
		2号	3号	
滴点/℃	不低于	160	160	GB/T 4929
锥入度/0.1mm 工作温度/℃ 延长工作(100000次)	 不大于	 265~295 375	 220~260 375	GB/T 269
腐蚀试验(T_2铜片，室温，24h)		铜片无绿色或黑色变化		GB/T 7326，乙法
蒸发量(99℃，22h)/%	不大于	2.0	2.0	GB/T 7325

2. 4号高温润滑脂

4号高温润滑脂，过去称为50号高温润滑脂。它是以硬脂酸钠皂稠化20号航空润滑油而成，并加有胶体石墨，呈墨绿色均匀油性软膏状，主要用来润滑喷气式飞机的轮毂轴承。

4号高温润滑脂是空军用得比较多的一种润滑脂。因为它是用来润滑飞机的轮毂轴承，所以又可叫做“机轮脂”。飞机在着陆时，机轮轴承要在一秒稍多一点的时间内承受从0到每分钟4000转次上的突变，再加上着陆时沉重的冲击，同时制动热的扩散，轴承温度急剧上升。4号高温润滑脂尽管抗磨性好(有胶体石墨)，使用温度在140~180℃，但有时仍有流失现象。同时，4号高温润滑脂低温性不好，在严寒区冬季使用时变硬，不能使机轮很快转动，产生滑动的现象。其产品规范是 SH/T 0376—1992(2003)《4 号高温润滑脂(50 号高温润滑脂)》。

三、锂基润滑脂

锂基润滑脂是一种多用途、多效能润滑脂。它兼有其他皂基脂的共同优点，又具有良好的减磨性质。其滴点较高，约 190℃，可在 100℃以上的高温(约 120℃)使用。锂基润滑脂的抗水性较钠基润滑脂好得多，可用于潮湿的条件下。锂皂在矿油及酯类油中均有良好的稠化能力，能制成低温性质良好和宽温度范围使用的润滑脂。

由于锂皂对矿油氧化有催化作用，在锂基润滑脂中必须加抗氧剂。锂皂稠化低黏度矿油制成润滑脂，胶体安定不够好，长期使用和储存易分油。

1. 通用锂基润滑脂

GB/T 7324—2010《通用锂基润滑脂》由脂肪酸锂皂稠化矿物润滑油，并加入抗氧剂、防锈剂制成，按工作锥入度等级分为 1 号、2 号、3 号三个牌号，其产品规范见表 7-18。通用锂基润滑脂具有良好的抗水性、机械安定性、防锈性和氧化安定性，适用于-20~120℃宽温度范围内的各种机械设备的滚动轴承和滑动轴承及其他摩擦部位的润滑。

表 7-18 通用锂基润滑脂的质量指标(GB 7324—2010)

项目		质量指标			试验方法
		1 号	2 号	3 号	
外观		浅黄至褐色光滑油膏			目测
工作锥入度/0.1mm		310~340	265~295	220~250	GBT 269
滴点/℃	不低于	170	175	180	GB/T 4929
腐蚀(T_2 铜片，100℃，24h)		铜片无绿色或黑色变化			GB/T 7326 乙法
钢网分油量(100℃，24h)/%	不大于	10	5	5	SH/T 0324
蒸发量(99℃，22h)/%	不大于	2.0	2.0	2.0	GB/T 7325
显微镜杂质/(个/cm^2)					SH/T 0336
10μm 以上	不大于	2000	2000	2000	
25μm 以上	不大于	1000	1000	1000	
75μm 以上	不大于	200	200	200	
125μm 以上	不大于	0	0	0	
氧化安定性(99℃，100h，0.760MPa)压力降/MPa	不大于	0.070			SH/T 0325
相似黏度(-15℃，$10s^{-1}$)/Pa·s	不大于	800	1000	1300	SH/T 0048
延长工作锥入度(100000 次)/0.1mm	不大于	380	350	320	GB/T 269
水淋流失量(38℃，1h)/%	不大于	10	8		SH/T 0109
防腐蚀性(52℃，48h)	不低于	合格			GB/T 5018

2. 极压锂基润滑脂

GB/T 7323—2019《极压锂基润滑脂》由脂肪酸锂皂稠化润滑油并加入抗氧、极压添加剂所制得，按工作锥入度等级分为 00 号、0 号、1 号、2 号、3 号五个牌号，其产品规范见表 7-19。极压锂基润滑脂适用于-20~120℃温度范围内的高负荷机械设备轴承及齿轮润滑，也可用于集中润滑系统。

表 7-19　极压锂基润滑脂技术要求和试验方法（GB/T 7323—2019）

项　　目		质　量　指　标					试验方法
		00 号	0 号	1 号	2 号	3 号	
工作锥入度/0.1mm		400~430	355~385	310~340	265~295	220~250	GBT 269
滴点/℃	不低于	165	170		180		GB/T 4929
腐蚀（T_2 铜片，100℃，24h）				铜片无绿色或黑色变化			GB/T 7326 乙法
分油量（锥网法）（100℃，24h）/%	不大于	—	—	10	5		NB/SH/T 0324
蒸发量（99℃，22h）/%	不大于			2.0			GB/T 7325
杂质（显微镜法）/（个/cm^2）							SH/T 0336
25μm 以上	不大于			3000			
75μm 以上	不大于			500			
125μm 以上	不大于			0			
相似黏度（-10℃，$10s^{-1}$）/（Pa·s）	不大于	100	150	250	500	1000	SH/T 0048
延长工作锥入度（10 万次）/0.1mm	不大于	450	420	380	350	320	GB/T 269
水淋流失量（38℃，1h）/%	不大于	—	—		10		SH/T 0109
防腐蚀性（52℃，48h）				合格			GB/T 5018
极压性能/N							
OK 值（梯姆肯法）	不小于	133			156		NB/SH/T 0203
P_B（四球机法）	不小于			588			SH/T 0202
氧化安定性（99℃，100h，758kPa）							SH/T0325
压力降/kPa	不大于			70			
低温转矩（-20℃）/（mN·m）							SH/T 0338
启动	不大于	—			1000		
运转	不大于				100		

3. 汽车通用锂基润滑脂

汽车通用锂基润滑脂由硬脂酸锂皂稠化低凝点润滑油，并加入抗氧剂、防锈剂制成。该脂具有良好的机械安定性、胶体安定性、防锈性、氧化安定性和抗水性，可用于汽车轮毂轴承、底盘、水泵和发电机等摩擦部位的润滑，工作温度范围为-30~120℃，其产品规范见表 7-20。

表 7-20　汽车通用锂基润滑脂的质量指标（GB/T 5671—2014）

项　　目		质量指标		试验方法
		2 号	3 号	
工作锥入度/0.1mm		265~295	220~250	GB/T 269
延长工作锥入度（100000 次），变化率/%	不大于	20		GB/T 269
滴点/℃	不低于	180		GB/T 4929

续表

项　　目		质量指标		试验方法
		2号	3号	
防腐蚀性(52℃，48h)		合格		GB/T 5018
蒸发量(99℃，22h)/%	不大于	2.0		GB/T 7325
腐蚀(T_2 铜片，100℃，24h)		铜片无绿色或黑色变化		GB/T 7326，乙法
水淋流失量(79℃，1h)/%	不大于	10.0		SH/T 0109
钢网分油(100℃，30h)/%	不大于	5.0		NB/SH/T 0324
氧化安定性(99℃，100h，0.770MPa)，压力降/MPa	不大于	0.070		SH/T 0325
漏失量(104℃，6h)/g	不大于	5.0		SH/T 0326
游离碱含量(以 NaOH 计)/%	不大于	0.15		SH/T 0329
杂质含量(显微镜法)/(个/cm^2)				SH/T 0336
10μm 以上	不大于	2000		
25μm 以上	不大于	1000		
75μm 以上	不大于	200		
125μm 以上	不大于	0		
低温转矩(-20℃)/(mN·m)	不大于			SH/T 0338
启动		790	990	
运转		390	490	

4. 二硫化钼锂基润滑脂

二硫化钼锂基润滑脂(NB/SH/T 0587—2016)由脂肪酸锂皂稠化矿物基础油并加入二硫化钼等添加剂所制得，适用于工作温度在-20~120℃范围内重负荷机械设备滚动和滑动摩擦部位的润滑，其产品规范见表 7-21。

表 7-21　二硫化钼锂基润滑脂技术要求和试验方法(NB/SH/T 0587—2016)

项目	牌号	极压型				普通型				试验方法
		0号	1号	2号	3号	0号	1号	2号	3号	
工作锥入度/(0.1mm)		355~385	310~340	265~295	220~250	355~385	310~340	265~295	220~250	GB/T 269
延长工作锥入度(100000 次)/0.1mm	不大于	420	390	360	330	420	390	360	330	GB/T 269
滴点/℃	不低于	170		175		170		175		GB/T 4929
防腐蚀性(52℃，48h)		合格								GB/T 5018
蒸发量(99℃，22h)/%	不大于	2.0								GB/T 7325
铜片腐蚀(T_2 铜片，100℃，24h)(乙法)		铜片无绿色或黑色变化								GB/T 7326—87
相似黏度(-10℃，$10s^{-1}$)/Pa.s	不大于	150	250	500	800	150	250	500	800	SH/T 0048
水淋流失量(38℃，1h)/%	不大于	—	10.0			—	10.0			SH/T 0109

续表

项目 \ 牌号	极压型				普通型				试验方法
	0号	1号	2号	3号	0号	1号	2号	3号	
极压性能(四球法) P_B/N	—				报告				SH/T 0202
极压性能(梯姆肯)OK值/N 不小于	177				—				NB/SH/T 0203
钢网分油(100℃, 24h)/% 不大于	—	10.0	5.0		—	10.0	5.0		NB/SH/T 0324
钼含量/% 不小于	1.5				0.5				NB/SH/T 0864

5. 7007号和7008号通用航空润滑脂

7007号和7008号通用航空润滑脂是由12-羟基硬脂酸和硬脂酸锂皂稠化脂类油(双酯)而成，并加有抗氧化剂和防锈剂。

经多年使用表明，7007号通用航空润滑脂具有良好的润滑性、高低温性、机械安定性和胶体安定性，使用温度为-60~120℃。但 N-基苯-α-萘胺高温抗氧化剂对光敏感，在自然光照射下，由黄色变为红色，但对油品的性能无明显影响，不影响使用。7008号通用航空润滑脂除具有良好的润滑性、高低温性、机械安定性和胶体安定性外，还具有较好的防锈性，使用温度为-60~120℃。由于7008号通用航空润滑脂加有苏丹染料，使润滑脂本身呈棕黄色至褐色，即使 N-苯基-α-苯胺遇光变色，脂的变色也不明显。7007号和7008号通用航空润滑脂适用于航空电机和微型电机轴承，齿轮、操纵机构的支点，以及某些仪器、仪表的润滑。航空、航海等部门均有使用，其产品规范见表7-22。

表7-22 7007号、7008号通用航空润滑脂[SH 0437—1992(1998)]

项目		质量指标		试验方法
		7007号	7008号	
外观		浅灰至浅褐色均匀油膏	浅黄至褐色均匀油膏	目测
滴点/℃	不低于	160	160	SH/T 0115
1/4锥入度/0.1mm		55~76	55~76	GB/T 269
腐蚀(T_3铜片, 100℃, 3h)		合格		SH/T 0331
压力分油/%	不大于	25.0	26.0	GB/T 392
相似黏度(-50℃, $10s^{-1}$)/Pa·s	不大于	1100	1000	SH/T 0048
蒸发度(120℃)/%	不大于	2.0	2.0	SH/T 0337
氧化(100℃, 100h, 0.78MPa)压力降/MPa		0.034	0.034	SH/T 0325
滚筒, 1/4锥入度变化值/(0.1mm)		测定		SH/T 0122
四球, P_B/N		测定		GB/T 3142
杂质/(个/cm^3)				SH/T 0336
25μm以上	不大于	5000		
75μm以上	不大于	1000		
125μm以上	不大于	0		
防护性(45号钢片, H62黄铜片, 60℃48h)		—	合格	SH/T 0333

6. 7011号低温极压润滑脂

7011号低温极压润滑脂是以硬脂酸锂皂为稠化剂，稠化双酯合成油，并加有10%胶体二硫化钼和抗氧添加剂而成。它具有良好的高低温性能和抗磨性能，适用于飞机上重负荷齿轮、襟翼操纵机构、尾轮和起落架支点轴承以及其他螺旋传动、链条传动等机械部件的润滑。使用温度范围为-60~120℃，其产品规范表 7-23。

表 7-23　7011 号低温极压润滑脂［SH/T 0438—1992(1998)］

项　目		质量指标	试验方法
外观		黑色均匀油膏	目测
滴点/℃	不低于	160	SH/T 0115
1/4 锥入度/0.1mm		55~76	GB/T 269
腐蚀(T_3 铜片，100℃，3h)		合格	SH/T 0331①
压力分油/%	不大于	25	GB/T 392
相似黏度(-50℃，$10s^{-1}$)/Pa·s	不大于	1100	SH/T 0048
蒸发度(120℃)/%	不大于	2.0	SH/T 0337
化学安定性(100℃，100h，0.78MPa)压力降/MPa	不大于	0.034	SH/T 0335
承载能力 *ZMZ*/N	不小于	490	GB/T 3142
滚筒，1/4 锥入度变化值/0.1mm		测定	SH/T 0122

注：①金属片尺寸为 25mm×25mm×3mm，烧环容积为 50mL。

7. 极压复合锂基润滑脂

复合锂基润滑脂比锂基润滑脂具有更好的高温性能，能满足锂基润滑脂无法满足的高温润滑要求，是未来更有发展潜力的高温多效润滑脂。SH/T 0535—2019《极压复合锂基润滑脂》由复合锂皂稠化润滑油并加入极压添加剂制成，牌号分为 1 号、2 号、3 号，其技术要求和试验方法见表 7-24。

表 7-24　极压复合锂基润滑脂(SH/T 0535—2019)

项　目		质量指标			试验方法
		1 号	2 号	3 号	
工作锥入度/0.1mm		310~340	265~295	220~250	GB/T 269
延长工作锥入度变化率(质量分数)/% 100000 次	不大于	15	20		GB/T 269
滴点/℃	不低于	260			GB/T 3498
防腐蚀性(52℃，48h)		合格			GB/T 5018
腐蚀(T_2 铜片，100℃，24h)		铜片无绿色或黑色变化			GB/T 7326 乙法
相似黏度(-10℃，$10s^{-1}$)/(Pa·s)	不大于	500	800	1200	SH/T 0048
水淋流失量(38℃，1h)/%	不大于	5			SH/T 0109
极压性能(四球机法)/N					SH/T 0202
P_D	不小于	3089			
ZMZ	不小于	441			
极压性能(梯姆肯法)					NB/SH/T 0203
OK 值/N	不小于	156			
抗磨性能(四球机法)(1200r/min，40kgf，75℃，60min)/mm	不大于	0.6			SH/T 0204

续表

项　目		质量指标			试验方法
		1号	2号	3号	
分油量(锥网法)(100℃，24h)/℃	不大于	6	5	3	NB/SH/T 0324
氧化安定性(99℃，100h，758kPa) 压力降/kPa	不大于	70			SH/T 0325
漏失量(104℃，6h)/g	不大于	3.5	2.5		SH/T 0326
蒸发度(180℃，1h)/%	不大于	5			SH/T 0337
轴承寿命(149℃)/h	不小于	400			SH/T 0428

四、铝基润滑脂

以金属铝为稠化剂的润滑脂有：铝基润滑脂、舰用润滑脂和复合铝基润滑脂。复合铝基润滑脂是比铝基润滑脂性能好得多的高温多效润滑脂，特别适用于集中供脂系统。

1. 船用润滑脂

船用润滑脂是用硬脂酸铝皂稠化矿物油而成。它具有很好的抗水性和胶体安定性，主要用于舰船与海水接触或易受海水冲刷的摩擦部位，起润滑和防护作用。船用润滑脂的使用条件比较苛刻，因为要受海水激烈的冲刷，因此除了抗水性要好之外，还要具有很好的粘附性。目前，国产船用润滑脂的粘附性还不理想，在使用中易被海水冲掉，这点有待于改进。常用的铝基润滑脂为1号和3号两个牌号。

1号、3号船用润滑脂，为略带透明的褐色光滑软膏。它们具有良好的耐水性和胶体安定性，滴点不太高，在较高温度下(70~80℃)对金属的粘附力较小，温度降低后增稠速度快；适用于间歇运动的摩擦部位，也用于工作温度在70℃以下受海水冲刷的摩擦部位；主要用于潜艇的潜望镜、雷达天线升降部分、水上和水下排气挡板传动装置活动接头、方向舵和升降舵的传动链条等；也用于舰艇的舵装置等外露部分以及扫雷具、鱼雷外部等部位。

船用润滑脂还用于耐压船体中间轴、失事挡板和浮力水柜排气阀传动装置、海底阀各轴承、水密封门轴、钢缆、后缆盘、尾轴套和主轴顶端的导流罩内等部位。

船用润滑脂由于使用条件特殊，要求在有水冲刷时对金属附着力强，同时由于使用部位的金属种类多，所以船用润滑脂应对各种金属无腐蚀。1号、3号船用润滑脂产品规范是GJB 2095—1994《舰用润滑脂》。

2. 铝基润滑脂

铝基润滑脂是由脂肪酸铝皂稠化矿物油制成，具有高度的耐水性。铝基润滑脂适用于航运机器磨擦部分的润滑及金属表面的防护，其产品规范见表7-25。

表7-25　铝基润滑脂(SH/T 0371—1992)

项　目		质量指标	试验方法
外观		淡黄色或灰色凡士林状油膏	目测
滴点/℃	不低于	75	GB/T 4929
工作锥入度/0.1mm		230~280	GB/T 269
防护性能		合格	SH/T 0333
水分		无	GB/T 512

续表

项　目		质量指标	试验方法
杂质(酸分解法)		无	GB/T 513
皂含量/%	不低于	14	SH/T 0319

3. 复合铝基润滑脂

复合铝基润滑脂是由复合铝皂稠化矿物油制成，按锥入度范围分为0号、1号、2号三个牌号。复合铝基润滑脂具有高度的耐水性能，适用于工作温度在-20~160℃温度范围的各种机械设备及集中润滑系统，其产品规范见表7-26。

表7-26　复合铝基润滑脂[SH/T 0378—1992(2003)]

项　目		质量指标			试验方法
		0号	1号	2号	
滴点/℃	不低于	235	235	235	GB/T 3498
工作锥入度/0.1mm		355~385	310~340	265~295	GB/T 269
腐蚀(T_2铜片，100℃，24h)		无绿色或黑色变化			GB/T 7326 乙
钢网分油(100℃，24h)/%	不大于	—	10	7	SH/T 0324
蒸发量(99℃，22h)/%	不大于	1.0	1.0	1.0	GB/T 7325
氧化(99℃，100h，0.770MPa)压力降/MPa	不大于	0.070			SH/T 0325
水淋(38℃，1h)/%	不大于	—	10	10	SH/T 0109
延长工作锥入度(100000次)/(0.1mm)	不大于	420	390	360	GB/T 269
杂质/(个/cm^3)					SH/T 0336
25μm以上	不大于	3000			
75μm以上	不大于	500			
125μm以上	不大于	0			
相似黏度(-10℃，$10s^{-1}$)/Pa·s	不大于	250	300	550	SH/T 0048
防腐性/级	不大于	2	2	2	GB/T 5018

4. 极压复合铝基润滑脂

极压复合铝基润滑脂是由复合铝皂稠化矿物油并加入极压添加剂制成，按锥入度范围分为0号、1号、2号三个牌号。极压复合铝基润滑脂具有高度的耐水和极压性能，适用于工作温度在-20~160℃范围的高负荷机械设备及集中润滑系统，其产品规范见表7-27。

表7-27　极压复合铝基润滑脂[SH/T 0534-1993(2003)]

项　目		质量指标			试验方法
		0号	1号	2号	
工作锥入度/0.1mm		355~385	310~340	265~295	GB/T 269
滴点/℃	不低于	235	240	240	GB/T 3498
腐蚀(T_2铜片，100℃，24h)		无绿色或黑色变化			GB/T 7326 乙
钢网分油(100℃，24h)/%	不大于	—	10	7	SH/T 0324
蒸发量(99℃，22h)/%	不大于	1.0	1.0	1.0	GB/T 7325

续表

项　目		质量指标			试验方法
		0号	1号	2号	
氧化(99℃，100h，0.770MPa)压力降/MPa	不大于	0.070			SH/T 0325
水淋(38℃，1h)/%	不大于	—	10	10	SH/T 0109
杂质/(个/cm^3)					SH/T 0336
25μm 以上	不大于	3000			
75μm 以上	不大于	500			
125μm 以上	不大于	0			
相似黏度(-10℃，$10s^{-1}$)/Pa·s	不大于	250	300	550	SH/T 0048
延长工作锥入度(100000次)变化率/%	不大于	10	13	15	GB/T 269
防腐性/级	不大于	2	2	2	GB/T 5018
极压性能(梯姆肯法)*OK*值/N	不小于	156			SH/T 0203

5. S-17 耐海水防护润滑脂

S-17 耐海水防护润滑脂(Q/6S 67—1978)由复合铝皂稠化合成气缸油而成，具有良好的抗水性和防护性，主要用于水上飞机操纵系统轴承及其他部位的润滑，工作温度范围为-50~100℃。其产品规范见表 7-28。

表 7-28　S-17 耐海水防护润滑脂(Q/6S 67—1978)

项　目		质量指标	试验方法
外观		棕色均匀油膏	目测
滴点/℃	不低于	150	GB/T 4929
微锥入度/0.1mm		45~54	GB/T 269
腐蚀(100℃，3h，45号钢)		合格	SH/T 0331
盐雾试验(40℃)/级	不大于	1	SH/T 0081
湿热试验(40℃)/级	不大于	1	SY 2756

五、钡基润滑脂

钡基润滑脂是由脂肪酸钡皂稠化精制的中黏度矿物润滑油制成，具有耐水、耐温和一定的防护性能，适用于船舶推进器、抽水机的润滑。其产品规范表 7-29。

表 7-29　钡基润滑脂[SH/T 0379-1992(2003)]

项　目		质量指标	试验方法
外观		黄到暗褐色均匀软膏	目测
滴点/℃	不低于	135	GB/T 4929
工作锥入度/0.1mm		200~260	GB/T 269
腐蚀(铜片、铜片，100℃，3h)		合格	SH/T 0331
杂质(酸分解法)/%	不大于	0.2	GB/T 513
水分/%	不大于	痕迹	GB/T 512
矿物油动力黏度(40℃)/(mm^2/s)级		41.4~74.8	GB/T 265

注：①腐蚀试验采用 T_3 铜片和含碳 0.4%~0.5%的钢片进行。

六、烃基润滑脂

烃基润滑脂是以固体烃（地蜡、石油脂）稠化润滑油所得的产品。它有良好的抗水性、胶体安定性、化学安定性。烃基润滑脂被广泛地用作防锈、防腐、防水和防尘，起防护和密封作用，也可在较低温度和较小负荷下起润滑作用。现就常见的烃基润滑脂介绍如下。

1. 工业凡士林

工业凡士林是以脱蜡所得的蜡膏稠化高黏度润滑油馏分制成。它具有良好的耐水性和胶体安定性，但滴点较低，主要用于保护各种金属零件及机器，以防止锈蚀，也可在工作温度不高于45℃下润滑轻负荷机械的摩擦部位，其产品规范见表7-30。

表7-30　工业凡士林［SH/T 0039—1990（1998）］

项　目		质量指标		试验方法
		1号	2号	
外观		淡至深褐色均质软膏		目测
滴熔点/℃		45～80		GB/T 8026
酸值/（mgKOH/g）	不大于	0.1		GB/T 264
腐蚀（铜片、钢片，100℃，3h）		合格		SH/T 0331
水溶性酸或碱		无		GB/T 259
闪点/℃	不低于	190		GB/T 3536
运动黏度（100℃）/（mm^2/s）		10～20	15～30	GB/T 265
锥入度/0.1mm		140～210	80～140	GB/T 269
机械杂质/%	不大于	0.03	0.03	GB/T 511
水分/%		无		GB/T 512

2. 医药凡士林

医药凡士林是以高黏度石油润滑油原料，经脱蜡所得的蜡膏掺合润滑油基础油，再经精制所得的产品。按精制深度分为医药白凡士林和医药黄凡士林两种，大多数使用医药黄凡士林。因为这种凡士林经过深度精制，酸值小，腐蚀性小，所以有人称它为“无酸凡士林”。主要用来涂在精密仪器、仪表未涂漆的金属表面，起保护作用。其产品规范是GB 1790—2003《医药凡士林》。

3. 3号仪表润滑脂

3号仪表润滑脂是由10号仪表油作为基础油制成。3号仪表润滑脂具有抗水、耐寒、不耐温的特性，使用温度-60～60℃，广泛用于飞机、光学、无线电等仪表上，其产品规范见表7-31。

表7-31　3号仪表润滑脂（NB/SH/T 0385—2017）

项　目		质量指标	试验方法
外观		均匀油膏	目测[①]
滴点/℃	不低于	80	GB/T 4929
工作锥入度/0.1mm		240～280	GB/T 269
腐蚀（T_2铜、铝、45#钢片，100℃，3h）		合格	SH/T 0331
水分		无	GB/T 512

续表

项　　目		质量指标	试验方法
杂质/(个/cm^3)	不大于		
10~25μm		1000	
25~74μm		500	SH/T 0336
≥75μm		0	

①在玻璃片上涂 1mm 厚的脂层，对光观察。

4. 炮用润滑脂

炮用润滑脂适用于涂抹火炮内膛、金属备件、金属工具等的金属表面，而使其不受腐蚀，其技术要求和试验方法见表 7-32。

表 7-32　炮用润滑脂(NB/SH/T 0383—2017)

项　　目		质量指标	试验方法
外观		黄色至深褐色均匀油膏	目测
滴点/℃	不低于	65	本标准附录 A
腐蚀(45 号钢片及 T_3 铜片，100℃，3h)		合格	SH/T 0331
防护性能(45 号钢片，50℃，30h)		合格	本标准附录 B
保持能力(60℃，24h)/(mg/cm^2)	不小于	1.5	本标准附录 C
运动黏度(100℃)/(mm^2/s)		12~15	GB/T 265
酸值/(mgKOH/g)	不大于	0.3	GB/T 264
水溶性酸碱		中性或弱碱性	本标准附录 D
机械杂质/%	不大于	0.07	GB/T 511
水分/%		无	GB/T 512
灰分/%	不大于	0.07	SH/T 0327
低温性能(-43℃，30min)		合格	NB/SH/T 0387 附录 C
锥入度(25℃)/0.1mm		报告	GB/T 269 第三篇

5. 防锈脂

防锈油脂是在烃基脂中加入防锈剂、金属缓蚀剂后而得到的产品，分为 1 号、2 号、3 号。1 号是冷涂脂，适用于黑色金属，可用于机械零件的长期防锈；2 号、3 号是热涂脂，要采用加热涂覆的方法，2 号适用于黑色金属零件在室外的短期防锈及室内的长期防锈，3 号适用于黑色金属及铜制机械在室外的短期防锈及室内的长期防锈，其产品规范见表 7-33。

表 7-33　石油脂型防锈脂(SH/T 0366—1992)

项　　目		质量指标			试验方法
		1 号	2 号	3 号	
滴点/℃	不低于	55	55	55	SH/T 0115
滑落点	不低于	55	—	—	附录 A
水溶液性酸或碱		无	无	无	GB/T 259
磨削物		实测			附录 B
耐寒性		合格			附录 C
锥入度/0.1mm		200	—	—	GB/T 269
水分		无			SH/T 0257
油基稳定性		合格			附录 D

续表

项目		质量指标			试验方法
		1号	2号	3号	
叠片试验(钢片，49℃，7d)		合格			附录E
腐蚀试验(铸铁片，铜片，14d)		合格			SH/T 0080
湿热试验/d					GB/T 2361
钢片	不少于	30	30	30	
铸铁片	不少于	14	14	14	
铜片	不少于	—	—	7	
盐雾试验/d					SH/T0081
钢片	不少于	14	14	14	
铸铁片	不少于	7	7	7	
铜片	不少于	—	—	5	

6. 钢丝绳脂

钢丝绳脂是由固体烃稠化高黏度矿物油并加入防锈剂、填料、粘附剂等而成，分为钢丝绳麻芯脂和钢丝绳表面脂。钢丝绳麻芯脂在钢丝绳的生产厂用于钢丝绳的浸渍和润滑，对麻芯起柔软作用并在绳的表面形成油膜；钢丝绳表面脂用于钢丝绳的封存防锈，兼有一定的润滑作用。钢丝绳表面脂的产品规范是SH/T 0387—1992(2005)、钢丝绳麻芯脂的产品规范是SH/T 0388—1992(2005)。

七、膨润土润滑脂

膨润土润滑脂属于无机润滑脂，由有机膨润土稠化矿物油或合成油而成。理论上膨润土润滑脂更适合制备高温润滑脂，膨润土润滑脂除具有良好的耐热性外，还具有较好的胶体安定性、剪切安定性、抗水性，适用于大型载重汽车、飞机轮轴承等的润滑，但膨润土润滑脂也存在一些缺点，如在高温下长期使用有发干现象，防护性较差，所以膨润土润滑脂在我国的用量并不大。

1. 膨润土润滑脂

膨润土润滑脂是以有机膨润土稠化高黏度矿物油并加有添加剂制成，膨润土润滑脂具有很高的滴点，胶体安定性也很好，适用于工作温度在0~160℃温度范围的中低速机械设备润滑，其产品规范见表7-34。

表7-34 膨润土润滑脂[SH/T 0536—1993(2003)]

项目		质量指标			试验方法
		1号	2号	3号	
工作锥入度/0.1mm		310~340	265~295	220~250	GB/T 269
滴点/℃	不低于	270	270	270	GB/T 3498
钢网分油(100℃，30h)/%	不大于	5	5	5	SH/T 0324
腐蚀(T_2铜片，100h，24h)		无绿色或黑色变化			GB/T 7326 乙
蒸发量(99℃，22h)/%	不大于	1.5			GB/T 7325
水淋(38℃，1h)/%	不大于	10			SH/T 0109

续表

项目		质量指标			试验方法
		1号	2号	3号	
延长工作锥入度(100000次)变化率/%	不大于	15	20	25	GB/T 269
氧化(99℃，100h，0.770MPa)压力降/MPa	不大于	0.070			SH/T 0325
相似黏度(0℃，$10s^{-1}$)/Pa·s		报告			SH/T 0048

2. 极压膨润土润滑脂

膨润土润滑脂是以有机膨润土稠化精制矿物油并加有极压、抗氧和防锈添加剂制成，适用于工作温度在-20~180℃温度范围的高负荷机械设备润滑，其产品规范见表7-35。

表7-35 极压膨润土润滑脂的质量指标[SH/T 0537—1993(2003)]

项目		质量指标		试验方法
		1号	2号	
工作锥入度/0.1mm		310~340	265~295	GB/T 269
滴点/℃	不低于	270	270	GB/T 3498
钢网分油(100℃，30h)/%	不大于	5	5	SH/T 0324
腐蚀(T_2铜片，100h，24h)		无绿色或黑色变化		GB/T 7326 乙
蒸发量(99℃，22h)/%	不大于	1.5		GB/T 7325
水淋(38℃，1h)/%	不大于	10		SH/T 0109
延长工作锥入度(100000次)变化率/%	不大于	20	25	GB/T 269
氧化(99℃，100h，0.770MPa)压力降/MPa	不大于	0.070		SH/T 0325
相似黏度(-15℃，$10s^{-1}$)/Pa·s	不大于	1200	1500	SH/T 0048
防腐性(52℃，48h)/级	不大于	1		GB/T 5018
极压性能(四球机法)*ZMZ*/N	不小于	490	490	SH/T 0202

3. S-23耐海水润滑脂

S-23耐海水润滑脂是由膨润土稠化合成8号低温润滑油制成，适用于水上飞机操纵系统轴承及其他部位的润滑，使用温度-50~100℃，其产品规范见表7-36。

表7-36 S-23耐海水润滑脂(Q/6S 69—1978)

项目		质量指标	试验方法
外观		浅黄色均匀光滑软膏	目测
1/4工作锥入度/0.1mm		65~75	GB/T 269
压力分油/%	不大于	7	GB 392
蒸发损失(100℃，1h)/%	不大于	5	SH/T 0337
腐蚀(100℃，3h，45号钢)		合格	SH/T 0331
湿热试验(40℃，40号钢)/级	不大于	1	SY 2757

八、酰胺钠润滑脂

酰胺钠润滑脂是一种滴点高、低温性好、抗水性好、机械安定性好，并且具有良好的轴承润滑性能和抗辐射性能，使用温度宽(低温可达-70℃，高温可达200℃)，使用性能优于锂基润滑脂，能全年满足我国热区和严寒地区使用。酰胺脂是以酰胺类化合物稠化润滑油制成。酰胺类化合物中以对苯二甲酸酰胺的碱金属的稠化能力较强。各种碱金属盐以钠盐稠化能力为最强。

7014-1高温润滑脂是由烷基对苯二甲酸酰胺钠盐稠化酯类润滑油并加有抗氧添加剂制成。7014-1高温润滑脂使用温度范围为-40~200℃，适用于高温下工作的各种滚动轴承的润滑，也可用于一般滑动轴承和齿轮的润滑，其产品标准是GB 11124—1989《7014-1号高温润滑脂》。

九、脲基润滑脂

脲基润滑脂是由有机化合物脲稠化矿物油或合成油而得。稠化剂不含金属离子，避免了金属离子对基础油氧化的催化作用。脲基润滑脂具有良好的氧化安定性、热安定性及其他各种优良性能，还具有特别长的使用寿命，是一种多效润滑脂，可以制备各种润滑脂满足不同的使用要求，适用于高温、低温、高负荷、宽速度范围和与不良介质接触的场合，广泛应用于电器、冶金、食品、汽车、造纸等行业。脲基润滑脂常见的品种是7017-1高低温润滑脂(SH 0431—1998)，产品规范见表7-37。

表7-37　7017-1高低温润滑脂(SH 0431—1998)

项　目		质量指标	试验方法
外观		灰色均匀油膏	目测
滴点/℃	不低于	300	GB/T 3498
1/4锥入度/0.1mm		65~80	GB/T 269
压力分油/%	不大于	15	GB/T 392
蒸发度(200℃)/%	不大于	4.0	SH/T 0337
相似黏度(-50℃，$10s^{-1}$)/Pa·s	不大于	1800	SH/T 0048
腐蚀(T_3铜片，100℃，3h)		合格	SH/T 0331
化学安定性(0.78MPa氧压下，120℃，100h)压力降/MPa	不大于	0.034	SH/T 0335

第六节　润滑脂的使用

一、润滑脂的正确选用

润滑脂的种类和牌号很多，应用场合也很广，要用好润滑脂，除了需要了解各种润滑脂的特性之外，还必须了解应用场合的工作条件(温度、负荷、转速、接触介质等)、润滑方式、换油周期等。只有使润滑脂的特性与应用场合相适应，才能充分利用润滑脂的使用性能，收到最好的使用效果。

1. 考虑使用目的

选择润滑脂时，首先应明确使用润滑脂的目的。按润滑脂所起的主要作用，润滑脂大致可分为减磨、防护、密封三大类。按照需要涂抹的部位和润滑脂所要起的作用来选用。

作为减磨用润滑脂，主要应考虑耐高低温的范围、耐转速的界限、负荷的大小等。

作为防护润滑脂，则应重点考虑接触的金属，接触的介质是水汽，还是化学气体，在润滑脂的性能方面，应着重考虑对金属的防护性的指标，抗氧化性、抗水性等方面性能。

作为密封润滑脂，则应首先考虑接触的密封件材料，是橡胶、塑料，还是金属。尤其是用橡胶和塑料为密封元件时，一定要清楚橡胶的牌号，根据润滑脂同橡胶的相容性来选择适宜的润滑脂。其次是应考虑接触的介质，如水、醇类、油，是静密封还是动密封。若是静密封应选择黏稠一些的密封润滑脂；若是动密封，应选择基础油黏度不能太大的润滑脂。介质是水或醇类则应选用基础油为大黏度石蜡基的酰胺润滑脂、脲基润滑脂；介质是油类的应选用耐油密封脂。

2. 考虑工作温度

润滑部位的工作温度是选择润滑脂的重要依据。使用润滑脂的典型部件是滚动轴承，就有关轴承温度和润滑脂的寿命的关系来看，轴承温度每上升10~15℃，润滑脂的寿命约降低1/2。

对于在室内使用的机器轴承，如机床、间断启动的电机、手动工具、仪表和精密机械等一般工作温度范围为10~50℃。对于运输机械、建筑机械、农业机械等室外工作的机械轴承，一般工作温度随大气温度变化而变化。增大负荷、加快速度、环境温度升高、润滑脂装得太满以及长期连续工作等因素都使滚动轴承温度升高。例如，对于沿着大道行驶的载重汽车的轮毂轴承，温度可达40~80℃。大型发电机轴承，温度可达80~90℃，飞机起落架、高温电机等的滚动轴承温度可达150~200℃或更高。

考虑润滑脂的耐温性能，不仅是看润滑脂的滴点的高低，而且还应考虑其基础油的类型、抗氧化性能、蒸发性能等。表7-38中列出按最高使用温度选用润滑脂的大致类型。

表7-38　按最高温度选择润滑脂的类型

最高温度/℃	稠化剂类型	基础油类型
40~50	钙皂、锂皂	矿物油
100~120	锂皂、复合皂	矿物油
150	复合锂、复合铝、复合钡	矿物油、聚α-烯烃
180~200	复合锂、聚脲、膨润土、酰胺盐	酯类油、聚α-烯烃、烷基硅油
250	脲类有机物、含氟化合物	苯基硅油、全氟聚醚
300	氮化硼、硅胶等	高苯基硅油

以上是高温情况，润滑部位的工作温度在有些情况下处于较低温度，一般来说，温度处于-30℃以下，必须使用合成油的润滑脂，特别是一些仪表微型轴承，启动力矩小，选用润滑脂时要特别注意。

3. 考虑润滑部位负荷

矿石粉碎机、球磨机等机械的轴承受到较大的冲击负荷；大型电机的定子重量在成吨以上，所以轴承负荷是比较大的；齿轮的润滑条件是相当苛刻的，存在滚动摩擦和滑动摩擦，一般齿轮所传递的力都是比较大的；还有涡轮涡杆都是承受较大的负荷。在这些部位选用润滑脂必须考虑抗磨性和极压性。现在许多设备管理人员，认为只要是负荷大的部位都用MoS_2润滑脂或石墨润滑脂，实际上应考虑在润滑脂中加抗磨极压添加剂。

4. 考虑润滑部位速度

速度对润滑脂的轴承寿命影响很大。因此在选用润滑脂时，一定要考虑润滑部位的速度。

对于滚动的圆柱滚子轴承，一般地，内径在50mm以下的，当 DN 值<300000时采用润滑脂；DN 值>300000时，采用润滑油。内径在50mm以上的，当 DN 值 $<300000/(d/50)^{1/2}$，采用润滑脂；DN 值 $>300000/(d/50)^{1/2}$，采用润滑油。对于圆锥和滚子轴承，一般来说，内径在50mm以上的，当 DN 值 $<150000/(d/50)^{1/2}$，采用润滑脂；当 $DN>150000/(d/50)^{1/2}$ 采用润滑油。

当前我国许多大电机经常发生所谓的“抱轴”事故，就是因为润滑脂满足不了速度要求，运转很短时间便发生润滑不良，造成轴承突然烧坏。现在电机制造厂往往是选用2号或3号通用锂基润滑脂。如400kW三相异步电机，轴承型号：6222，则轴承内径为110mm，电机转速是2975r/min，则 DN 值为327000。显然选用2号或3号锂基脂是无法满足要求的，在使用了7019-1极压复合锂基润滑脂后，满足了要求，加一次润滑脂可以使用一年以上，消灭了“抱轴”事故。

5. *考虑润滑部位的环境和所接触的介质*

润滑部位所处的环境和所接触的介质对润滑脂的性能有极大影响，因此在选择润滑脂时，应慎重考虑。

潮湿或易与水接触的部位，不宜选择钠基润滑脂，甚至不可以选用锂基润滑脂。因为钠基润滑脂抗水性较差，遇水容易变稀流失和乳化。有些部位用锂基脂也无法满足要求，如立式水泵的轴承可以说是经常浸泡在水中的，用锂基脂也发生乳化，寿命银短，轴承很容易损坏。在这样的部位应当选用抗水性良好的复合铝基润滑脂或脲基润滑脂。汽车、拖拉机和坦克底盘，常在潮湿和易与水接触的环境下工作，我国目前多用钙基润滑脂或锂基润滑脂，国外多选用抗水性能更好的锂-钙基脂或脲基润滑脂。

与酸或酸性气体接触的部位，不宜选用锂基脂或复合钙、复合铝、膨润土润滑脂。这些润滑脂遇酸(弱酸)或酸性气体，如空气中含微量HCl，变稀流失，造成轴承防护性不良，容易腐蚀，更为严重的是润滑不良。这些部位应选抗酸性能好的复合钡基润滑脂或脲基润滑脂，若是接触强酸或强氧化介质，则应使用全氟润滑脂。

同海水或食盐水接触的部位，应当选用复合铝基脂；同天然橡胶或油漆接触的部位，应避免选用酯类油尤其是双酯类型油为基础油的润滑脂；接触燃料油类或石油质润滑油类介质的部位应选用特种的如7903号耐油密封润滑脂；同甲醇相接触的也应选用专用耐甲醇润滑脂等。

6. *考虑润滑脂加注方法*

润滑脂的加注方法，有人工加注和泵集中加注。涂抹或填充、脂枪加注、脂杯加注等都为人工加注。汽车上使用润滑脂时，都采用人工加注，如轮毂轮轴承采用人工填充法，钢板弹簧用人工涂抹法，钢板弹簧销等(设有注油嘴)采用脂枪加注法，分电器传动轴采用脂杯加注法。采用人工加注的部位，在选择润滑脂主要是应考虑它的稠度，一般为1~3号稠度的润滑脂，最好选用2号稠度的脂，加注比较容易，寿命也较长。

有些润滑设备采用集中加注法，潜艇的首尾升降舵活动关节，这些部位均在仓外，当潜艇在水下工作时，无法向这些部位加注润滑脂，因此就采用仓内通过管道向这些部位定时定量压送润滑脂进行润滑。工业上，集中加注润滑脂更为广泛，如钢厂的输送辊轴承，因辊子排列很长距离，数量多，采用集中加注润滑比较方便。集中加注润滑要通过很长的管道，为了加注方便，不致使泵压过大，采用润滑脂的稠度一般为1~0号，最好选用0号稠度的脂。

从润滑脂稠度来考虑，一般密封脂，如阀门的阀杆的密封脂，采用4~5号稠度；高转速或超高转速的部位，应采用3~2号稠度；一般通用多采用2~1号稠度；集中加注润滑脂采用1~0号稠度；减速箱齿轮用脂采用00~000号稠度。

7. 考虑使用润滑脂的经济性

从经济性方面考虑选择合适的润滑脂，是每一个润滑脂的使用者十分关心的事情。选用润滑脂不能只看哪一个润滑脂便宜，更重要的是看这种润滑脂的性能如何，应综合考察一种润滑脂使用以后是否延长了润滑周期，减少加注次数和润滑脂的消耗量及轴承的消耗数量、检修费用、停工造成的生产损失等。

8. 参照使用说明书

各种机械都有“使用说明书”，一般来说对所使用的润滑剂都有说明，只需要遵照执行。但应当注意的是，往往一些机械的设计人员，对最新的、先进的润滑脂牌号和品种不是十分了解，因此在设备说明书中所写入的一些过时的低档润滑脂产品，以致造成加脂频繁，运转很短时间就检修。应当参照国外先进经验，大胆使用高档润滑脂。

各种润滑脂都有说明书，一般规定了大致的组成、理化指标、使用温度范围、适应的工作条件等。可从其说明书来选择适宜的润滑脂。但是应当注意，一些企业或者某些推销人员，为了推销其润滑脂产品，对某些性能以及适用的范围夸大其效用，例如有的厂家描述矿物油复合皂基润滑脂的最高使用温度为可耐300℃。

总之，润滑脂的品种繁多，造制厂家也很多，其生产工艺千差万别，工业上又不能进行太多试验，因此必须慎重选用。

二、润滑脂合理更换

润滑脂合理更换对设备的安全、设备的寿命和润滑脂的节约都十分重要，而实际上我国对润滑脂的更换比较随意，造成润滑脂的浪费。目前，国内外尚无润滑脂报废指标的正式标准，而实际工作中大家对报废指标很关心，因为润滑脂的报废指标关系到设备的正常使用，关系到润滑脂的换脂期的确定及润滑成本的节约，因此结合润滑脂使用前后的性能分析及实际使用经验提出润滑脂的参考报废指标具有很大的实际意义。表7-39列出润滑脂报废参考指标。

表7-39 润滑脂报废参考指标

项 目	润滑脂报废参考指标
稠度	润滑脂在使用过程中无论硬化或软化，其锥入度变化达±20%以上时应更换新脂
滴点	当润滑脂的滴点降低至下述范围时应更换新脂：钙基脂的滴点降至50℃以下；锂基脂的滴点降至140℃以下，钠基脂滴点降至120℃以下；复合钙基脂滴点降至180℃以下；复合锂基脂滴点降至200℃以下
分油	当使用后的分油量与使用前的分油量之比小于70%时应更换新脂
腐蚀	铜片腐蚀不合格应更换新脂
氧化	润滑脂使用后产生较大的酸败气味，或锂基润滑脂酸值大于0.3mgKOH/g时应更换新脂
乳化	润滑脂混入水分后产生乳化或变软流失，应更换新脂
灰分	当灰分变化率大于50%时应更换新脂
机械杂质	润滑脂使用过程中混入大于125μm的杂质时应更换新脂

第八章 特 种 液

车辆等用油装备除使用燃料油、润滑油、润滑脂外，还需要使用制动液、冷却液、减震液等其他油液，这些油液也是装备上不可缺少的功能材料。正确使用特种液对于保证行车安全、延长汽车使用寿命具有重要意义。下面主要就汽车使用的这些油液的品种和使用要求作一简单介绍。

第一节 制 动 液

制动液也叫刹车油，是用于汽车等液压制动系统中传递压力，使车轮制动器实现制动作用的液体。制动液担负着汽车制动系统中绝大部分的油压制动中传递压力的重要作用，要求其安全可靠、质量高、性能好，而且在各种工作条件下都能四季通用。

一、汽车制动系统

汽车制动系统的功能是使行使中的车辆减速甚至停车，使下坡行驶的汽车速度保持平稳，以及使停驶的汽车在原地保持不动。

汽车制动系统是由制动器和驱动装置组成的。根据制动的能源不同，把完全靠驾驶员的人力作制动能源的制动系统叫人力制动系，而完全靠发动机的动力转化成的气压或液压形式进行制动叫动力制动系，把兼有人力和发动机动力进行制动的叫伺服制动。按照制动能量的传输方式分为机械式、液压式、气压式和电磁式等。液压制动需使用制动液。

液压制动系统由制动踏板、推杆、主缸、轮缸、制动蹄、储油室和油管组成。管路中充满制动液，踏板力通过总泵转变成液压，传到各车轮分泵后转变为推力，推动制动蹄而产生制动力矩，汽车制动器的制动压力一般为 2MPa，也有高达 4~5MPa 的。制动器蹄片(刹车板或布)是用石棉及树脂或混有部分硬橡胶固化而成的，其摩擦系数在 0.4~0.5 以上。

二、汽车制动液的性能

汽车制动液是用于汽车液压制动系统传递压力制止车轮转动的液体。液体应具有不可压缩的特性，即在密封的容器中和充满液体的管路中，液体受到压力时，会迅速、均匀地把压力传到液体各个部分。汽车液压刹车系统是汽车重要的安全装置。因此要求刹车液具有良好的性能。这些性能要求主要有：

1. 沸点要高

现代高速汽车制动强度大，制动过程产生的摩擦热会使制动系温度升高，有时达 150℃以上，如果制动液的沸点太低，在高温时就会蒸发成蒸气，使制动系管路中产生气阻，导致制动失灵。为了保证安全，要求使用沸点高的制动液。通常用平衡回流沸点来评定。

平衡回流沸点乃是因为制动液为一混合物，当其被蒸馏时，混合物中的单一物质便会依照其原本的特性，依次达到各自的沸点而汽化。因此，制动液整个的沸点便依照平衡回流来定义，沸点越高表示制动液越不容易被汽化，因而溶液中存在空气的机会就越少。

2. 吸湿性要小

制动液吸收周围的水汽后会使沸点下降，并容易产生气阻。尤其是在操作刹车时，会提高制动液的温度，而一旦停止行驶时，制动液开始冷却，温度经过一升一降更易促进空气中的水分凝结，造成制动液吸湿。如原来平衡回流沸点为193℃的制动液，吸湿后含水量达2.0%时，沸点将下降到150℃，即吸湿后将使其高温性能显著下降。吸湿性的大小一般用湿式平衡回流沸点来表示。

湿式平衡回流沸点即制动液中有了水分之后平衡回流沸点值，依照SAE及DOT(美国联邦政府运输部)规范，将制动液加入3.5%水增湿后，再测量其平衡回流沸点值。

3. 黏度要适当

要保持制动液有良好的流动性，使系统内压力能随制动踏板的动作迅速上升和下降，活塞能在油缸中顺利地滑动。要求制动液在很宽的温度范围内保持适当的黏度，在制动液规格里通常规定高温和低温时的运动黏度，制动液应能四季通用。

4. 安定性要好

制动液在高温条件下长期使用时，不能产生热分解和缩合使黏度增加，也不允许生成胶质和油泥沉积物。

5. 皮碗膨胀率要小

制动液对橡胶零件有溶胀作用，将使皮碗的体积增加，以致造成制动失灵。因此要求通过皮碗试验，用皮碗在70℃的制动液中浸泡120h后，皮碗根部直径增值不超过某值表示。

6. 防腐性要好

要求制动液不腐蚀金属，除通过100℃、3h铜片腐蚀试验外，还要求通过叠片腐蚀试验。它是用一组由马口铁、10号钢，LY12铝、Z30一级铸铁、H62黄铜、T_2纯铜组成的金属片组，在100℃的制动液中浸泡120h后称重，用试片质量的变化(mg/cm^2)表示。

7. 良好的互溶性

当与另一种制动液混合时或吸收水分后应有良好的互溶性，不能产生分层或沉淀而影响使用性能。

三、汽车制动液的分类

汽车制动系统使用最早的制动液是蔗糖水溶液，从1934年开始使用蓖麻油与醇类的混合物作制动液，后来为提高制动液的高温和低温性能而使用高沸点的聚乙二醇醚等醚类制动液。随着汽车向高速度高负荷方向发展，制动时温度变得更高，因此使用了沸点在280℃以上的高沸点制动液。为克服醚类制动液使用中吸水，使性能大为降低，易产生气阻和腐蚀机件等缺点，近年来研制出低吸湿性制动液。目前使用的制动液主要是合成型制动液，它分为醇醚型、酯型、硅油型三类。

1. 醇醚型制动液

由润滑剂、稀释剂和添加剂组成，常用的润滑剂有乙二醇、聚丙二醇、环氧乙烷和环氧丙烷无规共聚物、烷基酚环氧乙烷加成物、环氧丙烷的聚合物等，常用的稀释剂有二甘醇醚、三甘醇醚、四甘醇醚或聚醚等。常用的添加剂有抗氧剂、抗腐蚀剂、防锈剂、抗磨剂、pH值调整剂等，能满足美国SAE系列和DOT3的规格要求。产品性能较为稳定，成本较低，用量最大。其缺点是平衡回流沸点不太高，吸湿性强，低温性能差，而且在湿热气候条件下使用时，制动器部件易锈蚀。

2. 酯型制动液

其基础液为羧酸酯与硼酸酯，加入量大约为总量的20%~50%，常用的稀释剂为聚乙二醇的单烷基醚等，常用的添加剂有抗氧剂、抗腐蚀剂、抗磨剂、pH 值调整剂等。这类制动液能满足 DOT3、DOT4 的性能要求，性能比前者有很大改善。

3. 硅油型制动液

一般为烷基聚醚硅酸酯(如聚烷基乙二醇硅酸酯等)，并加有橡胶抗溶胀剂和其他添加剂。这类制动液黏温性能好、沸点高、吸水性低、化学稳定性与抗氧化性好，能满足 DOT5 规格要求，但价格昂贵。

目前世界上较通行的制动液规格由美国汽车工程师协会(SAE)制定的 SAEJ1702f(严寒地区)、SAEJ 1703e 和 1703f 规格和美国运输部制定的符合美国联邦机动车安全标准 FMVSS No. 116 的 DOT3、DOT4、DOT5 规格，国际标准则有 ISO 4925—2005《非石油基制动液》等，见表 8-1。

表 8-1　几种合成制动液标准

项目 \ 标准			SAE J1703e	SAEJ 1703f	SAE J1705	FMVSS No. 116 DOT3	FMVSS No. 116 DOT4	FMVSS No. 116 DOT5	ISO 4925-2005
平衡回流沸点/℃	干沸点		>190	>205	>260	>205	>230	>260	>260
	湿沸点		—	>140	>180	>140	>155	>180	>180
黏度/(mm^2/s)	-40℃		<1800	<1800	<900	<1500	<1800	<900	<900
	100℃		>1.5	>1.5	>1.5	>1.5	>1.5	>1.5	>1.5
pH 值			7.0~11.5						
液体稳定性/℃	ERBP 高温变化		<3	<3	<3	<3	<3	<3	<3
	化学变化		<2	<2	<2	<2	<2	<2	<2
金属腐蚀（100℃，120h）	试件质量变化/(mg/cm^2)	马口铁	±0.2	±0.2	±0.1	±0.2	±0.2	±0.2	±0.2
		钢	±0.2	±0.2	±0.1	±0.2	±0.2	±0.2	±0.2
		铝	±0.1	±0.1	±0.1	±0.1	±0.1	±0.1	±0.1
		铸铁	±0.2	±0.2	±0.1	±0.2	±0.2	±0.2	±0.2
		黄铜	±0.4	±0.4	0.2	±0.4	±0.4	±0.4	±0.4
		纯铜	±0.4	±0.4	±0.2	±0.4	±0.4	±0.4	±0.4
	金属片外观		无肉眼可见坑蚀或表面不平						
	pH 值		7.0~11.5						
	试样沉淀①/%		0.1	0.1	0.1	0.1	0.1	0.1	0.1
	橡胶皮碗根径增值/%		1.4	1.4	1.4	1.4	1.4	1.4	1.4
	皮碗硬度降低/%		<15	<15	<15	<15	<15	<15	<15
	皮碗外观		无鼓泡、无蜕皮、析出、炭黑等						

注：①试样沉淀指体积分数。

四、制动液牌号

按 GB 12981—2012《机动车辆制动液》产品规范，我国车辆制动液分为 HZY3、HZY4、HZY5、HZY6 四类，分别对应 ISO 4925：2005 中的 Class3、Class4、Class5.1、Class6，其中 HZY3、HZY4、HZY5 对应美国交通运输部制动液类型的 DOT3、DOT4、DOT5.1，其产品规范见表 8-2。

表 8-2　机动车辆制动液(GB 12981—2012)

<table>
<tr><td colspan="4" rowspan="2">检验项目</td><td colspan="4">质量指标</td><td rowspan="2">试验方法</td></tr>
<tr><td>HZY3</td><td>HZY4</td><td>HZY5</td><td>HZY6</td></tr>
<tr><td colspan="4">外观</td><td colspan="4">无沉淀及悬浮物，清澈透明液体</td><td>目测</td></tr>
<tr><td colspan="3">平衡回流沸点(ERBP)/℃</td><td>不低于</td><td>205</td><td>230</td><td>260</td><td>250</td><td>SH/T 0430</td></tr>
<tr><td colspan="3">湿平衡回流沸点(WERBP)/℃</td><td>不低于</td><td>140</td><td>155</td><td>180</td><td>165</td><td>附录 C[a]</td></tr>
<tr><td colspan="4">运动黏度/(mm^2/s)</td><td></td><td></td><td></td><td></td><td rowspan="3">GB/T265</td></tr>
<tr><td colspan="3">-40℃</td><td>不大于</td><td>1500</td><td>1800</td><td>900</td><td>750</td></tr>
<tr><td colspan="3">100℃</td><td>不大于</td><td>1.5</td><td>1.5</td><td>1.5</td><td>1.5</td></tr>
<tr><td colspan="4">pH 值</td><td colspan="4">7.0~11.5</td><td>附录 D</td></tr>
<tr><td colspan="4">液体稳定性(ERBP 变化)/℃</td><td colspan="4"></td><td rowspan="3">附录 E</td></tr>
<tr><td colspan="4">高温稳定性(185℃±2℃，120 min±5 min)</td><td colspan="4">±5</td></tr>
<tr><td colspan="4">化学稳定性</td><td colspan="4">±5</td></tr>
<tr><td rowspan="21">腐蚀性
(100℃±2℃，
120h±2h)</td><td rowspan="7">试验后
金属片外观</td><td colspan="2">镀锡铁皮</td><td colspan="4" rowspan="7">无肉眼可见坑蚀和表面粗糙不平，
允许脱色或出现色斑</td><td rowspan="21">附录 F</td></tr>
<tr><td colspan="2">钢</td></tr>
<tr><td colspan="2">铝</td></tr>
<tr><td colspan="2">铸铁</td></tr>
<tr><td colspan="2">黄铜</td></tr>
<tr><td colspan="2">紫铜</td></tr>
<tr><td colspan="2">锌</td></tr>
<tr><td rowspan="7">试验后金属片
质量变化/
(mg/cm^2)</td><td colspan="2">镀锡铁皮</td><td colspan="4">-0.2~+0.2</td></tr>
<tr><td colspan="2">钢</td><td colspan="4">-0.2~+0.2</td></tr>
<tr><td colspan="2">铸铁</td><td colspan="4">-0.2~+0.2</td></tr>
<tr><td colspan="2">铝</td><td colspan="4">-0.1~+0.1</td></tr>
<tr><td colspan="2">黄铜</td><td colspan="4">-0.4~+0.4</td></tr>
<tr><td colspan="2">紫铜</td><td colspan="4">-0.4~+0.4</td></tr>
<tr><td colspan="2">锌</td><td colspan="4">-0.4~+0.4</td></tr>
<tr><td rowspan="4">试验后
橡胶皮碗状态</td><td colspan="2">外观</td><td colspan="4">表面不发黏，无炭黑析出</td></tr>
<tr><td>硬度降低值</td><td>不大于</td><td colspan="4">15</td></tr>
<tr><td>根径增值/mm</td><td>不大于</td><td colspan="4">1.4</td></tr>
<tr><td colspan="2">体积增加值/%</td><td colspan="4">16</td></tr>
<tr><td rowspan="3">试验后
试液性能</td><td colspan="2">外观</td><td colspan="4">无凝胶，在金属表面无粘附物</td></tr>
<tr><td>沉淀物/%(体)</td><td>不大于</td><td colspan="4">0.10</td></tr>
<tr><td colspan="2">pH 值</td><td colspan="4">7.0~11.5</td></tr>
<tr><td rowspan="6">低温流动性
和外观</td><td rowspan="3">-40℃±2℃，
144h±2h</td><td colspan="2">外观</td><td colspan="4">清亮透明均匀</td><td rowspan="6">附录 G</td></tr>
<tr><td>气泡上浮至液面时间/s</td><td>不大于</td><td colspan="4">10</td></tr>
<tr><td colspan="2">沉淀</td><td colspan="4">无</td></tr>
<tr><td rowspan="3">-50℃±2℃，
6h±0.2h</td><td colspan="2">外观</td><td colspan="4">清亮透明均匀</td></tr>
<tr><td>气泡上浮至液面时间/s</td><td>不大于</td><td colspan="4">35</td></tr>
<tr><td colspan="2">沉淀</td><td colspan="4">无</td></tr>
</table>

续表

<table>
<tr><th colspan="4" rowspan="2">检验项目</th><th colspan="4">质量指标</th><th rowspan="2">试验方法</th></tr>
<tr><th>HZY3</th><th>HZY4</th><th>HZY5</th><th>HZY6</th></tr>
<tr><td colspan="2" rowspan="3">蒸发性能
（100℃±2℃，168h±2h）</td><td>蒸发损失/%</td><td>不大于</td><td colspan="4">80</td><td rowspan="3">附录 H[a]</td></tr>
<tr><td colspan="2">残余物性质</td><td colspan="4">用指尖摩擦时，
沉淀中不含有颗粒性砂粒和磨蚀物</td></tr>
<tr><td>残余物倾点/℃</td><td>不高于</td><td colspan="4">-5</td></tr>
<tr><td rowspan="5">容水性
（22h±2h）</td><td rowspan="3">-40℃</td><td colspan="2">外观</td><td colspan="4">清亮透明均匀</td><td rowspan="5">附录 I</td></tr>
<tr><td>气泡上浮至液面时间/s</td><td>不大于</td><td colspan="4">10</td></tr>
<tr><td colspan="2">沉淀</td><td colspan="4">无</td></tr>
<tr><td rowspan="2">60℃</td><td colspan="2">外观</td><td colspan="4">清亮透明均匀</td></tr>
<tr><td>沉淀量/%(体)</td><td>不大于</td><td colspan="4">0.05(鉴定)</td></tr>
<tr><td rowspan="4">液体相容性
（22h±2h）</td><td rowspan="2">-40℃</td><td colspan="2">外观</td><td colspan="4">清亮透明均匀</td><td rowspan="4">附录 I</td></tr>
<tr><td colspan="2">沉淀</td><td colspan="4">无</td></tr>
<tr><td rowspan="2">60℃</td><td colspan="2">外观</td><td colspan="4">清亮透明均匀</td></tr>
<tr><td>沉淀量/%(体)</td><td>不大于</td><td colspan="4">0.05</td></tr>
<tr><td rowspan="3">抗氧化性
（70℃±2℃，
168h±2h）</td><td colspan="3">金属片外观</td><td colspan="4">无可见坑蚀和点蚀，
允许痕量胶质沉积，允许脱色</td><td rowspan="3">附录 J</td></tr>
<tr><td rowspan="2">金属片质量
变化/(mg/cm²)</td><td colspan="2">铝片</td><td colspan="4">-0.05~+0.05</td></tr>
<tr><td colspan="2">铸铁片</td><td colspan="4">-0.3~+0.3</td></tr>
<tr><td rowspan="7">橡胶相容性
（120℃±2℃，
70h±2h）</td><td rowspan="4">丁苯橡胶(SBR)
皮碗</td><td colspan="2">外观</td><td colspan="4">表面不发黏，无鼓泡，无炭黑析出</td><td rowspan="7">附录 K</td></tr>
<tr><td colspan="2">根径增值/mm</td><td colspan="4">0.15~1.40</td></tr>
<tr><td>硬度降低值/IRHD</td><td>不大于</td><td colspan="4">10</td></tr>
<tr><td colspan="2">体积增加值/%</td><td colspan="4">1~16</td></tr>
<tr><td rowspan="3">三元乙丙橡胶
(EPDM)试件</td><td colspan="2">外观</td><td colspan="4">表面不发黏，无鼓泡，无炭黑析出</td></tr>
<tr><td colspan="2">体积增加值/%</td><td colspan="4">1~10</td></tr>
<tr><td>硬度降低值/IRHD</td><td>不大于</td><td colspan="4">10</td></tr>
<tr><td colspan="4">行程模拟性能
（85000 次行程，120℃±5℃，7.0MPa±0.3MPa）</td><td colspan="4">通过</td><td>附录 L[b]</td></tr>
<tr><td colspan="4">防锈性能</td><td colspan="4">合格</td><td>附录 M[b]</td></tr>
</table>

注：a. 测试结果出现争议时，本标准推荐以 A 法的测试结果为准。

b. 检测指标为推荐性指标，由供需双方协商确定。

制动液产品标记为：产品级别+机动车辆制动液

例如：HZY5 机动车辆制动液。

五、制动液的选用

1. 制动液选用

①优先选用合成制动液。

②不能盲目贪图便宜，应选用与车型相匹配的制动液。

2. 注意事项

①合格品标识上应有汽车制动液生产许可证编号、产品的企业名称、规格型号、详细地址、注册商标和联系电话等信息。

②凡是标明"醇型"或"矿物油型"的制动液均为不合格产品；凡是标明执行标准为GB 10830—1989、GB 12981—2003或型号为JG0、JG1和JG2的产品均为不合格品，因为不符合现行GB 12981—2012标准要求；凡是只标明某某汽车专用制动液，但未标明具体型号的产品应慎用。

③凡是标明平衡回流沸点低于205℃的产品，均为不合格品。

④标识上没有中文字样的所谓"进口"产品应慎用，以免上当受骗。

⑤国家标准规定，制动液产品的外观应清亮透明，无悬浮物、尘埃和沉淀物质，凡是不符合该特征的均为不合格品。

⑥国家标准对制动液产品的气味虽无明确规定，但带有强烈酒精气味的产品，其性能可能达不到国家标准，应断定为不合格产品；没有任何气味的产品也不可能是合格产品。

3. ABS系统制动液的选用

ABS系统制动液工作时具备以下特点：

①在ABS系统中，制动液的通路更长、更曲折，致使制动液在流动过程中受到的阻力较大；另外，在ABS系统中，运动零件更多、更精密，这些运动零件对润滑的要求也更高，因此，ABS系统所选用的制动液必须具有合适的黏度。

②在ABS系统中，制动液反复经历压力增大和减小的循环，因而，制动液的工作温度和压力较常规制动系统中的制动液更高，这就要求制动液具有更强的抗氧化性能，以免制动液中形成胶质、沉积物和腐蚀性物质。

③在ABS系统中，有更多的橡胶密封件和橡胶软管，这就要求制动液不能对橡胶密封件产生较强的膨润作用。

④在ABS系统中，有更多、更为精密的金属零件，因此，要求所选用的制动液具有较好的耐腐蚀性，以免对金属零件产生锈蚀。

⑤在ABS系统中，有更长、更复杂的管路，因此，要求所选用的制动液具有较高的沸点，以免制动液发生汽化使制动系统产生气阻。

根据以上特点，ABS系统一般都选用DOT4制动液。尽管DOT5的制动液具有更高的沸点，但由于DOT5是硅油基制动液，会对橡胶件产生较强的损害。因此，在ABS系统中，一般不选用DOT5制动液。DOT3和DOT4是醇基制动液，具有较强的吸湿性，随着使用时间延长，其中的含水量会不断增多。当制动液中含有较多的水分时，会使制动压力调节装置中的精密零件发生锈蚀，在寒冷的气候条件下，还会使制动液的黏度变大，影响制动液在制动系统中的流动，使制动变得迟缓，导致制动距离延长。另外，制动液中的含水量会对制动液的沸点产生非常明显的影响，发生气阻现象。DOT3和DOT4制动液一般经过12个月的使用后，含水量为2%；经过18个月的使用后，含水量平均可达3%，因此，建议每隔12个月更换一次制动液。

六、制动液使用时的注意事项

汽车制动液盛放在主气缸上方的塑料容器内，检查时与发动机的状况无关，换言之或行或止或冷或热均可。制动液的高度要高于最低点，但不必达到最高点。通常情况下制动液的数量随刹车片的磨损程度做相应变化，制动液加得太多并无妨碍。不过若是刚刚更换新的刹车片就要注意，因为新的刹车片较厚，会使加得过满的制动液溢出，制动液如果滴到车身油漆上会对油漆带来腐蚀。如果制动液加多了可以用一个针头或吸管将偏多的制动液吸出。如制动液的高度降到最低点以下，意味着该换刹车片了，当然也有可能出现制动液泄漏的情况。一般情况下，即使制动液偏少，并不影响刹车的效果，但如制动液干枯，会导致刹车失效。如果制动液的减少并非由刹车片磨损所致，而是由泄漏所致，必须立即补充制动液，并及时进行修理。

第二节 冷 却 液

冷却液(旧称防冻液)是用于发动机冷却系统起热交换作用的液体。冷却液主要用于液冷式车辆发动机的冷却系统，防止冷却液在冬天结冰而冻坏冷却水套、水箱等。冷却液需要较高的沸点，还需加入各种添加剂以降低水的冰点、防止水垢和对冷却系统各种金属的腐蚀等。

一、冷却液的作用

随着发动机结构的改进和材料技术的进步，现代发动机与旧式发动机相比，一个显著的特点就是现代发动机的运行温度高，正常的工作温度上限值一般都超过100℃。如果水箱全部加水，当发动机温度达到100℃时就会水沸“开锅”，而在0℃时会结冰，体积增大9%，易胀裂水箱和缸体。另外，水会带来腐蚀，且会生成水垢影响冷却效果。因此就要用一种特殊的冷却介质——冷却液。

总的来说，性能优良的冷却液有以下保护作用：对冷却系统的部件起到防腐保护作用；防止水垢，避免降低散热器的散热作用；保证发动机在正常温度范围之内能工作。因此，发动机的冷却液，必须具有防冻、防开锅、防腐蚀、防水垢、无泡沫的特点，并不受季节及地域的影响。其中，冰点和沸点是冷却液的基本指标。

二、冷却液的性能要求

1. 良好的防冻性能

这是冷却液应具备的基本性能。也就是说冷却液应不受季节和地域条件的限制，即使在低温条件下也不能结冰，否则会带来胀破水箱和缸体的危害。

2. 防腐及防锈性能

发动机及其冷却系统是金属制造的，有铜、铁、铝、钢、焊锡等。这些金属在高温下与冷却水接触，时间长了都会遭到腐蚀，会生锈，所以冷却液应具有防腐功能。

3. 沸点要高

水的沸点是100℃，冷却液的沸点通常在105℃以上，这样在夏季使用，冷却液比水更难于开锅。

4. 对橡胶材料适应性好

冷却液在使用过程中要与橡胶密封导管接触，如果冷却液对橡胶密封导管有溶胀及浸蚀作用，接触时间长了就会带来冷却液的泄漏，因此冷却液与橡胶导管应有良好的相容性。

5. 防止冷却系统结垢的性能

发动机冷却系统中的水垢与日常生活中水壶里的水垢不完全相同，除了具有钙、镁离子形成的水垢之外，还有腐蚀产物形成的金属垢等，形成原因多种多样。具体情况还需具体分析。

(1) 钙、镁离子水垢的形成主要来源于硬水的添加

在使用过程中，冷却液会有一定损失，需要及时向冷却系统补充冷却液。有些用户不是补加冷却液或蒸馏水，而是直接加入硬水，结果硬水中的钙、镁离子很容易与普通冷却液中的无机盐成分形成水垢。当这些水垢形成于缸体衬里及缸盖水道时，会出现局部高温区，恶化润滑条件，加速发动机系统的磨损，严重时还会造成缸盖开裂。

(2) 腐蚀产物形成的金属垢

金属垢以铁垢和焊锡垢为主，前者是由普通无机型冷却液中的无机盐与缸体上的铁金属反应生成的保护膜因消耗而脱落形成；后者是由于具有强氧化性的无机盐腐蚀抑制剂加剧焊锡"开花"腐蚀而形成的蓬松沉淀物，由于该金属垢形成于冷却系统的焊缝位置，容易造成水道堵塞及焊缝过热，因强度下降而引起泄漏。

由此看来，水垢的形成不仅与用户添加的水质有关，还与冷却液中腐蚀抑制剂的选择密切相关。

6. 抗泡沫性能

冷却液在使用过程中如果易产生泡沫，就可能导致冷却液溢出水箱，带来冷却液的损失，甚至会影响冷却液的正常流动，降低散热效果。此外生成的泡沫会增大冷却液与空气的接触面积，加速氧化变质，降低冷却液的使用寿命。

7. 低温黏度不太大

冷却液的低温黏度如果过大，在温度较低的情况下冷却液的流动就会变得困难，从而会影响冷却液的散热和对管路的保护作用。

8. 化学性质稳定

冷却液的有效使用期限一般为2~3年，有的冷却液甚至可以达到4年。要保证冷却液在有效使用期限内能正常工作，其化学性质必须稳定。

三、冷却液的分类

常用的发动机冷却液主要有乙二醇型和丙二醇型两个大类。

SH/T 0521—2010《乙二醇型和丙二醇型发动机冷却液》将发动机冷却液分为乙二醇型轻负荷和重负荷、丙二醇型轻负荷和重负荷发动机冷却液四种类型。轻负荷发动机冷却液主要用于轻负荷发动机，也即设计一般在远低于最大输出功率的情况下运行的内燃发动机使用，如轿车、轻型卡车、农用拖拉机、草坪维护机械等。重负荷发动机冷却液主要用于重负荷发动机，也即设计一般允许在接近或等于最大输出功率的情况下运行的内燃发动机使用，如道路卡车、公交车；农用、土石运输、建筑用、矿用非高速机械；高输出功率的固定式发动机；牵引机车和航行船舶发动机等。

丙二醇发动机冷却液近年来发展起来的环保型发动机冷却液，与乙二醇型发动机冷却液相比，丙二醇用作冷却液基液，在热传导、冰点防护及橡胶相容性方面的性能与乙二醇型冷却液相当，但是在抗气蚀、毒性及生物降解方面则有着乙二醇型冷却液无法比拟的优势，其最大的优势在毒性和生物降解方面。在毒性方面，乙二醇的 LD_{50} 值(半数致死量)为

4700mg/kg，一旦摄入体内会破坏动物肾脏中肾小球之间的肾小管，导致不可逆的结晶化，最终导致肾衰竭；而丙二醇的 LD_{50} 值(半数致死量)为33700 mg/kg，毒性和刺激性极小，属于微毒化合物；在生物降解方面，由于发动机冷却液要进行定期更换，更换下来的冷却液大部分由废水处理厂处理或直接排入大自然，因此好的生物降解性能对后续处理很重要，丙二醇5天后有69%降解，而乙二醇只有36%降解。

丙二醇作为环保型冷却液调配基液方面最为引人注目的是无水型丙二醇冷却液，其冰点低达-59℃，沸点高达188℃，具有名副其实的抗沸、抗冻性能，具备重负荷冷却液性能特征，适合作为无水冷却液使用。

四、冷却液的牌号

我国冷却液液产品规范是SH/T 0521-2010《乙二醇型和丙二醇型发动机冷却液》，每种类型分为浓缩液和-25号、-30号、-35号、-40号、-45号、-50号六个不同牌号的冷却液。冷却液牌号是按冰点划分的，如-25号冷却液要求其冰点不高于-25℃。

冷却液产品标记为：牌号-乙二醇型/丙二醇型-轻负荷/重负荷-发动机冷却液

如：-30号乙二醇型重负荷发动机冷却液；

-35号丙二醇型轻负荷发动机冷却液。

乙二醇型轻负荷发动机冷却液技术要求见表8-3；乙二醇型重负荷发动机冷却液技术要求见表8-3，并定期加入辅助冷却液添加剂(SCA)，用于持续维持冷却液防腐蚀、防缸套穴蚀和阻垢性能，延长冷却液在重负荷发动机冷却系统中的使用寿命。

表8-3 乙二醇型冷却液技术要求(SH/T 0521—2010)

项目		质量指标							试验方法
		浓缩液	冷却液						
			-25号	-30号	-35号	-40号	-45号	-50号	
颜色		有醒目颜色							目测
气味		无异味							嗅觉
密度(20℃)/(kg/m^3) 浓缩液		1107~1142	—						SH/T 0068
冷却液	不小于	—	1053	1059	1064	1068	1073	1075	
冰点/℃	不高于	—	-25.0	-30.0	-35.0	-40.0	-45.0	-50.0	SH/T 0090
含50%(体)蒸馏水	不高于	-36.4	—						
沸点/℃	不低于	163.0	106.0	106.5	107.0	107.5	108.0	108.5	SH/T 0089
含50%(体)蒸馏水	不低于	107.8	—						
对汽车有机涂料的影响		无影响							SH/T 0084[a]
灰分/%	不大于	5.0	2.0	2.3	2.5	2.8	3.0	3.3	SH/T 0067
pH值		—	7.5~11.0						SH/T 0069
含50%(体)蒸馏水		7.5~11.0	—						
水分/%	不大于	5.0	—						SH/T 0086
储备碱度/mL		报告[b]							SH/T 0091
氯含量/(mg/kg)	不大于	25							SH/T 0621

项　　目		质量指标							试验方法
		浓缩液	冷却液						
			-25号	-30号	-35号	-40号	-45号	-50号	
玻璃器皿腐蚀 试片变化值/(mg/片) 紫铜 黄铜 钢 铸铁 焊锡 铸铝		 -5~+5 -5~+5 -10~+10 -10~+10 -30~+30 -30~+30							SH/T 0085[c]
模拟使用腐蚀 试片变化值/(mg/片) 紫铜 黄铜 钢 铸铁 焊锡 铸铝		 -10~+10 -10~+10 -20~+20 -20~+20 -60~+60 -60~+60							SH/T 0088[c]
铝泵气穴腐蚀/级	不小于	8							SH/T0087[c]
铸铝合金传热腐蚀率/(mg/cm²)	不大于	1.0							SH/T0620[c]
泡沫倾向 泡沫体积/mL 泡沫消失时间/s	 不大于 不大于	 150 5.0							SH/T 0066[c]

注：a. 供需双方对所用试验涂料、试验程序和接受原则可协商确定。

b. 供需双方协商确定。

c. 对发动机浓缩液，可根据各试验方法的说明配制试验溶液，对稀释后的各牌号冷却液，可根据附录B进行配制。

丙二醇型轻负荷发动机冷却液技术要求见表8-4；丙二醇型重负荷发动机冷却液技术要求见表8-4，并定期加入辅助冷却液添加剂(SCA)，用于持续维持冷却液防腐蚀、防缸套穴蚀和阻垢性能，延长冷却液在重负荷发动机冷却系统中的使用寿命。

表8-4　丙二醇型冷却液技术要求(SH/T 0521—2010)

项　　目		质量指标							试验方法
		浓缩液	冷却液						
			-25号	-30号	-35号	-40号	-45号	-50号	
颜色		有醒目颜色							目测
气味		无异味							嗅觉
密度(20℃)/(kg/m³)									SH/T 0068
浓缩液		1027~1062	—						
冷却液	不小于	—	1018	1020	1022	1024	1026	1027	

续表

项目		质量指标							试验方法
		浓缩液	冷却液						
			-25号	-30号	-35号	-40号	-45号	-50号	
冰点/℃	不高于	—	-25.0	-30.0	-35.0	-40.0	-45.0	-50.0	SH/T 0090
含50%(体)蒸馏水	不高于	-31.0	—						
沸点/℃	不低于	152.0	103.5	104.0	104.5	105.5	106.0	106.5	SH/T 0089
含50%(体)蒸馏水	不低于	104.0	—						
对汽车有机涂料的影响		无影响							SH/T 0084[a]
灰分/%	不大于	5.0	2.2	2.4	2.6	2.8	3.0	3.3	SH/T 0067
pH值		—	7.5~11.0						SH/T 0069
含50%(体)蒸馏水		7.5~11.0	—						
水分/%	不大于	5.0	—						SH/T 0086
储备碱度/mL		报告[b]							SH/T 0091
氯含量/(mg/kg)	不大于	25							SH/T 0621
玻璃器皿腐蚀									SH/T 0085[c]
试片变化值/(mg/片)									
紫铜		-5~+5							
黄铜		-5~+5							
钢		-10~+10							
铸铁		-10~+10							
焊锡		-30~+30							
铸铝		-30~+30							
模拟使用腐蚀									SH/T 0088[c]
试片变化值/(mg/片)									
紫铜		-10~+10							
黄铜		-10~+10							
钢		-20~+20							
铸铁		-20~+20							
焊锡		-60~+60							
铸铝		-60~+60							
铝泵气穴腐蚀/级	不小于	8							SH/T 0087[c]
铸铝合金传热腐蚀率/(mg/cm²)	不大于	1.0							SH/T 0620[c]
泡沫倾向									SH/T 0066[c]
泡沫体积/mL	不大于	150							
泡沫消失时间/s	不大于	5.0							

注：a. 供需双方对所用试验涂料、试验程序和接受原则可协商确定。

b. 供需双方协商确定。

c. 对发动机浓缩液，可根据各试验方法的说明配制试验溶液，对稀释后的各牌号冷却液，可根据附录B进行配制。

浓缩液不能直接使用，而应根据使用温度的要求，用软化水进行调制到一定浓度才能使用。乙二醇型冷却液的冰点随着乙二醇在水溶液中的浓度变化而变化，浓度在68%以下时，水溶液中乙二醇浓度升高冰点下降，但浓度超过68%后，随着乙二醇浓度的升高，其冰点呈上升趋势，当浓度达到100%时，其冰点上升到-13℃，这就是浓缩型冷却液为何不能直接使用的一条重要原因，必须引起使用者的注意。

乙二醇型浓缩液最低使用浓度为33%(体)，对应冰点为-18℃；丙二醇型浓缩液最低使用浓度为36%(体)，对应冰点为-18℃；乙二醇、丙二醇浓缩液调制时浓度和冰点的关系见表8-5。

表8-5 冷却液中浓缩液的百分含量与冰点的对应关系

乙二醇型冷却液	乙二醇浓缩液含量/%(体)	33	41	42	45	46	48	50	52.5	54	56	59
	冷却液冰点/℃	-18.0	-25.0	-26.0	-30.0	-32.0	-35.0	-37.0	-40.0	-42.0	-45.0	-50.0
丙二醇型冷却液	丙二醇浓缩液含量/%(体)	36	42	44	46	48	50	52	54	55	58	61
	冷却液冰点/℃	-18.0	-22.0	-25.0	-27.0	-29.0	-31.0	-33.0	-36.0	-39.0	-44.0	-48.0

五、冷却液的选用

1. 根据环境温度条件选择冷却液的冰点

冷却液的冰点是冷却液最重要的指标之一，是冷却液能不能防冻的重要条件。一般情况下冷却液的冰点应选择比当地环境条件冬季最低气温低5~10℃(一般选择低8℃)，如当地最低气温为-27℃，则冷却液的冰点应选择在-35℃以下，推荐使用范围见表8-6。

表8-6 冷却液推荐使用范围

冷却液牌号	推荐使用范围
-25号	在我国一般地区如长江以北、华北环境最低气温在-17℃以上地区使用
-35号	在东北、西北大部分地区及华北环境最低气温在-27℃以上地区使用
-45号	在东北、西北及华北环境最低气温在-37℃以上严寒地区使用
-50号	在东北、西北及华北环境最低气温在-43℃以上极寒地区使用

2. 按照车辆多少和集中程度选择冷却液

车辆较多又相对集中的单位和部门，可以选用小包装的浓缩型冷却液。这种浓缩液性能稳定，由于采用小包装，便于运输和储存，同时又可按照不同环境使用条件和不同的工作要求进行灵活的调配达到节约和实用的目的。在车辆少或分散的情况下，可以选用直接使用型的冷却液。

六、冷却液使用中的注意事项

1. 认真清洗

加注冷却液前一定要对发动机冷却系统进行一次认真的清洗。这是因为冷却液中加有除垢剂和清洗剂，使用前如果没有对发动机冷却系统进行认真的清洗，直接加入冷却液后，发动机冷却系统中原有的水垢与冷却液接触后脱落，使冷却液变浊、变稠，甚至变色、变味，严重时堵塞水管、水道或沉淀在水箱下部弯管接头部位，造成散热不良，冷却液不能循环，致使发动机温度过高。为防止这些现象的发生，在加注冷却液前，应使用10%的氢氧化钠水溶液浸泡水箱 1h，再将冲洗液排放，然后用软化水反复冲洗 2~3 次，以清除发动机冷却系统中原积存的水垢，冲洗完后才能加注冷却液。

2. 认真检查

加注冷却液前要检查发动机冷却系统有无渗漏现象，如有渗漏并应及时排除，然后才能加注冷却液。

3. 禁止直接加注浓缩液

有些驾驶员及修理员以为冷却液越纯越好，乙二醇浓度越大越好，而直接加注浓缩液，这样做不但不能满足冷却液对冰点的要求(如纯乙二醇冰点为-13℃)，反而会出现一些意想不到的现象，如冷却液变质、浓度大、密度大、低温黏度增大以及出现发动机温度高等现象。所以在使用冷却液母液时，一定要按要求进行调制，禁止直接使用。

4. 冷却液使用中要实行定期检查

冷却液的有效期一般 2~3 年，因此使用中有连续性。为了减少浪费，冷却液加注后不要随意更换。但是，应对使用中的冷却液实行定期定项检查，每年可结合换季保养对冷却液进行检查。检查内容应包括冰点检查、密度检查，同时还应对使用中的冷却液进行外观检查，发现密度增大、冷却液变稠、冰点上升，以及冷却液变浊、变质、变味、发泡等应及时更换。

5. 不同厂家生产的冷却液不能混加

常用的冷却液有乙二醇型和丙二醇型，即使同为乙二醇型或丙二醇型也不能混用，因为冷却液含有多种添加剂，但不同厂家的冷却液可能使用不同的添加剂，一旦混合可能会发生反应而失去相应作用。

6. 冷却液颜色与性能没有直接联系

现在市场上的冷却液有很多种颜色，例如：长城多效冷却液为荧光绿色，加德士特级冷却液为橙色，蓝星冷却液为蓝色，统力冷却液为红色。冷却液本身是无色透明的液体，这些冷却液之所以做成鲜艳的颜色，主要是为了便于区分和辨别而加入了一些染色剂，另外一个作用就是防止误食。冷却液的颜色和性能、质量之间没有必然联系。长城多效冷却液制备成特殊的荧光绿色，是加入了荧光物质，主要是为了便于检漏。

第三节　减震器油

减震器油主要用于汽车、各种柴油发动机及仪表等需要减震或阻滞震动的部件，将震动能转变为热能，起减震效果，这种热能可被运动着的车辆所受到的空气流带走。

一、减震器油的性能要求

减震器油是车辆减震器的工作介质，主要用于各种载货汽车前轮及小轿车前后轮的减震器内，其质量要求有：

①良好的黏温性，以保证在工作温度变化时，能维持适当的黏度，起到良好的吸震作用。

②良好的低温流动性，凝点低。由于减震器常和液压系统连通，而且常在野外或冬季环境温度较低的场合使用，要求在环境温度较低时也能正常使用。

③一定的抗磨性能。

④较好的抗氧、抗泡和防锈性能。

二、减震器油的类型

减震器油按基础油分为矿物油型和硅油型两种，质量指标大体相似。

汽车用的减震器由于自身的特殊用途，需要天南地北、春夏秋冬都能正常使用，因而需要很低的倾点，又由于减震器活塞机构是采用橡胶密封圈制造，所以要求所使用的矿物油不能影响密封圈的性能。通常耐油的橡胶与矿物油之间有着一定的平衡关系。

直链烃或直链异构烃类矿物油会使耐油橡胶发生收缩，如果用于减震器，短时间内就会出现泄漏。

芳香烃矿物油或芳香烃过多的矿物油，能够使耐油橡胶膨胀而软化，这种矿物油如果用来制造减震器油，则会因为密封圈过分膨胀导致减震器密封很快损坏。

环烷烃类矿物油，与耐油橡胶之间的作用是最轻微的，如果在精制加工阶段控制适当——恰到好处地控制减震器油的膨胀系数，可以使密封橡胶有轻微的膨胀，充分保证减震器的寿命。通常汽车用的减震器寿命就取决于密封材料的寿命，如果减震器油泄漏，哪怕是少量泄漏，减震器的寿命就会终结。所以优秀的矿物油类的减震器油，都是采用环烷烃类矿物油来制造。

硅油的分子结构一般具有螺旋形状，有非常高的压缩率，广泛用于汽车油气悬挂减震器等阻滞曲轴传出的扭转振动，阻滞各种仪表指针摆动。

减震器油的类别属于特殊润滑剂应用场合(S组)，在有的分类中列为液压油类，但目前尚无专门的分类。表 8-7 为国产减震器油的技术性能，均为企业标准，其中 4609 车辆减震器油属于半合成液，使用温度-46～120℃，短期可达 150℃。

表 8-7　减震器油性能指标

项　目		质量指标			试验方法
		4609 减震器油	减震器油	减震器油	
外观		浅黄色透明液体			目测
运动黏度/(mm^2/s)					GB/T 265
100℃	不小于	7.5			
50℃	不小于		8	7±10%	
-60℃	不大于	3000			
黏度指数	不小于	270		100	GB/T 1995
闪点(开口)/℃	不小于	160			GB/T 3536
凝点/℃	不大于	-50	150	125	GB/T 510
中和值/(mgKOH/g)	不大于	0.10	-55	-35	GB/T 7304
机械杂质		无	0.1	0.1	GB/T 511
水分		无	无	无	GB/T 260
腐蚀(T_3 铜片，100℃，3h)		合格	无	无	GB/T 0195
水溶性酸或碱			合格	合格	GB/T 259
剪切安定性(超声波剪切法)			无	无	SH/T 0505
运动黏度(40℃)变化/%	不大于	2.0			GB/T 265

三、使用减震器油的注意事项

使用减震器油应注意以下问题：

①缺乏减震器油时，可用 HV15 号低温液压油代用；

②在储存和使用时，容器和加油工具必须清洁、严密，严防混入水杂，以免添加剂沉淀和油品乳化变质；

③使用中，减震器应无渗漏，每 40000～50000km 定期维护时，拆检减震器，同时更换减震器液，应按规定液量加足。

第九章　油品在储存中的质量管理

石油产品的品种繁多、使用范围广，影响面大、质量要求严格，具有容易蒸发、渗漏、易被污染而变质、极易着火、爆炸等特点。石油产品从炼油厂到消费者手中，均需经过生产、运输、储存和销售等环节，其中任何一个环节管理不善，都可能引起油料质量下降。这不仅浪费宝贵的资源，还可能因使用变质油品而影响设备的正常工作，甚至引起恶性事故，危及人民生命财产及安全。随着新工艺、新技术和新设备的不断发展，对油品的质量要求越来越高，储运中各个环节的油品管理，是一项极为重要的、技术性很强的工作。

油品的管理涉及炼油厂、油库和使用部门中的储存、输送、加注和使用各个环节，应根据不同油料的特点，进行科学管理，防止油料被污染而变质，预防油料氧化变质和蒸发损耗，以及防火防毒害等，确保油品的质和量，本章主要讨论油品在储存中的质量管理。

油品储存中的质量管理就是在油品储存过程中，通过采取正确的技术和管理措施，改善其储存条件、延缓油料质量变化，从而延长油料储存期，保证供应用户质量良好的油品。油品储存中的质量管理，是从炼油厂生产到用户使用的物流全过程质量管理工作中的重要环节。它直接关系到用户设备用油的质量是否合格，因此，必须掌握各种油品的性质及其在储存中的质量变化规律，采取有效措施，延缓油品质量变化，保证供应用户质量良好的油品，使各种用油设备正常工作。

第一节　液体燃料在储存中的质量管理

一、液体燃料在储存中质量变化的原因

引起液体燃料变质的原因有蒸发、氧化、机械杂质与水分的混入以及混油等。近年来，还发现一些液体燃料特别是喷气燃料储存中出现异常变色、腐蚀性异常增大、出现悬浮物等现象。在这些变化中，有些变化是燃料本身的变化，如蒸发和氧化变质等；有些变化并非燃料本身的变化，如机械杂质与水分的混入以及混油等。

1. 轻质成分蒸发引起的质量变化

液体燃料在储存中轻质成分会不断蒸发，蒸发的直接结果是造成液体燃料数量上的损失，这种因蒸发而引起的数量损失称为蒸发损失。同时严重的蒸发损失还会引起液体燃料质量变化。

液体燃料蒸发损失的大小，就燃料本身而言，主要取决于饱和蒸气压的大小。汽油的平均相对分子质量小，成分较轻，饱和蒸气压高，易蒸发为气体，蒸发损失大。喷气燃料、柴油由于平均相对分子质量较大，成分较重，饱和蒸气压较低，蒸发损失也较少。所以，通常所讲的蒸发损失以及由此引起的质量变化主要是指汽油。

轻质液体燃料，馏分轻，沸点较低，容易蒸发，因此损失是很大的。例如我国南方地区一个容积为 10000m^3 的地面钢油罐，夏季储存的汽油每天损耗 0.5~1t。又如在温度变化为 7~48℃，用有透气阀的露天罐储存 7132kg 车用汽油，11 个月就损耗 259.7kg(见表 9-1)。

在高原地区，由于空气稀薄，温差大，风力大等特点，致使燃料蒸发损失增大。如一批航空活塞式发动机燃料，在高原地区储存5年后，其自然损耗达9.7%~13.88%。

表9-1　车用汽油在储存中的质量变化

储存期/月	10%馏出温度/℃	胶质/(mg/100mL)	酸度/(mgKOH/100mL)	四乙基铅含量/(g/kg)	饱和蒸气压/kPa
出厂化验	65.5	0.4	0.28	0.63	58
3	73	0.4	0.31		
6	74	10.4	0.35		
8	74	74.0	2.8		
11	75	80.6	5.44	0.38	42

蒸发不仅造成数量减少，而且会引起质量变化。汽油中的轻质成分蒸发后，将使初馏点和10%馏出温度升高，饱和蒸气压降低，辛烷值下降。例如航空活塞式发动机燃料当其蒸发损耗量达到1.2%时，初馏点升高3℃，蒸气压下降20%，辛烷值下降0.5单位。表9-1所列是前述7132kg车用汽油储存11个月后质量指标的变化情况：10%馏出温度升高，饱和蒸气压降低，辛烷值降低等。

汽油在储运过程中的蒸发损失越大，引起的质量变化就越大，只有使蒸发损耗降低到最低限度，才能保证液体燃料的质量。

在油库中，燃料的蒸发损失主要是由于“大呼吸”和“小呼吸”造成的。“小呼吸”是储油容器内的蒸气由于昼夜温差而引起周期性的膨胀和收缩，膨胀时含油蒸气逸出，收缩时进入新鲜空气，昼夜温差愈大，小呼吸损失也愈大。“大呼吸”是注油时燃料蒸气的大量逸出和卸油时新鲜空气的大量进入。

影响蒸发损失的因素包括燃料性质和储存条件两方面。从燃料性质来讲，与蒸发损失关系最大的是燃料的饱和蒸气压，饱和蒸气压越大，越容易造成蒸发损失。从储存条件来看，对蒸发损失影响较大的因素包括：

①温度和温差大小　温度越高，蒸发越快；昼夜温差越大“小呼吸”就越频繁，呼吸程度越深，相应地蒸发损失也越大。

②表面积大小　燃料表面积越大，蒸发越快，蒸发损失越大。

③液面上空间大小　燃料表面空间越大，充满空间需要的油蒸气越多，蒸发损失越大。

④收发油次数多少　收发越频繁，“大呼吸”次数越多，排出的油蒸气越多，蒸发损失越大。

2. 液体燃料氧化引起质量变化

(1) 氧化引起的质量变化

燃料在长期储存中，会逐渐发生氧化。烃类的氧化反应是链反应，最初由少量活泼的烃因光照或受热发生分解，产生性质活泼的自由基，自由基极易与氧作用，生成一系列的氧化中间产物。最初的氧化产物主要是自由基和过氧化物，它们都能溶解在燃料中，因此看不出燃料有什么显著变化。进一步氧化会生成醇、醛、酮和酸性物质，使燃料的酸度有一定增加。随着反应的继续进行，一些物质经过聚合作用，就产生了胶质。胶质是一种相对分子质量很大的深褐色氧化产物，它也呈溶解状态，使燃料的颜色逐渐变深。随着氧化和聚合加深，胶质便愈来愈多，最后胶质便聚合成黏稠的胶状沉淀物。因此，总的来讲，氧化的结果是燃料的酸度增大，实际胶质增加，颜色变深，严重氧化时还会产生沉淀。应当注意的是，随着氧化的进行，实际胶质是持续增加，而酸度往往是波动性增加的。

液体燃料严重氧化会给使用带来很大危害。氧化生成的胶质沉积在油箱中，会使新加入的燃料迅速变质。燃料中胶质过多会堵塞燃料滤清器，破坏燃料的正常供给。粘稠的胶质沉积在油管、喷油嘴、化油器等部位，会严重影响燃料的供应和混合气的形成。沉积在进气阀上的胶质，受热后形成十分黏稠的胶状物，使气阀出现粘着现象，甚至使进气阀关闭不严，产生漏气，严重时甚至将气阀烧坏或将其完全粘住，使发动机无法工作。胶质的挥发性很低，进入燃烧室后，在高温下极易受热分解而生成积炭，除了降低导热系数，造成零件局部过热外，还会增大气缸压缩比，使燃烧室温度升高，增强爆震倾向，易形成炽热点，引起早燃。沉积在火花塞上的积炭，会导致点火不良。氧化生成的酸性物质，会增强燃料腐蚀性，缩短发动机的寿命。

（2）液体燃料氧化的一般规律

液体燃料在储存过程中的液相氧化规律如第五章所述，分为诱导期、加速期、平缓期，液体燃料的储存只能在诱导期内，如果储存时间超过诱导期，氧化速度加快，实际胶质迅速增加，有可能导致液体燃料变质，影响使用。理想情况是将燃料储存到诱导期结束就发出使用，但遗憾的是至今还不能准确预测燃料的诱导期。因此，在实际工作中，应定期进行实际胶质的化验，掌握油料变质规律，确定燃料是否适于继续储存。如发现实际胶质增加速度开始加快，说明已经进入氧化加速期，应尽快发出使用，避免严重氧化变质。

目前，根据不同油品的氧化安定性好坏，分别给不同油品规定了储存期，在正常储存期内，一般不会出现严重的氧化变质。但不同炼油厂、不同批次的油料安定性各不相同，储存条件也千差万别，特别是近年来由于原油质量不断下降，液体燃料的安定性总体上呈下降趋势。因此，即使在储存期内也可能出现严重氧化变质的情况，定期化验对确保燃料质量至关重要。

3. 液体燃料的洁净度下降

液体燃料在储存中，要与许多设备器材接触，如果这些设备器材清洗不干净，就会使杂质和水分混入油中。在气候恶劣的条件下，如刮风、下雨、下雪等天气进行收发、测量等作业时，如果没有适当的防护措施都容易使杂质混入，保证燃料有良好的洁净度，是油料质量管理一项经常性的工作。为确保液体燃料的质量，应当摸清液体燃料洁净度下降的原因，并相应地采取有效的预防措施。引起燃料洁净度下降的物质分为以下四类。

（1）水分

液体燃料中的水分通常以两种状态存在：溶解水和游离水。

①溶解水　是因为燃料具有微弱的溶水性而存在于燃料中的。喷气燃料在低温下出现冰霜，与燃料中溶解水的数量有很大关系。影响溶解水含量的因素，内因是燃料的组成，外因有温度、湿度等。

燃料组成对溶水性影响，取决于各种烃类在燃料中的含量。因为燃料中各种烃类具有不同的溶水性。芳香烃的溶水性最强，这也是喷气燃料限制芳香烃含量的原因之一。从图 9-1 可知，烷烃最少，环烷烃居中。

烃的相对分子质量增大，溶水性减弱。所以不同的燃料，溶水性是不同的。一般来说，汽油的溶水性最强，所以在其他条件相同时，汽油中溶解水的数量最多，喷气燃料次之，柴油最少。

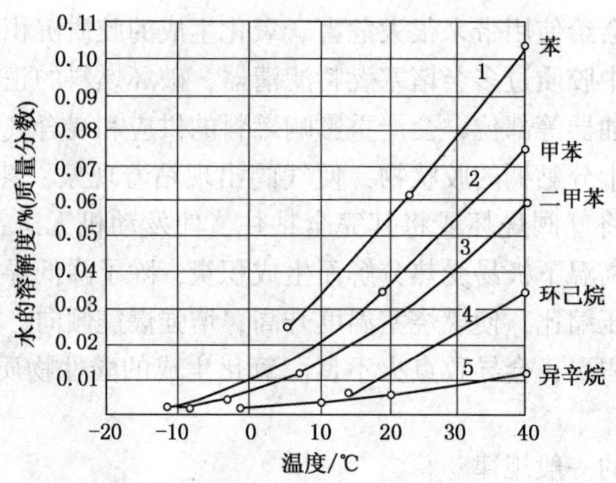

图 9-1 烃类及温度对水的溶解度的影响

因为水在燃料中的溶解度随温度的变化而变化。表 9-2 列举了两种喷气燃料在不同温度下对水的溶解度(相对湿度 100%)。

表 9-2 国产喷气燃料中水的溶解度 %

温度/℃	大庆喷气燃料	新疆喷气燃料	温度/℃	大庆喷气燃料	新疆喷气燃料
10	0.0055	0.0050	40	0.0144	0.0142
20	0.0067	0.0064	50	0.0186	0.0174
30	0.0110	0.0100			

燃料能从空气中吸收水分，但这需要一个过程。如大庆喷气燃料温度从 10℃ 增加到 30℃，但溶解水尚未增加到 0.0110kg 时，燃料中的含水量为“未饱和”；如达到 0.0110kg 时，这时燃料中含水量达到“饱和”。同样道理，当燃料温度降低时，燃料对水的溶解度减少，多余的水便会渐渐析出；空气中相对湿度越大，燃料就会从空气中吸入水分的速度越快，直到饱和为止。

②游离水 燃料中的游离水是指以游离状态存在于燃料中的水分，包括沉降于罐底的水分(沉降水)和以小水珠的形式悬浮于燃料中的水分(悬浮水)。悬浮水经长时间沉降会逐渐沉到罐底转换为沉降水。

燃料中游离水的来源有三个：一是由于保管不善，落入雨雪或容器不洁净而混入；二是由于外界温度降低，潮湿空气中的水分会在罐壁逐渐凝结成水珠落入到油中成为游离水。如油温比外界温度低得多(低于 10℃以上)，空气中水分也可以在油面上凝结，使油中产生游离水；三是由于外界温度降低，油温也降低，油对水的溶解度减小，如水在油中原先呈饱和状态，则多余的水使会析出成为游离的微小水滴(如外界相对湿度很低时，一部分水也会从油面上蒸发到大气中)。这些微小水滴，开始是浮在油中，以后逐渐沉降到底部。应该指出，由于昼夜温差的影响，会使游离水逐渐增加。白天温度升高，会从空气中吸入水分，夜间温度降低，又会析出游离水，如此反复进行，就会使燃料中游离水的数量不断增加。这种现象在温差变化较大的露天罐更明显。

从燃料中析出的细微水滴，有时会出现过冷现象。即温度低于 0℃很多，但它还保持液态，细微水滴的分散程度越高，过冷程度也越大。但过冷状态是不稳定的，一旦受到搅动，过冷状态被破坏，随即出现冰霜。喷气燃料在严冬季节从油罐向油车或从油车向飞机油箱加油时，有时会瞬间出现大量冰晶，就是过冷状态被破坏的缘故。

燃料中存在游离水对燃料的储存和使用都有很大危害。游离水可以引起容器和发动机腐蚀。游离水抽提液体燃料中的抗氧防胶剂，会降低燃料的安定性，加快燃料氧化。在低温下析出的游离水会结成冰晶，堵塞过滤器。游离水还会破坏燃料在某些附件中所起的润滑作用。喷气发动机和柴油发动机的柱塞泵，柱塞与柱塞套之间保持一层油膜，有游离水时，油膜会被破坏，增大磨损，严重时会使柱塞卡死，以致传动轴扭断。水分过多，喷入燃烧室后，会使发动机熄火。水分还会促使铁锈产生，细菌繁殖，堵塞过滤器或卡住精密件，使燃料泵的调节机构失灵。因此，应采取有效措施严防水分进入燃料中，并经常放掉容器下部析出的游离水。

(2) 机械杂质

燃料中的机械杂质是指油品中所有不溶于油和规定溶剂的沉淀或固态悬浮物质。这些物质一是外部进入的，如灰砂、尘土等。二是储运设备的材料老化或零件的磨损而落入油中的，如铁锈、漆皮、纤维、金属屑等。油中的机械杂质是使燃料洁净度下降的重要原因之一，因此机械杂质是液体燃料的一项重要质量指标。燃料中含有机械杂质会堵塞油路，促进生胶或腐蚀。喷气燃料中的固体杂质会严重地威胁飞行安全。如燃料泵就是比较精密的部件，燃料中的固体杂质会使油泵间隙很小的零件卡死或划伤。杂质进入工作喷嘴，堵塞了油路、降低喷油量，还会引起发动机涡轮叶片根部产生裂纹甚至引起叶片折断。因此，燃料在储存中应采取必要的措施预防机械杂质混入油中。

(3) 表面活性物质

燃料中的表面活性物质是分子中既具有亲油基又有亲水基的物质。燃料中有表面活性物质会增强油水乳化现象。燃料中表面活性物质，含量只要达百万分之一($1\mu g/g$)就会使燃料中的水难以分离，或者会促使一些细微的杂质聚集在过滤器上，使过滤器的使用周期降低到正常使用周期的五分之一。表面活性物质还会形成黑色或绿色的黏液，这些黏液是由表面活性物质、水、油及其他杂质经剧烈搅拌后形成的，它也会堵塞过滤器。这种黏液有时可从管线放出的燃料中看到。

(4) 燃料中的细菌

喷气燃料中的细菌约有100多种，在有水的环境中，能在较宽温度范围生长，最有利的繁殖温度是25~35℃。如果有铁锈及污渣等，繁殖特别迅速。它们主要以直链烃为食物，然后产生出二氧化碳、醇、酯、有机酸等物质。当储油容器、飞机油箱等长期未清洗，底部有水，在湿热的情况下，细菌容易繁殖。在油水界面上繁殖出的细菌，有的能产生出有机酸，有的能将燃料中的硫化物转化为硫及硫化氢等活性硫化物，使容器遭受腐蚀。细菌缺乏游离水时，便不会繁殖，所以，在储运及使用过程中，防止水分进入和及时排出储油容器及飞机油箱中的水分，去掉细菌繁殖的条件，亦可防止细菌引起的腐蚀和对燃料的污染。

4. 混油

混油的情况很复杂，有的是不同品种，不同牌号的油相混；有的是含添加剂与不含添加剂的油相混；有的是质量不同的油相混。混油多发生在收发作业过程中。如阀门开错或关闭不严；接收油料品种牌号弄错；原来盛装的油料品种没有弄清；用同一管线输送不同油料时管线存油没有放净等。燃料在储存中，有时在管线连通的油罐之间，由于阀门不严，处于高处的油品渗到低处油料中去，导致大量混油。

液体燃料种类牌号繁多，性质各异且用途各不相同，一旦发生混油，将会降低液体燃料的质量，在经济上造成较大的损失。

汽油中混入其他燃料后，会使馏出温度升高、辛烷值降低，从而导致汽油燃烧不良。不同牌号的汽油相混合，将使高牌号汽油的辛烷值下降。

柴油中混入汽油后，会使发火性变坏，馏出温度和闪点降低，黏度变小。不同牌号的柴油相混合，就会使高号数柴油的凝点升高，低温性变坏。

喷气燃料中混入汽油，会引起馏出温度降低、黏度和密度减小，从而使飞机高空性能变坏，航程缩短，使发动机燃烧不良。当喷气燃料中混入柴油时，则会使馏出温度升高，黏度增大，从而使发动机启动困难，燃烧不良，并可能烧坏发动机的涡轮叶片。所以在保管中应绝对禁止其他燃料混入喷气燃料中。

但有时由于技术上的原因(如输油管线进行顺序输送时)，不可避免地会发生一些混油现象。如果混入油的数量极少，一般来讲，其混合油的理化指标也不会超出规格要求。表 9-3 中列出了俄罗斯几种油品混合的允许浓度，可作参考。

表 9-3　油品混油的允许浓度

油品名称	最大允许浓度/%				
	加铅汽油 A-66	航空煤油 ГС-1	柴油		拖拉机煤油
			夏用	冬用	
加铅汽油 A-66	—	3.0	0.5	1.0	1.0
航空煤油 ГС-1	0	—	1.0	5.0	
夏用柴油	0	1.0	—	0.5	0.5
冬用柴油	0.5	6.0	55	—	10
拖拉机煤油	3.0	任何比例	1.5	3.0	10

混油多是责任心不强所致，只要加强责任心，建立、健全各项规章制度，落实各类人员的岗位责任制，混油事故完全可以减少或避免。

5. 其他质量变化

近年来，在液体燃料储存过程中还出现其他一些质量变化情况，如腐蚀性异常增大问题、异常变色问题和悬浮物问题，这些质量问题主要集中在喷气燃料上。

喷气燃料腐蚀性异常增大问题主要表现为喷气燃料储存或运输过程中发生质量变化，导致银片腐蚀试验不合格。20 世纪 90 年代，我国一些油库先后发生喷气燃料银片腐蚀不合格现象，也有一些喷气燃料在运输途中出现银片腐蚀不合格事故。这些事故发生大致有以下特点：多发生在南方夏季；银片腐蚀发生速度很快；银片腐蚀程度经常波动；变质有中一般都能检出元素硫和硫化氢；一些变质油或罐底水中可培养出硫酸盐还原菌等微生物；相当一部分变质油是加有 33 号添加剂的喷气燃料。对银片腐蚀发生的原因目前还没有明确的结论，多数人认为是喷气燃料中的微生物，特别是硫酸盐还原菌引起的，但笔者认为更可能是喷气燃料中某些含硫化合物发生化学转化生成了单质硫和硫化氢。在银片腐蚀问题的预防方面，通过强化接收化验、及时排放罐底水、油罐杀菌等措施，可有效遏制事故的蔓延。

各种燃料在长期储存过程中因为氧化生成胶质，都会出现不同程度的变色，这种情况属于正常变色，喷气燃料、军用柴油、航空活塞式发动机燃料等安定性好，变色程度一般很轻。但近年来，个别地方出现喷气燃料在较短的时间内发生明显变色的问题，如东北某油库曾出现接收的喷气燃料在短短几个月内颜色发生显著变化，而且随储存时间和环境条件变化，喷气燃料的颜色还会出现波动。异常变色问题多发生在喷气燃料中，但有时汽油和柴油也会发生，如成都某油库曾出现储存的汽油和柴油见光后颜色迅速变红的现象。正常情况下，液体燃料变色是由于氧化生成的带颜色的可溶性胶质引起的，并随实际胶质含量增加而加深，但异常变色时，实际胶质未必会明显增加。异常变色的原因目前还不完全清楚，一般认为是燃料中含氮化合物结构变化引起的。

悬浮物问题是喷气燃料储存中长期存在的问题，只是近年来发生的频率比较高，程度比较重，所以受到人们的普遍关注。悬浮物是指喷气燃料储存中出现的悬浮在喷气燃料内部或表面的各种絮状物、片状物、头皮状物的总称，以絮状悬浮物最为常见，通常呈无色、淡黄色或黄褐色。应该注意的是，有时会有一些纤维、漆皮、灰尘等固体杂质悬浮在喷气燃料中，被人误认为是悬浮物，但这些固体杂质并不属于悬浮物。悬浮物的组成和生成的原因目前也不清楚，可能的成因包括：铁锈与罐底水作用生成的氢氧化铁胶体；环烷酸、脂肪酸与铁锈反应生成的皂类物质；油罐内涂层中的某些物质被燃料溶解、抽提出来而形成；抗静电剂与某些物质作用而形成。悬浮物一旦生成很难除去，虽然用很细的过滤器过滤可以暂时消除悬浮物，但这些悬浮物并未真正被过滤出来，只是被过滤器分散开来，过一段时间后又会重新聚集而形成。

此外，加了抗静电剂的喷气燃料，长期储存中还可能出现抗静电剂衰减现象。抗静电剂衰减是由于抗静电剂被容器或管道表面吸附，导致燃料中浓度降低所致，表现为喷气燃料电导率下降。抗静电剂衰减可在使用前补加适量抗静电剂加以解决。

二、不同液体燃料储存中质量变化的特点

不同燃料的组成不同、性能各异，特别是抗氧化安定性有明显的差异，在储存中的氧化情况和表现也各不相同。

1. 汽油储存中的质量变化

实际工作表明，汽油在储存中引起质量变化的原因主要是蒸发损失和氧化，最容易变化的质量指标是：实际胶质、酸度、馏程、饱和蒸气压和四乙基铅含量(航空活塞式发动机燃料)，以及由于汽油中轻质成分的蒸发损失及四乙基铅氧化分解，引起汽油的辛烷值下降。随着氧化程度加重颜色也会变深。所以，汽油在储存中质量变化规律归纳为“三增三降一变”，即馏程、酸度及胶质增高，饱和蒸气压、辛烷值及四乙基铅含量下降，颜色变深。但车用汽油和航空活塞式发动机燃料的质量变化有明显差别。

车用汽油轻质组分越多，储存中蒸发损失越严重。蒸发损失会导致馏程升高和饱和蒸气压下降。目前，我国车用汽油除少量仅由催化裂化与直馏馏分以及加氢产品调合外，大部分是由催化裂化组分与其他组分调合而成，甚至全部为催化裂化组分，烯烃含量达25%~30%，因此在储存中易氧化变质，导致实际胶质和酸度升高，颜色变深。车用汽油中不加铅，不存在四乙基铅含量变化问题。如表9-1中所列车用汽油在温度为7~48℃用有透气阀的罐储存试验的结果，在不到一年的时间中，酸度和胶质已成倍地增加，10%馏出温度也上升10℃左右。这是变化较快的例子，在另外储存条件下，变化则不一定这样快，但变化项目主要还是这几项。

为了改善车用汽油的安定性，有的还加有抗氧防胶剂和金属钝化剂。抗氧防胶剂和金属钝化剂对提高汽油的抗氧化安定性很有效，但它们都微溶于水，并易被空气氧化，在储存中应注意不要混入水分。

航空活塞式发动机燃料虽然初馏点较高，蒸发损失较车用汽油小，但其整体蒸发性仍是比较大的，储存中蒸发损失同样会造成馏程升高和饱和蒸气压下降。航空活塞式发动机燃料中含不饱和烃很少，其中所加的高辛烷值成分为异构烷烃或芳香烃，均不易氧化变质。因此它的安定性比车用汽油好得多，储存过程中酸度和实际胶质只是略有增加，颜色变化也不大。但航空活塞式发动机燃料(除75号外)一般含有较多的四乙基铅，储存中四乙基铅氧化分解产生沉淀，并对其中烃类的氧化有促进作用，四乙基铅分解含会导致辛烷值降低。在储存条件较差的情况下，往往发现油罐底部有灰白色沉淀或汽油呈浑浊，化验分析四乙基铅含量也降低。表9-4是用航空活塞式发动机燃料做储存试验的结果。由表可见，航空活塞式发动机燃料的质量变化，比车用汽油小得多。储存两年半，只是酸度、胶质、馏程略有增高，但都不太明显。

表9-4　100号航空活塞式发动机燃料储存中的质量变化

储存时间/月	开始	6	12	18	14	30
初馏点/℃	40	41.5	45	40	47	62
10%馏出温度/℃	61	61.5	65	62	67	64
50%馏出温度/℃	98	98	101	100	100	101
90%馏出温度/℃	138	138	141	140	140	144
97.5%馏出温度/℃	169.5	169	171	170		
干点/℃					166	166
酸度/(mgKOH/100mL)	0.147	0.148	0.19	0.256	0.212	0.266
实际胶质/(mg/100mL)	1.8	2.4	1.6	2.2	2.0	2.0
辛烷值	—	100	100.3	—	98.6	100

表9-5是航空活塞式发动机燃料储存中四乙基铅含量变化的情况。从表中可以看出，四乙基铅储存中的变化比较特殊，呈现先减后“增”的规律。其实，由于四乙基铅的分解，其绝对含量(总含量)是持续减少的，只是由于汽油大量蒸发损失，才使其相对含量略有增加。

表9-5　航空活塞式发动机燃料四乙基铅含量变化

试验编号	储存期/月	试验前/(g/kg)	试验后/(g/kg)	四乙基铅含量变化/(g/kg)
1	2	3.26	3.19	-0.07
2	5	3.14	3.03	-0.11
3	6	3.26	3.15	-0.11
4	16	2.37	2.69	-0.04
5	17	3.01	3.16	+0.15
6	30	3.16	3.20	+0.04

注：“-”表示减少，“+”表示增加。

2. 柴油储存中的质量变化

柴油馏分比较重，在储存中不易蒸发损失，因此引起质量变化的原因主要是氧化变质。

我国轻柴油主要是催化裂化馏分，有些轻柴油还含有减黏裂化或焦化馏分，不饱和烃的含量较大，同时含硫、氮、氧的非烃类化合物含量也较高，故在储存期酸度和胶质增长较快，并会出现黑色沉淀，颜色也明显变深。济南地区用某石油厂生产的10号轻柴油，在室外桶装储存，经 15 个月后，胶质由 14. 8mg/100mL 增至 80. 4mg/100mL。

表 9-6 列举了催化裂化柴油和由直馏柴油馏分与催化裂化柴油、加氢柴油按不同比例掺合的 0 号柴油，在试验条件下胶质增长的情况。由表可以看出催化裂化轻柴油胶质增长最多，加氢柴油和直馏柴油掺合的 0 号柴油胶质增长最少。而催化裂化柴油和直馏柴油掺合的 0 号柴油胶质增长居中。这也充分说明不同加工方法生产的柴油储存安定性不同。从用户实际储存情况来看。轻柴油氧化变质也是比较快的，如有的油库储存-10 号轻柴油，入库时是淡黄色，一年后就变为深黄色，一年以上就变为褐色。有的-10 号轻柴油入库时实际胶质为 48mg/100mL，储存半年后实际胶质竟达 68mg/100mL，而且罐底沉淀物比较多。

表 9-6 催化裂化轻柴油与 0 号柴油胶质增长情况

试验时间/h		0	24	48	72	96	144	168
实际胶质/(mg/100mL)	催化裂化轻柴油	29. 2	56. 8	81. 6	95. 2	110. 4	132	142
	0 号柴油(催化裂化：直馏=6：4)	10. 4	15. 6	20. 0	41. 6	50. 4	83. 2	101. 6
	0 号柴油(加氢：直馏=6.5：3.5)	4. 4	8. 8	15. 2	22. 8	26. 0	37. 6	42. 8

注：试验条件为：试油 700mL，试验温度 80℃，空气通入量 182mL/min。

3. 喷气燃料储存中的质量变化

喷气燃料蒸发性较汽油小，储存中不会因蒸发引起明显的质量变化，同时，喷气燃料一般为直馏或加氢产品，烯烃或非烃化合物含量都很少，氧化安定性好，储存中不易氧化变质，一般来讲，喷气燃料长期储存过程中质量变化很小，只是酸度略有增高，实际胶质含量略有增加，颜色略微变深。

喷气燃料质量比较稳定，但并不意味着喷气燃料在储存中就不会发生质量变化，事实上近年来发生的一系列质量事故大多发生在喷气燃料中，如银片腐蚀问题、变色问题、悬浮物问题等。

(1) 喷气燃料银片腐蚀

喷气燃料银片腐蚀问题以前也偶尔发生过，研究发现是由于添加的 33 号添加剂含有元素硫所致。1993 年开始在南方一些油库发生的银片腐蚀问题与以往有所不同，波及范围广、变质程度重，原因至今还不明朗，具体情况前面已经叙述。

(2) 喷气燃料变色

异常变色问题过去也曾发生过，并进行过大量研究。1963 年发现大庆 2 号喷气燃料在加油车过滤器中(有铜网)存放 3~5 天后，颜色变得很黄，有的已变成茶红色，变色后的燃料在阳光照射下，颜色又会消失，并出现微量白色沉淀。但变色燃料的酸度，胶质等指标变化不大。为了查明变色原因，有关研究部门作了深入的研究。研究表明：引起大庆 2 号喷气燃料变色的主要原因是燃料中酸性胶质和碱性胶质，33 号添加剂和铜的存在对变色也有显著的促进作用。

近年来发生的喷气燃料异常变色现象和以前的喷气燃料变色发生的条件有所不同，一是现在喷气燃料中已不加 33 号添加剂，二是现在的过滤器中一般不再使用铜网。

空军油料研究所对喷气燃料的变色进行了详细的研究，研究发现：喷气燃料中的有色组分全部集中在吸附胶质中。吸附胶质以酸性化合物为主，具有一定的极性和较强的化学活性，以含氧化合物为主。其中以酚类化合物为主的极性化合物的氧化缩聚产物集中了主要的有色组分。这些氧化缩聚产物主要包括酚类的多聚体，具有长链、环烷(或烯烃)结构的复杂的大分子含氧化合物。

通常，变色后的喷气燃料理化指标并未明显变化，对使用究竟有多大影响尚不得而知。但从化学安定性来讲，喷气燃料的变色，说明质量已发生了变化，燃料氧化安定性降低。因此，在工作中应尽量防止喷气燃料变色。如减少燃料与铜接触的机会和时间，加油车用完后应把过滤器中的燃料抽回油罐中等。对于已变色的燃料不宜继续存放。在理化指标合格的情况下，可发出使用或与未变色的燃料适当掺合后发出使用。

(3) 喷气燃料悬浮物

喷气燃料悬浮物问题同样是过去就曾发生过的问题，只是现在发生的次数多、程度重而已。2002 年 9 月 29 日，中石化科技开发部、中石油炼油与销售分公司、总后勤部物资油料部共同组织召开了喷气燃料悬浮物联合攻关。由空军油料研究所、石油化工科学研究院、石油大学等组成的课题组对喷气燃料悬浮物进行了详细的研究，得出如下结论：

①外界带入的纤维和尘土等污染物是目前所争议的喷气燃料中悬浮物的主要来源。

②如果碱洗工艺控制不严或加氢精制汽提工艺脱水不彻底，能导致悬浮物的产生。

③悬浮物主要产生在储运系统中。

④某些原油(如卡塔尔原油)生产喷气燃料时，能导致悬浮物的产生。

⑤微生物在油水界面繁殖，能产生头皮状悬浮物。

⑥油田使用的杀菌剂和缓蚀剂对悬浮物的产生没有影响。

⑦在原油中加入的石油磺酸盐、聚丙烯酰胺、黄胞胶等助采剂有可能导致悬浮物的产生，但当加入量小于一定数值时，助采剂对悬浮物的生成没有影响。在当前各油田开发生产中所使用的助采剂水平下，助采剂不会导致悬浮物的形成。

⑧炼油工艺中使用的水溶性缓蚀剂对悬浮物的产生没有影响。

⑨由外界带入的纤维和尘土等污染物均可以通过过滤的方法除去。某些絮状、纤维状和片状悬浮物无法通过沉降的方式除去。

三、液体燃料在储存中的质量管理措施

油品质量变化的内因是它本身的组成和性质，它是由原油和炼制过程决定的。改进炼制工艺，提高产品质量，是预防储存中发生质量事故的最根本的措施。但是，一种油料一经生产出来，它的质量变化情况，就与客观条件有直接的关系。例如，同一种车用汽油，分别储存在地下和地上 10m^3 油罐，地下罐车用汽油的胶质由 0. 8mg/100mL 增至 3. 2mg/100mL，地上罐则由 0. 8mg/100mL 增至 13. 8mg/100mL。可见地上罐比地下罐车用汽油胶质的变化快得多。因此，对质量要求严格或者容易变质的油料，应当优先储存于条件较好的地方。

1. 防止蒸发和氧化变质的措施

液体燃料在储存中，蒸发和氧化引起质量变化是主要矛盾。蒸发是物理变化，氧化则是化学变化，它们都与温度的变化有密切关系。温度高，蒸发和氧化的速度快，温度低就慢。

其次，蒸发和氧化与空气接触情况有关，蒸发空间越大(如油罐装油不满)蒸发越多；空气流通越快，越易蒸发。至于氧化，它是与空气中的氧气进行作用，不接触空气，氧化也不会发生。此外，日光的照射、接触金属等，都会促进燃料的氧化，但主要的还是温度和接触空气中的氧气。

在储存中为了延缓其质量变化，我们应该采取哪些措施，加强质量管理呢？

(1) 降低温度，减少温差

温度升高，蒸发和氧化加剧。温度促使蒸发加剧是通过加速液体本身的分子运动而起作用，温度促使氧化加剧是通过加速油料中烃分子和氧分子的化学反应而起作用，其本质都是供给油料分子一定的能量，以加速其物理和化学变化。降低温度既可减少蒸发，也可延缓氧化。试验表明：如果汽油的蒸发损失不大，如损失2%~2.5%时，馏程无明显变化；但当蒸发损失达到3%~4%时，馏出温度即有明显升高，如10%点升高6℃，50%点升高4℃，90%点升高2℃；同时，饱和蒸气压下降约13kPa。氧化过程中，当胶质生成到一定数量，也会加速氧化反应。汽油的胶质在10mg/100mL时，胶质增长缓慢；当胶质增至20mg/100mL左右时，由于反应速度加快，胶质增长速度也显著加快。

减小温差对防止蒸发和氧化也很有效。温度变化越快，“小呼吸”越频繁，温差越大，“小呼吸”程度越深。“小呼吸”不仅呼出燃料蒸气造成蒸发损失，而且还会不断向油罐中补充新鲜空气，加速燃料氧化。

所以降低油料储存温度，减小温差，是保证油料质量的有效措施之一。具体办法是：

①选择存放地点，减少阳光曝晒　对易蒸发、易氧化的油料应尽量存放在地下、半地下罐中和库房内，这样，存放温度较低，温差变化也小。如沈阳地区洞库的温度一般在10~15℃范围内，广州地区洞库温度一般在14~20℃范围内，而地面温度沈阳同一地区为-20~39℃，广州地区为-3~42℃，不同存放地点对油料质量影响，可见图9-2和表9-7。

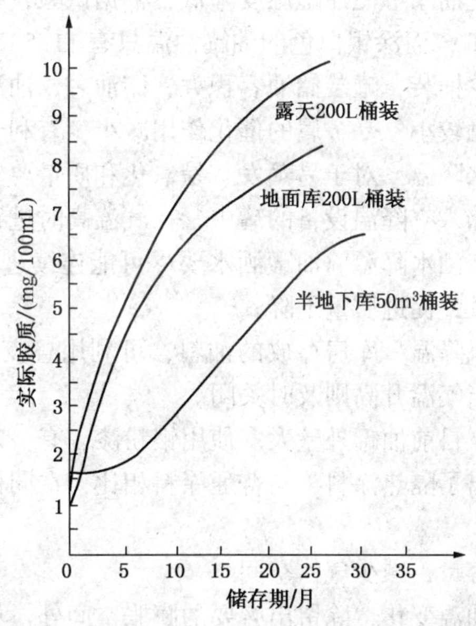

图9-2　储存条件对车用汽油实际胶质增长的影响

从图9-2看出，不同储存条件对车用汽油胶质增长的影响很大，存放地点不同，油品质量变化有显著差别。地下或半地下罐温度较低，而且昼夜温差小，可减少小呼吸损失，馏程不易升高。存放地点不同对车用汽油质量的影响见表 9-8。

表 9-7　存放地点对车用汽油质量的影响

容　器		10%馏出温度/℃		酸度/(mgKOH/100mL)		实际胶质/(mg/100mL)	
		开始	13 个月后	开始	13 个月后	开始	13 个月后
$10m^3$ 油罐装透气阀	地下	59	62	0.07	0.16	0.8	3.2
	地上			0.07	0.29	0.8	12.8
桶装	库内	59	61	0.07	0.08	0.8	2.0
	露天	59	62	0.07	0.24	0.8	5.4

表 9-8　装满程度对汽油质量的影响

装满程度	胶质实际增长/(mg/100mL)	酸度实际增大/(mgKOH/100mL)	装满程度	胶质实际增长/(mg/100mL)	酸度实际增大/(mgKOH/100mL)
200L 桶装满	8	0.43~0.47	200L 桶半装	13.2~14.2	2.3~2.5

小容器应存放于地下坑道、库房或背光隐蔽的地方。桶装油品的储存要保持油桶清洁、标记清晰，按品种、牌号、质量分类堆放整齐，留出通道，大口盖朝外，底部和各层之间要有垫木，并设置堆垛卡片。如果库房不足时，按润滑脂、润滑油、特种液和液体燃料的先后顺序存入库房。露天存放桶装油料应选择阴凉、干燥、隐蔽地点，桶身适当倾斜(与地面水平夹角为 75°)，大小桶盖在同一水平线上，并尽可能隐蔽遮盖，防上日光直接照射及水分、杂质渗入桶内。雨雪过后应及时清扫桶盖上雨雪，对库存桶装油料要有计划地逐桶检查外观和桶底清洁情况，发现问题，及时处理。

罐装露天大油罐涂浅色油漆可使油罐温度降低，根据试验，在相同条件下涂黑色的油罐由于易吸热，油温可达 30℃，而涂银白色的油罐油温只有 11.5℃。

②尽量利用罐装，减少桶装　罐装储油容积大、储油多，油温受气温影响小，同时单位容积的油料与金属表面接触较小，受金属的催化作用减小，有利于延缓油料氧化变质。

③炎热季节遮盖，洒水降温　对于易蒸发、易氧化和质量要求严格的油料，如果在炎热地区露天储存时，应尽量储入有降温设备的罐中，在气温高时进行洒水降温。桶装油料则用撑起的蓬布遮盖后，向蓬布洒水降温。油罐洒水要尽可能连续进行，以免因温度变化频繁，增加小呼吸，加快油料蒸发，促进质量下降。

④利用气候特点，通风降温　库房存放的油料，可利用昼夜气温变化特点，选好时机，气温低时打开门窗通风，当气温升高则及时关闭。

⑤罐外壁涂隔热涂料　目前油罐外壁大多使用银粉漆，有一定反射阳光，降低油罐温度的效果。近年来有人开发出了隔热涂料，与普通涂料相比，在同样条件下能使油温降低几度甚至十几度。

(2) 尽量装满至安全容量，减少气体空间

储存油料时，应根据油温变化，除留出必要的膨胀空间外，尽可能装满。未装至安全容量的同品种、同牌号、质量相当、经试验可以混储的油料，应当及时并装。零星发油时要发完一个容器再发一个容器，以减少罐内的气体空间。必须注意，气体空间增大，不仅燃料蒸

发数量加大，而且因为氧气多、氧化快，酸度、胶质增长也越快，如表 9-8 所示。

对并装油料应当重新编批次号。化验室应当完整保留并装前各批油料的质量数据，并装后的油品出厂日期以先出厂的油料为准，生产工厂则以数量多的为准，并在备注栏内注明。

（3）减少与空气接触，尽量密封储存

密封储存油料，既能降低油料的蒸发损失，保证油料洁净，延缓油料变质的速度，又能减轻油罐的锈蚀程度。由于油品质量变化慢，储存期可增长，可以加大油料储备量，有利于战备。

根据油罐类型、罐位及储油品种等具体条件，采取相应的措施进行密封储存油料，不仅可以保证安全，而且能给油库管理带来很大的方便，节约人力物力，减小着火危险性。实践证明，去掉繁笨的透气阀，卧式罐实行密封储油不仅安全，而且油罐能承受的压力还有很大潜力。就是 $10000m^3$ 以上的立式油罐去掉液压透气阀，改用弹簧阀调整压力，进行相对密封，也是可行的。南京某油库在半地下 $50m^3$ 卧式罐进行了十年密封储油实验，在气温-7~39.6℃，油罐覆土 200~400mm，$50m^3$ 油罐钢板厚 6mm，能承受最大压力为 500kPa，油容量为 95%，每月打开测量口两次进行测量，测得夏季罐内最高压力为 250Pa，冬季低温时真空度最大为 2kPa。最高油温比最高气温低 7℃，最低油温比最低气温高 15℃左右。经过 298 罐次测量，计算出自然损耗仅为标准的 23%，大量地节约了油料，并显著地延缓了油料质量变化。某单位在武汉地区，用未涂漆的 $10m^3$ 罐露天密封储存喷气燃料，经历 3 年时间，也证明质量无显著变化，见表 9-9。

表 9-9　喷气燃料在 $10m^3$ 罐露天密封储存结果

油品名称	化验时间	初馏点/℃	$T_{10\%}$/℃	$T_{50\%}$/℃	$T_{90\%}$/℃	$T_{98\%}$/℃	酸度/(mgKOH/100mL)	胶质/(mg/100mL)
大庆煤油	1963.11	144	160	182	218	238	0.200	1.4
	1967.8	145.5	158.2	182.5	221	237	0.286	1.0
新疆煤油	1963.8	132.2	151.1	178.6	215.4	229.1	0.260	1.2
	1967.8	136	151	178	216	228	0.453	1.2

密封储存对于其他油品，如柴油、润滑油、润滑脂就更为合适。

密封方法：在密封前，应将原有的液压透气阀拆除封死；大的机械透气阀，可以装一个活动盲板堵死，小的机械透气阀可以装一个开关。油罐口盖和测量孔等应加垫圈，严加密封。适当控制量油时间和测量次数。量油次数太多，增大蒸发损失；次数太少，影响油罐压力平衡。应在保证安全的基础上，尽量延长量油期限，最好能采用密封测量。

不少油库在密封储油工作中，取得了良好效果。例如，半地下 $1000m^3$ 油罐采取密封储油后，无论在减少自然损耗方面，或在延缓燃料变质方面，均有显著改善。

①减少自然损耗　由于油罐密封后，将正压控制在 11kPa，较原来 2.1kPa 大五倍多；负压控制在 5kPa，较原来 0.22~0.3kPa 大 20 倍，从而减少了油罐呼吸次数。武汉地区实验统计，油罐密封前，航空活塞式发动机燃料每年每罐平均损耗 1202kg，喷气燃料平均损耗 224kg；密封后，航空活塞式发动机燃料每年每罐平均损耗 216kg，喷气燃料平均损耗 87kg。每年每罐节约航空活塞式发动机燃料 985kg，喷气燃料 137kg。

②延缓燃料变质，减轻油罐锈蚀　由于密封后油罐基本处于密封状态，废除了旧的测量制度，减少了空气对流，避免了水分杂质进入油料，因此延缓了燃料的氧化变质，延长了储

存期限，同时也减轻了油罐的锈蚀。表 9-10 和表 9-11 列举了航空活塞式发动机燃料和喷气燃料在密封前和密封后酸度和胶质的变化。从表中可以看到，经过密封储存，胶质基本上未增加，酸度的增加也显著减少。

表 9-10　航空活塞式发动机燃料质量变化情况

检测项目	密封前			密封后		
	1964.12	1965.6	半年增大	1966.12	1966.12	三年增大
酸度/(mgKOH/100mL)	0.176	0.240	0.064	0.260	0.317	0.057
实际胶质/(mg/100mL)	0.5	1.4	0.9	1.6	1.8	0.2

表 9-11　喷气燃料质量变化情况

检测项目	密封前			密封后		
	1965.8	1966.9	一年增大	1966.9	1969.12	三年增大
酸度/(mgKOH/100mL)	0.380	0.786	0.406	0.786	0.940	0.154
实际胶质/(mg/100mL)	0.0	2.8	2.8	2.8	2.8	0

此外，采用密封储油还有利于改善劳动条件，减轻劳动强度，便于防空、防火，适应安全要求。

(4) 容器壁涂防护材料，减少燃料与金属的接触

在燃料容器内壁涂上防护层，可以防止金属对燃料的催化作用，同时也可防止燃料氧化产物对金属的腐蚀作用，也减少了金属腐蚀产物对燃料的污染和催化作用。

目前广泛使用生漆或环氧树脂漆涂刷油罐内壁，获得了良好的效果。表 9-12 列出了涂生漆罐与未涂生漆罐中汽油储存时酸度的变化。在涂有生漆的罐内汽油酸度的增加显然要慢得多。

表 9-12　金属罐涂生漆防护层对汽油酸度增长的影响

储存条件	酸度/(mgKOH/100mL)			
	开始	三个月后	六个月后	九个月后
不密封露天涂生漆罐	0.05	0.29	0.34	0.45
不密封露天未涂生漆罐	0.05	0.29	0.42	0.72

此外，也可采用洋干漆(虫胶片)与酒精按 1:1 或 0.9:1 配合，将配合液按 4:1 加入石膏粉，调匀后涂刷罐壁，经两天后即可干燥，此法比涂生漆简便、无毒、成本低、结合力强，但抗水性较差，长期与水接触会发生变白现象，最好在洋干漆表面再涂一层生漆。

(5) 定期清洗油罐，排除水分杂质

储油容器的清洗和防锈，对保证燃料质量也有很大关系。容器(主要是金属容器)长期不清洗，空气中的水分、灰尘和容器中的铁锈等便会落入油中，使燃料的水分、杂质增大，水分还能降低燃料中添加剂的含量，促进燃料氧化变质。因此，必须按照油罐的维护要求，定期清洗油罐，清除脏油，擦去铁锈。聚集在容器底部的水分杂质应经常放出，无底部放水设备的容器，应使用抽底排水的方法排出。

储油容器的清洗期限规定如下：

①长期储存油品的油罐，应当在该罐油品发出后及时清洗；

②常收发油品的油罐，5 年内应当设法腾空清洗 1 次；

③新建油罐装油前、油罐换装油品品种前和罐内焊修保养后必须先清洗，达到无污水、泥沙、锈渣等杂物和酸、碱等化学物质后，方能装油。后方基地油库的放空罐、中继罐应当经常清除罐底的水分杂质，2 年清洗 1 次；

④发现油罐不清洁影响油料质量时应当及时清洗。

每次油罐清洗后应当检查并填写《油罐刷洗检查登记》表。

过滤器的清洗期限规定如下：

①金属网过滤器每半年检查清洗 1 次；纸质过滤器每过滤油品 500t 或者每半年检查清洗 1 次。

②过滤分离器一级滤芯为一次性使用，使用期为 2 年，每半年检查 1 次，使用中不清洗；到期、损坏或者压差超过 0.1MPa（$1kg/cm^2$）时更换。二级滤芯使用期为 10 年，每半年检查清洗 1 次。

③罐底油每次发完后或者保养油罐清洗管道后，与之有关的过滤器必须立即清洗。

每次清洗过滤器后都应当检查并填写《过滤器清洗检查登记》表。

（6）坚持储存化验，遵守质量报告制度

为了掌握油品在储存中质量变化情况，使质量管理措施更有针对性，对库存油品必须按规定期限和项目进行化验，及时填写“库存油品质量档案表”，建立质量档案，以备查考。

$500m^3$（含）以上的罐装油品的每个油罐、$500m^3$ 以下的罐装油品及桶装油品的每个批次，应建立一份油品质量档案，将生产工厂或来油单位和本单位历次化验结果依次填入“库存油品质量档案”内，并将该罐、该批油品的原始质量证件整理入档。

对质量不稳、指标变化快的油品，应尽快发出使用。

2. 防止水分、杂质混入的措施

根据水分杂质混入油品内的原因，一般可采取下列措施来防止。

（1）保持油罐和其他储油容器及抽注工具的清洁

在装油前要仔细检查容器和工具是否清洁完好，不把油品装入脏的容器内。油罐在储油过程中，除有计划地进行腾空清洗，不使罐内沉积过多的水分和杂质外，下列时机是不应放过的：装油时间超过半年而且腾空时；换装不同油品而不能保证油料质量时；新建油罐初次装油时；或有其他必要时。其清洗方法随清洗目的和设备条件不同而异，一般方法是：

①清除底油　罐底油料，含水分杂质较多。清洗时，可从下部放水阀放出，或打开人孔用手摇泵抽出。清出的底油，必须经沉淀、过滤处理后，方可发出使用。

②通风　可用机械通风或自然通风，若需彻底清除油气或黏稠油品时，可用蒸汽蒸洗。开始应把油罐的所有孔口密闭，待罐壁温度升至 60～70℃时，再将孔口打开，继续通入蒸汽，直达目的为止。

③冲洗　即用高压水冲掉罐壁、罐顶的污物、浮锈。

④擦拭　用钢丝刷、草根刷、铜刮刀等工具擦掉锈污和胶状物质，再用破布擦净。

⑤防锈　清洗后，油罐内壁应涂防腐涂料，以防油罐生锈后铁锈混入油内。常用的涂料有生漆、环氧树脂和聚氨基甲酸酯涂料等。

（2）容器要密封，风雨天测量时要注意防护

油罐及容器的口盖，应严加密封，不得随意开启。每次打开油罐测量口检查、测量、取

样前，应当把罐口周围清扫干净。地下罐的罐颈处应加防护罩，以防杂质混入。为避免水分杂质的混入，应尽量避免在雨、雪天和刮大风时装卸油品；必须装卸时，应加强防护工作，如用雨布或雨伞遮盖油罐口等。风雨雪天气应当有防护措施，防止雨水、尘土、杂质侵入。

(3) 定期检查油品洁净性

油库每月应当测量油罐内水高，每半年检查一次油罐底部油品洁净情况，做好记录，有水分杂质时应当及时排除。

(4) 严禁油罐用水垫或用水顶冲管线中的油料

在正常储存条件下，严禁油罐用水垫或用水顶冲管线中的油料。在特殊情况下必须用这种办法时，亦应请示上级业务部门。

在油品收发和储存中要加强检查，有水分杂质要及时排除。特别是对于发出的油品，应当保证做到质量合格，不含水分、杂质。

3. 防混油措施

(1) 应尽可能做到专油专用容器、管线及抽灌器材

储存、输送航空燃料的油罐、管道和油泵等设备，应当专用。同一罐区或者罐组只有一条输油管道时，只允许储存一种油料。航空兵场站油库使用的进油、发油管道和排污管道应当分开设立。

(2) 收发时坚持简要化验

确实弄清油品品种和质量，这是防止混油的前提。

(3) 严格执行阀门操纵挂牌制度，防止错开或忘关阀门

所谓阀门操纵挂牌制度，就是把油库所有的油罐、管线、油泵、鹤管及阀门，均按次序编号和挂牌，并按编号绘制作业流程图表。图表设在现场值班室和有关的作业间内，作业时，值班员根据流程图发牌，作业人员根据牌子对号开阀；作业后，关闭阀门交回牌子，并进行复查，确保开关无误。

(4) 执行放空制度

即在不能做到油罐、管线专油专用而抽注不同油品时，应将油罐、管线、放空罐及抽空装置内的剩油放净，必要时还应用同种类(牌号)的油品进行清洗，然后进行抽注。

(5) 正确使用和维护阀门，确保严密性

阀门在使用中，由于油品内杂质、水分的作用，以及使用过久或因操作不当等原因，会使阀门关闭不严，引起混油事故。为确保阀门严密，必须注意下列事项：

①要定期清除阀门下部的杂质，并在阀门上作全开、全闭的标识。

②输送不同油品的管线变换阀门和储油罐的总阀门，可安装盲板。

③正确开关阀门，开关时不能用力过猛，以免损坏闸板和密封圈。

④对于关闭不严的阀门，应及时进行检修。

第二节　润滑油在储存中的质量管理

润滑油在常温下性质比较安定，在长期储存中，一般没有明显的质量变化。例如 20 号航空润滑油在武汉地区地面仓库储存 9 年，除酸值到第 7 年超过规格外，其余指标变化都不大，详见表 9-13。

表 9-13　20 号航空润滑油在武汉地区质量变化情况

储存期	开始	6 年	7 年	8 年	9 年
运动黏度(100℃)/(mm^2/s)	20.96	20.99	20.83	21.18	21.31
酸值/(mgKOH/g)	0.012	0.027	0.035	0.045	0.039
水溶性酸碱	无	无	无	无	无
闪点(闭口)/℃	248	247	241	241	241

随着用油机械设备性能的不断提高，要求润滑油的润滑性能、抗氧化抗腐蚀及抗磨等性能也不断提高。一般内燃机润滑油均加有清净分散剂、抗氧防腐剂；齿轮油中还加有极压添加剂等。这些添加剂大部分是金属盐类，微溶于水，有的添加剂本身就是一种乳化剂，加之润滑油一般黏度比较大，混入水分和机械杂质后很难分离，所以在储存中防止水分、机械杂质混入是润滑油质量管理工作的主要问题。

润滑油的性质虽然比较安定，但如储存中保管不善，仍会引起油品变质。特别应当注意的是，润滑油不像液体燃料那样属一次性消耗产品，而是要使用一个较长的时期，短则几个月、长则几年，甚至于与设备同寿命。因此，只有采取有效措施，加强储存中的质量管理，尽量减少储存中的质量变化，才能保证润滑油有充分的使用潜力，延长使用周期。

一、防止水分、机械杂质混入

水分一般是在储运中由外界混入润滑油中的，其次是空气中的水分凝结和溶解于油中的。

机械杂质系指不溶于润滑油及测定时所用溶剂的固体杂质。这些杂质多是外界混入的砂粒、黏土、铁锈、棉纱、纤维及添加剂中夹杂的无机盐等。

润滑中混入水分、机械杂质危害极大。水分可破坏润滑油中的添加剂，使其失去作用，例如，水分能微量溶解抗氧化剂，能使清净分散剂、抗氧抗腐剂乳化变质等；水分能锈蚀金属，加剧酸性物质对金属的腐蚀；水分能使多级内燃机油乳化，使合成酯类油(如4109 合成油)水解，生成腐蚀性较强的酸性物质；润滑油中有水分在使用中易生成沉淀，堵塞过滤器，增加机件磨损；会使油膜强度降低；使润滑油的低温性能、绝缘性能剧烈下降，如变压器油中混入 0.01%的水分，可使变压器油的耐电压由 35kV 降到 4.4kV；水分还能促进润滑油的氧化变质等。机械杂质能显著地增加机件磨损，堵塞过滤器和油道；增大残炭和灰分的数量；变压器油中含有机械杂质，就会严重降低它的绝缘性能。

因此，绝大多数润滑油均不允许含有机械杂质和水分，仅个别润滑油规格中允许含微量机械杂质和痕迹水分(少于 0.03%)。此外，润滑油中含有添加剂时，会使油中的机械杂质在 0.025%以下，但这不是外来杂质，而是添加剂组成中的物质。

为防止水分、机械杂质混入油中，在保管中应做到：尽可能入库存放，在库房紧张时，桶装润滑油应按照润滑脂、润滑油、特种液、液体燃料的顺序优先存入库内。露天存放的桶装润滑油，也应选择阴凉干燥、隐蔽的地点，桶身适当倾斜，大小桶盖在同一水平线上，防止积水浸入桶内；雨雪后要及时清扫桶顶积水和积雪；最好用木柱撑起来的蓬布遮盖。桶装润滑油无论是存于库内或露天，都必须是垫圈完好，桶盖拧紧。

油罐、油桶在盛装润滑油前必须清洁，无水分、杂质；测量、取样、加温等工具和设备在使用前、后必须擦拭干净。

在储存中应设法降低储油温度，减小温差变化。因为油温高时油品会从空气中吸收水分；温度低时，又会析出游离水，如此反复，就会使润滑油中游离水量不断增加。同时，温差大，空气中的水分会在容器壁上凝结成较多的水珠而落入油中，使油中水分增多。

桶装油料，油库每半年按照桶数的10%抽查桶装油料情况，检查内容：桶面标记、密封程度、有无水分杂质、乳化变质和油皂分离等。焊封桶装油料，检查取样桶的油料外观有无明显变化。上述检查发现有疑问时，应当增加检查比例或逐桶检查。

二、防止氧化变质

润滑油的抗氧化定性较好，在常温下不易氧化变质，但在长期储存中由于受到各种自然条件的影响，氧化仍然缓慢地在进行着，氧化会使润滑油的颜色变深，黏度增大，酸值增大，产生沉淀，严重时使油品的性能指标不合格。

在储存中影响润滑油氧化变质的因素主要是温度、空气、金属及其盐类、水分、杂质等。润滑油在储存中应采取哪些措施减轻这些因素的影响呢？

1. 应避免高温和阳光直射

桶装润滑油应尽量入库存放，有条件的最好存放于地下或半地下。露天存放的润滑油应存放在阴凉、干燥、隐蔽的地方。某些酯类合成油，如4109合成油一定要避光储存，因为4109合成油中的抗氧化添加剂 *N*-苯基-*β*-萘胺和硫氮杂蒽会吸收可见光而变色。

2. 尽量利用罐装，减少桶装

因为储油容器大，储油多，受气温影响小，同时单位容积的油料与金属接触面积较小，从而减少了金属对油料氧化的催化作用，有利于延缓润滑油变质。

3. 尽量装至安全容量和密封，减少与空气的接触

储存润滑油时，应根据油温的变化，除留出必要的膨胀空间外，尽可能满装。对储存期较长而装油不满的容器，能并装的要实行并装。零星发油时要发完一个容器再发另一个容器，以减少罐或桶内气体空间。油罐的罐口、油桶的桶盖必须盖严，这不仅可防止水分和杂质混入，还可减少空气与油接触的机会。

由于金属对油品氧化的催化作用，因此，必须减少或避免润滑油与铜、铅、铁、锰、锌等金属的接触。

三、防止混油

①不同炼油厂用不同原油、不同增黏剂生产的同牌号的多级内燃机油，可以混合使用，但不能混装储存，以免增黏剂、添加剂互相影响其性能。此外，多级内燃机油与非多级内燃机油不得混装储存。不同品种、牌号的润滑油均不能混装。

②润滑油中要防止混入液体燃料，以免润滑油的黏度、闪点下降，润滑性变差等。

③在收发作业中，要严格遵守操作规程，加强工作的责任心，严防错收发造成混油事故。要熟悉润滑油新的命名、代号及质量分级标准，有些润滑油牌号已经按SAE黏度分级规定命名，如SC30汽油机油与30号汽轮机油，阿拉伯数字虽然都是30，但表示的意义不同。前者表示按SAE黏度分级的黏度等级为30，其100℃时的黏度为9.3～<12.5mm²/s；后者表示该汽轮机油在50℃时的黏度为30mm²/s。所以在储运中要防止误混造成质量事故。

输送不同润滑油一般应有专门的管线和泵，一般不得任意互用，必须互用时应按规定执

行。在无洗刷设备的情况下，管线和泵互用时，一般应做到：在所输油与残油品种不同时，应首先放尽管道残油，然后须用所输油冲洗几分钟；输送黏度大、精制差的润滑油的管线不宜用来输送黏度小、精制程度高的润滑油；输送液体燃料的管线，不宜用来输送润滑油。互用管线和泵时的冲洗要求见表 9–14。

表 9–14　互用管线和泵时的冲洗要求

拟输油	残存油		
	一类润滑油	二类润滑油	三类润滑油
一类润滑油	不需冲洗	普通扫线	普通扫线
二类润滑油	普通扫线	不需冲洗	普通扫线
三类润滑油	普通扫线	普通扫线	不需冲洗

其中润滑油分类情况如下：

一类润滑油：仪表油、变压器油、汽轮机油、冷冻机油、真空泵油、航空润滑油、优质机械油、高速机械油、液压油等；

二类润滑油：机械油、汽油机油、柴油机油、压缩机油等；

三类润滑油：气缸油、车轴油、齿轮油等。

盛装润滑油的容器应该清洁，并适合储存该种润滑油。容器不清洁时应当清洗，润滑油容器的清洗要求见表 9–15。

表 9–15　润滑油容器的清洗要求

拟装油类	残存油		
	一类润滑油	二类润滑油	三类润滑油
一类润滑油	2	3	3
二类润滑油	1	1	2
三类润滑油	1	1	1

注：1——不需清洗，但要求不得有杂物、油泥等；

2——普通清洗，清除残油，进行一般清洗，要求达到无明水、油底、油泥及其他杂质；

3——特别清洗，如化学清洗，要求达到无杂质、水及油垢和纤维，无明显铁锈。目视或用抹布检查不呈现锈皮、锈渣及黑色。

④油桶、油罐上的标志要按规定正确标记清楚，以免收发或倒装时弄错、混装。接收后的桶装润滑油，应按品种、牌号、批次、质量分别堆置，变质油料及待处理的“三种油料”尤其要分开堆置，不得与好油混合存放。

为了防止混油、错发，并便于执行“发陈存新，优质后用”原则，润滑油的每一个包装容器上都应标明以下项目：

a. 油品名称和牌号；

b. 生产厂名及灌装年、月、日；

c. 毛重、净重；

d. 进口润滑油应注明国别。

四、加强油料质量的监测和管理

库存润滑油质量管理，应严格执行《油料技术工作规则》的有关要求，及时化验测定油品的质量指标，编制有关报表。对质量不稳，指标变化快的油料，要加强监测；根据质量变化情况，适时安排使用，防止发生质量卡边或变为不合格油料。

因油料检验标准经常有变动，库存油料中有不同年代出厂的油料。为此，接收新出厂的油料，要按新的技术标准检查验收，原库存的油料按接收时的原标准检查质量。确定是否是不合格油料时，应按质量指标要求较低的标准判定。

对储存润滑油，应根据“发陈存新，优质后用”原则，有计划地轮换发出使用，切勿储存到质量指标“卡边”时才发给用户。润滑油在储存中若某些质量指标不符合技术规格，但仍符合使用指标时，应本着不影响使用和节约的原则，尽快发出使用。

第三节　润滑脂在储存中的质量管理

润滑脂与润滑油不同，由于其中加入了稠化剂，稠化剂大部分是金属皂类，对氧化有催化作用，易氧化分解，所以在储存中质量变化比较明显，储存期也要短得多。

一、润滑脂在储存中常见质量变化现象

润滑脂在储存中常见的质量变化现象有以下几个方面：

①混入了泥砂、尘土、纤维、铁锈等机械杂质，使润滑脂表面脏污。

②混入了水分或由于润滑脂的吸水性而潮解。润滑脂吸水后，轻则使润滑脂表面发白，严重时使润滑脂乳化变稀，滴点降低。

③产生油皂分离现象，析出润滑油，严重时还会出现凝结的皂块。

④润滑脂因氧化而在表面出现硬皮，颜色变深，并由于氧化而产生有机酸，造成游离酸增大，滴点下降，锥入度变大。

二、影响润滑脂质量变化的因素

润滑脂的质量变化，除混入机械杂质、水分是由于工作不慎造成外，与其组成和外界因素、包装方法等有关。

1. 润滑脂的组成

烃基润滑脂的化学安定性与胶体安定性均比皂基润滑脂要好，在储存中不易分油和氧化。

皂基润滑脂的化学安定性比烃基润滑脂和有机、无机稠化剂制成的润滑脂差。不同的皂基润滑脂的化学安定性也有差别，它与金属皂的种类、制皂脂肪酸的饱和程度、基础油的精制程度以及是否加入了抗氧化剂有关。金属皂对基础油氧化有催化作用，锂皂对氧化的催化作用最大，其次为钠皂、钙皂、钡皂，铝皂最小。脂肪酸愈饱和，制成的润滑脂的化学安定性愈好。基础油的精制程度愈高，抗氧化安定性愈好，则制成的润滑脂氧化安定性愈好。加入抗氧化剂后，润滑脂的氧化安定性有所改善。

皂基润滑脂的胶体安定性差，在储存中容易分油。润滑脂的胶体安定性好坏与稠化剂的数量以及润滑油的黏度有关。稠化剂的数量少或润滑油的黏度小时，胶体安定性差。所以2号低温锂基脂在储存中容易分油，有些皂基如钡皂，由于其稠化能力低，所以即使稠化剂数量较多，也容易分油。如2号多效密封脂，由于是钡皂稠化剂，且基础油的黏度较小，所以在储存中容易分油。

润滑脂的吸水性与稠化剂的种类有关，除钠基稠化剂吸水外，其他稠化剂制成的润滑脂均较好。

2. 外界条件

影响润滑脂质量变化的外界条件有：外界温度、湿度、与空气接触多少、阳光照射以及与金属接触等。

①温度　温度高时，润滑脂容易氧化，也容易分油。

②湿度　空气中湿度大时，润滑脂容易吸水使表面发白或产生乳化现象。

③与空气接触　与空气接触多时，润滑脂容易氧化，所以容器密封不严时，润滑脂容易变质。

④阳光照射　在阳光照射下，润滑脂容易变色，且容易氧化。

⑤金属　润滑脂与金属接触时，金属对氧化有催化作用，铜、铅的催化作用较明显。

润滑脂的包装越大，容器底部的润滑脂所受的静压力越大，结构骨架被压缩，所以就愈易分油。容器中润滑脂表面如有凹坑时，润滑脂中基础油也会渗出积于凹坑内。储存时间越长，润滑脂的分油倾向越大。

三、润滑脂质量管理措施

1. 优先入库

要执行润滑脂优先入库保管的原则，以减少温度、水分、阳光等对润滑脂的影响。如确无库房存放时，也应放在防风雨、避光、阴凉、干燥的地方。

2. 密封储存

盛放润滑脂的容器必须密封，已打开的润滑脂桶盖也必须盖严，不许敞口保管，以免进入机械杂质和水分，加速氧化和分油。

3. 容器、工具清洁

分发或向机械加注润滑脂的工具必须清洁。工具最好是专脂专用，工具用后应刮净，并用清洁的塑料袋包好。不允许用纸盒或木盒直接盛润滑脂，因纸、木易吸油，会使润滑脂变硬。

4. 小容器包装

以前我国生产的润滑脂多数采取100L、200L润滑脂桶进行包装，尽管包装费用较低，但存在以下问题：在储存中由于桶大，静压力大，底部润滑脂容易分油；使用上浪费大，往往一桶润滑脂剩下几公斤以至十几公斤就因弄脏了而丢弃；搬动运输不便。所以，今后尽量采用制式的小容器包装，即使包装费用较大，但从总体衡量，还是合算的。因此，除与单位协商，尽量采用制式的小容器包装外，各大单位还可以自制一部分小润滑脂盒，分装后向下分发，以减少浪费和变质。

5. 发陈存新，优质后用

在发放润滑脂时要贯彻发陈存新、优质后用的原则，零星发放时，要发完一桶再发一桶。发润滑脂时，不要只挖桶的中心部分，留下凹坑，要将余下的润滑脂表面刮平，以免凹坑内析出润滑油。

6. 定期检查

润滑脂要进行定期检查，对其质量要做到心中有数，发现问题及时处理。按规定，库存润滑脂每六个月抽样化验一次，并填写库存油料质量报告表。化验中发现质量开始明显变化时，应立即发出使用。

第四节 特种液在储存中的质量管理

与其他油品比较，特种液的用量比较少，但对其性能的要求却比较严格。如航空液压油，对其黏温性和洁净性的要求都很严格。有不少特种液含有醇类成分，吸湿性很强。因此，管理特种液时，应特别注意防止其他油品的混入和注意容器的密封。具体说，应做到以下要求：

①特种液多为桶装或小容器包装，必须标记清楚，分类存放在库房内。

②特种液在储存中要优先入库存放，并且桶盖要严加密封；储运容器要保证清洁，严防水分、杂质混入。此外，在储存中要采取有效措施降低储油温度和温差变化，防止光线照射，以免氧化分解而使油中添加剂失效。

③所有装特种液的容器应密封良好，特别是醇型及合成油型液压油的组成均含有吸水性很强的醇类，如乙醇、丙三醇、异丙醇等。因此，在储存中特别要注意密封储存，防吸湿、防蒸发、防止混入水分、杂质。盛装这些产品的容器，口盖必须密封完好。

④纯乙二醇冰点是-13℃，纯乙二醇在三北地区冬季气温低于-13℃时就要凝固，这是正常现象，不要误认为是变质了。当温度升高溶解后，与水以适当比例混合制成冷却液，其冰点就会相应下降。

第五节 油品储存年限

近年来，随着我国经济的快速增长和汽车保有量逐年增加，油品消耗量与日俱增，我国石油对外依存度逐年增加。为保证国家经济运行的安全，必须做好油品的战略储备，对战略储备油品应做到储量适当、布局合理、品种配套、质量良好。

对于战略储备油品，一方面人们总希望储存期尽量长，以减少轮换工作量和轮换成本，另一方面，油品在长期储存中又不可避免地要发生氧化、蒸发，引起质量变化，严重氧化和蒸发会导致油品变质，影响使用。因此各种油品都存在一个储存期的问题。根据油品储存中的氧化规律，理论上每种油品的储存期与其储存中的氧化诱导期相当。但由于每种油品的组成和储存条件不同，氧化诱导期也各不相同，特别是在现有技术条件下人们还无法预测每种油品的诱导期，因此不可能以每种油品的诱导期作为储存期，通常只能根据某一类油品的加工工艺和总体质量水平，规定一个相对安全的储存年限，作为这类油品的储存期。

为了加强储备油品的科学管理，避免储存时间过长，造成油品降质、变质，提高储备油品的综合效益，健全管理制度，中国人民解放军总后物资油料部颁发了《油品储存年限规定》，国家战略储备油库可参照执行。

一、油品储存年限规定的基本原则

（1）为了适应对油品战略储备量的需要，减少轮换次数，降低储、运费用，在油品质量允许的范围内规定了油品的储存年限。

（2）油品储存年限是从油品出厂日起，至储存终止日的总时间。油品由国家储备油库发到用户使用，需要一定运转时间。因此，对已达储存年限的油品，留有一定质量潜力，防止油品供应到用户，油品质量超过使用指标而造浪费和损失。

二、油品储存年限规定

原中国人民解放军总后物资油料部颁发的油品储存年限规定见表 9-16，可参照执行。

表 9-16 油品储存年限规定

类别	油品名称	储存年限/年	备注
液体燃料	航空活塞式发动机燃料	5(10)	括号内数据系地下、半地下罐存油
	车用汽油	5(8)	括号内数据系地下、半地下罐存油
	喷气燃料	5(15)	括号内数据系地下，半地下罐存油
	军用柴油	15	
	轻柴油	8	
润滑油	8 号航空润滑油	10	
	8 号合成航空润滑油	8	
	20 号航空润滑油	15	
	汽油机、柴油机润滑油	15	
	多级内燃机油	8	
	汽轮机油	8	
	机械油，压缩机油	12	
	齿轮油、双曲线齿轮油	10	
仪表油	4 号、5 号、14 号、16 号精密仪表油	8	
	8 号航空仪表油	15	
液压油	10 号航空液压油	10	
	舰艇液压油	5	
	合成锭子油	8	
	合成刹车油	5	
	植物刹车油	3	
润滑脂	钙基、钠基、锂基和钙钠基润滑脂	5	
	铝基润滑脂，防锈润滑脂	5	
	7007，7008 航空润滑脂，特 7 号精密仪表脂	5	
	烃基润滑脂	10	

三、轮换要求

①执行油品储存年限规定，应以“发陈存新，优质后用”的原则为前提，对于质量潜力小的油品，无论超期与否，均应优先发出，以免造成因质量不合格引起的损失浪费。

②国家储备油库，应根据储存情况，拟定发油顺序表，进行油品的合理轮换。

③轮换油品时，亦应考虑综合经济效益。对一些质量指标卡边或接近使用指标的油品，应本着既不影响机械设备使用，又利于节约的原则，与使用单位密切协作、配合，及时发给用户使用，避免油品积压浪费，提高油品的综合经济效益。

第六节　油品在储存中的定期化验

油品储存年限规定是按照各类油品的总体质量状况制定的相对安全的储存期，油品在储存期内一般不会发生严重的质量变化，但这并不意味着油品在储存期内就是绝对安全的。事实上，由于油品的氧化变质受组成和储存条件的影响很大，而不同品种的油品、不同批次的产品组成各不相同，不同油库的储存条件也千差万别，即使在储存期内的油品也可能会发生变质。因此油品在储存中要对主要指标进行定期化验，及时掌握质量变化情况，一旦发现质量指标异常变化，应及时发出使用，或采取其他措施。

各种油品的化验项目和化验期限见表 9-17 和表 9-18。

表 9-17　液体燃料化验项目和期限表

序号	油品名称	航空活塞式发动机燃料			车用汽油			喷气燃料			轻柴油			军用柴油			舰用液体燃料			洗涤油		
	化验类别	接收	入库	储存	接收	入库	储存	接收	入库	储存	接收	入库	储存	接收	入库	储存	接收	入库	储存	接收	入库	储存
	化验期/月			12			6			6			6			12			6			6
	化验项目																					
1	外观、水分、杂质	√	√	√	√	√	√	√	√	√	√	√	√	√	√	√	√	√	√	√	√	√
2	密度	√	√	√	√	√		√	√	√	√	√		√	√							
3	水溶性酸或碱	√	√	√	√	√		√	√	√	√	√		√	√	√	√		√	√	√	
4	馏程、蒸馏	√	√	√	√	√	√	√	√	√	√	√	√	√	√	√				√	√	√
5	酸度		√	√		√	√		√	√		√	√		√	√						
6	实际胶质	√[1]	√	√	√[1]	√	√		√	√		√	√	√[2]	√	√						
7	铅含量																					
8	添加剂								√	√												
9	水反应试验								√	√												
10	电导率							√	√	√												
11	腐蚀(银、铜片)		√	√		√		√	√	√[3]		√			√	√						√
12	闪点(闭口)							√	√	√	√	√	√	√	√	√	√	√	√			
13	凝点											√	√		√	√		√	√			
14	冷滤点												√		√	√						
15	黏度								√			√			√			√	√			

注：①可先用表面皿法测定，有疑问时用国家规定的方法测定；

②可先用快速法测定，有疑问时用国家规定的方法测定；

③长江以南地区，喷气燃料腐蚀试验期限为 3 个月。

表 9-18　润滑油、脂、特种液化验项目和期限表

序号	油品名称	润滑油			润滑脂			合成制动液			防冻液		
	化验类别	接收	入库	储存	接收	入库	储存	接收	入库	储存	接收	入库	储存
	化验期/月			12			6			12			12
	化验项目												
1	外观	√	√	√	√	√	√	√	√	√	√	√	√
2	水分		√	√			√						
3	酸值		√	√									
4	闪点(开口、闭口)	√	√	√									
5	倾点		√	√									
6	腐蚀(铜、钢)		√	√		√	√						
7	黏度	√	√	√									
8	锥入度					√	√						
9	滴点					√	√						
10	分油量					√	√						
11	游离酸或游离碱					√	√						
12	破乳化时间		√	√									
13	平衡回流沸点							√		√			
14	橡胶相容性									√			
15	冰点										√		√
16	pH 值											√	√

参 考 文 献

1. 黄文轩．润滑剂添加剂性质及应用[M]．北京：中国石化出版社，2021.
2. 李柏林．石油化学[M]．北京：中国石化出版社，2019.
3. 沈本贤．石油炼制工艺学[M]．2版．北京：中国石化出版社，2017.
4. 陈国需．润滑油性质及应用[M]．北京：中国石化出版社，2016.
5. 方建华．油品添加剂性质及应用[M]．北京：中国石化出版社，2019.
6. 中国石油化工集团有限公司科技部．石油产品国家标准汇编2020(上册、下册)[M]．北京：中国标准出版社，2020.
7. 中国石油化工集团有限公司科技部．石油和石油产品试验方法国家标准汇编2020[M]．北京：中国标准出版社，2020.
8. 中国石油化工集团有限公司科技部．石油和石油产品试验方法行业标准汇编2020版(第一分册~第十分册)[M]．北京：中国石化出版社，2020.
9. 熊云．汽车节能技术原理及应用[M]．北京：中国石化出版社，2015.
10. 熊云．军用油料质量管理[M]．北京：解放军出版社，2007.
11. 熊云．军用油料[M]．北京：解放军出版社，2013.
12. 熊云．储运油料学[M]．北京：中国石化出版社，2016.
13. IATA. Guidance Material on Microbiological Contamination in Aircraft Fuel Tanks (5th Edition) [M]. International Air Transport Association, 2015.